생명공학과 현대사회

Biotechnology and Modern Society

BIOSCIENCE (주)바이오사이언스출판

저자 **이진성**

경기대학교 생물학과를 졸업하고, 단국대에서 지식재산학 석사를 성균관대에서 유전공학 석사와 박사학위를 받았다. 한국생명공학연구원 유전체센터의 연구원, 코아바이오시스템(주) 연구소장, ㈜지노믹트리 책임연구원, ㈜바이오닉스 상무이사, ㈜나래바이오테크 CTO, ㈜마이크로인사이트 CEO를 거쳐 현재 경기대학교 바이오융합학부 교수 및 교수창업기업인 ㈜슈퍼진의 CEO로 재직 중이다. 한국경영기술지도사회 중소기업혁신연구원 부원장, 한국산업기술평가관리원 기술기획평가단 최고위원, 한국생명과학회 경기지부장, 농업정책보험금융원 모태펀드투심위원, 중소기업기술정보진흥원 중소기업기술로드맵 바이오기술기획 전문가 위원으로 활발한 대외 활동을 하고 있다. 질병과 약물의 생명과학(2019년). 최신 생명공학의 이해(2020년), Raven 생명과학(2021년), 생명과학전공 탐색하기(2021년), 과학기술진로 컨설팅 북(2022년) 등 20여 편의 저역서가 있다. 현재 메타유전체기술을 이용한 산업용 효소의 실용화 연구와 함께 국내외 강소 바이오기업의 개방형 혁신에 관한 연구를 수행하고 있다.

서 문

코로나19를 통해 mRNA 백신과 같은 생명공학적 기술과 제품에 대한 일반인들의 관심이 어느 때보다 높다. 백신, 항체치료제, 면역항암제, 소비자 직접의뢰 유전자 검사 등 생명공학기술을 적용해 만든 바이오의약품, 생명공학 기술서비스는 물론이고 세포배양 소고기, 식용 가능한 유전자변형 연어 등이 앞으로 우리 생활 주변에서 쉽게 볼 수 있을 것이다.

2022년부터 생명공학 산업은 자동차, 반도체, 화학 산업을 합친 것보다 더 큰 시장 규모로 성장할 것이라는 예측이 있듯이 이제 생명공학은 실험실 수준에서 혹은 소규모 공정에서 한정된 제품으로써 우리가 흔하지 않게 사용하는 그런 곳에서 사용되는 제품, 혹은 제품화 기술이 아니라 많은 사람들이 손 쉽게 사용하고 품평하고 새로운 것을 기대케 하는 대량 생산 기술로써 그 가치가 빛을 발하고 있다.

이 책은 생명과학을 전공하지 않는 전공자, 일반인 그리고 고등학생들이 조금 더 상세하게 생명공학을 이해하고 생명공학이 각 분야에서 어떻게 활용되는지를 살펴볼 수 있도록 만들었다. 책 전반에 걸쳐 등장하는 사례와 예시 그리고 과학적인 단위와 화폐 단위들은 세계 최고의 생명공학 시장과 기술을 가진 미국을 비롯한 다수의 외국의 것들로 독자들의 보다 쉬운 이해를 돕고자 한 것임을 이해해 주기 바란다. 또한 각 장의 수준이 조금씩 다른 점과 용어의 설명을 별도로 포함시키지 않은 점 등은 참고문헌과 인터넷 등을 활용하면서 학습한다면 충분히 이해도가 높아질 것으로 기대한다.

첨단 생명공학의 시대를 살고 있는 독자들이 이 분야 관련 기술들이 담고 있는 의미와 가치를 이해하고 앞으로 생명공학 기술이 펼칠 미래사회를 통찰하는 데 도움이 되었으면 하는 마음으로 이 책을 준비하였다. 끝으로 본서의 출판을 흔쾌히 허락해 주신 ㈜바이오사이언스 출판의 문정구 대표이사님과 섬세하면서 꼼꼼하게 원고의 편집을 해 주신 홍수희 팀장님을 비롯한 편집팀 여러분께 감사의 말씀을 전한다.

2022년 7월

저자, 이진성 드림

목 차

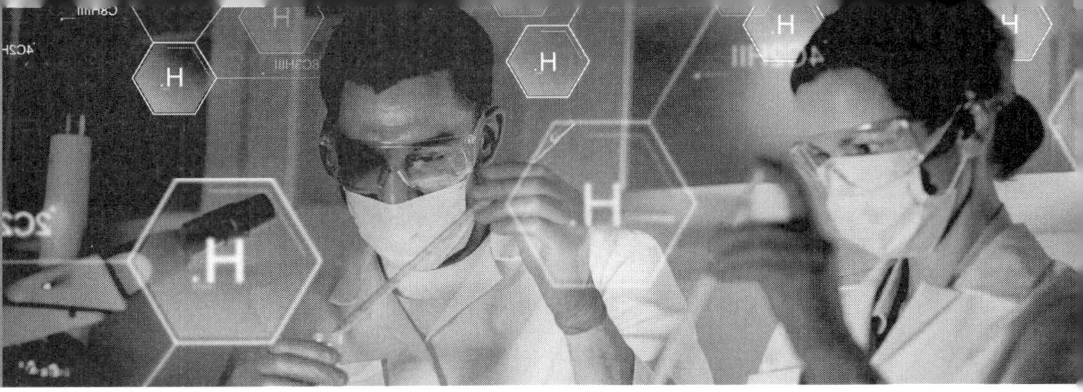

1장

지금은 생명공학의 시대

모든 사람이 음식이 풍부하고 오염이 없는 환경 그리고 질병이 없는 세상을 상상할 수 있을까? 이 장은 이 책에서 읽을 수 있는 놀라운 생명공학 주제들에 대한 기본적인 내용을 제공하기 위해 설계되었다. 이 책에서 보듯이, 생명공학은 미래의 발견 및 강력한 응용 그리고 제품에 대한 커다란 잠재력을 가진 종합 과학이다.

이 장에서는 이 책 전체에서 자세히 다루는 많은 주제에 대한 간략한 소개와 개요를 제공한다. 우리는 생명공학을 정의하고 이 놀라운 분야에 기여하는 과학 분야를 전체적으로 학습할 것이다. 또한 역사적 그리고 현대적 응용을 모두 강조하고 이 책에서 공부할 다양한 유형의 생명공학을 학습할 것이다. 이 장의 말미에서는 생명공학 관련 산업 분야에서 일하는 데 필요한 직무와 인력 측면에 대해 살펴볼 것이다.

1.1 생명공학이란?

멍이 들지 않는 사과나 토마토를 먹거나, 단클론항체로 치료를 받았거나, 배아 줄기세포에서 자란 조직을 받았거나 '녹아웃' 마우스를 본 적이 있는가? 옥수수 칩, 갈아 만든 주스, 크림, 요거트 또는 치즈를 먹어 본 적이 있는가? 독감 예방 주사를 맞아 본 적이 있는가? 인슐린 주사가 필요한 당뇨병을 앓고 있는 사람이 당신 주변에 있는가? 가정에서 임신 테스트를 해 본 적이 있는가? 항생제를 사용하여 박테리아 감염을 치료해 본 적이 있는가? 와인이나 우유 한 잔을 마셔 본 적이 있는가?, 빵을 만들어 본 적이 있는가? 당신은 첫 번째 목록의 시나리오를 경험하지 않았더라도 두 번째 목록의 항목 중 하나 이상에 대해 익숙할 것이다. 그렇다면, 당신은 생명공학의 이점을 직접 경험한 것이다.

생명공학(biotechnology)은 인간의 편익을 위해서(또는 인간의 환경에 도움이 되기 위해서), 즉 제품을 만들거나 문제를 해결하기 위해서 살아 있는 유기체 또는 살아 있는 유기체의 부산물을 사용하는 과학으로 널리 정의된다. 여러분은 생명공학에 대해 학습하면서 일상생활로부터의 역사적 사례와 현대적인 응용으로 이 정의를 확장하고 개선하며 생명공학의 미래를 내다볼 수 있을 것이다.

생명공학은 비교적 최근에 와서야 더 많은 관심을 받고 있는 비교적 새로운 학문 분야라고 생각하는 것이 맞을 것이다. 그러나 생명공학에는 몇 가지 고대 관행이 포함되어 있다는 것을 알면 놀랄 수도 있을 것이다.

생명공학의 간략한 역사

친구들이나 가족들에게 생명공학을 정의해 보라고 한다면 그들의 대답이 당신을 놀라게 할 수도 있다. 그들은 생명공학이 무엇인지 전혀 모를 수 있다. 아마도 그들은 생명공학이 고가의 실험실에서 정교한 복제 실험을 비밀리에 수행하는 흰색의 실험복을 입은 과학자들을 연상할 것이다. 그러나 자세한 내용을 말해 보라고 하면 그들은 이러한 실험이 어떻게 수행되는지, 그러한 일에서 어떤 정보를 얻는지, 그리고 이 지식을 어떻게 사용할 수 있는지 또는 어떻게 사용할 수 없는지 말할 수 없을 것이다. DNA 복제, 생물체의 유전자 조작 및 생물체 복제도 흥미진진한 현대적 기법이지만 생명공학은 새로운 과학이 아니다. 실제로, 많은 응용은 새로운 방법론을 사용하는 오래된 관행에서부터 나온다. 인간은 수천 년 동안 많은 과정에서 자신의 혜택을 위해서 다른 생물학적 유기생물체들을 사용해 왔다. 역사적 기록에 따르면 다른 많은 사람들 중에서 중국인, 그리스인, 로마인, 바빌로니아인, 이집트인 등은 기원전 약 2,000년부터 생명공학 기술을 활용해 왔다.

생명공학은 동물과 식물의 사냥과 채집을 의미하지는 않는다. 그러나 가축으로 사용하기 위한 양과 소와 같은 동물의 길들이기는 생명공학의 전형적인 예이다. 우리의 고대 조상들은 또한 미생물(microorganisms)을 이용하고 빵, 치즈, 요구르트, 맥주 및 와인과 같은 술을 만들기 위해 발효기술(fermentation)을 사용했다. 이러한 관행은 오늘날에도 계속된다. 발효 중에 일부 효모 균주는 당을 분해하여 에너지를 합성하며, 이 과정에서 에탄올(알코올)을 부산물로 생성한다. 빵 반죽을 만들 때, 반죽을 부풀게 하기 위해서 *Saccharomyces cerevisiae*(베이킹 효모)와 같은 미생물이 첨가된다. 반죽이 부풀어 올라서 빵에 구멍이 생기는 것은 발효 과정 중에 효모가 밀가루를 호흡의 기질로 사용하면서 부산물인 이산화탄소가 방출되어 반죽이 부풀고 그래서 빵에 구멍이 생기는 것이다. 효모에 의해 생산된 알코올은 빵을 요리할 때 증발해 없어진다. 가정에서 빵이나 피자 반죽을 만들 때 아마도 상점에서 구입한 비닐 봉지 속에 든 베이킹 효모를 반죽 혼합에 첨가했을 것이다.

선택적 육종(selective breeding)은 생명공학적 응용의 한 방법으로 식품 목적으로 사용되는 작물과 가축의 생산을 개선해 왔다. 선택적 육종에서 바람직한 특징을 가진 유기체는 의도적으로 짝을 이루어 동일한 바람직한 특성을 가진 자손을 생산한다. 예를 들어, 가장 크고 달콤하며 가장 부드러운 옥수수를 생산하는 이종 교배 식물은 농부가 가장 바람직한 작물을 생산할 수 있도록 작물의 특성을 극대화하는 좋은 방법이다. 유사한 육종 기법이 칠면조, 소, 닭 및 돼지를 포함하는 가축에도 사용된다. 다른 예는 여러 세대에 걸쳐 상추, 딸기, 양배추 및 바나나와 같은 야생 종의 식물을 육종하여 인간의 소비를 위하여 대량으로 재배되는 현대식 식물을 생산하는 것을 포함한다. 이러한 접근방법들 중 다수는 실제로 생명공학의 유전적 응용이다. 값비싼 실험실, 정교한 장비, 박사 교육을 받은 과학자 및 잘 계획된 실험 없이도 인간은 수백 년 동안 유전학을 이용해 왔다.

인간의 측면에서 바람직한 특성을 갖는 식물 또는 동물을 선택함으로써, 인간은 유용한 유전자를 갖는 유기체를 선택하여 그들의 유전적 잠재력을 인간의 이익을 위해 이용하고 있다. 앞으로 배우겠지만, 제브라피시는 중요한 실험 모델생물(model organisms)이다. 보스턴 아동 병원의 과학자들은 캐스퍼(Casper)라는 투명한 제브라피시를 만들었다. 캐스퍼는 반사 색소가 없는 제브라피시 돌연변이체와 흑색 색소가 없는 제브라피시와 교배해서 만들어졌다. 캐스퍼는 또한 줄기세포 및 암에 대한 약물시험 및 생체 내(살아 있는 유기체 내) 연구에 중요한 실험동물로 입증되었다. 예를 들면, 암세포가 어떻게 전이(metastasis)되는지 연구하기 위해서 과학자들은 형광성 종양 세포를 물고기의 복강에 주입하여 그 세포가 신체의 특정 위치로 이동하는 것을 추적할 수 있다.

가장 일반적으로 알려진 생명공학 응용 분야 중 하나는 다른 미생물의 성장을 억제하는 미생물에 의해 생성되는 물질인 항생제(antibiotics)의 사용이다. 1940년대에 페니실린이 인간의 박테리아 감염을 치료하기 위한 의약 용도로 널리 이용 가능하게 되었다. 1950년대와 1960년대에 생화학과 세포생물학의 발전으로 많은 서로 다른 종의 박테리아로부터 다량의 항생제를 정제할 수 있었다. 과학자들은 박테리아와 다른 세포를 대량으로 성장시키고 대량으로 유용한 제품을 수확할 수 있는 배치 공정(batch processes)을 상업적으로 중요한 분자를 미생물로부터 분리하기 위해 개발하였다.

1960년대 이래로 유전학 및 분자생물학에 대한 우리의 이해가 급속히 발전하면서 생명공학에서 흥미로운 혁신과 응용이 이루어졌다. 과학자들이 DNA의 구조와 기능의 비밀을 밝히면서 여러 가지 실험실 기술로 인해 유전자 복제(gene cloning), 관심 있는 유전자를 식별하고 재생산하는 능력, 유기체의 DNA를 조작하는 유전공학(genetic engineering)이 생겨났다. 유전공학을 통해서 과학자들은 서로 다른 출처의 DNA를 결합시킬 수 있다. 재조합 DNA(rDNA) 기술[recombinant DNA(rDNA) technology]이라고 불리는 이 과정은 인슐린, 인간성장호르몬 및 혈액 응고 인자를 포함하여 의학적으로 중요한 수백 가지 재조합 단백질을 생산하는 데 사용된다. 처음부터 rDNA 기술은 생명공학의 많은 영역을 지배했으며, 곧 배우겠지만, 많은 사람들이 rDNA 기술이 산업으로서 현대적인 생명공학이 태동하게 된 배경이 되었다. rDNA 기술이 질병에 강한 식물, 더 많은 수확량을 생산하는 작물, 영양가가 더 높도록 가공된 작물, 환경 오염 물질을 분해할 수 있는 유전공학으로 조작된 박테리아의 개발을 포함하여 수백 가지 응용 분야를 이끌어 냈다는 것을 배울 것이다.

유전자 복제 및 rDNA 기술은 인간의 유전질환에 관련된 수천 개의 유전자를 식별함으로써 인간의 건강에 막대한 영향을 끼쳤다. 1990년에 시작해서 2003년에 완성된 인간유전체프로젝트는 인간 세포의 DNA에 포함된 모든 유전자를 식별하고, 염기서열분석을 통해서 유전자의 위치를 각각의 24개의 인간 염색체(염색체 1번부터 22번 및 X 및 Y 염색체)에 지도화(맵핑)하는 것을 목표로 하는 국제적인 연구성과이다. 이 인간유전체프로젝트는 정상적인 세포 대사과정을 제어하고 머리카락 색깔, 눈 색깔, 키, 몸무게와 같은 특성을 결정하는 유전자부터 인간의 유전자 질환을 유발하는 수많은 유전자에 이르기까지 모든 인간 유전자의 염색체 위치와 서열을 밝혀냈다.

앞으로 학습하겠지만 인간 유전체 데이터는 이제 무료로 제공되고 있으며 공개 데이터베이스에서 쉽게 구할 수 있다. 인간유전체프로젝트는 유전자 질환을 탐지하고 인간 유전 질환을 치료하고 치유하기 위한 분자적 접근방법을 위한 새로운 진단 도구의 개발을 크게 앞당겼다. 그 결과로, 인간 유전학에 대한 새로운 지식은 현재 또는 가까운 미래에 기초 과학 및 의학에 엄청나고 광범위한 효과를 가져올 것이다. 인간유전체프로젝트는 DNA 서열 확인을 위한 특별한 새로운 기술의 개발을 포함하여 유전체학(genomics)으로 알려진 분자생물학 및 유전학에 대한 흥미진진한 새로운 시대를 열었다. 이러한 기술을 통해 거의 모든 생물 종의 유전체를 염기서열을 통해서 확인할 수 있게 되었으며 유전학적인 조상 분석에서 유전자 검사 및 질병 진단에 이르기까지 다양한 이유로 개별 인간 유전체 전체를 염기서열 분석할 수 있는 시대를 열어 주었다. 여러분은 앞으로 이 책에서 인공(artificial) 또는 합성 유전체(synthetic genome)에 대해 학습하고 과학자들이 이러한 유전체에 대해 갖고 있는 야심찬 계획을 이해하게 될 것이다. 또한 크리스퍼-캐스(CRISPR-Cas)라는 흥미로운 기술을 기반으로 하는 새로운 유전체 편집(genome editing) 기술이 인간을 포함한 많은 생물 종에서 유전자와 관련된 질병을 어떻게 교정하고 유전체에 새로운 유전자 변형을 어떻게 가능하게 하는지도 보게 될 것이다.

융합 분야로서의 생명공학

생명공학을 공부하면서 직면하게 될 많은 어려움 중 하나는 서로 다른 과학 분야의 복잡한 정보를 종합하는 것이다. 철학, 윤리학 그리고 경제학과 같은 분야뿐만 아니라 생물학, 화학, 수학, 컴퓨터과학 및 공학의 중요한 기여를 고려하지 않고 생명공학에 대해 이야기하는 것은 불가능하다. 왜냐하면 생명공학은 광범위한 학제간 분야이기 때문이다. 이 장 뒷부분에서는 생명공학이 다양한 분야에서 훈련을 받은 사람들에게 어떻게 풍부한 취업의 기회를 제공받는지를 보게 될 것이다.

생명공학에 기여하는 많은 분야를 식물로 비유해 본다면 뿌리(root)는 일차적으로 기초 과학(basic sciences) - 생화학, 분자 및 유전자 수준에서 살아 있는 유기체의 기본 과정 - 에 대한 연구에 의해 형성된다. 기초 과학 연구는 다른 분야의 도움을 받아 전부는 아니지만 많은 생명과학적 응용의 핵심 또는 나무로 비유하면 줄기(stem)을 형성하는 유전공학적 접근방법으로 이어질 수 있다. 나무의 정단 부위처럼 생명공학 응용은 사람이나 우리의 생활 환경을 돕는 제품이나 프로세스와 관련된다. 미래의 많은 프로세스는 아직 개발되지 않았으며 오늘날 생명공학 분야에서 일하는 사람들의 적극적인 참여를 기다리고 있다.

생명공학의 학제 간 특성의 단순화된 예는 다음과 같이 요약될 수 있다. 기초과학 수준에서 대학, 대학교, 정부 기관 또는 공공 또는 민간 회사에서 미생물학 연구를 수행하는 과학자들은 질병 치료제로서의 가능성을 보여주는 박테리아의 유전자 또는 유전자 산물을 발견할 수 있다. 전형적으로 생화학, 분자 및 유전 기법이 이 유전자의 역할을 결정하는 데 사용된다. 이 과정은 또한 컴퓨터과학을 정교한 방법으로 사용하여 유전자의 염기서열을 연구하고 유전자에 의해 생성된 단백질의 구조를 분석하는 것을 수반하는데 이것은 생명정보학(bioinformatics)이라는 분야의 예이다.

일단 기초 연구가 이 유전자에 대한 상세한 이해에 도달하면, 그 유전자는 약물 개발, 농업 생물공학, 환경 및 수산 응용을 포함한 다양한 방식으로 사용될 수 있다. 이 시점에서 생명공학은 많은 분야의 기술을 요구하는 과학이라는 것을 중요 개념으로 이해하는 것이 필요하다.

현대 생명공학의 산물

이 책 전체에서 우리는 생명공학의 첨단적이고 혁신적인 제품과 응용을 살펴보게 될 것이다. 우리는 인간이 사용하는 제품뿐만 아니라 다른 것들 중에서 미생물학, 해양 생물학 및 식물 생물학의 생명공학적 응용 분야도 학습하게 될 것이다. 미국의 생명공학 회사 중 65% 이상이 인간의 질병치료용 의약품 생산에 관여하고 있다. 이들 의약품 중 다수는 유전자 복제 및 재조합 DNA 기술에 의해 제조되기 때문에 재조합 단백질(recombinant protein)로 명명된다. 예를 들면, 이들 단백질의 대부분은 인간 질병을 치료하는 데 사용되는 재조합 단백질을 만들기 위해서 인간 유전자를 박테리아에 삽입시킨다. 1982년에 세계 최초의 생명공학 회사로 널리 알려진 캘리포니아에 위치한 생명공학 회사인 제넨텍(Genentech)은 영리추구를 위해 최초의 생명공학 제품으로 당뇨병 치료에 사용되는 재조합 인슐린에 대한 식약처 승인을 받았다. 현재 시장에는 수백 가지의 약물, 백신 및 진단법이 있으며, 200가지 이상의 질병치료를 목표로 350개 이상의 생명공학 의약품이 개발 중에 있다.

생명공학 기술에 의한 약물 개발은 인간에게 영향을 미치는 주요 질병의 퇴치에 초점을 맞추고 있으며, 개발 “파이프 라인” 중에서 절반 이상은 암 치료제 개발을 목표로 설계된다. 생명공학 산업의 이와 같은 초점은 일반적으로 미국에서 승인된 새로운 생명공학 약품의 유형을 검토할 때 분명해진다. 예를 들면, 미국에서 2017년은 53개의 생명공학 의약품이 승인된 1996년에 이어 두 번째로 많은 46개의 새로운 약품이 새로이 승인된 아주 성공적인 한 해였다.

유전자 치료법(gene therapy)적 접근방법이 인간 질병 상태를 치료하고 치유하기 위해 사용됨에 따라 유전자가 점점 더 많이 인간 세포에 도입되고 있다는 것은 생각해 볼 필요가 있다. 유전자 치료법은 유전질환을 치료 또는 치유하기 위한 유전자 전달을 포함한다. 유전학 및 조직공학은 이식을 받는 사람이 조직거부 반응이 일어나지 않도록 장기를 성장시키는 능력으로 이어질 수 있다. 해양 생물로부터의 새로운 생명공학 제품이 암, 뇌졸중 및 관절염 치료에 사용되고 있다. 인간유전체프로젝트는 생명공학 응용의 새로운 지식으로 인한 현대 의학의 지속적인 발전이 더 건강한 삶을 가져오고 인류의 수명을 연장시킬 것이라는 데에는 의심할 여지가 없다.

윤리와 생명공학

모든 다른 유형의 기술과 마찬가지로 생명공학의 강력한 응용과 잠재적 가능성은 많은 윤리적인 문제를 제기하며 모든 사람이 생명공학의 팬이 아니라는 것은 놀라운 일이 아니다. 생명공학에 대한 광범위한 윤리적, 법적, 사회적 영향은 과학자, 성직자, 정치인, 변호사 및 일반 대중들 사이에서 큰 논쟁과 논의를 불러일으킨다. 이 책 전체에서는 여러분이 고려해야 할 윤리적, 법적, 사회적 문제를 제시한다. 당신은 점차적으로, 여러분에게 직접적인 영향을 줄 수 있는 생명공학의 윤리적 문제에 직면하게 될 것이다. 예를 들면, 양, 소 및 원숭이와 같은 포유 동물의 유기체 복제에 인간 복제를 포함해야 한다는 제안을 한다면 이것에 대해 어떻게 생각하는가? 나중에 당신과 당신의 배우자가 다른 방법으로도 자녀를 가질 수 없는 경우, 당신 자신의 복제품을 통해서 아기를 만들 기회를 원하겠는가? 이런 예를 포함해 원하는 유전적 특성을 가진 배아를 생성하기 위한 유전체 편집의 가능성은 많은 윤리적으로 어려운 질문을 제기할 수도 있다.

1.2 생명공학의 유형

여기서는 생명공학을 이해하기 위해 숙지해야 할 기본적인 개념과 중요한 내용을 소개하고자 한다.

미생물 생명공학

앞에서 논의했듯이 맥주와 와인을 만들기 위해 효모를 사용하는 것은 생명공학의 가장 오래된 응용 기술 중 하나이다. 미생물 생명공학은 박테리아 및 효모와 같은 미생물을 조작함으로써 다양한 식품을 제조하고, 제조 및 생산 공정을 단순화시키며, 산업 폐기물을 보다 더 효율적으로 제거하기 위한 오염 제거 공정에 사용 가능한 효소제 등을 만들었다. 미생물은 백신을 만들고 인간대상 의약품에 사용되는 중요한 재조합 단백질을 복제 및 생산하는 데 사용된다. 많은 연구에서 미생물 유전체는 인간의 건강과 삶의 질 개선에 중요한 역할을 하는 것을 포함하여 다양한 이유로 다양한 미생물 유전체에 초점을 맞추고 활발한 연구가 진행되고 있다. 우리가 탐구할 또 다른 최근의 논란은 합성 유전체(인공 DNA로서 바람직한 특성을 갖는 미생물을 조작하는 데 사용될 수 있는 서열)의 탄생이다. 미생물 생명공학에서는 인간에서, 음식 샘플에서 그리고 기타 출처에서 다양한 목적으로 미생물을 검출, 탐지 및 진단하는 전략과 생물무기로서 미생물을 검출하고 활용하는 접근법, 바이오연료 생산을 위한 미생물의 잠재적인 응용도 학습하게 될 것이다.

식물 생명공학

식물 생명공학에서 우리는 살충제를 뿌릴 필요가 없는 유전적으로 강화된 해충 저항성 작물에서 단백질 또는 비타민 함량이 높은 작물과 식물 제품으로 개발 및 재배된 약물에 이르기까지 다양한 주제를 살펴볼 것이다. 농업 생명공학은 이미 빠르게 확장되고 있는 큰 사업이다. 유엔 식량농업기구는 2050년에 전세계 인구 91억 명을 먹여 살리려면 전체 식량 생산량을 약 70% (개발 도상국에서는 거의 100%) 증가시켜야 한다고 예측한다. 농업 생명공학은 오늘날의 농부들에게 환경 친화적이고 단위면적(에이커)당 더 많은 양을 생산하고 질병과 해충에 저항하며 생산 비용을 절감하는 작물을 그 해법으로 제공한다. 폭발적으로 증가하는 인구를 위해서 더 많은 것을 생산하려면 농업 생명공학의 새로운 혁신이 필요하다.

유전자 변형이 아닌 유전자 편집으로 알려진 차세대 작물이 시장에 나올 것이다. 정확한 위치에서 DNA를 잘라 내고 편집하는 크리스퍼-캐스(CRISPR-Cas) 편집 도구를 통해서 만들어진 이 작물들은 적어도 현재의 규정에는 벗어난다. 2016년에 펜실베이니아 주립대학의 한 그룹은 크리스퍼-캐스를 사용하여 일반 양송이 버섯(*Agaricus bisporus*)을 인간의 소비에 의해 승인된 최초의 유전자 편집 작물로 개발을 발표했다. 갈변을 담당하는 효소를 생산하는 유전자를 불활성화함으로써, 유전자 편집된 버섯은 저장 기간이 길고 손상되거나 잘렸을 때 갈변에 저항하는 특성을 나타낸다.

미국 농무부는 기업들에 유전자 편집과 관련된 연구 계획이 있을 경우에는 반드시 신고하라고 규정해 놓았다. 회사가 유전자 편집이 식물 해충에서 작물로 외래 유전자를 도입하지 않는다는 것을 기관에 알리기 위해 데이터를 제출하면, 해당 기관은 사업이 진행되도록 허가한다. 현재의 규정은 과학자들이 박테리아와 바이러스(일반적으로 식물 해충의 박테리아)를 사용하여 식물 세포의 핵에 새로운 유전자를 탑재하여 식물의 DNA와 합쳐지는 초기 세대의 유전자 변형 유기체에 대해서만 허용되었다. 이것은 효과가 있었지만 과학자들은 새로운 유전자가 삽입될 위치를 통제할 수 없기 때문에 잠재적으로 위험한 유전자 파괴 또는 유전자 변형이 되지 않은 작물과의 교배에 대하여 매우 높은 우려를 하고 있다.

동물 생명공학

생명공학 분야 중 가장 빠르게 변화하고 흥미 진진한 영역 중 하나인 동물 생명공학의 여러 영역을 살펴볼 것이다. 동물은 중요한 제품을 생산하기 위한 생물반응기로 사용될 수 있다. 예를 들면, 염소, 소, 양 및 닭은 신체 이물질을 인식하고 신체 세포가 이물질을 파괴하도록 돕는 보호 단백질인 항체(antibody)와 같이 인간의 치료에 의학적으로 유용한 단백질의 공급원으로 사용되고 있다. 면역 체계에 장애가 있는 환자의 면역력을 향상시키기 위해 항체 치료제가 사용되고 있다. 동물로부터 생산된 많은 다른 인간 치료 단백질이 사용되고 있다. 실제로 치료에 사용할 경우, 이들 단백질의 대부분은 수백 킬로그램 이상의 많은 양을 필요로 한다.

대규모 생산을 달성하기 위해 과학자들은 우유에서 치료 단백질을 발현하는 암컷 유전자 이식 동물을 만들 수 있다. 유전자 이식 동물(transgenic animals)에는 다른 출처의 유전자가 들어 있는데, 예를 들면 단백질 응고를 위한 인간 유전자가 젖에서 이들 단백질을 생산하기 위해 염소로 도입될 수 있다. 첫 번째 사례 중 하나는 유전자 이식 염소에서 거미의 실크 유전자를 발현하여 젖에서 실크("실크 밀크"라고 함)를 생산하여 가볍고 강력한 군용 장비를 포함한 옷 직물을 만드는 데 사용될 수 있는 실크를 정제하는 것이다. 보다 최근에, 알렉션 파마슈티칼즈(Alexion Pharmaceuticals)는 약물 이름이 카누마(Kanuma)인 유전자 이식 닭의 달걀에서 발현하는 재조합 단백질(sebelipase alfa)을 생산했으며 이것은 인간에서 드물지만 치명적인 질환인 리소좀 산 리파제 결핍증을 치료하는 약으로 승인되었다.

케이맨 제도 정부는 유전자 조작(GE) 모기를 대량 생산함으로써 주민들을 모기 관련 질병으로부터 보호하려는 노력을 강화했다. Friendly™ Aedes로 알려진 GE 모기는 Oxitec(영국)에서 개발되었다. 이 모기들은 뎅기열, 지카 바이러스 감염, 치쿤구니아 바이러스 감염 및 황열병의 확산을 막기 위해 애벌레 단계의 유충을 죽이는 유전자를 가지고 있다. GE 수컷 모기는 야생 암컷 모기와 교미하여 성충이 되기 전에 죽는 생존할 수 없는 유충을 생산한다. 미국에서 FDA는 Florida Keys에서의 조사 시험을 위한 Oxitec의 자기 제한 OX513A 모기에 대해 유의한 영향이 없다는 최종 결과와 함께 최종 환경 평가도 문제가 없다고 발표하였다. 이와 같은 혁신에 대한 FDA 및 EPA(환경보호국)의 승인 프로세스는 생명공학의 규제와 특허 부분에서 살펴볼 것이다.

유전자 편집은 식물에서만 사용되지 않는다. 미국의 미네소타에 있는 리컴비네틱스(Recombinetics)라는 기업은 뿔 없는 소를 만들기 위해서 가축의 유전자를 편집하고 있다. 농장에서는 젖소가 뿔로 서로를 다치게 하지 않도록 하기 위해 보통 뿔을 잘라 낸다. 일반적으로 젖소가 어릴 때 뿔을 불로 지지는데 연구자들은 이것을 피할 수 있는 방법을 찾고 있다. 소의 뿔을 유전적으로 제거하기 위해서 미국의 켈리포니아

대학 연구팀은 리컴비넥티스와 협력하여 특정 효소를 일종의 분자가위로 사용하고 그 대상을 뿔을 자라게 하는 유전자를 표적으로 삼았다. 이는 과학자들이 홀스타인 품종에서 자연적으로 발견되는 뿔이 자라게 하는 유전자를 잘라내고 앵거스 품종의 뿔이 자라는 것을 막는 유전자로 대체했다는 것을 의미한다.

이것은 어떻게 규제해야 할까? 현재의 규제 체제에 따르면 FDA는 재조합 DNA 구조가 새로운 동물 약물에, 동물의 형태나 기능에 영향을 미친다는 사실에 근거하여 유전자 조작 동물을 관리하는 책임을 맡고 있다. 뿔 없는 소는 식품 공급에 들어가는 최초의 유전자 편집 동물이 될 것이다. 하지만 비옹호인은 의무적인 시판 전 승인 절차를 거쳐서 뿔이 있는 다른 홀스타인 젖소의 우유와 실질적으로 동일한지 확인하는 것이 현명하다고 생각할 것이기에 일부는 이러한 변화를 지지하지 않을 것이다. 시간이 어떤 윤리적 문제가 우선할 것인지를 결정할 것이다. 뿔 없는 소의 인도적 창조 또는 현재 규제 기관이 요구하는 것보다 더 많은 시험을 요구하는 규정의 변화가 필요할 수도 있다.

동물 생명공학의 또 다른 현대적인 예로서 영국과 미국의 연구팀들은 실험실에서 햄버거용 고기를 만들기 위해서 페트리 디쉬(Petri dish, 세포 배양용 플라스틱 접시)에서 쇠고기 근육세포를 배양하고 있다. 지금까지 이 고기의 가격은 파운드당 약 $ 5에 판매되는 지방이 적은 갈은 소고기에 비해 파운드당 약 18,000달러로 매우 비싸다. 그러나 실험실에서 고기를 생산하는 것은 대규모 동물 농장과 육류 가공 공장을 운영하는 현대적인 방법으로 인한 환경 피해를 고려할 때 매우 긍정적인 영향을 미칠 수 있다.

법의학 생명공학

유기체 고유의 DNA 패턴을 탐지하기 위한 방법 중 하나인 DNA 지문 채취(DNA fingerprinting)는 법의학 생명공학에 사용되는 주요 도구이다. 법의학 생명공학은 법 집행 기관이 범죄 혐의와 관련하여 사람의 포함 또는 배제로 이어질 수 있는 DNA 증거를 조사할 수 있게 하는 강력한 도구이다. DNA 지문 채취는 범죄 현장에 남은 미량의 조직, 모발, 혈액 또는 체액을 사용하여 수행할 수 있다. 1987년 영국에서 강간범을 유죄 판결하기 위해 처음으로 사용되었지만, 현재 범죄 행위로 잘못 고발된 사람을 석방할 뿐 아니라 전 세계 법원 사건에서 증거로 제공되어 범죄자를 유죄 판결하는 데 일상적으로 사용되고 있다.

DNA 지문 채취는 자녀의 아버지를 찾아 내기 위한 친자 관계 사례, 인간의 유물을 식별하는 것, 포도의 원산지를 인증하기 위한 호평받는 와인의 DNA 테스트에서의 사용 등을 포함한 많은 다른 응용 분야가 있다. 또 다른 응용은 멸종 위기에 처한 생물의 DNA 지문 분석이다. 이것은 이미 밀렵을 줄이고 "잡은 것"의 DNA 지문을 분석함으로써 범죄자의 유죄 판결로 이어졌다. 과학자들은 또한 DNA 지문채취를 사용하여 오염된 육류에 대장균과 같은 질병을 퍼뜨리는 유기체를 추적하고 확인하고 AIDS, 수막염, 결핵, 라임 병 및 웨스트 나일 바이러스 감염과 같은 질병을 추적하기도 한다.

암의 탐지 및 모니터링을 위한 액체 생검은 법의학적 관심의 큰 영역이 되고 있다. 가던트헬스(Guardant), 엑솜다이아그노스틱스(Exosome Diagnostics) 및 일루미나(Illumina)는 이 혈액 기반 분석 기술에 수백만 달러를 투자했다. 샌디에이고에 본사를 둔 일루미나는 2016년에서 2019년까지, 혈액검사 서비스가 시장에 출시되면 약 1,000달러 이하의 비용이 소요될 것이라고 발표했다. 이러한 혈액검사의 새로운 테스트 개념을 액체 생검이라고 한다. 이 기법은 "고속 DNA 시퀀싱 기계를 사용하여 암세포가 방출한 DNA 조각에서 사람의 질병을 찾는다"라고 MIT Technology Review에서 정리했다. 암 유발 돌연변이가 있는 DNA가 존재하더라도 이미징 기계에서 볼 수 없는 경우가 상당히 많다. 새로운 검사는 암으로 인한 혈액 속의 돌연변이 세포와 종양과 유사한 용종이나 사마귀로 인한 돌연변이를 구별할 필요가 있다. 이 검사법은 FDA 승인이 필요하겠지만 암 진단을 현저히 개선할 것으로 예상된다.

생물환경정화

다양한 자연 및 인공 물질, 특히 환경 오염에 기여하는 물질을 처리하고 분해하기 위해 생명공학을 사용하는 생물환경정화(bioremediation)에 대해 논의할 것이다. 산업발전에 의해 야기된 많은 환경적 위험을 제거하기 위해 생물환경정화가 사용되고 있다. 1989년에 알래스카 프린스 윌리암 사운드(Prince Willian Sound)의 엑손 발데즈(Exxon Valdez)사의 기름유출 사고는 그 이후 가장 널리 알려진 생물정화의 사례 중 하나가 되었다. 알래스카 토양에 이미 존재하던 오일분해 박테리아의 성장을 자극함으로써 수 마일의 해안선이 화학세정제만을 사용했을 때보다 거의 3배나 더 빨리 정화되었다. 앞으로 배우겠지만 2010년 딥 워터 호라이즌(Deep Water Horizon) 유출로 인한 분산된 기름 방울의 미생물에 의한 빠른 분해는 천연 기름 분해 생물과 향후 기름 유출을 청소하는 데 사용될 수 있는 효소에 대한 연구를 가능하게 했다. 이 장에서는 다양한 환경 조건에서 다양한 물질을 정화하기 위한 미생물, 식물 및 유전자 조작 유기체를 포함한 생물환경정화의 기본적인 원리와 응용에 대한 개요를 제공하고 생물환경정화학적 접근방법의 장단점을 살펴보게 될 것이다.

수산 생명공학

지구의 대부분을 차지하는 매체인 물이 제공하는 광대한 생명공학 기술의 가능성을 수산 생명공학을 통해 학습할 것이다. 수산 생명공학의 가장 오래된 응용 중 하나는 양식업(aquaculture)으로, 이는 식량원으로 사용하기 위해 통제된 조건에서 물고기나 조개류를 기르는 것이다. 송어, 연어 및 메기가 미국의 많은 중요한 양식 어종 중 하나이다. 양식업은 전 세계, 특히 개발 도상국에서 인기가 높아지고 있다. 전 세계에서 소비하는 모든 물고기의 약 50%가 양식업으로 생산되는 것으로 추정된다.

최근에, 수산 생명공학의 흥미롭고 새로운 기술이 등장했다. 여기에는 질병 저항성 굴 종류와 연어 및 다른 물고기를 감염시키는 바이러스에 대항하는 백신을 생산하기 위한 유전공학 기술이 적용되었다. 2015년에, FDA는 AquAdvantage® 연어를 인간이 소비하는 최초의 GM 동물로 승인했다. 이 유전자 이식 연어는 성장 호르몬을 과잉 생산하여 짧은 성장 기간 동안 놀라운 성장률을 가져와서 시장 판매를 위해 연어를 양식하는 데 필요한 시간과 비용을 줄인다. 이 연어는 최근 가장 많이 논란이 되는 생명공학 응용 중 하나이다.

많은 수산 생물은 생명공학자들에게 또 다른 관심거리다. 우리의 대양에서는 해양 박테리아, 조류, 조개류, 물고기 및 수많은 다른 유기체가 산다. 수생 생물이 가혹한 환경에 적응했기 때문에 극심한 추위, 깊은 수심으로 인한 압력, 높은 염분 및 기타 환경적 제약은 거의 장벽이 되지 않는다. 그 결과로, 이러한 유기체는 중요한 인간 응용 및 이점을 가질 수 있는 새로운 유전자, 단백질 및 대사 산물이 풍부하고 귀중한 공급원이 될 수 있다. 상업적 목적으로 이용될 수 있는 새로운 특성을 가진 수생 생물을 식별하기 위해 전 세계적으로 생물 자원 탐사 노력이 진행되고 있다. 예를 들면, 특정한 플랑크톤과 달팽이는 항종양 및 항암 분자의 풍부한 공급원으로 밝혀졌다. 현재 수생 환경이 보유할 수 있는 풍부한 생명공학적 응용 분야를 더 잘 이해하기 위해서 집중적인 연구 노력이 진행되고 있다.

의학 생명공학

많은 재조합 단백질이 인간의 의료적 응용을 위해 제조되고 있다는 개념을 소개했다. 그러나 이것은 의학 생명공학(medical biotechnology)의 한 예일 뿐이다. 의학 생명공학 광범위한 응용 분야를 다룬다. 유전자 검사 및 유전체 시퀀싱을 통한 질병 상태 감지 및 진단에서 약물 개발, 유전자 요법 및 면역 요법을 포함한 혁신적인 인간 질병 및 치료에 이르기까지 의학 생명공학은 인간의 건강을 개선하도록 설계된 놀라운 사례들을 만들어 냈다. 전 세계 3억 3천만 명이 넘는 사람들이 생명공학을 통해 개발된 약물과 백신의 도움을 받고 있다. 많은 강력한 응용이 이미 설계되어 현재 적용되고 있지만, 생명공학 세기는 의학 생명공학 분야에서 역사상 가장 큰 발전을 보일 것이다. 질병의 발생 과정에 관여하는 인간 유전자의 발견과 같은 유전자 혁신에 대한 소식이 없이 일주일이 지나가는 것이 거의 없는 것 같다. 텔레비전, 신문, 저널, 전자 뉴스 매체, 소셜 미디어 및 인기있는 웹사이트는 모두 새로운 유전자의 중요한 발견, 유전체 분석 및 기타 유전공학과 관련된 연구성과물을 헤드라인으로 전한다. 매일 매일 인간 유전학에 대한 새로운 정보는 과학자들이 결함 있는 유전자를 식별하는 데 도움을 주고 있다. 몇 가지 예로서 알츠하이머 및 파킨슨병, 겸상 적혈구 빈혈, 테이삭스병, 낭포성 섬유증, 암 및 불임과 같은 유전 질환의 세부 사항을 해독하는 데 도움이 되고 있다. 인간유전체프로젝트는 개인의 전체 유전체를 시퀀싱하고 분석하는 기능을 포함하여 결함이 있는 유전자 및 유전자 장애를 식별하는 유전자 검사를 위한 새로운 기술을 개발했으며, 이 책에서 이러한 기술 중 다수가 포함되었다.

정상 유전자를 환자에게 삽입하거나 병에 걸린 유전자를 정상 유전자로 대체함으로써 유전적 질병 상태를 치료할 수 있는 유전자 치료법(gene therapy)이라는 접근방법이 빠른 속도로 확장되고 있다. 의학 생명공학에서 크리스퍼-캐스(CRISPR-Cas)라는 강력한 새로운 접근방법에 대해 배우게 되는데, 이 방법은 직접으로 과학자가 유전체를 수정할 수 있게 해 준다. 크리스퍼-캐스는 특정 종류의 DNA를 잘라 내고 대체할 수 있는 분자 가위를 제공하는 유전체 편집 기술이다. 유전체 편집에 대한 유망한 연구가 진행 중이며, 질병을 치료하기 위해 유전자 치료를 위해 유전체 편집을 사용하는 인간을 대상으로 하는 시험도 진행되고 있다. 앞으로 배우겠지만 유전체 편집 기술의 응용도 논란의 여지가 매우 많은 분야이다.

줄기세포 기술은 여전히 의학 생명공학의 가장 유망한 측면 중 하나이지만 모든 과학 분야에서 가장 논란이 많은 분야이기도 하다. 줄기세포(stem cell)는 미성숙 세포로 신경세포, 혈액세포, 근육세포 및 신체의 거의 모든 다른 유형의 세포로 발달하여 전문화될 수 있는 잠재력을 가지고 있다. 줄기세포는 실험실에서 성장시킬 수 있으며, 서로 다른 유형의 화학 물질로 처리될 때 손상된 조직을 대체하기 위해 이식에 사용될 수 있는 다른 유형의 인간 조직으로 분화되도록 유도될 수 있다. 줄기세포에 대한 많은 흥미로운 잠재적 응용이 있지만많은 복잡한 과학적, 윤리적, 법적 문제가 그것들의 사용을 둘러싸고 있다.

또한 유전자 치료와 줄기세포 연구를 결합하여 면역 요법(immunotherapy)이라고 불리는 새로운 유형의 암과 같은 질병을 치료할 수 있는 면역 체계를 활용한 흥미롭고 새로운 접근방법을 학습하게 될 것이다.

생명공학 규제와 특허

생명공학 사업을 하는 데 있어 필수적으로 고려해야 할 점은 산업을 지배하는 규제 프로세스를 수반한다는 것이다. 제약 회사가 제품의 안전성과 유효성을 극대화하도록 설계된 특정 지침에 따라 약물을 평가해야 하는 것과 거의 같은 방식으로, 대부분의 생명공학 제품은 사용하기 전에 주의 깊게 검사해야 한다. 식품의약국(FDA)이 생명공학 제품에 대한 표준을 설정하지만 많은 경우에 미국 농무부(USDA)와 환경보호국(EPA)도 관여한다. 실제로 생명공학은 가장 엄격하게 규제되는 산업 중 하나이다.

2015년에 FDA는 오수카 파마슈티칼즈(Otsuka Pharmaceutocals) 및 프로테우스 디지털 헬스(Proteus Digital Health)의 우울증에 대한 센서 내장형 아빌리파이(Abilify)가 약물로서 첫 번째로 신약승인(NDA)을 받았다. 정제 약물에 내장된 섭취 가능한 센서는 착용형 접착제 패치에 내장된 다른 센서와 함께 작동하여 환자의 약물 복용 패턴과 휴식, 신체 각도 및 활동과 같은 생리적 반응을 모니터링한다. 아빌리파이는 정신분열증, 양극성 장애 또는 우울증을 치료하는 환자에게 처방된다. 행동 건강 상태는 지속적으로 약물을 복용하는 사람의 능력에 영향을 줄 수 있으므로 이 시스템은 의사에게 조기 경보를 제공하고 조울증 또는 정신분열증을 예방하는 데 기여할 것이다.

생명공학 제품의 순도 및 성능에 대한 엄격한 표준을 충족시키기 위해 고안된 절차부터 특허를 부여하고 환자의 생명공학 제품에 대한 임상시험에 필요한 규제 프로세스를 준수하는 것과 관련된 문제에 이르기까지 '생명공학 규제와 특허'에서는 이들 및 기타 중요한 생명공학 분야의 규제 문제를 논의해 볼 것이다.

생명공학의 큰 그림

서로 다른 유형의 생명공학을 별개의 학문으로 묘사했지만 생명공학을 별도의 관련이 없는 학문들이 합쳐진 학문 분야로 생각해서는 안 된다. 생명공학의 거의 모든 영역이 서로 밀접하게 관련되어 있음을 기억하는 것이 중요하다. 예를 들면, 생물환경정화의 응용은 환경 조건을 정화하기 위해서 미생물(미생물 생물공학)을 사용하는 것에 크게 의존한다. 의학 생명공학조차도 재조합 단백질을 생산하기 위해 미생물의 사용에 의존하며, 생명공학의 모든 분야가 규제 대상이 된다. 생명공학에 대한 진정한 인식은 생명공학에 대한 "큰 그림" - 생명공학이 어떻게 다양한 과학 분야를 수반하고 어떻게 서로 다른 유형의 생명공학이 서로 의존하는지 - 을 이해하는 것과 관련이 있다. 많은 과학 분야의 이러한 상호 의존성은 21세기의 중요한 문제를 해결하는 데 시험대가 될 것이다.

별도의 장에서 다루지는 않지만 학제 간 과학을 예시하는 생명공학의 성장 영역은 산업 생명공학(industrial biotechnology), 즉 생명공학을 제조와 같은 산업 공정에 적용하는 것이다. 산업 생명공학의 한 가지 주요 이점은 기존 생산 공정보다 환경 친화적인 방식으로 보다 저렴하고 깨끗한 방식으로 제품을 신속하게 만드는 것이다. 산업 생명공학의 많은 응용에는 미생물에 의한 효소 생산을 수반한다. 이 효소는 화학 반응 속도를 높이기 위해 생체 촉매로 사용된다.

1970년대에 가장 먼저이자 널리 알려진 산업 생명공학 사례 중 하나가 세탁 세제에 인산 염을 사용해서 발생하는 수질 오염 문제를 줄이기 위해 구현되었다. 생명공학 회사는 얼룩 제거를 위해 인산 염을 사용하는 대신에 옷에서 얼룩을 제거하는 효소를 만들었다. 그 결과 물의 인산염 관련 조류 대증식이 크게 감소하는 동시에 낮은 수온과 낮은 에너지 비용으로 옷을 세척하는 친환경 제품이 탄생했다.

일부 사람들은 산업 생명공학의 잠재적인 영향이 의학 생명공학 및 농업 생명공학의 영향보다 더 크다고 생각하며 이것이 생명공학 혁신의 다음 큰 영역이 될 것이라고 믿는다. 산업 생명공학은 유전학, 단백질학, 생물정보학 및 미생물 생명공학을 포함한 다양한 분야의 연구를 포함하며 일반적으로 박테리아, 효모 및 곰팡이와 같은 미생물을 포함한다. 어떤 경우에는 천연 효소가 사용된다. 다른 경우에는 특정 산업 공정에 대한 특정 생체 촉매 기능을 사용하여 새로운 효소를 생체공학으로 만들 수 있다. 이 책 전반에 걸쳐 우리는 산업 생명공학의 개념과 생명공학 연구 전반에 걸쳐 다양한 주제에 대해 살펴볼 것이며 이 분야의 잠재적 응용에 대해 생각해 볼 것이다.

1.3 새로운 생명공학 세기는 어떤 모습일까?

수많은 문제와 도전이 생명공학에 의해 해결될 가능성이 높다. 생명을 위협하는 인간의 질병을 치료하는 것과 같은 도전 과제를 극복하기 위한 장벽은 극복할 수 없는 것이 아니다. 생물학적 공정을 보다 잘 이해하고 생명공학적 해결방안을 설계하고 적응시킬 수 있는 능력에 답이 있다. 금세기에 생명공학이 사회에 영향을 미칠 수 있는 모든 방법에 대해 추측하기보다는 이 절에서 우리는 특히 의학 생명공학이 현재 어떻게 생명을 구하고 있으며 앞으로도 몇 년 동안 강력한 방식으로 계속 그럴 것인지에 대한 몇 가지 아이디어에 대해 살펴볼 것이다.

다양한 사례를 통해 우리가 설명하는 시나리오의 과학적 세부 사항을 이해하는 데 집중하는 것이 아닌 각각의 응용이 어떻게 개인의 삶의 질을 향상시키는지 고려하여 생명공학의 힘에 대한 큰 그림을 볼 수 있는 통찰력을 길러보자.

인간유전체프로젝트로부터 어떻게 이득을 얻을 수 있는가?

역사는 2001년이 생명공학 연대표의 랜드마크였다는 것을 보여줄 것이다. 2001년 2월에 세계에서 가장 유명한 분자생물학자들이 기자 회견장에 모여 인간유전체프로젝트의 주요 성과인 인간 유전체의 대략적인 초안을 발표했다. 인간 염색체의 기본 단위인 소위 문자인 A, G, C 및 T로 읽히는 DNA 서열이 거의 완성된 것이다.

인간 유전체에서 모든 유전자의 염색체 위치 및 서열을 분석하고 확인하는 것이 인간 유전학의 복잡성에 대한 이해를 크게 높였다. 인간 유전자의 분자생물학과 기능 및 유전자를 조절하는 조절 인자에 대한 기본 연구는 유전자가 어떻게 살아 있는 세포의 활동을 지휘하는지, 정상적인 유전자가 어떻게 기능하는지, 어떻게 결함 유전자가 많은 인간 질병 상태의 분자적 기반인지에 대한 헤아릴 수 없는 통찰력을 제공한다. 궁극적으로, 인간 유전 질환에 대한 진보된 이해는 새로운 치료법을 제공하기 위한 것이며, 이와 같은 정보는 이미 현재 실행되고 있듯이 의약품의 개발 전략을 이미 변화시키고 있는 등 앞으로 더욱 강력한 새로운 치료법을 제공할 것이다. 의학의 새로운 시대가 도래하고 있는 것이다.

인간 유전체를 이해하는 것이 우리의 모든 의학적 문제를 즉시 해결하는 "생물학적 탈출구"는 아니다. 인간 질병을 더 잘 이해하려면 유전자가 암호화하는 단백질의 구조와 기능, 단백질체(proteome), 인간 세포를 담당하는 단백질의 총체를 이해해야 한다. 그러나 유전체나 단백질체는 우리의 건강과 삶을 미리 결정하는 소프트웨어 프로그램이 아니다. 인간 유전체와 인간 프로테옴의 미스터리를 푼다는 것은 21세기는 과학적 발견 과정에 참여할 수 있는 가장 흥미로운 시간이 될 것이다.

다음의 장면을 상상해 보자. 한 여성이 동네 약국에서 조언을 구하고 있다. 그녀는 최근에 사용 중인 관절염 치료제를 다른 관절염 치료제로 바꿨는데 현재 약물이 관절염을 완화시키는 데 있어서 기존에 사용한 치료제보다 더 효과가 높지 않았다. 그녀는 약사에게 "이 약은 너무 비싸고 지난번 약보다 나에게 더 효과적이지 않지만 낭비하거나 버리고 싶지 않아요"라고 말한다. "음, 때로는 약이 모든 사람에게 효과가 있지는 않습니다."라고 약사가 말한다. 이 대화는 대부분의 건강관리 전략에 내재된 한 가지 어려움을 나타낸다.

많은 사람들이 현재 위 사례의 여성이 경험한 것과 같은 문제를 겪고 있다. 관절염 및 기타 여러 가지 의학적 문제에 대해 처방전 없이 구입할 수 있는 또는 일상적으로 처방되는 치료가 모든 사람에게 같은 방식으로 작용하는 경우는 거의 없다. 일부 약물은 일부 환자에게만 효과가 있으며 다른 사람에게는 효과가 거의 없다. 우리는 여기서 관절염의 예를 사용하지만 거의 모든 선택되는 의학적 상태로 대체할 수 있다. 이것이 익숙하게 들리는가? 본인이나 아는 사람이 이와 같은 경험을 해 본 적이 있는가? "생명공학 세기는 이 환자를 어떻게 도울까? 이 대화가 앞으로 어떻게 달라지게 될까? 유전체 정보는 아직 태어나지 않은 어린이부터 노인에 이르기까지 모든 연령대의 인간에서 유전 질환을 신속하고 민감하며 조기에 발견하고 진단하는 결과를 가져왔고 앞으로도 그럴 것이다. 관절염의 경우에 우리는 비슷한 증상을 보이는 서로 다른 형태의 이와 같은 질병이 있다는 것을 알고 있으며, 유전자 분석에 의하면 이러한 서로 다른 형태의 관절염은 어떤 유전자에 의해 유발될 수 있는지를 쉽게 알 수 있을 것이다.

가상의 환자에서 관절염을 유발하는 유전자를 식별하는 것이 어떻게 도움이 될지 생각해 보자. 질병 유전자의 식별로 과학자와 의사는 유전자 검사를 통해 광범위한 질병유전자를 선별할 수 있다. 그러나 점점 더 개별적인 인간 유전체 또는 개인 유전체학(personal genomics)을 정확하고 상대적으로 저렴한 비용으로 시퀀싱하는 것이 점차 증가하고 있다(대부분의 보험회사는 아직 유전체 분석 비용을 지불하지는 않지만). 유전자 검사와 개인 유전체학이 유전자 질환의 진단에 어떻게 도움이 될 수 있는지에 대한 한 가지 예로서, 단일염기다형성(single-nucleotide polymorphisms, SNP; "스닙"으로 발음함)을 사용할 수 있다. SNP는 개인마다 다른 DNA 서열, 즉 단일 뉴클레오타이드 변화 또는 돌연변이를 말한다. 이러한 미묘한 변화는 인간의 유전자 변이의 가장 일반적인 예 중 하나를 나타낸다.

SNP는 겸상 적혈구 빈혈증과 같은 일부 유전 질환의 원인이다. 관절염 및 뇌졸중, 암, 심장병, 당뇨병 그리고 행동 및 정서적 질병과 같은 다른 많은 상태와 연관되는 SNP가 발견되었다. 서로 다른 SNP에 대해 DNA를 테스트하거나 시퀀싱하는 것은 사람이 가지고 있을 수 있는 특정 질병 유전자를 식별하는 한 가지 방법이다.

SNP의 발견은 개인화(personalized) 또는 정밀의료[precision medicine; 이전에는 약물유전체학(pharmacogenomics)]라는 분야의 출현에 부분적인 시발점이 되었다. 정밀의료는 맞춤형 의학이다. 정밀의료의 한 측면은 환자의 특정 유전자의 프로파일에 기초한 맞춤형 치료 요법 및 치료 전략, 즉 자신의 유전정보를 사용하여 가장 효과적이고 구체적인 치료 방법을 결정하는 것이다.

정밀의료가 관절염 환자에게 어떻게 도움이 될 수 있는가? 우리는 관절염이 일부 개인에 대한 가족의 유전을 보여주는 질병임을 알고 있으며, 앞에서 언급했듯이 몇 개의 유전자가 서로 다른 형태의 관절염에 관여한다. 다른 많은 관절염의 경우 명확한 유전 방식이 보이지 않는다. 관절염의 중증도에 영향을 미치는 추가적인 유전자 또는 운동 및 식사와 같은 비유전적 요인이 있을 수 있다. 환자의 간단한 혈액 검사를 사용하여 유전자 분석을 위한 DNA를 준비하여 이 여성의 관절염 형태에 어떤 유전자가 관여하는지 확인할 수 있다. 이와 같은 환자의 유전정보로 무장한 의사는 관련 유전자에 근거하여 이 여성의 관절염 유형에 대해 구체적이고 가장 효과적인 약물 치료 전략을 설계할 수 있다. 특정 유형의 관절염에 대해 다른 유전자 프로필을 가진 두 번째 여성은 첫 번째 유형과 다른 치료를 받을 수 있으며 관절염을 가진 남자는 그의 유전자 프로필에 따라 매우 다른 치료 전략을 가져야 한다. 이것이 바로 정밀의료의 힘이다.

연구자들은 이제 유전자 정보, 의료 기록, 착용 가능한 기기 및 식이 요법, 운동 및 부작용에 대한 환자 분석을 결합한 방대한 데이터베이스를 구축해 연구할 수 있다. 이러한 연구로 인해 생명공학만이 제공할 수 있는 더 많은 진단 도구와 정밀하게 인도되는 요법이 필요하게 된다. 이러한 정보의 대부분은 스마트폰, 태블릿 또는 기타 장치를 통해 이용할 수 있고 환자에게 직접 제공될 예정이며, 앞으로 이런 장치는 중요한 생명 징후를 모니터링하는 진단 도구로 사용될 것이다.

관절염 환자를 치료하는 데는 나노기술(nanotechnology) 또는 초소형 장치를 포함하는 응용기술이 포함될 수 있다. 나노기술은 주요 연구 분야로서 빠르게 부상한 비교적 새로운 분야이다. 의학 생명공학과 관련된 나노기술의 유망한 응용은 세포에 약물을 전달하는 데 사용될 수 있는 나노 크기의 입자 개발이다. 관절염 환자의 경우 이러한 나노 입자는 관절염 퇴치에 도움이 되는 약물, 유전자, RNA, 항바이러스제 또는 면역세포를 전달할 수 있다.

약물 치료의 발전 외에도 유전자 치료는 유전자 질환 퇴치를 위한 궁극적인 전략 중 하나이다. 유전자 치료(gene therapy) 기술에는 결함이 있는 유전자를 정상적인 복제물로 대체하거나 증강하는 것이 포함된다. 과학자들은 유전체 편집과 같이 앞에서 언급한 접근방법을 포함하여 정상 유전자를 인간에게 전달하는 다양한 방법과 결함 유전자를 대체하는 방법을 연구하고 있다. 이러한 접근 방법의 잠재력을 생각해 보시오. 관절염 환자를 치료하거나 치유하기 위해 유전자 치료법을 사용할 수 있는가? 많은 유망한 새로운 유전자 치료 응용 프로그램이 최근에 등장했으며 이 책에서 그 중 일부에 대해 배울 것이다. 그러나 유전자 치료법이 여러 질병을 치료하는 안전하고 실용적이며 효과적인 잘 확립된 접근 방식이 되기 전에 많은 장벽을 극복해야 한다.

줄기세포 기술은 질병을 치료하고 치유하기 위한 강력한 도구를 제공할 것으로 기대된다. 줄기세포는 피부, 신장 및 혈액 세포와 같은 서로 다른 유형의 세포를 생성하기 위해 성장 및 분열할 수 있는 미성숙 세포이다. 줄기세포는 처리 방법에 따라 관심있는 거의 모든 조직을 형성하도록 유도될 수 있다. 줄기세포에서 추출해서 배양된 세포와 조직은 약물 검사에도 유용하다. "칩 위의 기관(organ on a chip)""은 신체 대부분의 주요 장기를 위해 개발되었으며 이제 약물을 환자(또는 시험동물)에게 투여하기 전에 약물 상호작용을 연구할 수 있다.

실험실에서 피부세포, 혈액세포 및 심지어 전체 장기를 성장시켜 간, 췌장 및 망막과 같은 손상된 조직 또는 고장난 장기를 대체하는 데 사용한다고 상상해 보자. 재생의학(regenerative medicine)은 이러한 접근방법을 설명하는 데 사용되는 아주 좋은 단어이다. 미래의 과학자들은 유전 질환을 가진 환자로부터 줄기세포를 수집하고, 유전자 치료법으로 이들 세포의 유전자를 조작하고, 수집된 환자에게 다시 삽입하여 유전 질환을 치료할 할 수 있을 것이다. 줄기세포는 이미 관절염 환자를 치료하는 데 사용되고 있지만, 불행히도 이러한 응용 프로그램의 대부분은 고도로 규제되지 않고 있으며 과학계 또는 의료계에서 엄격하게 테스트되지 않고 있다. 최근에 유전 질환으로 인한 치명적인 피부 상태를 가진 어린 소년의 돌연변이 유전자를 교정하기 위한 유전자 치료와 재생 의학을 결합하여 몸의 80% 이상을 건강한 피부로 회복시키는 놀라운 치료 효과를 거뒀다.

전체 유전체 분석과 특정 의약품 및 유전자 치료법을 포함한 정밀의료가 의사의 사무실에서 일상적으로 제공되는 가까운 미래를 상상해 보라. 미래는 멀지 않았다. 이 절에서 제시되는 간단한 사례가 의학 생명공학의 놀라운 발전을 통해 미래가 어떻게 변화할 할 것인지를 예측해 보자.

여기에서는 생명공학 세기의 의학적 응용에 대한 몇몇 사례를 살펴보았지만, 앞으로의 장에서는 잠재적으로 삶의 질을 향상시킬 수 있는, 생명공학의 다른 분야에서의 흥미 진진한 응용을 배우게 될 것이다.

1.4 생명공학 인력

세계는 생명공학 세기를 어떻게 준비하고 있는가? 최근의 발전은 생명공학 회사와 생명공학 산업에 종사하고자 하는 개인들에게 일련의 새로운 기회를 제공했다. 궁극적으로 생명공학 회사는 팀 중심적인 문제 해결능력과 작업 환경에서 복잡한 데이터를 분석하고 다른 사람과 자신의 전문지식을 공유할 수 있는 사람을 찾고 있다. 생명공학 산업은 다양한 과학 분야의 재능 있는 사람들의 중요한 기여에 달려 있다.

생명공학의 사업

1976년 캘리포니아 샌프란시스코 근처에서 소규모 회사인 제넨텍(Genentech)이 설립되었다. 2009년부터 로슈(Roche) 그룹의 일부가 된 제넨텍은 최초의 생명공학 회사로 인정받고 있으며, 재조합 인간 인슐린을 출시하여 당뇨병 환자가 이 단백질로 치료를 받을 수 있는 최초의 기회를 제공하였으며 이와 같은 성공으로 이 흥미진진한 산업이 탄생하게 되었다. 오늘날 생명공학은 수백 개의 제품을 시장에 내놓은 글로벌 산업으로 인식되고 있다. 평균적으로 미국 생명공학 회사의 수입은 지난 10년 동안 매년 10% 이상 성장하였으며 이것은 다른 산업보다 훨씬 높다.

미국에서 효소, 항체, 성장 인자, 백신 및 많은 재조합 단백질을 포함한 호르몬과 같은 생물학적 치료 약물(biotherapeutics)의 판매는 생명공학 회사 수입의 중요한 부분이다. 생물학적 치료제의 연간 판매량은 전 세계적으로 2,250억 달러가 넘으며 약 5년마다 두 배씩 증가하고 있다. 미국에서만 40%의 미국인이 일생 동안 한 번 이상의 암 진단을 받기 때문에 많은 생명공학 회사들이 암 치료를 위해 노력하고 있다. 암은 미국에서 심장병 다음으로 두 번째 주요 사망 원인이다. 암, 당뇨병, 심장병, 알츠하이머병, 파킨슨병, 관절염, AIDS 및 기타 여러 질병을 겨냥한 350개가 넘는 생명공학 제품이 현재 개발 중에 있다. 유전자 변형 작물, 종자 및 바이오 연료와 같은 산업용 제품은 전 세계 생명공학 회사의 또 다른 커다란 수입원이다.

생명공학 기업

이제 당신은 "생명공학 회사와 제약 회사의 차이점은 무엇인가?"라는 질문을 해 볼 수 있을 것이다. 대부분의 사람들은 자신 또는 가족이 제품을 사용한 적이 있기 때문에 머크, 존슨 앤 존슨, 또는 화이저와 같은 제약 회사의 이름을 말할 수 있지만 대부분의 사람들이 생명공학 회사의 이름을 말하거나 생명공학 회사가 제약 회사와 다른 이유를 설명할 수는 없을 것이다. 대형 제약 회사는 일반적으로 '빅파마(세계적인 제약기업)'라고 한다. 일반적으로 말하는 제약 회사(pharmaceutical company)는 약물을 만드는 데 사용되는 화합물 - 아스피린, 제산제 및 감기약 등과 같은 제품 - 을 화학적으로 합성하거나 정제하여 약물을 제품화한다. 제약 회사는 일반적으로 생명공학 회사처럼 살아 있는 유기체를 사용하여 제품(예: 재조합 단백질)을 재배하거나 생산하지 않는다. 그러나 지난 수십 년 동안 많은 대형 제약 회사가 종종 생명공학 회사와의 파트너십을 통해 직, 간접적으로 생명공학 관련 연구 및 제품 개발에 참여했었기 때문에 두 산업 간의 구분이 모호해졌다. 또한 생명공학에는 약물개발보다 훨씬 많은 것이 포함되어 있다는 것을 기억하라. 생명공학의 특정 분야에 전념하는 다양한 규모의 회사가 많이 있다.

생명공학 회사의 규모는 직원 수가 50명 미만인 소규모 회사에서 직원이 300명이 넘는 대기업에 이르기까지 다양하다. 역사적으로, 많은 생명공학 회사는 사업화가 가능한 유망한 아이템(예: 질병 치료를 위한 재조합 단백질)을 가진 연구원들로 구성된 팀에 의해 형성된 소규모 신생 회사(startup companies)로 시작했다. 그 후에 이런 팀들은 전형적으로 실험실 시설을 매입 또는 임대하고, 장비 및 소모품을 구입하고, 제품개발에 필요한 자금을 지원할 투자자를 찾아야만 한다. 그러나 생명공학 회사를 시작하는 것은 쉽지만은 않다. 평균적으로, 스타트 업 회사의 최소 40%가 투자자에게 수익을 제공하지 못하고 문을 닫는다.

신생 생명공학 회사는 재정적 투자 또는 벤처 캐피탈(venture capital, VC), 즉, 성공 가능성이 있는 신생 회사에 투자되는 자금과 같은 벤처자본에 의존한다. VC 자금의 출처는 예를 들면 개인, 기부금, 재단, 금융 기관 및 다른 회사의 자금일 수도 있다. 벤처 캐피탈은 제품화할 또는 상용화가 가능한 유망한 기술을 보유한 신생 기업의 지분을 소유하여 수익을 창출한다. 기업의 주식과 교환하여 스타트 업에 자본을 제공하는 소위 엔젤이라고 하는 개인투자자(angel investor)는 신생 생명공학 회사가 제품을 만드는 데 필요한 연구 및 테스트를 수행하는 데 필요한 자금을 제공하는 데 중요한 역할을 한다.

VC 투자는 생명공학 회사를 지원하는 필수 자금 파이프라인이다. 2008년 경제 침체기 동안, 생명공학에 대한 VC 투자가 2007년과 2008년 사이에 46% 감소해서 많은 생명공학 기업들이 생존의 위기에 처했다. 많은 생명공학 회사는 12개월 정도만 생존할 수 있는 현금 정도만을 보유하고 있었기 때문이었다. 하지만 그 이후로 생명공학 회사를 위한 자금 조달이 이뤄지면서 환자 치료에 강력한 잠재력을 보이는 치료제, 새로운 유전자 치료법 및 면역 치료제와 같은 많은 혁신적인 제품으로 인해 상당한 반등이 이뤄졌다. 궁극적으로 생명공학 회사의 투자자 대부분은 투자한 회사가 성공하면 수익을 올릴 것으로 기대하고 투자한다.

결국, 신생 생명공학 회사가 제품을 시장에 출시해 성공하면(미국의 경우 하나의 의약품에 약 20억 달러 이상의 비용으로 약 10년이 소요되는 프로세스), 종종 규모가 더 크고 사업모델이 확고한 회사에 인수합병된다. 유망한 제품을 시장에 가깝게 가져가면 궁극적으로 회사의 가치가 높아져 기업 공모(initial public offering, IPO)를 신청할 수 있었다. 이것은 일반 대중이 회사의 주식을 자유롭게 매매할 수 있는 상태를 의미한다. 예를 들면, 2008년 이후 생명공학 회사의 자금 조달이 용이해졌고 이에 따라 2013년에 미국의 24개 회사가 상장되었다. 이 회사들의 주식은 거래 첫날 평균 20% 증가하여 생명공학 산업에 약 18억 달러가 투입되었다.

제약 회사와 생명공학 회사가 조직화되는 방식에는 유사점이 있다. 다음 절에서 이에 대한 학습을 통해 생명공학 회사의 각 영역에서 어떠한 서로 다른 직업의 기회가 있는지를 살펴보자.

생명공학의 직업

미국의 생명공학 산업은 200,000명 이상을 고용하고 있다. 생명공학은 기본 연구 및 개발에 관여하는 실험실 기술자, 컴퓨터 프로그래머, 실험실 책임자 및 영업 및 마케팅 담당자와 같은 다양한 직무 선택 기회를 제공한다. 이들 모두 생명공학 산업에 필수적이다. 이 절에서는 생명공학 분야에서 선택할 수 있는 일부 직업의 종류와 특성들을 설명할 것이다.

연구 및 개발

새로운 생명공학 제품의 개발은 긴 시간이 필요하고 비용이 많이 드는 과정이다. R&D에서 개인은 아이디어를 개발하고 실험을 진행하는 과정에 직접 참여하여 유망한 아이디어(예를 들면 복제된 유전자의 재조합 단백질을 사용하여 질병 상태를 치료하는 것)가 실제로 제품으로 연결될 수 있는지를 결정한다. 이 과정에서는 많은 시행 착오가 요구된다. 가장 큰 생명공학 회사에서 가장 작은 생명공학 회사까지 모두 R&D 전담 직원이 있다. 평균적으로 생명공학 회사는 다른 첨단 산업보다 R&D에 최소 4배 이상 투자한다. 일부 회사의 경우 R&D 예산은 운영 예산의 50%에 가까울 정도다. R&D는 대부분의 회사에서 생명의 원천이다. 새로운 발견이 없는 회사는 새로운 제품을 만들 수 없기 때문이다.

R&D에서 대부분의 직책은 일반적으로 화학, 생물학 또는 생화학 분야의 학사 또는 준 학사 학위를 요구한다. 실험실 기술자(laboratory technicians)는 과학자가 사용하는 장비를 청소 및 유지 관리하고 실험실에 소모품을 보관하는 등의 업무를 담당한다. 기술자 직책에는 일반적으로 과학, 생물학, 또는 화학 학사 학위가 필요하다. 연구 보조(research assistants) 또는 연구원(research associates)은 노련한 숙련된 과학자의 직접적인 감독하에 실험을 수행한다. 이 직책은 생물학 또는 화학 학사 또는 석사 학위를 요구한다. 연구 조수 및 연구원은 "벤치" 과학자로 간주되어 하나 이상의 수석 또는 선임 과학자의 지시에 따라 실험을 수행한다. 연구 조수 및 연구원은 다른 사람들과 공동으로 연구를 수행하기도 한다. 실험 및 실험의 설계, 실행 및 해석과 관련하여 과학 문헌을 검토하고 기술 보고서, 실험실 프로토콜 및 데이터 요약을 준비하기도 한다.

수석(principal) 또는 선임 과학자(senior scientists)는 일반적으로 박사 학위가 있고 상당한 실제 연구 경험 및 다른 과학자들을 지도하기 위한 관리 기술을 필요로 한다. 이들은 회사의 과학적 리더로 간주된다. 책임은 회사의 연구 우선 순위 계획 및 실행, 컨퍼런스에서 연구 및 개발에 대한 대변인 역할, 특허 출원 참여, 진행 보고서 작성, 정부보조금 신청 및 회사의 최고 재무 관리자에게 조언자 역할을 하기도 한다. 여기서 설명하는 직책과 설명은 회사마다 다를 수 있다. 그러나 새로운 과학적 발견에 관심이 있다면 R&D가 흥미로운 직무 선택이 될 수 있다.

DNA와 단백질 데이터를 분석하고 저장하기 위해 컴퓨터를 사용하는 생물정보학(bioinformatics)은 컴퓨터 프로그래밍, 통계 및 생물학에 대한 이해가 필요하다. 최근까지 많은 생물정보학 전문가들은 분자생물학에 대해 스스로 훈련한 또는 교육을 받은 컴퓨터 과학자이거나 또는 컴퓨터 과학, 데이터베이스 분석 및 수학에 대해 스스로 공부한 분자생물학자였다. 하지만 오늘날 컴퓨터 과학에 관심이 있는 사람들은 생명공학 수업을 듣도록 권장받고 있으며, 생명공학 학생들은 컴퓨터 과학 수업을 듣도록 권장되고 있다. 또한 생물정보학의 특정 프로그램은 4년제 단과대학 및 종합대학, 기술대학 및 지역사회 대학에서 개발되어 이 분야에 관심이 있는 사람들이 생물정보학자(bioinformaticists)가 되도록 훈련되고 있다.

유전체 프로젝트, 약물 연구 및 기타 접근 방법으로 생성되는 방대한 양의 데이터는 "빅 데이터(big data)"의 구축에 기여한다. 대규모 데이터 세트를 저장, 공유, 분석 및 보호(사이버 보안)하는 것은 중요한 과제이다. 데이터가 클라우드에 저장될 때는 충분한 컴퓨팅 메모리를 보유하는 것도 과제가 된다. 현대의 과학에서 범람하고 있는 그리고 계속 증가하고 있는 데이터의 바다에서 생명공학 회사가 익사하지 않도록 데이터 과학자(data scientists) 또는 분석가(analysts)가 필요하다. 탄탄한 데이터 마이닝 및 데이터-웨어하우징 시스템은 R&D에서 임상 실험 및 그리고 환자의 기록 추적(전자 의료 기록을 포함하여)에 이르기까지 모든 것에 필수 요소이다. 생물학에 대한 이해와 컴퓨터 과학 기술을 통합하는 데 관심이 있다면, 생물정보학 및 데이터 분석 전문가는 고려할만한 좋은 직업 옵션이 될 수 있다.

운영, 바이오 제조 및 생산

운영, 바이오 제조 및 생산은 제품 생산과 관련된 장비 및 실험실 프로세스와 같은 제품 개발의 특정 세부 사항을 감독하는 생명공학 회사의 부서를 설명하는 용어이다. 이것은 종종 제품을 구성하는 배양 세포가 대규모로 증식해야 하는 규모 확대 과정(scale-up processes)이 포함된다. 다시 말해 이것은 큰 규모의 작업이며 사소한 작업이 아니다. 간단한 비유로 규모 확대는 자신을 위해 음식을 요리하는 것과 50명을 위한 추수 감사절의 저녁 식사를 준비하는 것의 차이이다. 제조 및 생산 관련 직무는 생산 과정에서 사용되는 대규모 및 대량 장비를 유지 및 모니터링하며 회사가 올바른 절차를 따르고 제품에 대한 적절한 기록을 유지하고 있는지를 확인해야 한다. 바이오 제조 직업의 세부 사항은 회사가 제조하는 특정 제품에 따라 다르다. 입문 수준의 직무에는 재료 취급자, 제조 보조자 및 제조 직원이 포함된다. 감독 및 관리 수준의 직무에는 일반적으로 생물학 또는 화학 학사 또는 석사 학위와 해당 회사에서 생산하는 제품 또는 제품 유형에 대한 수년간의 경험이 필요하다. 제조 및 생산에는 화학, 전기, 환경 또는 산업공학의 교육을 받은 사람을 포함한 다양한 유형의 기술자도 포함된다. 엔지니어링 직책은 일반적으로 공학 학사 학위 또는 생물학이나 공학 영역의 석사 학위를 요구한다.

품질 보증 및 품질 관리

대부분의 생명공학 제품은 미국 FDA, EPA(환경보호국) 및 미국 농무부(USDA)와 같은 연방 기관에 의해 엄격하게 규제된다. 이러한 연방 기관은 제조업에게 규제 관리로 승인한 내용에 대해 정확하게 이행하라고 요구한다. 앞에서 논의했듯이 QA(품질 보증)의 전반적인 목적은 모든 제품의 최종 품질을 보증하는 것이다. 품질 관리(QC) 노력은 제품이 연방 기관에서 규정한 엄격한 규정을 준수하도록 설계된다. QA 및 QC 작업자는 제품 제조 공정의 구성 요소가 올바른 사양을 충족하고 있다는 것을 보장할 뿐만 아니라 장비, 시설 및 인력을 모니터링하고 올바른 문서를 유지 관리하고 제품 샘플을 테스트하며 제조 책임과 함께 고객 문의 및 불만 사항을 해결해야 한다. QC 및 QA의 입문 수준 직무에는 검증 기술자, 문서 담당자 및 QC 검사자가 포함된다. 이 직무는 일반적으로 적어도 생물학 학사 학위를 요구하며 관리 또는 감독 직위는 더 높은 학력을 필요로 한다. 고객 관계 전문가(customer relation specialists) 또는 제품 불만 전문가(product complaint specialists)는 종종 회사의 QA 부서에서 근무한다. 이러한 전문가의 한 가지 기능은 제품 문제에 대한 소비자 불만을 조사하고 소비자와 후속 조치를 취하여 문제에 대한 적절한 대응 또는 해결방안을 제공하는 것이다.

임상 연구 및 규제 업무

미국에서 의약 제품 개발은 자원 대상자에서 신약 후보 물질을 시험하여 FDA로부터 새로운 의약품 승인을 받는 등 기간이 길고 비용이 많이 드는 과정이다. 임상시험 과정은 생명공학의 다른 많은 임상 및 비임상 영역과 함께 여러 서로 다른 기관에 의해 규제된다. 그 결과로 모든 생명공학 회사는 적절한 규제 절차가 확립되고 준수되고 있는지 확인하기 위해 규정 준수를 모니터링하는 직원을 보유하고 있다. 인간을 위한 약물 개발에 관여하는 생명공학 회사는 종종 임상시험을 수행하고 감독하는 과학 및 비 과학 전문가가 있는 매우 큰 규모의 임상 연구 부서를 두고 있다.

마케팅, 판매, 재무 및 법률 부서

의료 기기에서 의약품에 이르기까지 다양한 생명공학 제품을 마케팅하고 판매하는 것은 생명공학의 중요한 영역이다. 생명공학 회사에서 마케팅 및 판매에 종사하는 대부분의 사람들은 과학 분야의 학사 학위를 가지고 있고 생명공학이라는 과학 과정에 친숙하며 아마도 비즈니스 과정이나 마케팅 학사 학위를 겸비했을 수도 있다. 판매 담당자(sales representatives)는 의사, 병원 및 의료 기관과 협력하여 회사 제품을 홍보한다. 마케팅 전문가(marketing specialists)는 회사가 판매하는 제품에 대한 고객의 요구(니즈)를 바탕으로 광고, 캠페인 및 홍보 자료를 고안한다. 담당자와 전문가는 종종 전시회 및 회의에 참석하기도 한다. 최종 사용자의 질문에 대답하는 능력이 마케팅 및 영업에 필수적인 기술이기 때문에 과학에 대한 이해력도 중요한 역량이다. 생명공학 회사의 재무 부서(finance divisions)는 일반적으로 회사의 재무를 감독하고, 회사에 자금을 투자하는 파트너 또는 벤처 자본가로부터 자금을 조달하는 데 관여하는 부사장 또는 최고 재무 책임자에 의해 운영된다. 생명공학 회사의 법률 전문가(legal specialists)는 전형적으로 저작권, 상표 및 특허 취득과 같은 제품 개발 및 마케팅과 관련된 법적 문제에 대해 일한다. 이것들은 생명공학 회사가 개발하기 어려운 회사의 아이디어와 제품을 보호하기 위한 필수 사항이다. 이 분야의 직원은 제품에 문제가 있거나 제품 사용자의 소송이 있을 경우 발생할 수 있는 법적 상황도 다룬다.

생명공학 분야의 연봉

생명공학 산업에서 일하는 사람들은 질병과 싸우고, 식량 생산을 개선하고, 환경을 정화하고, 제조를 보다 효율적이고 수익성 있게 만드는 획기적인 업무를 하고 있다. 생명체를 사용하여 생물을 개량하는 과정은 고대의 관행이지만 생명공학 산업은 약 40년 동안 존재해 왔기 때문에 여전히 비교적 새로운 산업이다. 신흥 산업인 생명공학은 경쟁력 있는 급여와 혜택을 제공하며 거의 모든 수준의 직원이 높은 직업적 만족도를 가진다. 영리기업에서 일하는 생명과학자의 급여는 일반적으로 학계(대학 및 대학)의 과학자에게 지불되는 급여보다 높다. 생명공학 산업 분야에서 일하는 과학자들은 전문 과학 분야에서 가장 높은 보수를 받고 있다.

AON 컨설팅 그룹에서 실시한 400개 이상의 생명공학에 대한 설문 조사에 따르면, 생물학, 화학, 그리고 분자생물학 박사 학위를 소지하고 업무 경험이 없는 사람의 평균 연봉은 55,700달러에서 시작하고, 선임 과학자들은 매년 120,000달러를 넘게 번다. 같은 분야에서 석사 학위를 가진 사람의 평균 연봉은 40,600달러이었고, 연구원의 경우 연간 60,000달러에서 70,000달러, 학사 학위의 경우 연간 43,520달러이며 연구원은 매년 52,000~ 62,000달러이다.

국가 조사에 따르면, 생명공학 교육 프로그램에 참여한 대학생의 56%가 과학적 배경이 거의 또는 전혀 없었다. 생물학에 대한 적절한 배경 지식과 적절한 실험실 기술이 있다면 다양한 수준에서 많은 직업을 구할 수 있지만 지역사회 대학, 기술대학, 4년제 대학 또는 종합대학 수준의 교육 훈련이 생명공학의 필수적인 고용 조건이 되고 있다.

생명공학 산업의 채용 동향

생명공학의 직업 전망은 매우 좋다. 1992년 이래 업계의 규모는 3배 이상 증가했다. 증가하는 가격 압박, 특허 만료, 신약 개발 비용 증가 및 이후 임상 시험 단계에서 약물이 실패할 경우 비용이 많이 드는 상황이 약물의 개발 환경을 변경시켰다. 많은 환자를 대상으로 설계된 약물(블록버스터 약물)에 대한 특허가 만료됨에 따라 연구 및 개발 투자는 심각하거나 희귀한 질병을 다루는 생물학적 치료제로 전환되고 있다. 회사는 인수 합병을 통해 규모를 키우고, 대학 및 생명공학 허브와의 제휴를 강조하고, 회사 간 자산 교환을 통해 강점을 조정했다. 희귀 질병의 치료법은 빠른 승인이 가능하게 하였고 적응할 수 있는 많은 주류 환자들로의 확장할 기회를 제공하는 FDA의 희귀약품법(Orphan Drug Act)으로 인해 일부 회사에 큰 도움이 되었다. 또 다른 추세는 여러 기술 영역을 가진 사람들이 필요하다는 것이다. 예를 들면, 분자생물학 또는 생화학 학위, 정보 기술 부전공 및 수학 과정을 가진 사람은 특히 직업 기술 시장에서 독특한 기술 조합을 가진 사람들을 찾는 회사들에 타깃이 되고 있을 정도로 직업선택에 있어 매우 유리하다. 우수한 기술력과 비즈니스 및 재무 정보에 대한 이해와 더불어 회사는 기술 능력만큼 중요한 것으로 간주되는 "소프트 기술"의 중요성을 강조한다. 여기에는 작문 및 의사 소통 기술, 다양한 청중에게 정보를 제시하는 것 그리고 팀워크가 포함된다. 생명공학의 직업 전망은 참 흥미롭다. 기회는 탄탄한 과학 교육과 우수한 구두 및 서면 의사소통 기술과 함께 공동 작업 환경에서 팀의 일원으로 일할 수 있는 강력한 능력을 겸비한 사람에게 올 것이다.

2장

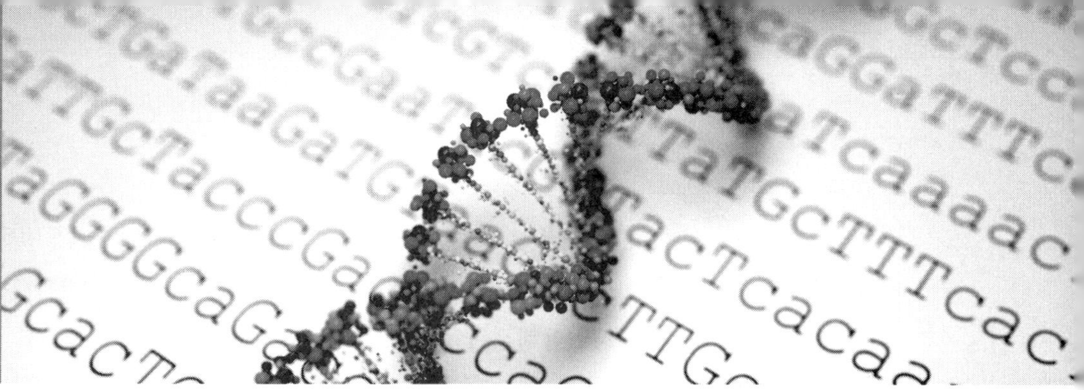

유전자와 유전체

생명공학 연구의 중심은 생명의 분자, 즉 유전물질인 DNA의 구조를 이해하는 것이다. 이 장에서는 생물학자들이 분자생물학의 놀라운 기술들을 생명공학 응용연구에 필수적인 DNA 조작과 클로닝에 어떻게 적용시켰는지 살펴보게 될 것이다. 또한 DNA의 구조와 복제를 알아보게 될 것이며 어떻게 유전자가 단백질 정보를 암호화하는지 그리고 돌연변이의 원인과 결과에 대해서 학습하게 될 것이다.

2.1 세포의 구조

세포는 모든 생물의 구조적, 기능적인 단위이다. 세균과 같은 생물들은 단세포로 구성되는 데 반해 사람은 200가지 이상의 다양한 유형과 기능을 갖는 여러 종류의 세포를 포함한 약 75조 개의 세포로 구성된다. 세포는 아주 작은 세균부터 발가락 근육부터 척수까지 약 1미터 이상 걸쳐 있는 사람의 신경세포에 이르기까지 그 크기와 복잡성이 상당히 다양하다. 하지만 사실상 모든 세포는 유전물질로서 데옥시리보 핵산(deoxyribonucleic acid, DNA)을 공통적으로 갖고 있다. 유전자는 단백질 합성을 지시함으로써 세포의 수많은 활성을 조절한다. 유전자는 우리의 행동뿐 아니라 눈의 색, 피부, 머리카락과 같은 우리의 신체 외모를 결정한다. 그리고 유전적 질병을 대한 감수성에도 영향을 준다. 유전자와 유전체를 학습하기 전에 우리는 세포의 구조와 기능에 대한 기초적인 측면을 살펴보고 여러 유형의 세포를 간단히 비교해 볼 것이다.

원핵세포

세포는 기능을 결정하는 특수화된 구조를 가진 복잡한 독립체이다. 일반적으로 세포는 외부를 둘러싸는 단백질과 지질의 이중막 구조로 이루어진 원형질(세포)막(plasma membrane), 핵과 원형질막 사이에 존재하는 내부 구성물인 세포질(cytoplasm), 특수한 기능을 수행하는 세포 내 구조물인 "작은 기관"이라는 의미의 세포소기관(organelle)으로 구성된다. 이 책 전체에서 우리는 식물과 동물세포가 생명공학에 얼마나 중요한지와 세균, 효모 및 기타 미생물과 관련된 많은 생명공학 응용분야에 대해 살펴보게 될 것이다. 세균에는 식물과 동물세포에서 DNA를 함유하는 세포소기관인 핵(nucleus)이 없기 때문에 "핵이 생기기 전"이라는 그리스어의 어원에서 유래된 원핵세포(prokaryotic cell) 또는 간단히 원핵생물(prokaryotes)이라 일컫는다. 원핵생물에는 박테리아(진정세균)와 남세균, 남조류, 그리고 진핵생물의 일부 특성을 갖고 있는 원시세균인 고세균 도메인이 포함된다. 박테리아는 비교적 단순한 구조를 갖는다. 박테리아의 외부 경계는 세포를 보호하는 단단한 세포벽에 의해 둘러싸인 원형질막이다. 단백질 합성에 사용되는 리보솜을 제외하면 박테리아는 세포소기관을 거의 갖고 있지 않다. 세포질은 일반적으로 단일 원형 분자의 형태인 DNA는 원형질막에 부착되어 있는데 이러한 영역을 핵양체 영역(nucleoid region)라고 부른다. 일부 박테리아는 운동에 필요한 소위 편모라고 하는 꼬리와 유사한 구조를 가지고 있다.

진핵생물의 세포질은 세포질액(cytosol), 영양분, 젤과 유사한 액체 그리고 많은 세포소기관으로 구성된다. 원핵생물의 세포질 역시 세포질액으로 구성되지만 세포소기관을 거의 포함하지 않는다. 세포소기관은 화학반응과 세포과정이 일어나는 부분으로 생각하면 된다. 세포소기관은 세포가 수천 개의 여러 가지의 다른 복잡한 반응을 수행할 수 있게 한다. 각각의 세포소기관은 특정 생화학 반응을 담당한다. 예를 들어, 리소좀은 외부 물질과 노화된 세포소기관을 분해하고, 소포체와 골지체와 같은 세포소기관은 단백질, 지질 및 탄수화물(당)을 합성한다. 이처럼 세포내 다양한 반응들을 세포소기관별로 구분함으로써 세포는 간섭 없이 동시에 정교하게 조정된 방식으로 다양한 반응을 수행할 수 있다.

핵은 DNA를 함유하고 있다. 이 세포소기관은 핵막(nuclear envelope)이라는 이중막에 의해서 둘러싸여진 구형 구조이고, 진핵세포에서는 가장 큰 구조물이다. 약 1.8m 정도의 DNA가 사람의 모든 세포 내 핵 안에 코일형태로 들어가 있으며 이들 DNA를 모두 연결하게 되면 지구에서 태양까지 500번 왕복이 가능한 길이가 된다. 비록 진핵세포의 DNA가 대부분 핵 안에 있지만 미토콘드리아와 엽록체도 작은 원형의 DNA를 가지고 있다.

2.2 생명의 분자

인터넷과 스마트폰을 통해 DNA와 유전자에 대한 정보를 손쉽게 접하게 되면서 많은 사람들은 21세기의 생물학 연구는 DNA의 세부적인 구조까지 모두 알게 되었다는 인상을 받을 수 있다. 하지만 DNA의 구조와 유전물질로서의 기능은 아직까지 잘 알려지지 않은 사실들이 많다. 많은 저명한 연구자에 의한 놀라운 발견들은 DNA의 구조와 기능에 대한 이해에 많은 기여를 현재까지도 하고 있다. 이 절에서는 DNA에 대한 핵심적인 증거를 간단히 학습하고 DNA의 구조에 대해 설명할 것이다.

DNA의 구조

1869년, 스위스 생물학자인 미셔(Friedrich Miescher)는 핵에서 세포성 물질을 발견하였고 이것을 뉴클레인(nuclein)이라고 명명하였다. 미셔는 이것이 단백질을 분해하는 효소인 프로테이즈(protease)에 의해 분해되지 않는다는 사실을 발견하였다. 이 발견은 뉴클레인이 단백질로만 이루어진 것은 아니라는 점을 암시한다. 후속연구에 의해 이 물질이 산성의 특성을 가지고 있음을 알게 되어 핵산(nucleic acid)이라는 용어로 재명명되었다. DNA와 리보뉴클레이산(ribonucleic acid, RNA)은 핵산의 2가지 주요 형태이다. 생화학자들은 핵산의 여러 가지 성분을 규명하는 데 집중했고, 다른 한쪽에서는 DNA가 세포의 유전물질이라는 것을 증명하기 위한 실험을 수행하였다.

DNA가 유전물질임을 뒷받침하는 증거가 발표되는 동안에도 DNA의 구조는 중요한 질문이었다. 샤가프(Erwin Chargaff)는 다양한 종으로부터 DNA를 분리함으로써 이와 같은 질문에 대한 몇 가지의 통찰력을 제공하였다. 여러 다른 종으로부터 DNA의 화학적 분석으로 아데닌(adenine)이라고 하는 DNA 염기의 비율이 티민(thymine)이라고 하는 염기의 비율과 거의 같고, 사이토신(cytosine)과 구아닌(guanine) 염기의 비율이 거의 같다는 것을 발견하였다. 이것은 아데닌, 티민, 사이토신 그리고 구아닌이 DNA의 구조를 이루는 성분들이라는 것을 제시하는 가치 있는 발견이었다. 이러한 염기들은 다음에 살펴볼 DNA의 필수 구성요소이기 때문에 기억해야 할 중요한 원리이다.

DNA의 기본 구성 물질은 뉴클레오타이드(nucleotide)이다. 각각의 뉴클레오타이드는 5개의 탄소로 구성된 데옥시리보오스로 불리는 펜토오스당(pentose sugar, 5-탄소), 인산 분자, 그리고 질소성 염기(nitrogenous base)로 구성된다. 질소성 염기는 뉴클레오타이드에서 교체가 가능한 성분이다. 각각의 뉴클레오타이드는 아데닌(A), 티민(T), 구아닌(G) 또는 사이토신(C) 중에서 한 개의 염기를 가진다. 이것을 간단히 A, T, G, C로 부른다. 뉴클레오타이드는 DNA의 구성성분이다. 하지만 이와 같은 구조가 어떻게 배열되어 DNA 분자를 형성하는 것일까? 많은 과학자들이 이와 같은 질문에 대한 답을 찾고 있었다. 마침내 DNA의 구조는 영국 캠브리지대학의 캐번디시 연구소에서 근무하고 있던 왓슨(James Watson)과 크릭(Francis Crick)에 의해서 밝혀지게 되었다. 런던대학의 화학자인 프랭클린(Rosalind Franklin)과 윌킨스(Maurice Wilkins)는 X선 결정법을 이용하여 왓슨과 크릭에게 DNA 구조에 대한 매우 귀중한 데이터를 제공해 주었다. DNA 결정체에 X선을 조사함으로써 프랭클린과 윌킨스는 DNA의 구조가 나선형임을 알 수 있는 DNA 모델을 제시하였다. 위 두 사람의 데이터, 샤가프의 발견 및 여러 연구결과들을 토대로 왓슨과 크릭은 DNA의 분자모형을 조립하였다.

왓슨과 크릭은 1953년 4월 25일에 저명한 학술지인 네이처에 '핵산의 분자구조: 데옥시리보오스 핵산의 구조'라고 하는 논문을 발표하였다. 이 논문의 첫 구절을 읽어 보면 '우리는 데옥시리보오스 핵산(D.N.A)이라는 염에 대한 구조를 제안한다. 이 구조는 생물학적으로 상당히 흥미로운 관심을 주는 새로운 특성을 갖고 있다'라고 되어 있다. DNA의 중요성 및 지난 65년에 걸쳐 우리가 배운 DNA의 구조를 고려해 보면 이 구절은 현재까지 출판된 과학 논문 중에서 가장 절제된 표현 중 하나일 것이다. 이러한 발견의 중요성은 1962년 왓슨, 크릭 그리고 윌킨스가 노벨의학상을 수상함으로써 인정받게 된다. 왓슨과 크릭은 뉴클레오타이드가 긴 DNA 가닥을 형성하고, 각 DNA 분자가 서로 결합되어 서로의 주위를 감싸면서 이중나선을 형성하는 2개의 가닥으로 구성되어 있다고 발표하였다. 하나의 DNA 가닥은 뉴클레오타이드들이 서로 연결된 줄과 같은 형태로서 각 뉴클레오타이드의 인산기가 인접한 뉴클레오타이드의 당이 인산디에스테르 결합(phosphodiester bond)에 의해서 서로 결합되어 있다. 각 DNA 가닥에 있는 염기의 순서는 매우 다양하다. 예를 들면, C를 포함하는 뉴클레오타이드는 A, T, G 또는 C를 포함하는 다른 뉴클레오타이드와 연결될 수 있다.

각각의 뉴클레오타이드 가닥은 극성(polarity), 즉 각 가닥은 5′ 말단(5′ end)과 3′ 말단(3′ end)을 갖는다. 이와 같은 극성은 데옥시리보오스당의 탄소번호를 의미한다. DNA 가닥의 5′ 말단에서 5번 탄소에 있는 인산기는 다른 뉴클레오타이드와 결합하지 않지만 3번 탄소는 인산디에스테르 결합에 관여한다. 3′ 말단에서 5번 탄소의 인산기는 다른 뉴클레오타이드와 결합하지만 3번 탄소는 다른 뉴클레오타이드와 연결되지 못한다. 이와 같은 뉴클레오타이드의 구조가 사소하게 보일지도 모르겠지만 DNA의 극성은 DNA 복제와 실험실에서의 일상적인 DNA 조작에 매우 중요하다.

왓슨과 크릭은 DNA 분자가 2개의 상호 연결된 가닥으로 구성되어 오른손 방향 이중나선(right-handed double helix)구조를 형성한다고 제시하였다. 이것은 생물학 역사에서 가장 유명한 발견일 것이다. 두 가닥은 반대편 가닥의 상보적인 염기쌍(complementary base pair) 사이의 수소결합에 의해서 서로 결합된다. 아데닌은 항상 티민과 결합하고 구아닌은 사이토신하고만 결합한다. 이 모델을 통해서 샤가프의 법칙(Chargaff's observation)을 쉽게 이해할 수 있을 것이다. 세포 내 DNA의 아데닌과 티민의 비율과 구아닌과 사이토신의 비율은 항상 같은데, 이것은 이들이 DNA 분자에서 서로 쌍으로 결합되어 있기 때문이다. 이중가닥을 구성하는 2가닥의 뉴클레오타이드는 역평행(antiparallel)인데 이것은 각 가닥의 극성이 서로 반대이기 때문이다. 이와 같은 방향성은 각 가닥이 정렬되기 위한 상보적인 염기쌍을 유지하게 하는 수소결합이 필수적임을 말해준다. 이중나선은 일종의 꼬인 사다리와 닮았다. 사다리의 각 발판은 상보적인 염기쌍으로 구성되어 있으며 사다리의 측면은 DNA의 골격(backbone)을 형성하는 당과 인산 분자로 구성되어 있다.

유전자란 무엇인가?

유전자는 유전의 단위이기는 하지만 유전자란 정확히 무엇일까? 최근까지 유전자(gene)는 보통 특정 단백질의 합성을 지시하기 위해 세포에 제공되는 뉴클레오타이드 서열로 기술되었다. 그러나 최근 모든 유전자가 단백질을 만드는 데 사용되는 것은 아니라는 점을 알게 되었기 때문에, 유전자의 현대적 정의로는 RNA 생성에 사용되는 특정 DNA 서열을 말한다. 예를 들어, 운반 RNA(tRNA) 유전자는 tRNA 분자를 만드는 데 사용되며, tRNA는 단백질 합성에 필요하지만 단백질로 번역되지는 않는다. 대부분의 유전자들은 대략적으로 1,000에서 4,000 뉴클레오타이드(nt)의 크기를 가지며 이보다 더 작거나 큰 유전자도 확인되고 있다. 유전자는 세포에서 생산되는 단백질을 제어함으로써 현미경과 육안으로 확인 가능할 정도의 세포, 조직 그리고 기관에 영향을 끼친다. 이렇게 유전되는 외형(모습)을 형질(trait)이라고 부른다. 세포 안에 함유되어 있는 DNA를 통해 당신은 당신의 부모로부터 눈과 피부색과 같은 많은 형질을 물려받았다. 유전자는 세포대사에 영향을 끼칠 뿐만 아니라 지능과 같은 인식능력에도 영향을 끼치며 또한 유전적인 질병에 대한 감수성에도 영향을 준다.

몇몇의 형질은 단일 유전자에 의해서 조절되지만 대부분의 형질들은 복잡한 방식으로 상호작용하는 다수의 단백질을 생산하는 유전자에 의해서 조절된다. 지금부터 우리는 유전자가 어떻게 세포 안에서 단백질 합성을 지시하는지 학습하게 될 것이다. 이 장에서 우리는 유전자, 유전자의 기능 그리고 여러 생명공학 분야에서 유전자의 다양한 응용에 대한 예를 학습하게 될 것이다.

2.3 염색체 구조, DNA 복제 및 유전체

유전자가 어떻게 작용하는지를 학습하기 전에, DNA가 어떻게 그리고 왜 염색체로 조직화되고, 세포 내에서 어떻게 복제되는지를 이해하는 것이 중요하다.

염색체의 구조

당신이 어떤 숙제를 받았다고 가정해보자. 만약 이 문제를 정확하게 풀었다면 당신은 남은 학기 동안 학비가 면제될 것이다. 당신에게 다양한 색의 털실들이 뒤엉켜 있는 46개의 뭉치가 주어졌다. 당신의 숙제는 46개의 털실을 온전하게 각각의 색으로 분리하는 것이다. 어떻게 이 문제를 해결할 것인가? 당신이 무작위로 털실의 엉켜진 부분을 자르는 것으로 시작한다면, 아마도 성공하지 못할 것이다. 물론, 당신이 공들여 엉킨 털실을 풀고, 각기 다른 색의 털실을 실패에 감는다면, 결국 46개의 뭉치로 나눌 수는 있을 것이다. 이러한 비유는 인간 세포가 DNA를 각각의 뭉치로 분할하고 분류하는 방법에 대한 단순화된 시각을 제공한다. 모든 인간의 세포에 존재하는 30억 염기쌍의 DNA는 세포분열 시 균등하게 분열되어야 한다. 그렇지 않는다면, 그로 인한 DNA의 소실은 치명적인 결과를 가져온다. 다행히, 세포들은 효과적으로 분열하고, DNA는 염색체(chromosome)로 포장되어 있기 때문에, DNA 분열에 있어 이러한 실수는 매우 드물게 일어난다.

세포 내에서 DNA는 비교적 풀려진 상태로 존재한다. 이것은 DNA의 이중나선 구조가 풀어져 있는 것이 아니라, DNA가 약간 느슨하게 배열되어 있고, 단단히 감겨져 있는 염색체로 완전히 포장되어 있지 않음을 의미한다. 세포가 분열하지 않을 때, 핵 안의 DNA는 히스톤(histone)이라 불리는 DNA 결합 단백질과 복잡하게 결합된 상태로 존재하고 매듭 모양의 크로마틴(chromatin)을 형성한다. 세포분열이 일어나는 동안, 크로마틴은 단단한 형태의 섬유질을 형성하기 위하여 서로 감겨져 결국 DNA, 히스톤 단백질, 기타 많은 단백질들이 고도하게 꼬아지고 단단한 응축된 염색체를 형성한다. 인간의 세포에 존재하는 DNA는 약 2m인데, 직경이 약 1mm인 핵으로 포장되어 있는 것을 고려한다면 DNA를 염색체로 압축한다는 것은 매우 놀라운 일이다.

염색체의 크기와 수는 생물종마다 다양하게 나타난다. 대부분의 박테리아는 수천 개의 유전자를 포함하는 수십만 개의 염기쌍으로 이루어진 단일 원형의 염색체를 가지고 있다. 진핵생물은 전형적으로 하나 이상의 염색체 쌍을 갖고 있으며, 선형이다. 대부분의 인간 세포는 각각 23개의 염색체 두 세트(쌍), 즉 전체 46개의 염색체를 가지고 있다. 수정 과정을 거쳐, 당신은 어머니로부터 23개의 염색체(모계 염색체; maternal chromosome)를 그리고 아버지로부터 23개의 염색체(부계 염색체; paternal chromosome)를 부여받았다. 이러한 염색체 쌍을 상동 쌍(homologous pairs) 또는 상동성(homologous)이라고 한다. 염색체 1번부터 22번까지는 상염색체(autosomes)라 하고, X와 Y 염색체로 구성된 23번째 염색체 쌍은 성염색체(sex chromosome)라 한다.

성 세포 또는 배우자(gamete)로 불리는 인간의 난자와 정자는 염색체의 반수(haploid number, n)로 나타내는 23개 염색체 단일 세트를 갖는다. 피부세포, 근육세포, 그리고 간세포와 같은 신체의 다른 모든 세포는 체세포로 알려져 있다. 대부분 생물체의 체세포는 두 세트의 염색체를 가지고 있으며, 이를 2배체(diploid number, 2n) 염색체라 한다. 인간의 체세포는 46개의 염색체를 가지고 있다. 정상 남성의 체세포들은 22쌍의 상염색체와 X와 Y 염색체를 가지고 있는 반면, 정상 여성인 경우는 22쌍의 상염색체와 2개의 X 염색체를 가지고 있다.

성염색체는 이들 염색체가 성적 형질을 좌우하고 생식기관의 발달에 영향을 미치는 유전자를 갖고 있기 때문에 명명되었다. 반면에 상염색체는 본래 눈의 색 또는 피부색과 같은 성과 관련되지 않은 신체적 특성에 영향을 끼치는 유전자를 포함한다. Y 염색체에 성 기관 결정에 영향을 주는 유전자가 있기는 하지만, 상염색체에도 성 결정에 영향을 미치는 다른 유전자들이 존재한다. 그리고 X 염색체의 대부분의 유전자들은 생식기관의 분화와 발생에 관련되어 있지 않다.

대부분 진핵생물의 염색체에서 몇 가지 특성들이 공통적으로 나타난다. 진핵생물의 각 염색체는 자매 염색분체(sister chromatid)라 불리는 2개의 얇은 막대모양 구조로 이루어져 있다. 자매 염색분체들은 DNA 합성과정에서 복제된 서로 정확하게 같은 복제형태이다. 세포분열시, 각각의 자매 염색분체는 분리되어 새롭게 형성된 세포는 본래 세포와 동일한 양의 DNA를 갖게 된다. 각각의 진핵생물의 염색체는 하나의 중심체(centromere)를 가지며, 이 중심체는 2개의 자매 염색분체를 서로 연결하는 DNA와 단백질이 얽혀진 염색색체의 잘록한 부분이다. 염색체의 이 부분은 또한 단백질이 함유된 세포소기관인 미세소관이 부착하는 장소이다. 미세소관(microtubule)은 세포분열 시 염색체를 이동시키고, 자매 염색분체를 분리하는 데 중요한 역할을 한다. 중심체는 각 자매 염색분체의 긴 팔(long arm)과 짧은 팔(short arm)의 경계이다. 긴 팔은 장완(q arm), 짧은 팔은 단완(p arm)이라 한다. 각 염색체의 팔은 말단소립(telomere)이라 불리는 부분으로 끝난다. 말단소립은 핵막에 염색체를 부착하기 위한 중요한 기능을 하는 고도로 보존된 반복되는 뉴클리오타이드 서열이다. 말단소립은 매우 중요한 연구 주제이다. 말단소립 길이의 변화는 세포 노화과정 및 특정 유형의 암 발생에도 관여한다고 알려져 있다.

염색체 연구를 위한 핵형 분석

염색체 구조와 이상(abnormality)을 분석하는 것을 세포유전학(cytogenetics) 또는 세포유전학 분석이라고 한다. 염색체 수와 염색체 구조의 기본 지식을 습득하기 위한 일반적인 세포유전학적 방법은 핵형(karyotype)을 준비하는 것이다. 핵형 분석을 하기 위해서는 세포를 현미경 슬라이드에 펴지도록 한 후 염색체의 노출 및 염색을 시키기 위해 화학물질을 처리해야 한다. 예를 들어, 김사염색이라 불리는 DNA에 결합하는 염료 처리를 하는 G-밴딩 방법은 염색체에 밝고 어두운 밴드를 번갈아 나타나게 한다. 염색된 각 염색체는 다른 염색체를 구분하는 데 사용할 수 있는 독특하고 재현 가능한 밴딩패턴을 보여준다. 염색체들은 그들의 염색 패턴과 크기에 따라 정렬하고 짝 지을 수 있다. 인간의 1번 염색체가 가장 크며, 반면에 22번 염색체가 가장 작다. 최근에는 이러한 핵형 분석을 스펙트럼 핵형 분석(spectral karyotyping) 방법을 사용하는데, 특정 탐침(probe)과 이를 염색체에 착색시키는 기술을 사용한다. 이는 전통적인 핵형

보다 염색체 구조에 대한 보다 자세한 분석을 가능하게 하여 염색체 구조 및 수의 이상과 같은 인간 유전 질환 상태를 쉽게 식별할 수 있게 한다. 이와 유사하게, 서로 다른 DNA 탐침을 염색체에 결합시킴으로써 특정 유전자의 존재 또는 부재와 같은 염색체 구조의 특정 변이를 확인하기 위한 다양한 접근법을 사용할 수 있다. 이를 위한 방법 중 한 가지로 형광 제자리 혼성화법(fluorescence *in situ* hybridization, FISH)이 있다.

DNA의 복제

세포가 분열할 때, 새롭게 만들어진 세포는 복제된 같은 양의 DNA를 갖고 있어야만 한다. 체세포는 유사분열 또는 체세포분열(mitosis)에 의하여 2개의 세포로 분열되는데, 분열을 통해서 본래세포(모세포)와 동일하게 복제된 DNA를 포함하는 각각의 딸세포가 만들어진다. 예를 들어, 인간의 피부세포는 각 23쌍의 염색체를 갖는 2개의 딸세포로 분열한다. 배우자(gametes)는 감수분열에 의해 형성되고, 이 경우는, 모세포가 분열하여 4개의 딸세포를 형성하고, 이들이 각각 정자 또는 난자세포가 된다. 감수분열(meosis) 동안 딸세포의 염색체 수는 반으로 줄어 반수가 된다. 정자나 난자세포는 23개로 구성된 염색체 세트를 갖게 된다. 유성생식을 통하여, 접합자(zygote)라 불리는 수정란이 탄생하고 체세포분열에 의해 분열되어 결국 완전한 인간이 되는 접합자는 46개의 염색체를 갖게 된다(23개의 모계 염색체 및 23개의 부계 염색체).

체세포분열 또는 감수분열에 의한 세포분열이 일어나기 전에, DNA는 세포 안에서 복제되어야만 한다. DNA 복제는 반보존적 복제(semiconservative replication)라고 불리는 과정에 의해 일어난다. 복제가 시작되기 전에, 이중나선 구조의 2개의 상보가닥이 단일가닥으로 나누어져야 한다. 일단 나누어지면, 2개의 가닥은 복제될 새로운 가닥을 위한 주형(templates)으로 작용한다. 이 과정이 끝나면, 2개의 새로운 이중나선 구조가 형성된다. 각각의 나선들은 본래 DNA(부계) 가닥 하나와 새롭게 합성된 가닥 하나를 포함하기 때문에 반보존적라고 한다.

DNA 복제는 다양한 종류의 단백질이 관여하여 여러 단계를 거쳐서 일어난다. 원핵생물은 단일 원형의 염색체를 가지고 있기 때문에 DNA 복제과정이 진핵생물과와는 다소 다르다. 여기에서 우리는 DNA 복제의 주요 구성요소와 주요 개념을 전반적으로 짚어 볼 것이다. 하지만 원핵생물과 진핵생물의 복제과정은 미묘하게 차이가 있다는 점을 명심해야 한다. 복제는 뉴클레오타이드로 구성된 2개의 가닥을 분리하는 효소인 DNA 헬리케이즈(DNA helicase)에 의하여 시작되는데, 이 효소는 상보적인 염기쌍 사이의 수소결합을 파괴하여 DNA를 말 그대로 '압축풀기(unzipping)'를 한다. 분리된 가닥들은 복제 분기점(replication fork)을 형성한다. 헬리케이즈가 DNA를 풀게 되면 단일가닥 결합 단백질(single-strand binding protein)들이 각 가닥에 부착되어 DNA를 복제하는 동안 분리된 DNA 가닥의 뉴클레오타이드가 다시 염기쌍을 형성하거나 이중나선 구조를 형성하는 것을 방지한다. DNA 가닥의 분리는 복제원점(origins of replication)이라 불리는 영역에서 일어난다. 박테리아의 염색체는 하나의 복제원점을 가지고 있다. 진핵생물의 경우 DNA의 크기가 박테리아보다 상대적으로 훨씬 크기 때문에 다수의 복제원점을 가지고 있다. 다수의 복제원점에서 시작되는 DNA 복제는 진핵생물의 염색체들을 신속하고 빠르게 복제될 수 있도록 해준다.

DNA 복제의 다음 단계는 약 10~15 뉴클레오타이드 길이를 갖는 RNA 단편을 추가하는 것이다. 이 염기서열을 RNA 프라이머(primer)라 하고, 프리메이즈(primase; 진핵생물에서는 DNA 중합효소 α[알파]가 프리메이즈 기능을 한다)라 불리는 효소에 의하여 합성된다. 프라이머는 새로운 DNA 가닥을 합성하는 주요 효소인 DNA 중합효소(DNA polymerase)의 결합부위의 역할을 하기 때문에, 프라이머가 DNA의 복제를 개시한다. DNA를 복제하는데 있어 여러 유형의 DNA 중합효소가 필요하다. 박테리아에서 DNA 중합효소 III(DNA polymerase III; 진핵생물은 DNA 중합효소 δ[델타]라고 함)는 각각의 DNA 단일가닥에 결합하여 이 가닥을 따라 움직이며, 이 DNA 가닥을 주형으로 해서 새로운 DNA 가닥을 합성한다. 이 과정에서 DNA 중합효소는 세포 내에 존재하는 뉴클레오타이드를 사용하여 DNA의 상보적 가닥들을 합성한다. DNA 중합효소는 항상 5′에서 3′인 한 방향으로만 진행하여 새로운 가닥들을 합성한다. 기존의 뉴클레오타이드의 당과 새로운 뉴클레오타이드의 인산기 사이에 인산디에스테르 결합을 형성하여 새로 합성되는 가닥의 3′ 말단에 뉴클레오타이드를 추가한다.

DNA 중합효소는 5′에서 3′방향으로만 진행할 수 있기 때문에, 선도가닥(leading strand)에서 일어나는 복제는 연속적으로 진행되는 반면에 반대편 가닥인 지연가닥(lagging strand)의 복제는 DNA 중합효소가 복제 분기점이 열리기를 기다려야 하기 때문에 불연속적으로 일어난다. 지연가닥에서는 DNA 중합효소가 복제 분기점을 빠져나오면서 오카자키 절편[Okazaki fragment; 이러한 절편을 발견한 과학자인 두 오카자키(Reiji와 Tuneko Okazaki)의 이름을 따서 명명됨]이라는 짧은 단편의 DNA가 합성된다. 지연가닥의 인산디에스테르 골격에 빈자리가 없도록 하기 위해 오카자키 절편 사이의 공유결합을 DNA 연결효소(ligase)가 생성한다. 마지막으로, RNA 프라이머가 제거되고, 이 빈자리는 DNA 중합효소에 의하여 채워지게 된다.

유전체란 무엇인가?

DNA는 생명을 위한 지침(유전자)을 담고 있다. 유전체(genome)란 생물체가 가지는 모든 DNA를 말한다. 인간의 유전체는 약 2만 개의 유전자가 약 30억 개의 염기쌍 DNA에 흩어져 있다. 유전체학(genomics)이라 불리는 유전체 연구는 현재 생물학 분야 중 가장 활발하고 진전이 빠른 분야 중 하나이다.

이 책에서는 다른 어떠한 주제보다 유전체에 대해 많이 다루게 될 것이다. 여러 장에서 우리는 인간의 각 염색체상에 존재하는 모든 유전자들을 해석하기 위한 세계적 노력이었던 인간유전체프로젝트(Human Genome Project)에 대하여 논의할 것이다. 인간유전체프로젝트는 인간의 유전자와 유전자의 기능에 대하여 흥미로운 통찰력을 제공하였고 새로운 연구 영역을 만들어냈으며, 유전병을 진단 및 치료할 수 있는 새로운 방법의 개발을 촉발시킨 엄청난 사업이었다.

앞으로 학습하게 될 DNA 서열결정법(DNA sequencing, DNA 분자에서 뉴클레오타이드의 서열을 결정하는 방법) 기술은 매우 빠르게 발전하여 이제는 개개인의 인간 유전체를 저렴한 비용으로 매우 빠르고 정확하게 DNA 서열결정을 할 수 있게 되었다. 결과적으로 DNA 서열결정법은 인간 유전 질환 상태를 진단하고 치료하는 데 중요한 영향을 미치고 있다.

2.4 RNA와 단백질 합성

유전자는 단백질의 합성을 지시하여 세포의 다양한 활동과 기능을 조절한다. 다음은 단백질의 무수한 기능 중 일부이다.

- 단백질은 세포막, 세포소기관 및 세포질의 중요한 성분들과 같은 세포 구조에 필요하다.
- 단백질은 효소로서 세포 내 필수 반응들을 수행한다.
- 단백질은 세포가 서로 통신할 수 있도록 해주는 호르몬 및 다른 신호 분자로서 중요한 역할을 수행한다.
- 수용체 단백질은 호르몬 및 세포 내외부의 출입을 조절하는 수송 단백질과 같은 분자에 결합한다.
- 단백질은 항체로서의 역할을 하여 외부에서 인체 안으로 침입한 항원을 인지하고 파괴시키는 면역을 생성한다.

쉽게 말해 세포는 단백질 없이는 아무런 기능을 할 수 없다. 어떻게 DNA가 단백질을 생성할까? 사실, DNA는 직접적으로 단백질을 합성하지 못한다. 단백질을 합성하기 위하여, 유전자는 먼저 전령(messenger) RNA(mRNA)라 불리는 분자로 복사된다. RNA 합성은 유전자가 말 그대로 DNA에서 RNA로 전사(복사)되는 것이기 때문에 전사(transcription)라고 한다. 이후, 유전자의 정확한 사본인 mRNA 분자들은 번역(translation)이라는 과정을 거쳐 단백질을 만들기 위한 해독 가능한 정보를 갖고 있다.

RNA 분자는 DNA와 같은 이중가닥이 아닌 단일가닥이지만, 화학적 조성은 DNA와 매우 유사하다. 또한 RNA를 구성하는 염기들 또한 DNA와 유사하다. 한 가지 중요한 차이점은 RNA는 티민(T) 대신에 유라실(U)이라 불리는 염기를 가지고 있다는 사실이다. 또 다른 중대한 차이점은 RNA가 리보오스(ribose)라 불리는 5탄당(pentose sugar)을 가지고 있고, 이것은 DNA에 있는 데옥시리보오스와는 약간 다른 구조를 가지고 있다.

전사와 번역의 차이를 쉽게 이해하기 위해 번역이 한 언어를 다른 언어로 옮기는 과정인 것처럼 RNA로부터 단백질로 암호(code)를 바꿔주는 과정으로 생각하면 될 것이다. mRNA 및 다른 RNA의 생산과 단백질의 합성을 통하여, DNA는 세포의 성질 및 형질을 조절한다. 전사와 번역과정은 세포 내 유전정보의 흐름을 조절하여, 세포의 활동 및 특성을 조절한다. 여기서 우리는 전사와 번역의 기본원리와 유전자 발현이 세포에 의하여 어떻게 조절되는지에 대하여 학습하게 될 것이다.

유전정보의 복제: 전사

어떻게 DNA가 RNA를 만들기 위한 주형으로 사용될까? RNA 중합효소(RNA polymerase)는 전사과정에 있어 중요한 효소이다. 핵 내부에서 RNA 중합효소는 DNA 나선 구조를 푼 후, DNA의 한 가닥을

RNA로 복제한다. 전체 DNA 분자가 복제되는 DNA 복제과정과는 달리, 전사는 유전자를 포함한 염색체의 일부분에서만 일어난다. 어떻게 RNA 중합효소는 어디에서 전사가 시작되는 것을 알 수 있는 걸까? 대부분의 유전자에 인접하여 특정한 위치에서 RNA 중합효소가 결합할 수 있도록 특정한 뉴클레오타이드 서열을 프로모터(promoter)라 한다. 전사인자(transcription factor)라 불리는 단백질은 RNA 중합효소가 프로모터를 발견하고 DNA에 결합하는 것을 도와주는 기능을 한다. 또한 인핸서(enhancer)라 불리는 서열들도 전사에 있어 중요한 역할을 수행한다. RNA 중합효소가 프로모터에 결합한 후, DNA의 2가닥은 단일가닥으로 풀리기 시작한다. 주형가닥[template strand; 반대 가닥은 암호가닥(coding strand)]인 한 가닥만이 RNA 중합효소에 의하여 복제된다. 프로모터의 존재로 어떤 DNA의 가닥이 전사될지가 결정된다. 결정이 나게 되면, RNA 중합효소는 DNA가 DNA 중합효소에 의해서 복제되듯이, 리보뉴클레오타이드 사이에서 인산디에스테르 결합에 의한 상보적인 가닥을 복제하기 위하여, DNA 주형가닥을 따라 5′에서 3′ 방향으로 전사가 시작된다.

RNA 중합효소가 유전자의 말단에 도착하게 되면, 종결 서열을 만나게 된다. 이들 서열은 특정 단백질 또는 염기쌍에 결합하여 RNA의 말단 부분에 루프를 생성하게 한다. 결과적으로, RNA 중합효소와 새롭게 합성된 RNA는 DNA 분자로부터 떨어져 나오게 된다. 세포분열 시 한 번씩만 복제되던 DNA 복제와는 달리, 전사가 되는 동안 다수의 mRNA 복사물들이 복제된다. 때때로 세포는 하나의 유전자로부터 수천 개의 mRNA 복사물을 전사한다.

전사는 다른 형태의 RNA를 합성한다

우리는 많은 유전자들이 RNA로 복제될 때 mRNA로 만들어진다는 것을 배웠다. RNA의 다른 유형인 운반 RNA(transfer RNA, tRNA)와 리보솜 RNA(ribosomal RNA, rRNA) 역시 이러한 전사과정을 통해서 합성된다. 다른 유형의 RNA는 각기 다른 RNA 중합효소에 의해 합성된다. 곧 학습하게 될 내용처럼, mRNA만이 단백질을 합성하기 위한 암호정보를 가지고 있지만, tRNA와 rRNA 또한 단백질 합성에 빠져서는 안 될 중요한 요소들이다.

과학자들은 비교적 최근에 비암호화 RNA(noncoding RNA, ncRNA)라고 하는 새로운 종류의 RNA 분자를 발견하였다. 이들은 tRNA와 rRNA를 포함한다. 곧 학습하게 되겠지만, ncRNA는 세포에서 다양한 기능을 한다. 나중에 이 장에서 우리는 간단히 ncRNA의 역할에 대해 논의하게 될 것이다.

mRNA 가공과정

진핵세포에서, 유전자로부터 복사된 초기 mRNA를 1차 전사체(primary transcript, pre-mRNA)라 한다. 이 mRNA는 미성숙하고 완전한 기능을 하지 못한다. 1차 전사체는 단백질 합성을 하기 전에 mRNA 가공이라 부르는 일련의 가공과정을 거치게 된다. 그 중 하나로 RNA 스플라이싱(splicing) 과정이 있다. 전사과정의 상세한 부분이 처음 알려진 후, 과학자들은 단백질 정보를 갖고 있지 않는 인트론(intron)이라 불리는 DNA 서열에 의하여 유전자가 분리되어 존재하는 사실에 매우 놀라워했다. 인트론은 유전자의 단백질 정보서열인 엑손(exon)들 사이에 산재되어 있다. 인트론과 엑손은 mRNA의 전사과정 중에 복제된다. mRNA가 단백질을 만들기 위해서는 엑손들의 스플라이싱 과정이 필요하다. 간단한 비유로 설명하자면, 인트론을 완성된 문장 안에 무작위로 삽입된 글자라 한다면, 이것은 문장이 논리적일 수 있도록 삭제되어야 하는 요소가 된다. 스플라이싱 과정에서, 인트론은 1차 전사체로부터 절단되고, 인접한 엑손들은 인트론이 없는 완전한 기능성을 띤 mRNA 분자를 형성하기 위하여 서로 연결되어야 한다.

스플라이싱은 궁극적으로 하나의 유전자로부터 만들어질 수 있는 단백질 유형에 유연성을 제공해 준다. 유전자가 처음으로 발견되었을 때, 과학자들은 하나의 유전자가 단 하나의 단백질만을 생산한다고 생각하였다. 그러나 스플라이싱이라는 과정이 밝혀지면서 유전자가 여러 개의 엑손을 포함하게 되면 스플라이싱이 항상 같은 방식으로 일어나는 것은 아니라는 것을 알게 되었다. 결과적으로, 하나의 유전자로부터 다양한 단백질이 만들어질 수 있다는 것이다. 선택적 스플라이싱(alternative splicing)이라는 복잡한 과정은 특정 엑손들을 결합시키고 다른 엑손들은 잘라내게 되는데 이렇게 잘라진 엑손들은 본질적으로 인트론이라 할 수 있다. 이 과정은 같은 유전자로부터 여러 개의 다양한 크기의 mRNA들을 만들 수 있다. 이후 각 mRNA는 다양하고 고유한 기능을 가진 서로 다른 단백질들을 생산할 수 있다.

선택적 스플라이싱은 동일한 유전자 서열로부터 다양한 단백질을 생산할 수 있게 한다. 예를 들어, 항체를 생산하는 특정 유전자는 선택적 스플라이싱 과정을 통해서 세포 표면에 부착하는 항체뿐만 아니라 혈류로 분비되는 다른 구조를 갖는 항체를 단백질을 합성한다. 신경전달 유전자에서도 이러한 유사한 선택적 스플라이싱이 일어난다. 사실 과학자들은 인간세포에서 만들어지는 단백질의 수를 바탕으로 인간의 유전체가 약 100,000개의 유전자를 포함한다고 믿었다. 유전체 학자들은 인간의 유전체가 약 20,000개 정도의 유전자만을 가지고 있다는 데에 놀라움을 금치 못했다. 이러한 차이로 인간 유전자의 약 95%가 선택적 스플라이싱을 사용하여 여러 가지 다른 RNA 및 단백질을 생성하는 것으로 추정되고 있다.

mRNA 가공에 대해 더욱 이해하게 되면서, 많은 과학자들이 스플라이싱 오류 혹은 선택적 스플라이싱으로 인해 발생하는 유전 질환을 규명하고 있다. 2016년, 스플라이싱으로 인한 질병을 대상으로 하는 치료법이 미국 식약국(food and drug administration, FDA)에 의해 승인되었다. 이것은 영유아의 쇠약한 상태와 주요 사망원인이 되는 척수성 근위축(spinal muscular atrophy, SMA)을 위한 최초의 유전자 치료법 중 하나이다. SMA 및 큰 기대를 보이고 있는 스플라이싱 치료법에 대한 자세한 내용은 의학 생명공학에서 자세히 다룰 것이다.

다른 유형의 mRNA 가공과정으로는 mRNA의 5′ 말단부위에 메틸기를 갖고 있는 구아닌 염기가 첨가되는 것이 있다. 5′ 캡(cap)이라고 알려진 이 구조는 번역과정 중 mRNA 분자의 5′ 말단부위가 리보솜을 인식하는 데 중요한 역할을 한다. 마지막은 폴리아데닐레이션(polyadenylation)이라는 과정으로, 이것은 약 100~300개 길이의 아데닌 뉴클레오타이드가 mRNA의 3′ 말단부위에 더해져 폴리(A) 꼬리(tail)를 생성하는 과정이다. 이 꼬리는 세포질에 존재하는 RNA를 분해하는 효소들로부터 mRNA를 보호하여, 번역의 안정성과 가용성을 높여주는 기능을 한다. 가공 후, 가공된 mRNA 분자는 핵을 떠나 단백질 합성장소인 세포질로 이동하게 된다.

암호의 번역: 단백질 합성

단백질 암호화 유전자의 궁극적인 기능은 단백질을 생산하는 것이다. 여기서 우리는 mRNA의 정보를 사용해서 아미노산으로부터 단백질을 합성하는 번역에 대해 간략히 학습하게 될 것이다. 번역은 다양한 유형의 RNA 분자들이 관여하는 다단계의 과정으로 세포의 세포질에서 일어난다. 각각의 RNA 종류의 중요한 기능을 알게 된다면, 번역의 과정을 더욱 쉽게 이해할 수 있을 것이다. 번역의 주된 구성 요소는 다음과 같다:

- 전령 RNA(messenger RNA, mRNA) - 유전자의 사본. DNA에 암호화된 단백질을 생산하기 위해 핵 속의 DNA로부터 단백질이 만들어지는 장소인 세포질로 유전정보를 전달하는 전령자(messenger)의 역할을 하는 RNA. 전령 RNA의 크기는 약 1,000개에서 수천 개의 뉴클레오타이드로 다양하다.
- 리보솜 RNA(ribosomal RNA, rRNA) - 짧은 단일가닥 분자로, 크기는 약 1,500~4,700개의 뉴클레오타이드 정도이다. 리보솜 RNA는 단백질 합성에 필수적인 리보솜(ribosome)의 구성요소이다. 리보솜은 번역과정 동안 mRNA를 인식하고, 결합하고, 판독(read)한다.
- 운반 RNA(transfer RNA, tRNA) - 단백질 합성과정 중 아미노산을 리보솜으로 수송하는 분자이다. tRNA 분자들의 크기는 약 75~90개의 뉴클레오타이드이다.

우리는 앞서 mRNA의 구조에 대하여 학습하였지만, 번역에 대하여 배우기 전에, 먼저 mRNA의 유전암호과 리보솜 그리고 tRNA의 구조에 대하여 학습하게 될 것이다.

유전암호

mRNA에 포함된 유전암호(genetic code)란 무엇인가? 앞으로 학습하게 되겠지만, 리보솜은 mRNA가 가지고 있는 암호를 읽어 아미노산(amino acid)이라 부르는 빌딩 블록을 결합하여 단백질을 생산한다. 공유결합에 의하여 연결되는 아미노산 사슬(chain)을 폴리펩타이드(polypeptide)라고 한다. 일부 단백질은 하나의 폴리펩타이드 사슬로 구성되지만, 어떤 것들은 3차원의 복잡한 구조를 형성하기 위하여 겹쳐지고 꼬인 여러 개의 폴리펩타이드 사슬로 구성되어 있는 것도 있다. 단백질은 최대 20종류의 아미노산 조합으로 구성되지만, mRNA 분자는 단지 4개의 염기로만 구성된다. 이 암호는 어떻게 작용하는 걸까? 리보솜이 해독하는, 세포에게 단백질에 어떤 아미노산이 속하는지 알려주는 정보는 무엇일까? mRNA가 4개의 뉴클레오타이드의 조합으로만 구성되어 있다면, 어떻게 mRNA가 20개의 서로 다른 아미노산을 암호화하는 정보를 제공할 수 있을까?

이에 대한 해답은 유전암호에 달려 있다. 이것은 실질적으로 모든 생물들에 의하여 사용되는 유전학의 공통된 언어와도 같다. 이 암호는 mRNA 분자에 위치해 있고, 코돈(codon)이라 불리는 3개의 뉴클레오타이드를 하나의 단위로 해서 이루어져 있다. 각 코돈은 하나의 아미노산을 암호화한다. 예를 들어, 코돈 UAC는 아미노산 타이로신(tyrosine)을 암호화하고, 코돈 UGC는 아미노산 시스테인(cysteine)을 암호화한다. 각 코돈이 하나의 아미노산을 암호화하지만, 유전암호에는 유연성이 있다. 4개가 가능한 염기배열에 의해서 3개의 뉴클레오타이드 코돈들로 구성되는 유전암호의 가능한 모든 이론적인 조합은 64개(4^3)이다. 그러나 아미노산은 단지 20개만이 존재하기 때문에, 대부분의 아미노산들은 하나 이상의 코돈으로 암호화될 수 있다. 예를 들어, 아미노산 라이신(lysine)은 AAA와 AAG에 의해 암호화된다. 이처럼 코돈의 중복은 번역의 효율성을 증가시킨다. 몇몇의 영어 단어들이 같은 의미를 갖는다고 하더라도 더 선호되는 단어가 쓰이는 것처럼, 일부 코돈들은 다른 코돈보다 더 많은 빈도로 mRNA에 존재한다. 또한 유전암호에는 리보솜에서 유전암호의 번역의 시작과 끝을 알려주는 특정의 코돈이 포함되어 있다. 개시코돈은 AUG로 아미노산 메티오닌(methionine)을 암호화하고, mRNA의 번역과정 중 시작 신호와 같은 역할을 한다. 결과적으로, 많은 단백질의 첫 번째 아미노산은 메티오닌이지만, 몇몇의 단백질에서는 이 아미노산이 번역 직후 제거되기도 한다. 종결코돈들은 번역을 종료한다. UGA가 종결코돈으로 일반적으로 사용되지만, UAA 및 UAG 또한 종결코돈으로 사용된다. 종결코돈들은 특정 아미노산을 암호화하지 않는다. 그들은 번역과정에서 단순히 종결 신호의 역할만 수행한다.

유전암호는 인간, 박테리아, 식물, 지렁이, 초파리 및 기타 모든 종의 세포에서 공통적으로 사용된다. 특정 종에서 유전암호의 미묘한 차이점은 있지만 기본적으로 생물학적으로 전체적으로 동일한 방식으로 작동한다. 그렇기 때문에, 생물학자들은 재조합 DNA 기술(recombinant DNA technology)이라 불리는 기술을 이용하여 인슐린 유전자와 같은 인간 유전자를 복제한 후 박테리아에 삽입시켜 원래의 박테리아는 합성하지 못하는 단백질인 인슐린을 전사 및 번역을 하게 한다. 또 다른 유전암호의 유용한 측면으로 과학자들이 생쥐와 같은 한 종의 유전자를 복제한 후 생쥐 유전자의 염기서열 정보를 이용하여 유사한 인간 유전자를 식별할 수 있다. 서로 다른 종들에서 공통된 유전암호를 사용하기 때문에, 이러한 접근방법은 질병과 관련된 인간 유전자를 식별하는 데 있어 널리 사용되고 있다.

리보솜과 tRNA 분자

리보솜은 서브유닛(subunit)이라 불리는 구조를 형성하는 단백질과 rRNA의 집합체로 구성된 복잡한 구조로 되어 있다. 각 리보솜은 큰 서브유닛과 작은 서브유닛, 2개를 가지고 있다. 이러한 서브유닛들은 tRNA가 부착되는 A 부위(A site, aminoacyl)와 P 부위(P site, peptidyl)가 있고, tRNA 분자가 리보솜에서 분리되어 떨어져 나가기 위한 E 부위(E site)로 구성된다. 과학자들은 자연 발생 리보솜으로는 할 수 없는 일을 실험실 내에서 가능하게 하는 리보솜 공학을 연구하고 있다. 예를 들어, 2개의 리보솜 서브유닛을 연결함으로써, 생명공학 산업에 사용되는 치료학적 및 다른 상업적으로 중요한 단백질을 신속하게 합성하기 위해 번역 속도 및 효율을 증가시킬 수 있다.

tRNA는 100개 미만 뉴클레오타이드 길이의 작은 분자이다. tRNA 분자는 복잡한 방식으로 접혀져 있으며 특정 뉴클레오타이드들이 서로 짝을 형성한다. tRNA 분자 염기쌍 중 짝을 이루지 않는 부분이 루프를 생성하기 때문에, 결과적으로, tRNA는 클로버형(cloverleaf) 모양을 띠고 있다. 각각의 tRNA 말단에는 아미노산이 결합하는 위치가 존재한다. 아미노아실 tRNA 합성효소(aminoacyl tRNA synthetase)라 불리는 세포질내 효소는 각각의 tRNA 분자에 하나의 아미노산을 부착시켜 아미노아실(aminoacyl) 또는 활성화된(charged) tRNA로 전환시키는 역할을 한다. 아미노아실 tRNA 분자는 그들의 아미노산을 리보솜으로 이동시키고, 리보솜의 A 부위에 결합한다. 각 tRNA 분자의 반대 위치에는 안티코돈(anticodon)이라 불리는 3개의 뉴클레오타이드 서열이 있다. 서로 다른 아미노산은 서로 다른 안티코돈 서열을 가지고 있다. 안티코돈은 mRNA의 코돈들과 서로 상보적인 염기쌍으로 설계되어 있다. 이제 우리는 mRNA, 리보솜 그리고 tRNA가 번역과정의 참가자(player)임을 알게 되었음으로, 이러한 구성 요소가 어떻게 단백질을 합성하는 데 관여하는지 알아볼 것이다.

번역의 단계

원핵생물과 진핵생물의 번역과정에는 몇 가지 중요한 차이점이 존재한다. 여기에서 우리는 진핵생물의 3가지 주요 단계인 개시(initiation), 신장(elongation) 및 종결(translation)의 기본적 양상에 대해 학습하게 될 것이다. 번역의 시작을 개시라 한다. 개시과정 동안, 작은 리보솜 서브유닛(small ribosomal subunit)이 mRNA의 5′ 캡을 인지하여 mRNA 분자의 5′ 말단에 부착된다. 개시인자(initiation factor)라고 하는 다른 단백질들 또한 mRNA로 작은 리보솜 서브유닛을 인도하는 것을 돕는 데 사용된다.

작은 리보솜 서브유닛은 mRNA를 따라 개시코돈인 AUG를 만날 때까지 이동한다. 개시코돈에 멈추어 있는 동안, 작은 리보솜 서브유닛은 번역이 진행되기 전에 개시(initiator) tRNA라고 하는 알맞은 tRNA가 맞추어질 때까지 기다린다. 이 tRNA는 아미노산 메티오닌(Met)이 결합되어 있고(대부분의 단백질은 이 아미노산으로 시작하는 경우가 많다), 안티코돈으로 UAC를 가지고 있다. UAC 안티코돈은 상보적인 염기쌍에 의하여 개시코돈과 결합하고, 이후 큰 리보솜 서브유닛이 작은 서브유닛, 개시인자, mRNA 및 개시 tRNA로 이루어진 복합체에 결합한다. 이러한 모든 요소들이 다 결합되면, 리보솜은 단백질을 합성하기 위한 번역을 시작할 수 있다.

번역의 다음 과정을 신장이라 한다. 그 이유는 이 단계 동안 추가적인 tRNA가 한 번에 하나씩 리보솜으로 들어가면서, 폴리펩타이드 사슬이 길어지기 때문이다. 2개의 tRNA들이 리보솜에 부착된 후, 펩티딜 전이효소(peptidyl transferase)라 불리는 리보솜의 효소가 tRNA에 부착된 아미노산 사이에 펩타이드 결합을 형성시키는 촉매작용을 수행한다. 펩타이드 결합은 아미노산들을 함께 결합시키며 폴리펩타이드 사슬을 형성한다.

아미노산들이 서로 결합된 후, 메티오닌이 부착되지 않은 개시 tRNA는, E 부위에 잠시 머물러 있다가 리보솜으로부터 떨어져 나오게 된다. 떨어져 나온 비어 있는(empty) tRNA는 세포에 의하여 다시 재순환된다. 새로운 아미노산이 tRNA에 부착되어, 다시 번역에 사용된다. 새롭게 만들어진 폴리펩타이드는 A 부위에서 tRNA에 부착되어 있는 상태로 남아 있다. 전좌(translocation)라고 하는 단계에서 리보솜이 이동하여 tRNA 및 신장 중인 단백질은 P 부위로 옮겨지게 된다. 신장 중인 폴리펩타이드 사슬에 부착된 tRNA를 펩티딜 tRNA라 한다. 리보솜의 A 부위는 이제 순서대로 다음에 오는 코돈에 맞게 정렬하고, 리보솜은 이 코돈에 맞는 아미노아실 tRNA가 A 부위에 들어오기를 기다린다. 이러한 주기(cycle)는 신장 중인 단백질에 다음 아미노산이 부착되는 것을 포함하며 리보솜이 mRNA를 따라 이동하면서 반복하게 된다.

신장주기는 리보솜이 UGA와 같은 종결코돈(stop codon)을 만날 때까지 계속해서 단백질 합성을 진행한다. 번역과정의 3번째는 종결단계이다. 종결코돈은 아미노산을 암호화하지 않는다는 것을 명심하여야 한다. 방출인자(releasing factor)라 불리는 단백질은 종결코돈과 상호작용하여 번역을 종결시킨다. 리보솜 서브유닛은 분리되어 mRNA로부터 방출되고, 새롭게 합성된 단백질은 세포로 방출된다. 리보솜은 재순환되며 특정 mRNA가 아닌 다른 어떠한 mRNA 분자와도 결합하여 다시 번역의 과정을 시작할 수 있다.

2.5 유전자 발현 조절의 기본적인 특성

세포 내에서 mRNA(단백질도 종종)가 합성되는 과정을 유전자 발현(gene expression)이란 용어로 표현한다. 세포는 그들의 필요를 충족시킬 수 있는 유전자 발현 및 번역을 조절하는 데 절묘하게 효과적이다. 모든 유전자가 모든 세포 내에서 동일한 속도로 전사되고 번역되는 것은 아니다. 유전자 발현은 매우 역동적인 과정이다. 각 유전자들은 세포의 필요에 따라 특정 기간 동안 활발하거나 적게 전사될 수 있다. 유전자는 어떻게 서로 다른 신호에 반응하여 켜거나 끌 수 있을까? 생물학자들은 이러한 과정을 유전자 조절(gene regulation)이라고 부른다.

한 생물의 모든 세포들은 동일한 유전체를 갖고 있지만, 피부세포는 뇌 세포나 간세포와는 어떻게 그리고 왜 다른 특성을 지니는 것일까? 세포는 자신이 발현하고자 하는 유전자를 조절하고 통제할 수 있기 때문에, 서로 다른 유형의 세포들은 각기 서로 다른 특성을 가지고 그들만의 기능을 수행한다. 특정 기간 동안 세포 내에서는, 특정 유전자들만이 단백질을 생산하기 위하여 활성화(turned on) 또는 발현되는 반면(양성조절)에 다른 많은 유전자들은 침묵 또는 억제된다(음성조절). 이러한 유전자들은 세포 내외부의 특정한 신호에 대한 반응으로 인해 특정한 시간에만 발현된다. 이러한 신호들은 온도변화, 외부환경의 영양상태, 호르몬, 또는 세포 간에 교환되는 다양한 화학 신호들과 같은 환경적 신호이다.

원핵세포와 진핵세포는 다양하고 복잡한 방식으로 유전자 발현을 조절한다. 유전자 발현과 원핵세포와 진핵세포 모두에서 사용되는 일반적인 기작을 전사적 조절(transcriptional regulation)이라 한다. 전사적 조절은 유전자를 활성 또는 비활성시키기 위한 방법으로 특정한 유전자로부터 전사되는 mRNA의 양을 조절하는 것을 말한다. 전사 후 조절(예: mRNA 분해), 번역 조절 그리고 번역 후 조절 등에 의해서 세포 내 단백질의 양은 다양하다. 여기에서 우리는 전사적 조절의 개요에 대하여 학습하게 될 것이고, 진핵 및 원핵세포에서 나타나는 기본적인 전사적 조절의 예들을 볼 수 있을 것이다.

유전자 발현의 전사적 조절

세포에 의해서 번역된 단백질의 양은 종종 세포 내 mRNA의 양에 직접적으로 관련되어 있기 때문에, 세포는 세포가 생산하는 단백질의 양을 간접적으로 조절하기 위하여 특정 유전자에서 생산되는 mRNA의 양을 조절할 수 있다. 세포들은 유전자를 어떻게 활성화 및 비활성화 시킬지를 결정하는가? 전사적 조절을 이해하기 위하여, 우리는 프로모터 염기서열들을 더 자세히 살펴볼 필요성이 있다.

프로모터는 각 유전자 염기서열의 상류(upstream)에서 발견된다. 즉 유전자의 5′ 말단에서 찾을 수 있다. 원핵 및 진핵생물들의 유전자가 모두 같은 프로모터 서열을 사용하지는 않는다. 진핵생물에서는, 많은 유전자들의 상류에서 발견되는 공통되는 프로모터 서열이 있다. 이러한 서열은 유전자의 시작부분에서 30개 뉴클레오타이드만큼 상류에 위치한(-30) TATA 박스(TATAAAA)와 80개 뉴클레오타이드만큼 상류에 위치한(-80) CAAT 박스(GGCCAATCT)이다.

이 장의 처음부분에서 RNA 중합효소가 유전자에 인접한 프로모터 서열에 부착됨에 따라 전사가 개시되는 과정에 대하여 설명하였다. 대부분의 진핵생물 유전자의 경우, 프로모터에 전사인자(transcription factor)가 결합하지 않으면 RNA 중합효소는 프로모터를 제대로 인지하고 결합할 수 없다. 전사인자는 프로모터에 결합하거나 RNA 중합효소와 상호작용하여 유전자의 전사를 촉진할 수 있는 DNA 결합 단백질이다. 진핵 및 원핵생물에서, 많은 유전자의 프로모터는 공통된 전사인자들과 결합하지만, 특정 프로모터에만 작용하는 특정 전사인자도 존재한다. 몇몇 유전자의 전사는 또한 프로모터에 인접한 조절서열(regulatory sequence)에 특정한 전사인자의 결합이 필요하다. 더불어, 세포에 의해 엄격하게 조절되는 많은 유전자들은 인핸서(enhancer)라는 조절서열을 가지고 있다.

인핸서 서열은 일반적으로 프로모터로부터 50개 염기쌍 이상의 상류에 위치해 있지만, 유전자의 하류(downstream)부위에 위치하기도 한다. 인핸서 서열은 일반적으로 액티베이터(activator)라고 하는 조절 단백질과 결합한다. 액티베이터 분자는 전사인자 및 RNA 중합효소와 상호작용하여 유전자의 전사를 촉진(활성)시키기 위한 복합체를 형성한다. 세포는 매우 다양한 종류의 액티베이터 분자들을 이용한다. 각 액티베이터들은 특정한 인핸서 서열에 결합한다. 액티베이터 분자는 호르몬인 경우도 일부 있다. 예를 들어, 남성의 성호르몬인 테스토스테론(testosterone)은 유전자 발현을 촉진하기 위한 액티베이터 역할을 할 수 있다. 테스토스테론이 성장기 소년의 근육이나 모발 성장과 같은 세포 활동을 촉진한다는 사실을 알고 있을 것이다. 어떻게 테스토스테론이 이러한 기능을 하는 것일까? 이 호르몬은 세포 내 수용체 단백질(receptor protein)에 부착한다. 테스토스테론-수용체 단백질 복합체는 안드로겐-반응요소(androgen-response element)(5′-TGTTCT-3′)라 불리는 특정 인핸서 요소들과 결합하는 액티베이터로서 작용한다. 이러한 요소는 일반적으로 프로모터의 주변에서 주로 발견된다. 결과적으로, 테스토스테론과 이들의 수용체는 유전자 발현을 촉진시킨다. 여성의 성호르몬인 에스트로겐(estrogen) 또한 이와 유사한 방식으로 작용한다. 그러나 테스토스테론과 다른 액티베이터들이 모든 세포의 모든 유전자 발현을 활성화시키지는 않는다. 액티베이터들은 단지 그들이 결합하는 인핸서 서열을 가지고 있는 유전자에만 작용한다. 테스토스테론은 안드로겐-반응요소들이 포함되어 있는 근육과 모발 성장에 관여하는 유전자의 발현을 촉진한다. 안드로겐-반응요소가 없는 다른 유전자의 전사는 이들 테스토스테론 호르몬의 직접적인 영향을 받지 않는다. 부수적으로, 근육량과 근긴장도(muscle tone)의 증가를 원하는 보디빌더나 운동선수들의 스테로이드 남용은 스테로이드가 긴 시간에 걸쳐 유전자 발현을 비정상적으로 촉진하기 때문에 장기적으로 보면 건강에 심각한 문제를 일으킬 수 있다.

세포는 액티베이터와 인핸서를 이용한 전사적 조절을 통해서 유전자 발현을 조절하고 세포 활성을 조절할 수 있다. 일부 유전자들은 전사를 감소시키는 리프레서 서열(repressor sequence)을 갖고 있다. 세포마다 다른 전사인자와 액티베이터 분자를 생산하기 때문에, 특정 유전자들이 특정 조직에서만 활성화되고 다른 조직에서는 비활성화될 수 있는 것이다. 피부세포는 근육세포와는 다른 유전자를 활성화시키기 때문에, 세포유형에 따라 다른 단백질들이 생성되고 다른 기능을 갖게 된다. 결과적으로, 조직 및 세포에 특이적인 유전자 발현은 모든 인체의 세포가 동일한 유전체를 갖고 있을지라도, 그들이 발현하는 단백질을 조절하기 위한 한 가지 방법이다. 이러한 중요한 조절 기작은 서로 다른 세포들이 서로 다른 기능을 나타내는 이유 중의 하나이다.

덧붙여, 프로모터, 인핸서 서열 및 유전자 조절부위에 결합하는 전사인자를 식별하는 것은 생명공학 제품을 개발해 나가는 데 있어서 중요하다. 예를 들어, 뼈의 성장 및 발달에 필요한 단백질 발현을 촉진시키는 전사인자의 식별은 과학자들에게 세포가 더 이상 뼈-성장 촉진인자들을 만들지 않아 관절염과 같은 질병으로부터 고생하는 사람들에게 뼈 성장에 도움을 주는 신약을 개발하는 데 중요한 단초를 제공해 줄 것이다.

비암호화 RNA와 이들의 유전자 발현 조절에서의 역할

앞에서 rRNA와 tRNA가 속하는 비암호화 RNA(noncoding RNA, ncRNA)에 대해 학습했다. 이들 2개의 ncRNA는 진핵세포에서 가장 풍부한 RNA 분자 중 하나이며, 각 세포의 총 RNA 함량의 약 80~90%(rRNA)와 10~15%(tRNA)를 차지한다. 이에 비해 단백질-암호화 mRNA는 세포 내 RNA 함량의 약 3~7%만을 차지한다.

ncRNA는 진핵 및 원핵세포 둘 다에서 발견되지만, 세포 유형에 따라 몇 가지 다른 유형의 ncRNA가 존재한다. 예를 들어, 1998년에 선충의 일종인 *Caenorrhabditis elegans*를 연구하는 과학자들은 짧은 간섭 RNA(short interfering RNA, siRNAs)라 불리는 21~22 nt 정도 되는 크기를 갖는 이중가닥의 비암호화 RNA 조각을 발견하였다. siRNA라는 용어는 이들이 mRNA와 결합해서 결합된 mRNAs의 번역을 차단하거나 방해하는 특성에서 유래되었다. 처음에는 이들 siRNAs가 *C. elegans*에만 국한되어 존재하는 것으로 생각했지만, 다른 종에서도 siRNAs가 존재하고 있음이 확인되었다. 과학자들은 최근 단백질을 암호화하지 않는 작은 RNA 분자의 또 다른 부류로 마이크로 RNA(microRNAs, miRNAs)를 발견하였다. miRNAs 유전자는 현재까지 연구된 모든 다세포 생물에서 존재하고 있는 것으로 확인되었다. miRNAs는 유전자 발현 조절의 새로운 역할을 수행하여 빠르게 성장하고 있는 분야인 sncRNAs의 일부분이다.

siRNAs와 유사하게, miRNAs는 mRNA의 분해를 유발하거나 mRNA의 번역을 억제함으로써 유전자 발현을 침묵(silencing)시켜 유전자 발현을 조절한다. 마이크로 RNA 유전자는 로사(Drosha)와 다이서(Dicer)와 같은 효소로 가공하여 길이가 뉴클레오타이드 21~22개인 짧은 단일가닥 절편인 RNA 전사체(transcripts)를 생성한다. 이후 가공된 miRNA는 RISC라고 하는 단백질 복합체와 결합하여 miRNA 서열에 상보적인 mRNA와 결합할 수 있다. miRNA는 mRNA 서열에 결합하여 리보솜에 의한 번역을 차단하거나 mRNA의 효소적 분해를 유발할 수 있다. 이 2가지 기작은 mRNA가 단백질로 번역되는 것을 방해함으로써 유전자 발현을 억제하거나 침묵시킨다.

RNA를 기반으로 유전자 침묵(gene silencing)을 일으키는 기작을 일반적으로 RNA 간섭(RNA interference, RNAi)이라고 한다. miRNAs에 의해 억제되는 인간의 유전자를 식별하는 것은 현재 매우 활발하게 진행되는 연구 분야이다. 인간의 정상적인 세포과정과 질병에 연관된 수천 개의 인간 miRNA가 확인되었다. RNAi의 과학적 가치는, 유전자를 비활성화시키는 방법을 발견한 스탠퍼드대학교의 파이어(Andrew Fire)와 메사추세츠 의과대학의 멜로(Craig Mello)가 2006년 노벨 생리의학상을 수상하면서 증명되었다.

박테리아는 유전자 발현을 조절하기 위해서 오페론을 이용한다

박테리아는 치료 목적을 위한 인간 단백질의 생산과 같은 생명공학 분야의 다양한 응용할 수 있는 매우 중요한 생물체이다. 유전자 조절과 관련된 많은 초기의 연구들은 박테리아를 주제로 한 것들이었다. 박테리아 및 다른 미생물들은 영양분, 빛의 세기나 온도의 변화와 같은 환경 자극에 대해 반응하기 위해서 유전자 발현을 신속하게 제어할 수 있어야 한다. 박테리아의 유전자 발현 및 조절에서 발견된 특이한 점은 많은 박테리아 유전자들이 오페론(operon)이라는 단위로 무리 지어 배열되어 있다는 것이다. 오페론이란 여러 개의 관련된 유전자들이 함께 위치하고 단일 프로모터에 의해 함께 조절되는 클러스터이다.

오페론의 유전자들은 세포 내 변화에 반응하여 조절된다. 오페론은 세포의 필요에 따라 촉진(유도) 또는 억제될 수 있다. 박테리아에서 영양소의 물질대사를 조절하는 많은 유전자들은 오페론으로서 구성되고, 이 오페론을 사용하여 영양요구성에 따라 유전자 발현을 엄격하게 조절할 수 있다. 여기에서 우리는 lac 오페론(lac operon)이라는 고전적인 예를 들어 박테리아의 유전자 조절에 대하여 설명할 것이다. lac 오페론은 다음과 같은 3개의 유전자들로 구성된다.

- lacZ를 암호화하는 효소: β-갈락토시데이즈(β-galactosidase)
- lacY를 암호화하는 효소: 퍼미에이즈(permease)
- lacA를 암호화하는 효소: 아세틸레이즈(acetylase)

이 3가지 효소는 박테리아 세포에서 락토오스(lactose)를 분해하고 운반하는데 있어 필수적이다. 우유에 존재하는 당인, 락토오스는 많은 종류의 박테리아에게 중요한 에너지원이다. 박테리아가 젖당을 대사하기 위해서는, 퍼미에이즈가 락토오스를 세포 안으로 운반한 후, β-갈락토시데이즈에 의하여 글루코오스(glucose)와 갈락토오스(galactose)로 분해된다. 아세틸레이즈의 기능은 아직 명확히 밝혀져 있지 않으나 락토오스 분해과정 중에 만들어지는 독성 생성물로부터 세포를 보호하는 역할을 하는 것으로 생각되고 있다. lac 오페론은 lacI 유전자에 의해서 암호화되는 lac 리프레서(lac repressor)라는 단백질에 의하여 조절된다. 박테리아가 락토오스가 없는 조건에서 배양될 때, 리프레서는 오퍼레이터(operator, o)라고 불리는 lac 오페론의 프로모터(p) 내에 존재하는 서열에 결합한다. 오퍼레이터에 결합한 리프레서는 프로모터에 RNA 중합효소가 결합하는 것을 차단하여 궁극적으로 오페론에 위치한 Z, Y 및 A 유전자의 전사를 차단한다. 이것은 박테리아가 그들의 대사를 조절하기 위한 유용한 방법이다. 에너지를 생산하는 데 필요한 락토오스가 없는데, 해당 유전자를 전사하고 번역하는 데 왜 불필요하게 에너지를 사용하겠는가?

반대로, 락토오스가 존재하는 상황에서는, 락토오스는 lac 오페론의 전사를 촉진하는 인듀서(inducer)로 사용된다. 락토오스가 lac 리프레서에 결합하게 되면, 리프레서 단백질의 형태에 변형이 생겨서 오퍼레이터에 결합하지 못한다. 리프레서가 결합하지 못하게 되면, RNA 중합효소는 lac 프로모터에 결합하여 전사를 촉진시킨다. 오페론으로부터 전사된 mRNA는 락토오스를 대사하기 위해 세포에 필요한 효소를 생성하도록 번역된다.

2.6 돌연변이

유전자가 돌연변이(mutation) 또는 DNA 뉴클레오타이드 서열의 변화에 얼마나 영향을 받는지에 대해 다루면서 세포 생물학과 유전학에 대하여 학습하게 될 것이다. 돌연변이는 유전적 다양성에 크게 기여한다. 예를 들어, 새로운 특성을 개발하고 획득하기 위한 종의 진화는 시간이 지남에 따라 일어나는 유전자의 돌연변이를 기반으로 일어나는 것이다. 돌연변이는 또한 해가 될 수도 있다. 유전자의 돌연변이는 기능이 저하된 변형된 단백질을 생산하게 하거나 어떤 경우에는 기능적인 단백질을 전혀 암호화하지 못하게도 한다. 또한 유전자의 돌연변이들은 유전 질환을 유발시키기도 한다. 이 절에서 우리는 다양한 유형의 돌연변이와 그것의 원인과 결과에 대하여 학습하게 될 것이다.

돌연변이의 유형

돌연변이는 DNA 복제과정 중의 실수 등에 의해서 종종 발생한다. 예를 들어, DNA 중합효소는 C가 들어갈 자리에 T가 들어가는 실수와 같이 새롭게 합성되는 DNA 가닥에 잘못된 뉴클레오타이드를 삽입할 수 있다. 세포 내 효소에 의해 실수를 감지하고 수정하기 위해 노력할지라도, 종종 DNA 복제과정에서 이와 같은 실수가 일어난다. 돌연변이는 또한 환경적 요인에 의하여 유발될 수 있다. 예를 들어, 돌연변이원(mutagens)이라고 불리는 화학 물질 중 많은 것들이 뉴클레오타이드와 유사한 화학구조를 갖고 있는데, 이러한 화학 물질이 실수로 DNA에 삽입되게 되면 DNA 구조에 변형이 발생된다. 또한 태양으로부터 X선이나 자외선에 노출되면 DNA에 돌연변이가 일어날 수 있다(여름에 즐기는 태닝은 건강에 좋지 않다).

돌연변이의 발생방법과는 상관없이, 돌연변이는 유형에 따라 단백질 생산에 아무런 영향을 끼치지 않는 돌연변이와 단백질의 생산, 구조 및 기능에 큰 변화를 일으키는 돌연변이가 있다. 돌연변이에는 유전정보의 큰 변화도 포함되지만, 아데닌을 사이토신으로 또는 구아닌을 티민으로 바꾸는 것처럼 단일 염기서열의 변화도 포함된다. 유전체 내 가장 빈번한 돌연변이는 점 돌연변이(point mutation)라 불리는 단일 뉴클레오타이드의 변화이다(또는 소수의 뉴클레오타이드 돌연변이). 이러한 돌연변이는 일반적으로 단일염기다형성(single-nucleotide polymorphism, SNP)으로 지칭되고, SNP는 서로 다른 인간의 유전체

내 유전적 다양성의 주요 유형 중 하나이다. SNP는 여러 장을 통해 다루게 될 것이다. 점 돌연변이는 종종 염기쌍 하나가 다른 염기쌍으로 대체되는 염기쌍 치환(base pair substitution), 특정 뉴클레오타이드가 유전자 서열로 삽입(insertion)되거나 염기쌍이 제거되는 결실(deletion) 등을 포함한다. 유전자의 돌연변이는 단백질의 구조와 기능의 변화나 비기능성 단백질의 합성 또는 단백질의 비합성을 이끌어 형질의 손실 또는 변화를 유발한다.

단백질은 크고, 복잡한 구조의 분자들이다. 단백질이 올바르게 작동하려면 대부분의 단백질들은 복잡한 3차원적 구조로 접혀져야 한다. 단백질의 하나 또는 2개의 아미노산을 변경하면 단백질의 전체적인 구조가 변경되어 기능에 지장을 주거나 경우에 따라 전혀 기능을 하지 못하게 될 수도 있다. 하지만 만약 돌연변이가 원래의 정상적인 유전자의 코돈을 같은 유형의 아미노산을 암호화하는 코돈으로 바꾸면, 단백질에는 어떠한 영향도 끼치지 않는다. 이렇게 단백질의 구조와 기능에 아무런 영향을 미치지 않는 돌연변이를 침묵 돌연변이(silent mutation)라 한다. 이와 유사하게, 다른 아미노산을 암호화하는 코돈으로 바꿀 수 있는 돌연변이도 있는데 이러한 돌연변이를 과오 돌연변이(missense mutation)라고 하고 변화된 아미노산이 단백질의 구조나 기능의 변화를 끼치지 않는다면 '침묵(silent)'이라는 말로 표현한다. 그러나 변화된 아미노산이 단백질의 구조를 변화시키는 경우, 단백질의 기능은 크게 변화될 수 있다. 나중에 우리는 SNP가 어떻게 겸상적혈구빈혈증(sickle-cell anemia)과 같은 유전 질환을 만드는지에 대하여 학습하게 될 것이다.

종종 정지 돌연변이(nonsense mutation)라 불리는 돌연변이는 아미노산의 코돈을 종결코돈으로 변경하여 비정상적으로 짧은 단백질이 번역되어 비기능성 단백질이 만들어지는 원인이 된다. 삽입 또는 결실은 번역틀 이동 돌연변이(frameshift mutation)를 유발시켜 유전자로부터 생성된 단백질에 큰 영향을 끼친다. 뉴클레오타이드의 삽입은 코돈의 해독틀(reading frame)을 오른쪽으로 이동시켜 mRNA에 의하여 암호화된 단백질을 변화시킨다. 번역틀 이동은 주로 비기능성 단백질을 생성한다.

돌연변이는 유전되거나 후천적으로 발생될 수 있다

모든 돌연변이들이 인체 세포에 동일한 영향을 미치지는 않는다. 돌연변이의 영향은 돌연변이의 유형뿐 아니라 돌연변이가 일어나는 세포 유형에 따라 달라진다. 유전자 돌연변이는 유전되거나 후천적으로 획득될 수 있다. 유전성 돌연변이(inherited mutation)는 정자나 난자세포와 같은 배우자(gametes)를 통하여 자손으로 전달되는 돌연변이이다. 결과적으로, 돌연변이는 모든 자손 세포의 유전체에 존재하게 된다. 유전성 돌연변이는 선천적 결함 또는 유전성 유전 질환을 야기한다. 획득 돌연변이(acquired mutation)는 체세포의 유전체에서 발생하며 자손으로 전달되지 않는다. 획득 돌연변이는 유전되지는 않지만 종양 형성, 대사 장애 및 다른 여러 가지 질병들을 야기하여 세포 성장에 이상을 일으킨다. 예를 들어, 자외선에 장시간 노출되면, 피부세포에 획득 돌연변이가 생겨 피부암을 발생시킬 수 있다. 암이나 다른 많은 인간에 질병을 일으키는 유전적 기작을 이해하는 것이 생명공학 연구의 주된 영역이다.

돌연변이는 유전체 변이의 기반이 되고 유전 질환을 야기한다

돌연변이는 많은 인간의 유전 질환들에 대한 분자적 단초를 제공한다. 겸상적혈구빈혈증(sickle-cell anemia, 낫세포빈혈증이라고도 함)은 특정 돌연변이에 의해 기인한다는 사실을 알게 해준 최초의 유전질환이었다. 겸상적혈구빈혈증은 적혈구의 산소결합 단백질인 헤모글로빈(hemoglobin)을 구성하는 폴리펩타이드내 하나의 염기쌍 치환 돌연변이에 의해서 발생된다. 적혈구에는 수백만 개의 헤모글로빈 분자가 있으며 각 분자는 4개의 폴리펩타이드 사슬을 갖고 있다. β-글로빈 유전자의 점 돌연변이는 유전암호를 변경하여 헤모글로빈의 폴리펩타이드 중 하나에서 6번 위치의 아미노산을 치환하도록 한다. 이 치환은 아미노산 글루탐산 대신에 발린이 합성되어 겸상 적혈구 헤모글로빈을 형성한다. 헤모글로빈 유전자의 결함이 2개인 사람들은 겸상적혈구빈혈증으로 인해 고통받게 된다. 이런 미묘한 돌연변이는 헤모글로빈의 산소 수송 능력을 변화시키고, 적혈구의 모양을 비정상적인 낫모양으로 변화시킨다. 겸상 적혈구는 혈관을 막고, 조직으로의 산소 수송 능력을 떨어뜨려, 관절통 및 다른 증상들을 야기한다. 겸상적혈구빈혈증은 비교적 자세히 연구된 유전성 질환 중의 하나이다.

인간의 유전체를 더욱 이해하게 되면서 전 세계의 다양한 배경을 가진 사람들의 DNA 서열이 매우 유사하다는 것을 발견하였다. 인종에 관계없이 인간의 유전체는 약 99.9% 정도 일치한다. 즉, 도널드 트럼프 대통령, 르브론 제임스, 제니퍼 로렌스, 줄리아 로버츠, 조니 뎁, 톰 크루즈를 비롯한 지구상의 어느 누구와도 DNA 서열이 99.9% 이상 일치한다.

그러나 개개인간에는 약 0.1% 정도의 DNA 차이점이 있다. 이는 사람 간에 약 3백만 개의 DNA 염기서열의 차이가 있음을 의미한다. 이러한 변이는 돌연변이에 의하여 생겨나며, 대부분은 명확한 영향을 나타내지 않지만, 어떤 돌연변이는 세포의 기능, 행동, 그리고 유전 질환에 대한 감수성에 큰 영향을 끼친다. 이러한 변이들은 키와 눈의 색부터 성격, 지능 및 수명에 이르기까지 인간의 모든 유전성 형질의 차이를 설명하게 해준다. 인간의 유전체 사이에 발생하는 대부분의 유전적 변이는 SNP에 의해 생성된다. 예를 들어, 어떤 한 사람의 특성 DNA의 특정 서열이 아데닌(A) 염기가 위치해 있을 수 있고, 다른 사람의 티민(T) 염기가, 그리고 당신의 경우는 구아닌(G)이 있을 수 있다. 대부분의 SNPs는 DNA의 인트론 영역에서 일어나기 때문에 무해하지만, 엑손에서 나타나게 되면, 단백질의 구조와 기능에 영향을 끼쳐, 결국 세포 기능에 문제를 일으켜 질병을 초래할 수 있다. 앞서 설명한 겸상적혈구빈혈증이 이러한 SNP에 의해 발생한다.

2.7 후성유전체

인간과 다른 종의 유전체 연구는 후성유전체(epigenome)와 후성유전체가 유전자 발현에 미치는 영향에 대한 깊은 이해를 가능하게 했다. 후성유전체라는 용어는 DNA 서열에서 돌연변이에 의한 것이 아닌 크로마틴 구조의 변형을 지칭한다. 일부 후성유전적 변형(epigenetic modification)은 유전되어 여러 세대에 걸쳐 자손에게 지속될 수 있는 반면, 그렇지 못하고 세대마다 다른 경우도 있다. 일부 후성유전적 변형은 가역적으로 되돌아올 수도 있고 오래 지속될 수도 있다. 후성유전적 변형은 신체의 세포 유형에 따라 다르게 나타날 수 있다. 또한 정상과 질환 조직에서도 다르게 나타난다. 식이와 환경 조건은 후성유전체에 영향을 줄 수 있다. 또한 우리는 후성유전체가 배아의 발달 동안 유전자 발현 패턴이 어떻게 변하는지 명확하게 해주는 중요한 역할을 한다고 생각한다.

후성유전체는 연구를 하면 할수록 복잡해진다. 우리는 최근에서야 후성유전체의 중요성을 인식하기 시작했다. 어떤 종류의 크로마틴 변형이 후성유전체에 중요할까? 후성유전적 변형은 DNA와 히스톤 모두에 영향을 미친다. 예를 들어, DNA에 메틸기(-CH_3)를 첨가하는 메틸화는 일반적으로 사이토신 염기에서 발생하는데, 히스톤 단백질에서도 메틸화는 일어난다. 히스톤 변형의 또 다른 예로는 아세틸기(CH_3)의 첨가 또는 아세틸화(acetylation) 그리고 인산기(PO_4)의 첨가 또는 인산화(phosphorylation)가 있다.

메틸화, 아세틸화 및 인산화가 유전체에 영향을 미치는 정도는 염색체의 한 영역에서 염색체 전체로 크게 달라질 수 있다. 이러한 화학적 변형은 DNA가 염색체에서 루프를 형성하고 접히는 방식에 영향을 주기 위해 복잡한 방식으로 작동한다. 후성유전적 변형은 전사에 관여하는 단백질이 DNA 단편에 얼마나 "접근 가능한(accessible)"지에 대해 영향을 주기 때문에, 이러한 구조적 변화는 궁극적으로 유전체의 특정 영역에서의 유전자 발현에 영향을 줄 수 있다. 예를 들어, 유전체의 아세틸화된 영역은 DNA가 전사를 쉽게 할 수 있도록 개방적이고 느슨한 상태를 유지하게 한다. 이 부분의 아세틸기를 제거하게 되면 일반적으로 전사는 억제된다. 전사에 영향을 미치는 다른 후성유전적 변형은 유전체 영역을 가리거나 활성화할 수 있는 DNA 결합 단백질 및 히스톤의 리모델링, DNA에서 발견되는 히스톤 단백질 유형의 변형, 그리고 DNA를 코팅하고 유전자 발현에 영향을 줄 수 있는 ncRNAs의 존재 또는 부재 등이 있다.

후성유전체가 유전자 발현을 조절하기 때문에, 거의 모든 제약 회사와 수많은 생명공학 회사에서 후성유전학 프로젝트를 수행하고 있다. 우리는 후성유전체가 암을 포함한 많은 질병에 관여한다는 것을 알고 있다. 질병 치료를 위한 유전자 발현에 영향을 줄 수 있는 후성유전적 변화를 대상으로 후성유전적 변형을 억제하거나 촉진하는 것은 매우 활발한 연구 분야이다. 예를 들어, 히스톤 단백질에 메틸기를 추가함으로써 유전자 발현에 영향을 미치는 히스톤 메틸트렌스퍼레이즈(histone methyltransferases, HMTs)라 불리는 약물은 특성 악성 종양 및 백혈병 치료에 가능성을 보여주었다.

2.8 유전자 편집 기술의 기원

최근 과학자들은 유전자 치료를 받는 사람을 포함하여 시험관 내(*in vitro*) 및 생체 내(*in vivo*)에서 돌연변이를 복구하려는 시도를 하고 있다. 이것을 가능하게 하는 전례 없는 기술적 진보와 흥분을 가져왔던 원핵세포의 면역반응 기작의 발견에 대해 간단히 다루면서 이 장을 마친다.

일정한 간격으로 반복되는 짧은 염기서열인 크리스퍼-캐스[CRISPR(Clustered Regularly Interspaced Palindromic Repeats)-Cas]라는 체계는 박테리아가 바이러스 감염과 싸우는 방법을 이해하려던 과학자들에 의해 발견되었다. 이 체계에 대한 최초의 연구는 돌연변이를 복구하는 기술을 만들고자 함이 아니었다. CRISPR는 플라스미드와 파지와 같은 외래 유전자 요소에 대한 내성을 제공하는 원핵생물의 면역 체계이다. CRISPR은 짧은 염기쌍이 반복적으로 구성된 원핵생물 DNA의 절편들이다. 각각의 반복은 외래 플라스미드나 파지에 노출되면서 생기는 스페이서 DNA(spacer DNA)로 이어진다. CRISPR 관련 단백질(CRISPR-associated proteins, Cas)은 뉴클레이즈(nuclease) 기능을 가진다. Cas9은 최초로 규명된 뉴클레이즈이다. Cas9 및 다른 뉴클레이즈는 대상 바이러스의 염기서열을 파괴하기 위해 CRISPR 서열로부터 전사된 CRISPR 유래 RNA(CRISPR-derived RNAs, crRNA)라 불리는 특정 ncRNA에 의존한다. 원핵생물에서 CRISPR 스페이서 서열은 바이러스 DNA를 인식하고 Cas 뉴클레이즈를 사용하여 외래 DNA 서열을 절단하여 파괴할 수 있다.

과학자들은 크리스퍼-캐스가 변화 또는 편집하고자 하는 유전체 내 특정 염기서열을 표적으로 하도록 적용될 수 있음을 알게 되었다. 크리스퍼-캐스를 이용하여 돌연변이를 복구하거나 DNA 서열의 특정 변화를 일으키는 것을 유전자 또는 유전체 편집(genome editing)이라고 한다. 이후 장에서 학습하겠지만, 크리스퍼-캐스만큼 관심을 끌고, 흥분을 일으키고 성공 가능성을 보여준 유전자 편집 기술은 없었다. 부분적으로만 말하자면, 크리스퍼-캐스의 적용은 실험실 기술과 같이 간편하기 때문에 배양된 세포나 생물체 전체의 유전자 편집에 획기적이다. 크리스퍼-캐스에 대한 설명은 세포 생물학의 기본 과정을 발견하여 생명을 살릴 수 있는 강력한 기술을 개발할 수 있다는 것을 보여준다는 점에서 의미가 있고 바로 이것이 생명공학이다.

3장

재조합 DNA 기술

앞서 배운 바와 같이, 생명공학(biotechnology)은 새로운 과학이 아니다. 그러나 현재의 생명공학 시대는 DNA 클로닝 기술의 개발과 함께 시작되었다. 1970년대부터 시작해서 놀랍도록 빠르게 개발된 재조합 DNA 기술(recombinant DNA technology)은 서로 다른 유래의 DNA를 조합할 수 있게 해 주었고 여러 다양한 방식으로 세포와 개체를 유전적으로 변형할 수 있는 유전공학(genetic engineering)을 가능하게 해 주었다. 이런 유전공학적 실험방법들은 분자생물학과 기초과학, 의학 연구에 변화를 가져왔다.

이 장은 유전자 재조합 기술에 대한 개요를 설명하고 유전자 구조와 기능을 공부하고 유전자를 클로닝하기 위해 과학자들이 사용하는 현대의 많은 기술들에 대해 살펴볼 것이다.

3.1 재조합 DNA 기술과 DNA 클로닝

제임스 왓슨(James Watson)과 프란시스 크릭(Francis Crick)이 DNA가 이중나선 구조라는 것을 발견했을 때 그들의 이 발견은 유전학에 대한 잠재적인 중요성과 영향에 대한 힌트가 되었다. 그러나 이들 두 노벨상 주역은 다음 반세기에 걸쳐서 분자생물학이 발전되어 온 놀라운 속도를 상상조차 하지 못했다. 1960년대 후반, 많은 과학자들이 DNA 복제 혹은 유전자 클로닝에 관심을 쏟았다. 과학자들은 서로 다른 재료(source)로부터 DNA를 절단하고 붙임(재조합 DNA 기술)으로써 DNA를 클로닝하는 것이 가능할 것이라고 추측했다. 유전자 클로닝, 재조합 DNA 기술, 유전공학 등은 용어는 다르지만, 서로 밀접한 관계가 있는 방법론이다. 재조합 DNA 기술은 흔히 유전자 클로닝을 가능하게 하는 기술인 반면, 유전공학은 생물의 유전체를 변형시키기 위한 기술로, 이 두 가지 용어는 서로 통용된다.

클론(clone)이란 용어는 식물을 복제하거나 번식시키기 위해 사용된 잔가지치기(cutting of a twig)를 설명하는 그리스어에서 유래된 것이다. 클론의 현대 생물학적 정의는 또 다른 하나의 독립체로부터 생성되는 분자, 세포, 혹은 생물체라고 할 수 있다.

제한효소와 플라스미드 DNA 벡터

몇몇의 과학자들이 거의 동시 발견하고, 이후 공동의 노력으로 유전자 클로닝과 재조합 DNA 기술을 가능하게 만든 두 가지 중요한 요소가 발견되었는데, 그것이 바로 제한효소(restriction enzyme)와 플라스미드 DNA(plasmid DNA)이다. 제한효소는 DNA를 절단하는 효소이고 플라스미드 DNA는 자연 상태의 많은 세균에 존재하는 원형의 자기복제가 가능한 DNA로 과학자들은 이 플라스미드 DNA가 다른 DNA 조각들을 클로닝하고 운반할 수 있다는 것을 알아냈다. DNA 복제와 DNA 합성효소(DNA synthesizing enzyme)들에 대해 우리가 알고 있는 대부분의 것들이 세균(bacteria)과 박테리오파지(bacteriophage)를 연구함으로써 알게 된 것이다. 소위 파지(phage)라고 불리는 박테리오파지는 세균세포에 감염되는 바이러스(virus)이다.

1960년대 미생물학자들은 몇몇 세균들이 파지의 복제를 제한할 수 있기 때문에 박테리오파지들에 의한 파괴로부터 보호될 수 있다는 것을 발견했다. 스위스 과학자인 베르너 아르버(Werner Arber)는 몇몇 세균들이 바이러스 DNA를 작은 조각으로 절단할 수 있는 효소를 가지고 있어서 바이러스 복제를 막기 때문에 파지의 생장이 제한된다고 발표했다. 이런 능력 때문에 이 효소들을 제한효소라 하였다. 1970년대에 헤모필루스 인플루엔자(*Haemophilus influenza*) 세균을 연구하던 존스홉킨스대학의 해밀턴 스미스(Hamilton Smith)는 *Hind*III라는 최초의 제한효소를 분리했고 이 효소는 DNA 클로닝을 위해 사용되었다. 제한효소는 그들이 DNA 염기서열 말단부터 절단하는 효소(외부핵산분해효소, exonuclease)와는 반대로 DNA 염기서열 내부를 절단하기 때문에 제한내부핵산분해효소(restriction endonuclease; endo = 내부, nuclease = 핵산분해효소)라고도 불린다. 스미스는 *Hind*III가 DNA를 절단하거나 작은 단편으로 잘게 절단할 수 있다고 주장했다. 1978년에 스미스는 제한효소의 발견과 응용으로 아르버와 다니엘 네이선스(Daniel Nathans)와 함께 노벨상을 수상했다.

제한효소들은 주로 세균에서 발견되고 그들은 분리된 세균의 속(genus)과 종(species)명에 근거하여 약자로 명명된다. 예를 들면, 처음 분리된 제한효소 중의 하나인 *Eco*RI은 RY13이라 불리는 대장균 종에서 발견되었기 때문에 그렇게 불린다. 제한효소는 DNA 가닥에서 근접한 뉴클레오타이드(nucleotide)와 결합하고 있는 이인산디에스테르 결합(phosphodiester bond; 당-인산 골격)을 제거함으로써 자른다. 그러나 제한효소는 DNA를 무작위로 절단하지 않으며 모든 제한효소가 같은 위치에서 절단하는 것도 아니다.

다른 효소처럼 제한효소는 특정 기질(substrate)에 대해 특이성을 나타낸다. 이런 효소들의 기질이 바로 DNA다. 제한효소는 제한효소 자리(restriction site)라고 불리는 염기의 특정 서열 내의 DNA에 결합하고, 인식하고, 절단한다. 그렇다면 이 제한효소는 세균 안에 존재하는 자신의 DNA는 왜 절단하지 않을까? 세균 자체의 DNA는 제한효소로부터 절단을 막을 수 있는 메틸기를 포함하는 뉴클레오타이드를 갖고 있기 때문에 그들 자신의 제한효소로부터 절단되는 것을 막을 수 있다. 제한효소들은 흔히 그들이 전형적으로 4개나 6개의 뉴클레오타이드의 서열을 가지는 제한효소 자리를 인식하기 때문에 4개의 염기쌍(base pair) 또는 6개의 염기쌍 절단자(cutter)라고 부른다. 8개의 염기쌍 절단자들 또한 확인되었다. 이런 인식 서열들을 회문구조(palindrome)라고 한다. 이것은 DNA의 뉴클레오타이드를 정방향과 역방향으로 읽어도 같게 읽혀지는 구조를 말한다. [회문의 예로서 madam 용어(word)나 a toyota 구(phrase)를 기억해라.] *Eco*RI과 같은 몇몇 제한효소들은 점착성말단(sticky end 또는 cohesive end)이라고 불리는 돌출되어 있는 단일가닥 말단을 가지는 DNA 단편들을 생성하기 위해 DNA를 절단한다. 다른 효소들은 무딘말단(blunt end)이라고 불리는 돌출되지 않은 말단을 가지며 이중가닥을 가지는 단편들을 생성한다. 점착성말단을 생성하는 효소들은 점착성말단을 가지는 DNA 단편들을 쉽게 서로 결합시킬 수 있기 때문에 많은 클로닝 실험에서 종종 무딘말단 절단자보다 더 선호된다. 세균, 인간, 개, 고양이, 개구리, 공룡, 또는 고대인과 같은 어떤 근원에서 유래된 DNA든지 각 제한효소에 의해 인식되는 특정 제한효소 자리를 가지는 한 그 특정 제한효소들에 의해 절단될 수 있다. 다음 몇몇 페이지를 읽는 동안 이것을 계속 유념하여라. 간단한 의미에서 제한효소의 발견은 분자생물학자들에게 있어서 유전자 클로닝을 수행하기 위해 필요한 가위로서의 기능을 제공해 준 것이다.

1970년대 초기, 폴 버그(Paul Berg), 허버트 보이어(Herbert Boyer), 스탠리 코헨(Stanley Cohen)을 비롯하여 그들의 스탠퍼드대학교 동료들이 분자생물학을 유전자 클로닝에 사용하였다. 버그는 최초로 SV40(simian virus)이라고 불리는 영장류 바이러스의 DNA와 대장균의 염색체 DNA를 서로 결합하여 재조합 DNA 조각을 생성함으로써 재조합 DNA 기술을 발견하였다. 버그는 대장균으로부터 염색체 DNA와 SV40으로부터 DNA를 분리하여 *Eco*RI으로 두 DNA 샘플을 절단했다. 그리고 DNA 연결효소(ligase)를 사용하여 대장균 DNA와 바이러스 DNA 단편들을 반응튜브에 첨가하여 SV40과 대장균 DNA의 혼성체(hybrid) 분자를 생성하는 데 성공했다. 이 발견의 중요성은 제한 단편(restriction fragment)들이 재조합 DNA 분자를 생성시키기 위해 결합될 수 있다는 것과 다양한 근원의 DNA가 같은 효소에 의해 절단될 수 있다는 것을 증명했다는 것이다. 이러한 공로로 1980년 버그는 독자적으로 DNA 염기서열 분석법을 개발한 월터 길버트(Walter Gilbert), 프레더릭 생어(Frederick Sanger)와 함께 노벨화학상을 공동수상했다. 버그가 염색체 DNA를 연구하는 동안, 코헨은 플라스미드라고 알려져 있는 작은 원형조각의 DNA에 대한 분자생물학에 관심을 가졌다. 플라스미드 DNA는 주로 세균에서 발견된다. 플라스미드는 그들이 세균의 염색체와 함께 세포질에 존재하기 때문에 염색체외성 DNA(extrachromosomal DNA)로 간주되며 크기가 작고(대부분 평균적으로 약 1,000~4,000 bp의 크기) 자가 복제가 가능(세균의 염색체와 독립적으로 복제한다)하다. 코헨은 플라스미드 복제, 세균끼리의 플라스미드 이동, 세균의 항생제 내성 기전(메커니즘)에 대해 연구했다.

코헨은 플라스미드가 벡터(vector; 운반체)로서 사용될 수 있다는 것을 제시했다. 벡터란 DNA의 다른 조각을 복제하거나 받아들이고 운반할 수 있는 DNA 조각이다. 코헨과 보이어는 두 세균의 플라스미드 DNA의 복제에 성공했고 그들은 1973년에 이들 실험결과를 논문에 게재했다. 이 연구가 재조합 DNA 기술의 비공식적인 시작으로 간주된다. 허버트 보이어에 의해 먼저 분리된 제한효소인 *Eco*RI을 사용하여 두 플라스미드를 절단하고 나서 새로운 혼성체(재조합) 플라스미드를 생성하기 위해 DNA 연결효소를 사용하여 각 플라스미드의 단편들을 결합시켰다. DNA 연결효소가 뉴클레오타이드 사이의 이인산에스테르 결합 형성을 촉매한다. DNA 연결효소는 무딘말단의 단편들뿐만 아니라 점착성말단을 가지는 DNA를 서로 결합시킬 수 있다. 이들과 다른 실험의 결과로 코헨과 보이어는 스탠리 코헨 이름의 첫글자(이니셜)인 SC를 이용해서 명명한 플라스미드인 pSC101에 *Eco*RI과 *Hind*III를 포함한 여러 제한효소를 위한 제한효소 자리와 테트라사이클린 저항성 유전자(tetracycline resistance gene)를 가지고 있는 플라스미드 벡터를 만들었다. 그 다음 연구에서 그들은 남아프리카 검은발톱 개구리(*Xenopus laevis*, 유전학과 발달생물학에 있어서 또 다른 중요한 모델생물)의 DNA를 pSC101의 *Eco*RI 자리 안으로 클로닝하기 위해 유사한 실험방법을 사용했다.

코헨과 보이어는 첫 DNA 클로닝 벡터를 만들었다. 이 클로닝 벡터는 DNA의 삽입과 복제를 위한 운반체이다. 그리고 1980년에 그들은 그들이 개발했던 pSC101과 유전자 스플라이싱(splicing) 및 클로닝 기술을 위한 특허를 취득했다. 이들 실험은 유전자 클로닝과 유전자 조작을 위해 사용되는 대부분의 현대 기술들이 재조합 DNA 기술의 기초가 되기 때문에 현대 생명공학의 시초가 되었다. 1974년, 버그, 코헨, 보이어 실험결과는 유전자 클로닝 개척자와 비평가들 사이에서 유전자변형 생물의 안전성에 대한 우려를 촉발했다. 과학자들은 재조합 세균들이 실험실 외부로 유출이 되거나, 유전자 재조합 세균들이 다른 세포로 그들의 유전자를 옮기거나 혹은 인간을 포함한 다른 생물에서 생존하게 된다면 어떤 일이 발생할지에 대해 염려했다. 그래서 1975년에 유명한 분자생물학자, 바이러스학자, 미생물학자, 변호사, 기자들이 캘리포니아주 퍼시픽 그로브에 있는 아실로마 컨퍼런스 센터(Asilomar Conference Center)에 초청되어 재조합 DNA 기술의 이점과 잠재적인 위험성에 대해 논의했다. 역사적으로 중요한 아실로마 회의 결과, 미국국립보건원(National Institute of Health, NIH)은 재조합 DNA 기술의 위험요소를 평가하고 재조합 DNA 연구에 대한 가이드라인을 확립하는 책임을 맡게 될 재조합 DNA 자문위원회(Recombinant DNA Advisory Committee, RAC)를 결성했다. 1976년에 재조합 DNA 자문위원회(RAC)는 재조합 생물을 연구하기 위한 일련의 가이드라인을 확립하였고 계속해서 유전자 클로닝 연구들을 감독했으며 RAC 가이드라인의 준수는 재조합 생물을 연구하는 과학자들에게 의무적용이 되었다.

세균세포의 형질전환과 재조합 세균의 항생제 선택성

코헨은 유전자 클로닝 분야에 또 다른 중요한 기여를 했다. 그것은 바로 pSC101를 이용하여 클로닝 실험을 성공했다는 것이다. 그의 실험실은 세균 안으로 외래 DNA를 삽입하는 과정인 형질전환(transformation)을 증명했다. 코헨은 세균세포를 염화칼슘($CaCl_2$) 용액으로 처리했고 얼음에서 냉장상태의 세포에 플라스미드 DNA를 첨가했다. 그러고 나서 잠시 동안 세포와 DNA 혼합물에 열을 가했고 이로 인해 플라스미드 DNA가 세균세포로 들어갔다. 일단 플라스미드가 세균 안으로 들어가면 복제를 하고 그들의 유전자들을 발현시킨다. 현대의 형질전환기술은 전기천공법(electroporation)이라고 불리는 DNA를 세균세포벽 안으로 들어갈 수 있도록 아주 작은 구멍을 생성시키기 위해 짧은(10분의 1초) 펄스(pulse)의 높은 전압을 적용시키는 방법이다. 전기천공법은 DNA를 포유동물 세포 안으로 도입시키는 데 사용될 수 있을 뿐만 아니라 식물세포를 형질전환시키는 데도 사용될 수 있다.

어떤 방법으로 해도 DNA 단편의 연결과 형질전환은 다소 비효율적이다. 연결과정 동안 몇몇의 잘려진 플라스미드들은 외래 DNA를 배제한 채, 스스로 재 원형화된 플라스미드를 생성시키기 위해 다시 연결된다. 형질전환 과정 동안 대다수의 세포들은 외래 DNA를 받아들이지 않는다. 우리는 DNA가 벡터 안으로 어떻게 삽입되어서 세균세포 속으로 도입이 되는지를 배워 왔기 때문에 재조합된 플라스미드로 형질전환된 재조합 세균이 외래 DNA가 없는 플라스미드 DNA를 포함하는 세균세포일 경우도 고려하여 많은 수의 형질전환되지 않은 세포들을 외래 유전자가 포함된 형질전환 세포와 구별할 수 있어야 한다. 이 선별과정(screening process)은 외래 DNA가 없는 플라스미드를 포함하는 세균과 형질전환되지 않은 세균의 생장을 방해하는 동안 재조합 세균의 확인을 촉진시킬 수 있도록 하기 때문에 선별(selection)이라고 한다.

코헨과 보이어는 항생제 선별법(antibiotic selection)을 사용했다. 이것은 재조합 세균과 형질전환되지 않은 세포를 확인하기 위한 방법으로서 형질전환된 세포를 다양한 항생제를 가지는 배지에 배양하는 기법이다. 수년 동안 항생제 선별은 광범위하게 사용되었다. 그러나 최근의 클로닝 기술은 일반적으로 사용되는 전략인 푸른색-흰색 선발법을 주로 사용한다. 푸른색-흰색 선별법이라는 방법에서 DNA는 lacZ 유전자 내에 제한효소 자리로 클로닝된다. lacZ 유전자는 이당류인 젖당(lactose)을 단당류인 포도당(glucose)과 갈락토오스(galactose)로 분해하는 효소인 베타 갈락토시데이즈(β-galactosidase)를 암호화한다. 그러나 삽입된 유전자에 의해 이 유전자가 깨지게 되면 lacZ 유전자는 베타 갈락토시데이즈 기능을 할 수 없다. 형질전환된 세균이 암피실린(ampicillin) 항생제를 포함하는 배지에서 배양된다면 형질전환되지 않은 세균은 암피실린 저항성 유전자(amp^R)를 포함하는 플라스미드 DNA를 가지고 있지 않기 때문에 암피실린 존재 하에서는 자랄 수 없다. 또한 이 배지는 X-gal(5-bromo-4-chloro-3-indolyl-β-D-galactopyranoside)이라고 불리는 베타 갈락토시데이즈에 대한 발색 기질을 포함하고 있는데, X-gal은 젖당과 그 구조가 유사하며 베타 갈락토시데이즈에 의해 분해되어 푸른색으로 변한다. 그 결과 DNA가 삽입되지 못한 채 자체적으로 연결된 플라스미드를 가지고 있는 비재조합 세균은 lacZ 유전자를 그대로 가지고 있으며 베타 갈락토시데이즈를 생성하여 푸른색으로 변하게 된다. 반대로 재조합된 세균은 흰색 집락으로 확인된다. 이런 세포들은 외래 DNA가 lacZ 유전자 속으로 삽입된 플라스미드를 가지고 있기 때문에 베타 갈락토시데이즈가 생성되지 않아서 X-gal을 대사시키지 못한다. 그래서 푸른색-흰색 선발법을 통해 유전자 재조합 DNA가 형질전환되지 못한 세균(푸른색)과 유전자 재조합 DNA가 형질전환된 세균(흰색)을 구별하여 선별할 수 있다. 재조합 플라스미드를 함유하고 있는 흰색의 집락들이 클론(clone; 재조합 플라스미드의 복사체를 함유하고 있는 각각의 유전적으로 확인된 세균세포)들이다.

생명공학 적용을 위한 인간 유전자 클로닝과 단백질 발현

제한효소, DNA 연결효소, 플라스미드는 사실상 어떤 근원으로부터 유전자를 조작하고 클로닝하기 위한 분자생물학자들의 주요 도구이다. 형질전환의 발견으로 과학자들은 세균의 세포 내로 재조합 DNA를 도입시키는 방법을 사용했다. 재조합 DNA 기술은 사실상 어떤 DNA 단편을 절단하거나 서로 연결시키고, 플라스미드 안으로 DNA를 삽입하고(플라스미드 안으로 클로닝된 DNA를 흔히 삽입 DNA라고 불린다), 세균을 재조합 DNA를 복제하기 위한 숙주로 사용함으로써 많은 양의 삽입 DNA를 생성시키는 것을 가능하게 했다.

클로닝된 DNA 단편이 특정 단백질을 암호화하는 유전자라면 세균세포는 클로닝된 유전자의 생성물인 단백질을 합성한다. 이것을 단백질을 발현시킨다(expressing)라고 한다. 분자생물학자들은 인간의 유전자가 클로닝되고 단백질을 발현할 수 있다면, 재조합 DNA 기술이 연구와 의학에서 매우 효과적이고 흥미로운 응용을 위한 유용한 도구가 될 수 있을 것이라는 것을 깨달았다. 세균은 대량으로 배양될 수 있기 때문에 과학자들은 많은 양의 클로닝된 DNA를 생산할 수 있고 보통 클로닝 없이 정제하기에 매우 어렵거나 비싼 많은 양의 단백질들을 얻을 수 있다. 재조합 DNA 기술 덕분에 얻기 힘든 광범위하고 유용한 단백질들이 클로닝된 유전자들로부터 생산될 수 있게 되었다.

최초의 상업적으로 유용한 재조합 DNA 기술을 이용한 인간 유전자 산물은 인슐린(insulin)이다. 인슐린은 췌장(pancreas)에 있는 세포에 의해 생성되는 펩타이드 호르몬(peptide hormone)이다. 당이 풍부한 식사를 한 후 혈당이 오르면 인슐린은 글리코겐(glycogen)이라고 하는 긴 사슬의 포도당을 저장하는 간과 근육세포를 자극하여 혈당을 낮춘다. 제1형 인슐린 의존성 당뇨병(type I, insulin-dependent diabetes mellitus) 환자는 인슐린을 생성하지 못한다. 인슐린 결핍으로 인해 당뇨병 환자들은 지나치게 높은 혈당(과혈당증)을 경험한다. 이것은 시간이 흐를수록 많은 신체기관에 심각한 위협이 될 수 있다. 1977년, 허버트 보이어와 로버트 스완슨에 의해 1976년에 설립된 생명공학 회사인 제넨텍(Genentech, genetic engineering technology)에서 과학자들은 인슐린을 세균 플라스미드에 클로닝하여 세균세포에서 인슐린 단백질을 발현시키고, 분리하였다. 유전공학기술의 단축형인 제넨텍은 첫 생명공학 회사로 대부분의 사람들에게 인정되었다. 1982년, 휴뮬린(Humulin)이라고 불리는 재조합 인간 인슐린은 미국 식품의약국(U.S. Food and Drug Administration, FDA)에 의해 처음으로 사람에 적용해도 된다는 인가를 받은 첫 재조합 DNA 산물이다. 인슐린이 사용된 후 얼마 안 되어 왜소증(dwarfism)으로 고통받는 아이들을 치료하기 위한 성장호르몬(growth hormone)이 클로닝되었고, 한때 충분한 양을 얻기 어려웠던 다양한 종류의 의학적으로 중요한 단백질들이 재조합 DNA 기술을 활용할 수 있게 되었다.

재조합 DNA 기술에 앞서, 인슐린이나 성장호르몬과 같은 중요한 호르몬들은 조직으로부터 분리되어야 했다. 성장호르몬은 인간 사체(cadaver)의 뇌하수체(pituitary gland)로부터 분리되었다. 이런 과정은 고비용에 비효율적일 뿐만 아니라, 이들의 분리과정에서 바이러스와 다른 병원체들과 같은 알려지지 않은 오염 물질들이 호르몬을 투여 받는 사람에게 전해질 수 있는 위험을 수반하게 된다. 현재 기초연구, 의학, 농업에서 광범위한 응용으로 시장에 내놓은 수백 개의 재조합 DNA 기술의 산물들이 있다. DNA 단편을 조작하는 데 관여하는 기술에 대한 기초적으로 이해를 바탕으로, DNA 벡터에 대한 중요한 몇 가지 측면과 최종산물이 무엇이냐에 따라 어떤 벡터들을 사용할지에 대해 알아보도록 하자.

어떤 것이 좋은 벡터인가?

플라스미드들은 DNA 단편의 클로닝 작업과 조작을 가능하게 하는 많은 분자생물학적 기술의 기반이 되기 때문에, 플라스미드는 여전히 매우 흔하게 사용되는 유용한 클로닝 벡터들이다. 게다가, 플라스미드 DNA를 세균세포 안으로 이동시키기가 꽤 간단하고 세균세포로부터 플라스미드 DNA를 분리하기가 비교적 쉽다. 처음 널리 사용된 플라스미드 DNA 벡터 중 하나인 pBR322는 암피실린과 테트라사이클린 저항성 유전자, 그리고 여러 가지 유용한 제한효소 자리를 갖도록 제작되었다. 그러나 플라스미드 DNA 클로닝 벡터들은 현재까지 pBR322에 다양한 중요한 특징을 결합시키며 더 유용하게 가공되어 오고 있다.

DNA 클로닝 벡터의 실용적인 특징

DNA 클로닝을 위한 플라스미드 벡터들은 일반적으로 대부분 다음과 같은 유용하고 실용적인 특징들을 가진다.

- 복제원점(origin of replication, ori) — 플라스미드가 숙주세포의 염색체로부터 별도로 복제되도록 하는 DNA 복제 장소. 세포에서 플라스미드 수는 복제수(copy number)라 부른다. 대부분 세균세포에서 플라스미드의 일반적인 복제수는 적다(보통 세포당 12개 이하임). 그러나 대부분 가장 유용한 클로닝 플라스미드들은 세포당 수백 또는 수천 개의 플라스미드로 복제되기 때문에 높은 복제수 플라스미드로 알려져 있다.
- 다중클로닝 장소(multiple cloning site, MCS) — 다중연결자(polylinker)라고 불리는 MCS는 많은 다양한 일반적인 제한효소들의 인식서열들을 가지는 DNA 가닥이다. 이런 자리들은 제한효소에 의해 플라스미드가 절단됨으로 인해서 DNA 단편을 삽입할 수 있도록 하기 위해 플라스미드 안에 만들어진다. 오히려 원형 플라스미드가 제한효소로 절단될 때 단순히 선형화된다. MCS는 많은 다양한 효소로 절단함으로써 발생되는 DNA 단편들을 삽입하는 것이 가능하기 때문에 플라스미드 안으로 클로닝할 수 있는 다양한 DNA 단편들을 사용할 수 있게 하는 유용성이 커진다.
- 선택적 마커 유전자(selectable marker genes) — 이들 유전자는 재조합 플라스미드로 형질전환된 세균을 형질전환되지 않은 세균들로부터 선별 확인하기 위해 필요하다. 가장 흔한 선택적 마커들은 암피실린(ampR)과 테트라사이클린 저항성 유전자(tetR), 그리고 푸른색-흰색 선별에 사용되는 lacZ 유전자이다.
- RNA 중합효소 프로모터 서열(RNA polymerase promoter sequences) — 이들 서열은 RNA 중합효소(polymerase)에 의해 생체 내(*in vivo*), 시험관 내(*in vitro*)에서 RNA의 전사(transcription)를 위해 사용된다. 앞서 설명한 것처럼 RNA 중합효소는 전사과정 동안 DNA에서 RNA를 복제한다. 이들 서열은 생체 내에서 세균세포가 클로닝한 유전자로부터 RNA를 만들도록 하고 차례로 단백질 합성을 하게 한다. 시험관 내에서 전사된 RNA는 RNA "탐침(probe)"를 합성하는 데 사용될 수 있는데, 이는 유전자 발현(gene expression)을 연구하는데 유용하게 사용된다.
- DNA 염기서열 해석을 위한 프라이머 서열(DNA sequencing primer sequences) — 이들 서열은 플라스미드 안으로 삽입된 클로닝된 DNA 단편들의 뉴클레오타이드 서열 분석을 가능하게 한다.

벡터의 유형

하나의 나사돌리개(screwdriver; 드라이버)가 모든 크기와 형태의 나사에 사용될 수 없는 것처럼 세균 플라스미드 벡터들도 생명공학에서 모든 응용을 위해 사용될 수 있는 것은 아니다. 플라스미드가 얼마나 클로닝에 사용될 수 있는지에 대해서는 한계가 있다. 주된 한 가지는 플라스미드 안으로 삽입될 수 있는 DNA 단편의 크기이다. 삽입크기는 보통 약 6~7 kb(1 kb = 1,000 bp)를 초과할 수 없다. 게다가, 때때로 세균들은 진핵(eukaryotic) 유전자들로부터 단백질들을 잘 발현시키지 못한다. 이런 한계 때문에 분자생물학자들은 많은 다른 형태의 DNA 벡터들을 개발하기 위해 연구해 왔으며 각각의 플라스미드들은 클로닝의 응용에 따라 특정한 이점들을 가진다. 예를 들면, 박테리오파지 람다(λ, lambda)의 DNA는 클로닝을 위해 사용된 첫 파지 벡터들 중 하나였다. 람다 염색체는 약 49 kb의 크기를 가지는 선형(linear) 구조이다. 클로닝된 DNA는 람다 염색체의 중앙에 있는 제한자리(restriction site)로 삽입된다. 그러고 나서 재조합 염색체는 시험관 내에서 바이러스 입자(viral particle)들을 포장(packaging)한다. 이들 파지는 배지에 퍼져서 자라는 대장균들을 감염시키는 데 사용된다. 람다가 숙주인 대장균에 감염되면, 람다 염색체는 원형화되고, 이후 복제된다. 이런 벡터들의 주된 장점은 그들이 플라스미드들보다 약 25 kb 이상의 더 큰 DNA 단편들을 클로닝하게 한다는 것이다. 많은 박테리오파지 벡터들은 또한 단백질 발현 벡터로도 사용될 수 있다.

세균 인공 염색체(bacterial artificial chromosome, BAC)는 크고 낮은 복제 수 플라스미드이며, 세균세포에서 1~2개 복사체로서 나타난다. BAC는 100~300 kb 범위 내에서 DNA 삽입을 허용할 수 있다. 효모 인공 염색체(yeast artificial chromosome, YAC)는 대장균에서 자란 작은 플라스미드이고 효모세포(*Saccharomyces cerevesiae*) 안으로 도입된다. YAC는 진핵생물 염색체의 축소형이다. YAC는 세포분할과정(cell division) 동안 딸세포(daughter cell)로의 분리와 YAC의 복제를 허용하는 복제원점, 선택마커(selectable marker), 2개의 말단소립(telomere), 중심립(centromere)을 가지고 있다. 외래 DNA 단편들은 YAC의 중앙에 있는 제한자리로 클로닝된다. YAC는 크기가 200 kb에서 약 2 Mb(megabase)의 큰 DNA 단편의 클로닝을 위해 특히 유용하다. BAC와 비슷하게 YAC 또한 인간유전체프로젝트의 클로닝 결과에 중요한 역할을 해왔다.

발현 벡터

단백질 발현벡터(expression vector)는 그들이 DNA가 플라스미드 안으로 삽입되는 자리와 가까운 곳에 진핵생물의 프로모터 서열을 포함하기 때문에 세균세포 내에서 많은 양의 진핵세포 단백질을 합성할 수 있다. 세균의 RNA 중합효소는 프로모터에 결합된 RNA를 합성할 수 있어서 단백질을 해독(translate)한다. 합성된 단백질은 이후 제품으로서의 단백질에서 설명될 생화학적 기술을 사용하여 분리한다. 하지만 세균에서 기능을 가지는 단백질을 발현시키기는 것이 항상 가능한 것은 아니다. 예를 들어, 때때로 세균의 리보솜(ribosome)은 진핵생물의 mRNA(messenger RNA) 서열들을 해독할 수 없다. 만약 단백질이 생성된다 하더라도 그것은 단백질들을 접거나 변형시키기 위해 세포소기관(organelle)들을 사용하는 것은 진핵생물에서 일어나는 것이기 때문에 올바르게 접히지도 않고 가공되지 않을 수도 있다. 또한 세균에서 몇몇의 재조합 산물을 만드는 것이 문제가 될 수 있다. 왜냐하면 종종 대장균이 단백질을 분비하지 못하는 경우가 있기 때문에 발현 벡터들이 단백질 분비에 더 적합한 균주인 바실러스 서브틸리스(*Bacillus subtilius*)에서 사용되기 때문이다.

포유류 세포에 적용하는 발현벡터로 사용되는 SV40과 같은 바이러스의 경우는, 전형적으로 높은 수준의 전사를 위해 바이러스의 강력한 프로모터 서열과 합성된 mRNA들의 3′ 말단에 poly A 꼬리를 첨가하기 위한 poly A 첨가 신호(addition signal)를 포함한다. 그런 벡터의 변형은 인간 유전자 치료를 위해 사용되기도 한다.

Ti 벡터

Ti 벡터는 식물의 근두암종(crown gall disease)을 일으키는 토양 유래 식물병원균인 *Rhizobium radiobacter*(이전까지는 *Agrobacterium tumefaciens*로 불리었으나, 유전체 자료에 근거해서 현재는 개명됨)로부터 분리된 크기가 약 200 kb의 자연적인 플라스미드이다. *R. radiobacter*가 숙주 식물로 들어가서 Ti 플라스미드(Ti는 발암성 Tumor-inducing을 의미함)로부터 T-DNA를 숙주 염색체 속으로 삽입시킨다. T-DNA는 옥신(auxin)이라고 불리는 숙주세포벽을 약하게 하는 합성호르몬을 암호화한다. 감염된 식물세포는 분화하고 암(gall)을 형성하기 위해 커진다. 식물유전학자들은 만약 그들이 Ti 플라스미드로부터 다른 해로운 유전자와 옥신을 제거할 수 있다면 벡터는 식물세포 안으로 유전자를 전달하기 위해 사용될 수 있을 것이라는 것을 알았다. Ti 벡터는 식물 속으로 유전자를 형질전환 시키는 데 널리 사용되고 있으며 식물 생물공학 부분에서 보다 제세하게 배울 것이다. 지금까지 다양한 형태의 벡터와 그것의 응용에 대해 알아보았다.

3.2 특정한 유전자를 어떻게 확인하고 클로닝할 것인가?

재조합 DNA 분자들을 생성하기 위해 다양한 조각들의 DNA를 자르고 붙이는 것은 분자생물학에서 일상적인 기술이다. 그러나 우리가 설명했던 클로닝 실험 방법들은 어느 정도까지만 DNA 단편들의 무작위적인 클로닝을 허용한다. 이것은 제한효소 절단부위에 근거하며 관심 있는 DNA의 특정 조각이나 한 개의 유전자에 대한 정밀한 클로닝은 아니다. 예를 들어, 당신이 인슐린 유전자를 클로닝하는데 관심을 가지고 단순히 췌장으로부터 DNA를 가져와서 효소로 절단하고 난 후 플라스미드에 절단된 DNA를 연결시킨다면 당신은 인슐린 유전자를 가진 재조합 플라스미드만이 아니더라도 방대한 수의 재조합 플라스미드를 생성할 수 있을 것이다.

산탄 클로닝(shotgun cloning)이라 불리는 클로닝 방식은, DNA 단편이 무작위 적으로 클로닝되고, 각각의 단편들도 유효화된 특정 유전자를 목표로 하는 것이 아닌, 클로닝 방법이다. 재조합 플라스미드가 인슐린 유전자를 가지고 있는지를 알려면 어떻게 해야 되는가? 게다가, 인슐린 유전자(또는 인접한 서열)가 제한효소 인식부위를 가지고 있지 않다면 인슐린 유전자를 포함하고 있는 어떠한 재조합 플라스미드들도 얻을 수 없다. 인슐린 유전자를 가지고 있는 플라스미드를 생성했다 하더라도 이것을 다른 재조합 플라스미드들로부터 이것을 분리할 수 있겠는가? 어떻게 관심 있는 특정 유전자를 찾고 연구하기를 원하는 DNA 서열만을 클로닝하겠는가? 이런 문제점들은 DNA 라이브러리(library)로 알려져 있는 클로닝 방법이 좋은 접근방법이 될 수 있다.

앞으로 배우게 될 전유전체 염기서열 분석법(whole-geneme sequencing)과 새로운 염기서열 분석법들이 DNA 도서관(library)을 대체하게 될 것인데, 이는 별도의 유전자 단편들을 벡터에 삽입하는 클로닝 과정 없이도 단 한번에 유전체 전체의 염기서열을 읽는 것이 가능하기 때문이다. 그러나 DNA 도서관이라는 개념을 이해하는 것은 현대의 다양한 연구기법들을 이해하는 데 매우 중요한 기초가 된다. 또한 생물정보학(bioinformatics)을 이용한 DNA 염기서열 분석이 클로닝 된 DNA들 중에서 단백질을 합성할 수 있을지 없을지를 어떻게 구별해는지를 소개할 것이다. 여기서는 DNA 도서관에 대해 간략히 설명하고, 클로닝을 위한 효소연쇄중합반응(plymerase chain reaction, PCR)을 이용한 DNA 증폭과정을 소개하고자 한다.

DNA 도서관: 클로닝된 유전자들의 집합체

클로닝의 많은 부분들은 DNA 도서관(DNA library)을 준비함으로써 시작된다. DNA 도서관은 숙주로서 세균이나 바이러스 내에 포함된 특정 생물로부터 클로닝된 유전자 단편들의 집합체이다. 유전자 도서관은, 비교적 오랜 기간 동안 저장될 수 있고 관심 있는 다양한 유전자들을 선택하기 위해 선발될 수 있다. 전형적인 클로닝을 위해서는 유전체 DNA 도서관(genomic DNA library)과 상보적 유전체 도서관(complementary DNA library, cDNA 도서관)의 두 가지 형태의 유전체 도서관이 사용된다.

유전체 도서관에서 염색체 DNA는 관심 있는 조직으로부터 분리되어 제한효소로 절단된다. 이 과정은 생물 전체 유전체를 포함하는 DNA 단편들을 생성한다. 플라스미드, BAC, YAC, 박테리오파지 벡터가 같은 효소로 잘려지고 DNA 연결효소가 유전체 DNA 조각들과 벡터 DNA를 무작위적으로 연결하는 데 사용된다. 이론적으로, 유전체에서 모든 DNA 단편들이 벡터 안으로 클로닝될 것이다. 그러고 나서 재조합 벡터들은 세균에 형질전환되고 각 세균세포 복제체들이 유전체 DNA 단편들을 가지는 플라스미드들을 포함하고 있을 것이다. 각각의 DNA 단편은 이 DNA 도서관에 있는 한 권의 책으로 생각하면 된다. 진핵생물의 유전자 도서관을 만드는 데 있어서 한 가지 약점은 인트론(intron)이라고 불리는 비단백질 DNA 암호 조각들이 단백질 암호서열(exon, 엑손)에 첨가되어 클로닝된다는 것이다. 대부분의 진핵생물의 DNA는 인트론이 포함되어 있기 때문에 유전자 도서관에 포함된 많은 클론들이 비단백질 암호 조각들의 DNA들을 포함하고 있을 것이다. 유전자 도서관의 또 다른 한계는 인간을 포함한 많은 생물들의 유전체의 크기가 크다는 것이다. 그래서 관심 있는 유전자를 찾는 것은 건초더미(haystack)에서 바늘(needle)을 찾는 것과 같다.

반면, cDNA 도서관에는 관심 있는 조직에서 분리된(인트론이 없는) mRNA에서 만들어진 DNA 도서관이다. 그러나 mRNA는 제한효소로 바로 절단할 수 없어서 이중가닥 DNA 분자로 변환시켜야 한다. 역전사효소(reverese transcriptase, RT)라고 불리는 바이러스 효소는 mRNA로부터 단일가닥 DNA 합성을 촉매하는 데 사용된다. 이 효소는 레트로바이러스(retrovirus)라고 하는 바이러스 강(class)에 의해 만들어진다. 레트로바이러스는 유전정보의 일반적 흐름과 상관없기 때문에 그렇게 불린다. 레트로바이러스는 DNA를 유전체로 가지는 대신 RNA를 만드는 데 사용되며 RNA를 유전체로 사용한다. 숙주세포를 감염시킨 후에 그들은 복제할 수 있기 위해 RT를 사용하여 RNA를 DNA로 변환한다. 인간 면역결핍 바이러스(human immunodeficiency virus, HIV), 후천성 면역결핍증(acquired immunodeficiency syndrome, AIDS)의 원인이 레트로바이러스이다. 다른 레트로바이러스는 생명공학에서 유전자 치료 벡터로서 중요한 응용이 되고 있다. 이 DNA가 mRNA의 실제 복사체로 합성되어 왔기 때문에 cDNA(complementary DNA)라고 불린다. mRNA는 알칼리 용매에 의해 분해되거나 효소에 의해 절단된다. 그러고 나서 DNA 중합효소가 이중가닥의 cDNA를 생성하기 위해 두 번째 가닥을 합성하는 데 사용된다.

모든 cDNA 시퀀스의 각 끝에 편리한 제한부위(site)가 반드시 있는 것은 아니기 때문에 링커(linker) 시퀀스라고 불리는 짧은 이중가닥 DNA 염기서열이 효소반응에 의해 cDNA의 말단에 추가된다. 각 링커 부위에는 제한효소 사이트가 있다. 서로 다른 제한효소 사이트를 갖는 다른 링크들이 상업적으로 이용 가능하다. 링커를 추가함으로 cDNA는 벡터로 사용할 원하는 플라스미스의 원하는 제한효소 부위로 편리하게 연결할 수 있다. 만들어진 재조합 플라스미드는 박테리아에 형질전환 되어 사용된다.

유전체 도서관 이상으로 cDNA 도서관의 주요 장점은 cDNA 도서관이 mRNA가 분리된 세포나 조직에서 활발히 발현되는 유전자들의 집단이라는 것이다. 인트론들은 cDNA 도서관에 클로닝되지 않고 유전체 도서관과 비교하여 클로닝된 DNA 전체 양을 줄여준다. 이런 이유 때문에 cDNA 도서관은 관심 있는 유전자를 클로닝하려고 할 때 전형적인 유전체 도서관보다 선호된다. cDNA 도서관의 또 다른 장점은 조직에서 주로 특정 조건하에서만 발현되는 유전자들을 분리하기 위해 선발되고 생성될 수 있다는 점이다(예를 들면, 발생 중인 상태, 세포사멸, 암, 혹은 다른 생물학적 진행 과정 중에 있는 조직 등). 또 다른 한 가지는 이러한 도서관은 정상 조직과 질환조직에서의 유전자 발현을 비교하는 데도 유용하게 사용될 수 있다는 점이다. 이러한 방법은 발암 유전자를 알아내는 데 유용하게 사용되는데, 이러한 발암유전자들은 정상세포에서 암세포로 전이되는 데 중요한 역할을 하거나 암의 전이에도 관여하기 때문에 중요하다.

유전체 도서관은 그렇게 분자생물학의 일반적인 측면이 되어 왔고 많은 회사들은 다양한 종들(species)의 조직들로부터 준비된 유전체 도서관을 판매하고 있다. 한 가지 단점은 유전자들을 위한 풍부한 양의 mRNA를 가지고 있는 근원 조직이 유용하지 않다면 cDNA 도서관이 생성되거나 선발되기 어려울 수 있다는 것이다. 그러나 앞으로 배우게 될 중합효소연쇄반응(polymerase chain reaction, PCR)이라는 기술로 이 문제들은 해결될 수 있다.

특정 유전자는 선별과정을 통해 유전체 도서관에서 분리할 수 있다

유전체 도서관이나 cDNA 도서관에는 수백만 개 이상의 서로 다른 DNA 클론들이 있게 되는데, 이는 마치 어떤 도서관에 책은 많이 있지만, 유전학 공부를 위한 책들은 겨우 몇 권에 불과한 경우와 같다고 볼 수 있다. 그렇다면 우리는 이 유전체 도서관에서 우리가 원하는 특정 유전자의 위치를 어떻게 알 수 있을 것인가? 이를 위해서는 원하는 유전자가 들어 있는 클론(혹은 클론들) 선별하여 분리해야 한다. 또 얻어진 그 클론이 우리가 원하는 유전자 전체를 포함하고 있는지 혹은 부분만을 포함하고 있는지도 알 수 있어야 한다. 수십 년간 이런 과정을 도서관 선별(library screening)이라고 부르는 이 과정은 수십 년간 우리가 원하는 유전자를 얻기 위한 의례적인 과정이다. 처음으로 클로닝되고 염기서열이 밝혀진 많은 유전자들이 이런 방식으로 분리 규명된 것이다.

도서관 선별에는 유전자 도서관 내에서 특정 유전의 부분을 포함하는 상보적인 DNA나 RNA 서열인 '탐침(probe)'이 필요하다. 이러한 탐침은 흔히 또 다른 종들로부터 클로닝된 유전자로, 랫트(rat), 쥐(mice) 또는 초파리(*Drosophila*)로부터 유래된 유전자의 cDNA 클론들은 인간의 유전체 도서관이나 cDNA 도서관을 선발하기 위한 매우 효과적인 탐침이 될 수 있다. 왜냐하면 랫트나 쥐의 많은 유전자 서열들이 인간의 유전자와 매우 유사하기 때문이다. 탐침은 반드시 서로 구분할 수 있는 방식으로 표시되어야 한다. 탐침과 클론들 내의 유전자가 혼성화(hybridization) 과정을 거치게 될 때, 탐침유전자는 클론 유전자 내의 상보적인 DNA 서열과 결합하게 된다. 초기에는 탐침은 방사성 동위원소로 표지하였었다. 그러나 현대에는 비방사성 물질들인 다양한 발색단, 형광물질, 혹은 효소반응을 이용해서 유전자 도서관 내의 특정 클론의 위치를 파악할 수 있다.

탐침은 여러 가지 다양한 방식으로 특정 유전자를 포함하는 세포를 선별할 수 있고, 선별한 세포에서 그 유전자를 분리해 낼 수 있다. 이러한 유전자 도서관들은 여전히 생명공학에서 여러 가지로 적용되고 있다. 앞으로 이 장에서 배우게 될 DNA 도서관을 포함한 재조합 DNA 기술의 기본적인 방법들은 현재 유전학과 분자생물학의 유전체학 시대를 이끌고 있는 전유전체 클로닝과 염기서열 분석기술의 발전을 위한 중요한 기초가 되었다. 유전체학 기술은 유전체 도서관을 만드는 것을 제외한 유전체 염기서열을 분석하는 방식에서 많은 부분 대체되고 있는 기술이다. 이는 적어도 한 번에 한 개 이상의 유전자를 클로닝하고 분리해 낼 수 있다.

중합효소연쇄반응

유전자 도서관이 관심 있는 유전자를 확인하고 클로닝하는 데 매우 효과적이고 흔히 사용됨에도 불구하고 중합효소연쇄반응(polymerase chain reaction, PCR)은 라이브러리를 구축하고 선발하는 것보다 클로닝에 더욱더 빠른 방법이다. PCR은 종종 선택의 기술이다. 캐리 멀리스(Kary Mullis)에 의해 1980년대 중반에 개발된 이 기술은 분자생물학의 많은 분야에 충격을 가져온 혁신적인 기술이 되었다. 1993년에 멀리스는 그의 발명에 대해 노벨 화학상을 수상했다. PCR은 복사체를 만들거나 짧은 시간 안에 DNA의 특정 부분을 증폭하는 기술이며 다양하게 활용되고 있다. PCR 반응의 개념은 대단히 간단하다. 증폭된 특정 DNA(target DNA)는 dNTPs(deoxyribonucleotide; dATP, dGTP, dCTP, dTTP)와 완충용액, DNA 중합효소와 함께 얇은 벽으로 된 튜브 안에서 혼합하고, 한 쌍의 프라이머(primer)를 혼합액에 첨가한다. 프라이머들은 짧은 단일 가닥으로 된 보통 20~30개 길이의 DNA 올리고뉴클레오타이드(oligonucleotide)들이다. 이런 프라이머들은 증폭되기 위해 증폭하고자 하는 목적 DNA의 반대쪽 말단에 상보적이다.

반응액을 담은 튜브는 핵산증폭기(thermal cycler)라고 불리는 기기에 넣어진다. 가장 간단한 의미에서 핵산증폭기는 매우 짧은 시간 간격을 두고 온도를 빠르게 변경할 수 있는 정교한 가열 기기이다. 핵산

증폭기는 시료를 PCR 사이클(cycle)이라고 불리는 일련의 반응을 통해 처리한다. 각 사이클은 3단계로 구성되어 있다. 첫 번째 단계는 변성(denaturation)이라고 불리며 반응 튜브가 약 94~96°C로 가열되면 목적 DNA가 단일가닥으로 분리된다. 두 번째 단계는 혼성화(hybridization 또는 annealing)라고 불리며 50~65°C로 온도를 조금 떨어뜨리면 프라이머들이 목적 서열의 반대편 말단에 상보적인 염기들을 수소결합(hydrogen bond)을 하게 한다. PCR의 마지막 단계인 신장(extension 또는 elongation) 과정 동안 온도가 보통 약 70~75°C가 되면 프라이머를 주형으로 하여 각 프라이머의 3′ 말단에 DNA 중합효소가 결합하므로서 목적 DNA를 복제한다. DNA 중합효소는 상보적인 가닥을 합성하기 위해 각 프라이머의 3′ 말단에 뉴클레오타이드를 첨가한다.

한 번의 사이클을 마치면, 특정 DNA의 양은 두 배가 된다. 핵산증폭기는 필요에 따라 전체 사이클 수가 결정되는데, 보통 20~30 사이클에 따라서 이 세 단계를 다시 반복한다. PCR의 가장 큰 장점은 짧은 기간 동안 매우 적은 양의 시초 물질로부터 목적 DNA의 수백만 개의 복제체를 증폭할 수 있는 능력이다. 목적 DNA가 초기 한 분자에서 매번 PCR 반응 후에 두 배가 되며 20 사이클 후에는 약 100만 개(2^{20})의 DNA가 생성된다.

PCR의 한 가지 요점은 반응에 사용되는 DNA 중합효소의 형태이다. PCR에 요구되는 반복되는 가열과 냉각과정은 단지 몇몇 사이클 후에 DNA 중합효소를 변성시키고 파괴한다. PCR에 적합한 여러 가지 근원들의 DNA 중합효소들이 유용하다. PCR을 위한 첫 번째 그리고 가장 인기 있는 DNA 중합효소는 *Taq* DNA 중합효소(*Taq* DNA polymerase)라고 알려져 있다. *Taq*은 핫스프링 지역(hot spring)에서 잘 자라는 *Thermus aquaticus*라고 불리는 고세균(Archaea)으로부터 분리되었다. 이 고세균은 뜨거운 물(온천)에서 사는데 적합하며 처음 옐로스톤 국립공원의 핫스프링 지역에서 발견되었고 높은 온도를 견뎌낼 수 있는 DNA 중합효소가 발달되어 있었다. 이러한 미생물들은 극히 뜨거운 환경에서 살고 잘 자라는 능력을 가지고 있기 때문에 호열성생물(thermophiles)이라고 불린다. Taq은 높은 온도에서 안정하기 때문에 변성 없이 PCR에 필요한 온도변화에 적합할 수 있었다. 현재는 DNA 클로닝을 위한 내열성 중합효소들은 여러 회사에서 상용화되어 있으나, Taq의 분리와 정제는 그 자체로 매우 중요한 생명공학의 한 예라고 할 수 있다. PCR 기술은 매우 다양한 여러 가지 분야에 적용되고 있다. 그 중 정량 PCR(quantitative PCR, qPCR)이라고 불리는 기술을 통해 증폭반응을 정량화할 수 있도록 하였다. 이 내용은 이 장 후반에에서 다루게 될 것이다.

PCR은 의학 및 다양한 연구 분야에 널리 활용되고 있다. 유전자 발현 연구, 병원성 바이러스와 세균 감염을 검출하기 위한 소량의 DNA 증폭, 유전적 상태 진단을 위한 DNA 증폭, 범죄현장에서 조직으로부터 DNA 흔적 검출, 심지어 화석이 된 공룡조직으로부터 고대 DNA를 증폭하는 것과 같은 예들이 있다.

3.3 실험적 기술과 재조합 DNA 기술의 응용

클로닝된 유전자로 무엇을 할 수 있는가? 재조합 DNA 기술과 유전자 클로닝의 응용분야는 매우 많다. 이 절에서는 유전자 클로닝의 몇몇 중요한 응용을 소개하고자 한다.

아가로스 겔 전기영동

아가로스 겔 전기영동법(agarose gel electrophoresis)은 DNA 단편의 크기에 따라 분리된 DNA를 시각화할 수 있는 가장 많이 쓰이는 DNA 관련 기술이다. 아가로스는 해초에서 분리된 물질이며 완충용액에 녹여서 플라스틱 틀에 부어진다. 아가로스는 냉각될 때 작은 구멍을 통해 DNA 단편들이 움직일 수 있도록 수평의 반고체 겔의 형태로 고형화 된다. 겔을 만드는 데 사용되는 아가로스의 비율은 다양한 크기의 DNA 단편들을 분석할 능력을 결정하는데 대부분이 일반적으로 0.5~2% 아가로스를 포함하는 겔을 만든다. 높은 함량을 가진 아가로스(2%) 겔은 작은 DNA 단편을 분리하기에 더 적당하다. 왜냐하면 큰 단편보다 작은 DNA 단편이 겔의 작은 구멍을 통과해서 더 잘 통과할 수 있기 때문이다. 낮은 아가로스 함량은 큰 DNA 단편을 분석하는 데 더 적당하다.

전기영동을 하기 위해서는, 겔을 완충용액에 잠기도록 담그고, 전압을 걸어주게 된다. DNA 시료들을 웰(well)이라고 불리는 겔의 작은 움푹한 곳에 가득 채운다. 그러고 나서 겔의 양쪽 끝에 전류를 흐르게 한다. 전기영동법의 분리 원리는 DNA의 절편 크기와 DNA가 갖고 있는 전하에 의해 이동한다는 원리에 의한다. 당-인산 골격은 DNA가 음전하를 갖게 한다. 그러므로 DNA가 전기장에 놓여질 때 음극에 의해 반발되어 양극을 향해 이동하게 된다. 모든 DNA는 길이나 유래와 상관없이 음전하를 띠기 때문에 아가로스 겔을 통한 DNA의 이동과 분리 비율은 오직 DNA 분자의 크기에만 의해 결정된다. 이동 거리가 DNA 단편의 크기에 반비례하기 때문에 큰 DNA 단편들은 겔을 통해 짧은 거리를 이동하고 작은 DNA 단편들은 겔을 통해 더 빠르게 이동한다.

DNA 이동을 추적하기 위해서 추적 색소(tracking dye)가 사용된다. 일정 시간의 전기영동 후에, DNA는 DNA 염기쌍 사이에 삽입되는 에티듐 브로마이드(ethidium bromide, EtBr)라는 염색제를 사용하여 염색한다. 이런 염색제들은 자외선에 노출되었을 때 형광을 나타내는데 자외선에 노출되는 동안 겔 사진을 촬영함으로써 이동여부를 기록하면 된다. 람다 DNA를 *Hind*III로 절단하면 확실하게 구별되는 단편들이 보이는 것과는 달리, 대장균의 DNA를 *Hind*III로 절단하면 전체적으로 끌려 보이게 된다. 이 같은 끌림 현상은 큰 크기의 대장균 유전체가 *Hind*III 효소에 의해 잘리는 사이트가 너무 많기 때문이다. 그래서 너무나 많은 단편들이 생성되어 분리된 밴드들이 잘 보이지 않는다.

제한효소를 이용한 유전자 구조 지도 작성

유전자 클로닝 기법이 사용되던 초기에는, 일반적으로 유전자를 클로닝하자마자 유전자를 자르는 제한효소를 결정하고 이들 절단부위의 위치를 정확히 기술하기 위한 유전자의 물리적 지도 형태를 만들었다. 유전자 제한효소 지도(restriction map)라고 알고 있는 것은 작은 조각의 유전자의 클론들을 만들고 DNA 염기서열을 분석하고 유전자 발현을 연구하기 위해 DNA 탐침들을 준비하기 위한 비교적 많은 양의 DNA 작은 조각들(100~1,000 bp)을 만드는 데 매우 유용하다. DNA 염기서열 분석법이나 생물정보학이 상용화되기 전까지는 여러 다양한 제한효소로 자르고, 분리하여 겔 전기영동 과정을 거쳐 이런 제한효소 지도를 만들었다.

DNA 시료가 한 번 잘려지고 분리되고 겔 전기영동에 의해 보이게 되면 실제 제한효소 지도가 퍼즐을 조립하는 것처럼 만들어지게 된다. 각 단편의 제한효소 자리들의 결정하고 해석하여 정확한 순서로 지도를 만들 수 있었다. 인간유전체프로젝트의 초기에는, 이러한 인간 유전체 전체의 제한효소 지도가 인간 유전체 전체의 염기서열 분석을 위한 작은 단편들을 만드는 데 매우 중요했다. 현재, 비교적 작은 조각의 DNA조차 DNA 염기서열 해석이 꽤 흔하게 되기 때문에 실제로 실험적으로 DNA를 절단하여 제한효소 지도를 만들 필요 없이 DNA 염기서열에서 제한효소 절단부위를 확인하기 위해 생물정보학 소프트웨어를 사용하여 제작할 수 있다. 그러나 제한효소지도의 역사적 중요성과 현재도 종종 쓰이고 있는 점을 감안할 때, 제한효소 지도 작성 기술에 대해 알아둘 가치가 있다.

DNA 염기서열 분석

유전자가 클로닝 된 후에 유전자의 뉴클레오타이드 서열, 즉 A, G, T, C의 정확한 순서를 결정하는 것은 매우 중요하다. 유전자의 DNA 서열을 아는 것은 (1) 클로닝된 유전자에 의해 암호화되는 단백질의 아미노산 서열 추정, (2) 유전자의 정확한 구조 결정, (3) 프로모터 서열과 같은 조절인자 확인, (4) 유전자 스플라이싱에 의해 생성되는 유전자들의 차이 확인, (5) 유전적인 돌연변이를 확인하는 데 도움이 될 수 있다. DNA 염기서열 분석은 유전체의 비암호화 유전자를 이해하고 공부하는 데도 동일하게 중요하다.

오늘날 많은 다양한 DNA 염기서열 분석(DNA sequencing) 방법이 사용되고 있다. 지난 수십 년간 염기서열 분석 방법은 PCR 사이클 염기서열 분석(PCR cycle sequencing)과 자동화된 DNA 염기서열 분석(automated DNA sequencing) 기술을 포함하여 유용하게 사용되고 있다. 염기서열 분석기술은 매년 빠르게 발전하고 있다. 초기에 가장 널리 사용된 염기서열 분석 방법은 프레드릭 생어에 의해 1977년에 개발된 사슬종결법(chain-temination sequencing)이며 그 이름을 따서 생어법이라고도 부른다. 이 기술에서 DNA 프라이머는 데옥시리보뉴클레오타이드(deoxyrionucleotide)들과 DNA 중합효소가 포함되어 있는 반응 튜브 내에서 염기서열 분석을 진행할 클로닝된 DNA를 포함하고 있는 플라스미드의 변성된 주형 DNA에 혼성화된다. 현대에 많은 플라스미드 벡터들이 다중 클로닝부위(multiple cloning site) 근처에 프라이머 결합부위를 가지며 설계되기 때문에 DNA 중합효소는 플라스미드에 혼성화된 프라이머의 3′ 말단으로부터 상보적인 가닥을 합성하기 시작한다. 초기에는 프라이머 염기에 방사선(radioacitve)으로 표지된 인산기나 황산기를 표지자로 사용하였다.

적은 양의 변형된 뉴클레오타이드, 즉 ddNTP (dideoxyribonucleotide)는 벡터, 프라이머, 중합효소, dNTP와 혼합되어 있다. ddNTP는 보통 dNTP와 다르다. 데옥시리보오스(deoxyribose)의 3번 탄소에

히드록시 그룹(-OH) 대신에 수소(hydrogen) 그룹이 부착되어 있기 때문이다. ddNTP가 DNA 사슬 안에 포함되어 있을 때 그 사슬은 새로운 뉴클레오타이드와 이인산에스테르 결합의 형성을 방해하는 3′-OH가 결핍되어 있기 때문에 더 이상 신장될 수 없다. 이런 이유로 그 사슬은 종결된다.

원래 생어 기술에서는, 각각 4개의 반응 튜브를 사용했다. 각 튜브는 벡터, 프라이머, 4개의 dNTP 모두를 포함하고 있지만, 각 튜브에는 적은 양의 딱 한 종류의 ddNTP를 포함하고 있다. 프라이머로부터 새로운 DNA 가닥의 합성이 시작되고 DNA 중합효소는 원래의 dNTP 대신에 염기서열에 무작위적으로 ddNTP를 삽입하여 더 이상 상보적인 가닥의 합성을 막는다. 시간이 흐르면서 ddNTP가 디데옥시(dideoxy) 잔기에서 종결된 다양한 길이의 일련의 단편들이 생성되면서 새롭게 합성된 가닥의 모든 자리에 포함되어 있을 것이다.

합성된 DNA 가닥들은 얇은 폴리아크릴아미드 겔(polyacrylamide gel)에서 분리되는데 이는 단일 뉴클레오타이드에 의해 각각 다른 길이의 서열을 갖는 분절이 분리되기 때문이다. 자가방사 기록사진(autoradiograpy)으로부터 결정된 염기서열은 각각의 뉴클레오타이드로서 아래서부터 위로 읽으면 된다. 현재 생어 염기서열분석법은 대부분 다음 절에서 소개될 컴퓨터 자동화 DNA 염기서열 해석방법으로 대체되었다.

고전적인 생어법에서 고효율 컴퓨터 자동화 염기서열 분석법으로의 시퀀싱 기술의 발전

염기서열 해석 겔(sequencing gel)을 전기영동하는 데 있어서의 한계 때문에 초기의 생어법은 단일 반응에서 약 200~400개의 뉴클레오타이드들을 염기서열만을 분석할 수 있었다. 그러므로 더 긴 DNA 조각의 염기서열 해석(약 1,000 염기쌍)이 필요할 때는 1,000 염기쌍의 계속되는 염기서열 전체를 결정하기 위해 서로 조각화될 수 있는 중첩되는 염기서열을 생성하는 다중 반응을 수행하는 것이 필요했다. 이런 한계 때문에 원래 생어 염기서열 분석법은 인간유전체프로젝트와 같은 대규모 염기서열 결과를 위해서는 번거로운 방법이었다. 최종적으로 인간유전체프로젝트는 우리가 곧 배우게 될 길이가 긴 DNA(단일 반응에서 500 염기쌍 이상) 염기서열 해석이 가능한 컴퓨터 자동화 DNA 염기서열 분석방법(computer-automated DNA sequencing method)의 개발로 인해 부분적으로 스케줄보다 빨리 완성이 되었다.

1990년대 초반 이후 약 20여 년간, 대규모 염기서열 분석은 대부분 생어법에서 발전된 화학적 분석법이었다. 초기의 컴퓨터 자동화 DNA 염기서열 분석 반응은 각각 다른 색의 비방사성 형광색소로 표지된 다른 ddNTP를 사용하거나 색소를 5′ 말단에 표지한 염기서열 분석용 프라이머를 사용하였다. 단일 반응의 폴리아크릴아미드 겔을 사용하는 전통적인 방식은, 이후 모세관 겔(capillary gel)이라고 불리는 극박지름 튜브 겔(ultrathin diameter tube gel)의 단일 레인(lane)에서 염기서열을 분석하는 방식으로 변화되었다. DNA 단편들이 겔을 통해 움직임에 따라 레이저빔으로 그 단편들을 스캔(scan)하는 방식이다. 레이저가 각 DNA 단편들의 형광색소를 자극하면 각각의 ddNTP에 따라 서로 다른 파장의 빛을 발산한다. 발산된 빛은 검출기에 의해 수집되고, 빛의 양상들을 변환하는 컴퓨터에 의해 처리되어 DNA 염기서열로 출력된다.

자동화 DNA 염기서열 해석기는 한 번에 약 1,000개의 염기쌍을 분석할 수 있는 여러 개의 긴 발이 달린 다중 모세관 겔을 가지고 있다. 이런 분석시스템은 매우 짧은 시간 동안 킬로베이스(1,000개 염기쌍)당 약 50센트의 비용으로 99.9퍼센트의 정확성을 갖고 염기서역 분석이 가능하다는 점에서 수동방식의 생어법에 비해 매우 큰 발전이라 할 수 있다. 자동화 DNA 염기서열 해석기는 무려 96개나 되는 모세관 겔을 전기영동한 결과로 하루에 약 200만 개의 염기서열 분석이 가능하다. 결과적으로 이러한 분석 장치들은 비교적 짧은 시간 동안 대규모의 염기서열 데이터를 생산하고 분석하는 것을 가능하게 했다.

이러한 분석기기들은 인간유전체프로젝트를 빠른 발전에 따라 점점 더 중요해지고 있다. 그러나 여전히 전통적인 수동 방식들의 분석법이 사용되고 있는데, 이는 수동방식의 기기들은 상대적으로 자동기기보다 저렴하고, 적어도 작은 크기의 DNA 분절을 분석하는 데는 수동방식으로도 쉽고 간편하게 사용할 수 있기 때문이다. 그렇지만 2005년쯤부터는 염기서열 분석기술이 드라마틱하게 발전하여 단일 실험실들에서도 대규모 염기서열 분석을 더 빠른 시간에 좀 더 효과적으로 결과를 얻을 수 있는 최근의 선도 기술인 차대대 혹은 제3세대 염기서열 분석기술이 시도되고 있다.

차세대 염기서열 분석

인간유전체프로젝트를 포함하여 여러 가지 유전자 질환 치료를 위한 전체 유전자의 염기서열을 분석하고자 하는 열망과 함께 유전체학은 다양한 분석기기들을 필요로 하게 되었다. 상대적으로 짧은 시간 안에 수백만 개의 DNA 염기를 보다 빠르고 확실하게 검출하는 것은 차세대 염기서열 분석(next-generation sequencing, NGS)의 발전을 가져왔고, 한 번의 반응으로 1기가베이스(1억 개 염기쌍)보다도 더 큰 DNA 염기서열을 매우 정확하게 게다가 비교적 저비용으로 분석할 수 있게 했다. 차세대 염기서열 분석법은 생어방법과 모세관 전기영동법을 조합하여 발전시킨 방법으로 병렬식(동시반응 방식) 형광을 이용한 이미지 방법과 동시에 많은 DNA의 데이터를 평균화하고 비교할 수 있는 컴퓨터 소프트웨어를 사용하여 분석하는 방식이다. 차세대 염기서열 분석기술은 이전까지는 할 수 없었던 대량의 DNA 염기서열 데이터를 빠르게 생산해 낼 수 있고, 염기당 분석 비용 또한 극적으로 절감시켰다. 차세대 염기서열 분석은 현재는 염기서열 분석을 한다고 하면, 일반적으로 차세대 염기서열 분석을 의미하는 것이 되었을 정도로 일상화 된 분석이 되어가고 있다.

유전자 연구 분석 분야에서의 1,000달러(약 100만원) 유전자 시대를 열고 싶어 하는 차세대 유전자 염기서열 분석에 대한 열망은 다양한 NGS 분석을 제공하고자 하는 기업들의 엄청난 기술경쟁을 유발했다. 그 결과, 2005년쯤부터 몇 가지 NGS 기술들이 떠오르기 시작했다. 그 중 첫 번째로 개발된 기술은 한 번에 50개의 모세관 전기영동 시스템을 이용한 방법으로 기존의 생어법에 비해 200배 이상 빠르고 저렴하게 유전자 분석이 가능하게 했다. 일반적으로 NGS 기계는 비교적 짧은 약 50~400개 염기쌍을 읽어낸 다음 그 각각의 단편 정보를 기존의 분석한 단편들에 이어 붙이는 소프트웨어를 사용하여 전체 유전체의 유전자 정보를 생산하는 방식이다.

최초로 NGS 기술을 상업화한 회사는 로슈의 자회사로 설립된 454 Life Science이라는 생명공학 회사이다. 이 회사는 소위 '고체상 방법'이라고 불리는 유전자 분석 방법을 사용하였다. 고체상 방법은 단편화된 유전체 DNA를 부착시킨 작은 구슬을 이용하여 각 구슬마다 오일 성분에 의해 분리된 액체 방울 안에서 구슬에 부착된 유전자를 PCR 방식으로 증폭시킨 뒤, 분리해 내는 방식이다. 이러한 일련의 일이 일어나는 반응은 다중 챔버가 있는 반응판을 사용하는데, 이러한 반응판의 챔버는 백만 개 이상의 반등도 가능하며 그 각각의 챔버에서 별도의 염기서열 분석을 하게 된다. 이러한 방법은 파이로시퀀싱(pyrosequencing)이라고 불리며 각 챔버에 있는 구슬에 부착된 DNA의 염기서열을 읽게 된다. 이러한 방법으로 454 염기서열 분석은 10시간의 반응시간 동안 40억 개(40 Mb)의 염기서열을 읽을 수 있게 된다. 동시에 NGS 염기서열 분석기술은 또한 이러한 데이터들과 이들의 이미지 데이터를 저장 및 적절히 관리할 수 있는 기술 또한 필요로 하게 되었다. 이후 염기서열 분석방법은 급성장하고 발달되어 로슈가 설립한 454 Life Science의 염기서열 분석방식은 새로운 분석시스템에 더 이상 경쟁력을 잃게 되어 2013년 회사는 문을 닫게 되었다.

현재는 일루미나(Ilumina)사의 하이식(HiSeq)을 비롯한 이와 비슷한 방식의 염기서열 분석기기들이 현재 최첨단의 앞서가는 연구실에서 보편적으로 사용되는 NGS 분석방식이다. 이 방식은 유전자 합성에 의한 염기서열을 분석하는 방식이다. 이 방법에서 주형으로 사용되는 DNA 단편은 새로운 DNA 나선을 합성하는 데 사용되고 서로 다른 염색단으로 표지된 핵산과 결합한다. 결합되지 않는 핵산은 세척과정으로 제거하고, 결합된 핵산만이 이미지로 저장되며 이 과정을 계속 반복한다. 일루미나사에 의해 개발된 이 방법은 DNA 단편을 생어법과 유사한 방법으로 단단한 면에 부착시키고, 형광 물질로 표지된 종결핵산을 추가하여 최종산물을 검출한다. 형광 표지자와 새로운 DNA 합성을 위해 추가되는 핵산 중 종결핵산은 합성을 위한 반복 반응 동안에는 제거되어 있는 상태로 유지된다. 이런 방식은 현재 10일간 600기가 염기(1기가는 1억 개의 염기)까지 합성해 낼 수 있는데, 이는 4명의 인간 유전체 전체를 분석하기에 충분한 양이며, 합성한 각 염기서열을 분석하는 데는 정확하게 평균 약 30시간이 걸린다. 이런 반응을 위한 기본 장비는 매우 비싸다. 예를 들면, 일루미나 하이식의 경우는 가결이 70만 달러에 달한다. 그러나 NGS에 의해 생산되는 엄청난 양의 DNA 염기서열 정보에 드는 비용은 생어법에 비해 훨씬 저렴하다.

제3세대 염기서열 분석기술

차세대 염기서열 분석법이 상용화된 지 얼마 되지 않아, 관련 회사들은 제3세대 염기서열 분석(third-generation sequencing, TGS)에 대해 언급하기 시작했다. TGS 기법은 단일가닥의 DNA의 하나의 분자 서열을 분석하는 것이 기본원리이며, 적어도 4가지의 서로 다른 접근방식이 있다. 퍼시픽 바이오사이언스(Pacific Bioscience)사의 팩바이오(PacBio) 기술은 TGS의 선도기술 중의 하나로 여겨지고 있으며, 이 방식은 실시간 단일 분자 서열분석(single-molecuе sequencing in real time, SMRT)으로 알려져 있다. 팩바이오 기기의 작동원리는 염기서열 분석을 위한 DNA의 단일가닥 분자를 기질에 붙어 있는 DNA 중합효소의 단일 분자에 결합시키는 것으로 시작된다. 이후, 그 DNA 중합효소가 단일가닥이 합성되는 과정을 실시간으로 시각화시킨다. DNA 중합효소는 얇은 금속박을 입힌 유리판 위의 지름 10 nm 크기의 나노드랍이라고 불리는 작은 구멍에 들어 있게 된다. 이런 구조는 나노드랍 속에서 DNA 중합효소에 각 핵산이 단일가닥 DNA로 합성될 때마다 각 핵산의 발광정도를 검출할 수 있게 해 준다.

중합효소는 형광표지 된 핵산을 새롭게 합성되는 단일가닥 DNA에 추가시켜 준다. 형광 물질은 핵산의 마지막 인산기에 부착되어 있기 때문에, 새롭게 DNA 단일가닥이 합성될 때마다 형광 물질은 떨어져 나오게 되고, 합성되는 DNA 단일가닥에 합성된 염기별 형광은 발광하게 되어 염기별로 다른 형광을 식별하여 검출하게 되고 기록된다.

팩바이오는 처음으로 긴 길이를 읽을 수 있는 기기로 처음 기기 시장에 선보였다. 이 기기는 1,500 염기쌍 이상의 길이를 한 번에 읽을 수 있다. 최근 들어, 아이티에서 집단 발병한 콜레라의 경우 팩바이오를 이용하여 다섯 종의 비브리오 콜레라(*Vibrio cholerae*)의 유전체를 1시간도 안 걸려 분석하였다. 이러한 콜레라의 유전학적 종을 구별할 수 있는 것은 내성을 갖지 않는 항생제를 처리함으로 빠르게 콜레라 발병에 대처할 수 있게 해 줄 수 있다. 대부분의 TGS 기술은 아직은 염기서열 분석에 있어 그 정확도에서는 비교적 높은 에러율(약 15%)을 보이고 있다. 또한 이 기술은 한 번의 분석에 75만 달러의 비용으로 여전히 고비용 기술이다. 최근 몇 년 전, 옥스퍼드 나노포어 테크놀로지(Oxford Nanopore Technologies)사는 MinION이라는 휴대용 단일분자 염기서열 분석기를 출시했는데 그 크기는 USB 메모리 스틱의 크기만 하다! 이 기기의 정확도는 어디에 적용하느냐에 따라 좀 제한적이기는 하지만, 머지않은 미래에 곧 주머니에 들어갈 정도의 고정밀 기기가 나오지 말란 법은 없을 것이다.

지금까지 현재의 TGS가 생어법 이후 심지어 NGS 이후, 염기서열 분석기술이 성장해온 맥락을 간략히 설명했다. TGS의 자세한 방법보다는 이론적 중요성을 이해하는 것이 더 중요하다. 이전 방식에 비해 어떻게 각각의 분자를 더 빠르고, 더 싸고, 더 정확하게 염기분석이 가능하게 변화했는지에 대한 개념적인 이해가 더 중요하다는 말이다. 인텔의 공동설립자인 고든 무어(Gordon Moore)가 말한 무어의 법칙은 컴퓨터의 능력은 2년마다 2배가 되는 경향이 있다는 것이다. 과학자들은 이러한 무어의 법칙을 DNA 염기서열 분석에 드는 비용에도 적용해 왔었다. 2006년, 새로운 염기서열 분석기술은 그 비용을 매우 가파르게 절감하여 2년마다 절반가격으로 비용이 감소했고, 그 이후로도 이러한 무어의 법칙을 따르고 있다. 그러나 2007년 인간 유전체 염기서열 분석은 NSG의 시장 진입에 중요하게 작용을 하게 됨으로, 분석 비용은 무어의 법칙을 훨씬 뛰어넘을 정도로 극적으로 하락하게 되었다.

형광 제자리 혼성화

형광 제자리 혼성화(fluorescence *in-situ* hybridization, FISH)라고 불리는 기술은 염색체가 관심있는 유전자를 가지고 있는지를 확인하기 위해 사용되는 방법이다. FISH는 생체 내에서 RNA 발현 연구를 위해 주로 사용된다. 예를 들어, 백혈구 세포에서 분리한 염색체를 유리 슬라이드에 도말하고, 원하는 유전자(DNA나 RNA)의 뉴클레오타이드에 화학적 형광물질을 표지한 cDNA 탐침을 슬라이드와 함께 용액 속에서 배양한다. 탐침은 슬라이드에 도말된 염색체에서 상보적인 서열과 결합한다(혼성화된다). 이 슬라이드를 세척하고 형광빛에 노출시킨다. 탐침이 결합된 염색체 부위는 발광되어 염색체의 어느 부위인지 알 수 있게 된다.

23개의 인간 염색체 중 어떤 것이 형광을 나타내는지를 결정하기 위해 각 염색체는 각 염색분체(chromatid)의 염색 양상과 길이에 따른 핵형(karyotype)으로 배열되어야 한다. 한 개 이상의 염색체에서 형광을 나타내는 것은 유전자의 다중 복사체들이 있다는 것을 나타내거나 유전자 과(family)의 부분이 될 수 있는 관련 염기서열일 것이라는 것을 나타낸다. FISH는 또한 유전적인 장애를 분석하는 데도 사용된다. 예를 들어, FISH 분석은 양수천자(amniocentesis) 방법으로 얻은 양수나 코리오닉 빌루스 표본법(chorionic villus sampling)을 통해 얻은 태반세포에서 성장하고 있는 태아의 비정상적인 수의 염색체 여부를 결정하기 위한 산전 검사 중의 하나이다.

같은 유전자라도 다양한 조직(예를 들어, 신장조직과 뇌조직)의 세포종류에 따라 다르게 발현되므로, FISH는 특정 mRNA 발현으로 각각의 세포종류를 확인할 수 있다. 이 기술을 사용하는 방법은, 우선 보고자 하는 조직을 고정용액에 고정시키고 나서 왁스 같은 물질이나 수지에 넣는다. 고정된 조직은 약 1~5 μm 두께로 얇게 잘라서 현미경 슬라이드에 부착시킨다. 조직이 부착된 슬라이드는 관심있는 유전자를 위한 DNA 탐침, 형광색소나 방사성 표지된 RNA 탐침과 함께 배양된다. 탐침은 그들의 원래 장소에서 세포 안의 mRNA에 혼성화되어 형광을 나타낸다. 어떤 경우는, PCR은 주어진 유전자를 위한 세포 형태의 발현을 결정하기 위한 방법으로서 조직 단면에서 바로 제자리혼성법을 수행하기도 한다.

서던 블롯팅

DNA 염기서열 분석이 널리 사용되기 전에는, 서던 블롯(Southern blot) 분석이라고 불리는 기술이 유전자 복제 수를 결정하기 위해 사용되었었다. 서던 블롯팅의 주된 전통적 활용처는 DNA 서열분석이었고, 이제는 고전이 되어 가고 있다. 서던 블롯팅의 개발은 어떻게 DNA와 혼성화되는 과정을 수행할 수 있는지 알게 해 줬다는 점에서 매우 중요한 기술이기는 하지만, 현재의 DNA 염기서열 분석 방법, PCR, 유전체 도서관 선별에 있어서도 핵심적인 요소가 된다. 서던 블롯 분석법의 개발은 노던 블롯팅(Nothern blotting; RNA 분자들의 분리 방법)과 웨스턴 블롯팅(Westhern blotting; 단백질의 분리 방법)을 위한 기초 원리를 형성한 중요한 기술이다(노던과 웨스턴 블롯팅 기술은 과학자들이 노던과 웨스턴이라고 명명한 후에 명명된 것이 아니고 오히려 그들이 서던 블롯의 창시자인 Ed. Southern을 참고해 농담조로서 명명된 것이다).

1975년 서던에 의해 개발된 이 방법은 제한효소로 염색체 DNA를 작은 단편으로 절단하면서 시작한다. DNA 단편들은 아가로스 겔 전기영동에 의해 분리된다. 그러나 염색체 DNA를 절단하면서 생성되는 제한된 단편들의 수는 종종 너무 많아서 간단히 전기영동하고 DNA를 염색하는 것만으로 각각 별개의 단편들의 염기서열을 분석하지는 못한다. 오히려, 절단된 DNA는 겔에서 지속적으로 희미하게 그어진 단편들처럼 보인다. 서던 블롯팅은 관심 있는 특정 단편만을 보여주기 위해 사용된다. 전기영동을 해서 겔은 알카리 용매로 처리되고 DNA를 변성시킨 다음 단편들은 블롯팅이라는 기술을 사용하여 나일론이나 니트로셀룰로오스막으로 옮겨진다.

블롯팅은 나일론막 아래 순서대로 놓여진 겔, 여과지, 종이타월에서 모세관 현상에 의해 나일론막 쪽으로 DNA가 이동된다. 겔을 통해 염 용액의 위킹 현상(wicking; 수직방향의 온도차이로 인해 발생되는 현상)을 생길 수 있게 하는 무게를 유지한다. 그러고 나서 나일론 블롯은 DNA를 영구히 부착시키기 위해 구워지거나 주로 자외선에 노출시킨다. 나일론막에 결합되어 있는 DNA는 특정 유전자와 결합할 수 있는 탐침을 갖는 조각과 결합시켜 배양한다. 이후 배양된 블롯에서 관련 없는 탐침들을 제거하기 위해 세척한다. 수십 년간 방사성 물질을 포함하는 탐침자를 사용하여 X-ray 필름에 노출시켜 활성 방사성을 기록하는 자가방사법을 사용해 왔었다. 그러나 현재는 이러한 자가방사선에 의한 현상화는 대부분 화학형광 물질을 이용한 현상화로 대체되었다. 화학형광법(chemiluminescence)은, 효소나 특정 물질을 탐침에 부착하는데, 이 탐침에 부착된 물질은 특정 빛에 의해 기질로 사용되는 물질에 결합하여 발광물질을 분비하게 한다.

노던과 웨스턴 블롯팅 기법의 이름은 서던 블럿이 그 방법을 고안한 서던의 이름에서 따온 것과는 달리 노던이라는 과학자의 이름에서 따온 것이 아니다. 여러 생명공학 연구실에서 서던 블롯팅은 여전히 유전자 지도 만들기, 특정 유전자 변이 확인, PCR 산물의 확인 및 DNA 핑거프린팅을 위해 사용되고 있다.

유전자 발현 연구

전 세계적으로 많은 분자생물학자들이 유전자 발현과 유전자 발현 조절을 연구를 진행하고 있다. 본 교재를 통해 계속해서 배우게 될 다양한 분자기술의 범위는 인간의 유전질환을 포함한 다양한 생명공학의 응용에 사용되며 정량적인 RNA 발현량의 측정과 밀접하게 연관되어 있다. 수많은 서로 다른 분자생물학적 기법들이 이러한 유전자 발현을 연구하는 데 유용하다. 대부분의 방법들은 조직에 의해 생성된 mRNA를 분석하는 것이다. 특정 조직의 mRNA의 양은 그 조직에서 생성되는 단백질의 양과 대체로 동등하기 때문에, mRNA의 양을 정량화하는 것은 유전자 발현을 정량할 수 있는 좋은 방법이다.

노던 블롯 분석

노던 블롯의 기본 방법론은 서던 블롯 분석법과 비슷하다. 유전자 발현을 연구하기 위한 일반적인 기술은 노던 블롯 분석법이다. 현재는 PCR 실험법으로 대부분 대체되고 있지만, 노던 블럿은 여전히 응용되어 사용됨으로 이러한 접근법에 대한 개괄적인 내용을 알아둘 만하다. 노던 블롯은, 관심있는 조직으로부터 RNA를 분리하여 겔 전기영동으로 분리한다(RNA는 효소에 의해 절단되지 않는다). 분리한 RNA를 나일론막에 흡착시키고 나서 서던 블롯에서 설명한 것과 같이 탐침과 혼성화한다. 자가방사기록사진에 노출된 밴드는 관심 있는 유전자의 mRNA의 유무와 mRNA 크기를 보여준다. 게다가 다양한 조직으로부터 생성된 mRNA 양은 비교되고 정량화될 수 있다.

역전사 PCR

PCR은 매우 적은 양의 초기 조직으로부터 극히 적은 양의 mRNA 검출이 가능하다. 조직에서 분리한

RNA 양은 노던 블롯 분석에 의한 검출수준보다 낮을 수 있기 때문에, 개발된 PCR 기법은 유전자 발현을 연구하기 위한 아주 강력한 도구로 사용되고 있다. 예를 들어, PCR은 분석을 위한 조직의 양이 매우 작은 배아와 발달 조직들에서 유전자 발현을 연구하는 분자생물학자들에게 좋은 도구가 되어 왔다. RNA는 PCR에 의해 바로 증폭될 수 없기 때문에 역전사 PCR(reverse transcription PCR, RT-PCR)이라고 불리는 기술이 수행된다. RT-PCR에서 분리된 RNA는 라이브러리를 위해 cDNA가 만들어지는 방법과 유사한 과정으로 역전사효소에 의해 두 가닥의 cDNA로 전환된다. 만들어진 cDNA는 관심 있는 유전자에 특이적인 프라이머 세트를 사용하여 증폭된다. 증폭된 DNA 단편들은 아가로스 겔에 전기영동되어 그 양은 정량화할 수 있다. RT-PCR에 의해 생산된 cDNA 양은 관심 유전자의 mRNA 양을 반영한다고 볼 수 있기 때문에, 이러한 RT-PCR 결과는 조직에서 특정 유전자의 mRNA의 발현 양상 및 수준을 결정하는 데 활용될 수 있다.

실시간 정량 PCR

실시간 정량 PCR(real-time PCR)이나 정량 PCR (quantitative PCR, qPCR)은 유전자의 증폭반응이 시간으로 일어나기 때문에 증폭반응을 정량화할 수 있게 되었다. 실시간 정량 PCR 방법은 몇 가지 방식이 있지만, 기본과정은 각 PCR 튜브의 윗부분과 아랫부분을 통해 발광되는 빛을 스캔하기 위해 레이저를 사용하는 특수화된(그리고 값비싼) 핵산 증폭기를 사용한다는 것이다. 각 반응 튜브는 레이저가 조사되면 형광 빛을 발산하는 색소를 포함하고 있는 탐침이나 DNA 결합 색소를 포함한다. 이들 색소에 의해 발산되는 빛은 PCR 증폭량과 일치한다. 각 튜브로부터 나오는 빛은 각 사이클 후에 형광의 양을 판독하여 생성되는 PCR 산물들의 수를 정량화하여 컴퓨터에 정보를 전달하는 검출기에 의해 정확히 포착된다.

실시간 PCR을 위한 가장 널리 사용되는 접근법 중 두 가지는 SYBR Green이라고 불리는 색소와 TaqMan 탐침의 사용이다. SYBR Green은 두 가닥의 DNA와 결합하는 색소이다. 실시간 PCR의 각 반응 회차에서 복제된 두 가닥의 DNA의 양이 많아질수록 더 많은 DNA 복사체들이 SYBR Green과 결합하게 되고 그와 비례하여 발산되는 형광량이 증가된다. TaqMan 탐침은 PCR을 위한 정방향 프라이머와 역방향 프라이머 사이에 결합하는 목적 DNA의 특이지역에 상보적이다. 실시간 PCR은 겔 전기영동을 하지 않기 때문에, 특히 다수의 시료들과 다양한 유전자들이 분석될 때 유전자 발현의 변화를 측정하고 신속하게 정량화할 수 있는 매우 유용한 기술이다.

유전자 마이크로어레이

DNA 마이크로어레이(DNA microarray) 분석은 최근에 빠르게 인기를 얻은 유전자 발현을 연구하는 또 다른 기술로, 조직 내에서 발현되는 모든 유전자를 매우 빠르게 테스트하는 것이 가능하기 때문이다. 유전자 칩(gene chip)이라고 불리는 마이크로어레이는 작은 현미경 슬라이드를 사용하여 만들어진다. 어레이어(arrayer)라고 부르는 컴퓨터에 의해 조종되는 고속 로봇 팔은 단일가닥의 DNA 분자들을 부착되거나 점을 찍는 방식으로 슬라이드에 배열한다. 마이크로어레이의 각 핀은 다양한 DNA 분자(다양한 유전자를 위한 cDNA들과 같이)들의 수백만 개의 복사체를 포함하고 있다. 어레이어는 컴퓨터에 의해 기록된 특정 위치(point나 점)에서 슬라이드에 이 DNA를 고정한다. 단일 마이크로어레이는 다양한 유전자들에 대해 각각 서로 다른 서열의 10,000개(spot) 이상의 DNA를 포함하고 있다.

마이크로어레이에는 몇 가지 종류가 있다. 유전자 발현 연구를 위해 마이크로어레이가 어떻게 사용되는지는 다음과 같다. 우선 관심 있는 조직으로부터 mRNA를 추출한다. mRNA에서부터 합성된 cDNA는 형광색소로 표지되고 마이크로어레이와 함께 하룻밤 동안 배양된다. 배양 동안 mRNA는 상보적인 DNA 염기서열을 포함하고 있는 마이크로어레이에서 점에 혼성화된다. 이후 마이크로어레이를 세척하고, 레이저를 조사한다. 이때 나타는 형광 점들은 유전자들이 관심 있는 조직에서 발현되는지 여부를 나타내며 형광 정도는 발현량을 나타내며, 소위 열 지도(heat-map)라는 방식으로 표현된다. 더 밝은 점은 더 많은 mRNA가 그 조직에서 발현된다는 것이다. 마이크로어레이는 또한 다양한 색들의 형광색소를 가지는 두 개나 더 많은 조직으로부터 cDNA를 표지함으로써 수행될 수도 있다. 다양한 조직으로부터 유전자 발현 양상은 혼성화와 검출에 따라서 나타나는 점의 색깔에 기초하여 비교된다.

인간을 포함한 많은 종에 대해 전체 유전체가 마이크로어레이에 이용될 수 있다. 마이크로어레이를 사용하면 다양한 조건하에서 조직 내에 발현되는 유전자들의 양상을 비교할 수 있다. 예를 들어, 암세포들이 암 형성에 관여할 수 있는 유전자들을 찾기 위해 정상 세포와 비교할 수 있다. 마이크로어레이의 어떤 적용 분야들은 DNA 염기서열 분석으로 대체되고 있지만, 마이크로어레이는 여전히 널리 사용되고 있으며 이 책의 전반에 걸쳐 그 적용들을 배우게 될 것이다.

RNA 염기서열 분석은 제자리 분석으로 유전자 발현을 확인할 수 있다

최근 몇 년간의 기술발전은 직접적으로 RNA 염기서열(RNA seq, RNA sequencing)을 분석할 수 있는 소위 전체 전사체 산탄 염기서열 분석법(whole-transcriptome shot gun sequencing)을 발전시켰다. 마이크로어레이는 칩 위에 얹어진 탐침 유전자의 발현만 확인 가능하다는 한계가 있다. 반면, RNA-seq은 특정 조직의 mRNA나 microRNA, non-coding RNA와 같은 non-coding RNA를 포함한 모든 RNA의 정량적 분석은 물론 실제로 전체 염기서열 데이터도 작성이 가능하다. 또한 RNA-seq 방식은 세포내 *in situ* 방식으로도 사용할 수 있다. 이러한 RNA-seq의 특징 때문에 세포 자체가 “유전자칩(gene chip)”으로 사용될 수도 있다.

일반적으로 대부분의 RNA-seq 방법은 제자리(*in situ*)에서 역전사된 RNA와 결합하고, cDNA를 염기분석, 이미 알고 있는 특정 유전체의 유전자 염기서열과 비교하여 지도를 만들고, 유전자 발현을 정량하는 방식이다. 제자리 RNA-seq에서 형광 물질을 결합시키는 방식은 특정 세포나 조직에서 전사된 특정 RNA가 어느 위치에 있는지를 시각화해 줄 수 있다.

현재는 각각의 개별 세포들에서 DNA 염기서열 분석과 RNA-seq이 가능한 상태이다. 몇몇의 연구그룹들에서는 동일 세포에서 유전체와 전사체의 염기서열을 분석하고 있다. 이러한 분석 전략은 단일 세포에서 동시에 유전적 변이와 mRNA 발현변이 여부를 확인할 수 있게 하였고, 유전체와 전사체 전체를 분석할 수 있게 되었다. 이 책의 여러 부분에서 RNA-seq의 적용분야를 좀 더 자세하게 공부하게 될 것이지만, 이러한 RNA-seq 기술은 이미 전사체 발현에 영향을 미치는 개개인의 유전체 변이를 어떻게 이해할 수 있는지를 포함하여 질병 진단에 매우 유용하게 사용될 것으로 생각되고 있다.

유전자 기능 분석 방법

이번 장에서는 유전자의 기능을 이해하기 위한 여러 가지 방법들이 기술되었지만, 앞으로 본 책 전체를 통해서 세포내 세포 외에서의 유전자 기능을 알기 위해 수행된 수많은 기술들과 이러한 생명과학 기술들의 적용분야에 대해 살펴보게 될 것이다. 본 장에서는 몇 가지 중요한 내용만 개괄적으로 살펴보고, 좀 더 자세한 내용은 다른 장에서 다루도록 한다.

단백질 발현과 정제

특정 유전자를 포함한 재조합 플라스미드가 형질전환된 세균은 분리한 유전자의 단백질 산물을 생성하기 위해 사용되기도 한다. 특정 유전자는 특정한 단백질 산물을 생산하기 때문에 단백질의 발현 자체를 보는 것은 유전자의 기능에 대해 알 수 있는 방법 중의 하나이다. 앞으로 배우게 되겠지만, 치료용으로 사용될 재조합 단백질의 생산을 위해서는 많은 양의 세균을 발효기(fermenter)에서 생장시킨 후, 단백질을 분리해 낸다.

유전자 돌연변이 연구

유전자의 돌연변이는 단백질의 기능적 부위만을 제거함으로 특정 기능을 상실한 단백질을 만들어 낼 수 있다. 이러한 방법 중 한 가지 방법은 부위 특이적 돌연변이 유발(site-direct mutagenesis)이라고 불린다. 이 기술에서 돌연변이체들은 벡터에 포함되어 있는 클로닝된 유전자의 특정 뉴클레오타이드를 생성해 낸다. 세포 내에서 발현된 특정 유전자는 돌연변이된 단백질을 합성한다. 이것은 단백질의 중요한 구조와 기능을 결정짓는 중요한 뉴클레오타이드들이 무엇인지를 결정할 수 있게 해준다. 부위 특이적 돌연변이 유발은 사람의 질병에 관여하는 단백질들을 생성하는 유전자의 변이를 확인하는 데 매우 중요하고, 유용한 방법이 될 수 있다.

RNA 간섭

1998년에 메사추세츠 의과대학 연구원 크레이그 멜로(Craig C. Mello)와 스탠퍼드대학교의 앤드류 파이어(Andrew Z. Fire)는 그들이 선충 회충인 예쁜꼬마선충(*Caenorhabditis elegans*)에서 유전자 발현을 저해하고 침묵시키기 위해 이중가닥의 RNA를 사용한 획기적인 일을 발표했다. 이것은 유전자 발현을 억제하기 위해 원래 발생하는 기작이며 RNA 간섭(RNA interference, RNAi)라고 불린다. 멜로와 파이어, 그리고 다른 연구원들이 발견한 것과 같이 dsRNA는 dsRNA를 절단하는 다이서(dicer)라고 불리는 RNA 분해효소에 의해 결합될 수 있고 small interfering RNAs(siRNAs)라고 불리는 21~25 뉴클레오타이드 길이의 한 토막의 RNA 분자들로 만들어진다.

이런 siRNA들은 RNA 유도성 침묵 복합체(RNA-induced silencing complex, RISC)라고 불리는 단백질-RNA 복합체에 의해 결합된다. RISC는 mRNA 분자들에 상보적인 서열에 결합하는 단일가닥 siRNA를 방출함으로써 이중가닥의 siRNA를 푼다. mRNA에 siRNA의 결합은 mRNA의 분해(효소 슬라이서에 의해)나 리보좀 결합을 방해함으로써 해독을 막음으로 인해서 일어난다. RNAi는 2장에 논의된 miRNA들의 유전자 침묵 활동 기작과 비슷하지만 주요 차이점은 siRNA들이 dsRNA로부터 발생된다는 것이다.

siRNA와 miRNA는 발견 초기에는 다소 난해한 발견이었다. 현재 포유동물세포에서 발현되는 siRNA와 miRNA는 수천 개에 달하는 것으로 예측되고 있으며, 이러한 siRNA와 miRNA는 수백 개의 유전자를 조절하고 있다. 많은 생명과학 회사들과 제약회사들은 사람 질병에 관여하는 유전자를 침묵시키기 위한 siRNA와 miRNA를 여러 가지로 발굴 중이다. RNAi를 포함한 기술들은 고효율로 특정 유전자를 비활성화하거나 제거하기 위한 잠재적인 방법으로서, 그리고 유전자 발현을 조절하기 위한 방법으로서 빠르게 개발되어 왔다. 앞으로 우리는 어떻게 생명과학과 제약회사들이 사람 질병에 관여하는 유전자를 억제시키기 위한 RNAi 기술들의 다양한 예들을 살펴보게 될 것이다. RNAi는 빠르게 발전하고 있는 기술로 최근 RNAi 시약 시장규모는 2005년 약 4억 달러에서 2019년 현재 15억 달러에 달하고 있다. 유전자를 침묵시키는 이 자연적인 방법에 대한 발견으로 앤드류 파이어와 크레이그 멜로는 2006년 물리학, 의학부문에서 노벨상을 수상하였다. 노벨상은 일반적으로 명예로운 일이 완성된 지 10년 후에 수여되지만, 이런 대단히 빠른 공로에 인정은 RNAi가 강력하고 유망한 연구 도구로서 반증이라고 볼 수 있다.

유전자 기능 연구를 위한 유전체 편집

유전자 편집 방법은 유전체의 잘못된 부분의 유전자를 제거하거나, 고치거나 혹은 대체함으로써 특정 염기서열을 새롭게 만드는 기술이다. 유전체 편집은 서로 다른 핵산분해효소(nuclease)를 이용하여 유전체 내의 특정 염기서열 특이적으로 자르는 특성을 기반으로 한 기술이다. 유전자 zinc finger nuclease(ZFNs)와 같은 유전자 표적 기술이 생쥐나 랫트 및 그 외 *in vivo*에서의 유전공학에 어떻게 사용되고 있는지 살펴보게 될 것이다. 또한 서로 다른 유래로부터 얻은 한 종류 이상의 유전자를 어떻게 유전학적 변형을 이용하여 녹인(knock-in) 동물이라고도 불리는 유전자변형 동물(transgenic animal)을 만드는지도 배우게 될 것이다. 더불어 유전자 편집은 특정 유전자를 제거하거나 발현 자체를 막음으로 유전자의 기능을 못하게 만든 knockout 동물의 제조도 가능하다.

유전자 편집기술은 크리스퍼-캐스[CRISPR (Clustered Regularly Interspaced Short Palindromic

Repeats)-Cas] 시스템이 성공적으로 작용함으로 더욱더 주목을 받게 되었다. 간략히 말하면, 크리스퍼-캐스 시스템은 바이러스 감염에 대한 미생물의 방어기제를 이해하게 됨으로써 개발된 기술이다. 이러한 시스템에 대한 원래 연구는 유전자 편집 기술을 개발하기 위한 의도로 개발된 것이 아니다. CRISPR는 플라스미드나 파지 같은 외래 유전물질에 대항하기 위한 원핵생물의 면역체계이다. CRISPR는 짧은 길이의 염기쌍이 반복되는 원핵생물의 DNA 분절이다. 각각의 반복은 spacer DNA 분절의 뒤에 위치하게 되는데, 이는 외래 플라스미드나 파지에 노출되었을 때 생기는 현상이다. CRISPR 연관 단백질(CRISPR-associated proteins, Cas)은 nuclease로서 작용한다. Cas9은 최초로 분리 동정된 nuclease이다. 원핵생물에서, CRIPR spacer 서열은 바이러스 DNA를 식별할 수 있고, Cas nuclease를 그 외부 DNA 서열을 분해하는 데 이용할 수 있다. 합성된 guide RNA(gRNA)와 복합체를 이룬 CRISPR-Cas9 nuclease가 진핵세포 내로 전이되면, 해당되는 유전체는 표적화되고, 특정 위치에서 절단된다. 그러므로 배양세포나 개체전체 차원에서 해당 부위의 유전자는 제거되고 새로운 유전자가 삽입되게 된다. RNA편집 도구로서도 CRISPR는 사용될 수 있는데, 이는 유전체 내에서 단일염기만을 변경함으로 CRISPR의 작용을 켜거나 끄는 방식으로 필요에 따라 유전체 편집을 세밀하게 조절할 수도 있다.

이러한 간편성과 비교적 적은 비용 덕분에 현재 많은 연구자들은 RNAi 기법 대신 CRISPR를 유전자 편집을 *in vivo*나 *in vitro*에서 더 많이 사용하는 추세이다. 2012년 처음 선을 보인 이후, CRISPR 편집 기술을 적용한 논문들은 매주 수십 편 이상씩 발표되고 있다.

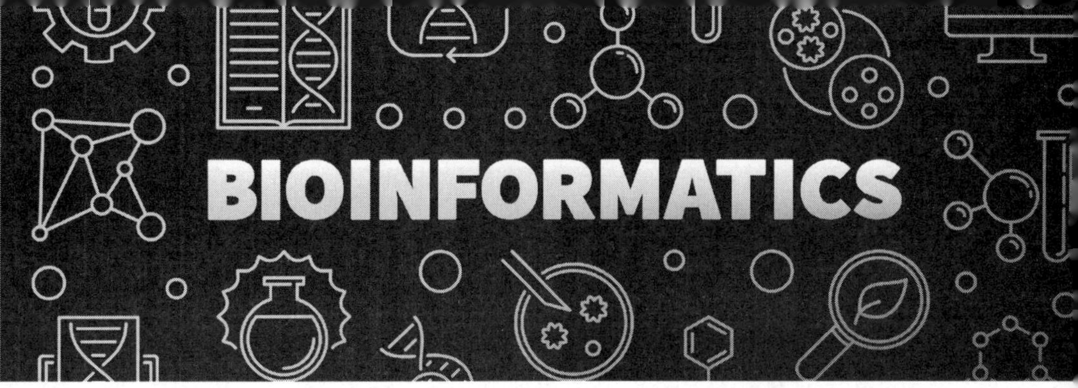

4장

유전체학, 단백질체학 그리고 생물정보학

유전체(genome)라는 말은, 한 생물의 세포 하나에 들어 있는 완전한 DNA 세트를 말하는 것으로, 유전학자들이 개별 유전자들에 대한 연구에서 더 큰 그림에 초점을 맞추기 시작하던 시기에 만들어졌다. 1977년에, 재조합 DNA에 기초한 기술들이 개발되면서, 프레데릭 생어(Fred Sanger)와 동료들이 새로 개발된 DNA 서열화 방법으로 바이러스 ΦX174의 5,400 뉴클레오타이드 유전체를 서열화했고, 유전체에 대한 연구라는 유전체학(genomics)을 시작하게 되었다. 다른 바이러스 유전체들 역시 곧 서열화되었지만, 이때의 기술조차도 작은 유전체들에만 국한된, 느리고 노동력이 많이 소모되는 과정이었다.

이후 30년 동안, 컴퓨터로 자동화된 DNA 서열화 방법의 개발로, 인간 유전체를 포함한, 여러 가지의 보다 크고 복잡한 진핵생물들의 유전체 서열화를 고려할 수 있게 되었다. 재조합 DNA 기술의 개발과, 새롭고 강력한 DNA 서열화 방법의 등장이 연계되면서 유전체학 분야의 발달이 빠르게 가속화되었다. 유전체학 기술들이 너무나 빠르게 발달해서 현대생물학 연구는 현재 유전체학 혁명을 겪고 있다. 이 장에서는 유전체학에 사용되는 기초 기술들을 살펴보고, 유전체 자료의 사례들 및 유전체학의 여러 원리들에 대해 논의하려고 한다. 또한 한 세포나 조직에서 발현된 유전자들을 연구하는 총전사체 분석(transcriptome analysis)과, 세포나 조직에 존재하는 단백질들을 연구하는 단백질체학(proteomics)에 대해서도 알아보도록 하자.

이 장의 마지막은 유전체학, 총전사체 분석, 그리고 단백질체학 자료들을 모두 통합하는 현대 생물학의 새로운 분야인 시스템 생물학(systems biology)에 대해 간단히 살펴볼 것이다.

4.1 유전체 전체의 서열화

재조합 DNA 기술을 통해 DNA 도서관을 만들고, 거기서 특정 관심 유전자를 찾아 분리하고 서열화할 수 있게 되었다. 그러나 도서관 검색과 대부분의 중합효소연쇄반응(PCR) 방법의 주된 한계점은 그들이 주로 한 번에 비교적 작은 수의 유전자들만 규명할 수 있다는 점이다. 유전체학은 전체 유전체들의 서열화를 가능하게 한다. 구조 유전체학(structural genomics)은 유전체들의 서열화 및 유전자와 유전자-조절 영역 같이 중요한 서열들을 규명하기 위한 뉴클레오타이드 서열 분석에 초점을 맞추고 있다.

전체 유전체 서열화와 조립을 위한 전략으로 가장 널리 사용되는 것은, 샷건 클로닝(shotgun cloning) 혹은 샷건 서열화(shotgun sequencing)라고도 알려져 있는 전 유전체 서열화(whole genome sequencing, WGS)라고 불리는 방법의 변형들을 포함한다. 간단히 말해, 이 기법은 여러분과 친구가 이 유전학 교재의 사본들을 가져와 페이지들을 5~7인치 길이의 띠로 마구 자르는 것과 유사하다. 각 장들은 하나의 염색체를 나타내고, 책 전체의 모든 글자들은 유전체라고 할 수 있다. 그런 후 여러분과 친구는 책의 조각들을 비교하고 서로 다른 페이지에 있을 수 있는 비슷한 문장들을 겹쳐보면서 맞는 자리를 찾으려는 수고스러운 노력을 하게 될 것이다. 결국, 이론적으로는 맞는 문장들을 가진 많은 조각들이 겹쳐져 페이지를 재구성할 수 있게 되고, 각 조각들은 책 전체의 순서대로 조립될 수 있을 것이다.

WGS의 기본 개요에 대해 살펴보자. 우선, 다양한 방식(과도한 가열 처리를 하거나 DNA를 깨트릴 때 사용하는 초음파 처리를 함)의 기계적 절단이나, 서로 다른 위치에서 DNA를 절단하는 제한효소 처리를 통해, 전체 염색체가 짧고 겹쳐지는 단편들로 절단된다. 단순하게 하기 위해, 여기서는 제한효소를 사용한 DNA 절단의 기본적 사례를 살펴보자. DNA를 절단하는 데는 비효소적 접근법이 점차 더 많이 사용되고 있다. 서로 다른 제한효소들은 염색체들을 서로 다른 자리에서 절단하는 데 사용될 수 있다; 혹은 같은 효소로 부분 절단(partial digests)하는 방법도 간혹 사용된다. 부분 절단에서는, DNA가 아주 짧은 시간 동안만 제한효소로 처리되어 개별 효소에 의한 특정 인식 서열이 모두 잘리지 않도록 한다. 전체 염색체들을 제한효소로 처리하면 수천 수백만 개의 겹치는 DNA 단편들이 만들어진다. 예를 들어, EcoRI 같이 6 bp를 인식하여 자르는 경우라면, 인간 유전체는 약 700,000개의 단편들이 될 것이다.

다음 절에서는 유전체학에 대한 생물정보학의 중요성을 살펴보게 될 것이다. 유전체학을 목적으로 개발된 가장 초기의 생물정보학적 응용 중 하나는 DNA-서열 비교 배열(DNA-sequence alignment)을 위한 알고리듬-기반 소프트웨어 프로그램이다. 여기서는 비슷한 서열들의 염기들이 비교를 위해 정렬된다. 비교 배열을 통해 과학자들은 겹치는 서열들을 찾아 그들을 하나의 염색체로 재구성할 수 있다. 이런 겹치는 단편들이 모여 한 염색체 내에 있는 하나의 연속적인 DNA 분자를 형성하게 되는데 이들을 연속 단편들(contiguous fragments) 혹은 컨티그(contigs)라고 부른다.

전체 유전체 샷건 서열화 방법은 유전체 연구소(The Institute for Genome Research, TIGR)의 J. 크레이그 벤터(J. Craig Venter)와 그 동료들에 의해 개발되었다. 1995년, TIGR의 과학자들은 이 방법을 이용해 인플루엔자 세균(*Haemophilus influenzae*) 유전체 1.83×10^6 bp를 서열화했다. 이것은 독립생활을 하는 생물체로서는 최초로 서열화가 완료된 사례였으며, 샷건 서열화 방법이 전 유전체 서열화에 사용될 수 있음을 증명한 기회가 되었다. *H. influenzae*의 유전체가 서열화 된 이후에도, 많은 과학자들은 샷건 접근법이 진핵생물들의 유전체처럼 더 긴 것에도 적용될 수 있는지에 대해서는 회의적이었다. 현재 샷건 접근법은 유전체를 서열화하는 데는 압도적인 방법이다.

유전체를 컨티그들로 자르는 것은 특별히 어려운 일은 아니다; 그러나 전 유전체 서열화를 발전시키기 위해 극복해야 할 주된 장애물은 어떻게 시간과 비용을 적게 들여서 수백만~수십억 염기쌍들을 서열화하느냐 하는 문제이다. 이것은 인간유전체프로젝트에서 연구하는 과학자들에게는 주된 도전이었다. 유전체학을 가능하게 했던 주요 기술적 발전은 컴퓨터-자동화 서열 분석 기기들의 개발이었다.

차세대 서열화 및 제3세대 서열화 기기들은 이제 유전체 과학자들이 2000년의 서열화 장비들보다 5만 배나 빠르게 더 개선된 정확성과 더 적은 비용으로 더 나은 서열화 결과를 낼 수 있도록 해준다.

4.2 DNA 서열 분석은 생물정보학적 적용과 유전체 데이터베이스에 의존한다

유전자 구조, 유전자 서열과 발현, 그리고 단백질 구조와 기능 등에 관련된 자료들을 조직화, 공유, 그리고 분석하기 위해, 유전체학은 컴퓨터 하드웨어와 소프트웨어 및 수학적 응용을 사용하는 생물정보학(bioinformatics)의 빠른 발전을 요구했다. 그러나 전체 유전체 서열화 프로젝트들이 시작되기 전에도 재조합 DNA 기술에 의한 유전자 클로닝의 결과, 여러 생물종들로부터 얻어진 대량의 서열 정보들이 축적되고 있었다. 세계의 과학자들은 단백질과 DNA 서열로부터 최대의 정보들을 저장하고, 공유하며, 획득할 수 있도록 하는 데이터베이스를 필요로 했다. 따라서 생물정보학 소프트웨어가 이미 DNA 서열들을 비교 분석하고, 사적 혹은 공적 데이터베이스들을 만드는 데 이용되고 있었다. 그러나 일단 유전체학이 DNA를 분석하기 위한 새로운 접근법으로 떠오르자, 생물정보학은 그전보다 훨씬 더 중요해졌다. 오늘날, 이것은 역동적 생물 연구 분야의 하나로서, 생물학적 자료에 대한 이해를 정보 기술, 수학, 그리고 통계적 분석과 융합시키는 데 관심을 가진 사람들에게 새로운 직업을 가질 기회를 제공하고 있다.

가장 일반적인 생물정보학 응용 중 하나는 DNA 서열들을 컨티그 배열로 비교하는 것이다; 유전체 DNA 서열에서 유전자를 찾으려 하거나; 프로모터나 인핸서 같은 유전자 조절 영역을 검색하고; 염색체에서 텔로미어 서열들 같은 구조적 서열들을 찾을 때; 클론화된 유전자 서열에 의해 암호화되는 잠정적 폴리펩타이드의 아미노산 서열을 예측할 때; 이미 알려져 있는 도메인과 모티프들에 기초하여 단백질의 구조를 분석하고 기능을 예측하고자 할 때; 그리고 서열 정보에 기초하여 유전자들 사이나 생물들 사이의 진화적 연관성을 추론할 때 이런 비교 배열이 사용된다.

고출력 DNA 서열화 기술들(high-throughput DNA sequencing techniques)은 인터넷 사용의 확대와 거의 동시에 발달했다. 유전체 자료들이 축적되면서, 많은 DNA-서열 데이터베이스들을 온라인에서 자유롭게 사용될 수 있게 되었다. 데이터베이스들은 자료들을 모아서 보관하고, 다른 연구자들 및 대중들과 공유하는 데 필수적이다. 가장 큰 유전체 데이터베이스 중 하나인 젠뱅크(GenBank)는 워싱턴 D.C.의 국립 생명공학 연구센터(National Center for Biotechnology Information, NCBI)에 의해 유지되며, 공개적 사용이 가능한 가장 큰 DNA 서열 데이터베이스이다. 젠뱅크는 일본과 유럽의 데이터베이스와 자료를 공유한다; 이것은 100,000종 이상에서 얻어진 1.5조 염기쌍의 서열 자료를 포함하고 있다; 그리고 그것은 대략 14~18개월마다 크기가 2배씩 증가하고 있다! NIH가 지원하는 인간 유전체 명명 위원회(The Human Genome Nomenclature Committee)는 새로 클론화된 인간 유전자들에 이름과 기호를 부여하는 규칙을 만들었다. 서열이 밝혀지고 유전자들이 이름을 갖게 되면서, 젠뱅크에 저장된 각 서열들은 과학자들이 분석을 위해 그 서열을 다시 찾을 때 사용할 수 있는 수납 번호(accession number)와 함께 제공된다.

NCBI는 유전체 자료 분석을 위한 귀중한 공공 접근 데이터베이스이자 생물정보학 도구이다.

유전자 서열을 식별하기 위한 주석

유전체학의 기본적 도전 중 하나는, 비록 유전체 프로젝트들이 엄청난 양의 DNA 서열 정보를 생산했음에도 불구하고, 이 자료들이 분석되고 해석되지 않으면 별로 쓸모가 없다는 점이다. 유전체 프로젝트들이 뉴클레오타이드 서열들을 쌓아놓으면, 과학자들은 그 서열들을 이해해야만 한다. 따라서 어떤 유전체가 서열화되고 모아져 편집되면, 과학자들은 유전체 내에서 유전자-조절 서열 및 기타 관심 서열들을 찾아 유전자 지도가 만들어질 수 있도록 해야 한다. 이 과정은 주석 달기(annotating)라고 불리며, 생물정보학과 여러 가지 소프트웨어 도구들에 매우 의존적이다.

어떤 서열에 주석을 달기 위한 첫 접근법 중 하나는, 새로 서열화된 유전체 DNA를 다양한 데이터베이스들에 이미 저장되어 있던 기존의 알려진 서열과 비교해보는 것이다. NCBI는 BLAST(Basic Local Alignment Search Tool)에 대한 접근을 허용하는데, 이것은 DNA와 단백질 서열 자료 은행들을 탐색하는 매우 유명한 소프트웨어이다. BLAST를 이용하면, 유전체 DNA 단편을 젠뱅크 같은 주요 데이터베이스들의 서열들과 비교하여 기존의 서열들과 같거나 비슷한 부분을 찾아낼 수 있다.

유전자 서열의 독특한 특징들은 주석 달기 과정에서 인식될 수 있다

주석을 달기 위한 이런 접근법의 주된 한계점은 비슷한 유전자 서열이 이미 데이터베이스에 있을 경우에만 가능하다는 점이다. 다행스럽게도, 이것이 유전자를 찾는 유일한 방법은 아니다. 생물정보학 소프트웨어를 이용하여, 연구 중인 유전체가 진핵생물의 것인지 원핵생물의 것인지, 몇 가지 단백질-암호화 유전자들의 독특한 특징들이 탐색될 수 있다. 우리는 전형적인 유전자의 이런 독특한 특징들을 이미 살펴보았다. 예를 들어, 유전자들의 상류에서 발견되는 유전자-조절 서열들은 프로모터, 인핸서, 그리고 사일런서 등과 같은 증명 가능한 서열들에 의해 드러난다. 앞에서 우리는 TATA 박스, GC 박스, 그리고 CAAT 박스 서열들이 종종 진핵생물 유전자들의 프로모터 영역들에 존재한다고 배웠다. 또한 엑손(exon)과 인트론(intron) 사이의 스플라이싱 자리들은 예측 가능한 서열(대부분의 인트론들은 GT로 시작해서 AG로 끝난다)을 포함하며, 그런 스플라이싱 자리 서열들은 인트론과 엑손 경계를 결정하는 데 중요하다. 흥미롭게도, 현재의 추산은 인간 유전자들의 6% 정도만 어떤 인트론도 포함하지 않는 단일 DNA 영역에서 전사된다고 한다.

주석은 단백질 암호화 유전자의 존재에 대한 단서를 제공하는 식별 가능한 특징들을 드러내 주려는 것이다. 예를 들어, 단백질-암호화 유전자들은 하나 이상의 열린 해독틀(open reading frame, ORF)을 포함하는데, 이것은 전사와 mRNA 스플라이싱이 일어난 후 단백질의 아미노산 서열로 번역되는 일련의 세뉴클레오타이드들을 말한다. ORF들은 일반적으로 ATG 개시 서열(mRNA 분자에서의 AUG 개시 코돈으로 전사된다)로 시작하고, 종결 서열인 TAA, TAG, 혹은 TGA(mRNA 상에서는 UAA, UAG, 그리고 UGA

종결 코돈들이다)로 끝난다.

종결 서열 같은 하류의 요소들과, mRNA의 39-말단에 폴리-A 꼬리를 첨가하도록 하는 폴리아데닐화 서열 등 잘 규명이 되어 있는 유전자의 말단 서열들 역시 주석 달기 작업에 중요하다. 주석 달기는 종종 진핵생물 유전자보다는 원핵성 유전자들에서 좀 더 쉬운데, 이 유전자들에는 인트론이 없기 때문이다. 유전자-예측 프로그램들이 서열 설명에 사용될 수 있다. 이 프로그램들은 위에 언급한 여러 기준들에 맞는 서열 요소 검색 기능을 가지고 있으며 점차 아주 중요한 생물정보학적 도구가 되고 있다.

4.3 유전자의 잠재적 기능과 여러 유전체 요소들을 규명하려는 유전체학적 시도들

특정한 어떤 단어가 의미하는 것처럼, 기능 유전체학(functional genomics)은 유전자로부터 생기는 RNA나 혹은 그것이 암호화하는 단백질들, 그리고 유전자-조절 요소들 같은 기능적 성분들에 기초하여 유전자 기능을 연구하는 학문이다. 기능 유전체학은 유전체 기능에 대한 컴퓨터 분석 예측(단백질 암호화 유전자들의 수 같은)을 확증하거나 반증하려는 실험적 접근법까지도 포함할 수 있으며, 어떻게 유전자들이 발현되고 그 발현 조절은 어떻게 이루어지는지에 대해서도 고려한다.

서열 분석을 통한 유전자와 단백질 기능의 예측

유전자들의 기능을 지정하기 위한 한 가지 방법은 앞의 절에서 설명한 서열 유사성 탐색을 이용하는 것이다. BLAST 같은 프로그램들은 새로 서열화된 유전체들과 이미 밝혀져 있는 유전자들 사이에서 비교 배열되는 부분이 있는지, 혹은 서로 다른 생물종들 사이나 같은 종 내에서 그러한 부분이 있는지 탐색한다. 어떻게 생쥐 유전자와의 유사성이 쥐의 컨티그에서 인슐린 수용체 유전자를 찾을 때 사용될 수 있을까? 서열 유사성 탐색으로 유전자 기능을 추정하는 것은 비교적 단순한 아이디어에 기초한다. 만약 유전체 서열이 그 기능이 알려져 있는 유전자의 서열과 통계적으로 매우 유사함을 보인다면, 그 유전체 서열도 비슷하거나 연관된 기능을 가진 단백질을 암호화할 가능성이 높다는 것이다.

유사성 탐색의 주된 장점은 이것이 종종 진화적으로 연관되어 있는 유전자들인 상동 유전자(homologous gene)를 찾을 수 있다는 것이다. 인간 유전체가 서열화된 이후에, 그 안의 많은 ORF들이 다른 종들에서 알려져 있는 기능들을 가진 유전자들과의 비교 배열을 통해 단백질 암호화 유전자들로 밝혀진 바 있다. 예를 들어, 인간의 렙틴 유전자(LEP)를 생쥐의 상동 유전자(ob/Lep)와 비교해 보면 이 두 유전자는 서열상 85% 이상 동일하다. 렙틴 유전자는 생쥐에서 처음으로 발견되었다. 인간의 LEP-포함 DNA 서열과 생쥐 상동 서열 사이의 일치는 이 인간 유전체 DNA에 있는 이 유전자의 정체와 렙틴 암호화 기능을 확인시켜 준다.

만약 서로 다른 종 사이의 상동 유전자들이 공통 조상의 어떤 유전자에서 유래한 것으로 생각된다면, 그 유전자들은 종간상동체(ortholog)들이다. 생쥐와 인간의 α-글로빈 유전자들은 공통 조상에서 진화한 종간상동체들이다. 같은 종 내에 존재하는 상동 유전자들은 종내상동(paralog)이라고 불린다. 인간의 α-글로빈과 β-글로빈 소단위들은 유전자-중복 사건에 의해 생긴 종내상동체들이다. 종내상동체들은 종종 유사하거나 동일한 기능들을 가진다.

단백질 도메인들과 모티프들에 대한 구조 분석으로 기능 예측하기

어떤 유전자 서열이 폴리펩타이드 서열 예측에 사용되면, 그 폴리펩타이드가 특수한 구조적 도메인이나 모티프가 있는지 분석될 수 있다. 이온 채널이나 막-관통 영역들, DNA 결합 영역들, 분비 및 배출 신호들, 그리고 DNA 서열들에 의해 암호화되는 폴리펩타이드의 여러 구조적 측면들을 말하는 단백질 도메인(protein domain)들을 찾는 것은 단백질 기능을 예측하는 데 사용될 수 있다. 예를 들어, 여러 DNA-결합 단백질들의 구조가 나선-꺾임-나선(helix-turn-helix), 류신 지퍼(leucine zipper), 혹은 아연-손가락 모티프(zinc-finger motif) 등, 모티프(motif)라고 불리는 독특한 패턴들을 가지고 있음을 설명했었다. 이런 모티프들은 생물정보학 소프트웨어들을 사용하면 종종 쉽게 검색될 수 있으며, 이런 서열을 찾는 것은 어떤 단백질의 가능한 기능을 추정하는 일반적 전략으로 사용된다.

4.4 인간유전체의 주요 특징

이제 유전체 분석에 사용되는 기본 전략에 대한 개요를 습득했으니, 지금까지 완료된 가장 큰 유전체학 프로젝트에 대해 살펴보도록 하자. 인간유전체프로젝트(Human Genome Project, HGP)는 인간 유전체의 서열을 결정하고 그 안에 포함되어 있는 유전자들을 모두 밝히려는 국제적인 협력 사업이었다. 이것은 엄청난 정보를 생산했는데, 그 중 많은 것들이 아직도 분석 중이다. 서열화된 모든 종류의 유전체들로부터 분명해진 것은 인간과 기타 여러 생물종들이 세포의 기능과 생식에 필수적인 유전자 세트를 공유한다는 것이어서, 모든 생물들이 공통 조상에서 기원했음을 확인시켜 준다.

프로젝트의 시작

공공 기금의 지원을 받았던 인간유전체프로젝트는, DNA의 이중 나선 구조를 공동으로 발견했던 제임스 왓슨(James Watson)의 지휘 아래 1990년에 시작되었다. 후에 이 공공 사업은 낭성 섬유종(cystic fibrosis)의 원인 유전자인 CFTR 유전자를 발견했던 연구팀의 프랜시스 콜린스(Francis Collins) 박사가 이끌게 되었다. 미국에서는, 콜린스가 이끄는 HGP가 에너지국(Department of Energy, DOE)과, 국립보건원(National Institutes of Health) 산하의 국립 인간 유전체 연구소(National Center of Human Genome Research)와 협력했다. 이 사업은 15년 동안 30억 달러의 예산을 책정하여, 애초에 80,000~100,000개로 생각되었던 인간의 모든 유전자들을 규명하고, 대략 30억 염기쌍들이 인간의 24개

염색체들(22개의 상염색체와 X 및 Y 염색체)을 구성하고 있을 것이라는 예상 하에, 이들을 모두 서열화하여 지도를 작성하고자 하였다. HGP에 포함되었던 기타 주요 목표들은 다음과 같다:

- 모든 인간 유전자들에 대한 기능적 범주 확립
- 단일-뉴클레오타이드 다형성(single-nucleotide polymorphisms, SNP)을 포함한 개인들 사이의 유전적 변이 분석
- 대장균(*E. coli*), 효모(*S. cerevisiae*), 예쁜 꼬마선충(*C. elegans*), 초파리(*D. melanogaster*), 생쥐(*M. musculus*) 등 실험 유전학에 사용되는 여러 모델 생물들의 유전체 서열화와 지도 작성
- 유전체 분석 촉진을 위해 고출력 컴퓨터-자동화 서열화 기기(high-throughput computer-automated sequencer) 등, 새로운 서열화 기술 개발
- 과학자들과 일반 대중들 사이에서 유전체 정보들을 공유할 수 있도록 하기

최근 유전 정보가 사회에 미칠 수 있는 영향을 다루기 위해, HGP는 ELSI(Ethical, Legal, and Social Implications) 프로그램을 발족시켜 HGP로부터 발생하는 윤리적, 법적, 그리고 사회적 문제들을 다루고, 개인의 유전 정보를 안전하게 보호하며, 이런 정보들이 차별적인 방식으로 사용되지 못하도록 하고 있다. HGP가 국제적인 노력으로 발전하면서, 18개국의 과학자들이 이 프로젝트에 참여했다. 연구의 많은 부분은 국제 인간 유전체 서열화 컨소시엄(International Human Genome Sequence Consortium)에 의해 수행되었는데, 6개국(중국, 프랑스, 독일, 영국, 일본, 그리고 미국)의 20개 연구 센터에서 거의 3,000명의 과학자들이 참여했다.

1999년에, 사적 자금 지원을 받는 셀레라 제노믹스(Celera Genomics)사의 벤터(J. Craig Venter) 박사팀이 인간유전체프로젝트의 최초 결과물을 발표하였다. 셀레라의 목적은 전 유전체 샷건 서열화와 컴퓨터-자동화 고출력 DNA 서열화 기기를 사용하여 인간 유전체를 HGP보다 더 빠르게 서열화하는 것이었다. 공공 프로젝트는 유전체 서열화에 클론별 서열화 방법(clone-by-clone approach)을 사용한다고 제시했었다. 여러분은 벤터와 동료들이 1995년 *H. influenzae*의 유전체 서열화를 완료하면서 샷건 서열화의 잠재력을 입증했었음을 기억할 것이다. 셀레라의 발표는 두 팀 사이의 팽팽한 경쟁을 유발했으며, 서로가 먼저 인간 유전체 서열화의 승자가 되려고 했다. 이런 경쟁으로, 공공 사업팀의 과학자들 역시 고출력 서열화 장비와 전 유전체 서열화 전략을 사용하기 시작하면서, HGP는 계획보다 앞서 더 적은 예산으로 사업을 마칠 수 있었다.

인간 유전체의 주요 특징들

2000년 6월에, 공공 사업팀과 사립 유전체 프로젝트 팀의 리더들이 클린턴(William Jefferson Clinton) 대통령과 함께 백악관에서 만나, 인간 유전체 서열화의 초안이 완성되었음을 공동으로 발표했다. 2001년 2월, 그들은 각자 인간 유전체 중 진정염색질 부분의 96%에 해당하는 서열과 분석을 발표했다. 공공 프로젝트는 유전체의 진정염색질 부분을 12번 서열화했으며, 그들의 서열에 대해 0.01%의 오류

율로 품질 관리 기준을 설정했다. 이 오류율이 비록 매우 낮아 보이기는 하지만, 그래도 인간 유전체 서열에서는 약 600,000 정도의 오류가 있게 된다. 셀레라는 유전체를 조립하면서 어떤 부분에 대해서는 35번 이상의 서열화가 진행되었다고 발표했다.

유전체를 완성하기 위해 이제 남은 작업은, 주로 동원체, 텔로미어, 그리고 반복 서열들(GC 염기쌍이 많은 부분들은 특히 서열화와 분석이 어려울 수 있다)에 몰려 있는 틈을 채우고, 잘못 배열된 단편들을 수정하며, 정확성을 위해 일부분을 재서열화하는 작업들이었다. 2003년에, 유전체 서열화와 오류 정정으로 이 국제적 프로젝트가 완료되었음을 공언할 수 있었을 것이다. 즉, 10,000 뉴클레오타이드당 한 개 미만의 오류로, 유전체의 유전자 포함 부위의 95%가 서열화되었다. 그러나 완료 발표 시기에도 아직 계속해서 작업해야 할 서열에 350개 정도의 틈들이 남아 있었다.

물론 HGP가 지구상의 모든 사람들의 유전체를 서열화한 것은 아니다. 조립된 유전체들은 주로 서로 다른 사람들로부터 모은 반수체 유전체들로 구성되어 있어서, 인간 집단들에서 널리 공유되는, 인간 유전체의 주요 공통 요소들을 대표하는 기준 유전체(reference genome)를 제공한다. 인간 유전체의 예기치 못한 여러 관찰들이 우리에게 새로운 통찰들을 제공해준다. 유전체는 고정되어 있는 것이 아니었다! 유전체 전반에 흩어져 있는 많은 반복 서열들을 포함하여, 유전체 변이들은 유전체가 정말로 역동적임을 증명해주었는데, 서열들의 구조와 위치가 변화해 온 수많은 진화적 사례들을 드러냈다. 여러 가지 방법으로, HGP는 우리가 우리 유전체에 대해 얼마나 모르는 것이 많은지를 드러내 주었다.

HGP에 의해 발견된 두 가지의 가장 큰 놀라운 점은, 유전체의 2% 미만 정도만이 단백질을 암호화하고 있으며, 약 20,000개 가량의 단백질 암호화 유전자들이 존재한다는 것이었다. 인간의 세포가 약 100,000 종의 단백질들을 생산할 것이라는 예측에 일부 근거하여, 유전자의 숫자는 처음에는 100,000개로 추산되었음을 기억할 것이다. 유전자들 중 적어도 절반은 많은 다른 생물종들과 서열 유사성을 공유하고 있는 것으로 확인되었다. 인간 유전자들의 대다수가 침팬지 같은 가까운 생물종들의 유전자들과 매우 비슷한 서열로 되어 있다. 아직도 정확한 수의 인간 유전자 수에 대한 전 세계 과학자들 사이의 합의는 이루어지지 않았다. 그 이유 중 하나는, 다수의 예상 유전자들이 기능적인 단백질들을 생산하는지의 여부가 확실치 않기 때문이다. 유전체 과학자들은 계속해서 유전체를 분석하여 설명하고 있으며, 단백질-암호화 유전자들과 비단백질-암호화 유전자들의 수에 대한 컴퓨터 예측이 정확한지를 결정하는데는, 앞서 언급했듯이 기능 유전체학 연구들이 중요한 역할을 하고 있다.

유전자의 수는 예측된 단백질의 수보다 훨씬 작은데, 부분적으로는, 많은 유전자들이 대체 스플라이싱(alternative splicing)을 통해 다수의 단백질들을 암호화할 수 있기 때문이기도 하다. 앞서, 대체 스플라이싱 패턴들이 다수의 mRNA 분자들을 만들 수 있으며, 따라서 서로 다른 조합의 인트론-엑손 스플라이싱 배열에 의해 다수의 단백질들이 하나의 유전자로부터 생산될 수 있다는 것을 우리는 이미 배웠다. 초기의 추산들은 인간 유전자들의 50% 이상이 대체 스플라이싱을 겪으며 다수의 전사체와 다수의 단백질들을 생산한다고 제안했었다. 최근의 연구들은 94~95%의 인간 pre-mRNA들이 다수의 전사체들을 만들 수 있도록 가공되는 여러 엑손들을 포함하므로, 다수의 서로 다른 단백질 생산물을 만들 가능성이 있다고 한다. 분명히, 대체 스플라이싱은 인간 유전체의 유전자 수에 기초한 단순한 예측을 훨씬 넘어 엄청나게 다양한 단백질들을 만든다.

인간 유전자들에 대한 기능적 범주들은 주로, (1) 기존에 결정된 기능들(예를 들면, 인간 질병에 관계되어 있어서 재조합 DNA 클로닝 및 알려진 돌연변이들로부터 기능이 알려진 경우), (2) 다른 생물종으로부터 알려진 유전자들 및 예측된 단백질 서열들과의 비교, 그리고 (3) 서열 분석에 따른 주석이나, 단백질의 기능적 도메인 및 모티프들에 대한 분석 등에 기초한 예측들을 바탕으로 결정된다. 비록 기능적 범주들과 그 지정이 지속적으로 갱신되고는 있지만, 인간 유전자들의 40% 이상에 대한 기능이 아직도 밝혀져 있지 않다. 인간 유전자의 기능들을 결정하고, 유전자 발현 조절과 유전자 상호작용의 복잡성을 해석하며, 인간의 유전자들과 그 표현형 사이의 관계를 밝히는 것은 유전체 과학자들이 해결해야 할 여러 가지 도전적 과제들이다.

인간 유전체의 개인별 변이들

HGP는 또한 종족이나 인종을 막론하고 모든 인간들이 그 유전체 서열에 있어 99.9% 동일함을 보여주었다. 다른 장에서도 언급했던 것처럼, 인간들 사이에서 나타나는 대부분의 유전적 차이들은 단일-뉴클레오타이드 다형성(single-nucleotide polymorphism, SNP)과 사본 수 변이(copy number variation, CNV)에 기인한 것이다. SNP들은 유전체 내의 단일 염기 변화이며, 많은 SNP들이 질병과 관련되어 있음을 기억할 것이다. 예를 들어, SNP들은 낫세포 빈혈증과 낭성 섬유증의 원인이 된다. 우리는 어떻게 SNP들이 추적되며, 질병의 진단과 치료에 어떻게 사용되는지에 대해서도 살펴보게 될 것이다.

인간 유전체에 대한 초안 서열이 완료된 이후, 처음으로 개인들 사이의 유전적 변이(0.1% 차이)들 대부분은 SNP들 때문인 것으로 드러났다. SNP들이 유전체 변이의 주요 기여 인자인 반면, 앞에서 논의되었던 결실, 중복, 역위 및 CNV들처럼 수백만 염기쌍까지 차지할 수 있는 구조적 변이들은 생각보다 유전체 변이에 훨씬 더 중요한 역할을 담당한다. CNV들은 수백 염기쌍~수천 염기쌍 수준의 비교적 큰 절편들이 중복되거나 결실된 것임을 기억할 것이다. 유전체들 사이에서 가장 변이가 많은 CNV들 다수는 적어도 1 kb에 달하는 것으로 보인다.

대부분의 인간 DNA들이 세포당 2개의 사본(각 부모로부터 기인한 하나씩)으로 존재하지만, CNV들은 중복되었거나 결실된 DNA 단편으로서, 개인이 물려받은 DNA 단편들의 수에 차이가 있다. 어떤 경우에는, CNV들이 유전자 전체를 없애는 주요 결실일 수도 있고; 다른 결실들은 해독 암호에서 틀 이동에 의해 유전자 기능에 영향을 미치기도 한다. 중복된 CNV 서열들은 특정 유전자의 과발현을 일으킬 수 있으나, 중복되었거나 결실된 많은 CNV들은 이렇다 할 표현형들로 드러나지는 않는다.

한 개인의 유전체 내에서 CNV들의 수에 대한 현재의 추산은 개인당 12~48개 정도이다. 일부 연구들은 인간의 유전체들 사이에는 1 kb보다 큰 CNV들이 1,500개까지 있을 수 있다고 추정한다. 다른 연구들은 개인들 사이의 유전체 변이에 기여하는 100 bp 이하의 결실들이 150만 개 이상이라고 주장하기도 한다.

4.5 인간유전체프로젝트 이후는?

인간유전체프로젝트와 유전체학 기술들의 발달은 새로운 생물학 탐구의 시대를 알렸다. 오믹스(omics)의 시대가 열린 것이다. 해마다 더 많은 생물학적 탐구 분야들이 오믹스와 관련되어 출현하는 것 같다. 오믹스의 몇 가지 예들은 다음과 같다.

- 프로테오믹스(proteomics; 단백질체학) — 한 세포나 조직의 모든 단백질들에 대한 분석
- 메타볼로믹스(metabolomics; 대사체학) — 세포 대사에 관여하는 단백질들 및 효소 경로들에 대한 분석
- 글라이코믹스(glycomics; 당쇄체학) — 세포나 조직의 탄수화물들에 대한 분석
- 시코지노믹스(toxicogenomics; 독성유전체학) — 독소에 의해 발생하는 돌연변이들과 독소 유발성 유전자 발현 변화를 비롯하여, 유전자들에 미치는 독성 화합물들의 영향을 분석
- 메타지노믹스(metagenomics: 군유전체학 또는 환경유전체학) — 환경으로부터 수집한 생물들의 유전체들에 대한 분석
- 뉴트리지노믹스(nutrigenomics; 영양유전체학) — 유전자와 음식 사이의 관계에 대한 이해
- 파마코지노믹스(pharmacogenomics; 약물유전체학) — 특정 질병에 대해, 한 사람의 유전적 프로파일에 기초한 개인별 맞춤약의 개발
- 트랜스크립토믹스(transcriptomics; 총전사체학) — 한 세포나 조직에서 발현된 모든 유전자들에 대한 분석

앞으로 우리는 이와 같은 다양한 유전체학 원리들 몇 가지에 대해 더 다루게 될 것이다. 인간 유전체의 기준 서열이 완성된 이후로, 매우 빠른 속도로 연구가 계속되었다. 예를 들어, HGP의 결과, 암 유전체 프로젝트(Cancer Genome Atlas Project), 후성유전체 분석(Human Epigenome Project), SNP들에 대한 분석(International HapMap Project), 그리고 유전체 변이, 질병, 및 약물유전체학 응용을 위한 CNV들에 대한 분석 등을 포함하여 인간 유전체 탐구를 위한 여러 주제들을 표방하는 영역들이 생겨났다(후성유전체 프로젝트는 여러 종류의 세포들과 조직들에서 후성유전학적 변화를 나타내 주는 수백 가지의 지도를 만들고 있으며, 복잡한 질병들에서의 그 잠재적 역할들을 평가하고 있다).

개인별 유전체 프로젝트와 개인들의 유전체학

우리가 앞서 살펴본 것처럼 더 정확하게 더 빠른 속도로 더 긴 서열을 읽을 수 있는 새로운 서열화 기술들은 DNA 서열화 비용을 크게 감소시켰으며, 앞으로도 기술 발전과 함께 지속될 비용 절감에 대한 기대 역시 높다. 이런 기대들은 몇몇 회사들이 개인들을 위한 WGS를 제안하도록 이끌어, 개인별 유전체학적 접근에 대한 경쟁이 시작되었다. 국립보건원(NIH)에서 기금을 지원하는 두 가지 프로그램은 과학자들로 하여금 2014년까지 1,000달러에 한 사람의 유전체를 모두 서열화할 수 있는 기술을 개발하도록 독려했다(2005년 이후로 DNA 서열화 비용은 1백만 염기쌍(Mb)당 1,000달러에서 10센트로 떨어졌다!).

2012년에는 라이프 테크놀로지(Life Technologies)사가 1,000달러로 하나의 유전체를 서열화하는 데 자신들의 이온 양성자 기술(Ion Proton technology)이 사용되었다고 발표했다. 1,000달러라는 것이 하나의 유전체를 서열화하는 데 필요한 시약 값인지, 아니면 서열화 준비나 노동력, 그리고 유전체 분석까지를 모두 고려한 값인지가 논란이 될 수 있다. 라이프 테크놀로지가 보고한 서열들의 완성도나 정확도가, 그들이 말한 대로 1,000달러 유전체의 문턱을 넘기에 충분한 것인지에 대해서는 다른 여러 과학자들에 의해 공격을 받고 있다.

유전학자처럼 유전체 자료를 분석하게 하거나 어떻게 유전체 변이가 개인의 건강에 영향을 미칠지를 카운슬링하는 것은 많은 시간과 돈이 든다는 것을 배우게 될 것이다. 그래서 개인의 유전체 서열화에 드는 비용이 1,000달러 이하라고 해도, 의료적 처방을 위해 유전체 자료를 이해할 수 있게 해석하는 것은 수십만 달러가 들 수도 있다. 1,000달러 유전체를 추구하는 것은, 결국 개인이 자신의 유전적 청사진을 판독하는 것을 고려할 수 있을 정도의 가격으로 DNA 서열화가 가능할지에 대한 척도이다. 프란시스 크릭(Francis Crick)과 함께 DNA의 구조를 공동으로 발견한 제임스 왓슨(James D. Watson)의 유전체는 코네티컷의 한 회사였던 454 라이프 사이언스(454 Life Sciences)에 의해 수행되었던 프로젝트 짐(Project Jim)의 핵심이었다. 이 회사는 유명 인사들의 유전체를 서열화하기를 원했고, DNA의 공동 발견자이자 미국의 인간유전체프로젝트의 초대 단장이었던 사람이 그에 적합하다는 결정을 내렸다.

인간유전체의 선구자인 크레이그 벤터도 자신의 연구소에서 자신의 유전체 서열화를 완료시켜 2007년 5월에 젠뱅크(GenBank)에 등록했다. 하버드의 조지 처치(George Church)와 동료들은 개인 유전체 프로젝트(Personal Genome Project, PGP)를 발족시키고 유전체 자료가 공개될 것이라는 전제 하에 개별 유전체 서열화에 DNA를 제공할 지원자를 모집했다. 처치의 유전체도 완료되었고, 온라인에서 접근이 가능하다. 개인별 유전체 프로젝트라는 개념은 분명한 질문을 던진다. 당신은 당신의 유전체를 10,000달러나 1,000달러, 혹은 무상으로라면 서열화하겠는가?

왓슨과 벤터의 유전체가 모두 서열화된 이후로, 2008년에는 4000년 동안 영구 동토에 묻혀 있었던 원시-에스키모인(Palaeo-Eskimo)의 머리카락으로부터 그 옛날 인간에 대해 최초의 전 유전체 서열이 제공되었다. 이 작업으로 2배체 유전체의 78%가 확보되었으며, 다수의 흥미로운 SNP들(이 중 약 7% 정도는 이전에 보고된 적이 없었다)이 드러났다. 2014년 현재, 3만 명 이상의 개인 유전체들이 서열화되었다.

엑솜 서열화

개인별 유전체 프로젝트들의 초점은 엑솜 서열화(exome sequencing)로 전환되었는데, 이것은 개인 유전체의 180,000개 엑손들을 서열화하는 것이다. 이것은 인간의 전 유전체의 1% 미만에 해당하므로 1,000달러 이하의 비용으로 수행될 수 있다. 엑솜 서열화는 유전체에서 단백질을 암호화하는 단편들인 엑손에만 집중함으로써 질병에 관여된 돌연변이들을 찾아낸다. 물론, 이런 접근의 한계는 유전자 발현에 영향을 미치는 유전자-조절 영역의 돌연변이들은 규명하지는 못한다는 것이다. 일례로, 1000 유전체 프로젝트 컨소시엄(1000 Genomes Project Consortium)이라고 불리는 과학자 집단은 유럽, 동아시아, 사하라 이남의 아프리카, 그리고 미국을 대표하는 14개 인구 집단으로부터 1092명의 유전체들에 대해 보고했다. 전 유전체 서열화와 엑솜 서열화 자료들은 380만 개 이상의 SNP들과 여러 구조적 변이들(CNVs)을 드러냈다. 이 작업에 대한 한 가지 해석은 그것이 개인들 사이의 분명한 변이들을 드러내며, 특정 질병이 지리학적 배경 혹은 혈통적 배경과 관련되어 있음을 보인다는 점이다. 따라서 다양한 인구 집단의 개인별 유전체들을 서열화하는 것은, 인간의 유전적 변이에 대한 스펙트럼을 이해하고, 다양한 집단들에서 유전병의 원인을 알 수 있게 도와준다.

개인별 유전체 프로젝트의 또 다른 장점은 그것이 유전체 변이에 대한 통찰을 제공한다는 것이다. HGP는 서로 다른 사람들에서 얻은 시료들을 조합하여 반수체 유전체(haploid genome)에 대한 기준 유전체(reference genome)를 만들었다. 개인별 유전체 프로젝트들은 하나의 2배체 유전체를 서열화한다; 결과적으로, 그런 프로젝트들은 반수체 유전체 비교들이 개인들 사이의 유전체 변이 정도를 5배 혹은 그 이상 저평가할 수 있음을 가리킨다. 예를 들어, 벤터의 유전체가 분석되었을 때, 그의 모계 염색체와 부계 염색체 사이에서 4백만 개 이상의 변이들이 발견되었다. 개인별 유전체들에 대해 우리가 알게 된 것으로 미루어, 개인들 사이의 유전체 변이는 0.1%가 아니라 0.5%에 가까우며, 30억 염기쌍의 유전체에서, 이것은 상당한 서열 변이라고 할 수 있다. 여러 민족의 사람들로부터 얻어진 다수의 완성 유전체들로부터 유전체 자료를 통합하는 것은, 인간의 다양성, 혈통, 그리고 이주 패턴 등에 대한 기본적 질문들을 다루기 위한 진화 유전학에 매우 귀중한 자료가 될 것이다.

관련된 문제로서 PGP들은 인간의 체세포들에 상당한 모자이크성(mosaicism)이 존재할 수 있음을 보여준다. 따라서 한 개인의 세포들은 모두 동일한 유전체들을 포함하지는 않는다. WGS 방법의 정교함 때문에, 이미 동일인의 피부, 뇌, 혈액, 그리고 줄기세포들에서 SNP들이나 CNV들에 대한 모자이크성이 발견되었다. 우리는 건강이나 질병에 미치는 유전적 모자이크성의 빈도나 영향에 대해 이제 막 이해하기 시작했을 뿐이다.

ENCODE 프로젝트

2003년, 인간 유전체가 서열화되었음을 발표하고 몇 달 후, 전 세계 36개의 연구팀들이 모여 ENCODE(Encyclopedia of DNA Elements) 프로젝트를 시작했다. ENCODE의 주된 목표는, 실험적 접근법과 생물정보학적 접근을 모두 사용하여 전사 개시 부위, 프로모터, 그리고 인핸서 등 인간의 유전자 발현을 조절하는 기능적인 요소들을 유전체에서 찾아 분석하는 것이다.

이전의 논의에서 인간 유전체의 비교적 작은 부분(2% 미만)만이 단백질들을 암호화한다고 했었음을 기억할 것이다. ENCODE는 유전자들에 초점을 맞추는 것이 아니라, 일반적으로 쓰레기(juck) DNA라고 불리던 모든 서열들에 집중한다. 유전체에서 다른 모든 서열들은 도대체 무슨 일을 하는가? 우리는 그런 서열들이 염색체 구조나 유전자 발현, 그리고 기타 역할에 중요하다는 것을 알고 있다. 이런 서열들 자체가 단지 단백질을 암호화하지 않는다고 해서 그 모든 서열이 중요하지 않다고 할 수는 없다. 세포마다 유전자 활성이 다르기 때문에, ENCODE는 147가지 형태의 세포들로부터 유전자 발현을 연구한다. 약 10년간의 연구와 2억 8천 8백만 달러의 비용을 들여, 2012년에는 ENCODE 프로젝트의 주요 발견들을 드러내는 30여 개의 연구 논문들이 발표되었다. ENCODE가 내놓은 결과의 강조점들은 다음과 같다:

- 인간 유전체의 대부분인 80%는 기능적인 것으로 생각된다. 이것은 부분적으로는, 유전체의 큰 단편들이 RNA로 전사되기 때문이다. 이런 RNA들의 대부분은 단백질을 암호화하지 않는다. 이런 다양한 RNA들에는 tRNA, rRNA, 그리고 miRNA들이 포함된다. 예를 들어, 적어도 13,000개의 서열들이 긴 비암호성 RNA들(long noncoding RNAs, lncRNAs)을 만든다. 또 다른 보고에 따르면 17,000개 이상의 lncRNA들이 있을 수도 있다고 한다. 아마도 비암호성 RNA 서열들의 수가 단백질-암호화 유전자들의 수를 훨씬 능가하는 것으로 밝혀질 수도 있을 것이다.
- 기능적인 서열들에는 유전자-조절 영역도 포함된다: 70,000개의 프로모터 영역들과 거의 400,000개에 가까운 인핸서 영역들이 존재한다.
- 인간의 유전체에는 20,687개의 단백질 암호화 유전자들이 존재한다.
- 총 11,224개의 서열들이 위유전자(pseudogene)들로 밝혀졌는데, 이전에는 모든 사람들에서 불활성인 것으로 생각되었었다. 이들 중 몇몇은 대부분의 사람들에서 불활성이지만 간혹 어떤 사람들의 특정 세포 형태에서는 활성을 띠는데, 이것은 결국 그들을 위유전자가 아니라 활성형의 전사되는 유전자로 재분류해야 할 이유가 될 수 있다.
- 질병과 관련된 SNP들은 유전체의 비암호성인 기능적 요소들 내에서 많이 발견되는데, 종종 단백질-암호화 유전자 근처에 자리한다.

ENCODE의 발견들은 유전체의 기능적 역할을 광범위하게 정의하여, 단백질이나 비암호성 RNA들의 암호화뿐 아니라, 전사나 염색질 구조에 영향을 미치는 조절 단백질들과의 결합처럼 생화학적 성질을 나타내는 것까지 포함한다. 비교적 많은 유전학자들과 여러 과학자들은 ENCODE의 기능적 서열에 대한 정의에 동의하지 않는다. 언급된 한 가지 이유는, ENCODE가 유전체 내의 많은 반복 서열들(트랜스포존, LINEs, SINEs 같은)과 텔로미어나 동원체 같은 다른 서열들에 대해 적절히 설명하고 있지 않다는 것이다. 또한 이 프로젝트에 들어간 비용을 고려했을 때의 ENCODE의 가치에 대해서도 상당한 논쟁이 있어 왔다. 그러나 연구팀들은 이미 적절한 처방과 치료법을 개발하려는 희망을 가지고 특정 질병들에 대한 위험 인자를 찾기 위해 ENCODE로부터 얻은 정보를 사용하고 있다.

미생물군 유전체 프로젝트

2007년, 미국 국립보건원(NIH)은 인간 미생물군유전체 프로젝트(Human Microbiome Project, HMP)에 대한 계획을 발표했다. 이것은 1억 7천만 달러의 연구비로 인간의 신체에 존재하는 약 600~1,000가지 미생물들, 세균들, 바이러스들, 그리고 효모 등의 유전체들을 모두 서열화하는 연구 사업이다. 미생물들의 수는 인간 세포의 수보다 10배 정도는 많다. 소화관 속의 대장균 같은 많은 미생물들은 인간의 건강에 중요한 역할을 하며, 물론 우리를 아프게 할 수도 있다. HMP의 주요 목표는 다음과 같다:

- 사람들이 핵심적인 인간 미생물군유전체를 공유하는지를 결정
- 미생물군유전체에서의 변화가 인간의 건강 변화와 연관될 수 있는지에 대한 이해
- 생물정보학적 도구들을 포함하여 미생물군유전체의 분석을 지원할 수 있는 새로운 방법들을 개발
- 인체의 미생물군유전체 연구에 의해 야기되는 윤리적, 법적, 사회적 영향에 대한 설명. 이것은 익숙하게 들릴 것이다. 우리가 HGP의 목적을 이야기할 때에도 윤리적, 법적, 그리고 사회적 논란을 다룬다고 했었음을 기억할 것이다.

HMP는 80개 연구소에서 200명 정도의 과학자를 포함시켰다. 2012년에는 HMP의 최근 발견들을 요약한 일련의 논문들이 발표되었다. HMP는 미국 내 242명의 건강한 피험자들을 대상으로, 남성 신체의 15곳과 여성들의 신체에서 18곳을 분석했고, 이곳의 미생물 유전체들과 바이러스들에 대해 WGS를 적용했다. 모든 피험자들은 거의 2년에 걸쳐 3차례까지 시료를 제공했다. 연구자들은 생물정보학을 사용하여 미생물과 바이러스 유전체 서열을 공공 데이터베이스의 서열과 비교했다. 그리고 WGS 분석 외에도, 특별히 16S rRNA 유전자 서열들을 세균 시료들을 비교하는 데 사용했다. 현재까지 인체로부터 분리된 2,000가지 이상의 미생물 서열들이 서열화되었다. HMP는 인간유전체프로젝트에 의해 생산되었던 서열 자료의 1,000배 이상을 축적했다. 지금까지 인간 미생물군유전체에 대해 만들어진 개념은 무엇일까?

- HMP로부터 나온 서열 자료들은 남녀 신체 영역에 분포하는 약 81~99%의 미생물들과 바이러스들의 정체를 밝혀주었다.
- 한 개인에는 많게까지는 1,000가지의 세균 계통이 존재할 수 있다.
- 추산된 10,000개 세균 종들은 인간 총미생물군의 일부일 수 있다.
- 총미생물군은 출생 시 시작된다. 아기들은 어머니의 총미생물군으로부터 세균들을 얻는다.
- HMP 과학자들이 놀랐던 사실은 총미생물군이 사람마다 상당히 다를 수 있다는 점이었다. 또한 질병을 유발하는 세균들의 서열도 모든 사람의 미생물군유전체에 존재한다.
- 사람의 장을 예로 들면, 비록 총미생물군이 사람마다 달라도, 개인들에서 오랫동안 안정적으로 지속된다.

인체 미생물군유전체에는 비교 대상이 되는 하나의 기준 서열이 없다. 미생물 다양성은 사람마다 매우 크며, 한 사람에서는 총미생물군의 개인화가 발생한다. 예를 들어, 같은 연령인 건강한 두 사람의 미생물군유전체 서열을 비교하면, 굉장히 다를 수 있음이 드러난다. 그러나 신체의 어떤 부분에서는 그 특정 부분과 관련되어 있는 대표 세균과 특정 유전자들이 존재하는 유사성도 있다.

총미생물군의 개성에 대한 지식은, 인간의 건강 증진과 미생물군유전체 특이적인 치료약들을 포함할 수도 있는 미래의 의약계에 중요해질 것이다. 과학자들은 건강한 총미생물군의 기준을 확립하려고 노력 중인데, 이것은 어떻게 세균들이 정상적인 건강 유지를 도우며, 어떻게 항생제가 개인의 총미생물군을 파괴할 수 있고, 왜 어떤 사람들은 특정 질병에 취약한지를 결정하는 데 도움을 줄 것으로 기대된다. 특히 건선이나 과민성 대장 증후군 같은 만성 질환들과 비만까지도 도움을 받을 수 있을 것이다.

이 프로젝트와 관련하여, 로스앤젤레스의 캘리포니아 대학 내 한 연구팀은 101명의 대학생들로부터

DNA 서열을 분석했는데, 그 중 49명은 여드름이 있었고, 52명은 여드름이 나지 않았었다. 모낭 내 상재균인 *Propionibacterium acnes*(*P. acnes*)가 1000 계통이 넘게 분리되었다. WGS와 생물정보학을 이용하여, 연구자들은 이 계통들을 10개의 계통형(연관 계통들)으로 묶었다. 이 형태들 중 6가지는 여드름이 있는 학생들에 더 흔했고, 한 가지 형태는 여드름이 없는 학생들의 피부 시료에 더 반복적으로 나타났다. 여드름과 관련된 형태의 서열 분석은 피부 질환에 기여할 수도 있는 유전자 무리들을 보여주었다. 이 계통형들에 대한 후속 분석은 피부과 의사들이 *P. acnes*의 여드름 유발성 계통들을 표적화한 새로운 약물을 개발하는 데 도움을 줄 수도 있을 것이다.

남은 유전체와 유전체 10K 계획

의심할 것도 없이, HGP 결과 개발되었던 새로운 서열화 기술들은, HGP가 현대 생물학에 미친 혁신적 영향에서 중요한 부분이라고 할 수 있다. 1990년대 말에는, 예쁜 꼬마선충의 97 Mb 유전체를 서열화하기 위해서는 서열화 기기로 가득찬 방과 수백만 달러가 필요했다. 유전체학 분야의 현대적 시기를 나타내는 표시로, 최근에는 750 Mb나 되는 대구 유전체가 두 개의 서열분석기와 50만 달러를 가지고 상당한 완성도로 서열화되었는데, 한 달도 채 걸리지 않았다! 최근 들어, 완전히 서열화된 주요 유전체들에는 다음과 같은 것들이 포함된다:

- 토마토, 사람보다 더 많은 31,760개의 유전자를 가진다!
- 감자, 과일인 토마토와 92%의 DNA를 공유하는 채소
- 병아리콩, 전 세계적으로 콩 다음으로 많이 재배되는 콩과 식물
- 붉은 점 도롱뇽, 거의 100억 염기쌍의 유전체를 가진다!

현대의 서열화 기술들은 다음과 같은 질문들을 던진다. 만약 당신이 모든 것을 서열화할 수 있다면 무엇을 하겠는가? 유전체 과학자들과 박물관 큐레이터들을 포함해, 세계의 협업자들은 10,000가지의 척추동물 유전체들을 서열화하자는 유전체 10K 계획(Genome 10K plan)을 제안했다. HGP가 끝난 직후, 국립 유전체 연구소(National Human Genome Research Institute, NHGRI)는 비교 유전체학을 통해 인간 유전체에 대해 알게 되는 데 잠재적 이점이 크다는 이유에서 유전체 서열화가 우선되어야 할 포유동물들과 기타 척추동들의 목록을 만들었다. 유전체 10K도 역시 유전체 진화와 종분화에 대한 통찰을 제공하게 될 것이다.

석기시대 유전체학

유전체학이 DNA 분석 분야를 어떻게 이끌고 있는지에 대한 또 다른 예로, 전 세계의 많은 실험실들이 고대의 DNA를 분석하는 데 관여하고 있다. 소위 석기시대 유전체학(stone-age genomics)이라고 불리는 이 연구들은, 수만 년에서 70만 년까지의 오래된 머리카락 같이, 조직이나 뼈로부터 얻어진 소량의

DNA로부터 아주 매혹적인 자료들을 생산해 내고 있다. 이런 연구에 사용되는 시료들에는 종종 멸종된 생물의 것도 포함된다. 2,400년 된 이집트의 미라, 아메리카 들소, 이끼들, 오리너구리, 매머드, 플레이스토세 시기(빙하기)의 동굴 곰들과 북극곰들, 실라칸스와 네안데르탈인 등에 대한 DNA 분석이 석기시대 유전체학에서 가장 유명한 사례들이다. 2013년에는 과학자들이 현재까지 가장 오래된 완성 유전체 서열을 보고했다. 이것은 70만 년 된 뼈 조각에서 나온 것으로, 캐나다 유콘 지역의 동토에서 발견된 고대 말의 것이었다. 이 결과는 진화 생물학자들이 현대 말의 조상이 4백만 년 전 이전의 추정보다 두 배는 더 오래된—에 다른 동물 계통으로부터 분기했다는 추정을 위해 유전체학 자료를 사용했다는 점에서 흥미로운 것이었다.

2005년에는 캐나다의 맥마스터 대학과 펜실베이니아 주립대학의 연구자들이 27,000년 된 털북숭이 매머드로부터 약 1천 3백만 염기쌍을 발표했다. 이 연구는 매머드와 아프리카 코끼리 사이에 98.5%의 서열 동일성이 있음을 보여주었다. 다른 여러 과학자들에 의한 후속 연구들은 시베리아 매머드로부터 얻은 미토콘드리아와 핵 DNA를 서열화하는 데 전 유전체 샷건 서열화 방법을 사용하여 매머드 유전체에 자료를 제공했다. 이런 연구들은 매머드 유전체가 아프리카 코끼리와 0.6%밖에 차이가 없음을 시사한다. 또한 이런 연구들은 어떻게 올바른 조건, 특히 얼린 상태에서 DNA가 안정하게 있을 수 있는지를 보여주는 예가 되기도 한다. 미래에는 수백만 년 된 시료들에서 완전히 서열화된 유전체들이 나올 수도 있을 것이다. 아마도 더 흥미로운 것은 매머드와 인간 유전체 사이에서 나타나는 유사성들일 것이다. 예를 들어, 인간 염색체들의 유전자 서열을 매머드 유전체의 서열과 비교 배열해보면, 대략 50%의 매머드 유전자들이 상염색체들 상의 인간 유전자들과 함께 배열된다.

4.6 비교유전체학

2014년 현재, 여러 모델 생물들과 다수의 바이러스들을 포함하여 4,400개 이상의 전 유전체들이 서열화되었다. 완료된 유전체들 중 약 200개는 진핵생물의 것들이다. 이것은 짧은 기간을 고려하면 엄청난 발전이다. 이런 생물은 최초로 서열화된 진핵성 유전체인 효모(*Saccharomyces cerevisiae*)로부터 세균인 대장균(*E. coli*), 그리고 선형동물인 예쁜 꼬마선충(*Caenorhabditis elegans*), 애기장대(*Arabidopsis thaliana*), 생쥐(*Mus musculus*), 제브라피시(*Danio rerio*)와 초파리(*Drosophila*)에 이르기까지 광범위하다. 몇 년 전에는, 침팬지, 개, 닭, 고릴라, 성게, 꿀벌, 돼지, 복어, 벼, 그리고 밀 등의 유전체들이 서열화되었다.

이런 연구들은 진핵생물과 원핵생물들 사이의 유전체 구성 차이뿐만 아니라, 거의 모든 종들 사이에서 나타나는 유전체들 사이의 많은 유사점들도 확인시켜 주었다. 비슷한 유전자 세트들이 DNA 복제, 전사, 그리고 번역 등과 같은 기본적인 세포 기능들을 위해 사용된다. 이런 유전적 연관성들은 인간의 유전병들과 유전자에 대한 환경의 영향을 연구하기 위해, 그리고 심혈관계 질환이나 당뇨, 신경퇴행성 질병 및 행동 장애 등과 같이 복잡한 질병들에서의 유전자 상호작용을 연구하기 위해 모델 생물들을 사용하는 논거가 된다.

비교유전체학(comparative genomics)은 서로 다른 생물의 유전체들을 비교하여 유전학을 비롯한 생물학의 여러 측면에서의 질문들에 답한다. 이것은 여러 연구들과 실용적 응용을 모두 다루는 분야로, 유전자 발견과 인간 질병을 연구하기 위한 모델 생물의 개발 등을 포함한다. 이것은 또한 유전자 및 유전체 진화에 대한 연구와, 생물과 환경들 사이의 관계를 통합한다. 비교 유전체학은 생물들 사이의 유전적 차이점과 유사성을 드러내 줌으로써, 어떻게 이런 차이들이 표현형, 생활사, 그리고 다른 특징들에서의 차이에 기여하는지에 대한 통찰을 제공하며, 그런 유전적 차이들의 진화적 역사를 규명해 줄 수 있다.

원핵성 유전체와 진핵성 유전체들은 구조적이고 기능적인 공통점들은 물론 중요한 차이점들도 나타낸다. 대부분의 원핵생물들이 샷건 클로닝과 서열화에 적합한 작은 유전체를 가졌기 때문에, 초기의 유전체 프로젝트들은 원핵생물들에 집중되어 있었고 원핵생물 유전체를 서열화하려는 900개 이상의 추가적 프로젝트들도 현재 진행 중에 있다. 이미 서열화된 원핵성 유전체들 중 많은 수가 콜레라나 결핵 혹은 한센병 같이 인간에게서 질병을 유발하는 생물들의 것이다. 전통적으로, 세균 유전체는 비교적 작고(5 Mb 미만), 하나의 원형 DNA 분자로 되어 있는 것으로 생각되어 왔다. 유전학에서 기본형의 세균성 모델 생물로 사용되는 대장균은 이런 특징을 나타내는 유전체를 가진다. 그러나 이제 대량의 유전체 정보들이 확보되면서, 세균에 대한 이런 관점이 일반적인 것인가에 대한 타당성이 도전을 받고 있다. 비록 대부분의 원핵성 유전체들이 작기는 하지만, 그들의 크기 범위는 놀라울 정도로 넓다. 사실, 아주 큰 세균 유전체들(*Bacillus megaterium*의 30 Mb)과 아주 작은 진핵생물 유전체들(효모의 12.1 Mb) 사이에는 어느 정도 겹침이 발생한다. 세균 유전체들의 유전자 수 역시 다양한데, 500개 미만에서 5000개 이상까지 10배나 차이가 있다. 그리고 비록 많은 세균들이 하나의 원형 염색체를 가지기는 해도, 세균 종들의 염색체 구성과 수에는 상당한 변이들이 존재한다. 라임병을 유발하는 *Borrelia burgdorferi*의 유전체를 포함하여, 선형 DNA 분자로 구성된 유전체들이 점차 많이 밝혀지고 있다. 콜레라균(*Vibrio cholerae*)의 유전체 서열화는 이 생물이 2개의 원형 염색체를 가지고 있음을 보여주었다.

두 개나 그 이상의 염색체들을 가지는 세균 유전체들로는 이전에는 *Agrobacterium tumefaciens*로 불리던 *Rhizobium radiobacter*와 *Deinococcus radiodurans*, *Rhodobacter sphaeroides* 등이 있다. 일부 세균 종들이 다수의 염색체를 가진다는 발견은, 세포분열 중에 어떻게 복제와 염색체 분리가 조율되는지에 대한 질문과, 유전자 발현을 조절하는 밝혀지지 않은 어떤 기작이 세균에 존재하는 것이 아닐까에 대한 질문들을 야기했다. 이에 대한 답변들은 다수의 염색체를 가지는 진핵성 유전체들의 진화에 대한 단서를 제공할 수도 있을 것이다.

우리는 세균들에서의 단백질 정보를 가진 유전자들의 구성에 대해 두 가지 일반화를 할 수 있다. 첫째는, 유전자 밀도가 매우 높아서 평균 1 kb의 DNA당 하나의 유전자가 존재한다. 예를 들어, 서열화된 두 번째 원핵성 유전체인 K12 대장균의 경우, 1997년에 서열화가 이루어졌으며, 4.6 Mb의 크기에 4,289개의 단백질 암호화 유전자를 포함하는 단일 원형 염색체를 가진다. 원핵성 유전체들에 유전자가 이렇게 가깝게 포장되는 것은, 대부분의 DNA들(약 85~90%)이 암호와 DNA로 작용함을 뜻한다. 전형적으로, 세균 유전체에서는 아주 적은 부분만 비암호성 DNA로, 조절성 서열을 형성하거나 유전체 내에서 다른 자리로 옮겨 갈 수 있는 전이 인자들인 경우가 많다.

두 번째 일반화는, 세균 유전체들이 오페론들을 포함한다는 점이다. 오페론이 하나의 전사 단위로 기능하는 다수의 유전자들(그 단백질 산물들이 공통적인 생화학적 경로의 부분들이다)을 포함한다. 대장균에서는 모든 유전자들 중 27%가 오페론들(약 600개의 오페론들)에 포함되어 있다.

진핵생물의 유전체 크기는 매우 다양하지만, 기본적 특징들은 여러 종들에서 비슷하게 나타난다. 유전체 크기는 곰팡이에서의 약 10 Mb부터, 일부 현화식물의 100,000 Mb에 이르기까지 약 만 배의 차이가 있고; 유전체당 염색체 수는 2개에서 수백 개까지 100배 정도 차이가 있다. 그러나 유전자의 수는 유전체 크기나 염색체 수보다는 차이가 덜하다. 진핵성 유전체들은 원핵생물들에서는 발견되지 않는 몇 가지 특징들을 가진다.

- 유전자 밀도(Gene density). 원핵생물에서는 유전자 밀도가 약 1 kb당 하나(1 gene/1 kb)였다. 진핵생물에서는, 유전자 밀도에 차이가 크다. 효모에서는 2 kb당 하나의 유전자(1 gene/2 kb)이고, 초파리에서는 13 kb당 하나(1 gene/13 kb), 그리고 인간에서의 유전자 밀도는 염색체마다 다르다. 인간의 22번 염색체에는 약 64 kb당 하나(1 gene/64 kb)의 유전자가 존재하는 데 반해, 13번 염색체에는 155 kb DNA당 하나의 유전자(1 gene/155 kb)가 존재한다.
- 인트론(Introns). 대부분의 진핵성 유전자들은 인트론들을 가진다. 인트론의 수는 유전체마다, 또 유전자마다 차이가 크다. 효모의 전 유전체는 239개의 인트론만 가지지만, 인간의 어떤 유전자는 단일 유전자 내부에 100개 이상의 인트론을 포함한다. 인트론 크기에 관해서는, 일반적으로, 진핵생물들에서의 유전체 크기와 상관관계를 보인다. 더 작은 유전체들은 더 평균적으로 더 작은 인트론들을 가지며, 더 큰 유전체일수록 평균 크기가 더 큰 인트론들을 가진다. 그러나 예외는 있다. 예를 들어, 복어(*Fugu rubripes*)의 유전체는 비교적 적은 수의 인트론을 가진다.
- 반복성 서열(Repetitive sequences). 인트론들과 반복 서열들의 존재는 진핵생물의 유전체 크기에 차이가 많이 나는 주된 이유들이다. 옥수수 같은 일부 식물들에서는 반복 서열들이 그 유전체의 두드러진 특징이다. 옥수수 유전체는 대략 2,500 Mb의 DNA로 되어 있으며, 그 유전체의 2/3가 반복성 DNA로 구성된다. 인간에서는 앞서 논의했듯이, 약 절반 가량의 유전체가 반복성 DNA들이다.

비교유전체학은 모델 생물들과 인간의 유전체에 대한 새로운 정보를 제공한다

앞서 언급되었던 바와 같이, 인간유전체프로젝트는 다수의 모델 생물들인 대장균, 애기장대, 효모, 초파리, 예쁜 꼬마선충, 그리고 생쥐 등의 유전체들도 서열화했다. 그런 생물들의 완성 유전체 서열들은 이 생물들과 인간에서의 유전자 기능에 대한 비교 유전체학에 매우 중요하다. 인간이 다른 종들과 공유하는 유전자의 수는 매우 커서, 효모의 경우 30%, 생쥐의 경우 80%, 침팬지의 경우 98%의 유전자를 공유한다. 인간의 유전체는 심지어 여러 세균들에도 존재하는 약 100개의 유전자들도 포함한다.

비교유전체학은 인간의 질병에 관계된 여러 돌연변이 유전자들이 모델 생물들에도 역시 존재하고 있음을 보여주었다. 예를 들어, 거의 300가지의 인간 질병에서 돌연변이되는 유전자들의 약 60%가 초파리에서도 발견된다. 이런 유전자들에는 전립선암, 대장암, 그리고 췌장암; 심혈관계 질환; 낭성 섬유증; 그리고 몇 가지 다른 질병들에 관계된 유전자들이 포함된다. 여기서는 어떻게 모델 생물들(성게, 게, 침팬지, 그리고 붉은털 원숭이)과 네안데르탈인의 유전체에 대한 비교 유전체학 연구가, 인간 유전체에서의 흥미로운 요소들을 드러내주는지를 살펴볼 것이다.

성게의 유전체

2006년에, 성게 유전체 서열화 컨소시엄(Sea Urchin Genome Sequencing Consortium)의 과학자들은 성게(*Strongylocentrotus purpuratus*)의 8억 1,400만 염기쌍의 서열화를 완료했다. 성게는 얕은 바다에 사는 무척추동물로, 특별히 발생 생물학자들에게 중요한 모델 생물이 되어왔다. 한 가지 이유는 성게가 척삭이 없는 후구동물(nonchordate deuterostome)이라는 점 때문인데, 척수를 가지는 인간은 척삭이 있는 후구동물이다. 화석 기록은 성게가 캄브리아기 초기인 5억 2천만 년 전에 출현했음을 시사한다.

전체 유전체 샷건 서열화와, BAC 클론 지도(map)를 기반으로 한 클로닝을 병행하여 사용함으로써 이 유전체의 서열화가 완료되었다. 성게는 23,500개의 유전자를 가지는 것으로 추산되는데, 척추동물의 거의 모든 주요 유전자 패밀리들을 대표하는 유전자들을 포함하고 있다. 서열 비교 배열과 상동성 탐색 결과, 성게는 인간에서 중요한 기능을 하는 많은 유전자들을 가지고 있지만, 흥미롭게도 파리나 벌레들에서 중요한 유전자들, 예를 들면 독성 화합물의 분해에 중요하게 작용하는 P-450 같은 유전자들은 가지고 있지 않다는 것이 밝혀졌다. 성게 유전체는 또한 단백질 암호화 유전자들의 비기능적 친척이라고 볼 수 있는 위유전자(pseudogene)를 많이(25~30%) 가지고 있다. 성게는 인간에 비해 평균적으로 더 작은 크기의 인트론을 가지는데, 이것은 비교 유전체학에서 드러난 대로, 인트론 크기가 유전체의 전체적인 크기와 상관성을 가진다는 일반적인 경향성을 지지한다.

성게에서 거의 1,000개에 달하는 유전자들이 빛과 냄새를 감지하는 것과 관련되어 있는 것으로 보아 이들이 엄청난 감각 능력을 가졌음을 시사한다. 이런 점에서, 그들의 유전체는 무척추동물보다는 척추동물의 전형에 조금 더 가깝다. 단백질 인산화효소, GTPase, 전사 인자들, 선천성 면역, 수송체들, 그리고 저밀도 지질 단백질 수용체 등 인간의 여러 가지 질병 관련 상동유전자들(orthologs)이 그렇듯, 청각과 균형에 관여하는 인간의 종간 상동유전자들 다수가 성게에도 존재한다. 성게와 인간은 대략 7,000개의 상동유전자들을 공유한다.

개의 유전체

2005년에는 인간의 가장 좋은 친구라는 개(*Canis familiaris*)의 유전체가 완료되었고, 우리 인간은 75%의 유전자를 개와 공유하고 있음이 드러나 이들이 인간의 유전체를 연구하는 데 유용한 모델임이 확인되었다. 개들은 인간의 유전체와 비슷한 크기의 유전체인 약 25억 염기쌍에 18,400개의 유전자들이 있을 것으로 추정된다. 개는 인간의 유전병을 연구하는 데 여러 이점을 제공한다. 이들은 인간과 많은 유전병을 공유하는데, 400가지가 넘는 단일-유전자 질병을 포함하여, 성-염색체 이수성, 다요소적 질병(간질 등), 행동 장애(강박증 등), 그리고 암, 실명, 심장병, 청력손실 등이 나타난다.

개의 유전병 중 적어도 60%의 분자적 원인들(점 돌연변이나 결실 등)은 인간에서 발견되는 것과 비슷하거나 동일하다. 게다가, 개 유전병의 적어도 50%는 혈통 특이적인 것이어서 그 돌연변이 대립유전자는 비교적 동질적인 유전적 배경에 몰려 있다. 개의 혈통은, 소수의 창시자를 가지며 오랜 기간 유전적으로 분리되어 있던 고립된 인간 집단과 유사하다. 이런 특징들은 개의 각 혈통들이 인간 유전병의 유용한 모델이 되도록 한다.

개 육종가들은 현재 유전적 검사를 이용해 개들의 유전병과, 래브라도 리트리버와 푸들의 털 색, 그리고 마스티프의 털 길이를 예측한다. 머지않아 개의 크기나 꼬리 형태, 빠르기, 냄새에 대한 감각, 그리고 육종가들과 소유자들에게 중요하다고 생각되는 여러 형질들에 대한 DNA 분석을 포함한 더 많은 유전자 검사가 이루어질 것이라는 예상은 분명해 보인다.

침팬지의 유전체

침팬지(*Pan troglodytes*) 유전체는 HGP의 일부 사업이 아니었지만, 그 뉴클레오타이드 서열은 2004년에 완료되었다. 전체적으로, 침팬지와 인간의 유전체 서열 차이는 2% 미만이며, 98%의 유전자들이 같다. 이 유전체들의 비교로 무엇이 일부 영장류를 인간으로, 다른 영장류를 침팬지로 구분되게 하는지에 대한 흥미로운 통찰들이 얻어졌다.

인간과 침팬지를 분리시킨 종 분화 사건은 630만 년 전에 발생했다. 유전체 분석은 이 종분화가 처음에는 분기했지만 이후 다시 완전히 나뉘기 전에 다시 유전자들을 교환했음을 시사한다. 이 시점 이후 침팬지의 22번 염색체와 인간의 상동체인 21번 염색체에서의 서열 차이 같은 독립적 진화가 나타난다(침팬지는 48개의 염색체를 가지며 인간은 46개의 염색체를 가지므로 염색체 번호가 다르다). 이 염색체들은 총 1.44%의 서열에서 뉴클레오타이드 치환을 축적하게 되었다.

침팬지와 인간 염색체들에서 가장 놀라운 차이는 인델(indels)이라고 불리는 68,000 뉴클레오타이드의 삽입과 결실로, 470 염기쌍마다 하나의 빈도로 나타난다. 이들 중 다수는 인간의 21번 염색체에 있는 Alu 삽입들이다. 뉴클레오타이드 서열에서의 전체적인 차이는 작지만, 암호화된 유전자들에서는 큰 차이가 있다. 분석된 유전자들 중 17%만이 양쪽 염색체들에서 동일한 단백질들을 암호화한다. 나머지 83%는 하나 이상의 아미노산 차이가 있는 유전자들이다.

유전자 발현의 시기와 장소에서의 차이 역시 두 영장류의 분화에 중요한 역할을 한다. DNA 마이크로어레이를 사용하여, 연구자들은 인간과 침팬지의 뇌와 간 세포 들에서 202개 유전자들의 발현 패턴을 비교했다. 그들은 간 유전자들보다 뇌 유전자들에서의 발현이 더 종 특이적 차이를 보임을 발견했다. 이런 차이들을 더 조사하기 위해, 스반테 파보(Svante Paabo)와 동료들은 인간과 침팬지 뇌에서 10,000개 유전자들의 발현을 비교하여, 조사된 유전자들 중 10%가 뇌의 한 부분 이상에서 발현 차이가 있음을 발견했다. 보다 중요한 것은 이런 차이들이 두 종의 분기 이후에 중복된 인간 유전체 부분의 유전자들과 관련된다는 점이다. 이런 발견은 유전체 진화, 종 분화, 그리고 유전자 발현들이 서로 관련되어 있음을 시사한다. 이런 중복 단편들과 그 안에 포함된 유전자들에 대한 후속 연구는 우리를 인간으로 만드는 유전자들의 정체를 밝혀줄 수 있을 것이다.

붉은털 원숭이의 유전체

또 다른 영장류인 붉은털 원숭이(*Macaca mulatta*)는 생물의학 연구에서 가장 중요한 모델 생물 중 하나로 사용되어 왔다. 이 짧은 꼬리 원숭이들은 인간의 심혈관계 질병, 노화, 당뇨병, 암, 우울증, 골다공증 및 다른 여러 건강 문제들에 관한 이해를 돕는 데 중요한 역할을 한다. 그들은 AIDS 백신 연구와 소아마비 백신 개발에 필수적 역할을 해왔다. 이것은 서열화된 최초의 원숭이 유전체였다. 유전학자들이 이 서열화 프로젝트의 완성에 그렇게 흥분하는 주된 이유는, 이 짧은 꼬리 원숭이들이 인간과 침팬지 유전체들의 비교 분석에 적합한, 보다 먼 거리의 진화적 창을 제공하기 때문이다. 앞의 절에서 논의했던 것처럼, 인간과 침팬지들은 약 6백만 년 전의 공통조상을 가진다. 그러나 이 짧은 꼬리 원숭이들은 약 2천 5백만 년 전에 침팬지와 인간들을 이끌었던 원숭이 계통에서 갈라져 나갔다. 이 원숭이와 인간 유전체는 따라서 서로 더 멀리 분기하여, 98%의 서열 동일성을 보이는 인간과 침팬지 사이의 유사성과 비교하여, 인간과 93%의 서열 동일성을 나타낸다. 이 원숭이 유전체는 2007년에 발표되었고, 그것이 22개 염색체들(20개의 상염색체와 X 및 Y 염색체)에 포함된 28억 7천 염기쌍(인간 유전체의 크기와 비슷)으로 구성되어 있으며, 20,000개의 단백질 암호화 유전자들을 가진다는 사실은 놀라운 것이 아니었다. 비록 이 유전체에 대한 비교 유전체학 분석들이 아직도 진행 중이지만, 현재까지 여러 가지의 흥미로운 특징들이 밝혀졌다. 인간에서처럼, 약 50%의 유전체가 반복성 요소들(트랜스포존, LINEs, SINEs)로 구성된다. 인간에서 발견되는 암 유전자 패밀리를 비롯하여 유전자 중복과 유전자 패밀리들도 풍부하다.

여러 가지 놀랍고 흥미로운 사실들도 관찰되었다. 예를 들어, 인간의 상 염색체성 열성 유전병인 페닐케톤뇨증(phenylketonuria, PKU)에 대해서 살펴보면 이 병에 걸린 사람들이 페닐알라닌 수산화효소(phenylalanine hydroxylase, PAH) 유전자에서의 돌연변이로 인해 아미노산인 페닐케톤을 대사하지 못함을 알 수 있다. PKU인 사람의 PAH 유전자 돌연변이에 의해 암호화되는 히스티딘 치환은 건강한 원숭이의 단백질에서는 야생형 아미노산인 것으로 보인다. 원숭이 유전체에 대한 후속 분석과, 인간과 침팬지 유전체의 비교는 영장류 진화에서의 유전적 변이의 역할을 연구하는 유전학자들에게는 아주 귀중한 자료가 될 것이다.

네안데르탈인의 유전체와 현대인들

2009년 초에, 독일 막스 플랑크 진화 인류학 연구소의 파보가 이끄는 과학자들과 454 라이프 사이언스는 30억 염기쌍 이상에 해당하는 네안데르탈인(*Homo neanderthalensis*) 유전체에 대한 개략적인 초안과 그 유전체의 2/3 정도를 완료했음을 보고했다. 그보다 앞선 1997년에, 파보의 연구실은 화석으로부터 얻은 네안데르탈인의 미토콘드리아 DNA를 서열화했었다. 2006년 말에 파보의 연구팀은 미국의 여러 과학자들과 함께 네안데르탈인의 뼈 시료에서 분리한 핵 DNA 중 65,000 염기쌍에 대한 서열을 최초로 보고했다. 38,000년~44,000년 전에 크로아티아의 빈디자(Vindija) 동굴에 살았던 세 명의 여성으로부터 얻은 뼈가 네안데르탈인의 핵 유전체에 대한 서열화 초안을 만드는 데 사용되었다.

네안데르탈인들이 인간과의 한 구성원이고, 침팬지보다는 인간에 더 가까운 친척이므로, 네안데르탈인의 유전체는 비교 유전체학을 이용하여 현대인과 우리 조상 사이의 진화적 연관관계에 대한 이해를 발전시킬 유례없는 기회를 제공할 것으로 기대되었다. 특히, 과학자들은 인간이 네안데르탈인들과 분기된 이후 빠른 진화를 겪은 유전체 영역을 찾는 데 관심이 있었다. 이런 분석의 많은 부분은 네안데르탈인의 유전체를 인간 및 침팬지 유전체들과 비교하는 유전체학적 접근을 필요로 한다.

인간과 네안데르탈인 유전체들은 99% 동일하다. 비교 유전체학은 인간에서 네안데르탈인의 분기 이후에 생겨나 현대인의 적응을 도운 것으로 보이는 78개의 단백질 암호화 서열을 찾아냈다. 이 서열들 중 일부는 인지 발달과 정자 운동성에 관여한다. 이 종들에서 공유되는 많은 유전자들 중에서 FOXP2는 말하기 및 언어 능력과 연계되어 있는 유전자이다. 말하기에 영향을 미치는 많은 유전자들이 있으므로, 이런 발견이 네안데르탈인이 우리처럼 말했다는 의미는 아니다. 그러나 네안데르탈인들이 현대인과 동일한 FOXP2 유전자를 가지고 있었기 때문에, 과학자들은 네안데르탈인이 언어적 능력을 가지고 있었을 것으로 예상한다.

현대인과 네안데르탈인들이 3만 년 전쯤에 겹치는 지역에서 살았었다라는 사실은 이들 사이의 상호작용에 대한 추정을 유도한다. 유전체 연구들은 37,000~80,000년 전에 동부 지중해에서 네안데르탈인들과 현대인들 사이에 교잡이 발생했었음을 제시한다. 사실, 비아프리카계 *H. sapiens*들의 유전체는 네안데르탈인들로부터 물려받은 1~4% 가량의 서열을 포함한다. 시베리아의 45,000년 된 다리뼈에 대한 파보 연구팀의 최근 연구는 현재까지 *Homo sapiens*에 대한 서열 중에서는 가장 오래된 유전체 서열을 내놓았다. 이 유전체의 약 2% 정도는 네안데르탈인에서 유래한 것이었다. 이전에는 불가능한 것으로 생각되던 이런 흥미로운 연구들은 인간의 진화 분야에 파장을 일으키고 있으며, 이 연구의 발전을 쫓는 일은 정말로 흥미로운 일이 될 것이다.

4.7 비교유전체학의 응용

비교유전체학은 단일 조상형 유전자이기 때문이거나 중복에 의해 비슷하지만 동일하지는 않은 DNA 서열을 공유하는 유전자 그룹인 다중유전자 패밀리(multigene family)들의 구성원들을 찾아내는 데도 귀중한 방법임을 입증했다. 그들의 유전자 산물들은 비슷한 기능들을 가지는 경우가 많으며, 항상 그런 것은 아니지만 유전자들도 종종 단일 염색체 좌위에서 발견된다. 관련된 다중유전자 패밀리들의 모임은 슈퍼패밀리(superfamily)라고 불린다. 유전체 프로젝트의 서열 자료들은 다중유전자 패밀리들이 모든 유전체에 존재하는 것은 아니라도, 상당히 많은 수의 유전체들에 존재한다는 증거를 제공하고 있다. 유전자 패밀리 진화의 가장 잘 연구된 사례 중 하나는 글로빈 유전자 슈퍼패밀리(globin gene superfamily)의 진화로, 이 구성원들은 매우 연관된 기능들을 가지며, 매우 유사하지만 동일하지는 않는 폴리펩타이드 사슬들을 암호화한다. 잘 규명되어 있는 다른 유전자 슈퍼패밀리들로는, 히스톤(histone), 튜불린(tubulin), 액틴(actin), 그리고 항체 단백질인 면역글로불린(immunoglobulin) 유전자 슈퍼패밀리들이 있다.

앞서 보았던 종내상동체들(paralogs)을 기억해 보면, 이들은 한 생물 내에 존재하는 상동 유전자들(homologous genes)로, 유전자 중복에 의해 진화한 것으로 생각된다고 정의했었다. 헤모글로빈 분자의 폴리펩타이드들을 암호화하는 글로빈 유전자들은 종내 상동성 다중유전자 슈퍼패밀리로, 중복에 의해 생겨나 다른 염색체 자리를 차지하는 식으로 퍼졌다.

이 패밀리에서는, 산소 운반 단백질을 암호화하는 한 조상형 유전자가 8억 년 전에 중복되어 두 개의 자매 유전자를 만들었는데, 그 중 하나는 현대의 미오글로빈 유전자로 진화했다. 미오글로빈(myoglobin)은 근육에서 발견되는 산소 운반 단백질이다. 나머지 하나의 유전자는 5억 년 전쯤에 다시 중복을 일으키고 분기하여 α-글로빈과 β-글로빈 유전자의 원형을 형성했다. 이 유전자들은 적혈구 세포의 산소-운반 분자인 헤모글로빈(hemoglobin)에 존재하는 단백질들을 암호화한다. 이 유전자들 내에서의 추가적 중복이 적어도 지난 2억 년 내에 발생했다. 각각의 중복에 연이어 발생한 사건들이 이 유전자 서브패밀리(subfamily)들을 다른 염색체들로 분산시켰고, 지금은 인간 유전체 내에서 서로 다른 염색체상에 자리하고 있다.

4.8 군유전체학

군유전체학(metagenomics) 혹은 환경 유전체학(environmental genomics)은 물, 공기, 그리고 토양의 환경 시료들에 있는 미생물들의 전체 군집들로부터 유전체들을 서열화하기 위해 전 유전체 샷건 접근법을 사용하는 것이다. 대양이나 빙하, 사막, 그리고 지구상의 모든 환경들에서 군유전체학 프로젝트를 위해 시료가 채취되었다. 인간 유전체 사업의 선구자인 크레이그 벤터는 셀레라(Celera)를 떠나 크레이그 벤터 연구소를 차렸고, 그의 연구팀은 군유전체학을 유전체학 연구의 새로운 분야로 발전시키는 데 중요한 역할을 담당했다.

이 연구소의 주된 선도 사업 중 하나는 전 세계를 탐험하여 세계의 해양과 육지 미생물들을 채취하고 그들의 유전체를 서열화하는 것이다. 이 프로젝트를 통해 소서러 II(Sorcerer II) 세계 해양 표본 수집(Global Ocean Sampling, GOS)이라고 불리는 탐험 과정 동안, 벤터와 그 연구자들은 요트로 전 세계를 여행했다. 이것은 비글(*Beagle*)호를 탔던 찰스 다윈의 유명한 여행기의 현대판 버전이라고 설명된다.

군유전체학의 주요 장점은 그 중 일부분만 잘 밝혀져 있는 수백만 종의 세균들에 대해 더 많은 것을 알려줄 수 있는 잠재력이 있다는 것이다. 새로운 많은 바이러스들, 특히 박테리오파아지들 역시 물 시료에 대한 군유전체학 연구들로부터 밝혀질 수 있다. 군유전체학은 복잡한 미생물군집들과 환경 사이의 상호작용을 이해하고, 새로 밝혀진 미생물들의 계통유전학적 분류를 가능하게 하는, 미생물들의 유전적 다양성에 관해 중요한 새로운 정보들을 제공하고 있다. 군유전체학은 또한 새로운 기능을 가진 유전자들, 특히 의학과 생명공학에서 귀하게 응용될 수 있는 것들을 찾아낼 수 있는 잠재력도 크다.

군유전체학이 주어진 환경 내의 모든 미생물 유전체들을 서열화하는 데 사용하는 일반적인 방법은 환경 시료로부터 미생물이나 바이러스들을 배양하지 않고 직접 DNA를 분리한다. 그런 접근은 배양으로 키울 필요가 있는 미생물들의 까다로운 배양 조건을 재현하기가 어렵기 때문에 핵심적인 것이다. 소서러 II GOS 프로젝트에서는 물 기둥의 여러 다른 층들에서 수집한 시료들이 다양한 크기의 고밀도 필터들을 통해 걸러져 미생물들이 확보된다. 그 다음, DNA가 미생물들로부터 분리되고 샷건 서열화 및 유전체 조립이 수행된다. 요트에 실려 있는 고출력 서열화 장비는 거의 24시간 작동된다.

2007년 초까지, GOS 데이터베이스는 400가지 이상의 미확인 미생물종들로부터 60억 염기쌍의 DNA 서열 정보를 입수했다. 이 종들에는 이전에 확인되지 않았던 770만 개의 서열이 포함되어 있었는데, 이들은 6백만 가지의 서로 다른 단백질들을 암호화할 가능성이 있는 것들이었다. 이것은 전 세계의 알려진 데이터베이스들 모두에서 이전에 알려진 단백질들의 총 수의 거의 2배에 해당하는 것이다.

GOS 탐사에서는 GOS 데이터베이스 내 유전체 서열들에 의해 암호화되는 예상 단백질들에 상응하는 단백질군들을 조사했다. 17,067개의 군들이 중간(20~200개 단백질들) 크기와 큰 사이즈(7,200개 단백질들)의 클러스터들이었다. 이런 자료들은 새로운 미생물 유전자 및 가능한 단백질들을 찾아내는 데 대한 GOS 탐사와 군유전체학의 가치를 증명해준다.

4.9 전사체학

일단 어떤 유전체가 서열화되고 주석이 달리면, 또 하나의 힘든 작업이 남는다: 유전체에 포함된 유전자들을 분석함으로써 유전체 기능과 유전체에 의해 발현되는 유전자들이 조절되는 방식을 이해하는 것이다. 유전자 발현의 총체적 분석(global analysis of gene expression)이라고도 불리는 총전사체 분석(transcriptome analysis 혹은 transcriptomics)은, 어떤 유전자들이 발현되고 또 어떤 유전자들이 발현되지 않는지를 밝힘으로써 유전체에 의한 유전자 발현을 질적(qualitatively)으로 연구하는 동시에, 서로 다른 유전자들의 발현 정도를 측정함으로써 양적(quantitatively)으로도 연구한다.

이론적으로 한 생물체의 모든 세포들은 어떤 종류의 세포나 조직에서도 같은 유전자를 보유하지만, 어떤 유전자들은 매우 많이 발현되고, 다른 유전자들은 낮은 수준으로만 발현되며, 어떤 경우에는 전혀 발현되지 않기도 한다. 총전사체 분석은 동일한 유전체에 대해 조직 형태나 세포에 따라 달라질 수 있는 유전자-발현 프로파일을 알려준다. 어떤 유전체에 의해 발현될 수 있는 유전자들을 밝히는 것은 어떻게 유전체가 기능하는지를 이해하기 위해서는 필수적인 것이다. 총전사체 분석은 (1) 발생 과정 중에 어떻게 세포나 조직들이 분화되는지를 이해하는 데 중요한, 정상적인 유전자 발현 패턴과, (2) 어떻게 유전자 발현이 분화된 세포들의 생리학을 통제하고 조절하는지, 그리고 (3) 세포에서의 유전자 발현 변화가 원인이거나 그 결과로 작용하는, 질병 발생의 기작에 대한 통찰을 제공해준다.

마이크로어레이 분석

여러 가지의 기술들이 총전사체 분석에 사용될 수 있다. PCR 기반 방법들은 낮은 수준으로 발현되는 유전자들을 추적할 수 있는 능력 때문에 매우 유용하다. 수년 동안, DNA 마이크로어레이 분석(DNA microarray analysis)은 연구자들이 시료의 발현 유전자들을 모두 동시에 분석할 수 있도록 해주었기 때문에 널리 사용되어왔다. DNA 서열화 기술들이 개발되고 가장 최근에는 제자리 RNA 서열화(*in situ* RNA sequencing)를 포함하여 RNA 서열화(RNA sequencing, RNA-seq)를 위한 기술들이 발전함에 따라, 마이크로어레이는 비교적 빠르게 구식이 될 것으로 예상되었다.

유전자 칩(gene chip)이라고 알려져 있는 대부분의 마이크로어레이들은 유리로 된 현미경의 슬라이드에 단일가닥의 DNA 분자가 붙어 있는 것이거나, 어레이어(arrayer)라고 불리는 컴퓨터로 조절되는 고속 로봇 팔을 사용하여 DNA의 점이 찍힌(spotted) 형태로 이루어진다. 어레이어들은 많은 수의 작은 핀들이 장착되어 있다. 각 핀들은 서로 다른 단일가닥 DNA 분자의 수백만 사본들을 포함하고 있는 소량의 용액에 담가진다. 예를 들어, 많은 마이크로어레이들이 단일가닥의 상보성 DNA(complementary DNA, cDNA)나 발현된 유전자들로부터 클론화된 DNA의 짧은 조각들인 발현 서열 표지들(expressed sequenced tags, ESTs)로 만들어진다. 어레이어는 DNA를 컴퓨터에 의해 기록된 특정 자리들(포인트 혹은 점)에 고정시킨다. 하나의 마이크로어레이는 20,000개 이상의 서로 다른 DNA점들(엑손-특이적 마이크로어레이에서는 1백만 개 이상)을 가질 수 있으며, 점들 각각은 서로 다른 유전자들의 탐침자로 작용하는 독특한 서열을 포함하고 있다.

인간 유전체를 포함하여, 전 유전체들을 위한 탐침자들을 마이크로어레이 상에서 사용하는 것이 가능하다. 연구자들은 마이크로어레이들을 사용하여 서로 다른 조건들에 대한 반응에서의 조직별 유전자 발현 패턴을 비교하기도 하고, 정상 조직과 병든 조직의 유전자 발현 패턴을 비교하기도 하며, 질병원인을 규명해 내기도 한다.

마이크로어레이들은 유전자 발현 패턴들이 분석되는 방법을 크게 변화시켰다. 앞에서 설명한 것처럼 노던 블롯 분석(Northern blot analysis)은 유전자 발현을 분석하기 위한 초기 방법 중 하나였다. 그러다가 PCR 기술들이 빠르고 보다 민감한 접근법임이 증명되었다. 마이크로어레이들의 가장 큰 장점은 수천 가지 유전자들을 동시에 연구할 수 있다는 것이다. 그러나 결과적으로, 이들은 엄청난 양의 유전자 발현 자료들을 생산할 수 있다. 공공 데이터베이스들에서는 현재 1백만 가지 이상의 유전자발현 데이터세트들이 사용 가능하다. 이런 데이터세트들 대부분은 주로 마이크로어레이 분석을 통해 지난 10년 내에 생산된 것들이다. 그리고 적절히 조절될 때라도, 마이크로어레이들은 종종 다른 결과들을 생산한다. 예를 들어, 어떤 조건 하에서 수행된 한 실험이 다른 동일한 실험과 언제나 비슷한 유전자 발현 패턴을 생산하지 않을 수도 있다는 것이다. 이런 차이의 일부분은 유전자 발현에 진짜 차이가 있어서일 수도 있지만, 어떤 경우에는 칩의 준비에 따른 변수 때문일 수 있는데, 그런 변수를 제한하기 위해서는 cDNA 합성, 탐침자 혼성화, 세척 조건, 혹은 이 모든 것들이 아주 세심하게 조절되어야만 한다. 상용 마이크로어레이들은 개별 연구자들이 자신들의 어레이들을 만들 때 생길 수 있는 그런 변수들을 감소시킬 수 있다. 앞서 언급했듯이 직접 RNA를 서열화하는 새로운 방법들(총 전사체 샷건 서열화라고도 불리는 RNA 서열화)이 곧 마이크로어레이들을 구식으로 만들게 될 것이다. 유전체들과 총 전사체들을 고려해 보았으니 이제 대부분 유전자들의 궁극적 최종 산물인 유전체에 의해 암호화되는 단백질들로 관심을 돌려보기로 하자.

4.10 단백질체학

점점 더 많은 유전체들이 서열화되고 분석되면서, 생물학자들은 점차로 유전체가 암호화하는 단백질들의 복잡한 구조와 기능들에 대한 이해에 집중하게 되었다. 이런 관심은 현재까지 서열화된 유전체들 대부분에서, 새로 발견된 많은 유전자들과 그들의 잠정적 단백질들이 아직 알려진 기능을 가지고 있지 않다는 점을 고려하면 놀랄 만한 일도 아니다. 이후의 논의에서는, 비록 신체의 모든 세포들이 동등한 유전자 세트들을 가진다고는 하지만, 모든 세포들이 같은 유전자들과 단백질들을 발현하는 것은 아니라는 점을 명심하기 바란다. 단백질체(proteome, 프로테옴)는, 한 유전체에 의해 암호화되는 단백질들의 완전한 세트를 나타내는 말이다. 그러나 이것은 종종 한 세포 내의 전체 단백질 조성을 뜻하는 것으로 사용되곤 한다. 그러므로 이 정의는 한 세포가 다른 형태의 세포로부터 획득한 단백질들을 포함하게 된다.

하나의 세포, 조직, 혹은 생물체의 단백질체에 대한 완전한 규명과 특성 분석, 그리고 양적인 분석을 추구하는 단백질체학(proteomics, 프로테오믹스)은, 한 유전체 내의 유전자 수와 그로부터 생산되는 단백질 종류의 수 사이에서 발생하는 차이들을 조정하는 데 사용될 수 있다. 그러나 마찬가지로 중요한 것은, 단백질체학이 한 단백질의 구조와 기능에 대한 정보; 번역 후 변형; 단백질-단백질 상호작용; 단백질-핵산 상호작용, 그리고 단백질-대사물 상호작용; 단백질의 세포 내 위치; 단백질의 안정성과 번역 및 번역 후 단계의 유전자 발현 조절의 여러 측면들; 그리고 다른 단백질들과의 관계(공유 도메인들, 진화적 역사)에 대한 정보들도 제공한다는 점이다.

단백질체학은 또한 정상 조직과 병든 조직의 단백질들을 비교할 수 있도록 하기 때문에, 특정 질병 조건에 대한 생체표식자(biomarker)가 되는 단백질들을 규명할 수 있으므로, 임상적으로도 관심을 받기도 한다. 노화에 따른 미토콘드리아 단백질들의 단백질체학 분석, 인간의 관상동맥의 죽상경화증 플라크에 대한 단백질체학 지도, 그리고 질병 추적과 진단을 위한 한 가지 방법으로 타액의 단백질 프로파일을 만드는 것 등은 그런 연구의 예들이다.

세포나 조직에서 발현된 단백질의 수와 유전자 수에 대한 조정

유전체학은 유전자와 유전자 산물 사이의 연관이 종종 더 복잡한 것임을 드러내 주었다. 유전자들은 몇 가지 서로 다른 형태의 전사체들을 생산하도록 하는, 다수의 전사 개시 지점을 가질 수 있다. 대체 스플라이싱과 pre-mRNA 분자의 편집은 한 유전자에서 수십 가지의 서로 다른 단백질들이 생겨나도록 한다. 인간 유전자들의 50% 이상이 대체 스플라이싱에 의해 한 가지 이상의 단백질들을 생산한다는 최근의 추산을 기억할 것이다. 결과적으로, 단백질체들은 실질적으로 유전체보다 더 크다. 예를 들어, 일부 추산들이 인간 단백질체가 150,000~200,000개 정도의 크기라고 제안하고는 있지만, 인간 유전체 내의 20,000개 유전자들은 100,000개의 단백질들을 암호화한다.

단백질체들은 부분적으로는 유전자 발현 패턴들(총 전사체)의 조절과 협력하여 작용하는 역동적 변화를 겪는다. 그러나 다른 많은 요인들이 한 세포의 단백질체 프로파일에 영향을 미치며, 나아가 단백질 기능 분석을 복잡하게 한다. 예를 들어, 많은 단백질들이 번역과 함께, 혹은 번역 후의 사건에 의해 변형되는데, 세포소기관 경로를 위해 단백질을 표적화하는 신호 서열과 프로펩타이드들, 혹은 개시 메티오닌 잔기들을 절단하거나 탄수화물과 지질들을 결합시키거나 혹은 메틸화, 아세틸화, 그리고 인산화를 통한 화학 잔기들이 추가되는 등 여러 변형들이 발생한다. 100가지가 넘는 번역 후 변형 기작들이 알려져 있다. 그리고 많은 단백질들이 정교한 단백질-단백질 상호작용을 통해 작용하거나 커다란 분자 복합체의 일부분으로 기능한다.

인간 유전체 서열 초안이 만들어지기 훨씬 전에, 과학자들은 이미 인간 단백질체 프로젝트(Human Proteome Project)의 가능성을 논의하고 있었다. 그런 프로젝트가 실현되지 않은 한 가지 이유는 인간의 단백질체가 한 가지가 아니기 때문이다. 서로 다른 조직들은 서로 다른 세트의 단백질들을 생산한다. 그러나 그런 프로젝트에 대한 생각은 미국 국립보건원(NIH)의 국립 일반 의학 연구소(National Institute of General Medical Sciences, NIGMS)에 의해 단백질 구조 계획(Protein Structure Initiative, PSI)을 세우게 했고, 십여 개 이상의 연구 센터들이 여기에 동참했다. PSI는 4,000개 이상의 단백질 패밀리들의 3차원 구조를 분석하고자 고안된 여러 부분들로 이루어진 사업이다. 흥미로운 치료 성능이 있을 것으로 생각되는 단백질들이 가장 우선적 중요성을 가지며, 현재까지 6,000개 이상의 단백질 구조들이 결정되었다. 컴퓨터를 사용한 단백질 구조 예측 방법을 개발하고, 독특한 단백질 구조를 해석하며, PSI 정보를 공유하고, 연구의 생물학적 연관성에 초점을 맞추는 것이 이 계획의 주요 목표들이다. 또한 암이나 당뇨병 같은 질병들과 연관되어 있는 단백질체의 프로파일들을 찾기 위해 진행 중인 프로젝트들이 많이 있다.

단백질체학의 기술: 단백질들의 분리를 위한 2차원 젤 전기영동(2-DGE)

단백질체학 기술들을 사용하여, 과학자들은 수천 개의 단백질들을 동시에 연구할 수 있게 되었고, 이로 인해 엄청난 양의 자료들이 생산되었으며 세포의 단백질 조성을 분석하는 방법이 극적으로 변화하게 되었다. 단백질체학의 초기 역사는 1975년까지 거슬러 올라가, 수십만 가지 단백질들을 고해상도로 분리할 수 있는 기술인 2차원 젤 전기영동(two-dimensional gel electrophoresis, 2DGE)이 개발되면서 시작되었다. 이 기술에서는, 관심 세포나 조직에서 분리된 단백질들이 폴리아크릴아마이드 튜브형 젤에 올려져 우선 등전점 전기영동(isoelectric focusing)으로 분리된다. 이것은 단백질들이 pH 경사에서 자신들의 전하에 따라 이동하게 만든다. 이후 두 번째 이동은 첫 번째 이동과 직각으로 이루어지는 것으로, 소듐 도데실 설페이트 폴리아크릴아마이드 젤 전기영동(Sodium dodecyl sulfate polyacrylamide gel electrophoresis, SDS-PAGE)을 사용함으로써 단백질들이 그들의 분자량에 따라 분리되도록 한다.

2D 젤에서 단백질들은 쿠마시 블루(Coomassie blue) 염색, 은 염색, 혹은 다른 염료들에 의해 염색되

어 젤 상에서 일련의 점들로 관찰된다. 예를 들어, 인간의 혈소판 단백질 혼합물을 분리한 2D 젤에서는 수천 개의 점들도 나타나는 것은 흔한 일이다. 이 젤에서 특별히 양이 많은 단백질 점들은 밝혀진 단백질의 이름들로 표시되어 있다. 젤 위의 서로 다른 수천 개 점들을 가지고 어떻게 단백질들의 정체를 밝힐 수 있을까?

몇몇 사례에서, 실험 시료들로부터 얻은 2D 젤 패턴들은 잘 알려진 이동 패턴을 가진 기지의 단백질들을 포함한 표준 시료들을 가지고 실험한 젤과 비교될 수 있다. 인간의 혈장 같이 서로 다른 생물학적 시료들에 대한 여러 가지 표준 젤들이 사용 가능하며, 컴퓨터 소프트웨어 프로그램들은 서로 다른 젤들로부터 점들을 배열시켜 비교하는 데 사용될 수 있다. 초창기의 2DGE에서는 종종 젤의 점들을 잘라 내어 점에 포함된 아미노산들을 서열화함으로써 단백질들이 규명되곤 했다. 비교적 작은 수의 아미노산 서열만 이런 방법으로 생산될 수 있어서 이 기술로 전체 폴리펩타이드를 서열화하기는 극히 어렵다. BLAST나 비슷한 프로그램들이 기존 단백질들의 아미노산 서열을 포함하는 단백질 데이터베이스를 탐색하는 데 사용될 수 있다. 그러나 대체 스플라이싱이나 번역 후 변형들 때문에, 펩타이드 서열들이 항상 최종 산물들과 쉽게 맞는 것도 아니므로, 그 단백질의 정체는 또 다른 접근에 의해 확인되어야 할 수도 있다. 다음 절에서 배우게 될 것처럼 단백질체학은 단백질 동정을 돕기 위해 다른 기술들을 통합시켰으며, 이런 기술들 중 하나가 질량분석법이다.

단백질체학의 기술: 단백질의 정체를 밝히기 위한 질량분석법

2DGE가 단백질 분석에 중요했던 것만큼이나, 질량분석법(mass spectrometry, MS)은 단백질체학의 발달에 필수적인 것이었다. 질량분석 기술들은 기체 상태의 이온화된 시료를 분석하여 한 시료 내의 서로 다른 이온들의 질량 대 전하 비율을 측정한다. 질량분석으로 분석된 단백질들은 m/z 스펙트럼들을 만드는데, 이것은 알려진 단백질 서열을 포함하고 있는 질량 대 전하 비율 데이터베이스와 상관관계를 가질 수 있으므로 단백질의 정체를 밝힐 수 있다. 어떤 질량분석 응용은 스펙트럼들로부터 직접 펩타이드 서열들을 제공할 수도 있다. 이 기술의 가장 중요한 단백질체학적 응용들은, 복잡한 단백질 혼합물에서 미지의 단백질들을 밝혀내고, 펩타이드를 서열화하며, 단백질의 번역 후 변형을 밝히고, 여러 개의 단백질로 된 복합체들의 특징을 알아내는 것들이다.

MS 분석 분석을 위해, 단백질들은 우선 관심 세포나 조직에서 추출되어 2DGE로 분리된다. 그 후 MS를 사용하여 서로 다른 점들에 있는 단백질들의 정체를 밝힌다. 충분한 수의 세포들을 제공할 수 있는 것이라면 어느 원료라도 사용될 수 있다: 혈액, 조직 전체, 그리고 기관들, 종양 시료, 미생물, 그리고 다른 여러 가지 물질들이다. 암에 관계되어 있는 많은 단백질들이 MS를 사용한 정상 조직과 종양 시료에서의 단백질 프로파일 비교를 통해 밝혀졌다.

단백질 점들은 2D 젤에서 도려내진 후 각 젤 점들로부터 단백질이 정제된다. 2D 젤에서 나온 모든 점들을 골라낼 수 있는 컴퓨터-자동화 고출력 장비들이 사용 가능하다. 이제 분리된 단백질들은 트립신 등의 단백질분해효소로 절단되어 일련의 펩타이드들로 바뀐다. 이 단백질 가수분해로 원래 단백질에서 단백질분해효소의 절단 부위가 어디였는지를 결정해야 하는 복잡한 펩타이드 혼합물이 생긴다. 각 형태의 단백질들은 독특한 세트의 펩타이드 단편들을 만들며, 이것이 MS에 의해 밝혀진다.

서로 다른 펩타이드들에 대한 질량 대 전하 비율 데이터베이스는 모르는 시료들의 질량 대 전하 비율 스펙트럼들과 알려져 있는 단백질들의 것을 비교하여 찾기 위해 분석될 수 있다. 이 방법의 한 가지 한계는 데이터베이스의 품질이다. 2D 젤에서 나온 어떤 미지의 단백질은, 단백질체학 데이터베이스가 그 단백질에 대한 MS 스펙트럼을 가지고 있을 때만 분석이 가능할 것이다. 그러나 유전체학 데이터베이스에서 그랬던 것처럼, 여러 종류의 생물들로부터 잘 규명되어 있는 수천 가지의 단백질들에 대한 단백질체학 데이터베이스들이 빠르게 발전하고 있다.

유전체학을 논의할 때 언급했듯이 고출력 2DGE 장비들과 질량분석기들은 단 하루 만에 수천 개의 시료들을 처리할 수 있다. 더 빠른 시료 처리 시간과 향상된 감도를 가지는 장비들이 개발 중이다. 이런 장비들은 곧 전 단백질체들을 분석하는 데 있어 샷건 단백질체학(shotgun proteomics)을 실행 가능한 것으로 만들 것이다. 2014년 후반에, 두 연구팀이 인간 유전체에 의해 암호화되는 대략 84~92%에 해당하는 단백질체에 대한 질량분석 결과를 발표했다. 이런 연구들은 전 세계의 연구자들이 사용할 수 있도록 단백질체 목록을 마련해 준다.

단백질 마이크로어레이(protein microarray)들 또한 단백질체학 연구에 귀중한 도구가 되고 있다. 이들은 마이크로어레이(유전자 칩)와 거의 같은 기본 개념으로 고안되며 종종 여러 가지 단백질들을 특이적으로 인식하여 결합하는 항체들로 만들어진다. 이런 마이크로어레이들은 여러 가지 응용들 중에서도 단백질-단백질 상호작용을 조사하거나, 질병 진단을 위한 단백질 표식자를 추적하고, 병원성 미생물 및 감염 가능성이 있는 생물 무기를 탐지하기 위해 고안된 바이오센서들로 사용된다.

4.11 시스템 생물학

요즘 떠오르고 있는 분야인 시스템 생물학(system biology)에 대한 논의로 이 장을 마치려고 한다. 이 분야는 유전체학, 총전사체학, 단백질체학, 그리고 생물학의 여러 분야들 및 공학적 응용과 문제 해결 방법까지를 모두 통합하는 것이다.

여러 방식으로, 시스템 생물학은 생물학적 경로들의 구조, 기능, 그리고 조절이라는 맥락에서 유전체학적 정보를 해석한다. 잘 알려져 있듯이, 생물학적 시스템들은 매우 복잡하다. 생물체의 모든 성분들 사이의 관계들을 연구함으로써, 생물학자들은 어떻게 생물체가 기능하느냐에 대한 -시스템- 수준에서의 이해를 구축하려고 노력하고 있다. 시스템 생물학자들은 전형적으로, 최근 수년 동안 습득한 유전체학과 단백질체학 자료들을, 보다 전통적인 유전자 연구나 단백질의 구조 및 기능에 대한 연구들과 연계시킨다. 이런 자료들 중 많은 것이 PubMed나 GenBank, 그리고 최근에 출현한 유전체학, 총전사체학, 단백질체학 데이터베이스들로부터 추출된다. 한 세포나 전체 생물체 내의 단백질-단백질 상호작용, 단백질-핵산 상호작용, 그리고 단백질-대사물질 상호작용(예: 효소-기질 결합) 등의 상호작용들을 표시하기 위해 시스템 모형들이 사용된다. 이런 모형들은 시스템 생물학자들이 상호작용 경로 내의 성분들과 분자들 간의 관계를 이해하도록 돕는다. 최근에는, 세포 내의 상호작용 성분들을 설명하기 위해 인터랙톰(interactome)이라는 용어가 생겨나기도 했다. 시스템 생물학자들은 단백질 상호작용 경로를 도식화하기 위해 여러 가지 형태의 모형들을 사용한다. 가장 흔한 모형들 중 하나는 네트워크 지도(network map)로서, 상호작용하는 단백질들, 유전자들, 그리고 기타 분자들을 나타낸 일종의 그림이다. 이런 도표들은 본질적으로 전기 배선도와 유사하다. 네트워크 지도들의 한 가지 단점은 언제 어디서 그런 상호작용이 발생하는지에 대한 정보가 결여되어 있는 정적인 도표라는 점이다. 그렇기는 해도, 그들은 어떻게 신호전달 사건이 발생하는지 시뮬레이션을 가동시켜 볼 수 있는 컴퓨터 모델을 만드는 유용한 기초가 된다. 예를 들어, 그 활성에 영향을 미치기 위해 다른 단백질들을 인산화시키는 효소들인 카이네이즈(kinase)들의 주요 그룹들에 대해 서로 간의 상호작용을 보여주기 위해 네트워크 지도가 만들어졌다. 카이네이즈들이 대부분의 세포 작용들을 조절하는 데 중요한 역할을 담당하기 때문에, 그런 카이놈(kinome)에 대한 정보들은, 회사들이 특정 대사 경로를 표적으로 하는 약물 치료법들을 개발하는 데 매우 중요하다.

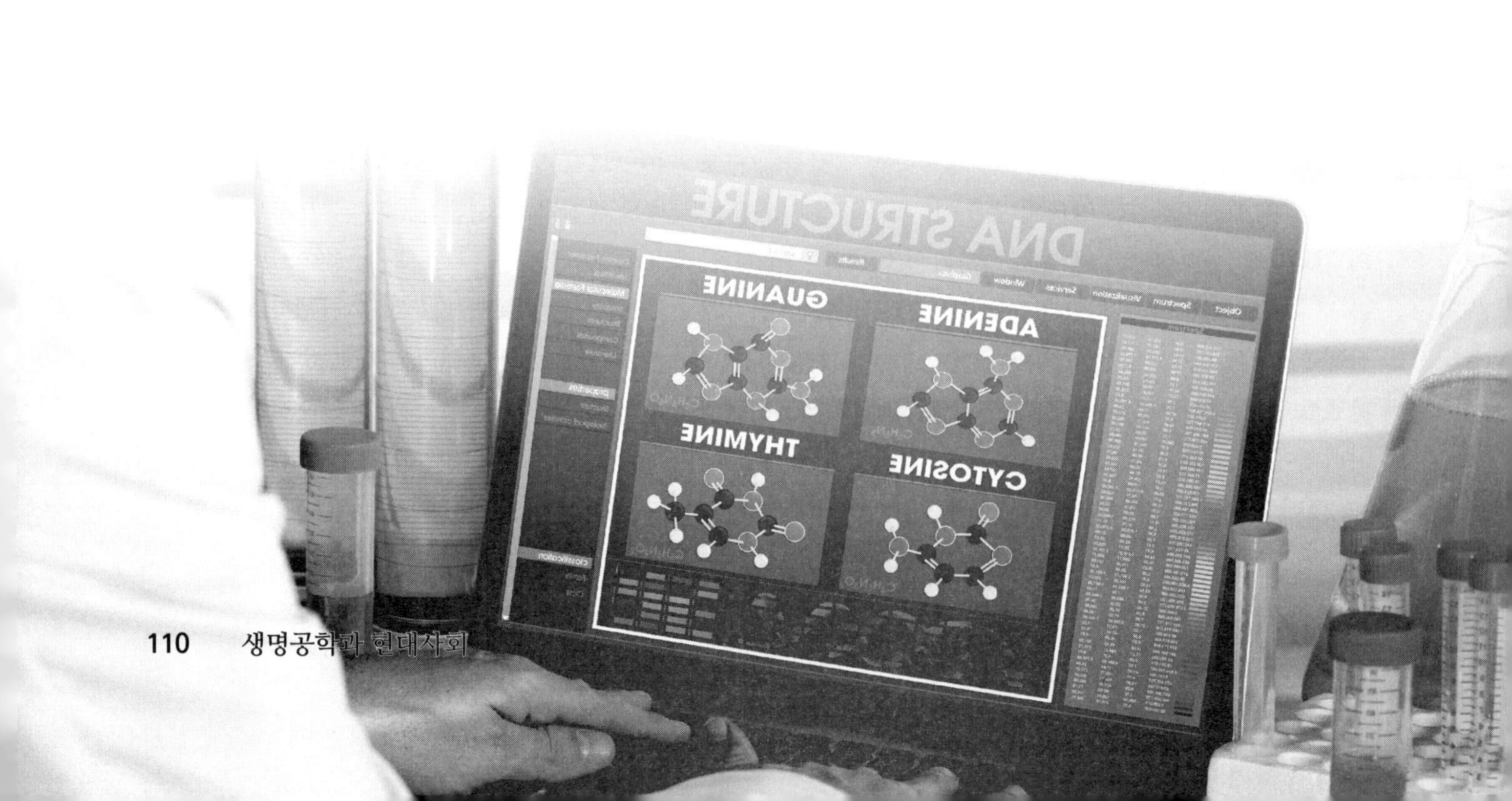

5장

유전자 돌연변이

DNA가 정보를 저장하고, 복제하고, 전달하며, 정보를 해독하는 능력은 유전적 기능의 기초이다. 그러나 DNA 서열에서의 변화 역시 중요하다. DNA 서열에서 생기는 변화가 없다면, 표현형적 다양성이나, 환경 변화에 대한 적응, 그리고 진화 등도 없을 것이다. 유전자 돌연변이는 대부분의 새로운 대립유전자들이 생기는 근원이며 집단 내 유전적 다양성의 원천이다. 나쁜 쪽으로는, 돌연변이들은 세포 사멸, 유전병, 그리고 암을 일으키는 유전적 변화의 근원이 되기도 한다.

돌연변이들은 또한 유전적 분석의 기초를 제공하기도 한다. 돌연변이로 인한 표현형적 다양성은 유전학자들이 그 변이 형질들을 만드는 유전자를 찾아 연구할 수 있도록 한다. 유전학 연구에서, 돌연변이들은 해당 유전자에 대한 확인용 - 표식자(마커) - 로 행동하므로, 그들이 부모에서 자식으로 전달되는 동안 추적될 수 있다. 표현형적 다양성이 없다면, 이런 고전적 유전 분석은 불가능할 것이다. 예를 들어, 완두 식물들이 모조리 동일한 표현형을 가지고 있었다면, 멘델은 아무런 발견도 하지 못했을 것이다.

앞에서, 우리는 염색체의 큰 영역에서 일어나는 돌연변이인 염색체 돌연변이에 대해 다루었었다. 대조적으로, 여기서 우리가 다룰 돌연변이들은 주로 개별 유전자 내부의 DNA에 존재하는 염기쌍 서열들에서의 변화라는 유전자 돌연변이(gene mutation)이다. 또한 어떻게 세포들이 다양한 DNA 수리기구들을 사용하여 돌연변이에 대항함으로써 스스로를 보호하는지도 다룰 것이다.

5.1 유전자 돌연변이의 분류

돌연변이는 DNA 서열에서의 변화로 정의될 수 있다. DNA 상의 어느 부분, 어떠한 염기 변화라도 돌연변이로 간주될 수 있다. 어떤 돌연변이는 단일 염기쌍 치환으로 이루어진 것일 수도 있고, 하나 혹은 그 이상의 염기쌍들의 관여된 결실이나 삽입, 혹은 염색체의 구조에서 생긴 중요한 변화일 수도 있다.

돌연변이들은 단백질을 암호화하는 유전자 내부에서 발생할 수도 있고, 인트론이나 조절 서열들과 같은 비암호화 영역에서 발생할 수도 있다. 돌연변이들은 추적이 가능한 표현형 변화를 유발할 수도, 그렇지 않을 수도 있다. 돌연변이가 어떤 생물의 특징을 어느 정도 바꾸는가 하는 것은, 그 돌연변이에 의해 영향을 받는 세포의 형태, 그리고 그 돌연변이가 유전자의 기능이나 유전자 조절 영역의 기능을 어느 정도나 변화시켰는가 하는 것에 의존적이다.

돌연변이들은 체세포에서도, 혹은 생식세포 내에서도 발생할 수 있다. 생식세포 내에서 발생한 돌연변이들은 유전될 수 있으며, 유전 질병뿐 아니라 유전적 다양성의 전달과 진화의 기초가 된다. 체세포에서 발생한 돌연변이들은 다음 세대로 전달되지는 않지만 세포 기능을 변화시키거나 종양을 일으킬 수 있다.

돌연변이의 형태와 영향의 범위가 넓기 때문에, 유전학자들은 몇 가지 서로 다른 체계에 따라 돌연변이들을 분류한다. 이러한 조직적 체계들은 서로 배타적이지 않다. 이 절에서는 유전자 돌연변이가 분류되는 방법들에 대해 알아보도록 하자.

분자적 변화 형태에 기초한 돌연변이의 분류

유전학자들은 종종 돌연변이를 구성하는 뉴클레오타이드 변화가 어떤 것이냐에 따라 유전자 돌연변이들을 분류하곤 한다. DNA 분자 내에서 한 염기쌍이 다른 것으로 변화한 것을 점돌연변이(point mutation) 혹은 염기 치환(base substitution)이라고 한다. 유전자의 단백질 암호화 영역에서, 트리플렛 내 하나의 뉴클레오타이드 변화는, 그 단백질 산물에서 다른 아미노산을 지정하는 새로운 트리플렛이 생기게 할 수 있다. 그러한 돌연변이를 과오 돌연변이(missense mutation)라고 한다. 두 번째 가능한 결과는 그러한 트리플렛이 중지 코돈으로 변화하여 단백질의 번역 종결을 초래하는 것이다. 이것은 무의미 돌연변이(nonsense mutation)로 알려져 있다. 만약 점 돌연변이에 의해 코돈이 바뀌었으나 단백질의 그 위치에서의 아미노산 변화로 이어지지 않은 경우, 그것은 침묵 돌연변이(silent mutation)로 간주될 수 있다.

종종 염기 치환을 설명하기 위해 사용되는 두 가지 용어가 있다. 만약 피리미딘이 피리미딘을, 퓨린이 퓨린을 대체하면 전이(transition)가 발생한 것이다. 만약 피리미딘과 퓨린이 서로를 대체한 경우는 전환(transversion)이 발생한 것이다.

다른 형태의 변화는 유전자 내에서 뉴클레오타이드가 하나 이상 삽입되거나 결실되는 것이다. 단일 뉴클레오타이드의 소실이나 첨가는 이후의 세 문자 코돈들을 모두 바꾼다. 이러한 것을 틀 이동 돌연변이(frameshift mutation)라고 하는데, 번역 중에 트리플렛의 틀이 바뀌기 때문이다. 첨가되거나 결실되는 염기의 수가, 초기의 해독틀을 다시 확립시키는 3의 배수가 아니라면, 틀 이동 돌연변이가 발생할 것이다. 변화된 많은 트리플렛들 중 하나가 UAA, UAG, 혹은 UGA처럼 번역 종결 코돈들 중 하나일 가능성도 있다. 이러한 트리플렛들 중 하나가 번역 중에 생기게 되면, 그 지점에서 폴리펩타이드 합성이 종결된다. 분명히, 틀 이동 돌연변이의 결과는 매우 심각할 수 있으며, 특히 그들이 암호화 서열의 앞쪽에서 생겼다면 더욱 문제가 될 수 있다.

표현형적 영향에 기초한 분류

돌연변이들은 그들의 형태와 위치에 따라 영향이 없는 것에서부터 아주 심각한 표현형을 일으키는 것까지 넓은 범주의 표현형적 효과를 나타낼 수 있다. 앞에서 논의했던 바와 같이, 기능 상실 돌연변이(loss-of-function mutation)는 유전자 산물을 감소시키거나 그 기능이 사라지도록 하는 것이다. 점 돌연변이에서 전체 유전자의 결실에 이르기까지 어떤 형태의 돌연변이라도 기능 상실을 초래할 수 있다. 이런 돌연변이들은 영 돌연변이(null mutation)라고 알려져 있다.

대부분의 기능상실 돌연변이는 열성이다. 열성 돌연변이(recessive mutation)는 2배체 생물에서 다른 대립유전자가 야생형일 때 야생형 표현형이 나타나도록 한다. 이 경우, 유전자 산물이 100% 미만으로 존재해도 야생형 표현형을 일으키기에 충분하다.

일부 기능 상실 돌연변이들은 우성일 수 있다. 우성 돌연변이(dominant mutation)는 2배체 생물에서 야생형 대립유전자와 같이 존재해도 돌연변이 표현형을 만든다. 우성 돌연변이들은 두 가지 형태의 효과를 나타낼 수 있다. 반수체불충분성(haploinsufficiency)이란 유전자의 야생형 사본 하나로는 야생형 표현형을 일으키기에 충분할 정도의 유전자 산물을 생산하지 못할 때 발생한다. 사람에서, 마르판 증후군(Marfan syndrome)은 반불충분성에 의해 유발되는 질병 중 하나이다. 이 경우는 FBN1 유전자의 한 사본에서 기능 상실 돌연변이가 생긴 것에 기인한다. 대조적으로, 우성 기능 획득 돌연변이(dominant gain-of-function mutation)는 유전자 산물의 기능이 증강되거나, 부정적으로 작용하기도 하고, 혹은 새로운 기능을 갖게 된다. 이것은 새로운 기능을 부여하는 단백질의 아미노산 서열 변화에 기인하거나, 혹은 유전자 조절 서열에서의 돌연변이가 그 유전자의 발현을 더 높은 수준으로 유도하거나, 비정상적 시기에, 혹은 비정상적 장소에서 발현시키기 때문인 것일 수 있다. 우성 방해 돌연변이(dominant negative mutation)는 야생형 대립유전자 산물의 기능을 직접 방해할 수 있다. 이것은 비기능적인 그 돌연변이 유전자 산물이 야생형 유전자 산물과 결합하여 그것을 불활성화시킬 때 종종 발생한다.

가장 쉽게 관찰되는 돌연변이들은 형태학적 특징에 영향을 미치는 것들이다. 이런 돌연변이들은 가시적 돌연변이(visible mutation)라고 알려져 있으며 관찰 가능한 정상적, 혹은 야생형의 표현형을 바꾸는 그들의 능력에 의해 인식된다. 예를 들어, 멘델의 완두가 가지는 모든 특징들과 초파리에서 볼 수 있는 여러 유전적 변이들이 이런 정의에 부합하는데, 그들이 각 생물의 형태를 분명하게 변화시키기 때문이다.

일부 돌연변이들은 영양성이나 생화학적 특징에 영향을 미칠 수 있다. 세균과 곰팡이에서 아미노산이나 비타민을 합성하는 능력을 잃는 것은 전형적인 영양 돌연변이(nutritional mutation)들이다. 사람에서, 낫세포 빈혈증과 혈우병은 생화학적 돌연변이(biochemical mutation)에 기인하는 질병들의 예로 볼 수 있다. 비록 그러한 돌연변이들이 언제나 형태학적 특징들에 영향을 미치는 것은 아니라고 해도, 단백질의 기능에 영향을 미쳐 해당 개체의 안녕과 생존에 악영향을 미칠 수 있다.

또 다른 돌연변이 범주는 개체의 행동 패턴에 영향을 미치는 것이다. 행동 돌연변이(behavioral mutation)의 주요 영향은 종종 가늠하기가 매우 어렵다. 예로, 초파리의 짝짓기 행동은 날개를 푸드덕거리지 못하면 손상을 받을 수 있다. 그러나 이 결함은 비상근에 있거나, 비상근으로 가는 신경들, 혹은 날개의 움직임이 기원하는 신경 충격을 만드는 뇌에 있을 수 있다.

또 다른 그룹의 돌연변이들은 조절 돌연변이(regulatory mutation)들로서, 유전자 발현의 조절에 영향을 미치는 것들이다. 조절 유전자나, 유전자의 조절 영역에서의 돌연변이는 유전자의 정상적 조절 과정을 파괴하여 해당 유전자의 비정상적 활성화나 불활성화를 초래할 수 있다. 예를 들어, 이 책 후반에 논의될 lac 오페론에서의 조절 유전자 산물은 전체 lac 오페론의 전사를 조절한다. 이 조절 유전자에서의 돌연변이들은 lac 오페론에 비정상적 효과를 미치는 조절 단백질을 생산할 수 있다. 유전적 조절에 대한 우리의 지식은 그러한 조절 돌연변이들에 대한 연구에 의존해왔다. 조절 돌연변이들은 스플라이싱 연접부나 프로모터 부분에서 발생할 수도 있고, 전사 개시나 mRNA 스플라이싱, 그리고 mRNA 안정성 같은 유전자 조절의 여러 측면에 영향을 미치는 조절 영역들에서도 발생할 수 있다.

돌연변이가 개체의 생존에 필수적인 유전자 산물에 악영향을 미치는 것일 수도 있다. 이러한 경우에는, 치사 돌연변이(lethal mutation)라고 불린다. 인간에서의 여러 가지 유전성 생화학적 질병들은 치사 돌연변이의 예가 될 수 있다. 예로, 테이-삭스 질병(Tay-Sachs disease)과 헌팅턴병(Huntington disease)은 치사성을 유발하는 돌연변이에 의한 것들이지만 인생의 서로 다른 시기에 영향을 미친다.

또 다른 흥미로운 돌연변이 그룹은 그 생물체가 발견되는 환경에 의존적인 방식으로 그 개체에 영향력을 발휘한다. 그런 돌연변이들은 조건적 돌연변이(conditional mutation)라고 불리는데, 돌연변이가 그 생물의 유전체 내에 분명히 존재하지만 특정 조건 하에서만 추적될 수 있기 때문이다. 조건적 돌연변이의 가장 좋은 예들 중 하나는 온도-감수성 돌연변이(temperature-sensitive mutation)들이다. 특정 - 허용(permissive) - 온도에서는 돌연변이 유전자 산물이 정상적으로 기능하지만, - 제한(restrictive) - 온도에서는 기능적 활성을 잃게 된다. 그러므로 그 생물이 허용 온도에서 제한 온도로 이동되면 돌연변이의 효과가 뚜렷해진다.

중립 돌연변이(neutral mutation)는 단백질 암호화 영역이나 유전체의 어느 부분에서라도 발생할 수 있으며, 그 생물체의 유전적 적응도에 대한 영향이 미미하다. 예를 들어, 유전자 내의 중립 돌연변이가 라이신 코돈(AAA)을 아르기닌 코돈(AGA)으로 바꿀 수 있다. 이 두 아미노산은 화학적으로 유사하다. 따라서 이런 변화는 해당 단백질의 기능에 별로 영향을 미치지 않는다. 진핵성 유전체들은 대부분 비암호화 영역들로 구성되어 있기 때문에, 대다수의 돌연변이들은 유전자들을 포함하고 있지 않은 커다란 유전체 영역에서 발생할 가능성이 높다. 만약 그들이 유전자 산물이나 유전자 발현에 영향을 미치지 않는다면, 이런 것들은 중립 돌연변이들로 생각될 수 있다.

돌연변이 위치에 기초한 분류

돌연변이들은 그들이 발생한 세포의 형태나 염색체에서의 위치에 따라 분류될 수 있다. 체세포 돌연변이(somatic mutation)들은 생식세포를 제외한 신체에서 생긴 것이다. 상염색체성 돌연변이(autosomal mutation)들은 상염색체 상에 존재하는 유전자에서 발생한 것인 반면, X-연관 돌연변이(X-linked mutation)들이나 Y-연관 돌연변이(Y-linked mutation)들은 각각 X-염색체와 Y 염색체상에 존재하는 유전자에서 발생한 변화이다.

체세포에서 생긴 돌연변이들은 다음 세대로 전달되지 않는다. 2배체 생물의 체세포에서 열성 상염색체성 돌연변이가 발생할 때는, 추적 가능한 표현형으로 나타날 가능성은 적다. 그런 돌연변이들의 발현 대부분은 그 세포 내의 야생형 대립유전자의 발현에 의해 가려질 것이다. 체세포 돌연변이들은 그것이 우성이거나, 혹은 남성에서 X-연관성인 경우, 돌연변이들이 즉각적으로 발현될 가능성이 높기 때문에 더 영향을 크게 미칠 것이다. 비슷하게, 우성이거나 X-연관성 체세포 돌연변이의 효과는, 여러 분화된 조직이나 기관을 만드는 데 사용되는 미분화 세포들의 수가 소수인 발생과정 초기에 일어날 때 더 크게 작용한다. 성체의 조직 세포에서 발생한 우성 돌연변이들은 종종 정상적인 기능을 수행하는 동일 조직 내의 수많은 비돌연변이 세포들에 의해 그 효과가 가려진다.

배우자들에서의 돌연변이들은 그들이 자손에게 전달되기 때문에 더욱 중요하다. 그들은 자손의 모든 세포들에서 발현될 잠재력을 갖는다. 유전되는 우성 상염색체성 돌연변이들은 첫 세대에서 표현형으로 발현될 것이다. 동형배우자성(homogametic) 여성의 배우자에서 생긴 X-연관성 열성 돌연변이들은, 반접합성인 남성 자손에서 발현될 것이다. 이러한 일은 남자 자손이 문제의 X 염색체를 받는다는 가정 하에 발생하게 된다. 이형접합성(heterozygosity) 때문에, 남자든 여자든, 생식세포에서의 상염색체 열성 돌연변이(심지어 치사성 대립유전자가 생겼다고 해도)의 발생은 집단 내에서 이 대립유전자가 많아질 때까지 발견되지 않고 많은 세대가 지나갈 수도 있다. 보통, 이 새로운 대립유전자는 우연한 짝짓기에 의해 두 사본 모두가 동형접합성인 조건이 되었을 때 분명해질 것이다.

자연 돌연변이와 유도 돌연변이

어느 정도 그 범주가 겹치기는 하지만, 돌연변이들은 자연발생적이거나 혹은 유도된 것일 수 있다. 자연발생적 돌연변이(spontaneous mutation)들은 유전자들의 뉴클레오타이드 서열이 자연적으로 바뀐 것이다. 어떠한 특정 인자들도 그들의 발생과 관련되지 않으며 일반적으로 우연에 의한 것으로 생각된다. 이런 돌연변이 대부분은 질소가 포함된 염기들의 구조를 바꾸는, 개체 내부의 정상적인 화학적, 생물학적 과정들의 결과로 생긴다. 대부분의 자연 발생 돌연변이들은 종종 DNA 복제 시의 효소적 과정 중에 일어난다.

자연발생적인 사건과는 대조적으로, 외부적 요소에 의한 영향의 결과로 생기는 변화는 유도 돌연변이(induced mutations)로 간주된다. 유도 돌연변이들은 자연적이거나, 혹은 인위적인 인자들 때문에 발생할 수 있다. 예를 들어, 우주에서 오는 방사선과 광물, 태양으로부터의 자외선 등은 대부분의 생물체들이 노출되는 에너지원이고 그러한 것들은 자연돌연변이를 일으키는 요인들이 될 수 있다.

인위적 유도 돌연변이에 대한 최초의 사례는 1927년 허먼 멀러(Hermann J. Muller)가 X선이 초파리에서의 돌연변이를 유도할 수 있음을 보고하면서 알려졌다. 1928년에는 루이스 스테들러(Lewis J. Stadler)가 X선이 보리에서도 같은 효과를 미친다고 보고했다. 다양한 방사선 형태들 외에도, 자연적이거나 합성된 다양한 화합물 역시 돌연변이 유발성일 수 있다.

생물의 자연돌연변이율에 관해서는 여러 가지 일반화가 가능하다. 돌연변이율(mutation rate)은 하나의 유전자가 한 세대 안에, 혹은 단일 배우자를 형성하는 동안 돌연변이를 일으킬 확률로 정의된다. 우선, 자연 돌연변이율은 모든 생물에서 매우 낮다. 둘째, 그 비율은 생물마다 다르다. 셋째, 같은 종 내에서도 자연돌연변이율은 유전자마다 다르다.

바이러스와 세균의 유전자들은 평균 1억 회의 세포분열당 하나(10^{-8}) 정도로 자연 돌연변이를 겪는다. 옥수수와 초파리는 몇 자릿수로 더 높은 빈도를 나타낸다. 이러한 그룹들에서 연구된 유전자들은 배우자당 평균 1/1,000,000에서 1/100,000(10^{-6}에서 10^{-5}) 사이의 빈도로 돌연변이를 만든다. 생쥐의 일부 유전자들은 자연돌연변이율에 있어 또 다른 차수로 증가된 양상을 나타내는데, 평균 1/100,000에서 1/10,000(10^{-5}에서 10^{-4})의 빈도를 보인다. 왜 이렇게 돌연변이율이 다양한지는 확실치 않다. 특정 생물에서 유전자 사이의 차이는 아마도 유전체의 서로 다른 영역은 내재적 돌연변이 발생능 역시 다르기 때문인 것으로 보인다. 돌연변이에 매우 취약한 것으로 보이는 일부 DNA 서열들은 돌연변이 빈발점(mutation hot spot)이라고 알려져 있다. 생물들 사이의 차이는 아마도 부분적으로는 DNA 교정 체계 및 수리 체계의 상대적 효율성을 반영하는 것 같다. 우리는 이 장의 후반부에 이런 체계들에 대해 논의할 것이다.

5.2 자연 돌연변이

이 절에서는 자연 돌연변이를 만드는 과정 몇 가지를 살펴보려고 한다. 그러나 자연 돌연변이화 과정 중에 발생하는 DNA 변화들 중 많은 것들이 유도 돌연변이화 과정 중에도 마찬가지로 더 높은 비율로 발생한다는 것을 기억할 필요가 있다.

DNA 복제 실수와 미끄러짐

앞선 장들에서 배웠듯이 DNA 복제의 과정은 불완전하다. 가끔, DNA 중합효소는 DNA의 복제 가닥에 잘못된 뉴클레오타이드를 삽입시킨다. 비록 DNA 중합효소가 내재된 3′→5′ 엑소뉴클레아제 활성을 이용하여 이러한 복제 오류들을 대부분 교정할 수 있지만, 잘못 삽입된 뉴클레오타이드들은 복제가 끝난 이후까지 잔존할 수 있다. 만일 이러한 오류들이 DNA 수리기구들에 의해 감지되어 교정되지 않으면, 이들은 돌연변이가 될 수 있다. 잘못된 짝짓기에 의한 복제 실수는 주로 점 돌연변이를 일으킨다. 다음 절의 논의대로, 염기들이 호변체(tautomer)라고 알려져 있는 여러 형태를 취할 수 있다는 사실 역시 DNA 복제 과정 중에 잘못된 염기쌍 형성의 확률을 증가시킨다.

점 돌연변이와 잘못된 염기쌍 형성 외에도, DNA 복제는 작은 삽입이나 결실들을 도입하는 계기가 될 수 있다. 이런 돌연변이들은 주형 DNA의 한 가닥이 고리를 형성하여 복제 위치를 벗어났거나, DNA 중합효소가 미끄러지거나, 띄엄띄엄 복제를 했을 때 발생할 수 있다. 만약 복제 중에 주형가닥에서 고리가 형성되었다면, DNA 중합효소는 고리로 빠져나간 부분의 뉴클레오타이드들은 복제하지 못하고, 새로운 가닥에 작은 결실을 만들게 된다. 만약 DNA 중합효소가 주형가닥에 존재하지 않는 뉴클레오타이드들을 반복적으로 도입하게 되면, 한 개 이상의 뉴클레오타이드 삽입이 만들어져 새로 합성된 가닥에 짝짓지 않은 고리가 생긴다. 삽입과 결실은 틀 이동 돌연변이로 귀결될 수도 있고, 혹은 유전자 산물에서의 아미노산 첨가나 결실을 일으킬 수도 있다.

복제시 미끄러짐(replication slippage)은 DNA의 어느 곳에서도 발생할 수 있지만, 직렬 반복서열을 포함하는 곳에서 자주 발생한다. 반복서열들은 DNA 돌연변이가 자주 발생하는 지점(hot spot)이며, 취약-X 증후군이나 헌팅턴병 같은 일부 유전성 질병들을 일으키기도 한다. 유전체 내 비암호화 영역에서 반복서열들의 과도 돌연변이능(hypermutability)은 현재 법의학적 DNA 분석을 위한 기초가 되기도 한다.

호변 변환

퓨린과 피리미딘들은 호변체 형태(tautomeric form) — 질소를 포함하고 있는 염기가 화학적으로 다른 형태로 존재하는 것으로, 분자 내의 단일 원자들만 차이가 난다 — 로 존재할 수 있다. 생물학적으로 중요한 호변체들에는, 티민과 구아닌의 케토-에놀 형태(keto-enol form)와, 시토신과 아데닌의 아미노 이미노 형태(amino-imino form)가 있다. 이들의 변화는 분자의 결합 구조를 바꿔 비상보성 염기들 사이에 수소결합이 생성되도록 한다. 따라서 호변 변환(tautomeric shift)은 영구적인 염기쌍 변화와 돌연변이를 유발할 수 있다.

주형가닥에 일시적 형태의 호변체가 비상보성 염기와 짝을 이루었을 때, DNA 복제 중 돌연변이가 발생할 수 있다. 그 다음 복제 시에 그 - 잘못 짝지어진(mismatched) - 염기쌍들이 나뉘었다가 각각 주형으로 작용하여 정상적인 상보적 염기쌍을 만든다. 결과적으로 점 돌연변이가 형성된다.

탈퓨린화와 탈아민화

자연 돌연변이의 가장 흔한 원인 중 하나는 탈퓨린화와 탈아민화 같은 DNA의 염기 손상에 따른 것이다. 탈퓨린화(depurination)는 완전한 이중나선 DNA 분자 내에서 질소성 염기 하나가 소실된 것이다. 그러한 사건은 퓨린 — 구아닌이나 아데닌 — 에서 가장 자주 발생한다. 이 염기들은 데옥시리보오스의 1′-C와 퓨린 고리의 9번 위치를 연결시키는 글리코시드 결합이 끊어질 때 소실되며, 이러한 사건으로 DNA의 한 가닥에 탈퓨린 부위(apurinic site, AP site)가 생긴다. 유전학자들은 배양 중인 포유동물 세포에서는 그러한 자연적 손상들이 매일 수천 건씩 발생하는 것으로 추정한다. 만약 AP 부위들이 수선되지 않는다면, DNA 복제 중에 주형으로 작용하는 부위에 염기가 사라지게 된다. 결과적으로 DNA 중합효소는 그런 부위에서 무작위로 아무 염기나 도입할 수 있다.

탈아민화(deamination) 과정에서는 시토신과 아데닌에서 하나의 아미노 그룹이 케토 그룹으로 바뀐다. 이 경우에 시토신은 우라실로, 그리고 아데닌은 하이포크산틴(hypoxanthine)으로 변화된다. 이러한 변화의 가장 큰 효과는 DNA 복제 시 이 두 분자의 염기쌍 형성 특이성이 바뀐다는 데 있다. 예를 들어, 시토신은 보통 구아닌과 짝을 이룬다. 이것이 우라실로 변화되면 짝은 아데닌과 이루게 되고, 원래의 C≡C 쌍은 A=U 쌍으로 변화를 일으켜 복제가 진행됨에 따라 A=T쌍으로 바뀌게 된다. 아데닌이 탈아민화되는 경우에는 하이포크산틴이 시토신과 짝을 이루기 때문에 원래의 A=T쌍이 G≡C쌍으로 변화된다. 탈아민화는 질산(HNO_2) 같은 화학적 돌연변이원에 의하거나, 혹은 자발적으로 발생할 수 있다.

산화적 손상

DNA는 정상적인 세포 과정의 부산물에 의해 손상을 입을 수 있다. 이 부산물들에는 정상적인 산소호흡 과정 중에 생기는 활성 산소들(전자 친화성 산화제들)이 포함된다. 예를 들어, 과산화물(O^-_2), 수산화 라디칼(•OH), 그리고 과산화수소(H^2O_2) 등이 세포 대사 중에 만들어지며 지속적으로 DNA의 온전함을 위협한다. 그런 활성 산화제(reactive oxidant)들은 고에너지 방사선에 대한 노출에 의해서도 생길 수 있으며, 염기 변화, 염기 결실, 그리고 단일가닥 결함 등을 포함하여 DNA에서 100가지 이상의 화학적 변화를 유발할 수 있다.

5.3 유도 돌연변이

유도 돌연변이들은 자연적인 기본 돌연변이율을 증가시키는 것들이다. 지구상의 모든 세포들은 돌연변이원(mutagen)이라고 불리는 수많은 요인들에 노출되어 있다. 이들은 DNA에 손상을 일으켜 돌연변이를 만든다. 이러한 요인들 중 일부인 곰팡이 독소, 우주선(cosmic ray), 그리고 자외선 등은 우리 환경의 자연적 성분들이다. 일부 산업 독성 물질들이나 의학용 X-선들, 그리고 담배연기에 들어 있는 화학물질들을 포함한 여러 가지들이 비자연적이거나 인위적으로 현대 세계에 첨가된 것들로 생각될 수 있다. 긍정적인 측면에서, 유전학자들은 유전자와 유전자의 기능을 분석하는 데 이러한 돌연변이원을 사용하기도 한다. 이러한 자연적, 비자연적 요인들이 돌연변이를 일으키는 기작을 이 절에서 다루고자 한다.

염기 유사체들

돌연변이를 일으키는 화학물질 중 하나의 범주는 염기 유사체들(base analogs)로, 핵산 합성 시에 피리미딘이나 퓨린을 대체할 수 있는 분자들이다. 예를 들어, 우라실의 유도체인 5-브롬화 우라실(5-bromouracil, 5-BU)은 티민 유사체로 행동하지만, 피리미딘 고리의 5번 위치가 할로겐화되어 있다. 만약 5-BU가 데옥시리보오스와 화학적으로 연결되면, 뉴클레오사이드 유사물인 브로모데옥시우리딘(bromodeoxyuridine, BrdU)이 생성된다. 메틸기 대신 들어간 브롬 원자의 존재로 호변 변환을 할 가능성이 더욱 증가한다. 만약 5-BU가 티민 대신 DNA로 통합되고 호변 변환으로 에놀형이 된다면 5-BU는 구아닌과 짝을 이룬다. 한 번의 복제가 끝나면 A=T가 G≡C로 바뀌어 염기 전이(transition)의 결과가 나타난다. 게다가, DNA 내 5-BU가 있으면 돌연변이를 일으키는 자외선에 대한 민감도가 더 증가한다.

돌연변이를 일으키는 염기 유사체들이 더 있는데 그 중 하나가 2-아미노 퓨린(2-amino purine, 2-AP)이다. 이것은 아데닌 유사체로 행동한다. 티민과 염기쌍을 형성하는 것뿐 아니라, 2-AP는 시토신과도 짝을 이룰 수 있으므로, 결과적으로 복제 이후에 A=T 쌍이 G≡C쌍으로 염기 전이를 일으킬 수 있다.

알킬화물, 삽입제, 그리고 부착물 형성제들

많은 수의 자연적 화합물들과 인공 화합물들도 DNA의 구조를 변화시켜 돌연변이를 유발한다. 1차 세계대전 중에 발견된, 황을 포함한 머스타드 가스(mustard gas)는, 화학전에 관한 연구 중에 처음으로 밝혀진 화학돌연변이원 그룹 중 하나였다. 이 기체들은 알킬화물(alkylating agents)인데: 즉, 뉴클레오타이드의 아미노 그룹이나 케토 그룹에 CH_3나 CH_3CH_2 등의 알킬 그룹을 공여한다. 예를 들어, 에틸메틸설폰산(ethylmethylsulfonate, EMS)은 구아닌의 6번과 티민의 4번 케토 그룹을 알킬화시킨다. 염기 유사체와 마찬가지로, 염기쌍 형성 친화력이 바뀌고 염기 전이 돌연변이가 생긴다. 예를 들어, 6-에틸구아닌(6-ethylguanine)의 경우에는 아데닌의 유사체로 작용하여 티민과 짝을 이룬다.

삽입제(intercalating agents)들은 그 구조나 모양새가 DNA의 염기쌍 사이에 끼어들어갈 수 있게 생긴 것들이다. 염기쌍들 사이에 결합하면, 삽입제들은 염기쌍들을 왜곡시키고 DNA가 풀리도록 만든다. DNA에서의 이런 변화는 전사, 복제, 그리고 수리 등 여러 기능들에 영향을 미친다. DNA 복제 및 수리 중에 결실과 삽입이 발생하여 틀 이동 돌연변이들을 일으킬 수 있다.

돌연변이를 유발하는 또 다른 화학물질들은 부착물 형성제(adduct-forming agent)들로 알려진 것들이다. DNA 부착물은 DNA에 공유적으로 결합하는 물질로서, DNA의 형태를 변화시키고 복제나 수리를 방해한다. 부착물 형성제들의 두 가지 사례로는 아세트알데히드(담배 연기 속의 성분)와 헤테로사이클릭 아민들(heterocyclic amines, HCAs)을 들 수 있다. HCA들은 소고기, 닭고기, 생선 등 고기를 요리하는 중에 생겨나는 발암물질들이다. 이들은 고온의 아미노산 및 크레아틴으로부터 형성된다. 여러 HCA들은 구아닌 염기들에 공유적으로 부착한다. 적어도 17가지의 서로 다른 HCA들이 위암, 대장암, 그리고 유방암 등 암의 발달과 연관되어 있다.

자외선

모든 전자기 방사선들은 우리가 파장(wave)이라고 정의하는 여러 에너지파들로 구성된다. 지구상의 모든 에너지들은 다양한 파장의 전자기적 구성성분으로 이루어진다. 파장들의 전체 영역은 전자기 스펙트럼(electromagnetic spectrum)이라고 하며, 스펙트럼 내 방사선들의 에너지는 그 파장과 반비례하여 달라진다. 가시광선 영역의 파장과 그보다 긴 파장들은 대부분의 유기분자들과 상호작용할 때 이롭게 작용한다. 그러나 가시광선보다 짧은 길이의 파장들은 더 에너지가 높으며, 유기분자들을 파괴할 수 있는 힘이 있다. 우리가 아는 것처럼, 퓨린과 피리미딘들은 260 nm쯤의 파장에서 가장 강하게 자외선파(ultra-violet radiation, UV radiation)를 흡수한다. 지구의 오존층이 위험한 형태의 UV파를 대부분 흡수해주기는 하지만, UV파는 거기에 노출된 세포에서 시간당 수천 개의 DNA 손상을 유발할 수 있는 정도로 우리 주위에 존재한다. DNA에 미치는 UV파의 주요 효과는 피리미딘 이합체(pyrimidine dimers) — 두 개의 동일한 피리미딘들로 이루어진 화학종 — 의 형성을 유발하는데, 특히 두 개의 티민 잔기로 이루어진 것이 생기게 한다. 이런 이합체들은 DNA 형태를 왜곡시키고 정상적인 복제를 방해한다. 결과적으로, 복제 시 DNA 염기서열 내에서 오류가 생기게 된다. UV-유도성 이합체화가 광범해질 경우, 세포들에 대한 자외선 방사로 인한 사멸효과의 원인이 되기도 한다.

이온화 방사선

위에 언급한 바와 같이, 전자기 스펙트럼 내에서 방사선의 에너지는 파장과 반비례한다. 따라서 X-선(X-ray)과 감마선(gamma ray), 그리고 우주선(cosmic ray) 등은 자외선보다 더 짧은 파장들을 가지며 따라서 에너지도 더 많다. 결과적으로, 이들은 조직 깊숙히 뚫고 들어와 부딪힌 분자들의 이온화를 유발시킨다. 그러므로 이런 형태의 방사선을 이온화 방사선(ionizing radiation)이라고 부른다.

X-선이 세포를 관통함에 따라, 안정된 분자들과 원자들이 자유 라디칼(free radical) — 짝을 이루지 못한 전자를 하나 이상 포함한 화학종들 — 로 변한다. 자유 라디칼들은 직, 간접적으로 유전 물질에 영향을 주어 DNA 내의 퓨린과 피리미딘을 변화시키고, 인산이에스테르 결합을 파괴하며, 염색체의 온전함을 망가뜨릴 뿐 아니라, 결실, 전좌, 그리고 염색체 절단 같은 다양한 염색체 이상을 유발한다. 연구에 따르면 이온화 방사선의 양과 돌연변이율 사이의 관계가 비례적임을 보여준다. 양이 2배로 증가하면, 유도된 돌연변이의 수도 2배가 된다.

5.4 단일 유전자 돌연변이

인간에서, 대부분의 유전병들은 여러 유전자들에서의 변이에 의해 생기는 다인자성(polygenic)이지만, 약 20,000개의 인간 유전자들 중 하나에서 단 한 개가 염기쌍 변화를 일으키는 경우에도 심각한 유전성 질병으로 발전할 수 있다. 이런 단인자성(monogenic) 질병들은 여러 가지 형태의 단일 유전자 돌연변이에 의해 발생할 수 있다. 인간 유전자들, 돌연변이들 그리고 질병들에 관한 종합적 데이터베이스는 '인간의 멘델형 유전에 관한 온라인 데이터베이스(Online Mendelian Inheritance in Man database, OMIM database)'에서 사용할 수 있다. 2022년 현재 OMIM 데이터베이스는 분자적 기작이 알려져 있는 4,500종 이상의 인간 표현형들이 등재되어 있다.

유전학자들은 인간에서 질병을 유발하는 돌연변이들의 약 30%가 무의미 돌연변이(nonsense mutation)들을 만드는 단일 염기쌍 변화라고 추정한다. 이 돌연변이들은 조기 종결을 일으키는 단백질 산물을 만들도록 할 뿐 아니라 mRNA가 빠르게 분해되도록 한다. 더 많은 돌연변이들은 단백질의 아미노산 서열을 바꾸는 과오 돌연변이(missense mutation)들과, 단백질 서열을 바꾸고 내부에 무의미 코돈들을 만드는 틀이동 돌연변이(frame shift mutation)들이다. 또 다른 흔한 질병-관련 돌연변이들은 유전자 프로모터, mRNA 스플라이싱 신호에 관련된 서열들과, 기타 전사나 RNA 공정, 그리고 mRNA 및 단백질의 안정성에 영향을 미치는 비암호화 서열들에 관한 것이다. 최근의 한 연구는 인간의 유전병을 일으키는 모든 점돌연변이 중 15% 정도가 비정상적 mRNA 스플라이싱을 일으킨다는 것을 보여주었다. 이 스플라이싱 돌연변이들 중 대략 85%가 59와 39의 스플라이스 신호들을 변형시킨다. 나머지는 유전자 내에 새로운 스플라이스 자리를 만드는 것이었다. 스플라이싱 결함은 종종 비정상적 mRNA가 분해되거나 비정상적 단백질 산물이 생기는 결과를 낳는다.

또 다른 형태의 단일-유전자 돌연변이는 세 뉴클레오타이드 반복서열들(trinucleotide repeat sequences)의 확장에 의해 생기는 것으로, 이 서열들은 특이한 짧은 DNA 서열들이 매우 여러 번 반복된다. 정상인들은 이 서열들이 낮은 수로 반복된다; 그러나 20가지 이상의 인간 질병들에서, 환자들은 비정상적으로 많은 수의 반복서열들을 가지는 것으로 드러나는데, 일부 경우에는 특정 유전자 내부나 그 근처에서 200번 이상 나타난다.

세 뉴클레오타이드 반복서열 확장과 관련된 질병의 예로서, 취약-X 증후군(fragile-X syndrome, 근긴장성 이영양증(myotonic dystrophy), 그리고 헌팅턴병(Huntington disease)을 들 수 있다. (CAG)n 같은 세 뉴클레오타이드가 암호화 영역 내에서 반복되면, 기다란 글루타민 트랙으로 번역될 수 있다. 이 글루타민 트랙은 단백질의 비정상적 응집을 유발할 수 있다. 반복서열들이 암호화 영역 밖이지만 mRNA에 있을 경우에는, 그 mRNA들이 중요한 조절 단백질들과 결합하여 그들을 없애므로 정상적인 세포 내 기능을 못하도록 하기 때문에 독성 RNA로 작용하는 것으로 생각된다. 기다란 세 뉴클레오타이드 반복서열의 또 다른 결과로는, 그 반복서열을 포함하고 있는 DNA 영역이 비정상적으로 메틸화되어 유전자의 전사가 사라지게 되는(silencing) 현상이 일어날 수 있다. 반복된 서열들이 세대를 거치면서 확장되는 기작은 매우 흥미롭다. DNA 복제 혹은 DNA 수리 과정 중의 실수에 의해 확장이 발생할 수 있는 것으로 생각된다. 원인이 무엇이든, 이런 짧고 불안정한 반복서열들은 인간 및 다른 여러 생물들에 널리 퍼져 있는 것으로 보인다.

5.5 DNA 수리 시스템

생체 시스템은 자연발생적인 DNA 손상이나 유도된 DNA 손상에 대항하는 다양하고 정교한 수리 시스템을 진화시켜왔다. 이런 DNA 수리(DNA repair) 시스템은 생체의 유전적 통일성을 유지하고, 지구상에서 생물체가 생존하도록 하는 데 필수적이다. 돌연변이와 수리 사이의 균형은 각 유전자들과 생물체들에서의 관찰된 돌연변이율로 나타난다. 더하여, DNA 수리 체계는 인간에서 유전병이나 암을 일으킬 수도 있는 유전적 손상을 교정한다. 유전적 손상을 중화시키는 데 생체가 사용하는 주요 방법들에 초점을 맞춰 DNA 수리 시스템 몇 가지에 대해 살펴보자.

교정과 미스매치의 수리

가장 흔한 형태의 돌연변이들은 DNA 복제 시에 DNA 중합효소가 잘못된 뉴클레오타이드를 삽입시킬 때 발생한다. 세균에서의 주요 DNA 합성효소(DNA 중합효소 III)는 매 100,000번의 뉴클레오타이드 삽입 시마다 1번의 실수를 일으키므로, 오류율은 10^{-5}이다. 다행스럽게도, 이 효소는 각 단계를 교정

(proof-reading)함으로써 그러한 오류를 99%까지 바로잡는다. 중합과정 중에 잘못된 뉴클레오타이드가 삽입되면, 그 효소는 오류를 인식하고 '거꾸로' 방향을 돌린다. 이제 3′→5′ 방향의 엑소뉴클레아제로 행동하여 잘못된 뉴클레오타이드를 잘라내고 맞는 것으로 대체한다. 세균 시스템에서 교정과정은 DNA 합성 복제의 효율성을 두 자릿수 이상 증가시켜 $1/10^7$의 미스매치만 만들며, 최종적으로 DNA 복제 직후 미스매치는 10^7번의 삽입당 한 번꼴인 10^{-7} 정도로만 발생한다.

교정 이후에도 남아 있는 염기-염기 미스매치들, 작은 삽입들, 그리고 결실 등의 실수들에 대처하기 위해 미스매치 수리기구(mismatch repair)라는 또 다른 기작이 활성화될 수 있다. 미스매치 수리 중에 미스매치가 추적되면, 부적당한 뉴클레오타이드들은 제거되고 그 자리가 올바른 것으로 대체된다. 그러나 어떻게 수리 시스템이 두 가닥 중 어느 것이 올바른 것(복제 중의 주형)이며, 어떤 가닥이 미스매치 염기를 포함한 것(새로 합성된 가닥)인지 구별할 수 있을까? 미스매치가 인식되었는데 어떠한 구별도 없다면, 절제가 무작위로 일어나 맞는 염기를 가진 가닥이 잘려져 나갈 가능성이 50%나 된다. 그러므로 수리 효소에 의한 가닥 분별은 상당히 중요한 과정이다.

적어도 대장균을 포함한 몇몇 종의 세균에서 이 분별 과정이 밝혀져 있으며 DNA 메틸화(DNA methylation)에 기초한다. 이 세균들은 아데닌 메틸화 효소(adenine methylase)를 가지고 있으며 이들은 DNA 복제 중에 기질로 다음과 같은 DNA 서열을 인식하여 아데닌들에 메틸 그룹을 첨가한다.

복제 후 새로이 합성된 DNA 가닥은 당분간은 메틸화되지 않은 상태인데, 아데닌 메틸화효소가 중합효소보다 뒤처져 있기 때문이다. 메틸화에 앞서 수리 효소가 미스매치를 인식하고 메틸화되지 않은(새로 합성된) DNA 가닥에 결합한다. 엔도뉴클레아제(endonuclease) 효소가 메틸화되지 않은 가닥 내 미스매치의 3′쪽이나 5′쪽에 절단(nick)을 만든다. 엑소뉴클라아제(exonuclease)가 절단된 DNA 가닥을 풀면서 미스매치에 도달할 때까지 분해한다. 마지막으로, DNA 중합효소는 올바른 DNA 가닥을 주형으로 사용하여 엑소뉴클라아제에 의해 생긴 틈(gap)을 채운다. DNA 연결효소가 마지막 틈을 연결한다.

엑소뉴클레아제, DNA 중합효소 III, 그리고 라이게이즈뿐만 아니라, 일련의 대장균 유전자 산물들인, MutH, MutL, 그리고 MutS가 이 미스매치 수리에 관여한다. MutH, MutL, and MutS 유전자들에서의 돌연변이들은 미스매치 수리에 있어 결함을 가지는 균주를 만든다. 대장균에는 앞서 설명한 이러한 기작들이 있지만, 효모와 포유동물에도 상동 단백질들을 포함하는 비슷한 기작이 존재한다.

인간에서는, DNA 미스매치 수리 단백질들(hMSH2와 hMLH1 같은 것들로, 대장균의 MutS와 MutL의 인간형 대응체들이다)에서의 돌연변이가 유전성 비폴립성 대장암과 관련되어 있다. 미스매치 수리의 결함들은 백혈병이나 림프종, 난소와 전립선암, 그리고 자궁내막암 같은 다른 암들에서도 흔히 발견된다. 이런 암들에서 기원한 세포들은 자연돌연변이율이 유전체 수준에서 증가되어 있음을 보인다. 결손된 미스매치 수리와 암 사이의 연관성은 생쥐 실험에 의해서도 지지된다. 미스매치 수리 유전자들에 결함을 가지도록 조작된 생쥐들은 많은 수의 돌연변이들을 축적시키며 암이 발생하기 쉬운 상태가 된다.

복제 후 수리와 SOS 수리 시스템

또 다른 DNA 수리 체계는 복제 후 수리(postreplication repair)라고 불리는 것으로, 손상된 DNA가 수리기구에서 빠져나가 제대로 복제되지 못했을 때 반응한다. 일부 손상 부분(피리미딘 이합체 같은)을 가진 DNA가 복제될 때, DNA 중합효소는 손상 부분에서 멈추었다가 그곳을 건너뛰어 새로 합성된 가닥에 복제되지 않은 틈을 남길 수 있다. 이런 틈을 교정하기 위해 RecA 단백질은 같은 극성의 비손상 부모가닥(-공여 - 가닥)에서 해당 부분과의 재조합 교환 과정을 지시한다. 공여가닥 DNA의 비손상 분절은 틈이 생겼던 분절을 대체하게 되고 공여가닥에 틈이 생기게 된다. 이 틈은 복제가 진행됨에 따라 수리 합성에 의해 채워질 수 있다. 이런 형태의 DNA 수리에는 재조합 사건이 관여하기 때문에, 복제 후 수리는 좀 더 일반화하여 상동성 재조합 수리(homologous recombination repair)의 한 형태로 간주된다.

SOS 수리기구(SOS repair system)라고 불리는, 대장균에서의 또 다른 수리경로가 존재하는데 이 역시 손상된 DNA에 반응하는 완전히 다른 경로이다. 복제 중에 많은 수의 미스매치나 틈들이 존재하면, 세균은 약 20가지의 유전자들(lexA, recA, 그리고 uvr 등을 포함하는)의 발현을 유도하는데, 이 산물들은 이런 형태의 손상들이 있어도 DNA 복제가 그냥 일어나도록 한다. 이런 형태의 수리는 DNA 손상에 대한 최후 수단이기 때문에, SOS 수리라고 불린다. SOS 수리 중에는, 정상적이라면 DNA 복제가 멈추어 있어야 할 자리에 무작위로 맞지 않을 수도 있는 뉴클레오타이드를 삽입함으로써 실수하는 경향(error prone)을 나타낸다. 결과적으로, 비록 세포를 죽일 수도 있었을 DNA 손상으로부터 살아남게 할 수 있을지는 몰라도, SOS는 그 자체로 돌연변이성(mutagenic)이다.

광재활성화 수리: UV로 인한 손상의 복구

자외선은 피리미딘 이합체를 형성하므로 돌연변이를 일으킨다. 자외선으로 유도된 대장균의 DNA 손상은, 세포를 잠깐 동안 가시광선 스펙트럼의 푸른색 파장에 노출시킴으로써 부분적으로 역전될 수 있다. 이 과정은 광재활성화 효소(photoreactivation enzyme, PRE)로 불리는 단백질의 활성에 의존적이다. 이 효소의 작용 방식은 티민 이합체 사이의 결합을 끊는 것으로, DNA에 대한 UV의 효과를 직접적으로 역전시킨다. 이 효소가 어두운 상태에서 티민 이합체를 끊는 작용을 하지만, 이합체를 끊기 위해서는 빛의 광자를 흡수해야만 한다. 자외선에 의해 유도된 돌연변이를 감소시키는 능력에도 불구하고, 광재활성화 수리(photoreactivation repair)는 대장균에서 필수적이지 않은 것으로 보이는데, 그 이유는 PRE를 암호화하는 유전자의 영 돌연변이가 치사를 일으키지 않기 때문이다. 그럼에도 불구하고, 이 효소는 세균, 곰팡이, 식물, 그리고 일부 척추동물을 포함한 많은 생물들에서 발견되는데 사람에서는 발견되지 않았다. 그러므로 이 효소계가 결여되어 있는 인간이나 기타 진핵생물에서는 자외선 방사에 의한 효과를 없애주는 다른 수리기구에 의존해야만 한다.

염기 절제 수리와 뉴클레오타이드 절제 수리

빛과 관련이 없는 여러 DNA 수리 체계들이 모든 원핵생물들과 진핵생물들에 존재한다. 종합적으로 절제 수리(excision repair) 혹은 자르고 붙이기 기작(cut-and-paste mechanism)이라고 불리는 이런 형태의 수리의 기본적인 기전은 다음 3가지 단계로 구성된다.

1 단계: DNA 나선의 한 가닥에서 왜곡이나 실수가 인식되고 엔도뉴클레아제에 의해 효소적으로 잘려 나온다. 인산이에스테르 기둥에서의 이러한 절제(excision)는 보통 오류뿐 아니라 많은 수의 인접 뉴클레오타이드를 포함하여 발생하며, 나선의 한쪽 가닥에 틈을 남긴다.

2 단계: DNA 중합효소는 손상이 없는 상대 가닥을 복제 주형으로 사용하여 이에 상보적인 데옥시리보뉴클레오타이드를 끼워 넣음으로써 이 틈을 메운다. 효소는 잘려 나간 DNA의 자유 3′-OH 말단에 이 뉴클레오타이드들을 첨가한다. 대장균에서 이 과정은 DNA 중합효소 I에 의해 수행된다.

3 단계: DNA 라이게이즈가 마지막으로 삽입된 뉴클레오타이드의 말단 3′-OH에 남아 있는 절단(nick)을 붙여 틈을 닫아준다.

두 가지 형태의 절제 수리기구가 알려져 있다: 염기절제 수리와 뉴클레오타이드 절제 수리이다. 염기절제 수리(base excision repair, BER)는 손상된 DNA 염기를 포함하고 있는 DNA를 교정한다. 대장균에서 BER 경로의 첫 번째 단계는 DNA 글리코실화 효소(DNA glycosylase)에 의해 변형된 염기들이 인식되는 과정이다. 여러 개의 DNA 글리코실화 효소들이 존재하며, 각각 특정 염기들을 인식한다. 예를 들어, 우라실-DNA 글리코실화 효소는 DNA 상에서 우라실의 존재를 인식한다. DNA 글리코실화 효소들은 우선 염기와 당 사이의 글리코시드 결합을 끊어 피리미딘 결핍 부위 혹은 퓨린 결핍 부위(apyrimidinic or apurinic site, AP site)를 생성한다. 염기를 잃은 당은 AP 엔도뉴클레아제(AP endonuclease)라고 불리는 효소에 의해 인식된다. 이 엔도뉴클레아제는 AP 부위에서 인산이에스테르 골격을 자른다. 이후 엔도뉴클레아제들은 데옥시리보오스 당을 제거하며, 그 틈은 DNA 중합효소와 DNA 라이게이즈에 의해 채워진다.

비록 DNA 글리코실화 효소들에 대해서는 많은 것들이 대장균에서 알려진 것들이지만, 이런 체계는 효모에서 인간에 이르기까지 진핵생물에서도 추적된다. 실험적 증거들은 BER 활성에 결함이 있는 생쥐와 인간의 세포들이 감마선과 산화제들에 의한 사멸효과에 과도하게 민감하다는 것을 보여준다.

뉴클레오타이드 절제 수리(nucleotide excision repair, NER) 경로는 이중나선을 바꾸거나 왜곡시키는 DNA의 큰(bulky) 손상을 수리한다. 이런 손상들은 UV-유도성 피리미딘 이합체와, 앞서 논의했던 DNA 부착물들을 포함한다.

NER 경로는 폴 하워드-플랜더스(Paul Howard-Flanders)와 동료들에 의해 대장균에서 최초로 발견되었다. 이들은 자외선에 민감성을 나타내는 몇 가지 돌연변이들을 분리했다. 한 그룹의 유전자들은 uvr(UV repair)로 명명되었는데, uvrA, uvrB, uvrC 돌연변이들을 포함하고 있었다. NER 경로에서 uvr 유전자 산물들은 DNA 내의 손상을 인식하고 잘라내는 데 관여한다. 보통, 매우 특정한 수의 뉴클레오타이드들이 손상의 양쪽 근처에서 잘려 나간다. 대장균에서는 손상부를 포함한 총 13 뉴클레오타이드가 제거된다. 이 수리는 BER에서 일어나는 방식과 유사하게, DNA 중합효소 I과 DNA 라이게이즈에 의해 완성된다. 손상 부위 맞은편의 비손상 가닥은 복제의 주형으로 사용되어 수리 합성이 일어나도록 한다.

뉴클레오타이드 절제 수리와 인간에서의 색소성 건피증

진핵생물에서의 NER 기작은 원핵생물의 것보다 훨씬 복잡하며, 약 30개의 유전자들에서 암호화되는 더 많은 단백질들이 관여한다. 사람에서 이 기구에 대하여 알려진 많은 부분이 색소성 건피증(xeroderma pigmentosum, XP)이라고 하는 개인들을 자세히 연구함으로써 얻어진 것이다. 이것은 희귀한 열성 유전 질환으로, 심각한 피부 이상, 피부암, 그리고 발달 장애 및 신경계 장애를 포함한 여러 증후군들의 발생 위험을 높인다. XP 환자들은 태양광의 UV에 극단적으로 민감하다. 게다가, 그들은 일반 집단에서보다 특히 피부암의 발생률이 2000배나 높다. 조기 진단과 태양광으로부터의 보호가 발병을 막을 수 있다고는 해도, 질병이 위중하여 치사를 일으킬 수도 있다.

XP 환자와 정상인들로부터 나온 인간의 섬유아세포 배양에서 자외선에 의해 유도된 손상의 수리가 조사되었다(섬유아세포는 미분화된 결합조직 세포들이다). 이 연구의 결과는 XP 표현형이 NER 경로들에서의 결함에 의한 것이며, 하나 이상의 돌연변이들에 의해 생기는 것임을 시사한다.

1968년에 제임스 클리버(James Cleaver)는 XP 환자들의 세포가 염색체 복제 중에 일어나는 DNA 합성이 아닌 경우의 DNA 합성을 일컫는 비예약 DNA 합성(unscheduled DNA synthesis)이 결여되어 있음을 보여주었다. 비예약 DNA 합성은 정상세포에서는 UV 조사에 의해 촉발된다. 이런 형태의 수리는 NER 중의 DNA 중합효소 활성을 나타내는 것으로 생각되므로, XP 환자들에서의 비예약 DNA 합성 결핍은 XP가 NER 결함일 수 있음을 시사하는 것이었다.

NER 및 XP와 여러 유전자들의 연관성은 체세포 혼성화(somatic cell hybridization)를 이용한 연구들에 의해 더 조사되었다. 연관관계가 없는 두 명의 XP 환자들로부터 얻은 섬유아세포들이, 조직 배양으로부터 키워질 때 서로 융합되어 이핵세포를 형성할 수 있다. 이핵세포(heterokaryon)란 서로 다른 생물로부터 온 두 개의 핵이 공통의 세포질을 가지는 것이다. 이핵세포의 NER은 비예약 DNA 합성 수준으로 측정할 수 있다. 만약 두 XP 세포들 각각의 돌연변이가 같은 유전자에서 발생한 것이었다면, 그 이핵세포는 융합에 사용된 세포들과 마찬가지로 NER을 일으킬 수 없다. 이것은 이핵체 세포에 관련 유전자의 정상 사본이 존재하지 않기 때문이다. 그러나 만약 이핵세포에서 NER이 일어난다면, 두 XP 세포들에서의 돌연변이들은 서로 다른 두 유전자들에 존재하는 것임이 틀림없을 것이다. 그러므로 그 두 돌연변이체들은 상보성(complementation)을 나타낸다고 한다. 상보성은 이핵세포가 융합된 세포의 각 유전자에 대해 적어도 하나의 정상 사본을 가지기 때문에 발생한다. 많은 수의 XP 환자들로부터 얻은 XP 세포들을 융합시킴으로써, 연구자들은 XP 표현형에 얼마나 많은 유전자들이 기여하는지를 결정할 수 있었다.

여러 연구들에 따르면, XP 환자들은 7개의 상보성 그룹(complementation group)들로 나뉘는데, 이는 적어도 7개의 서로 다른 유전자가 인간에서의 절제 수리에 관여함을 시사한다. XPA에서 XPG까지 이 일곱 유전자들(Xeroderma Pigmentosum 유전자 A부터 G까지)은 이제는 규명이 되었고, 효모에서 각 유전자의 상동체가 발견되었다. XP 환자들의 약 20%는 이 7그룹 어디에도 속하지 않는다. 이 환자들 대부분에서, 세포들은 DNA 중합효소 h를 암호화하는 유전자에 돌연변이들을 가지며, 수리 DNA 합성에 결함을 나타낸다.

XP의 결함 유전자에 대한 연구 결과, 정상 세포에서 어떻게 NER이 DNA 손상을 중화시키는지에 대해 많은 것을 알게 되었다. 인간에서의 첫 단계는 XPC, XPE, 그리고 XPA 유전자들에 의해 암호화되는 단백질들이 손상된 DNA를 인식하는 것이다. 이 단백질들은 이제 나머지 수리 단백질을 DNA 손상 부위로 불러들인다. XPB와 XPD 유전자들은 헬리케이즈들을 암호화하며 XPF와 XPG 유전자들은 뉴클레아제를 암호화한다. 이들과, 기타 다른 요소들을 포함하는 절제수리 복합체는 손상 부위를 포함하고 있는 DNA로부터 28개의 뉴클레오타이드 길이의 조각을 잘라낸다.

진핵생물에서의 이중가닥 절단 수리

지금까지 우리는 DNA의 한 가닥 내에 생긴 손상이나 오류와 관련한 수리 과정들을 살펴보았다. 이제는, 이온화 방사선 등에 대한 노출로 DNA 나선의 이중가닥이 끊어졌을 때 발생하는 수리기구를 살펴봄으로써 이 논의를 마치고자 한다. 이런 형태의 손상은 세포에 대단히 위험한 것으로, 염색체 재배열이나 암, 혹은 세포 사멸을 일으킨다. 이 절에서는 진핵세포에서의 이중가닥 절단에 대해 알아보도록 하자.

특수화된 형태의 DNA 수리인 - DNA 이중가닥 절단 수리(DNA double strand break repair, DSB repair) - 경로가 활성화되어 결국 두 DNA 조각의 재연결을 책임진다. 최근 들어 DNA의 DSB 수리기구에 대한 관심이 증가했는데, 그 이유는 이 경로의 결함이 X-선 과민성 및 면역 결핍과 연관되어 있기 때문이다. 그러한 결함은 가족성 소인을 가지며 유방암이나 난소암과도 관련되어 있다. 판코니 빈혈증(Fanconi anemia)과 모세혈관 확장성 운동실조증(ataxia telangiectasia) 같은 인간의 몇 가지 증후군들은 DSB 수리 결함 때문에 발생한다.

이중가닥 절단 수리에 관여하는 한 가지 경로는, 상동성 재조합 수리기구(homologous recombinational repair)이다. 이 과정의 첫 단계는 이중 절단을 인식하는 효소의 활성이 관여하는 것이고, 다음에 DNA 나선의 5′ 말단쪽이 거꾸로 잘려나가 3′ 말단에 단일가닥 말단이 남게 된다. 남은 한 가닥의 말단이 자매염색분체의 상동 서열 지역을 찾아 상동성 DNA 이중체 내로 끼어든다. 일단 배열되면, 3′의 단일가닥 말단에서 비손상 가닥을 주형으로 삼아 DNA 합성이 진행된다. 두 자매염색분체 간의 이러한 상호작용은 필수적인 것인데, 왜냐하면 한 나선의 두 가닥에 모두 절단이 일어나면, 수리 과정 중에 상보적 DNA 서열의 재료로 사용할 비손상 부모가닥이 없기 때문이다. DNA 수리 합성 후에는, 결과적으로 생긴 이형이중체(heteroduplex) 분자가 풀리고 두 염색분체들은 분리된다.

DSB 수리는 보통 세포 주기에서 DNA 복제 후, S기 후기나 G2기 초에 발생하는데, 염색분체들이 수리 주형으로 사용이 가능할 때이다. 비손상 주형이 수리 합성 중에 사용되기 때문에 상동성 재조합 수리는 매우 정확한 과정이다.

두 번째 경로는 비상동성 말단 결합(nonhomologous end joining)이라 불리는 것으로, 역시 이중가닥 절단을 수리한다. 그러나 이름이 의미하는 바와 같이, 수리 중에 상동적인 DNA 부분을 이용하지는 않는다. 이 시스템은 G1기, 즉 DNA 복제 전에 활성화된다. 말단 결합에는 여러 단백질들의 복합체가 관여하며, 여기에는 DNA-의존성 카이네이즈와 유방암 민감성 유전자 산물인 BRCA1이 포함되는 것 같다. 이를 포함하는 여러 단백질들은 잘려진 DNA의 자유 말단에 결합하여 끝을 다듬은 다음 다시 서로 붙인다. 이런 말단 결합 과정 중에 일부 뉴클레오타이드 서열이 손실되기 때문에, 이것은 실수하는 경향이 있는(error-prone) 수리 체계이다. 그리고 하나 이상의 염색체들이 이중가닥 절단을 일으키면, 잘못된 말단들이 서로 붙어서 앞서 논의했던 것과 같은 비정상적인 염색체 구조가 생길 수 있다.

5.6 에임즈 검사

피부를 통하거나, 소화기계를 통해, 혹은 호흡기관을 통해 인체에 들어오는 화학물질들의 잠재적인 돌연변이 유발성에 관한 우려가 크다. 걱정을 하게 만드는 합성 화학물질들의 예로는, 공기와 물의 오염물질들, 식품 보존제와 첨가물, 인공감미료, 제초제, 살충제, 그리고 약품들이 그러한 것들이다. 돌연변이 유발력(mutagenicity)은 초파리, 쥐, 그리고 배양된 포유동물 세포 등을 비롯하여 다양한 생물체들에서 검사될 수 있다. 그러나 가장 일반적인 검사법은 여기서 설명하려고 하는 세균을 사용하는 것이다.

에임즈 검사법(Ames test)은 여러 계통의 살모넬라 세균(*Salmonella typhimurium*)을 이용하는데, 이 세균들은 특정 형태의 돌연변이들을 드러낼 수 있는 능력 때문에 선택된 것들이다. 예를 들어, 일부 계통들은 염기쌍 치환들을 추적하는 데 사용되며, 다른 계통들은 다양한 틀 이동 돌연변이들을 추적하는 데 사용된다. 각 계통은 히스티딘 오페론 유전자들 중 하나에 돌연변이를 가지고 있다. 돌연변이 균주들은 히스티딘을 합성할 수 없으며(his^- 균주), 따라서 성장을 위해선 히스티딘을 요구한다. 평가는 그 돌연변이 유전자 내에서 발생한 역돌연변이로 인해 어느 정도나 야생형 세균(his^+ 역 돌연변이체)이 나타나는지를 측정함으로써 이루어진다. 이 살모넬라 균주들은 DNA 손상 수리에 관여하는 유전자들과, 세균을 감싸 외부 물질로부터 보호해 줄 수 있는 지질다당체(lipopolysaccharide) 장벽을 합성하는 데 관여하는 유전자들 모두에 돌연변이를 가지고 있기 때문에 돌연변이원에 대한 감수성이 증가되어 있다.

인체로 들어오는 많은 물질들이 보통은 간에서 대사를 통해 화학적으로 반응성 산물들이 되기까지는 비교적 무해하다. 그러므로 에임즈 검사법은 검사 화합물이 시험관 안에서 포유동물의 간 추출액과 함께 보존되는 단계를 포함한다. 혹은 검사화합물을 쥐에 주사하여 간 효소에 의한 변형을 유도한 다음 다시 회수하여 에임즈 검사에 사용하기도 한다.

1970년대에 에임즈 검사가 초기에 사용되었을 당시에 많은 수의 알려진 발암물질(carcinogen)들이 검사되었는데, 80% 이상이 강력한 돌연변이원인 것으로 드러났다. 이것은 놀랄 일이 아닌데, 세포를 암 상태로 형질 전환시키는 것은 돌연변이의 결과로 발생하는 것이기 때문이다. 예를 들어, 담배 연기에서 발견되는 60가지 이상의 화합물들은 에임즈 검사에 양성 반응을 나타내며 동물 실험에서 암을 유발한다. 물론 돌연변이원 양성반응이 이 화합물이 발암성임을 증명하는 것은 아닐지라도, 에임즈 검사법은 아주 유용한 초기 검사 기구로 사용될 수 있다. 이 검사법은 화학물질들이 산업적으로 개발되는 과정에서, 또 약물 화합물들을 개발하는 과정에서 널리 사용된다.

5.7 전이 인자

트랜스포존(transposon) 혹은 "도약 유전자(jumping gene)"라고도 알려져 있는 전이 인자(transposable element)들은, 유전체 내의 다양한 위치로 자신들을 삽입시켜 염색체 내에서나 염색체들 사이를 이동할 수 있다.

전이 인자들은 세균에서 인간에 이르기까지 모든 생물의 유전체 내에 존재한다. 도처에 존재할 뿐 아니라, 일부 진핵성 유전체의 상당 부분을 구성하고 있기도 하다. 예를 들어, 최근의 유전체 서열화 작업들은 인간 유전체의 거의 50%가 전이 인자들로부터 유래한 것임을 보여준다. 도롱뇽(salamander)이나 보리(barley)같이 유달리 커다란 유전체를 가지는 일부 생물들은, 여러 형태의 전이 인자들을 수십만 개나 포함하고 있다. 비록 이 인자들의 기능은 밝혀져 있지 않지만, 인간 유전체 서열화 작업으로 얻어진 자료들은 일부 유전자들이 전이 인자들로부터 진화했으며 이런 인자들의 존재는 유전체를 변형시키고 재구성하는 데 도움을 줄 수 있음을 시사한다. 전이 인자들은 또한 유전학 연구들에서도 귀한 도구가 되어 왔다. 유전학자들은 트랜스포존들을 돌연변이원으로, 클로닝 표지로, 그리고 외래 유전자를 모델 생물체에 도입하는 전달체로 사용한다.

이 절에서는, 자연적으로 존재하는 돌연변이원으로서의 전이 인자들을 논의할 것이다. 전이 인자들이 유전체의 한 장소에서 다른 장소로 이동하는 것은, 이중가닥 절단과 같은 염색체 손상뿐 아니라, 유전자를 망가뜨리고 돌연변이가 생기도록 한다.

삽입서열과 세균성 트랜스포존

세균에는 두 종류의 이동성 인자가 존재한다. 삽입서열과 세균성 트랜스포존들이다. 삽입서열(insertion sequence, IS element)들은 한 장소에서 다른 장소로 이동할 수 있으며, 이들이 유전자 내부나 유전자 조절 부위에 삽입되면 돌연변이를 일으키기도 한다.

IS 인자들은 대장균의 gal 오페론에서 돌연변이를 분석하던 중에 처음으로 발견되었다. 연구자들은 이 오페론에서의 어떤 돌연변이들이 오페론의 시작 부위로 삽입된 수백 염기쌍의 부가적 DNA 때문임을 발견했다. 놀랍게도, 이 돌연변이성 DNA 조각은 스스로 그 위치에서 잘려져 나와 gal 오페론의 야생형 기능을 회복시킬 수 있었다. 후속 연구는 몇 가지 다른 DNA 인자들도 비슷한 방식으로 행동할 수 있음을 보여주었는데, 이들은 세균 염색체 상에 끼어들어가 유전자 기능에 영향을 미친다.

IS 인자들은 비교적 짧아서 2,000 bp(2 kb)를 넘지 않는다. 대장균에서 밝혀진 최초의 삽입서열은 IS1으로, 약 800 bp 정도이다. IS2, IS3, IS4와 IS5 등 다른 IS 인자들은 약 1,250 bp ~ 1,400 bp 정도의 길이를 나타낸다. IS 인자들은 세균 염색체 상에 여러 번 존재한다. 예를 들어, 대장균 염색체는 IS1을 5~8

번, IS2와 IS3은 각각 5번을 포함하고 있는데, F 요소라고 불리는 플라스미드 상에도 IS 인자들이 존재한다.

모든 IS 인자들은 그들의 이동에 필수적인 두 가지 특징을 갖는다. 첫째, 그들은 전이효소(transposase)라는 효소 유전자를 포함한다. 이 효소는 염색체 DNA에 매끈하지 않은 절단을 만들고, 그 자리로 IS 인자가 끼어들어갈 수 있도록 한다. 둘째, IS 인자의 말단들에는 역 말단 반복서열(inverted terminal repeat, ITR)이 포함되어 있다. ITR들은 같은 뉴클레오타이드 서열이 방향만 반대로 되어 있는 짧은 DNA 조각이다.

세균성 트랜스포존인 Tn 인자(Tn element)는 IS 인자보다 크며, 이동과는 관계가 없는 단백질 암호화 유전자들을 포함한다. Tn10 같은 일부 Tn 인자들은, 반대 방향으로 놓인 두 개의 IS 인자들과 그 사이에 놓인 하나의 약물 저항성 유전자로 구성된다. 그 IS 인자들은 이 Tn 인자의 이동에 필수적인 전이효소를 암호화한다. Tn3 같은 다른 형태의 인자들은 말단에 좀 더 짧은 역반복서열을 가지며 가운데에 위치하는 전이효소 유전자로부터 자신의 전이효소를 암호화한다. IS 인자들처럼, Tn 인자들은 세균의 염색체와 플라스미드에서 이동이 가능하며, 이들이 유전자나 유전자 조절 부위로 삽입되었을 때 돌연변이를 유발할 수 있다.

Tn 인자들은 현재 관심의 대상인데, 그 이유는 이들이 세균성 플라스미드 상으로 다중의 약물 저항성을 도입할 수 있기 때문이다. R 요소(R factor)라고 불리는 이 플라스미드들은 중금속, 항생제, 그리고 기타 약물들에 대한 동시 저항성을 부여하는 여러 개의 Tn 인자들을 포함할 수 있다. 이 인자들은 플라스미드에서 세균의 염색체로 이동할 수 있으며 서로 다른 계통의 세균들에 다중의 약물 저항성을 퍼뜨릴 수 있다.

옥수수에서의 Ac-Ds 시스템

원핵생물에서 트랜스포존이 발견되기 약 20년 전, 바버라 맥클린톡(Barbara McClintock)은 옥수수에서 전이 인자들을 발견했다. 그녀는 두 종류의 돌연변이, Dissociation(Ds)과 Activator(Ac)의 행동을 분석함으로써 이들을 발견하게 되었는데, 이들은 배젖이나 호분층에서 발현된다. 그녀는 자신의 관찰과 옥수수 염색체들의 세포학적 연구를 연결시켰다. 처음, 맥클린톡은 Ds가 염색체 9번에 있다는 결정을 내렸다. 만약 Ac도 유전체 내에 존재하면, Ds는 염색체 상에서 자신의 위치 근방에서 절단을 유도했다. 이러한 절단이 발생과정 중의 체세포에서 발생하게 되면, 그 세포들의 자손들은 부러진 염색체의 일부를 종종 잃어버려 여러 가지 다양한 표현형 효과를 나타냈다.

계속된 분석으로 맥클린톡은 Ds와 Ac 인자들이 가끔 다른 염색체로 이동한다고 생각하게 되었다. Ds는 Ac가 존재할 때에만 이동하는 데 반해, Ac는 스스로 이동할 수 있었다. Ds가 위치하게 된 자리에서 유전적인 효과가 결정되었다. Ds가 유전자 돌연변이를 일으켰던 세포에서 Ds가 다시 이동할 수도 있는데, 그러면 그 유전자 돌연변이는 야생형으로 회복될 수도 있었다.

원래 관찰에서 맥클린톡은 Ds 인자가 9번 염색체에서 뛰어나온 세포에서 색소 합성이 회복되었다. 그녀는 Ds와 Ac 유전자가 전이성 조절 인자들(transposable controlling elements)이라고 결론지었다. 우리는 이제 이들을 일반적으로 전이 인자들이라고 부르는데, 이 용어는 또 다른 위대한 옥수수 유전학자였던 알렉산더 브링크(Alexander Brink)에 의해 붙여진 것이다.

이제는 여러 Ac와 Ds 인자들이 분리되어 신중히 분석되어, 두 인자의 관계가 밝혀졌다. 처음에 연구된 Ds 인자(Ds9)는 전이효소 유전자에 194 bp가 결실되어 있는 것을 제외하면 Ac 서열과 거의 동일한 구조를 가진다. Ds9에서의 이러한 결실은, 왜 이 인자가 이동할 때 Ac 인자에 의존하는지를 설명해 준다. 다른 몇 가지 Ds 인자들에 대한 서열화로 이들이 각각 전이효소 내부에 더 큰 결실들을 포함하고 있음이 밝혀졌다. 그러나 모든 경우에서 ITR들은 유지된다.

비록 맥클린톡이 보고했던 이동성 조절 인자들의 중요성은 그녀의 첫 관찰 직후에는 온전히 평가받지 못했었지만, 이후 분자적인 분석들은 그녀의 결론을 확인시켜주었다. 그녀는 1983년에 노벨생리의학상을 수상했다.

초파리에서의 Copia와 P 인자들

초파리에는 30가지 이상의 전이 인자들이 존재하며 그들은 유전체에 각각 20~50번까지 반복적으로 존재한다. 모두 합하면, 이런 종류의 인자들은 초파리 유전체의 약 5%를 구성하며 이 생물의 중간 반복성 DNA 중 절반 이상을 차지한다. 한 연구에 따르면, 초파리에서 관찰 가능한 돌연변이들의 50%가 야생형 유전자에 트랜스포존들이 삽입되어 생긴 결과라고 한다.

1975년 데이빗 호그니스(David Hogness)와 동료들이었던 데이빗 피니간(David Finnegan), 제럴드 루빈(Gerald Rubin), 그리고 마이클 영(Michael Young) 등은 초파리(*Drosophila melanogaster*)에서 일단의 DNA 인자들을 분리하여 copia라고 명명하였다. 이 유전자들은 - 막대한(copious) - 양의 RNA를 만들어낸다(그래서 이름이 붙여졌다). Copia 인자들은 초파리 세포의 유전체들에 10~100개의 사본으로 존재한다. 유전자 지도 작성 연구들은 이들이 서로 다른 염색체 위치로 이동할 수 있으며 유전체 전체에 흩어져 있음을 보여준다.

각 copia 인자들은 약 5,000~8,000 bp의 DNA 서열로 구성되며 양 끝에 267 bp의 긴 정 말단 반복(direct terminal repeat, DTR)서열을 포함한다. 각 DTR 내에는 17 bp 길이의 역 말단 반복서열이 존재한다.

Copia의 삽입은 ITR 서열에 의존적이며, 유전체 내의 특정 표적 부위에서 더 잘 발생하는 것으로 보인다. 이 copia형 인자들(copia-like elements)은 염색체 내의 삽입지점에서 조절 효과를 나타낸다. 눈 색과 체절 형성에 영향을 미치는 것을 포함하여, copia 삽입에 의해 돌연변이가 발생하기도 한다. 예를 들어, 눈 색 돌연변이인 white-apricot는 copia가 삽입된 white 유전자의 대립유전자이다. Copia 인자가 white-apricot 대립유전자에서 빠져나오면 이 대립유전자는 야생형으로 회복될 수 있다.

아마도 가장 중요한 초파리 전이 인자들은 P 인자(P element)들일 것이다. 이들은 잡종 퇴화(hybrid dysgenesis) 현상을 연구하던 중에 발견된 것으로, 이 현상은 특정 계통의 초파리들 사이에서 생긴 자손들이 불임성, 증가된 돌연변이율, 그리고 염색체 재조합 등을 나타내는 것이 특징이다. 잡종 퇴화는 생식세포에서 P 인자들이 높은 빈도로 이동하기 때문에 발행하는 것인데, 여기서 이 이동성 DNA 인자들은 그 자신을 근처의 다른 유전자에 삽입시켜 돌연변이를 유발한다. P 인자들은 31 bp의 ITR들을 가진 0.5~2.9 kb 길이의 DNA이다. 완전한 크기의 P 인자는 적어도 두 개의 단백질을 암호화하며, 그 중 하나는 그들의 이동에 요구되는 전이효소이고, 다른 하나는 이동을 방해하는 억제 단백질이다. 전이효소 유전자는 생식세포에서만 발현되는데, 이것이 P 인자 이동의 조직 특이성을 설명해 준다. 완전한 크기의 P 인자들을 유전체에 포함하고 있는 초파리 계통들은 P 인자에 의해 암호화되는 억제 단백질로 인해 더 이상 P 인자가 이동하지 않도록 한다.

돌연변이들은 여러 가지 종류의 삽입 사건들에 의해 일어난다. P 인자가 어떤 유전자 내의 암호서열에 삽입되었다면, 그것은 해당 유전자의 전사를 막고 정상적인 유전자 발현을 파괴할 수 있다. 또 만약 유전자의 프로모터 부위에 삽입된다면, 그 유전자의 발현 수준에 영향을 미칠 수 있다. 인트론에 삽입되는 경우 스플라이싱에 영향을 미치거나 전사의 조기 종결을 유도할 수도 있다.

유전학자들은 P 인자를 유전적 분석의 도구로 사용해왔다. 가장 유용한 응용 중 하나는 P 인자를 벡터로 사용하여 외부 유전자를 초파리에 도입하는 것이다. 이러한 기술은 생식세포 형질전환(germ-line transformation)이라고 알려져 있다. P 인자들은 돌연변이를 만들고 돌연변이 유전자를 분리해내는 데에도 사용된다. 그리고 연구자들은 단일 염색체 부위로 정확하게 P 인자가 삽입될 수 있도록 방법을 개선하여 유전자 활성의 분석을 위한 생식세포 형질전환의 정확성을 높이고 있다.

사람의 전이 인자

인간의 유전체도 다른 진핵생물들과 마찬가지로, 트랜스포존에서 유래한 알 수 없는 DNA들로 가득 차 있다. 최근의 유전체 서열화 자료는 인간 유전체의 약 절반이 전이 인자 DNA로 구성된다는 것을 보여준다. 인간의 트랜스포존 중 중요한 패밀리들은 긴 산재 요소(long interspersed element, LINE)들과 짧은 산재 요소(short interspersed element, SINE)들이다. 모두 합하면, 이들은 인간 유전체의 약 30% 이상을 차지한다.

비록 대부분의 인간 트랜스포존들이 불활성인 것으로 보이지만, 이 인자들의 잠재적 이동성과 돌연변이 생성 효과는 움직여서 잡힌(caught in the act) 최근의 전이 인자 사례에서 볼 수 있는 것처럼 인간 유전학에 광범위한 중요성을 가진다. 그 사례는 혈우병을 가진 소년에 관한 것이다. 혈우병의 한 가지 원인은 사람의 X-연관 유전자 산물인 혈액 응고 요소 VIII 결핍에 의한 것이다. 헤이그 카자지안(Haig Kazazian)과 그의 동료들은 그 유전자의 두 지점에 삽입되어 있는 LINE들을 발견했다. 연구자들은 엄마의 두 X 염색체 중 하나가 이러한 LINE을 포함하는지에 대해 매우 궁금해 했다. 만약 그렇다면, 병이 없는 엄마는 이형접합성일 것이고, LINE을 포함하는 염색체를 아들에게 물려주었을 것이다. 놀랍게도, 이 LINE 서열은 그녀의 어떤 X에도 존재하지 않았으며, 양쪽 부모의 염색체 22번에서 추적되었다. 이는 이 이동성 인자가 아들에게 유전되기 이전에 엄마의 생식세포 형성 시 한 염색체에서 다른 염색체로 이동했을 것임을 시사한다.

인간의 dystrophin 유전자 내로 삽입된 LINE은 적어도 두 가지 독립된 형태의 뒤센 근이영양증(Duchenne muscular dystrophy)을 일으킨다. 한 가지 예는, 하나의 트랜스포존이 48번 엑손에 삽입된 것이고, 다른 하나는 44번 엑손에 삽입된 것이다. 둘 다 틀 이동 돌연변이를 일으키고 디스트로핀 단백질 번역의 조기 종결을 유발한다. 또한 APC 유전자와 c-myc 유전자에 LINE이 삽입되어 일으킨 돌연변이가 일부 대장암과 유방암의 발생에 기여한다는 보고도 있다. 후자의 경우에서, 인자의 이동은 일부 체세포에서 발생한 것이었다. 2012년 현재, 연구자들은 적어도 25건의 LINE 인자 삽입이 단일 유전자에 의한 인간의 질병을 일으켰을 것으로 보고 있다.

SINE 삽입 역시 인간에서 30가지 이상의 질병들을 일으킨다. 한 가지 경우는 BRCA2 유전자에 삽입된 Alu 인자(Alu element)로, 이 종양억제 유전자를 불활성화시켜 가족성 유방암을 발생시킨다. Alu 통합에 의해 돌연변이화되는 다른 유전자들은 인자 IX 유전자(B형 혈우병을 일으킴), ChE 유전자(콜린에스터레이즈 결핍증을 일으킴), 그리고 NF1 유전자(신경섬유종을 일으킴) 등이다.

트랜스포존, 돌연변이, 그리고 진화

트랜스포존들은 유전자에 여러 가지 영향을 미친다. 유전자의 암호화 영역에 삽입된 트랜스포존은 그 유전자의 정상적인 번역틀을 파괴하거나 유전자에서 전사된 mRNA가 번역될 때 조기 종결을 유발할 수 있다. 많은 전이 인자들이 자신의 프로모터와 인핸서, 그리고 스플라이싱 자리와 폴리아데닐화 신호를 포함한다. 이런 조절 서열들의 존재는 근처 유전자들에 영향을 미칠 수 있다. 폴리아데닐화 신호나 전사 종결 신호를 가진 전이 인자가 유전자의 인트론에 삽입되면 그 유전자의 전사가 그 인자 내에서 멈추게 된다. 그리고 그 유전자로부터 전사된 RNA의 비정상적 스플라이싱을 유발할 수도 있다. 트랜스포존이 어떤 유전자의 조절 영역 내에 삽입되면 트랜스포존 자체의 프로모터나 인핸서 서열 때문에 그 유전자의 정상적 조절을 파괴하거나 다르게 발현되도록 할 수도 있다. 한 유전체에서 동일한 트랜스포존들이 두 곳 이상 존재하게 되면 이 트랜스포존들 간의 재조합 가능성이 생기는데, 이로써 중복이나 결실, 역위, 혹은 염색체 전좌가 발생할 수 있다. 이런 재배열들 중 어느 것이라도 표현형 변화나 질병을 일으킬 수 있다.

인간에서 추적 가능한 돌연변이들의 0.2%는 전이 인자의 삽입 때문으로 보인다. 다른 생물들은 전이에 따른 손상을 더 많이 겪는 것으로 나타난다. 쥐에서는 새로운 돌연변이 중 10%가, 그리고 초파리에서는 50%가 근처 유전자에 삽입된 전이 인자들에 기인한다.

유전자와 염색체를 변화시키는 능력 때문에, 트랜스포존들은 진화의 재료가 되는 다양성에 기여한다. 예를 들어, 세균의 Tn 인자들은 생물들 사이에서 항생제 저항성을 운반함으로써 특정 조건에서 세균의 생존에 이점을 제공한다. 트랜스포존이 진화에 기여하는 또 다른 예로는 초파리의 텔로미어를 들 수 있다. 초파리 염색체들의 말단에는 LINE형 인자들이 존재하며, 이 인자들은 텔로미어로 행동함으로써 연속적인 세포분열 동안 초파리 염색체의 길이가 유지되도록 한다. 진화된 트랜스포존의 다른 예들로는 인간에서의 RAG1과 RAG2를 들 수 있다. 이 유전자들은 면역계의 발달에 필수적인 재조합효소(recombinase)를 암호화한다. 이 두 유전자는 트랜스포존들로부터 진화된 것으로 보인다.

트랜스포존들은 또한 숙주가 후에 보유하게 된 방식으로 유전자 발현을 바꿈으로써 유전자의 진화에 영향을 미칠 수도 있다. 예를 들어, 인간의 아밀레이즈(amylase) 유전자는 귀밑샘에서 발현되도록 하는 인핸서를 하나 포함한다. 이 인핸서는 영장류 진화의 초기에 유전자 조절 영역에 삽입되었던 트랜스포존으로부터 진화했다. 트랜스포존 서열들에 의해 영향을 받은 유전자 발현 패턴의 예들로는, CD8 유전자의 T-세포 특이적 발현과 렙틴(leptin) 유전자 및CYP19 유전자의 태반 특이적 발현을 들 수 있다.

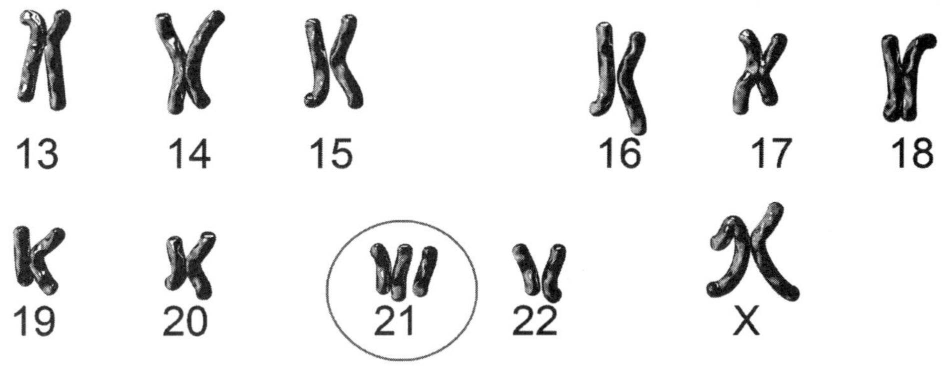

6장

염색체 돌연변이

이 장에서는 개개 유전자의 변이보다는 좀 더 큰 범위의 변화, 즉 염색체 수준에서의 변화에 기인하는 표현형 변화를 살펴보려고 한다. 비록 대부분의 이배수체 생물들은 정확하게 두 세트의 염색체들만을 가지지만 이러한 패턴에서 벗어나는 많은 경우가 알려져 있다. 이러한 변형들은 염색체의 총수가 변한다든가, 염색체상의 유전자 혹은 조각 일부가 결실, 혹은 중복되거나, 염색체 내에서 혹은 염색체 사이에서 유전물질의 재배열이 일어나는 경우이다. 모든 것을 고려하여 그러한 변화들을 염색체 돌연변이(chromosome mutations) 혹은 염색체 이상(chromosome abberations)이라고 부르며, 유전자 돌연변이와 구별한다.

염색체는 멘델의 유전법칙을 따르는 유전적 전달 단위이므로, 염색체 이상들은 예측 가능한 방식으로 자손에게 전달되어 독특한 유전적 결과를 만든다. 생물체의 유전 요소는 아주 미묘하게 균형 잡혀 있기 때문에, 내용상 혹은 유전정보의 위치가 유전체 내에서 아주 미소하게 변화했다고 하더라도, 표현형적 변이 형태를 만들어낼 수 있다. 좀 더 큰 변화는 치명적이기도 해서 동물을 죽일 수도 있다. 이 장 전반에 걸쳐 이러한 염색체 이상을 살펴보고, 이러한 이상을 가지는 생물체들의 표현형적 결과와, 이러한 개체의 자손에서 그 이상이 어떠한 영향을 미치는지에 대해서도 알아보자. 또한 진화과정에서의 염색체 이상의 역할에 대해서도 설명할 것이다.

6.1 염색체 숫자에서의 변이

염색체의 수적 변화는 한두 개의 염색체가 추가되거나 소실되는 것에서부터 염색체의 반수체 세트가 추가되는 것까지 다양하다. 우리 논의를 시작하기에 앞서 그러한 변화들을 설명하는 용어들을 분명히 할 필요가 있다. 가장 일반적으로 알려진 이상은 이수성(aneuploidy)으로, 생물체가 염색체를 하나 혹은 그 이상을 얻거나 잃어서 완전한 세트를 형성하지 못한 경우이다. 이배수체의에서 염색체 하나를 잃은 경우 일염색체성(monosomy)이라고 한다. 한 개의 염색체를 더 얻었을 경우 삼염색체성(trisomy)이 된다. 이러한 변화들은 배수성(euploidy)과 대조적인데, 이것은 완전한 반수의 염색체 세트(haploid set)가 관여된 경우로, 만약 두 벌 이상 존재한다면 다배수체(polyploid)라는 말이 적용된다. 염색체 3벌을 가지는 생물체를 삼배수체(triploid)라고 하며, 4벌을 가지는 경우엔 4배수체(tetraploid)라고 한다.

염색체 소실이나 획득 현상 등의 이상을 포함한 사례에 대해 고려할 때는, 어떻게 그런 이상이 생겨났는지를 살펴보는 것이 유용하다. 예를 들어, 사람에서 성 결정 염색체의 숫자가 바뀌었다면 어떤 증후군이 생기겠는가? X 염색체를 얻을 경우(47,XXY), 혹은 잃은 경우(45,X), 그렇지 않았으면 이배수체의 유전체였을 개체는 각각 클라인펠터 증후군(Klinefelter syndrome) 혹은 터너 증후군(Turner syndrome)이라는 표현형적 변이를 일으킨다. 사람의 여성 중 여분의 X 염색체를 가지는 경우(예: 47,XXX, 48,XXXX)가 알려져 있으며 어떤 남자들은 여분의 Y 염색체를 갖기도 한다(47,XYY).

그러한 염색체 변화는 비분리(nondisjunction)라고 알려진 현상인 세포분열 시의 무작위적 오류에 의한 결과이다. 비분리란 염색체 분리시기에 쌍을 이룬 상동염색체가 분리에 실패하는 것을 말한다. 이러한 과정은 염색체들이 정상적으로 배우자에 배분되는 것을 방해한다. 이상 있는 염색체에 대해 비정상인 배우자는 염색체 두 개를 갖거나 혹은 하나도 받지 못하게 된다. 이러한 비정상 배우자와 정상 배우자와의 수정은 이들 염색체에 대해 삼염색체성 혹은 일염색체성 접합자를 생산하게 된다. 비분리 현상은 사람이나 기타 생물체들에서 다양한 이수성 조건을 만들어 낸다.

6.2 일염색체성과 삼염색체성

이제 상염색체의 숫자가 변한 경우 및 그런 변화의 유전적 결과에 대해 살펴보자. 가장 흔한 이수성의 예는, 염색체 반수 세트가 정확하지 않은 경우, 즉 하나의 염색체가 첨가되었거나 혹은 빠져 있어 정상 이배수체 세트가 되지 못할 때이다.

일염색체성

염색체 한 개의 소실은 2n - 1로서, 일염색체성(monosomy)이라고 불린다. 이미 45,X 터너 증후군에서 보았던 것처럼, X 염색체에 대한 단일 염색체성이 사람에서 발견되긴 하지만, 보통 상염색체에 대해서는 어떤 단일 염색체성도 사람에서나 일반 동물에서는 발견되지 않는다. 초파리의 경우, 매우 작은 염색체인 4번 염색체(이 생물 유전자의 5% 미만 정도만 존재)가 빠져 있는 개체가 발견되는데 이러한 개체들은 몸집이 작고 성장이 느리며 생존력이 떨어진다. 보다 큰 염색체인 2, 3번 염색체의 소실은 치명적이며 따라서 이러한 염색체에 대한 일염색체성 개체는 발견되지 않는다.

많은 동물 개체에서 일염색체성 개체가 살아남지 못하는 것은, 모든 유전자를 한 벌은 아직 가지고 있다는 점을 생각할 때 상당히 의아한 일이다. 그러나 만약 그러한 유전자 하나가 치사성 대립유전자라면, 일염색체성은 또 하나의 야생형 대립유전자를 가짐으로써 견딜 수 있는, 열성 치사효과를 가리지 못하기 때문에 개체의 죽음을 가져온다고 설명할 수 있겠다. 다른 경우에는, 일염색체성을 유발한 열성 유전자의 단일 사본이 생물체의 생명 유지 기능을 제공하기에 불충분하기 때문일 수 있는데, 이런 현상을 반수체불충분성(haploinsufficiency)이라고 부른다.

이수성은 식물계에서는 좀 더 관용적이다(식물은 이러한 이상을 잘 견뎌 살아남는 개체들이 있다). 상염색체에 대한 일염색체성은 옥수수, 담배, 달맞이꽃(Oenothera)과 짐슨 잡초(Datura) 및 다른 식물들에서 발견된다. 그럼에도 불구하고, 그러한 일염색체성 식물들은 일반적으로 생존도가 이배수체 식물보다 떨어진다. 수정 전에 상당한 발달과정을 거쳐야 하는 반수체 화분립들은 특히 한 개라도 염색체가 없는 것에 매우 민감하며 결국 살아남기 어렵다.

삼염색체성

일반적으로 삼염색체성(trisomy)의 효과는 일염색체성과 동등하게 볼 수 있으나 부가적으로 염색체가 늘어나는 경우는 식물과 동물 모두에서 염색체 소실보다는 생존력이 있는 것으로 보인다. 관여된 염색체 부분이 작을 경우, 동물에서 이러한 관용은 종종 사실로 드러난다. 그러나 커다란 상염색체가 이배수체 염색체 조성에 더해지면 초파리나 사람이나 보통 발생단계에서 치사를 일으킨다.

식물에서는 삼염색체인 개체가 생존력이 있지만 그들의 표현형이 변할 수 있다. 고전적인 예로 흰꽃독말풀(jimson weed)인 Datura의 경우를 들 수 있는데, 이 생물의 이배수체의 수는 24이다. 12가지 1차 삼염색체성이 가능하고 각각의 예가 발견되었다. 각각의 삼염색체성 개체는 이 식물의 꼬투리(capsule) 모양을 특이적으로 바꾸었는데, 이 표현형들은 처음에는 하나 혹은 그 이상의 돌연변이에 의한 것으로 생각되던 것이었다.

또 다른 예가 벼과식물(*Oryza sativa*)에서 발견되며, 이 식물의 반수체 수는 12개이다. 각 염색체에 대해 삼염색체성인 계통들이 분리되어 연구되었는데, 이들 중 11가지 계통들이 서로 달랐고, 다른 야생형 식물과도 구별될 수 있었다. 긴 염색체들이 3개가 될 때 가장 독특하고 더 천천히 자란다. 이것은 커다란 염색체가 작은 것에 비해 유전정보의 불균형을 더 크게 초래할 것이라는 생각과 일치한다. 성장률뿐 아니라 잎의 구조, 탁엽, 줄기, 낟알 모양 그리고 식물의 키 등도 여러 가지 삼염색체성 개체에서 다양하게 나타난다.

다운 증후군: 21번 염색체의 삼염색체성

상당수의 사람들이 생후 1년 이후에도 생존하는, 인간에서의 유일한 상염색체의 삼염색체성은 1866년 랭던 다운(Langdon Down)에 의해 발견되었다. 이 조건은 이제 G group의 염색체 중 하나인 21번 염색체의 삼염색체성에 기인하는 것으로 밝혀져 있으며, 다운 증후군(Down syndrome) 혹은 trisomy 21(47,21+로 표시)이라고 불린다. 이러한 삼염색체성은 약 800건의 출생당 1건에서 발견된다. 이것이 드물고 일어날 것 같지 않은 사건이기는 해도, 미국에서 해마다 약 4,000~5,000건의 그런 출생이 일어나며, 현재 다운 증후군을 가진 사람들은 250,000명이 넘는다.

증후군이라고 분류되는 다른 조건들에서의 전형적인 특징들과 마찬가지로 21번 삼염색체성에도 여러 가지 표현형적 특징들이 존재할 수 있으나, 환자 한 명은 이 여러 가지들 중 몇 가지 특징들만 나타낸다.

다운 증후군의 경우 12~14가지의 그런 특징들이 존재하는데, 환자 개인들은 그 중 평균 6~8가지 특징들을 발현한다. 그럼에도 불구하고, 이 개인들의 외적 표현형은 매우 유사해서, 서로 서로 굉장히 닮은 점이 많다. 이것은 대체로 눈의 두드러진 몽고주름과 전형적인 납작하고 둥근 얼굴 때문에 그렇게 보인다. 다운 증후군인 사람들은 또한 특징적인 작은 키와 불거지고 주름이 있는 혀(그래서 입을 조금 벌린 채로 있게 된다), 그리고 독특한 손바닥 및 손가락 지문이 있는 짧고 넓은 손을 가진다. 신체적, 정신운동적, 그리고 지적 발달이 부진하며, 근육 긴장도도 약한 것이 특징이다. 예상 수명은 짧아서 평균 50년 정도인데, 60대까지 생존하는 사람들도 알려져 있긴 하다.

다운 증후군 어린이들은 호흡기 질병이나 심장 기형에 취약하며, 백혈병 발병 위험률도 정상인에서보다 약 20배가량 높다. 그러나 세심한 의료적 관찰 및 평생 치료로 생존도는 크게 늘어날 수 있다. 놀라운 관찰 한 가지는, 더 나이든 다운 증후군 성인들에서의 사망이 종종 알츠하이머 때문이라는 것이다. 이 질병의 발현 개시는 정상인 집단에서보다 훨씬 이르다.

다운 증후군이 우리 집단에 흔하기 때문에, 이 병의 유전적 기초에 대한 종합적 이해는 지금까지 오랫동안 일종의 연구 목표가 되어 왔다. 연구자들은 21번 염색체의 임계 지역(critical region)이 양에 민감한 유전자를 포함하고 있어서 삼염색체에서의 증후군과 관련된 많은 표현형들을 일으킨다는 생각을 하게 되었다. 이러한 가상적 염색체 부분을 다운 증후군 임계 지역(Down syndrome critical region, DSCR)이라고 부른다. 2004년에 이 DSCR 부분에 삼염색체성인 생쥐 모델이 만들어졌으나, 그 쥐들 중 몇몇은 그 증후군에 특징적인 증상을 발현하지 않았다. 그럼에도 불구하고, 이것은 아직 중요한 탐구적 접근법으로 남아 있다.

인간과 생쥐에서 DSCR 영역에 대한 현재의 연구들은 몇 가지 흥미로운 발견들을 내놓았다. 이제 우리는 이 영역에 있는 유전자들의 삼중 사본이 이 증후군의 특징인 인지결함에 필수적이긴 하지만 그 자체가 충분조건은 아닌 것으로 생각하고 있다. 또 다른 발견은 다운 증후군 환자들이 폐암이나 흑색종 같은 고형 암들을 포함해 여러 가지 암들의 발병 빈도가 낮다는 중요한 관찰에 관한 것이다. 이런 건강상 이점은 DSCR1 유전자의 잉여 사본이 존재하는 것과 관련이 있는데, 이 유전자는 혈관 내피 성장 인자(vascular endothelial growth factor, VEGF)를 억제하는 단백질을 암호화한다. 이런 억제는 혈관신생(angiogenesis) 과정을 막는다. 결과적으로 이 유전자의 과다발현은 관련 혈관형성으로부터 생기는 종양을 억제하여 그들의 성장을 감소시킨다. 2002년에 발표된 17,800명의 다운 증후군 환자들이 포함된 14년간의 연구는 표준 집단과 비교하여 암 사망률이 10% 정도 감소했음을 보여준다. DSCR 영역에 대한 연구로부터 더 많은 정보가 얻어질 것임은 분명해 보인다.

다운 증후군에서 여분의 21번째 염색체의 기원

이러한 삼염색체성 조건은 감수분열 중 21번 염색체의 비분리를 통해 가장 흔히 발생한다. 후기 I이나 II기 중에 쌍을 이룬 상동염색체의 분리 실패는, n+1개의 염색체를 가진 배우자를 형성하도록 할 수 있다. 다운 증후군을 만드는 이런 실수의 대략 75% 정도는 첫 번째 감수분열 과정 중의 비분리에 기인한다. 연이어 정상 배우자와 수정되면 삼염색체성 조건이 된다.

염색체 분석은, 추가된 염색체가 부계나 모계 어느 쪽에서든 기원할 수 있지만, 47, 21+삼염색체성 사례의 약 95% 정도에서 난자가 원인임을 보여주었다. 부계와 모계 상동염색체를 구분하기 위해 다형성 마커들을 이용하는 기술이 발달하기 전에는, 이런 결론은 다운 증후군을 가진 아이들을 출산하는 어머니들의 나이에 관한 연구들로부터 얻어진, 보다 간접적인 증거들에 의해 지지되었었다. 다운 증후군 출생률과 어머니의 나이 사이는 양의 상관성을 가진다. 어머니의 나이가 30세일 경우에는 이 확률이 1,000명당 1명꼴이지만 40세가 되면 10배 증가하여 100명당 한 명꼴이 된다. 이러한 빈도의 증가는 45세가 되면 30명당 1명으로 증가한다. 매우 놀랄만한 통계 하나는 임신하는 여성이 45세를 넘어가면 다운 증후군 출생률의 가능성이 매우 증가한다는 점이다. 이런 가능성에도 불구하고 전체적으로 이환된 환아의 반수 이상이 35세 미만의 산모로부터 출생하는 것은 이 이하 연령의 여성들이 임신하는 경우가 훨씬 많기 때문이다.

다운 증후군을 만드는 그런 비분리 사건이 35세 이상의 여성들에서 난자생성과정 중에 더 잘 발생하는 것으로 보이지만, 왜 그런지는 아직 확실히 모르고 있다. 그러나 한 가지 관찰이 관계가 있을 것 같다. 생식세포분열은 여자가 아직 태아일 때 모든 여성의 알세포에서 시작되어 상동염색체가 접합하고 재조합이 시작될 때까지 지속된다. 그 다음 난모세포가 발달하고 감수분열 I기에 멈추게 된다. 따라서 모든 1차 난모세포들은 출생 때 이미 형성되어 있다. 사춘기에 배란이 시작되면, 각 배란주기마다 하나의 알세포에서 감수분열이 재개되어 감수분열 II기까지 지속된다. 이 과정은 배란 후에 다시 한 번 더 멈췄다가 수정이 일어나지 않으면 완료되지 못한다.

이 진행과정의 마지막 결과는 배란된 알세포 하나가 그 앞의 주기 중에 방출된 것보다 한 달 이상 더 길게 생식세포 I기에 멈추어 있도록 한다. 결과적으로, 30세 혹은 40세의 여성들은 10년 혹은 20년 전에 배란된 것들보다 더 늙고 더 오래 분열 중에 멈춰져 있었던 난자들을 만들게 된다. 여성의 나이에 따른 다운 증후군 발생의 증가 원인을 설명하는 이런 가설들에도 불구하고, 이를 직접적으로 증명하기엔 아직 어려움이 많다.

이러한 통계는 늦은 나이에 임신하게 되는 여성들에게 심각한 문제점을 안겨준다. 그런 임신 초기에는 유전상담(genetic counseling)이 추천된다. 유전상담은 예비 부모들에게 그들의 아이가 이환될 가능성에 대해 알려주고, 다운 증후군에 대해 교육을 해준다. 비록 다운 증후군인 아이들 중에서는 기관에 맡겨져야 하는 경우도 있긴 하지만, 또 다른 경우에서는 특별교육 프로그램을 이용하여 집에서 보살펴질 수도 있다. 다운 증후군인 아이들은 일반적으로 사랑스럽고 천진한 성격으로 유명하다. 유전상담원은 또한 태아의 세포를 분리하여 배양하는 산전 진단 기술을 추천하기도 한다.

가장 친숙한 검사법들인 양수검사(amniocentesis)나 융모막 융모 검사법(chorionic villus sampling, CVS)은, 각각 양수나 태반의 융모막으로부터 태아 세포를 채취한다. 더 새로운 접근법에서는, 태아의 세포와 DNA가 직접 모체의 혈액으로부터 얻어지기도 하는데, 이런 기술은 비침습적 산전 유전자 진단(noninvasive prenatal genetic diagnosis, NIPGD)이라고 부른다. 단 10 mL 정도의 모체 혈액 시료만 있으면 가능하고 태아에 어떤 위해도 가하지 않기 때문에, 이 방법은 점차 흔히 사용될 것이다. 태아의 세포를 얻은 후에는, 태아의 핵형이 세포학적 분석법에 의해 분석될 수 있다. 만약 태아가 다운 증후군인 경우로 판정되면 부모는 치료적 유산을 고려해 볼 수도 있는 일이다. 분명히, 이것은 종교적, 윤리적 논쟁이 관여되는 어려운 결정임에 틀림없다.

다운 증후군은 모계 혹은 부계에서 생식세포 형성 시 일어나는 21번 염색체의 무작위적 비분리 현상에 의한 것이기 때문에, 이러한 질병이 유전될 것으로 예상되지는 않는다. 그럼에도 불구하고 다운 증후군은 때때로 가족력을 나타낸다. 이런 경우는 가족성 다운 증후군(familial Down syndrome)이라고 하며, 21번 염색체의 전좌(translocation)가 관련되어 있는 다른 형태의 염색체 이상이다.

인간의 이수성

다운 증후군을 제외하면 인간에서는 단 두 가지의 삼염색체성만 출산 후까지 살아남는다. 상염색체성 일염색체성은 생존하는 사례가 없다: 생존 사례는 파타우(Patau) 증후군과 에드워드(Edward) 증후군으로, 핵형은 각각 47,13+와 47,18+이다. 그렇기는 해도, 이런 사람들은 심각한 기형과 조기 사망을 나타낸다. 다른 여러 이수성 조건들이 발생하지만 이환된 태아들이 출산까지 생존하지 못하는 것이 아닐까 하는 질문을 야기한다. 이러한 생각은 자연 유산된 태아들의 핵형분석으로 더 확실시된다. 이 연구들은 두 가지 놀라운 통계를 드러낸다: (1) 대략 모든 임신 중 20%가 자연 유산된다(일부는 이보다 더 높게 추산한다); 그리고 (2) 모든 자연유산 태아의 대략 30%가 어떤 형태든 염색체 불균형을 가진다. 이것은 적어도 6%(0.20 3 0.30)의 임신이 비정상적 염색체 조성을 포함하고 있음을 시사한다. 염색체 이상을 보이는 많은 수의 태아들이 이수성이다.

데이비드 H. 카(David H. Carr)에 의해 이러한 주제에 대한 광범위한 조사가 행해졌는데, 그에 따르면 유산되는 태아의 상당 부분이 염색체 그룹 중 하나에서 삼염색체성을 가진다고 한다. 사람의 각 염색체 쌍에서 삼염색체성이 발견되었다. 흥미롭게도, 유산된 태아들 중 가장 높은 빈도로 나타난 일염색체성은 45,X로, 태아가 출산 시까지 생존했다면 터너 증후군을 가진 아기를 만든다. 염색체 비분리 현상이 n + 1과 n - 1의 배우자를 같은 빈도로 만들어낼 것임에도 상염색체의 일염색체성은 거의 발견되지 않는다. 이러한 발견은 하나의 염색체가 모자라는 배우자는 심각한 정도로 기능적 손상을 가지거나, 혹은 발달 초기에 죽어서 발견되는 빈도가 낮을 것임을 제시하는 것이다. 우리는 앞에서 일염색체성의 치사성을 유발하는 잠재적 원인들에 대해 논의했었다. 카의 연구에서는 다양한 형태의 다배수성과 기타 자잘한 염색체 이상들도 발견되었다.

이러한 관찰들은, 정상적인 배아의 발달이 유전정보 발현의 미묘한 균형을 유지할 수 있는 염색체의 정확한 이배수체 조성을 요구한다는 가설을 지지한다. 대부분의 이수성 개체들이 태어나기 전에 사망하는 것은, 이런 형태의 유전적 이상이 인간 집단으로 도입되지 않도록 하는 장벽을 제공한다.

6.3 다배수성

다배수성(polyploidy)이라는 용어는 반수체 염색체 세트가 두 개 이상으로 발견되는 경우를 가리키는 말이다. 다배수성이라는 용어는 발견되는 염색체 세트의 수에 기초한다; 삼배(수)체(triploid)는 3n 염색체 세트를 가지는 것이고; 사배(수)체(tetraploid)는 4n의 염색체 세트; 오배(수)체(pentaploid)는 5n의 세트 등이다. 다배수체들에 대해 몇 가지 일반적인 언급을 하자면, 이 조건은 동물종에서는 그다지 흔한 것이 아니지만, 도마뱀, 양서류, 어류 등에서는 잘 알려져 있고, 식물에서는 더 흔하다. 홀수의 염색체 세트는 일반적으로 다음 세대로 넘어가기 어려운데, 짝수가 아닌 상동염색체를 가지는 다배수체 생물들은 유전적으로 균형이 잡인 배우자를 생산할 수 없기 때문이다. 이러한 이유로, 삼배수성, 오배수성 등은 개체의 증가를 위해 유성생식만 하는 식물들에서는 보통 발견되지 않는다.

다배수성은 두 가지 방법으로 생긴다: (1) 같은 종의 정상적인 반수체 조성과 동일한 염색체 세트가 하나 이상 더 부가되는 것으로 동질다배수성(autopolyploidy)을 일으킨다; 혹은, (2) 교잡의 결과로 서로 다른 종에서 기인한 염색체 세트의 조합이 이질다배수성(allopolyploidy; 그리스 말로 *allo*는 - 다르다 - 는 뜻임)을 일으키는 경우이다. 이질다배수성과 동질다배수성의 차이는 여벌의 염색체 세트가 어디서 기인한 것인지에 따른 것이다.

다배수성에 대한 우리의 논의에서, 부가된 염색체 세트의 기원을 분명히 하기 위해 다음과 같은 기호를 사용한다. 예를 들어 A가 어떤 생물체의 반수의 염색체 세트 하나를 나타낸다면, $A = a_1 + a_2 + a_3 + \cdots + a_n$으로 나타낼 수 있다. 여기서 a_1이나 a_2 등은 각 염색체를 나타내는 것이고, n은 반수체 수를 나타낸다. 정상적인 이배수체 생물은 간단히 AA처럼 나타낸다.

동질다배수성

동질다배수성(autopolyploidy)에서 각 염색체 세트는 부모종의 것과 동일하다. 그러므로 삼배수체는 AAA, 사배수체는 AAAA 등으로 나타낼 수 있다. 동질삼배수체(autotriploid)들은 여러 가지 방법으로 생길 수 있다. 감수분열시 모든 염색체들이 분리되는데 실패한다면 이배수체 배우자가 만들어질 수 있다. 그러한 배우자가 반수체 배우자에 의해 수정되면 3벌의 염색체 세트를 가지는 접합자가 생성된다. 혹은 드물게, 두 개의 정자가 하나의 난자를 수정시켜 삼배수체 접합자를 만들기도 한다. 삼배수체들은 또한 사배수체와 이배수체 개체의 교배를 사용한 실험실 조건에서 만들어지기도 한다. 이배수체 개체는 n의 염색체를 가진 배우자를 생산하고, 사배수체 개체는 2n의 염색체 수를 가지는 배우자를 만듦으로써 이들의 수정에 의해 삼배수체가 생길 수 있다.

동질사배수체(autotetraploid, 4n)들은 짝수의 염색체 수를 가지므로 이론적으로 동질삼배수체들보다 자연적으로 더 흔하게 발견될 가능성이 있다. 홀수의 염색체 수를 가지는, 유전적으로 불균형인 배우자를 생성하는 삼배수체와는 달리, 사배수체들은 유성생식에 관여했을 때 균형 잡힌 배우자를 더 잘 형성할 것이다.

어떻게 자연적으로 다배수성이 생기는가 하는 것은 유전학자들에게는 매우 흥미로운 것이다. 이론적으로는, 만약 염색체들이 복제되었지만 모세포가 분열하지 않고 다시 간기로 진입했다면, 염색체 숫자는 두 배가 될 것이다. 이렇게 그럴듯한 사건은, 실험적으로 사배수체 세포들이 이배수체 세포들로부터 생길 수 있다는 사실로부터 지지를 얻는다. 이는 감수분열 중인 세포에 열충격 혹은 냉충격을 주거나, 체세포분열 중인 체세포에 콜히친(colchicine)을 처리함으로써 유발할 수 있다. 콜히친은 사프란에서 얻어진 알칼로이드로, 방추사 형성을 방해함으로써 복제된 염색체가 후기에 분리되지 못해 양극으로 이동하지 못하게 한다. 콜히친이 제거되면, 세포는 간기로 들어갈 수 있다. 쌍을 이룬 자매염색분체들이 나뉘고 풀려서 핵은 두 배의 이배수체 염색체를 포함하여 4n이 된다.

일반적으로, 동질다배수체들은 그들의 이배수체 친척들보다 크기가 크다. 이러한 증가는 세포 수가 많아져서라기보다는 세포의 크기가 더 커지기 때문인 것으로 보인다. 비록 이 동질다배수체들이 그들의 이배(수)체 친척들과 비교해서 새로운 유전정보를 획득했다거나 혹은 독특한 유전정보를 가지는 것은 아니지만, 식물의 꽃과 과일의 크기가 커서 이러한 변이체들은 원예업이나 상업적으로 더 큰 가치가 있다. 경제적으로 중요한 삼배수성 식물에는 가지속(Solanum)의 여러 감자 종들과, 미국산 가을사과(*Winesap apples*), 상업적으로 팔리는 바나나, 씨가 없는 수박, 그리고 재배종 참나리(*Lilium tigrinum*) 등이 있다. 이 식물들은 무성생식을 한다. 이배수체인 바나나는 딱딱한 씨를 가지지만 삼배수체인 상업성 "씨 없는" 바나나는 먹을 수 있는 씨를 가진다. 4배수성 알팔파와 커피, 땅콩들, 그리고 매킨토시 사과들(McIntosh apples) 또한 그들의 이배수체나 삼배수체 식물들보다 크기가 크거나 더 잘 자라기 때문에 경제적 가치가 크다. 가장 흔한 비비추속 식물 변종들 중 많은 것들이 4배수성이다. 이들은 잎이 더 두껍고 크며, 관엽들이 보다 더 싱싱하고, 식물들이 아주 잘 자란다. 시장에서 팔리는 딸기는 8배수성이다.

어떻게 증가된 배수성을 가지는 세포들이 새로운 유전자를 가진 것이 아닌데도 그들의 이배수체 생물들과 다른 표현형을 보이는지가 연구되어 왔다. 제랄드 핑크(Gerald Fink)와 그 동료들은 효모(*Saccharomyces cerevisiae*)가 유전체를 1, 2, 3, 4 복사체로 가지도록 한 다음, 세포주기 과정에 걸쳐 모든 유전자 발현의 수준을 조사했다. 유전자 발현의 10배 증가와 감소를 측정하는 엄격한 기준을 사용하여, 핑크와 동료들은 배수성이 증가함에 따라 적어도 10배까지 유전자 발현이 증가하거나 감소하는 여러 사례들을 찾아냈다. 이런 사례들 중에서 G1 사이클린들(G1 cyclins)을 암호화하는 두 유전자들은 배수성이 증가할 때 억제되었다. G1 사이클린들은 세포주기에서 세포가 G1을 통과하도록 촉진하므로, 이 유전자들이 억제될 때 이런 진행은 방해를 받는다. 배수체 세포들은 G1기에 더 오래 머물고 세포주기에서 G1기를 떠나기 전까지, 평균적으로 더 크게 자란다. 이것은 어떻게 다배수체들이 세포 크기를 증가시키는지에 대한 단서를 제공해준다.

이질다배수성

다배수성은 또한 가까운 연관관계인 식물종들끼리의 잡종화에 의해서도 생길 수 있다. 염색체 세트 AA를 가지는 식물의 반수체 난자가 염색체 세트 BB를 가지는 식물의 정자에 의해 수정되면, 생겨나는 잡종이 AB가 될 텐데, 여기서 A = a_1, a_2, a_3, ... a_n이고, B = b_1, b_2, b_3, ... b_n이다. 잡종 식물은 생존력 있는 배우자를 생산하지 못해 불임성일 수 있다. 이러한 일들은 a와 b 염색체 모두 혹은 일부가 상동성이 아니라서 감수분열에서 접합하지 못할 때 가장 흔히 일어난다. 결과적으로 불균형인 유전적 조합이 생기는 것이다. 그러나 새로운 AB 유전 조합이 자연적으로, 혹은 유도된 염색체 배가(doubling)를 겪게 되면, a와 b의 모든 염색체들이 두 벌이 되고 그들은 감수분열시 쌍을 이룰 수 있다. 결과적으로, 번식력이 있는 AABB 사배수체가 생긴다. 이 사배수체들은 서로 다른 종에서 유래한 네 개의 반수체 유전체를 균등하게 가지므로, 이질 사배수체(allotetraploid)라고 불린다. 두 원래 종들이 알려져 있는 이러한 경우, 복이배수체(amphidiploid)라는 말이 이들 이질 사배수체를 설명하는 데 더 자주 사용된다.

복이배수체 식물들은 자연에서 종종 발견된다. 그들의 생식적 성공은 균형적인 배우자들을 형성할 수 있는 능력에 기초한다. 각 특정 염색체의 두 상동염색체가 존재하므로 감수분열성 생식세포분열이 정상적으로 일어나고 수정에 의해 식물들은 유성적으로 증식할 수 있게 된다. 이 논의는 염색체 세트 A와 B 사이에 어떤 염색체들도 상동성이 없는 가장 간단한 경우를 가정한 것이다. 가깝게 연관된 종들 사이에서 생긴 복이배수체에서는 a와 b 염색체들 사이에 얼마간의 상동성이 있을 수 있다. 이질다배수체들은 대부분의 동물에서는 희귀한데 때때로 짝짓기 행동이 종 특이적이어서 잡종 형성의 첫 단계부터 일어나지 않기 때문이다.

식물 복이배수체의 전형적인 예가 미국 면화 Gossypium의 재배종이다. 이 종은 26쌍의 염색체를 가진다: 13개는 좀 크고 13개는 좀 작다. 구세계 면화가 13쌍의 커다란 염색체를 갖는 것이 발견되었을 때, 이 식물의 이질배수성이 의심되었었다. 야생의 미국면화를 조사한 결과 이들이 13쌍의 조그만 염색체들을 가짐이 판명되었고 이러한 의심이 확고해졌다. 비즐리(J. O. Beasley)는 구세계종과 야생종을 교배하고, 이 잡종에 콜히친을 처리하여 염색체 수를 배가시킴으로써, 실험적으로 재배 면화의 기원을 재구성하였다. 이러한 처리 결과, 생식력이 있는 복이배수체 변종 면화가 얻어졌던 것이다. 이것은 26쌍의 염색체들을 가지고 있었으며 재배 변종과 비슷한 특징들을 나타냈다.

복이배수체는 흔히 두 부모종의 형질들을 모두 나타낸다. 흥미로운 예는 사초과 식물인 밀과 호밀에 관한 것이다. 밀(*Triticum*)은 7개 염색체로 구성된 기본 반수 유전체를 가진다. 정상적인 이배수체(2n = 14)뿐 아니라, 재배종인 이질배수체도 존재하는데 사배수체(4n = 28)와 육배수체(6n = 42) 등이 포함된다. 호밀(*Secale*) 역시 7개의 염색체로 구성된 유전체를 가진다. 유일한 재배종만 이배수체 식물들(2n = 14)이다.

유전학자들은 다양한 잡종들을 만들어냈다. 사배수체 밀이 이배수체 호밀과 교배되어 나온 F_1 식물이 콜히친 처리되면, 육배수체 변종(6n = 42)이 생긴다; 라이밀(*Triticale*)이라고 명명된 이 잡종은 새로운 속이 되었다. 다른 라이밀 변종들도 만들어졌다. 이 잡종 식물들은 밀과 호밀의 특징을 모두 나타낸다. 예를 들어, 어떤 잡종들은 밀의 높은 단백질 함량과 호밀의 높은 라이신 아미노산 함량의 조합이라는 특성을 나타낸다. 밀에서는 라이신 함량이 낮아 이것이 밀의 제한영양 요소로 작용했었다. 밀은 낟알 생산량이 많은 반면, 호밀은 환경조건이 나빠도 잘 성장하는 것이 특징이다. 두 형질이 조합된 라이밀 종들은 상당히 증가된 낟알 생산 능력을 가진다. 이와 관련하여 잡종화를 통해 곡물 생산을 개선하기 위해 고안된 유사한 프로그램들이 여러 개발도상국들에서 오랫동안 진행되고 있다.

6.4 염색체 구성과 배열에서의 변이

염색체 이상의 두 번째 일반적인 부류가 하나 혹은 그 이상의 염색체에서 상당 부분이 결실, 첨가, 혹은 재배열되는 것들을 포함한다. 이 범주에 속하는 것들로는, 유전자나 염색체의 일부가 결실되거나 중복되는 것, 그리고 염색체 단편이 뒤집어지거나, 비상동염색체들 일부가 교환되거나, 혹은 단순히 다른 염색체로 일부분이 이동하는 등의 유전물질 재배열이 있다. 교환이나 이동은 전좌(translocation)라고 불리는데, 이 경우 유전체 내에서 유전자들의 위치가 변하게 된다.

대부분의 경우 이런 구조적 변화들은, 염색체 축을 따라서 하나 혹은 그 이상의 절단이 생기고, 일부 유전물질이 소실되거나 재배치되기 때문에 일어난다. 염색체들은 자연적으로 절단될 수 있으나 그 비율은 화학물질이나 방사선에 노출된 세포에서 증가할 수 있다. 절단된 부위에 생긴 말단은 끈끈한(sticky) 성질이 있어서 절단된 다른 말단들과 다시 붙을 수 있다. 절단과 재결합 사건이 원래의 관계를 회복시키지 못하고, 그 변화가 생식세포에서 일어났다면, 이 배우자는 유전되는 구조적 재배열을 가지게 된다.

만약 이러한 이상이 상동염색체 하나에서 일어나고 다른 하나에서는 일어나지 않았다면, 그 개체는 그 이상에 대한 이형접합성(heterozygous for the aberration)이라고 불린다. 그런 경우, 감수분열의 상동염색체 접합 시에, 드물게 나타나는 특징적인 쌍 형성 모양이 관찰된다. 이러한 패턴은 어떠한 종류의 변화가 일어났었는지를 규명하는 데 유용하다. 유전물질의 소실이나 획득이 일어나지 않았다면 이형접합성으로(heterozygously) 이상을 가진 개인들은 표현형적으로 영향을 받지 않을 것이다. 그러나 비정상적인 염색체 쌍의 형성은 종종 배우자들에서 염색체 일부가 중복되거나 결손되도록 유도한다. 이러한 일이 생기면, 특정 이상을 가진 보인자(carriers)들의 자손들에서는 표현형적으로 변화가 나타날 확률이 높다.

6.5 결실

한 염색체의 하나 혹은 그 이상의 장소에서 절단이 일어나 일부가 사라졌을 때, 그 사라진 조각을 결실(deletion) 혹은 결손(deficiency)이라고 부른다. 결실은 염색체의 말단이나 중간의 안쪽 부분에서 일어날 수 있다. 이들을 각각 말단 결실(terminal deletion) 혹은 내부 결실(intercalary deletion)이라고 한다. 동원체 부분을 가지는 염색체 부분은 일반적으로 세포분열시 유지되는 반면, 동원체가 없는 조각은 체세포분열이나 생식세포분열에서 생긴 딸세포에서 결국 사라지게 된다. 커다란 내부 결실을 가지는 상동염색체와 정상 상동염색체가 접합하기 위해서는, 쌍을 이루지 못하는 정상 상동염색체의 일부가 튀어나와 결실고리(deletion loop) 혹은 보상고리(compensation loop)를 만들어야만 한다.

만약 한 염색체의 아주 일부만이 결실된다면, 그 생물은 생존할 수도 있다. 그러나 염색체 일부의 소실이 크지 않아도 그 효과가 매우 심각할 수 있다. 우리는 이에 관한 사례를 인간의 묘성 증후군에 대한 아래 논의에서 살펴볼 것이다. 결실의 결과로 더 이상의 유전적 정보가 소실되면, 그러한 이상은 종종 치사를 일으킨다. 그러한 염색체 이상은 연구에는 절대로 사용될 수 없을 것이다.

인간의 묘성 증후군

인간에서 묘성 증후군(cri du chat syndrome)은 5번 염색체의 작은 말단 부분이 결실되어 발생한다. 이것은 부분 일염색체성(partial monosomy)으로 고려될 수도 있지만, 사라진 부분이 매우 작으므로 부분 결실(segmental deletion)로 언급되는 것이 더 나을 것이다. 이 증후군은 1963년 제롬 르준(Jérôme LeJeune)이 고양이 울음소리를 닮은 기분 나쁜 울음을 포함한 여러 임상 증상들을 기술함으로써 처음으로 보고되었으며, 그 후 이런 설명 때문에 이 증상의 이름이 붙여졌다. 이 증후군은 5번 염색체의 단완에서 작고 다양한 부분들이 소실되는 것과 관련이 있다. 따라서 유전적 조성은 46,5p-로 표시되며, 이런 사람은 46개의 염색체들을 갖지만 5번 염색체 쌍의 한 염색체에서 p 완(작다 혹은 짧다는 뜻의 petite에서 옴)의 일부 혹은 전부가 사라졌음을 보여준다.

이러한 증후군을 가진 아기는 소화관 내 장기, 심장 이상 등을 포함해 해부학적 기형을 나타내며, 종종 정신지체가 발생한다. 성문과 후두의 비정상적 발달 때문에 특징적인 울음소리를 내는 것이 이 증후군의 특징이다.

1963년 이후로 전 세계적으로 많은 수의 묘성 증후군이 보고되었다. 발병률은 약 25,000~50,000건의 출생당 한 건 정도인 것으로 추정된다. 이 병은 유전되는 것이 아니며, 가장 흔한 이유는 배우자들에서의 돌발적(sporadic) 염색체 결실에 의한 것이다. 소실되는 단완의 길이는 비교적 다양하다; 길게 결실될수록 살아남은 아기의 육체나 정신에 영향을 크게 미친다. 비록 이 증후군이 심각하다고 해도, 대부분의 사람들은 운동 능력이나 언어 능력을 획득할 수 있으며 가정 보호가 가능하다. 2004년에, 결실 부분이 TERT 유전자를 포함하고 있음이 보고되었는데, 이 유전자는 텔로머레이즈 역전사효소(telomerase reverse transcriptase)를 암호화한다. 이 효소는 DNA 복제 중에 텔로미어의 유지에 필수적이다. 하나의 상동염색체에 이 유전자가 없다는 것이 묘성 증후군 아기에서 나타나는 여러 가지 표현형들과 관계가 있는지는 아직 알려지지 않았다.

6.6 중복

유전물질의 어떤 부분—유전자 한 좌위 혹은 염색체의 커다란 일부—이 유전체상에 한 번 이상 나타나는 경우를 중복(duplication)이라고 한다. 결실에서와 같이, 이형접합성 상태의 접합은 보상 고리를 형성할 수 있다. 중복은 감수분열시 접합한 상동염색체 사이의 불균등한 교차의 결과 혹은 감수분열 이전의 복제 실수에 의해서도 생길 수 있다. 전자의 경우에는 중복과 결실이 둘 다 생긴다.

우리는 중복에서 3가지 흥미로운 면들을 살펴보려고 한다. 첫째는, 중복은 유전적 과잉(genetic redundancy)을 초래할 수 있다. 둘째, 결실에서와 마찬가지로, 중복은 표현형적 변이를 일으킬 수 있다. 셋째로, 설득력 있는 한 가설에 따르면 중복이 진화에 있어 유전적 다양성의 주요한 원천이 되어왔다는 것이다.

유전자 과잉—리보솜 RNA 유전자들

비록 많은 유전자 산물들이 한 개체의 모든 세포에서 필요한 것은 아니지만, 어떤 유전자 산물들은 모든 세포의 필수 구성성분으로 알려져 있다. 예를 들어, 리보솜 RNA(rRNA)는 단백질 합성을 지원하기 위해 다량으로 존재해야만 한다. 세포가 대사적으로 더 활성적일수록 이 분자들에 대한 요구는 많아진다. rRNA를 만드는 유전자가 한 사본만 있는 것은 많은 세포에서 부적당할 것이라 생각할 수 있다. 분자 혼성화 기법을 사용한 실험에서 특정 RNA 서열들을 암호화하는 유전자들의 유전체 내 백분율을 결정할 수 있었는데, 이 실험은 위에서 한 우리의 생각이 맞았다는 것을 보여준다. 정말로, rRNA에 대한 유전자들은 여러 개의 사본들로 존재했다. 그러한 DNA를 rDNA라고 하며, 이러한 일반적 현상을 유전자 과잉(gene redundancy)이라고 한다. 예를 들어, 흔한 장내 세균인 *E. coli*에서는 반수체 유전체의 약 0.7%가 rDNA를 구성한다. 이것은 이 유전자가 7개의 사본들로 존재하는 것과 같다. 초파리에서는 130개의 사본으로 구성된 rDNA가 반수체 유전체의 0.3%를 차지한다. 같은 유전자에 대한 여러 개의 동일한 복사본이 존재하는 것은 rRNA에 국한된 것은 아니지만, 이 절에서는 여기에 초점을 맞추어보고자 한다.

몇몇 세포, 특히 난모세포에서는 rDNA의 평균적인 과잉이라도 리보솜을 만들기에 적절한 양의 rRNA를 제공하기는 불충분하다. 예를 들어, 양서류인 발톱개구리(*Xenopus laevis*)에서는 반수체 유전체당 rDNA가 400개의 사본으로 존재한다. 이 유전자들은 모두 인 형성자 영역(nucleolar organizer region, NOR)이라고 불리는 단 하나의 염색체 영역에서 발견된다. 발톱개구리의 난모세포에서는 rDNA 사본을 늘리기 위해 NOR이 선택적으로 복제되고 새로운 유전자 세트가 주형으로부터 분리된다. 새로운 복사본 각각이 하나의 NOR에 해당하므로 다수의 작은 인들이 난모세포의 NOR 주위에 형성된다. 약 1,500개까지의 이러한 미세 인들(micronucleoli)이 하나의 난모세포에서 관찰된다. 이 작은 인들의 수(1,500)와 NOR 각각에 존재하는 유전자 복사본의 수(400)를 곱한다면 발톱개구리 난모세포 내의 증폭이 50만이 넘는 유전자 복사본을 만든다는 사실을 알 수 있다. 이론적으로 각 복사본 하나가 난모세포의 성숙과정에서 20번 만 전사된다고 해도 1,200백만 개가 넘는 리보솜들을 생산할 수 있는 충분한 수의 rRNA가 만들어진다.

초파리에서의 Bar 돌연변이

언뜻 보면 단순히 단일 유전자 돌연변이에 의해 나타날 것 같은 표현형적 변이들이 중복에 의해서도 유발될 수 있다. 초파리의 막대 눈(Bar-eye) 표현형은 고전적인 사례이다. 정상적인 달걀형 눈 대신에 막대 눈 초파리들은 좁고 가느다란 모양의 눈을 가진다. 이러한 표현형은 우성 X-연관 돌연변이와 같은 방식으로 유전된다.

1920년대 초에 알프레드 스터트번트(Alfred H. Sturtevant)와 토마스 모건(Thomas H. Morgan)은 이 돌연변이(mutation)를 발견하여 조사하였다. 정상 야생형의 암컷(B^+/B^+)은 각 눈에 약 800개의 낱눈들을 가진다. 이형접합성 암컷들(B/B^+)은 대략 350개의 낱눈들을 가지는 반면, 동형접합성 암컷들(B/B)은 70개 정도의 낱눈만을 가진다. 더 적은 수의 낱눈을 가지는 암컷들이 우연히 발견되었는데 이들은 이중 막대(double Bar)(B^D/B^+)로 표시한다.

약 10년 후에, 캘빈 브리지스(Calvin Bridges)와 허먼 멀러(Herman J. Muller)는 이 막대 눈 초파리들과 야생형 초파리들의 다사 X 염색체(polytene X chromosome)에서 줄무늬 패턴을 비교하였다. 이 염색체들은 각 영역들이 잘 구별되는 줄무늬 패턴을 가진다. 그들의 연구는 X 염색체의 16A 지역이 야생형에서는 하나의 사본으로 존재하지만, 막대 눈에서는 두 개가, 이중 막대 눈에서는 3개의 사본으로 존재함을 보여주었다. 이러한 관찰들은 막대형 표현형이 단순하게 유전자 내의 화학적 변화의 결과에 의한 것이 아니고 중복에 의한 것이라는 증거를 제공한다.

중복의 진화적 역할

진화를 연구하면서 유전적 다양성을 일으켰을만한 기작들을 추측해보는 것은 흥미로운 일이다. 최근에 진화된 생물체에서는 발견되지만 조상 형태의 생물에서 발견되지 않는, 독특한 유전자 산물들의 기원은 특히 흥미로운 주제이다. 다시 말해, 어떻게 새로운 유전자들이 생겨나는가?

1970년에 스스모 오노(Susumo Ohno)는 "유전자 중복에 의한 진화(Evolution by Gene Duplication)"라는 도발적인 논문 하나를 발표했다. 여기에서 그는 진화 중 유전자 중복이 새로운 유전자의 기원에 필수적이라는 주장을 폈다. 오노의 논문은 유전체상에 오로지 하나만 존재하는 유전자들의 산물들은 진화과정 중에서 한 생물의 생존에 없어서는 안 될 것이라는 가정에 기초한 것이다. 따라서 유일한 유전자들은 그들의 일차적 기능을 바꾸어 새로운 유전자들을 만들기에 충분한 돌연변이들을 축적할 만큼 자유롭지 못하다.

오노의 주장은, 구성 및 DNA 서열이 상당한 정도로 공통점을 가지지만 독특한 유전자 산물들을 가지는 여러 유전자들의 발견에 의해 지지를 얻는다. 예를 들어, 미오글로빈과 다양한 형태의 헤모글로빈들처럼, 트립신(trypsin)과 키모트립신(chymotrypsin)은 이러한 설명에 잘 맞는다. 각 경우에 DNA 서열들은 너무나 비슷해서(상동적, homologous), 비교되는 각 유전자 쌍의 구성원들이 공통조상형의 유전자로부터 중복을 통해 생겨났다는 결론을 내릴 수 있다. 진화과정 중 연관된 유전자들은 충분히 분화하여 그 산물들이 독특해졌다.

또 다른 뒷받침은 유전자 패밀리(gene family)들의 존재이다. 이들은 같거나 유사한 기능을 수행하는 가까운 유전자들의 그룹이다. 다시 말해서, 한 가족(family)의 구성원들은 그들이 공동의 기원을 가진다는 결론을 내리기에 충분할 정도로 DNA 서열의 상동성을 보인다. 가장 흥미로운 증거 사례들 중 하나는 영장류의 SRGAP2 유전자이다. 이 유전자는 두뇌의 발달에 관여하는 것으로 알려져 있다. 인간들은 이 유전자들에 대해 적어도 네 개의 사본을 가지고 있는 반면, 모든 비인간 영장류들은 오직 하나의 사본만 가진다. 340만 년 전, 240만 년 전, 그리고 마지막으로 백만 년 전까지 여러 번의 중복 사건들이 일어났던 것으로 추적될 수 있는데, 이로써 A-D로 표기되는 독특한 형태의 SRGAP2가 생겼다. 이 진화적 기간들은 영장류들에서 인간의 계보가 출현했던 것과 일치한다. 이 유전자들의 기능은 뇌의 수지상 돌기의 형성 및 조절과 관련이 있는 것으로 알려졌는데, 언어와 사회적 인식의 발달을 포함하여 인간에서의 확장된 뇌기능이 진화하는 데 기여한 것으로 믿어진다.

진화과정에서 중복에 의해 생겨난 유전자 패밀리의 또 다른 사례로는, 인간의 헤모글로빈 폴리펩타이드 사슬들의 여러 가지 형태들과 면역학적으로 중요한 T-세포 수용체들, 그리고 주조직적합성 복합체에 의해 암호화되는 항원들이 있다.

분자 수준에서의 중복: 사본 수 변이체들(CNVs)

유전체학의 시대에 접어들어 전 유전체 서열화가 점차 가능해지면서 흔히 수천 염기쌍들이 관여된 유전자 일부분이 중복되는 사건들이 정기적으로 발생한다는 사실을 깨닫게 되었다. 같은 종의 생물체들을 비교하면, 주어진 중복 서열들의 사본 수가 다양하게 발견되는데, 때로는 더 크거나 작은 사본 수들이 존재한다. 이런 변이들은 커다란 DNA 서열들이 숫자에서의 정량적 차이들을 나타내기 때문에, 사본 수 변이들(copy number variants, CNVs)이라고 불리며 유전체의 암호화 영역과 비암호화 영역 모두에서 발견된다.

CNV들은 개인들의 여러 형질 발현에 중요한 역할을 한다고 믿어지기 때문에 유전학에서 주요 관심의 대상이다. 2004년, 두 연구팀들이 각기 독립적으로 유전병이 없는 건강한 개인들의 유전체에서 CNV들의 존재에 대해 보고하였다. 초기에는 CNV들이 90% 이상의 서열 상동성을 나타내는 적어도 1 kb 이상의 영역들로 정의되었었다. 이런 초기 연구는 50개의 CNV 좌위들을 찾아냈고, 2005년에는 300개의 추가 좌위들이 더 규명되었다. 2010년, 적어도 500 염기쌍들의 DNA 서열로 규모가 줄자, CNV 좌위들의 숫자는 10,000 영역 이상으로 추산되어 인간의 총 유전적 변이 중 상당 부분을 차지하게 되었다. 후속 연구들은 아마도 인간의 유전체에서 더 많은 수의 독특한 CNV들을 발견하게 될 것이다.

현재의 연구들은 인간의 질병과 관계가 있는 발견들에 집중되어 있다. CNV들은 유전적 근거가 아직 확실하게 이해되고 있지 못한 많은 질병들과 부정적 혹은 긍정적 연관관계를 가지는 것으로 보인다. 예를 들어, CNV들과 자폐증과의 연관이 보고되었는데, 이것은 의사소통, 행동, 그리고 사회적 상호작용에 문제가 있는 유명한 신경발생학적 질환이다. 흥미롭게도, 소위 산발성 자폐증의 10%에서 돌연변이 CNV 좌위 하나가 새로 생긴 것으로 밝혀졌는데, 환자가 아닌 부모들은 그 CNV 돌연변이를 가지고 있지 않았다. 이것은 그 질병이 가족력이 있는 것으로 보인(즉, 유전되는) 환자들의 단 2%에서만 그런 것과는 대조적이다.

종종 전체 유전자 서열들이 중복되어 개체에 영향을 미친다. 예를 들어, 유전자 CCL3L1의 평균 사본 수 이상은 바이러스 감염 중에 HIV-억제 효과를 주므로 AIDS 진행을 억제한다. 또 다른 발견은 특이한 돌연변이 CNV 좌위들과 폐암을 가진 일부 환자들 사이의 연관관계인데, EGFR(Epidermal Growth

Factor Receptor) 유전자의 사본 수가 클수록 비소세포성 폐암을 가진 환자들의 치료 반응성이 좋다는 점이다. 마지막으로, DEFB라는 유전자의 사본 수가 더 크게 줄어들수록 크론병(Crohn disease)의 위험성이 커지는데, 이것은 대장에 영향을 미치는 질환이다. 이 장과 연계하여, 이런 발견들은 중복과 결실이 더 이상 염색체 돌연변이들에서의 교과서적 사례들에 제한되지 않음을 보여준다.

6.7 역위

또 다른 종류의 염색체 구조 변화인 역위(inversion)는 염색체의 일부가 염색체 내에서 180° 뒤집어진 상태인 염색체 이상이다. 역위는 유전정보의 소실과는 관계가 없고, 단순하게 유전자 서열의 선상 배열이 바뀐 것이다. 역위는 염색체의 길이를 따라 두 부위의 절단이 있은 후, 뒤집어진 조각이 다시 삽입되는 과정을 요구한다. 절단에 앞서 염색체의 고리가 형성되고, 새로 생긴 점착성 말단(sticky end)들이 서로 가까이 있게 되어 다시 붙는다.

뒤집어진(역위된) 분절은 짧거나 혹은 상당히 긴 것일 수 있으며, 동원체를 포함할 때도 있고, 그렇지 않을 때도 있다. 만약 동원체가 재배열된 염색체 분절의 일부가 아닐 경우, 동원체 밖 역위(paracentric inversion)라고 한다. 만약 동원체가 역위된 분절의 일부일 경우 동원체 포함 역위(pericentric inversion)라고 한다.

배우자 형성 중 발생한 역위의 결과

상동염색체 중 하나에서만 역위를 가지는 경우, 감수분열시 정상적인 직선상의 접합은 불가능하다. 하나의 역위 염색체와 하나의 정상 상동염색체를 가지는 개체를 역위 이형접합체(inversion heterozygote)라고 한다. 생식세포분열에서 그러한 두 염색체들의 쌍 형성은 역위 고리(inversion loop)를 형성해야만 이루어진다.

만약 역위 고리의 뒤집어진 조각 내에서 교차가 발생하지 않는다면 상동염색체들은 분리될 것이고, 두 개의 정상 염색분체와 두 개의 역위 염색분체가 각기 배우자로 들어가게 된다. 그러나 역위 고리 내에서 교차가 일어난다면, 비정상적인 염색분체들이 생산된다.

생식세포의 어떤 감수분열 사분체에서 비자매 염색분체들 사이의 교차는 두 개의 부모형 염색분체들과 두 개의 재조합형 염색분체들을 만든다. 그러나 동원체 밖 역위 내에서 교차가 일어나면, 하나의 재조합형 염색분체는 복동원체성(dicentric; 동원체가 두 개인)이 되고 다른 하나의 재조합형 염색분체는 무동원체성(acentric; 동원체가 없는) 염색분체가 된다. 둘 다 염색체 일부 조각들의 중복과 결실들을 포함한다. 세포분열 후기 중에 무동원체성 염색분체는 어느 한 쪽 극으로나 끌려가거나 소실되는 반면, 복동원체성 염색분체는 두 방향에서 당겨진다. 이렇게 반대쪽에서의 당김은 세포학적으로 인식할 수 있는 복동원체성 다리(dicentric bridge)를 형성한다. 하나의 복동원체성 염색분체는 보통 일부에서 절단이 일어나 감수분열 중에 염색분체 일부는 한쪽 배우자에, 나머지 부분은 또 다른 배우자에 나뉘어 들어가게 된다. 그러므로 재조합형 염색분체를 가지는 배우자들은 유전물질이 결핍된다. 동물에서 그러한 배우자들이 수정에 참여하게 되면, 접합자는 대부분 비정상적으로 발달하고, 생존 불가능한 배아들이 생산되어 결국 치사를 일으킨다. 식물에서는, 그런 비정상적 염색분체들을 받은 배우자들은 제대로 발달하지 못하고 화분이나 밑씨의 발생이 완료되지 못한다. 따라서 이런 배우자의 수정은 일어나지 않는다.

교차형 배우자들을 포함하게 된 자손은 생존력이 없어 발견되지 않으므로, 마치 역위가 교차를 억제하는 것처럼 보인다. 실제로 역위 이형접합체들에서는 염색체 교환이 역위 구역 내에서 발생했을 때 교차 산물이 살아남는 것을 억제하는 효과를 가진다. 게다가 생존력 있는 배우자들의 1/2 정도가 역위 염색체들을 가지며, 역위는 이 종 내에서 영속적이다. 이러한 순환은 미래 세대의 감수분열 과정 중에도 계속해서 반복될 것이다.

역위의 진화적 이점

역위 이형접합자들에서 교차형 산물들의 회수가 억제되기 때문에, 역위 내 근접한 좌위들에서의 특정 대립유전자들은 세대를 거듭해도 계속 보존될 수 있다. 만약 관련 유전자들의 대립유전자들이 그것들을 보유하고 있는 생물들에 생존의 이점을 부여하는 것이라면, 여기서의 역위는 그 종의 진화적 생존에 유리하다. 예를 들어, ABcDef라는 대립유전자 세트가 AbCdeF나 abcdEF 대립유전자 세트보다 더 적응적이라면, 효율적인 배우자들은 이 호의적 유전자 세트를 교차에 의해 파괴하지 않은 채로 유지할 것이다.

실험실 연구에서는 역위를 포함한 균형 염색체들(balancer chromosomes)을 사용하는 동일 원리가 응용된다. 어떤 생물이 균형 염색체에 이형접합성이면, 원하는 대립유전자 서열들은 실험 작업 동안 그대로 보존된다.

6.8 전좌

전좌(translocation)는 그 이름이 의미하는 바와 같이, 염색체의 일부가 유전체의 다른 부위로 이동한 것이다. 예를 들어, 상호전좌(reciprocal translocation)는 두 개의 비상동염색체 사이에 염색체 부분 교환이 발생하는 것이다. 이러한 사건이 일어날 수 있는 가장 쉬운 방법은 두 개의 비상동염색체의 팔들이 서로 충분히 가까워서 염색체 교환이 촉진되는 것이다. 상호전좌는 단지 두 번의 절단만 있으면 된다. 교환 사건이 염색체 내부 조각을 포함한 것이라면 각각의 염색체상에서 두 번씩, 네 번의 절단이 필요하다.

상호전좌의 유전적 결과는 많은 경우에서 역위의 경우와 유사하다. 예를 들어, 유전적 정보는 소실되거나 획득되지 않는다. 그보다는 단지 유전물질의 재배열만 있는 것이다. 그러므로 전좌의 존재는 그것을 가지는 개체의 생존력을 직접적으로 바꾸지는 않는다.

상호전좌에 이형접합성인 상동염색체들은 감수분열시 비정상 접합을 일으킨다. 그쌍을 이루면 십자 형태를 만든다. 역위에서처럼, 감수분열 중의 이런 특이한 배열에 의해, 유전적으로 불균형적인 배우자들이 생긴다. 그러나 전좌의 경우에서는 비정상 배우자들이 항상 교차의 결과로 생기는 것은 아니다.

배우자들로 통합되면, 결과적으로 얻어진 감수분열 산물들은 유전적으로 불균형적이다. 만약에 그들이 수정에 참여하게 되어도, 종종 치사가 발생한다. 상호전좌에 이형접합성인 부모에서는 50%의 자손만이 살아남는다. 이러한 조건을 가리켜 반불임성(semisterility)이라고 하는데, 개체의 생식적 적응력에 영향을 미쳐 진화에 작용한다. 더불어, 사람의 경우에서 그러한 불균형적 조건은 부분적인 일염색체성이나 삼염색체성을 유발하여 다양한 출생 결함으로 이어진다.

인간에서의 전좌: 가족성 다운 증후군

1959년 이후 수행된 연구들은 인간에도 여러 가지 전좌들이 존재한다는 것을 드러냈다. 그 중 가장 흔한 형태가 상동염색체가 아닌 두 개의 단부동원체성(acrocentric) 염색체들에서 단완(short arm) 절단이 관여된 전좌이다. 이들 중 짧은 조각들은 소실되고 큰 부분들이 동원체 부위에서 연합하여 크기가 큰 차중부동원체성, 혹은 중부동원체성 염색체를 형성하게 되는데 이러한 전좌를 로버트손 전좌(Robertsonian translocation)라고 한다.

이러한 전좌 중 하나는 다운 증후군을 일으킨다. 앞에서 우리는 대부분의 다운 증후군이 21번 염색체의 삼염색체성으로 인해 일어난다는 것을 지적했었다. 이 염색체 조성은 부모 중 한 명의 생식세포분열 중에 발생한 염색체 비분리에 의해 생긴다. 삼염색체성은 모든 다운 증후군의 95%를 차지한다. 그러한 경우에는 같은 부모가 두 번째로 또 이환된 아이를 낳을 확률은 지극히 낮다. 그러나 다운 증후군 아기들을 가진 나머지 5% 가족의 경우는 세대를 거쳐 이 증후군이 나타날 확률이 매우 높다.

이런 특이한 사례들로부터 부모들과 그들의 자손들에 대한 세포학적 연구들로 가족성 다운 증후군(familial Down syndrome)의 원인이 설명될 수 있었다. 위에 설명했던 전좌에 관한 지식으로, 유전학자들은 정상 이배수체의 유전체를 가졌는데도 삼염색체성 형질을 나타내는 역설을 설명할 수 있었다. 또한 45개의 염색체를 가지며 정상 표현형을 나타내는 보인자(carrier)가 완전한 이배수체 유전물질의 양을 포함하지는 않는다는 것 역시 흥미롭다. 14번 염색체와 21번 염색체에서 전좌가 발생하며 약간의 부분을 소실하게 된다. 이러한 사건은 두 염색체의 말단이 융합하기 전에 부러짐으로써 발생한다. 이러한 특정 부위들은 리보솜의 주요 성분인 rRNA를 암호화하는 유전자의 다중 복사본이 있는 곳으로 알려져 있다. 이 유전자들의 20%를 잃음에도 불구하고 보인자는 영향을 받지 않는다.

6.9 인간 염색체의 취약 부위

1970년경 배양된 세포에서 분리된 사람의 중기 염색체를 관찰하던 중에 발견된 재미있는 결과에 대해 간단히 논의하면서 이 장을 끝내고자 한다. 어떤 사람들에서 분리된 세포에서는, 염색체의 특정 부분이 염색이 되지 않아 틈이 있는 것처럼 보인다. 그런 형태를 나타내는 염색체들을 가진 다른 사람들에서, 그 틈들은 염색체 세트 내의 다른 부위들에서도 나타났다. 그런 부위들은 일반적으로 배양 배지에 첨가되는 엽산 같은 특정 화합물들이 없는 상태에서 배양될 때 염색체 절단에 취약한 것으로 보였기 때문에 취약 부위들(fragile sites)이라고 알려지게 되었다. 취약 부위들은 그 중 하나가 어떤 형태의 정신지체와의 연관성이 밝혀지기까지는 매우 의아스러운 것이었다.

이 부위들에서 취약성이 나타나는 원인은 아직 밝혀져 있지 않다. 이 부분들은 절단에 민감한 염색체 부위들을 나타내기 때문에, 염색질이 조밀하게 꼬여져 있지 않은 부분들을 나타내는 것일 수 있다. 비록 이 부위들에 대한 거의 모든 연구가 분열 중인 세포를 이용한 시험관 내 실험으로 이루어진 것이기는 하지만, 이 부분들이 변형된 형질, 즉 정신지체나 암과 확실히 관련되어 있다는 사실에 주목할 필요가 있다.

취약 X 증후군

대부분의 취약 부위들은 어떤 임상 징후들과도 별 관련이 없어 보인다. 그러나 X 염색체상에 엽산 감수성 부위(folate sensitive site)를 가진 사람들은 취약 X 증후군(fragile X syndrome, FXS)이라는 가장 흔한 형태의 정신지체를 나타낼 수 있다. 이 증후군은 남아 4,000명 중 한 명, 여아 8,000명 중에서 한 명꼴로 영향을 미친다. 이런 X 염색체를 가진 모든 남자들은 이 증상을 나타내지만, 한 염색체만 영향을 받은 여성들은 60% 정도만 이 증상을 나타낸다. 정신지체에 더하여, 남녀 환자들은 특징적으로 길고 좁은 안면과 돌출된 턱, 그리고 커다란 귀를 가진다.

현재는 취약 부위에 있는 유전자들이 이런 증후군에 책임이 있음이 알려졌다. FMR-1으로 알려진 유전자는 세 개의 뉴클레오타이드가 여러 번 반복되어 유전자의 크기가 커지는 유전자들의 하나로 밝혀진 바 있다. 세 뉴클레오타이드 반복(trinucleotide repeat)이라 불리는 이 현상은 사람의 다른 질병, 예를 들어 헌팅턴병(Huntington disease)과 근긴장성 이영양증(myotonic dystrophy)과도 관련된 것으로 알려져 있다. FMR-1에서 이 세 뉴클레오타이드는 CGG인데, 유전자의 암호화 부위 근처의 비번역 부위(untranslated area; "상류" 부분이라고 불림)에서 반복되어 나타난다. 반복되는 횟수는 사람마다 매우 다르며, 높은 반복횟수는 취약 X 증후군의 발현과 연관된다. 정상인은 약 6~54번의 반복횟수를 나타내며 소위 보인자로 생각되는 개인은 55~230번, 230번 이상의 반복은 이 증후군의 발현을 일으킨다.

일단 이렇게 증가된 반복 수를 포함하게 된 유전자들은 화학적으로 변형되어 반복서열 내부나 근처의 염기들이 메틸화되어 그 유전자를 불활성화시키는 후성적 과정이 발생하는 것으로 생각된다. FMR1 유전자의 정상 산물은 RNA-결합 단백질인 FMRP로, 뇌에서 발현되는 것으로 알려져 있다. 뇌에서 이 단백질의 부재와, 이 증후군에서의 인지 결함 사이의 직접적 연관에 관해, 많은 증거들이 축적되고 있다.

유전학적 견지에서는, 취약 X 증후군에 대한 가장 흥미로운 면이 CGG 반복성의 불안정성이라 할 수 있겠다. 6~54번의 반복을 나타내는 개인은 자손에게 같은 수의 반복을 나타내는 유전자를 전달한다. 그러나 55~230번의 반복을 나타내는 보인자들은 이 증후군을 나타낼 가능성이 없음에도 불구하고, 자손들에게 더 증가된 반복서열을 전달하기도 한다. 이렇게 미래 세대에서 반복횟수가 증가하는 현상은 유전적 예상 현상(genetic anticipation)으로 알려져 있다. 일단 증후군 발현의 역치인 230번을 넘겨 증가하게 되면, 세대가 거듭되어 반복이 증가할수록 이 질환의 발현은 점점 심각해진다. 흥미롭게도, 보인자 상태의 (55~230) 반복에서 질병상태(230 이상)로의 확장은 부계 쪽이 아니라, 모계 쪽 유전자의 전달 중에만 일어난다는 것이다. 따라서 "보인자"인 남성은 그의 딸에게 안정한 염색체를 전달하지만, 그 딸은 그녀의 자손들에게 증가된 반복 수를 가진 불안정한 염색체를 전달할 수 있다. 여기서는 할아버지가 원 염색체를 가지고 있었다.

취약 부위와 암 사이의 연관

취약 X 증후군에 대한 연구가 처음에는 불안정한 염색체 영역 때문에 유전학자들의 관심을 끌게 되었던 데 반해, 1996년에는 상염색체의 취약 부위와 폐암 사이의 연관성이 카를로 크로스(Carlo Croce), 케이 헤브너(K. Huebner) 및 동료들에 의해 보고되었다. 이들은 곧 취약 부위와 관련된 결손이 다양한 형태의 암들을 생기게 한다는 가설을 제시했다. 크로스와 헤브너는 FRA3B라고 표시되는 3번 염색체 단완상의 잘 알려진 취약 부위 내에 존재하는 FHIT(fragile histidine triad) 유전자가, 폐암을 가진 사람들의 종양세포들에서 자주 변형되어 있거나 사라졌음을 발견했다. 더 광범위한 연구로, 이 단백질이 식도암, 유방암, 자궁경부암, 간암, 신장암, 췌장암, 대장암, 그리고 위암 등 많은 다른 암들에서는 존재하지 않는다는 것이 알려졌다. 취약 부위 내에 존재하는 FHIT 같은 유전자들은 분명히 돌연변이나 결실에 더 민감하다.

연이어 멀러 패브리(Muller Fabrii)와 케이 헤브너(Kay Huebner)는 크로스(Croce)의 실험실 동료들과 함께 또 다른 취약 부위를 발견하여 연구하면서 아주 재미있는 결과를 얻었다. 16번 염색체상의 FRA16D 내에서 WWOX 유전자가 발견된 것이다. FHIT 유전자처럼, 이것은 인간의 여러 암들과 연관되어 있는 것으로 보였다. 특히, FHIT와 마찬가지로, 대부분의 폐암 조직에서뿐 아니라, 유방암, 난소암, 전립선암, 방광암, 식도암, 그리고 췌장암 등에서 대부분 이 유전자가 소실되었거나 유전적으로 침묵화되어(silenced) 있음이 발견되었다. 유전자가 존재하지만 침묵하게 될 때, 그 DNA는 매우 메틸화되고 그로 인해 불활성화되는 것으로 생각된다. 나아가, 그 활성 유전자들 역시 암세포를 인식하고 아폽토시스(apoptosis)를 유도하는 망보기 기능을 함으로써 악성 종양들이 시작되는 것을 효과적으로 막는 종양 억제자로 행동하는 것으로 생각된다.

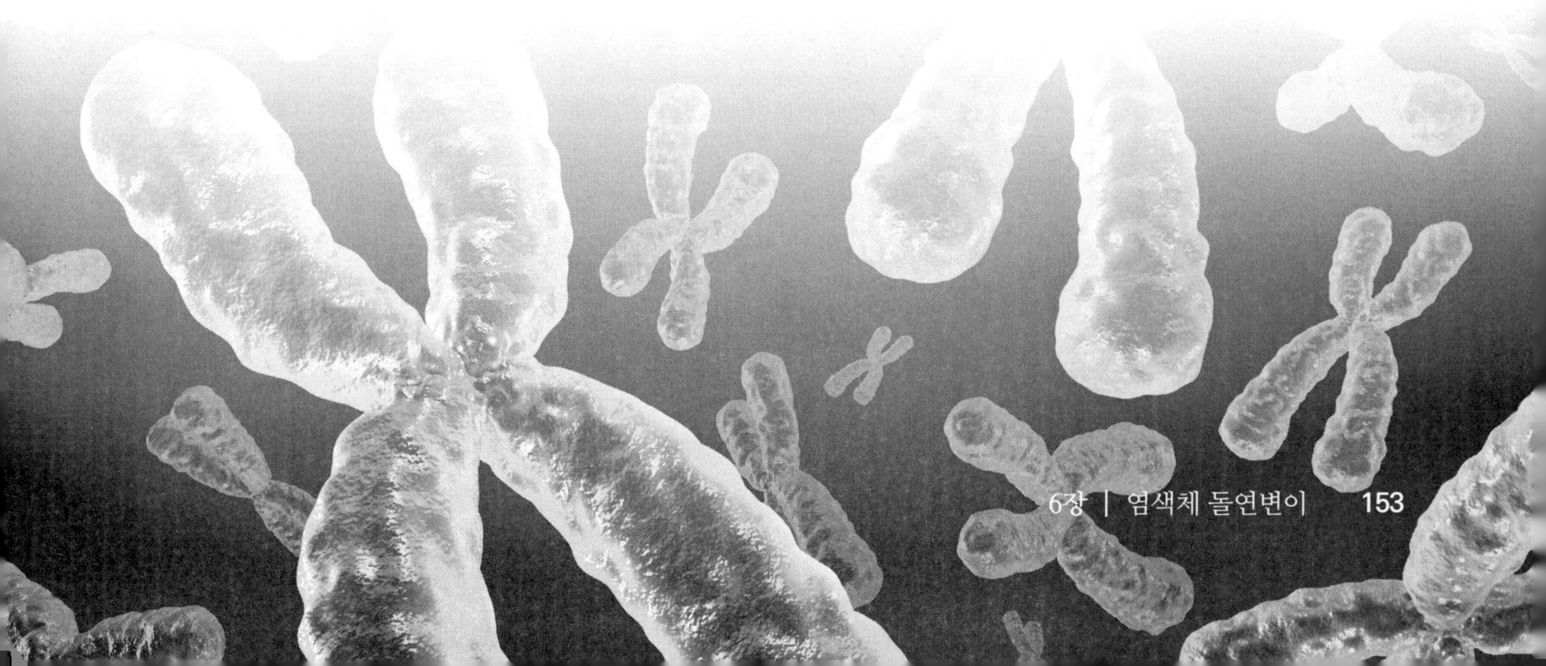

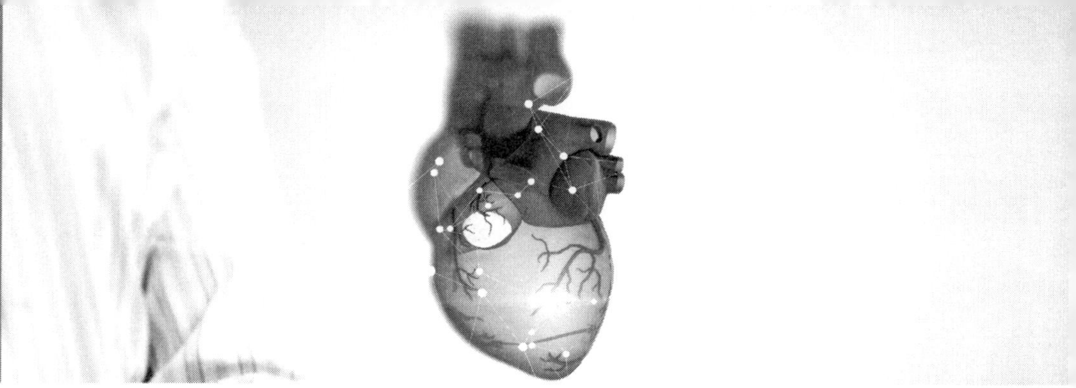

7장

의학 생명공학

생명공학에서 의학 생명공학(medical biotechnology)보다 더 큰 낙관론과 논쟁을 불러일으키는 화제는 없었다. 의료 바이오 기술의 적용은 수십 년 동안 존재해 왔다. 예를 들면, 100년 전 소위 사혈법(bloodletting)을 통한 병의 치료시 일반적으로 거머리를 사용하였다. 몇몇 의사들은 거머리를 사용하여 환자로부터 피를 빨아내면 그 환자 몸으로부터 앓고 있던 병들도 함께 빠져나간다고 믿고 있었다. 의학 생명공학 분야에서는 믿기 어려울 정도의 빠른 속도로 정교한 기술발달이 일어나고 있으므로 의학 생명공학에 대해 배우는 것은 아주 흥미있는 시간이 될 것이다. 실제로 거머리는 다시 주목을 받고 있는데, 이번엔 사혈법이 아니라 거머리 침 속에서 발견된 효소들 때문이며, 이 효소들은 혈전(blood clot)을 용해시킬 수 있어 뇌졸중과 심장마비를 치료하는 데 사용될 수 있다.

의학 생명공학은 이미 우리가 논의했던 많은 주제들을 포함하고 있다. 유전적 장애를 진단하거나 신약 개발 유전체 편집을 포함한 유전자 치료, 줄기세포와 복제까지 의학 생명공학의 가능성은 특별하다. 그러나 과학자들을 포함한 많은 사람들에게 윤리적인 경종을 울리고 있다.

이 장에서는 의학 생명공학의 다양한 이용범위에 대해 살펴보고, 이 흥미진진한 분야가 우리에게 미치는 잠재적 영향에 대해서도 논의해 보고자 한다. 분자생물학의 기술들이 어떻게 질병을 탐지하고 진단하는 데 사용될 수 있는가에 대한 시작으로 다양한 정밀의료의 적용, 유전자 치료에 대한 소개 및 재생의학을 논의하고자 한다. 이 장은 줄기세포의 응용에 대한 내용을 마지막으로 마무리하고자 한다.

의문의 여지없이 의학 생명공학은 생명공학에서 가장 빠르게 발전하는 분야 중 하나이며, 인간의 삶에 긍정적인 영향을 줄 수 있는 가능성을 생각하면 놀랍지 않을 수 없다. 개발되고 있는 다양한 기술과 의학 생명공학의 새로운 응용으로 인해, 다음의 주요 미래 발견이 무엇인지 예측하는 것은 쉽지 않은 일이다. 이 예측을 통해 우리는 의학 생명공학자들이 무엇을 해결해야 할지에 대한 중요한 과제 몇 가지를 제시한다.

- 개별 유전체의 개인화된 유전체학 및 서열 분석은 향후 질병 진단 및 치료에 어느 정도 영향을 미치는가?
- 유전체와 후성 유전체에 대한 이해로 인해 어떤 새로운 약과 치료법이 생길까?
- 질병을 감지하고 치료하기 위해 나노기술은 어떤 역할을 하는가?
- 면역치료법은 특정 암 치료에 대한 몇 가지 놀라운 결과를 만들어 냈다. 이러한 접근 방식이 기대에 부응 할 수 있는가?
- 세포, 조직 및 기관을 조작할 수 있는 재생의학 분야에서 어떤 새로운 치료법이 나오겠는가?
- 유전자 치료 기술이 유전자 질환 치료를 위한 보다 일상적인 옵션이 되겠는가? 유전체 편집이 성공적인유전자 치료법을 크게 발전시키는 데 영향을 미칠 것으로 예상하는가?

• 줄기세포가 질병 치료를 위한 신뢰할 수 있고 안전하며 저렴한 옵션이 되겠는가?

7.1 인간 질병의 동물모델

이 장에서 배울 응용기술 중 많은 부분은 중요한 모델생물(model organism) 덕택에 가능한 것이다. 생쥐, 쥐, 벌레들, 파리들은 과학자들이 인간 질병을 연구하는 데 중요한 역할을 해왔다. 우리는 실험 목적으로 인간 유전자를 조작할 수 없기 때문에 모델생물들은 매우 중요하다. 인간 유전자가 어떻게 기능하는지 알기 위해 사람을 번식시키거나 그들의 유전자를 제거하는 것은 비윤리적이고 불법이다. 하지만 이러한 방식은 모델생물들에는 유전자를 연구하기 위해 널리 사용된다.

우리는 우리가 말과 글을 통해 의사소통을 하며, 또한 두 다리로 서서 걷고, 음악을 작곡하며, 맛있는 피자를 만들고, 멀리 떨어져 있는 행성들을 탐험할 수 있는 능력이 있기 때문에 다른 생물들이 인간을 따라올 수 없다고 생각한다. 하지만 유전자 수준에서 볼 때 우리는 다른 동물들과 별반 다를 바 없다. 효모나 벌레로부터 생쥐까지, 우리는 이들 생명체와 많은 수의 유전자들을 공유한다. 많은 종류의 인간 유전병들에서 이들 모델동물을 이용해 질병 유전자들을 밝혀낼 수 있다. 유전자 치료와 약품에 기초한 치료방법들을 인간에게 임상시험(clinical trials) 하기에 앞서, 모델 개체에서의 비임상연구에 사용함으로써 그 방법들의 효율성과 안전성을 점검할 수 있다.

여러 가지 서로 다른 모델동물들에서 밝혀진 많은 유전자들은, DNA 서열에 기초해 보자면, 인간 유전자와 연관이 있다. 이와 같이, 서로 연관된 유전자들을 상동성 유전자(homologs)라고 한다. 모델동물에서 인간의 질병에 역할을 하는 것으로 생각되는 유전자를 유전자 제거(gene knockout) 또는 유전체 편집(genome editing)방법을 사용하여 제거할 수 있다. 유전자 제거가 그 모델동물에 미치는 영향으로 그 유전자의 기능을 이해할 수 있게 된다. 과학자들은 쥐들에게서 Lep라는 단일 유전자가 결여된 경우 이 동물들이 비만해진다는 것을 발견했다. Lep 유전자는 렙틴(leptin)이라는 단백질 호르몬을 암호화하며, 렙틴은 혈관을 통해 뇌로 이동하여 식욕을 조절한다. 이후 인간에게서 렙틴의 상동성 유전자가 발견되어 인간의 지방대사와 체중장애에 영향을 끼칠지 모르는 유전자에 대한 이해를 돕고, 또한 커다란 희망을 갖고 새로운 연구 영역으로 나아가게 되었다. 일부 청소년기 비만 질환에 LEP 유전자의 돌연변이가 영향을 미친다. 영국에서는 초고도비만을 가진 어린이들을 렙틴으로 치료해 왔으며, 예비연구에서도 좋은 반응이 나타났었다.

인간유전체프로젝트(Human Genome Project)와 비교유전학적 연구는 우리가 다른 생명체들과 많은 수의 유전자들을 공유한다는 점을 명확히 보여줬다. 당신은 당신의 유전자들 중 약 50%가 여러분이 과일가게에서 가져간 과일에 붙어 집안으로 들어온 성가신 초파리의 유전자와 공유된다면 믿을 수 있겠는가? 인간을 만드는 데 필요한 유전자가 초파리를 만드는 데 필요한 유전자의 겨우 두 배 정도라고 하면 거의 믿기 어려울 것이다. 벼와 같은 식물은 인간보다 더 많은 유전자를 가지고 있다. 우리는 우리 유전자의 거의 40% 정도 가까이 회충과 공유하며, 31%를 효모 — 우리가 빵을 구울 때 빵을 부풀게 도와주며, 또한 알코올 음료가 발효하도록 도와주는 바로 그 효모 — 와 공유한다. 우리는 더 많은 수의 유전자를 생쥐와 공유하는데, 우리와 생쥐의 유전자들은 약 90%가 구조와 기능에서 유사하다.

우리의 신체구조, 기관의 발달, 그리고 궁극적으로 우리의 노화와 사망을 결정짓는 유전자들은 사실상 초파리에 있는 유전자들과 많이 유사하다. 또한 인간에게 질병을 일으키는 것으로 알려진 유전자 돌연변이들은 역시 초파리에서도 병을 일으킨다. 인간에게서 289가지의 질병을 일으키는 유전자 돌연변이들 중 약 61%가 초파리에서도 발견된다. 이러한 종류의 질병에는 전립선암, 췌장암, 낭포성 섬유증, 백혈병, 그리고 기타 다수의 유전병들이 포함된다. 심장병 또한 과학자들이 모델생물들을 이용하여 연구를 수행 중인 사례 중 하나이다. 미국에서는 매년 거의 백만 명 이상의 인구가 심장 질환으로 사망한다. 그리고 이 책 전체에 걸쳐 논의했듯이 크리스퍼-캐스(CRISPR-Cas)와 같은 유전체 편집 기술을 사용하면 모델생물들의 유전자를 편집하여 다양한 질병에 대해 연구할 수 있다. 이 연구 분야는 매우 빠르게 발전되고 있다. 일례로, 연구자들은 콜레스테롤 대사에 필요한 특정 유전자가 결핍된 심장마비 마우스를 개발하기 위해 유전자 제거(knockout)를 사용했다. 이 마우스는 동맥경화에서 발생하는 것과 유사한 혈중 콜레스트롤 수치를 높여서 심장병 치료를 위한 치료법을 연구하는 데 사용할 수 있게 되었다.

7.2 인간 질병의 탐지와 진단

인간유전체프로젝트(Human Genome Project)와 유전체학의 발전으로 인해, 연구자들은 유전질병에 관여하는 유전자를 식별하고 인간 유전자 질병을 탐지하기 위한 강력한 기술들이 급속히 발전해 왔다. 이것은 의학 생명공학 분야에서도 가장 빠르게 변화하는 분야 중에 하나이기도 하다. 이러한 기술들은 질병 진단에 큰 영향을 미쳤으며 의료적 치료에 있어 혁명을 일으키고 있다. 여기에 우리는 인간 질병을 탐지하고 진단하기 위한 여러 다른 방식들에 대한 개요를 제공한다.

질병 탐지에 쓰이는 바이오마커

이론적으로, 올바른 진단 방법만 있다면 초기 단계에 거의 모든 질병을 찾아낼 수 있다. 암과 같은 많은 질병들의 조기 발견은 최선의 치료를 제공하고 환자의 생존 가능성을 높이는 데 매우 중요하다. 조기 발견 방법 중 하나가 질병의 징후로 바이오마커(biomarker)들을 들여다보는 것이다. 바이오마커는 보통 병에 걸린 조직에서 잘못 만들어진 단백질이거나 그 단백질량이 증가된 것을 뜻한다. 많은 바이오마커는 세포사멸로 인해 이미 죽거나 현재 죽어가는 세포들에서 만들어진 세포 손상의 산물로서, 보통 혈액이나 소변 같은 체액으로 분비된다. 예를 들면, 전립선 특이 항원(prostate-specific antigen, PSA)은 전립선에 염증이 생겼을 때 분비되므로, PSA의 수준이 높아졌으면 이는 전립선염, 혹은 심지어 전립선암의 바이오마커가 될 수 있다. 바이오마커 개발에 있어 가장 큰 관심사는 뇌진탕과 같은 외상성 뇌손상의 지표를 식별하는 것이다. 축구 선수의 뇌진탕의 경우 우려가 제기되었을 당시 만성 외상성 뇌병증(chronic traumatic encephalopathy, CTE)이라는 퇴행성 뇌 질환으로 밝혀졌었다. 현재 CTE는 사망한 사람의 뇌를 분석해야만 탐지할 수 있으므로 CTE의 바이오마커는 이 질병을 진단하고 그 사람들을 치료하는 데 가치가 있었다.

개별 유전자 또는 유전자 발현 패턴을 분석해 과학자들에게 질병 바이오 마커를 제공하며, 많은 생명공학 회사들은 조기검진 및 질병 진단에 사용할 수 있는 더 좋은 바이오마커를 찾는 데 적극적으로 참여하고 있다. 또한 특정 암의 경우, 종양 세포가 죽으면 DNA(순환 종양 DNA 또는 ctDNA)를 혈관으로 방출하고 암세포 유전체의 단편이 때때로 DNA 시퀀싱에 의해 검출될 수 있음이 알려졌다. ctDNA 분석이 암을 조기에 진단하고 환자들에게 도움이 될 만큼 정확하고 신뢰성 있는 것인지를 알기 위한 초기단계 연구들이 진행 중에 있다.

단백질 마이크로어레이(protein microarray)는 질병 진단을 위한 또 다른 선택이 될 수 있다. 단백질 마이크로어레이는 상당 부분 DNA 칩과 유사한 방식으로 사용된다. 예를 들면, 각 단백질칩에는 수천 개, 혹은 수만 개의 항체들이 뿌려져 있다. 마찬가지로, 과학자들은 한 방울의 혈액에서 자가 항체(autoantibody)를 이용해 알츠하이머병 및 기타 발병을 정확히 예측하기 위한 방법을 개발하였다. 질병의 조기 탐지는 질병의 진행을 지연시키거나 막을 수 있는 신약을 개발하는 것으로 연결되기를 희망한다.

핏빗(Fitbits)과 같은 장치는 혈압 및 심박수와 같은 활력징후(vital sign)를 모니터링하기 위해 이미 존재하는 것처럼 바이오마커 검출에 사용될 수 있는 스마트폰 및 웨어러블 장치 연구도 빠르게 진행되고 있다. 결국 이와 같은 기술로 질병 상태를 지속적으로 모니터링할 수 있다.

인간유전체프로젝트는 모든 인간 염색체 내 질병 유전자들을 밝혔다

인간유전체프로젝트가 완료되기 전까지는 약 100개의 유전질환만 검사할 수 있었다. 지금은 약 2,500여 질병에 대해서는 유전자 검사가 가능하며 약 5,500여 가지 질병에 대해서도 분자 기반의 검사가 가능하다. 하지만 약 500여 가지 질병에 대해서만 치료법이 알려져 있는 상황이다. 인간유전체프로젝트를 통해 과학자들은 모든 인간 염색체에서 정상 유전자와 질병 유전자의 위치들을 보여주는 복잡한 지도를 완성했다. 인간유전체프로젝트는 암에 관련한 유전체 변화를 폭넓게 연구하기 위해 TCGA(The Cancer Genome Atlas Project)와 같은 여러 후속 프로젝트를 개발했다. 과학자들은 특히 뇌, 유선, 난소, 췌장, 간 및 폐의 정상 세포가 암세포가 되게 하는 특정 유전자 변화에 관심이 많다. 이유는 이들 암은 특히 미국인들에게 가장 많이 발병되는 암이기 때문이다. 현재 TCGA 및 기타 유전체 프로젝트를 통해 나온 정보들은 암 진단 및 치료에 큰 영향을 미치고 있다.

유전자 검사: 염색체 이상과 결함 있는 유전자들을 탐색

분자생물학 기술은 많은 유전 질환을 발견하는데 매우 유용하다는 것이 입증되었다. 유전자 검사는 재조합 DNA 기술의 첫 번째 성공적인 적용 사례이며 현재 약 1,000개의 유전자 검사가 사용되고 있다. 과학자와 의사들은 점점 더 많은 질병과 관련된 돌연변이에 대해 개인 DNA를 검사할 수 있게 되었다. 이들 검사는 보통 겸상적혈구빈혈증, 낭포성 섬유증, 헌팅턴병, 혈우병 및 근이영양증과 같은 단일 유전자 장애와 관련된 유전자 변이를 탐지한다. 그러나 단 3,990개의 단백질 코딩 유전자(인간 유전체의 약 0.3%)만이 단일 유전자에 의해 질병과 관련이 있다. 이 장 마지막 부분에서 배우게 되겠지만, DNA 시퀀싱은 유전자 검사를 위한 점점 더 포괄적인 유전체 분석을 위해 사용되고 있다.

유전자 검사는 태아, 아동, 성인의 유전질병 예후예측 및 진단에 사용되며 시험관 내 수정에 의해 생성된 배아에서 유전적 질병을 식별하는 데도 사용된다. 성인의 유전자 검사에는 백혈구 DNA가 일반적으로 사용된다. 대안적으로 구강상피세포 DNA 또는 모발 세포를 수집하기도 한다. 일부 유전자 검사는 생식세포에서도 수행될 수 있다. 예후예측 목적으로 유전자 검사를 수행할 때의 의미는 무엇이며 이는 진단 검사와 어떻게 다를까? 예후예측 검사는 특정 유전 질환이 발생할 가능성을 예측한다. 유전자 진단 검사는 질병을 유발하는 특정 유전자 또는 돌연변이를 식별하지만, 이 검사는 유전자 또는 돌연변이가 질병의 원인인지를 확인할 수는 없다. 최근까지도, 유전자 검사는 태아의 성별을 식별하거나 몇 개 안되는 유전 질환을 탐지하기 위해 적용되어 왔었다. 대부분은 염색체 수의 변화 또는 염색체의 큰 규모의 구조적 이상으로 인해 발생하는 유전 질환에 대한 검사와 관련이 있다. 정자 또는 난자 형성 시 염색체 분리에 문제가 발생하는 경우 비정상적인 염색체가 포함될 수 있다. 염색체 수의 차이에 의해 발생되는 질병의 좋은 예 중 하나는 다운 증후군(Down syndrome)이며 이들은 유전체 내 염색체 21번을 3쌍을 가지고 있다(21번 삼염색체성, triosomy 21). 이들은 인지장애, 왜소하며, 넓은 얼굴형태의 표현형을 가지고 있다. 다운 증후군의 발병률은 여성의 임신 나이와 관련이 있기 때문에 다운 증후군 태아 검사는 보통 40세 이상의 임상부에서 매우 일반적으로 일어난다. 태아에게 실시된 21번 상염색체성과 기타 염색체 수 이상과 연관된 정보들은 부모에게 그 임신을 계속 유지하길 원할 것인가에 관한 결정을 내리는 데 매우 중요한 정보로 쓰일 수 있다. 이상이 발견된 경우, 유전자 검사는 임신 중 또는 출산 후 태아를 치료하는 데 유용한 정보를 제공한다. 그렇다면 발달 중인 태아에게서 어떻게 다운 증후군을 검사할 수 있을까? 여기에는 두 가지 서로 다른 방법이 사용될 수 있는데, 양수천자(amniocentensis)와 융모막 융모 채취술(chorionic villus sampling, CVS)이 그것이다. 양수천자는 발달 중인 태아가 약 16주 정도 되었을 때 시행한다. 이 검사에서 바늘을 산모의 복부를 지나 태아를 둘러싸서 완충작용을 하고 있는 양수주머니까지 삽입한다. 양수액(amniotic fluid)에는 피부세포 등과 같이 태아로부터 떨어져 나온 세포들이 들어 있다. 먼저 양수로부터 분리된 세포들을 며칠 동안 배양하여 세포의 숫자를 충분히 증가시킨 다음, 염색체들이 분리되어 나오도록 처리하고, 염색체들을 슬라이드유리 위에 펼쳐놓는다. 염색체의 DNA 결합 단백질들을 염색할 수 있는 몇 가지 시료를 사용해 단백질들을 염색하면 밝고 어두운 띠들이 교차하는 무늬가 생겨난다. 각 염색체의 크기와 그의 띠무늬에 근거하여, 쉽게 모든 염색체들을 쌍으로 배열하고 염색체 수를 헤아릴 수 있다. 이러한 방법을 핵형(karyotype)이라고 하는데 핵형에는 성염색체(X와 Y)가 들어 있으므로 태아의 성별을 가리는데도 쓰인다.

융모막 융모 채취술 역시 태아에게 사용될 수 있다. 융모막은 태반을 형성하는데 도움을 주는 태아조직으로, 이 검사법은 융모막 세포층의 작은 부분을 흡입관을 사용해 떼어낸다. 양수천자에 비해 이 방법의 장점은, 이 시술 자체로도 충분한 숫자의 세포를 얻을 수 있으며, 이들 샘플은 즉시 핵형분석법에 이용될 수 있다. 융모막 융모 채취술의 또 다른 장점은 이 검사법을 양수천자법보다 더 빠른 시기 때(임신 중 약 8~10주) 쓸 수 있다는 것이다. 그러나 이 시기에는 아직 태아의 크기가 매우 작기 때문에 이 검사법은 태아에게 충격을 주어 양수검사보다 유산을 일으킬 위험성이 더 크다(전체적으로, 양수천자 및 융모막 융모 채취술의 약 1%가 유산을 유발한다).

태아 DNA의 산전 검사를 위해 비침습적 산전 유전자 검사(noninvasive prenatal genetic diagnosis, NIPD)법 또한 개발되고 있다. 이 기술은 태아에게 발생하는 위험을 많이 줄여준다. 사람의 혈액을 통해 죽거나 죽어가는 세포들로부터 DNA가 방출된다. 이를 통해 임산부의 혈액에는 발달 중인 태아의 DNA 조각도 들어 있다. 임산부 혈액에는 아기의 DNA가 약 3~6% 정도 존재한다. 미량의 태아 DNA를 분석하여 태아에서 다운 증후군 같은 유전 질환이 있는지 확인할 수 있다. 이러한 검사에는 약 한 스푼의 혈액이 필요하다.

산모의 혈액 샘플을 기반으로 한 최초의 태아 유전자 분석 테스트는 2011년에 처음 출시되었다. 즉, 캘리포니아주 샌디에이고의 시퀀옴(Sequenom)은 다운 증후군뿐만 아니라 13번 삼염색체(파타우 증후군)과 18번 삼염색체(에드워드 증후근) 또한 검사할 수 있는 MaterniT® 21 PLUS와 같은 검사를 시작한 최초의 회사이다. 다운 증후군의 MaterniT® 21 PLUS는 태아의 21번 염색체를 식별하기 위해 DNA의 36 bp 단편을 분석한다. 시퀀옴 테스트는 0.2% 위양성(false positive)으로 매우 정확하다고 주장한다. 테스트는 10주차 이후에 시작될 수 있다(양수천자 검사가 수행되는 시점보다 약 4~6주 정도 앞서 검사가 수행될 수 있다). 다른 회사들도 시퀀옴 방법을 따랐으며, 이 테스트의 미래 시장 가치는 10억 달러 이상 될 것으로 추정된다.

핵형분석법은 성인에게서도 손쉽게 염색체 이상을 확인하기 위한 방법으로 쓰인다. 일반적으로, 성인의 혈액을 채취하여 혈액 내 백혈구를 핵형분석법에 사용한다. 형광 제자리 혼성화법(fluorescence *in situ* hybridization, FISH)은 태아와 성인 양쪽 모두에서 핵형분석법에 사용되는 상당히 새로운 방법이다. FISH에서는 먼저 염색체를 슬라이드 위에 펼쳐놓고, 각 염색체에 형광탐침(fluorescent probe)들을 혼성화(hybridization)시킨다. 각 탐침은 각 염색체상의 특정 표지서열(marker sequence)에 특이적이다. 몇몇 경우에는 다른 색의 형광을 나타내는 탐침들을 사용하여 스펙트럼 핵형 분석(spectral karyotype)을 시행할 수 있다. FISH는 결실되었거나 원래보다 더 많이 존재하는 염색체들을 확인하는 데 매우 유용하며, 특히 결함있는 염색체들을 찾아내는 데 일반적인 핵형 분석보다 더 용이하다.

염색체 이상으로 생겨난 수많은 인간 유전자병은 염색체 일부가 결여되거나, 염색체 복제과정 중 발생한 문제로 인해 염색체 조각이 한 염색체에서 다른 염색체로 교환되어 일어난다. 예를 들면, 백혈병의 일종인 만성골수성 백혈병(chronic myelogenous leukemia)은 염색체 9번과 22번 사이에 DNA 교환이 일어나, 9번에 있던 유전자들이 22번으로, 그리고 역으로 22번에 있던 유전자들이 9번으로 이동한다. FISH 방법은 각 염색체에 대한 다른 색의 형광탐침들을 사용하여 이러한 염색체 교환을 쉽게 찾아낼 수 있다.

대부분의 유전병은 염색체 수의 이상이나 염색체 구조의 결함 때문이 아니라, 특정 유전자들에서 발생한 돌연변이에 기인한다. 인간유전체프로젝트로 인해 더욱 정교해진 분석 기법으로 발달했고, 과학자들은 태아와 성인 모두에게서 개개의 질병 유전자를 찾을 수 있는 능력을 가지게 되었다. 대립인자 특이적 올리고뉴클레오타이드 분석법(allele-specific oligonuclotide analysis, ASO analysis)은 돌연변이가 제한 부위에서 일어나지 않더라도, 어떤 유전자에서 일어난 한 개의 뉴클레오타이드 변화도 찾아낼 수 있다. 이 방법에서 인체 세포 - 보통은 백혈구 - 부터 분리된 DNA를, 대상이 되는 질병의 유전자의 한 쪽에 결합하는 프라이머들을 사용하여 중합효소 연쇄반응(polymerase chain reaction, PCR)으로 증폭한다. 증폭된 DNA를 나일론 필터 위에 블롯팅한 다음 탐침으로 사용되는 두 개의 서로 다른 ASO를 각각 따로 나일론 필터에 혼성화시킨다. ASO는 작은 단일 가닥 구조의 올리고뉴클레오타이드 서열인데, 보통 그 길이가 20 뉴클레오타이드 정도이다. 일반적으로 실험에서 2개의 ASO - 각각 정상적인 DNA와 혼성될 것과 돌연변이 유전자와 혼성될 것 - 가 사용된다.

이 방법과 같이 PCR에 기초한 방법들은 질병 유전자들을 찾아내는데 있어 점점 더 값진 방법들이 되어가고 있다. PCR 방법의 장점 중 하나가 소량의 DNA를 가지고도 유전자의 결함을 찾아낼 수 있을 정도로 아주 예민하다는 것이다. 따라서 FISH뿐만 아니라 PCR과 ASO 분석법도, 체외수정으로 만들어진 8~32 세포 단계의 배아 중 한 개의 세포에 있는 유전자의 결함을 가려내는 데 쓰이고 있다. 이러한 착상전유전자 검사법(preimplantation genetic diagnosis, PGD, 또는 preimplantation genetic test, PGT)은 착상전 건강한 배아를 선택하는 데 쓰일 수 있다. 착상전유전자 검사법은 때때로 배아 선택 또는 스크리닝으로 지칭되는데, 이는 착상을 위한 배아를 선택하기 전에 부모가 가지고 있는 특정 유전 질환을 스크리닝할 수 있기 때문이다. 착상전유전자 검사법은 약 25년 이상 특정 유전적 결함이 자식에게 유전되는 우려가 있을 때를 대비해 사용되어 왔다. 미국에서는 착상전유전자 검사법이 IVF 사례의 약 25% 정도에서 사용된다. 또한 다음 장에서 배우게 될 개별 세포에 대한 전장 유전체 해독(WGS)을 수행할 수 있으며 이 방법은 IVF로 만든 배아에서 단일세포의 착상전유전자 검사법을 적용하고 있다. 지금까지 착상전유전자 검사법은 유전자 검사 시장에서 가장 큰 비중을 차지하고 있다. 착상전유전자 검사법 시장이 2022년까지 약 5억4천2백만 달러로 성장할 것으로 추정되고 있다. 현재 수백 개의 질병관련 유전자가 앞서 언급한 기술들을 사용하여 성인이나 태아에서 검사할 수 있다.

단일 염기 다형성

두 사람의 같은 영역의 염색체 DNA로부터 시퀀싱 결과를 비교하면 DNA 서열의 약 99.9%가 정확히 동일하다. 인간유전체프로젝트의 흥미로운 발견 중 하나는 단일 염기 다형성[single nucleotide polymorphisms, SNPs; 발음 스닙(snips)]이 가장 일반적인 유전자 변이 중 하나라는 사실을 발견했다는 것이다. SNP는 개인마다 다른 DNA 서열의 단일 염기 변화이다. SNP는 개인마다 서로 다른 DNA 서열의 단일 염기의 변화이다.

SNP는 모든 인간 염색체에서 발견된다. SNP는 인간 유전자 변이의 약 90%를 구성하고 있으며 인간 유전체에서 대략 100~300 bp마다 하나씩 발생하는 것으로 추정된다. 대부분의 SNP는 유전체 중에 비단백질 코딩 영역(인트론)에서 발생하기 때문에 세포에 미치는 영향이 매우 적다. 그러나 SNP가 유전자 서열에서 발생하면 질병 민감성 및 일부 질병에 대해서는 다양한 방법으로 질병을 유발하거나 단백질 구조 변화에 영향을 미친다.

SNP는 궁극적으로 우리가 스트레스와 질병에 반응하는 방식에 영향을 미친다. 첫 번째 발견된 SNP는 겸상적혈구빈혈증과 관련이 있었다. SNP는 유전체 전체에 걸쳐 자주 일어나므로, 질병과 연관있는 유전자를 확인하는데 값진 유전자 마커(genetic marker)가 될 수 있다. 일부 SNP는 뇌졸중, 당뇨병, 암, 심장병, 행동과 정서장애와 같은 질병들에 대한 감수성을 예측하는 데 쓰일지도 모른다.

제약회사들이 수백만 달러의 돈을 투자해 3억 염기쌍 가까이 되는 인간 유전체에 존재하는 140만 개 이상의 SNP의 염색체상 위치를 밝혀내고 이들의 목록을 만들어, 질병 진단과 치료에서 SNP의 역할을 이해할 목적으로 기업, 교육기관들, 그리고 개인 기금들 사이에 이루어진 국제적인 협력사업을 진행했다. 바로 전에 배운 것처럼 ASO 분석은 DNA 시퀀싱과 마찬가지로 SNP를 검출하는 방법 중 하나이다.

마이크로어레이 분석으로 질병 유전자 확인

유전자 검사를 위한 또 다른 핵심 기술은 20여 년 동안 유전자칩(genetic chip)이라고도 불리는 DNA 마이크로어레이(DNA microarray)였다. 한 개의 마이크로어레이에는 수천 개의 유전자들이 들어 있을 수 있다. 연구원들은 환자가 병에 걸렸을 때 발현될지 모르는 유전자들의 양상을 골라내는데 마이크로어레이들을 사용한다. 마이크로어레이들을 통해 얻은 자료들은 그 병의 증세를 보이고 있는 환자들에게서 발현될지 모르는 유전자들의 숫자를 바탕으로 하여, 그 환자에게서 그 병이 진행될 위험성을 계산하는 데 쓰일 수 있다. 예를 들면, 이미 알려진 질병 유전자들이나 특정 SNP를 사용해 만들어진 마이크로어레이들은 환자에게서 발현되는 유전자들을 연구하는 데 소중하게 쓰일 것이다. 이를 위해서 우선 환자의 조직 샘플 - 혈액 샘플이나 구강 상피 긁어낸 것 - 로부터 DNA나 RNA를 분리해 내야 한다. 환자의 DNA에 형광염료를 붙인 다음 유전자칩에 혼성화시킨다. 환자의 DNA가 붙은 마이크로어레이의 반점들은 형광이 발광함으로써 나타난다. 환자의 DNA가 유전자칩에 들어 있는 유전자 서열에 결합했다는 것은 그 사람의 DNA에 특정 돌연변이나 SNP가 존재한다는 것을 의미한다. 심지어 어떤 회사들은 의사들이 거의 즉각적으로 환자의 유전요소에 대한 정보를 얻을 수 있게 간이 유전자칩 장비들을 개발하고 있다. 현재 마이크로어레이는 다양한 종류의 암에 걸린 환자들에게서 일어나는 유전적 차이를 밝혀내는 데 쓰이고 있다. 또한 마이크로어레이는 발암 유전자의 발현에서 생겨난 미세한 차이에 근거하여 암에 맞서 싸울 치료 전략을 세우는 데 사용되고 있다. 마이크로어레이는 질병과 관련된 유전자 또는 SNP를 연구하는데 매우 유용하지만, 점점 시간이 지날수록 DNA 시퀀싱(또는 RNA 시퀀싱)이 마이크로어레이 분석을 빠르게 대체하고 있다.

7.3 개인 유전체 서열 분석

과학자들과 의사들은 대체적으로 개인 유전정보를 평가할 때 상대적으로 시퀀싱이 빠르며 비용이 저렴한 것을 고려하고 있으며 그 변화는 더욱더 빨라지고 있다. 전장 유전체 해독(whole-genome sequencing, WGS)은 임상현장에서 빠른 속도로 활용되고 있다. 가까운 미래에 전장 유전체 해독은 거의 모든 형태의 유전자 검사에 적용될 것이다.

최근 WGS는 식욕 부진증, 알츠하이머병 및 자폐증 관련 유전학적으로 새로운 것들을 밝혔다. WGS 기반의 개인 유전체 분석을 통해 이미 아이들과 성인들의 질병 치료를 개선시키는 효과를 보였다. 개인 유전체 서비스가 널리 퍼지고는 있으나 아직은 현장에서 일반적인 형태로 적용되고 있지는 않으며 미래에는 널리 사용 될 것으로 예상된다. 그리고 임상현장에서 질병 진단으로 사용하기 위해서는 시퀀싱 데이터의 품질 관리 표준에 관한 중요한 문제들을 해결해야 하며 서열 데이터 및 해석의 정확성을 보장해야 한다.

마찬가지로, 매우 중요한 데이터 프라이버시 문제도 있으며 개인 유전체 프로젝트에 참여하는 개인의 실명과 주소가 온라인 데이터베이스에 공개된 몇 가지 예들이 있다. 이것은 익명성을 위반했으며 개인의 유전성향 및 매우 민감한 개인 정보가 쉽게 노출된 것이라고 볼 수 있다.

전장 엑솜 해독

앞서 WES(whole-exome sequencing)의 개념을 소개했었다. WGS에 대한 대안으로 임상적으로 매우 중요한 결과를 낳았다. 예를 들어, 니콜라스 볼머(Nicholas Volmer)는 태어날 때부터 체액과 배설물이 새는 병에 걸렸음에도 정확한 병명이 진단되지 않아 상상할 수 없는 불편함을 느끼면서 살아가야 했다. 니콜라스는 3살까지 무려 100번 이상의 수술을 받아야 했다. 위스콘신 의대의 연구팀은 니콜라스를 대상으로 엑솜을 시퀀싱하기로 결정했다. 생명정보학적으로 그의 DNA 서열을 일반인들의 유전체와 비교하여 X 염색체에 존재하는 XIAP(X-linked inhibitor of apoptosis)라는 유전자 돌연변이를 확인했다. XIAP는 다행히 골수 이식으로 교정할 수 있는 질병으로 알려져 있었다. 그래서 2010년에 골수 이식을 통해 니콜라스는 생명을 구하고 건강을 회복했다. 그후 얼마 지나지 않아 언론은 니콜라스를 DNA 시퀀싱을 통해 생명을 구한 첫 번째 아이로 부각시켰다.

미래에는 질병 진단을 위해 WES를 적용했다는 소식을 계속 듣게 될 것이다. 2017년 말 FDA는 매사추세츠주 케임브리지의 파운데이션메디슨(Foundation Medicine)에 의해 WES 분석 방법을 승인해줬다. 이것은 약 354개의 단백질을 암호화하는 유전자 서열을 분석해 5개 암종(비소세포폐암, 피부암, 유방암, 대장암, 난소암)을 검사하는 데 사용될 수 있다.

NIH(National Institutes of Health, 미국 국립보건원)는 UDN(Undiagnosed Disease Netwokr)이라고 불리는 이니셔티브 프로그램을 가지고 있다. 이 UDN의 목표는 WES과 WGS을 사용하여 7,000개 이상의 알려지지 않은 희귀 질환을 유전자 기반으로 진단하는 것이다. 이러한 질병들은 심장 질환과 같은 질병에 비해 상대적으로 아주 극소수의 사람들(미국인들 기준으로 20만 명당 한 명)에게만 발병되기 때문에 큰 글로벌 제약사들에서는 관심을 끌지 못하고 있다. 그러나 전 세계 3억 명이 희귀 질환을 앓고 있다. 이 프로그램을 통해 희귀 질환을 앓고 있는 개인과 건강한 가족들로부터 엑솜분석을 하고 이들을 참조 서열과 비교해 질병에 관련된 돌연변이를 동정할 수 있다. 하지만 불행하게도 이러한 대부분의 희귀 질환은 아직도 치료법이 개발되어 있지 않은 경우가 많다.

DNA/RNA 시퀀싱을 통한 단일 세포 유전체 분석

현재 단일 세포 유전체의 해독이 가능하다. 단일 세포 해독(single-cell sequencing, SCS)은 전형적으로 단일 세포로부터 유전체 DNA를 분리하는 단계를 포함하며 이어서 PCR을 통해 충분한 DNA 서열을 확보한다. 오류를 발생하지 않을 만큼의 유전체 증폭을 통해 SCS가 유전자 검사시 신뢰할 수 있도록 연구 개발하는 과제가 남아 있다.

단일 세포의 유전체 해독은 체세포 돌연변이(예를 들어, 유전성과 관련 없는 피부암처럼 체세포에서 발생하는 돌연변이) 및 생식세포 돌연변이(유전되는 돌연변이)를 분석하는 데 유용하다. 단일 세포 시퀀싱을 통해 과학자들은 세포마다 유전변이를 탐지할 수 있다. 이들 연구는 개별 세포마다 상이한 유전자 돌연변이가 발견됨을 밝혔다. 특히, 종양의 암세포는 종종 유전적 다양성을 보여주는데, 이는 연구원과 임상의들 사이에 의해 점점 매우 높게 평가되고 있다. 암조직 내 개별 세포에 의한 유전적 다양성 및 유전자 발현의 변화를 이해하면 더 구체적인 치료 옵션이 도출될 수 있다.

유전질병에 걸린 사람의 조직과 기관의 개별 세포들의 표현형에 관심을 가지게 되었다. 따라서 RNA 해독(RNA-seq)은 세포 간 발현되는 유전자의 발현 차이를 비교할 수 있는 강력한 도구가 되었으며 세포 간 유전자 변이도 구별할 수 있게 되었다. 최근까지 연구자 또는 임상의들은 세포의 DNA와 RNA를 독립적으로 분석해왔다. 그러나 최근에는 동일한 세포에서 DNA와 RNA를 동시에 분리하고 시퀀싱을 할 수가 있게 되었다. 이를 통해 세포 내 존재하는 유전자와 발현되는 전사체량을 비교 가능하게 되었다.

많은 질병 치료는 모든 세포가 유전자형에서 표현형이 발현되기 때문에 암도 해당 암을 구성하는 세포를 표적으로 하도록 설계되었다. 종양세포의 경우 각각은 유전적으로 매우 이질적이다. scRNA-seq (single-cell RNA sequencing)은 현재 종양 및 기타 조건에서 세포타입의 이질성을 밝히기 위해 적용됨으로 더 나은 치료법을 계획하는 데 도움이 될 것으로 보인다. scRNA-Seq은 유전자 발현 마이크로어레이 분석과 매우 유사하며 RNA 발현에 대한 정량적 데이터를 제공한다. 그러나 scRNA-Seq은 세포마다 발현되는 모든 전사체를 분석할 수 있지만 마이크로어레이는 어레이상에 존재하는 탐침으로 검출되는 전사체 분석으로 제한된다. 이것이 scRNA-Seq이 기존의 마이크로어레이를 대체할 가능성이 있는 이유가 된다.

인구집단 내 전장 유전체 연관 분석을 통한 유전체 변이 동정

지금까지 논의한 다양한 유전자 검사 방법들은 개인 또는 상대적으로 적은 수의 사람들에서 유전자 분석을 하는 것에 중점을 두었다. 마이크로어레이 기반 유전체 분석 및 WGS는 유전학자들이 질병 유전자들에 대해 특정 인구집단 내에서 이를 분석하기 위해 전장 유전체 연관 분석, 즉 GWAS(genomewide association studies)라는 강력한 전략을 채택하게 되었다.

진단 또는 예후예측 목적을 위해 비교적 많은 인구집단 내 GWAS 분석은 종종 과학자들이 질병 위험에 영향을 줄 수 있는 여러 유전자를 찾아내게 한다. 지난 10년 동안 보고되는 GWAS의 수가 급격히 증가했다. 예를 들면, 자폐증, 비만, 당뇨병, 황반변성, 심근경색, 관절염, 고혈압, 중증암, 양극성장애, 자가면역질환, 크론병, 정신분열증, 근위축성 측색 경화증(amyotrophic lateral sclerosis, ALS) 및 다발성경화증(multiple sclerosis, MS)과 같은 이들은 학술연구논문 또는 언론에 널리 알려진 수 많은 GWAS 연구들이다. GWAS에서는 수백 또는 수천 명의 비혈연 관계의 유전체를 분석하고 또한 질병이 없는 개인의 유전체와도 비교한다.

어떤 경우에는 혈연관계의 개인들을 대상으로 GWAS 분석을 하는 경우도 있다. 예를 들면, 한 명은 다발성경화증 환자이고 한 명은 그렇지 않은 일란성 쌍둥이 유전체를 분석함으로써 다발성경화증 발병 위험이 높은 유전자 변이를 찾아내는 데 도움이 된다. 이들 목표는 질병 발병 위험을 야기시키는 유전자 또는 유전자 변이들을 발견하는 것이다. 메틸화 패턴과 같은 후성유전학적 변화는 GWAS에서도 사용될 수 있다. 질병에 걸린 개인에게 어떤 특정 유전자, SNP, 후성유전학 또는 다른 변화가 있는지 결정함으로써 과학자들은 각 변이와 관련된 질병 위험을 계산할 수 있다. GWAS 결과를 분석하려면 질병 표현형에 따른 특정 유전자 변이의 상대적인 잠재적 영향(연관 또는 위험)을 예측하기 위한 통계 분석이 필요하다.

GWAS는 겸상적혈구빈혈증과 같은 단일 유전자 질병과 달리 많은 인간 유전 질환이 여러 가지 유전적 요인을 수반하여 질병을 발전시킬 수 있음을 보여준다. 우리는 질병 진단 및 치료에 있어 의미 있는 진전을 이루기 위해 그러한 정보가 필요하며 이는 궁극적인 GWAS의 기본 목표이기도 하다. 경우에 따라서는 GWAS에 의해 밝혀진 질병 위험도는 특정 질병 발병 가능성을 최소화하기 위한 식이요법과 운동을 설계하고 개발하는 데 도움이 될 수 있다. 그러나 종종 GWAS를 통해 수십 개의 DNA 변이가 밝혀지며 이러한 변이가 개별적으로 또는 집단적으로 평생 동안 개인이 특정 질병에 노출될 위험을 이해하는 숙제가 남아 있다.

7.4 정밀의료와 생명공학

이전 절에서는 유전자 검사, 시퀀싱 및 기타 검사 방법들이 어떻게 과학자들이 질병에 영향을 미치는 유전적 차이를 탐지할 때 도움이 되는지에 대해서 설명했었다. 이러한 것들이 새로운 치료 옵션과 환자의 삶의 질을 향상시키는 치료법을 개발하는 데 이어지기를 기대한다. 여기서는 정밀의료에 대한 개요를 제공하고, 지난 몇 년간 등장한 의학 생명공학의 가장 진보적이고 유망한 영역 중 하나인 면역치료법을 포함한 몇 가지 대표적인 예를 소개하려고 한다.

정밀의료 이니셔티브란 무엇인가?

버락 오바마 대통령은 2015년 1월 연방 정부 연설에서 정밀의료 이니셔티브(Precision Medicine Initiative, PMI)를 발표했다. PMI의 미션은 "환자, 연구자 및 제공자가 개인화된 치료법을 개발하기 위해 협력할 수 있는 연구, 기술 및 정책을 통해 새로운 의학 시대를 가능하게 하는 것"이다. 생명공학은 PMI에서 새로운 치료법의 연구, 개발 및 적용을 통해 질병에 대한 생물학적, 행동학적, 환경적 영향을 분석하는 데 있어 매우 중요한 역할을 수행한다. 정밀의료는 유전학, 라이프스타일, 환경 및 기타요인의 개인의 차이에 기초하여 고도로 개인화된 치료에 중점을 둔다. 이는 현재 진행되고 있는 같은 질병을 가진 대부분의 사람들이 같은 방식으로 치료되는 것과는 치료전략이 상반된다.

NIH와 파트너십을 통해 이니셔티브는 DNA 시퀀싱, 마이크로바이옴, 후성유전체 및 기타 데이터를 포함하여 다양한 생물학적 샘플 데이터를 수집하여 개인, 지역사회 및 인구집단 수준에서 사람의 건강과 질병에 대한 새로운 통찰력을 제공해준다. PMI는 각 개인은 수십억 개의 데이터를 생성하며 이러한 데이터의 처리, 분석, 저장 및 프라이버시를 보호하는 것은 과학자에게 있어서 빅데이터는 도전적인 과제이다. 모든 사람들이 PMI가 적절하다고 동의하는 것은 아니며 PMI의 비용은 2억 1,500만 달러 이상 예산이 투입되어야 하며 사생활 보호 및 데이터 보안과 같은 이슈들에 대한 질문들이 많다. PMI 웹사이트에 들어가 보면 참고할 내용이 많다.

정밀의료 분야에 있어 약물유전체학

이 책 전체에서 우리는 생명공학 산업이 어떻게 신약을 찾고 재조합 DNA 기술부터 저분자 억제제(small molecular inhibitors)에 이르기까지 어떻게 질병 치료를 위해 새로운 방법들을 개발하고 있는지에 대한 예를 제공한다. 마찬가지로, 연구자들은 질병과 싸우기 위해 주요 단백질에 결합하기 위한 "활성제(activator)"를 연구하고 있다.

인간유전체프로젝트와 대규모 SNP 발견은 일부 약물유전체학(pharmacogenomics)을 빠르게 성장하는 데 기여했다. 특정 환자의 특정 유전자 프로파일을 기반으로 치료 전략을 디자인함으로써 맞춤형 의학적 치료를 가능하게 한다. 약물유전체학은 개인이 동일한 약물에 대해 다르게 반응할 수 있다는 아이디어를 기반으로 하며, 이는 유전적 변이로 인해 다양한 약물에 대한 효과와 부작용을 동반할 수가 있다는 것을 말한다. 매년 미국에서만 처방된 약물의 부작용으로 인해 10만 명 이상의 사망자가 발생한다. 약물유전체학이 의약품 사용에 있어 비용을 줄여주는 것에 대한 접근 방식이지만 매우 특정한 치료에만 주로 사용될지 여부는 아직 확실하지 않다. 그럼에도 불구하고, 이 약물유전체학이라는 분야는 아주 큰 잠재력을 가지고 있으며 일부 질병 치료에 있어서 성공적인 케이스들을 가지고 있다.

현재 사용되고 있는 화학치료제(chemotherapy)들은 암세포를 억제하는 데 효과적이다. 그러나 이들 약물들은 모발, 피부세포 및 골수세포와 같은 지속적으로 분열하는 정상세포까지도 영향을 미치게 된다. 골수세포의 경우는 혈액세포를 만드는 역할을 한다. 결과적으로 탈모, 건조한 피부, 혈액세포 수의 감소 및 구토 등과 같은 모든 화학치료제들의 부작용이 알려져 있다. 연구자들은 정상세포에 해를 끼지지 않으면서 암세포만 파괴하는 마법의 탄환(magic bullet)과 같은 약물을 찾고자 한다. 이러한 약물이 설계될 경우, 약물이 정상세포에 거의 영향을 미치지 않기 때문에 환자가 더 빨리 회복될 수가 있다.

유방암은 일부 여성에게서는 가족 내 유전되는 질병이다. BRCA1 또는 BRCA2라는 유전자에 유전적 결함이 있는 여성은 유방암 발병 위험이 매우 증가하지만 그 외 다른 유방암은 유전적 위험성과 관련이 없기도 하다. 과거에는 이 모든 여성들이 동일한 형태의 화학치료제를 받았으며 결과는 매우 다양했다. 약물유전학의 발달로 여성이 유방암이 의심될 경우 RNA 또는 DNA를 분리하고 유전자 검사, 마이크로어레이 분석 또는 시퀀싱을 통해 어떤 유전자가 유방암과 관련이 있는지 찾아내며 이 유전정보를 기반으로 의사는 여성의 암에 대해 구체적이고 가장 적절한 약물 치료 전략을 세울 수 있게 되었다. 물론 유전자 프로파일을 가지고 있다면 다른 치료가 적용될 것이다.

제넨텍(Genentech)의 과학자들은 이 전략을 사용하여 1998년 FDA가 승인한 단클론항체(monoclonal antibody)의 일종인 허셉틴(Herceptin)을 개발했다. 허셉틴은 HER-2 단백질에 결합해 억제하는 기능을 하며 유방암의 경우 HER-2가 약 25~30%에서 과발현된다. HER-2 과발현은 일반적으로 전이 가능성이 높고 생존 예후가 좋지 않은 아주 공격적인 암으로 발전될 가능성이 높다. 허셉틴은 일부 여성에게는 매우 효과적인 것으로 입증되었지만 다른 여성의 암은 이 항체에 저항성을 가지게 된다. 다른 암들을 치료할 목적으로 개발된 약물유전체학 약품에서도 이와 비슷한 문제들이 발생하였다. 유방암의 15~20%는 종양이 세 가지 핵심 단백질, 즉 HER2, 에스트로겐 수용체 및 프로게스테론 수용체가 발현되지 않기 때문에 삼중음성(triple negative) 종양으로 분류된다. 특히 이들 종양은 매우 호전적으로 전이가 되며 현재까지는 치료법이 전혀 없다. 따라서 이들 여성의 치료를 목표로 할 수 있는 특정 유전자 또는 단백질을 타깃으로 하는 치료제 개발에 상당한 연구가 진행되고 있다.

약물유전체학에 있어 가장 성공적인 첫 사례 중에 하나는 2001년 노바티스(Novartis)에서 개발된 글리벡(Gleevec)이라는 약물과 관련되어 있다. 이 약은 만성 골수성 백혈병(chronic myelogenous leukemia, CML)을 치료하는 데 사용되었다. 글리벡은 BML-ABL 융합 단백질을 표적으로 하며, 이는 CML에서 발생하는 염색체 9번과 22번 사이의 DNA 결합에 의해 발생된다. 글리벡은 질병을 치료하는 데 있어 비교적 효과적인 방법으로 입증되었다. 글리벡 이전의 CML 환자의 평균 생존 기간은 약 4~6년 정도밖에 되지 않았으나 지금은 10년 후 생존율이 90% 정도 될 정도로 환자의 기대수명이 매우 높아졌다.

DNA 마이크로어레이의 유전자 발현 데이터는 환자의 유전자 발현 패턴을 통해 질병을 진단하는 데 사용된다. 환자는 해당 유전자를 기반으로 약물유전체학 치료를 받을 수 있다. 백혈병으로 진단된 개인의 마이크로어레이 데이터가 있다고 가정해 보자. 환자들의 유전자 중 가장 많이 발현되는 유전자군들을 기반으로 다른 타입의 백혈병으로 분류할 수 있다. 각 환자 그룹이 서로 다른 유전자 발현을 보였기 때문에 동일한 화학치료법이 잘 반응할 것이라 볼 수가 없다. 이러한 지식을 바탕으로 각 환자 그룹에 따라 다양한 화학치료법을 다르게 적용할 수 있다. 결과적으로 환자 생존율이 크게 증가했다. 피부암 및 다른 많은 종양의 약리생리학적 치료를 위해 몇몇 다양한 임상시험이 진행되고 있다. 현재 이러한 노력으로 약 1,200여 개의 FDA에 승인된 약물유전체학 약물이 존재한다.

앞으로는 전장 유전체 해독과 개인 유전체학은 아마도 마이크로어레이 분석보다 더 일반적으로 사용될 것으로 보인다. 이를 통한 개인 유전체 데이터를 기반으로 한 결과 또한 매우 흥미로울 것으로 보인다. 이런 방식으로 후성유전체학 분야에서도 새로운 개인맞춤 치료를 위한 연구가 진행되고 있다.

나노기술과 나노의학: 나노 스케일의 생명공학

나노기술(nanotechnology)은 나노미터 크기의 구조들을 설계하고, 제작하고, 조작하는 것을 일컫는 과학 분야이다. 1나노미터(nm)는 1미터(m) 크기의 10억 분의 1 크기이며, 이 정도의 크기는 거의 물질 분자들의 크기에 가깝다. 예를 들면, 인간 머리카락은 직경이 거의 200,000 nm이며. DNA는 직경이 약 2 nm이다. 나노기술은 거대 산업 분야들을 두루 포괄하고 있으며, 물질 제조, 에너지, 전자기술, 공학 분야에서 이용되고 있다. 나노의학(nanomedicine)은 나노기술을 인간 건강의 증진을 위하여 사용하는 것을 말하며, 의학 생명공학 분야에서 특히 관심을 가지는 분야이다.

나노입자는 지질, 실리카, 금, 흑연, 반도체 물질의 나노결정, 심지어 DNA로 만들어질 수 있다. 나노입자는 다양한 분자와 결합되어 세포 표적 표면의 탄수화물 잔기에 결합하는 데 도움이 된다. 때때로 특정 표적분자에 결합하는 나노입자로 코팅된 펩타이드 또는 올리고 뉴클레타이드들을 압타머(aptamer)라고 부른다. 화학치료법과 같은 기존 약물과 달리 신체내 특정 세포를 더 잘 표적할 수 있는 잠재력 때문에 정밀의료에 대한 논의의 일부로 나노입자를 고려한다.

과학자들은 혈압, 혈액, 산소 수준 및 호르몬 농도를 모니터링하는 나노 장치센서, 동맥을 막지 않고 암세포를 감지 및 제거할 수 있는 나노 입자를 포함하여 수많은 의료적 기능을 수행이 가능한 장치를 상상해 본다. 여기서 예를 들은 것뿐만 아니라 많은 다른 것들이 시제품 개발 중에 있다. 때로는 잘 설계된 약물조차도 약물 전달 문제로 인해 원하는 만큼의 약물 효과를 발휘하지 못하는 경우가 있다. 예를 들어, 무릎관절염 치료제를 경구 알약으로 복용하는 경우 소량의 약물만 신체에 흡수되어 혈액을 통해 무릎 관절 조직에 운반된다. 약물의 효능에 영향을 미치는 다른 요인으로는 약물의 체액에 용해력과 간 및 신장에서의 약물 분해가 있다. 많은 제약사들은 약물 전달 기술을 개선하는 혁신적인 방법을 개발하기 위해 약물 효능 개선 및 특정 시간에 타깃 세포로 얼마나 많은 약물이 흡수되는지 정확하게 측정하는 방법 등의 나노기술을 연구하고 있다.

약물로 채워지거나 약물로 코팅될 수 있는 1~100 nm 정도 크기의 나노입자인 마이크로구체(microspheres)는 약물 전달 및 효과를 개선하는 한 가지 방법이다. 이들 입자는 종종 세포막의 인지질과 유사한 지질 물질로 만들어진다. 코와 입을 통해 기도에 분무된 미스트 형태의 마이크로구체의 전달은 폐암, 천식, 폐기종, 결핵 및 독감과 같은 다른 호흡기 질환을 치료하는 데 성공적으로 사용된다. 연구자들은 종양이 자라는 위치에 이식하거나 항암제를 마이크로구체를 통해 포장하는 방법들을 연구하고 있다. 또한 통증관리를 위한 마취제를 개발하고 약물전달에 사용할 수 있는 웨이퍼와 패치에 마이크로구체를 추가하기도 한다.

2006년 FDA는 샌프란시스코에 소재한 넥타 테라퓨틱스(Nektar Therapeutics)가 생산하고 글로벌 제약사인 화이저가 판매하는 경구용 인슐린(insulin)인 엑주베라(Exubera)를 승인했다. 엑주베라는 흡입 가능한 분말로 제공되는 재조합 형태의 인슐린이다. 그것은 당뇨병 환자에게 주사제 기반 인슐린 전달에 대한 새로운 대안을 제공한다. 그러나 거의 1년 후 파이저는 판매 부진으로 엑주베라 판매를 중단했다. 엑주베라가 실패한 이유 중 하나는 의사와 환자가 새로운 것을 시도하지 않았으며 입자를 전달하는 데 사용되는 부피가 큰 흡입기와 제약회사의 마케팅 전략이 좋지 않았기 때문이다.

과학자들은 바이러스나 암세포와 같은 특정 세포를 찾아 표적화하기 위해 금나노 입자를 사용한 스마트약물(smart drug)을 개발했다. 이들은 부작용이 거의 없이 신속하고 효과적으로 그리고 조용히 세포를 파괴하기 위한 물질을 운송한다. 현재, 수십 개의 나노 입자 기반 약물이 미국에서 임상시험 중에 있으며 이중 대부분은 암을 대상으로 하고 있다. 매사추세츠주 케임브리지에 소재한 바인드 바이오사이언스(BIND Biosciences)는 리간드로 코팅된 약물을 질병세포의 표면 단백질에 결합시키기 위한 나노입자 약물 수용체를 개발해 이를 임상시험 중에 있다. 이러한 입자 대부분은 폐, 전립선 및 기타 암을 표적으로 설계되었다. 많은 사람들이 약물 전달과 치료를 위한 나노기술의 파급력에 대해 긍정적으로 평가하고 있어 이들 기술의 진보를 계속해서 지켜보자.

질병 치료를 위한 면역시스템: 항체 및 면역치료법

백신은 신체의 면역체계를 자극하여 항체를 생산하고 사람에게 미생물로부터 보호해 감염되지 않게 한다. 확실히 예방접종은 소아마비, 파상풍, 장티푸스 및 수십 가지 질병을 유발하는 병원체로부터 우리를 보호하는 데 매우 효과적이다. 여러 치명적인 병원체에 대한 백신 개발은 매우 활발하게 진행 중에 있다. 많은 과학자들은 예방접종이 알츠하이머병 및 다양한 유형의 암과 같은 상태에 유용할 수 있기를 희망하지만 이러한 목적을 위한 예방접종은 여전히 인간에게 사용되어야 하는지는 아직 확인이 되지 않았다.

암 백신은 아직은 예방적이라기보다는 이미 암에 걸린 환자들을 대상으로 설계된 치료법으로 개발이 진행되고 있다. 이 치료법에 있어, 환자의 면역시스템이 기존 암세포를 공격하도록 자극하기 위해 암세포 항원이 주사된다. 2010년에 FDA는 미국 최초의 암치료 백신을 승인했다. 프로벤지(Provenge)는 기존 치료법으로 약물이 반응하지 않는 전립선 암환자를 대상으로 치료하는 데 사용된다. 이 백신은 전립선암을 치료하지는 않지만 환자의 암이 더 이상 진행되지 않게 하여 수명을 연장시키는 데 도움이 된다. 이 백신을 만들기 위해 환자의 혈액에서 면역세포를 수집하고 이를 수지상세포라는 면역세포에 PAP(prostatic acid phosphatase)를 처리해 이들을 자극시킴으로써 암세포를 공격하는 형태의 치료이다. 수지상세포는 PAP라 불리는 단백질에 노출되면 전립선 암세포들을 공격하기 위한 면역반응이 자극된다. 수지상세포는 주사를 통해 환자의 정맥을 통해 혈류로 들어가 다른 면역세포들을 자극하여 전립선암을 공격하게 된다. 여기에서는 백신이 면역계를 사용하여 질병을 치료하는 방법만을 언급했다. 그러나 최근 다양한 면역치료법이 개발되고 있으며 그 중에서 항체가 질병 치료에 효과를 가지고 있음이 증명되어 희망을 주고 있다.

단클론항체

백신 접종의 주요 목적은 면역계가 항체를 만들도록 자극하여 우리 몸이 외래 물질을 물리치도록 돕는 일이다. 하지만 항체 그 자체는 병원성 미생물이 병을 일으키는 것을 막는 것과는 정반대의 기능으로, 기존의 질병을 치료하는 데 쓰일 수 있다. 항체는 물질이나 병원균에 대해 매우 특이적으로 만들어져 그들의 목표물을 찾고, 큰 친화성을 가지고 목표물에 결합한다. 이러한 항체의 특성에 따라 몇몇 종류의 치료에 항체를 사용하는 것은 타당하다. 단클론항체(monoclonal antibody, mAb)는 특정 물질에 대해 상당히 특이적으로 작용하는 정제된 형태의 항체이며, 1975년 개발된 이래, 질병 치료에 특효약으로 생각되어 왔다. 단클론항체를 만들기 위해서는 생쥐나 쥐에 항체를 만들기 원하는 정제된 항원이 주입된다. 생쥐가 그 항원에 대한 항체를 만드는 과정은 보통 수 주가 걸리며, 이 과정이 끝난 후 그 쥐로부터 비장(spleen)을 떼어낸다. 비장에는 항체를 만드는 B 림프구(단순히 B 세포라고도 불린다)들이 많이 들어 있다. 배양접시에서 B 세포와 함께, 무한대로 자라고 분열할 수 있는 암세포인 골수종세포(myeloma cell)들을 섞는다. 적절한 조건하에서 일정 숫자의 B 세포와 골수종세포들이 융합하여 융합세포(hybridoma)라는 명칭의 잡종세포를 만든다.

융합세포들은 B 세포로부터 기원된 항체 생성 유전자를 지니고 있기 때문에 액체 배양액 속에서 대단히 빨리 자란다. 이들 세포는 말 그대로 항체를 만드는 공장이다. 융합세포들은 세포 주변의 액체 배양액으로 항체들을 분비한다. 화학적 처리 방법을 사용하여 융합세포들은 선별해내고, 잡종화되지 않은 쥐세포들과 골수종세포들을 제거해 항체를 만드는 융합된 순수 잡종세포만을 사용할 수 있게 된다. 대량의 항체 제조에 알맞은 융합세포들은 다른 배양 접시로 옮겨지고 초저온에서 냉동됨으로써 영구적으로 저장, 보관될 수 있다. 발효조(bioreactor)를 사용한 배치배양(batch culture)으로 융합세포들을 키움으로써 대량의 융합세포로부터 많은 항체를 분리해 낼 수 있다.

단클론항체를 생산하기 위한 다양한 방법들이 있다. 예를 들어, 유전자 조작된 형질전환 생쥐를 이용하여 인간화된 항체를 비롯한 단클론항체를 만들 수 있다. 이 인간화된 항체는 유전자 조작을 통해 인간 항체와의 유사성을 높였다. FDA에서 상업적으로 승인한 단클론항체의 절반 가량이 인간화된 항체이다. 파지는 또한 단클론항체를 생산하기 위해 항원을 발현하는 데 사용될 수 있으며, 이같은 접근법을 사용하는 기업의 수는 점점 더 증가하는 중이다.

1992년 미국 식품의약국(FDA)은 장기이식 거부 반응 치료에 OKT3이라는 단클론항체의 사용을 허가했다. 1990년대 유방암을 치료하고(허셉틴, Herceptin), 림프종(lymphoma)을 치료하는(리툭산, Rituxan) 단클론항체들이 개발되었다. 2017년 1월 현재까지 전 세계적으로 68가지 이상의 단클론항체들이 심혈관 질환, 알러지, 그리고 기타 질병을 치료하는 데 사용되고 있다. 새로운 방식의 단클론항체 신제품 개발을 통해 2015년에는 10개의 새로운 단클론항체가 승인을 받았다. 그리고 2016년에도 10개 단클론항체가 승인되었다.

과학자들은 심지어 손상을 입거나 암에 걸린 세포들을 목표로 하는 단클론항체에 화합물이나 방사성 물질을 결합시켜, 이들 결합물이 그 세포들을 죽이게 하는 것을 꿈꾸고 있다. 항체를 이용한 치료 방법들은 코카인이나 담배의 니코틴과 같은 해로운 약물에 중독된 사람들을 치료하는 데 값진 방법이 될 수 있다. 미국에서만도 1,300만 명 이상의 인구가 약물을 오남용한다. 과학자들은 코카인과 같은 약물에 대한 항체가 인체 내에서 만들어지도록 할 수 있을 것으로 믿고 있다. 이 개념에 따르면, 약물을 항원으로 한 항체들을 만들고 이 항체들이 약물을 잡아둠으로써, 이 약물이 영향을 주는 뇌세포에 결합하는 것을 방해한다. 단클론항체는 몇 년 동안 패혈성 인후염(strep throat)과 같은 질병을 검사하는 데 일상적으로 사용되어 왔으며, 대부분의 가정용 임신진단 키트는 임신 때 만들어지는 호르몬을 감지하는데 단클론항체를 사용한다.

질병 치료 목적의 단클론항체는 처음 떠벌려진 것만큼 기대에 부응하지 못하고 있으며, 이 연구 분야에서 몇 가지 차질이 빚어졌다. 예를 들면, 알츠하이머병 치료에 사용된 단클론항체는 인체 내에서 항원-항체 반응으로 여러 환자들에게 심각한 염증 반응을 일으키기도 하지만 앞으로도 계속해서 단클론항체는 21세기 의학분야에 귀중한 도구가 될 것으로 보인다.

면역치료법은 암치료를 위한 큰 가능성을 보여준다

미국 정부는 연구비로 약 2억 달러 이상을 수십 년간 지원해왔으며 이를 통해 환자의 면역시스템을 사용하여 질병 세포를 공격하고 파괴하는 면역치료법(immunotherapy)이 등장하게 되었다. 이 치료법은 암을 치료하는 가장 훌륭한 방법으로 보인다. 예를 들어, FDA는 2016년에 림포종, 폐암, 신장암, 방광암 및 기타 질병을 포함해 이들을 치료하기 위한 수많은 면역치료법에 대해 새로운 임상시험을 승인했다. 면역치료법은 환자 자신의 면역시스템을 이용하여 암세포를 죽이고 어떤 치료에서 환자가 가지고 있던 암세포가 완전히 사라져 완치되는 엄청난 효과를 보이는 임상시험 결과가 나오기도 했다.

면역 요법의 두 가지 주요 전략은 항원제시세포 의해 T 세포가 활성화가 되지 않더라도 암세포 표면의 항원을 직접 인식할 수 있는 수용체를 발현하도록 키메라 항원 수용체(chimeric antigen receptor, CAR)-T 세포를 만드는 것이다. 또는 암세포 내에서 항원을 특이적으로 인식하는 재조합 T 세포 수용체(T cell receptor, TCR)에 대한 것이다. 개별 환자의 새로운 암특이 항원인 신생항원을 어떻게 식별하고 이용하여 면역시스템이 이러한 항원을 어떻게 인식하고 암세포를 공격하는지를 그리고 혈액에서 환자의 면역세포를 분리하고 유전공학적 방법으로 CAR-T 세포 또는 TCR 세포를 만들어 실험실에서 변형된 T 세포를 배양한 다음 CAR-T 또는 TCR을 다시 환자 체내에 다시 주입하는 것이 CAR-T 기술이 핵심이다. CRISPR-Cas기술을 이용한 T 세포의 유전자 편집은 암세포를 찾아 파괴하는 향상된 기술이다.

면역치료법으로 치료된 최초의 환자들은 기존의 치료방법이 실패해 다른 방법이 없어 마지막 옵션으로 제공되었다. 2017년 8월 FDA가 노바티스의 CAR-T 세포 치료제에 대한 승인을 했다. 즉, 급성 림프성 백혈병(ALL)을 가진 어린이 및 청소년을 위한 약물 킴리아(Kymriah, CTL019) CAR-T 치료법을 승인한 것이다. ALL은 미국에서 가장 흔한 아동 암이며, 화학치료제에 재발하거나 치료에 실패한 환자는 생존율이 매우 낮다. 그러나 68명의 소아 또는 성인 환자의 80% 이상이 치료 시작 후 완화되었으며, 대부분 치료 후 6개월이 지나 암이 없어졌다. 킴리아는 25세 이하 모든 환자에게 승인되었다. 7주 후 길리아드(Gilead)는 비호지킨 림프종(non-Hodgkin lymphoma)를 치료하기 위해 개발한 에스카르타(Yescarta)

를 두 번째 CAR-T 치료제로 승인받았다. 2017년 말까지 clinicaltrials.gov에 등록된 CAR-T 임상시험만 240건이 넘는다. 2018년에는 새로운 여러 가지 파이프라인이 승인될 것으로 예상된다. 킴리아는 한 번의 약값으로 약 47만 5천 달러를 지불해야 하며 약값을 포함한 총 치료 비용은 150만 달러가 넘어갈 것으로 예상되는 등 매우 고가의 치료제이다.

몇몇 회사는 면역치료제 개발을 위해 바이러스를 사용하고 있다. 예를 들면, 암용해 바이러스(oncolytic viruses)는 암세포에 선택적으로 결합하게 한다. 이들 바이러스는 사람의 해로운 유전자를 대부분 제거할 수 있다. 바이러스의 유전자는 암세포의 수용체와 인식해 결합하고 비암세포는 인지하지 못하게 조작된다. 이러한 형태의 면역치료법은 여러 가지 이유로 어려움은 있지만 임상시험을 통해 여러 암용해 바이러스 치료제는 계속 개발되고 있다.

면역치료법이 안정적으로 임상현장에서 일상적인 치료옵션이 되기 위해서는 많은 질문에 대해 해결을 해야 한다. 예를 들어, 일부 환자는 면역치료법에 잘 반응하는 반면에 다른 환자들은 전혀 그렇지 않는 이유는 무엇인가? 면역치료법을 적용한 환자 중 절반 미만 만이 잘 반응하거나 짧은 시간 동안만 반응을 하는 정도이며 혈액암에서는 효과적이지만 유방암, 뇌종양, 폐암, 난소암 등과 같은 주요 고형암에서는 덜 효과적이다. 각 환자들로부터 유전공학 기술이 적용된 T 세포를 생산하는 데 몇 주가 걸린다. 이 속도를 높이고 세포를 만드는 시간을 단축할 수 있는 방법은 없을까? 게다가 면역치료법으로 임상시험 중 환자가 부작용으로 면역반응이 억제되어 사망한 경우도 생겨 FDA는 몇 가지 임상시험을 중단하기도 했다.

CAR-T 치료 비용은 40만 달러에서 60만 달러 사이이며 현재 보험이 적용되지 않아 치료 비용도 문제가 된다. 유전공학 기술이 적용된 T 세포는 암세포를 파괴하지만 수명이 매우 짧다. 이 세포를 오래 지속시키는 방법은 없을까? 과학자들은 이러한 질문들을 해결하기 위해 효율적인 방법들을 계속해서 찾아낼 것이기에 관심을 가지고 지켜보아야 할 것이다. 다음 절에서는 의학 생명공학에서 가장 유망하고 논란이 되고 있는 또 다른 정밀의료의 한 분야인 유전자 치료에 대해서 설명할 것이다.

7.5 유전자 치료

유전자 치료(gene therapy)는 치료유전자를 인체에 전달하여 잘못된 유전자(들)에 의해 생겨난 질병을 바로잡는 것을 일컫는다. 유전자 치료가 가진 놀라운 능력과 잠재성에 대해 생각해 보자. 유전자 치료는 환자에게 정상적인 유전자를 제공하여 결함 있는 유전자를 보충하고 병을 치료하거나 심지어 결함 있는 유전자를 정상적인 유전자가 대체한다. 실제로, 유전자 치료는 정밀의료라는 용어가 사용되기 전인 수십 년 전에 존재했으며 질병을 치료하는 최초의 정밀의료 접근법 중 하나이다. 유전자 치료법은 초기에 크게 호응이 없어 활용되어지지 않았지만 최근 CRISPR-Cas라는 유전체 편집 기술의 발전 덕분에 이 분야는 극적인 부활을 맞이하고 있다.

유전자 치료는 어떻게 이루어지는가?

유전자 치료에 사용되는 두 가지 주요 방법은 생체 외 치료법(*ex vivo* therapy)과 생체 내 치료법(*in vivo* therapy)이다. 생체 외 치료법은, 병에 걸린 환자로부터 제거된 세포들을 박테리아 형질전환(transformation)과 비슷한 기술을 사용해 치료한 다음 다시 환자에게 재주입시키는 방법을 말한다. 기술적인 용어로, 동물세포나 식물세포에 DNA를 넣어주는 것을 형질도입(transfection)이라 한다. 예를 들면, 간 질환을 앓고 있는 환자의 간세포들을 수술적인 방법으로 제거해 내서 배양한다. 이 간세포들에 치료를 위해 필요한 유전자들을 벡터나 다음에 설명할 다양한 방법들을 사용하여 주입한다. 그러고 나서 이들 유전적으로 변화된 세포들을 환자에게 다시 넣어준다. 이 방법에서는 이들 세포가 원래 환자로부터 나온 것이므로, 조직이식에서 나타나는 이식거부를 염려할 필요가 없다.

생체 내 유전자 치료법은 체세포를 떼어내지 않고 체내에 있는 조직이나 기관에 유전자를 직접 넣어주는 방법을 일컫는다. 생체 내 치료법을 사용하는데 한 가지 과제는 유전자가 몸 전체 조직이 아니라 목표로 삼은 조직으로만 전달되어야 한다는 것이다. 과학자들은 이 치료법에서 유전자 전달을 위해 바이러스를 벡터로 사용하지만, 몇몇 경우에는 유전자를 조직에 직접 주입하기도 한다. 현재까지는 생체 외 치료법이 생체 내 치료법보다 더 효율적인 것으로 입증되었다.

치료유전자를 전달하기: 유전자 전달에 사용되는 벡터

유전자 치료법이 질병 치료에 의존할 만한 도구가 되기 위해서 극복해야 할 주요 도전은 전달하고자 하는 것, 즉 치료유전자를 안정적이고 효율적으로 전달하는 것이다. 치료하고자 하는 유전병에 따라 몇몇 유전자 치료법들은 올바른 유전자가 오랜 기간 동안 발현되어야 하는 반면, 다른 치료법에서는 유전자가 짧은 시간 동안 급히 발현될 필요가 있다. 생체 내 치료법과 생체 외 치료법 모두 통틀어서 대부분의 유전자 치료법은 치료유전자를 세포에 전달하기 위한 벡터로 바이러스를 사용한다.

바이러스 벡터는 하나 이상의 치료유전자를 운반하는데 바이러스의 유전체를 사용해 인간 세포들을 "감염"시킴으로써 치료유전자를 세포에 전달하는 것이다. 과학자들은 유전자 전달에 쓰일 잠재적인 벡터(vector)로서 아데노 바이러스(adenovirus, 보통의 감기를 일으킴), 아데노연관 바이러스(adeno-associated virus, AAV)라고 불리는 바이러스, 인플루엔자 바이러스(독감을 일으킴), 헤르페스 바이러스(입술 포진과 일부는 성병을 일으킴)와 같이 다양한 바이러스를 고려하고 있다. 어떠한 바이러스 벡터도 실제로 쓰이기 위해서는 유전공학적인 방법으로 만들어져야 하고, 비활성화되어야 한다. 왜냐하면 이 벡터가 질병을 일으키거나 몸 전체로 퍼져나가 다른 조직을 감염시켜서는 안 되기 때문이다.

대부분의 바이러스들은 인간 세포에 결합한 후 세포 안에 들어가 그들의 유전물질을 인간 세포의 핵이나 세포질에 내려 놓음으로써 세포들을 감염시킨다. 바이러스의 유전물질은 대부분의 경우 DNA이나, 몇몇 바이러스는 RNA 유전체를 지닌다. 감염된 인간 세포는 바이러스 유전체를 재생산하고 바이러스 RNA와 단백질들을 만드는 숙주로 사용된다. 결국 바이러스 단백질들이 조립되어 더 많은 바이러스 입자를 만들고, 이들 바이러스 입자들은 숙주세포를 깨뜨리고 나와, 자유로운 상태가 되어 다른 세포를 감염시키며 새로운 생명주기를 반복한다.

인간의 질병 치료를 위해 유전자를 전달하는데 바이러스를 사용하는 것이 이상하게 생각될지 모른다. 과학자들은 많은 해로운 바이러스들이 그들의 유전자를 효율적인 방법으로 숙주세포에 주입한다는 것을 알고 있었다. 과학자들은 이 바이러스들이 유전적으로 조작되면 치료유전자를 안전하게 전달할 수 있고, 결국 이들 바이러스가 유익한 목적으로 사용될 수 있을 것으로 생각했다. 여러 가지 방식으로, 유전자 전달을 위한 치료 유전자 전달체나 벡터로 바이러스들이 완벽하게 설계되었다. 예를 들면, 아데노바이러스 - 유년기 때까지 거의 80~90%의 인구가 감염되어 보통의 감기를 일으키는 바이러스 - 는 상당히 효율적으로 많은 종류의 체세포들을 감염시킬 수 있다.

렌티바이러스(lentivirus)와 심지어 HIV 같은 레트로바이러스는 벡터로서 매우 흥미 있는데, 이 바이러스들은 숙주세포에 들어가자마자 그들 자신의 RNA 유전체를 DNA로 복제하고, 복제된 DNA가 숙주세포 유전체의 임의적 지점에 들어가 영구히 머무르게 되는데, 이 과정을 통합(integration)이라고 한다. 유전자 전달에 레트로 바이러스를 사용하는 데서 오는 장점들 중 하나는, 이들 바이러스가 유전자를 인간 숙주세포에 통합시킬 수 있기 때문에, 환자세포의 염색체에 치료유전자를 영구적으로 통합시켜 지속적으로 유전자 치료가 가능케 하는 방법을 제공한다는 것이다. 예를 들어, 파리 대학교와 하버드 의과대학의 연구원들은 지중해 빈혈증(헤모글로빈의 베타글로빈 결핍과 연관된 혈액 장애. 이로 인해 헤모글로빈의 생산 감소 유발) 치료를 위해 유전자 치료를 받은 젊은 남자가 2년 뒤에 더 이상 수혈이 필요없고 건강해 보인다고 보고하였다. 유전자가 조작되어, 불활성화된 HIV 유래 렌티바이러스 벡터는 정상적인 유전자의 사본을 운반하는 데 사용되어 혈액줄기세포를 통해 전달되었다.

몇몇 바이러스는 특정 체세포들만을 감염시키기 때문에, 유전자 치료 벡터로 널리 연구되어 왔다. 이러한 벡터는, 특정 바이러스에 감염된 조직에만 유전자를 전달하므로, 표적유전자 치료(targeted gene therapy)를 가능케 한다. 예를 들면, 헤르페스 바이러스의 한 균주(HSV-1)는 주로 중추신경계의 세포들을 감염시킨다. 이 균주는 표적 유전자를 중추신경계에 전달하는 데 쓰일 수 있는 후보 전달체로서, 알츠하이머병과 파킨슨병과 같은 뇌 유전 질환을 치료하는 데 효과적인 방법이 될 수 있다. 연구자들은 유전자 조작된 헤르페스 바이러스가 뇌종양을 제거하는 데 쓰일 방법을 찾고 있는데, 이 방법에 대한 인간의 예비 실험결과는 약간 전망이 있어 보인다.

대부분의 인간 세포는 쉽게 외부 DNA를 받아들이지 않는다. 만일 받아들인다면, 박테리아 세포에서 일어나는 형질전환과 상당히 유사한 방식으로, 시험관에서 인간 세포와 DNA를 섞음으로써 세포들을 감염시킬 수 있다. 하지만 생체 내와 생체 외 방법 모두에서 네이키드(naked) DNA를 사용하여 약간의 성공을 거두었다. 네이키드 DNA는 바이러스 벡터를 쓰지 않고 체내에 주입된 DNA 자체만을 일컫는다. 치료유전자가 들어 있는 작은 플리스미드들이 자주 이 방법에 쓰인다. 특정 조직의 세포들은 네이키드 DNA 중 일부를 받아들여, 이러한 방식으로 전달된 유전자를 발현한다.

네이키드 DNA 전달기술은 간과 근육에서 가장 효과적이었다. 생체 내 방법으로 인간 세포들을 감염시키는 데 따르는 주요 문제점들 중 하나는, 상당히 적은 수의 세포들이 주입된 DNA를 받아들이기 때문에, 유전자 치료에 쓰일 치료유전자를 발현하는 세포 숫자가 조직에 효과를 나타내기에 충분하지 못한다는 점이다. 과학자들은 이러한 문제점들을 극복하고 네이키드 DNA를 더 효과적으로 전달할 방법을 찾으려 노력하고 있다. 예를 들면, DNA가 세포 속으로 이동하는 것을 촉진하기 위하여 전기천공법(electroporation)이 사용될 수 있다.

바이러스 벡터를 쓰지 않고 DNA를 전달하는 방법들 중 하나가 리포좀(liposomes)이라는 구조물을 쓰는 것이다. 리포좀은 세포막에 있는 지방 분자와 유사한 지질 분자로 만들어지며, 작은 구경의 속 빈 마이크로구체 구조로 되어 있다. 리포좀에 유전자들을 채워 넣은 다음 조직에 주입하거나 뿌린다. 이와 비슷한 방법으로써, 작은 금 입자에 DNA를 입히고, 이 입자들을 DNA 총(DNA gun)을 사용해 세포에 쏘는 방법이 있다. DNA 총은 대부분의 세포들을 죽이지 않고 세포막을 통과해 금이나 리포좀 입자들을 전달하는 압축 공기총이다. 생분해되는 젤라틴 입자들도 유전자를 운반하는 벡터로 사용 가능한지 연구되고 있다.

다양한 형태의 나노입자가 유전자 전달체로 쓰인다. 유전자 약(gene pills)을 통한 유전자 단기발현도 연구 중이다. 이러한 접근에서 유전자 약은 DNA를 장에 전달하고 장 세포는 이를 흡수한다. 그런 뒤, DNA에 의해 치료를 위한 단백질이 만들어지고 이들 단백질은 혈류로 분비된다.

유전자 치료를 위한 치료적 RNA 활용

우리는 특정 유전자 발현을 막기 위해 전령 RNA 분자의 번역을 막는 방법으로써, 안티센스 RNA(antisense RNA) 기술에 대해 이미 살펴보았다. 이 방법은 Flavr Savr 토마토를 만드는 데 사용되었다. 안티센스 RNA의 기본 개념은, 당신이 억제하고자 하는 전령 RNA에 상보적인 염기쌍들로 작용할 RNA 분자를 설계하여, 그 전령 RNA가 단백질로 해독되는 것을 막는 것이다. 이와 같이 유전자의 발현을 차단시키는 방법들을 종종 RNA 침묵법(RNA silencing) 또는 유전자 침묵법(gene silencing)이라 부른다. 1970년대 안티센스 RNA 기술이 발달하기 시작한 이래, 과학자들은 RNA 침묵법이 유전자 치료 방법으로써 질병 유전자의 작동을 중지시키는 데 촉망되는 방법으로 생각해 왔다. 하지만 RNA를 기반으로 하는 치료 기술의 수준은 초기 단계에서 벗어나지 못하고 있다. 그러나 향후 10년 내에 RNA 기반 치료가 지금보다는 훨씬 더 성공적으로 진행될 가능성이 매우 높다. 2000년대 중반 많은 기업들이 안티센스 RNA 올리고 뉴클레오타이드가 세포막을 통과해 약물을 전달하거나 체내에서 분해되지 않게 유지하는 이런 문제들 때문에 개발을 중단했었다. 그러나 최근에 RNA 올리고 뉴클레오타이드 기술의 발전으로 인해 이러한 장애를 극복하는 데 도움이 되었다. 현재 안티센스 RNA를 포함한 수백 건의 임상시험이 진행 중에 있다.

2016년 말 6개월 만에 FDA는 가족성 고콜레스테롤혈증(familial cholesterolemia), 듀시엔형 근이영양증(Duchenne muscular dystrophy) 및 척수성 근위축증(spinal muscular atrophy, SMA)에 대한 안티센스 올리고 뉴클레오타이드 임상시험을 승인했다. 예를 들어, 캘리포니아주 칼스배드의 아이오니스 파마슈티컬스(Ionis Pharmaceuticals)에서 생산한 스핀라자(Spinraza)라는 안티센스 RNA가 척수성 근위축증의 첫 번째 치료법으로 승인되었다. 10,000~12,000명의 어린이 중 1명에서 발병되는 이 질환은 운동 뉴런이 소실되어 근육이 약해지며 영아의 주요 유전적 원인 중에 하나이며 2세 이전 유아의 90% 이상이 사망한다. 척수성 근위축증 환자는 SMN1 유전자에 돌연변이가 있어 정상적인 운동 뉴런 발달에 필요한 정상적인 SMN 단백질의 생성을 방해한다. 안티센스 RNA는 뇌척수액으로 전달되며 SMN1의 상동체인 SMN2를 표적으로 하는 18-뉴클레오타이드(nt) 안티센스 RNA이다. SMN2는 일반적으로 엑손 7에서 잘못 스플라이싱되어 기능을 하지 않는 SMN 단백질을 만들어 낸다.

스핀라자는 SMN2 유전자의 pre-mRNA에 결합하여 mRNA에 엑손 7을 포함하도록 스플라이싱을 변화시켜 SMN 단백질의 기능적 복사본을 만들어 낸다. 이 약은 두 번의 임상시험 환자에서 치료효과를 보였으나 대조(콘트롤) 그룹에서 약물을 사용하지 않고 임상시험을 진행하는 것이 비윤리적인 것으로 보여 임상시험이 조기에 중단되었지만 약물 개발이 성공한 것으로 간주하고 허가를 해주었다. 유전자 치료를 위한 mRNA 스플라이싱을 조절하는 이러한 안티센스 접근은 헌팅턴병, 근위축성 측색 경화증(ALS) 및 기타 신경 질환을 치료할 가능성이 높기 때문에 관심을 불러일으켰다. 스핀라자 이후, AAV를 통해 SMN1을 전달하는 SMA를 가진 12명 이상의 영아에 대한 임상시험에서 효과적인 결과를 얻었다.

mRNA 안정성 및 단백질 합성을 제어하는 방법으로 최근 RNA 간섭(RNA interference, RNAi) 기술의 등장은 유전자 억제에 의한 유전자 치료를 빠르게 변화시키고 있다. RNA 간섭이 두 가닥으로 결합된 RNA 분자를 세포에 전달하면, 세포에서 다이서(Dicer)라는 효소가 이 RNA 분자를 소간섭 RNA(small interfering RNA, siRNA)이라고 불리는 21개 뉴클레오타이드 길이의 작은 조각으로 자른다. 이 siRNA는 RNA 유도성 침묵 복합체(RNA-induced silencing complex, RISC)라는 이름의 효소 복합체와 결합하며, RISC 복합체에 의해 그 siRNA가 목표로 하는 전령 RNA로 보내져, 결국 전령 RNA의 상보적 염기쌍들에 결합하게 된다. RISC 복합체는 siRNA가 결합된 전령 RNA가 단백질로 해독되지 못하게 분해시킨다.

유전자 치료를 적용해 유전자 발현을 억제하는 자연 발생 miRNA(microRNA)에 대해서도 활발하게 연구 중에 있다. RNAi 기반 치료제에 대한 주요 도전은 안티센스, dsRNA, miRNA 또는 siRNA를 생체 내로 전달하는 것이다. 그리고 RNA는 생체 내에서 빠르게 분해되며 올바른 조직을 타깃으로 세포에 침투하기도 매우 어렵다. 일반적인 전달 방법은 안티센스 RNA 또는 siRNA를 직접 또는 안티센스 또는 RNAi 분자를 생성하기 위해 플라스미드로 세포에 주입하는 것이다. 나노입자, 리포좀 및 렌티바이러스, 콜레스테롤 및 지방산에 siRNA를 부착해 siRNA를 전달하는 데 사용한다. 또 다른 문제는 대부분의 만성 질환의 경우 특정 유전자 하나에 의한 것이 아니라는 것이다. 예를 들어, BRCA2 유전자는 유방암 경우 약 50% 정도에서 과발현되며 안티센스 RNA 기술은 이 유전자를 시험관 내에서 억제할 수 있다. 그러나 유방암은 다유전자 질환이며, 이에 관련된 모든 유전자를 억제하는 것은 아직 불가능하다. RNAi를 사용한 수십 건의 임상시험이 미국에서 진행 중에 있다. RNAi기술로 치료하고자 하는 질병에는 여러 암, 황반변성, 당뇨병, 다발성 경화증, 관절염 및 퇴행성 질환 등이 포함된다.

치료유전자 전달을 위한 줄기세포

점진적으로, 바이러스 및 비바이러스 벡터들을 이용해 치료유전자를 줄기세포에 전달하고 있다. 그 결과 줄기세포는 치료할 환자에게 이식되기 전에 시험관 내에서 이미 성숙한 세포 형태로 분화된다. 특히, 골수에서 발견되고 혈액세포를 생성시키는 조혈모세포(hematopoietic stem cells, HSCs)의 경우 성인 및 어린이의 유전자 치료를 위해 널리 사용된다. 조혈모세포를 사용하는 것에는 많은 장점이 있다. 그들은 쉽게 저장과 보관이 가능하고 종종 발생하는 조직거부 반응으로 인한 합병증을 피하기 위해 치료받을 환자의 골수로부터 추출이 가능하다. 또한 실험관에서 빠르게 복제되며, 오래 살아남고 적혈구와 백혈구와는 다르다. 또한 다시 배우겠지만 줄기세포는 CRISPR-Cas 및 유전자 침묵법이 사용되어 다양한 치료 분야에 가치를 제공한다.

유전자 치료를 위한 유전자 편집 기술의 시도

유전자 치료를 위한 유전체 편집의 대부분 방법은 유전적 결함이 있는 유전자를 극복하기 위해 정상적인 유전자를 추가하는 것에 초점이 되어 있었다. 유전체(genome) 또는 유전자 편집(gene editing)은 유전체에서 결함이 있는 특정 유전자를 정확하게 편집하도록 설계되었다. 유전자 편집은 결함이 있는 유전자를 정상적인 유전자로 대체하는 것을 포함하고 있다. 유전자 편집 초기에는 연구자들은 징크핑거 핵산분해효소(zinc-finger nucleases, ZFN) 또는 탈렌(transcription activator-like effector nucleases, TALEN)이라고 하는 DNA 편집 기술을 사용했었다. ZFN은 플라스미드를 사용해 결함이 있는 유전자들을 편집하고 대체하기 위해 활용하는 기술이며 유전자 치료에 있어 강력하게 활용되었다. 예를 들면, 상가모테라퓨틱스(Sangamo Therapeutics)는 CCR5 유전자를 파괴하기 위해 HIV 환자에게 ZFN 기반 유전자 치료 시험을 시행했다. HIV가 세포에 들어가기 위해 이 유전자를 이용하는데 이를 막음으로써 바이러스의 확산을 막는 결과를 보여주었다. 현재 이 치료법으로 100명 이상이 치료를 받았다. 그러나 그들은 아주 제한된 영역에서 성공을 거두었을 뿐이라 크리스퍼-캐스에 대한 유전자 편집 기술에 대해서 중점적으로 논의해보겠다.

크리스퍼-캐스 또는 크리스퍼라고 불리는 이 유전자 편집 기술보다 더 흥분시키는 기술은 없었다. 우리는 이 책 전체에서 크리스퍼-캐스의 다양한 응용에 대해서 논의한다. 박테리아에서 확인된 크리스퍼는 박테리아파지 및 외부 플라스미드 침입에 대한 박테리아와 고세균의 면역 시스템이었다. 2013년 처음 소개된 크리스퍼 열풍은 유전자 치료를 위한 유전자 편집을 포함한 유전체 공학 분야에 혁명을 일으켰다.

크리스퍼는 유전체 내 특정 유전자 서열에 상보적인 캐스9라는 제한효소에 부착된 단일 가닥 "가이드" RNA 서열(sgRNA)를 전달하는 것을 기반으로 한다. sgRNA는 설계 및 합성이 비교적 용이하다 sgRNA 서열과 함께 동시에 대체 서열을 코딩하는 DNA 주형 가닥이 유도된다. sgRNA-캐스9 복합체는 DNA 서열에 결합하고, 캐스9는 이중 가닥 DNA를 깨고 무딘(blunt) 말단의 절단 부위를 형성한다. DNA 절단 부위의 크리스퍼 인식은 RNA-DNA 염기쌍과 상보체 인접모티프(protospacer-adjacent motif, PAM)에 의해 결정된다. 세포가 캐스9에 의한 DNA 손상을 복구함에 따라, 복구효소(repair enzyme)는 크리스퍼-캐스 부위 유전체 영역에 주형 DNA를 통합하여 기존 표적 DNA 서열을 대체한다. 앞서 설명한 것 처럼 크리스퍼를 사용하여 표적 DNA 서열을 제거하지 않고도 특정 DNA 조각을 결합하여 제거하는 방식으로 사용할 수 있다.

크리스퍼의 진정한 능력은 살아 있는 동물 또는 식물을 대상으로 직접적으로 편집할 수 있다는 것이다. 이 기술이 널리 사용된 지 수개월 만에 전 세계 연구자들은 크리스퍼를 사용하여 인간 세포, 생쥐, 쥐, 박테리아, 초파리, 효모, 제브라피시 및 수십 종의 다양한 모델생물들을 대상으로 실험이 진행되고 있다. MIT 공대의 한 팀은 최근 크리스퍼 유전자 편집 기술을 이용해 희귀 간 질환, 제1형 타이로신혈증 마우스를 치료하였다. 타이로신혈증은 약 10만 명 중 1명 정도 발병하는데 FAH 유전자의 돌연변이에 의해 푸마릴아세토아세테이즈 효소의 타이로신 아미노산이 깨어지는 것을 막는다. 생체 내에서 한 번의 치료를 통해 250개 간세포 중 1개 세포에서 돌연변이 유전자가 정상 유전자로 회복이 된 것을 확인했다. 그러나 약 1개월 후, 이 세포는 병에 걸린 간세포를 대체하면서 약 1/3을 점유해 마우스가 타이로신을 정상적으로 대사하고 질병을 영향에서 벗어난 것을 보였다. 결과적으로 마우스는 단백질 식이요법과 사용하던 약물을 중단하게 되었다.

2016년 말 중국의 한 과학자는 처음으로 사람한테 크리스퍼-캐스 치료를 적용해 전이성 비소세포암이라고 불리는 공격적인 암을 치료하는 시도를 하였다. 생체 외 접근법을 이용하여 프로그램된 세포 사멸 1(PD-1)이라는 유전자를 편집하는데, 이는 종양의 T 세포 파괴로부터의 면역반응을 최소화하기 위해 암세포에 의해 종종 중화될 수 있는 T 세포의 표면에서 단백질을 발현한다. 편집된 T 세포를 암세포에 의해 방해받지 않으면서 이들 세포가 폐의 종양을 표적화하여 파괴하기를 희망하는 환자에게 다시 도입하게 되었다. 이 임상시험 결과는 2018년 말에 발표가 예상된다.

미국에서는 2017년 말 현재까지 단 하나의 크리스퍼 시험만 승인을 했었다. NIH의 자문 그룹은 흑색종, 다발성 골수종 및 전통적인 치료법으로는 전혀 반응하지 않는 암환자의 T 세포에 크리스퍼-캐스9을 이용하는 임상시험을 승인하였다. 이 프로토콜은 FDA에 의해 검토되고 승인되었다. 더 나아가 신장, 방광 및 전립선 암을 목표로 전 세계 여러 센터에서 몇 가지의 유전자 편집관련 임상시험이 진행될 예정에 있다. 거의 매일 유전자 치료를 위해 이러한 크리스퍼-캐스의 성공적인 사례가 모델생명체 및 사람을 대상으로 계속해서 다음과 같은 내용들이 보고가 되고 있다.

- 듀시엔형 근이영양증(Duchenne muscular dystrophy, DMD)의 마우스 모델에 있어 DMD 유전자로부터 결함이 있는 엑손을 제거하기 위해 크리스퍼-캐스9의 AAV 전달하는 방법을 적용해 실제로 마우스의 근육 기능이 유의미하게 회복되는 것을 확인했다. 이 치료법은 인간의 DMD의 약 80% 정도를 치료할 수 있는 잠재적인 치료 기술이다.
- 생쥐에서 성공한 후, HSC의 인간 베타 글로빈(HBB) 유전자를 편집해 겸상 적혈구 질환(sickle cell disease)과 지중해 빈혈증(beta thalassemia)을 시험관 내에서 치료하였다. 이 연구는 앞으로 5년 안에 임상시험으로 이어질 수 있을 것으로 보인다.
- 크리스퍼-캐스9을 사용하여 간세포의 돌연변이 F9(응고 인자 IX) 유전자를 타깃으로 편집하여 혈우병 B 마우스를 치료하는 데 성공했다.
- PCSK9 유전자 돌연변이에 대한 크리스퍼 편집은 심혈관 질환의 위험을 줄일 수 있다.
- 2018년에는 레베르 선천성 흑암시(Leber's congenital amaurosis) 환자들을 치료하기 위한 크리스퍼-캐스 관련 임상시험이 진행될 예정이다.
- 유전적 원인에 의해 청력을 잃은 마우스의 돌연변이를 크리스퍼-캐스로 편집하여 치료 가능성을 보여

주었다.

앞서 정밀의료에 대한 언급한 것 중에 면역치료에 있어 암을 치료하는 방법 중에 환자의 T 세포의 유전자를 조작해 환자 생체 내로 도입하는 내용을 상기해야 한다. 크리스퍼-캐스에 의한 T 세포의 유전자 편집은 면역치료 분야를 극적으로 향상시키고 있다. 다른 유전자 치료법과 마찬가지로 크리스퍼-캐스는 유전체의 특정 돌연변이가 발생한 부분을 타깃하지 않고 다른 위치를 타깃할 가능성과 우려가 존재한다. 하지만 크리스퍼-캐스는 지금까지 개발된 어떤 기술보다도 유전자 치료에 있어서는 가장 유망한 도구이며, 단기간에 동물과 인간에서 이 기술의 빠른 진보를 목격했었다.

유전 질환 치료: 유전자 치료의 대상

대부분의 유전자 치료 연구자들은 단일 유전자 돌연변이 또는 겸상 적혈구 질환처럼 유전자 결핍에 의해 생성되는 유전적 장애에 초점을 맞추고 있다. 이유는 복잡하게 상호 작용하며 여러 유전자를 타깃해야 하는 유전 질환은 유전자 치료법으로 치료하기가 어렵다. 현재 단일 유전자를 타깃하는 3,000개가 넘는 인간 유전 질환이 있다. 전 세계적으로 1989년 이래로 2,300개가 넘는 유전자 치료 임상시험이 승인되었으며, 이 중 약 2/3이 미국에서 진행되었다.

거의 모든 주요 범주의 유전자 질환이 유전자 치료법의 표적이 되었으나 최근에는 암 치료를 위한 임상시험이 주로 승인이 되고 있다. 유전적 실명, 낭포성섬유증, 청각장애, 관절염, 알츠하이머병, 파킨슨병 및 근위축성 측색 경화증(ALS)을 포함한 신경 퇴행성 질환, 노화, 심혈관 질환, 근위축증, 혈우병, HIV와 같은 전염병, 우울증, 약물 및 알코올 중독 등 많은 질병이 포함된다. 이 책에서는 이와 관련한 연구와 관련 내용을 소개하고 있다. 화이자는 처음으로 DMD 유전자에 문제가 있는 소년들을 대상으로 최초로 초기 임상시험 데이터를 2019년에 발표할 예정이다. 여기에서는 우리는 이 분야 가장 빠른 진전을 대표하는 몇 가지 성공적인 사례를 소개할 예정이다.

첫 번째 인간 유전자 치료

첫 번째 인간에 대한 유전자 치료는 1990년 메릴랜드주 베데스다 소재 미국 국립보건원(National Institute of Health)의 프렌치 앤더슨(W. French Anderson), R 마이클 블레이스(R. Michael Blaese), 그리고 케네스 컬버(Kenneth Culver)가 이끄는 연구원들과 의료진들에 의해 수행되었다. 아샨티 다실바(Ashanti DaSilva)라는 이름의 4살배기 아이는 중증복합면역결핍증(severe combined immunodeficiency, SCID)이라는 유전병을 앓고 있었다. 이 질환을 앓는 환자들은 아데노신 디아미네이즈라는 효소(adenosine deaminase, ADA)를 암호화하는 유전자에 결함이 있어 면역계가 작동하지 않는다. ADA는 뉴클레오타이드인 디옥시아데노신 삼인산(dATP)의 물질대사에 관여한다. ADA 유전자의 돌연변이는 dATP의 축적과 이에 따른 특정 종류의 T 림프구에 대한 독성을 일으킨 결과, 중증복합면역결핍증을 앓는 환자들에게서 T 세포들은 거의 완전히 소실된다. 이 유전병을 중증복합 면역결핍증이라 불리는 이유는

ADA 유전자의 돌연변이가 면역계의 항체 형성과 질병에 맞서 싸우는 능력에 결정타를 날리기 때문이다. 제대로 작동하는 T 림프구 없이, B 림프구는 항원을 인식하거나 항체를 만들 수 없다. 유전자 치료가 시행되기 전, 대부분의 중증복합면역결핍증 환자들은 그들의 면역계가 병원체로부터의 감염에 맞서 싸울 수 없기 때문에 10대를 넘겨 생존하기 어려웠다.

아샨티를 치료하기 위해 정상적인 ADA 유전자가 벡터에 재조합된 다음 비병원성으로 불활성화된 레트로바이러스에 삽입되었다. 생체 외 치료법이 사용되었는데, 이 방법에서 적은 수의 T 세포가 아샨티의 혈액에서 분리된 다음 실험실에서 배양되었다. 이 T 세포에 ADA 유전자가 든 레트로바이러스를 감염시키고, 이 감염된 T 세포들을 더 오래 배양하였다. 레트로바이러스는 자기의 유전체를 숙주세포의 유전체에 통합시키므로, 그 재조합된 레트로바이러스는 세포를 배양하는 동안 정상적인 ADA 유전자를 T 림프구 유전체에 통합시켰다. 짧은 기간 동안 배양 후, ADA 유전자가 들어 있는 T 세포들을 다시 아샨티에게 주입하였다. 아샨티는 이러한 일련의 치료과정을 여러 번 반복하여 받았다. 유전자 치료 후 몇 달이 지나자, 아샨티의 T 세포 숫자가 증가하기 시작했다. 2년 후 아샨티는 상당히 높은 ADA 효소 활성과 거의 정상적인 숫자의 T 림프구를 가진 것으로 나타났는데, 그녀의 T 세포 중 20~25%는 통합된 추가의 ADA 유전자를 가지고 있었다. 현재 아샨티는 건강한 삶을 즐기고 있다. 아샨티 이후 유전자 치료로 24명 이상의 SCID를 가진 어린이들이 성공적으로 면역계를 회복하였다. ADA-SCID에 대한 유전자 치료는 계속 발전하여 100명 이상의 사람들의 건강을 회복시켰으며, 이는 유전자 치료에 있어 가장 성공적인 사례이다.

실명을 치료하기 위한 유전자 치료

200개 이상의 유전자가 망막 장애 질환과 관련되어 있어 이 질환에 대한 유전자 치료는 실명을 치료하는 가장 유리한 위치에 있다. 점진적으로 시력 상실을 유발하는 퇴행성을 포함한 다양한 실명 환자들을 대상으로 수십 가지 유전자 치료와 관련한 임상시험이 진행 중에 있다. 눈은 크기가 작고 치료가 필요한 망막세포의 경우 수명이 매우 길다. 따라서 유전자를 삽입하지 않고도 AAV 전달 방법으로 오랜 기간 동안 성공적으로 치료효과를 볼 수가 있다. 몇몇 형태의 실명에 대한 유전자 치료는 원래 개에서 시작되었으며, 그들의 성공에 기초하여 그 세부적이고 자세한 실험방법이 인간을 대상으로 한 임상시험에 적용되고 있다.

펜실베니아대학교와 필라델피아 아동 병원 연구자들은 매년 5만 명에서 10만 명의 영아 중 1명에게 영향을 미치고 심각한 실명을 유발하는 망막 퇴행성 질환인 레버 선천성 흑암시(Leber's congenital amaurosis, LCA)에 유익한 결과를 보고했다. 이 질환은 18개 이상의 유전자로 인해 망막의 감광성 세포인 광수용체 세포에 변화가 생겨 발생한다. 하나의 유전자, 특히 RPE65는 표적으로 한 유전자 치료법이 그것이다. RPE65 단백질은 레티놀을 대사한다. 레티놀은 간상세포와 원추세포가 빛을 감지하고 뇌로 전기 신호를 전달할 수 있게 해주는 비타민 A의 한 형태이다. RPE65에 결함이 있는 환자에게는 AAV를 통해 정상 유전자가 전달되며 한번의 치료 후에도 대부분의 환자는 여전히 법적으로 실명 상태이지만 더 많은 빛을 볼 수 있으며, 일부 환자는 차트의 선을 볼 수가 있으며 어린이에게 사용할 경우 보행할 정도로 충분한 시력을 얻을 수가 있었다. 2017년 말 FDA는 레버 선천성 흑암시의 치료를 위해 생체내로 RPE65를 전달하는 필라델피아의 스파크 테라퓨틱스(Spark Therapeutics)에서 개발한 럭스터나(Luxturna)를 이 질환 관련 최초의 유전자 치료제로 승인했다. 망막의 색소 세포에 영향을 미치는 CHM 유전자의 돌연변이로 인해 발생하는 희귀 유전성 실명인 맥락막 위축증(choroidermia) 관련한 유전자 치료에도 흥미로운 결과가 나왔다. CHM의 정상 유전자 사본을 가지고 있는 AAV를 망막 주사를 통해 성인 환자가 한 번 치료로 2년 이상 빛을 볼 수 있을 만큼 시력을 회복했다고 한다.

혈우병 B를 위한 유전자 치료

최근에 스파크 테라퓨틱스에서 FIX 유전자 결함이 있는 혈우병 B 남성 환자를 대상으로 유전자 치료 임상시험을 통해 치료 성과가 있음을 성공적으로 입증하였다. FIX는 혈액 응고에 필수적인 응고인자 IX라는 단백질을 암호화한다. 이 임상시험을 통해 AAV를 매개로 유전자 치료를 위해 간세포에 정상 FIX를 전달하였다. 치료받은 10명의 남성 중 10명 모두 정상 응고 인자 단백질이 생성되었으며 1년 이상의 추가적인 치료를 요하지 않았다. 이 연구는 혈우병 치료에 관해 현재까지 보고된 가장 성공적인 사례였다.

유전자 치료법이 직면한 도전

과학자들은 항상 유전자 치료와 관련된 잠재적 위험성과 치료법의 안정성에 대해 염려해왔다. 1999년 제시 겔싱어(Jesse Gelsinger)라는 18세의 지원자가 미국 펜실바니아대학에서 유전자 치료 임상시험 중 사망한 이후, 유전자 치료법의 안정성에 대한 논의가 격화되었다. 제시는 오르니틴 트랜스카바밀라제 결핍증(ornithine transcarbamilyase deficiency, OTC)이라는 유전 질환으로 인해 섭취한 음식물 중 단백질을 아미노산으로 분해할 수 없었다. 제시의 죽음은 그가 앓던 유전병을 치료하기 위해 사용된 치료 유전자 전달용인 아데노바이러스 벡터와 관련된 합병증과 관련 있다. 오르니틴 트랜스카바밀라제 유전자를 가진 유전자 조작 아데노바이러스 벡터를 제시의 간동맥에 주입한 결과 심각한 염증 반응이 일어나서 제시는 사망에 이르렀다. 이 벡터는 간세포에 들어가 오르니티 트랜스카바밀라제 유전자를 생산하여 제시의 간 질환을 치료할 것으로 기대되었다. 첫 처방 후 몇 시간 만에 엄청난 면역반응이 제시의 몸에서 일어났다. 고열이 발생했으며, 폐는 체액으로 채워졌고, 여러 장기들이 기능을 잃었다. 4일 후 제시는 급성 호흡기 장애로 사망하였다. 현재까지 전 세계적으로 500건 이상의 유전자 치료를 위한 임상시험들이 진행되었는데, 그 중 절반 이상은 미국에서 수행되었다. 현재에도 20여 개 국가에서 600건 이상의 임상시험이 진행 중에 있다. 제시 겔싱어는 유전자 치료를 위한 임상시험에서 치료 과정 중에 사망한 첫 번째 사람이 되었다. 그의 사망은 바이러스 벡터의 사용에 더 큰 의문을 가지게 하였고, 치료에 사용될 비바이러스성 벡터의 개발에 더 큰 강조를 두게 하였다. 또한 그의 사망으로 인해 유전자 치료법들은 더 면밀한 검토를 받게 되었고 유전자 치료에 더 엄격한 규제가 이뤄지게 되었다.

레트로바이러스를 사용한 임상시험에 대한 염려는, 2002년 프랑스에서 X-연관 중증복합면역결핍증(X-linked severe combined immunodeficiency syndrome, SCID-X)을 치료하기 위해 수행된 유전자 치료 실험의 결과로 인해 더욱 높아졌다. 이 임상시험에서 치료를 받은 20명의 유아 중 5명에게 치료의 부작용으로 백혈병이 발생했고, 이 중 한 명은 2004년 사망하였다. 이들 어린이는 생체 외 치료법에서 레트로바이러스를 사용해 전달된 치료유전자로 치료된 골수세포들을 주입받았다. 어린이들은 치료를 받을 당시 생후 1~3개월 되었고 치료 후 약 2년 반이 지나 백혈병과 같은 암이 발생하기 전까지는, 완치되어 집으로 돌아가 정상 생활을 즐기는 듯했다. 이들의 암은 레트로바이러스가 치료유전자를 LM02라는 유전자의 프로모터(promoter) 영역에 삽입되어 발생했으며, LM02 유전자는 백혈구의 정상적인 형성에 필요한 전사인자(transcription factor)를 암호화한다. 이 삽입은 LM02 유전자의 비정상적인 전사와 LM02의 과발현을 유도하며 성숙된 T 세포들이 통제받지 않고 분열하도록 한다. 이 비극적인 사례는 많은 수의 유전자 치료 실험의 일시적 중단을 초래했고, 미국 식품의약국은 레트로바이러스 연구를 완전히 중단시켰다. 임상연구는 결국 나중에 재개되었으나, 연구 중 환자의 용태를 더 자세히 관찰하게 되었다.

글리베라(Glybera)는 서구 최초로 승인되었지만 결과적으로 철회된 유전자 치료제이다

2012년, 글리베라는 유럽연합, 유럽의약품청이 서구 세계에서는 최초로 상업적 승인을 받은 유전자 치료 제품으로 역사에 기록되었다. 글리베라는 LPL 유전자의 정상 사본을 전달하여 가족성 지단백 지질분해효소 결핍증(LPLD)이라는 희귀 질환 환자를 치료하기 위한 AAV 벡터 시스템이다. 가족성 지단백 지질분해효소 결핍증 환자는 혈액에 높은 수준의 트리글리세리드를 가진다. 혈중 중성 지방 수치가 높으면 췌장에 독성을 유발해 췌장염이라고 하는 심각한 형태의 췌장 염증을 유발한다. 글리베라는 고비용의 문제를 여러 가지 이유로 미국 FDA의 승인을 받지 못했다. 이 약은 암스테르담에 있는 유니큐어에 의해 개발되었다. 글리베라는 역사상 가장 비싼 약 중 하나였으며, 한번 치료시 백만 달러가 넘는 비용이 들어갔다. 2017년까지 글리베라는 모든 유럽 국가에서 널리 사용되지 못했으며, 치료제로 재승인을 진행하지 않았다. 이에 유니큐어는 2017년 10월 이후 유럽의 판매 허가를 갱신하지 않음을 발표했다.

유전자 치료, 해결해야 할 과제

현재 의료 문제에 대한 해결책보다 유전자 치료에 대한 장벽이 더 많은 상황이다.

- 치료용 유전자의 발현을 환자에서 어떻게 조절할 수 있는가? 치료용 유전자가 과발현되거나 유전자가 도입된 직후에 유전자가 차단되면 어떻게 될까?
- 과학자들은 치료용 유전자가 필요로 하지 않는 다른 세포와 조직에 영향을 전혀 주지 않으면서 치료용 유전자가 필요로 하는 세포와 조직만을 어떻게 안전하고 효율적으로 표적할 수 있을까?
- 프랑스에서 수행한 임상시험에서 발생한 무작위적인 유전자 삽입 및 DNA 불안전성/이동성을 방지하기 위해 유전자 치료를 유전체의 특정 영역에 국한하여 표적화할 수 있을까? 이 부분은 크리스퍼-캐스가 가장 큰 가능성을 보여주는 부분이기도 하다.
- 어떻게 치료용 유전자를 지속적으로 투여하지 않고도 영구적 치료를 할 수 있을까?

- 치료용 유전자의 거부반응을 어떻게 피할수 있을까? 유전자 치료가 사용될 때마다, 이식 대상자의 면역 시스템이 치료용 유전자의 의해 생성된 단백질을 거부하거나 유전자 변형세포를 거부하는지 여부는 아직 보고된 것이 없다.
- 질병을 효과적으로 치료하기 위해 장기 또는 조직의 세포 중 몇 퍼센트가 치료용 유전자를 발현해야 할까? 이는 질병에 따라 달라지지만, 대부분의 병에 걸린 세포중에서 치료용 유전자에 의해 영향을 받는 세포는 극소수의 세포들만 교정되게 된다. 그래서 이를 교정하여 질병을 치료할 수 있는지 여부는 잘 모른다.
- 여러 유전자와 관련된 질병을 치료하기 위해 유전자 치료를 적용할 수 있을까?
- 유전자 치료를 위해 유전자 편집 기술이 결국 효과적이고 안전하고 널리 사용될 수 있을까?

유전자 치료가 안전하고 신뢰성 있는 치료법이 되기 전에 극복해야 할 장벽은 매우 많지만, 과학자들은 혁신 기술개발을 통해 이를 해결할 것이다.

7.6 재생의학의 잠재력

현재 환자의 질병을 치료하는 의사들은 주로 외과적 수술, 방사선 치료, 그리고 약물 요법과 같은 한정된 치료법을 사용하고 있다. 비록 이러한 치료 방법들은 의학에서 중요한 자리를 차지하고 있지만, 예를 들어 흔히 말하는 알약은 보통 병을 완치하기 위한 해답이 아니며, 이 치료법들은 조직을 재생하고 손상된 기관의 기능을 복원할 수 있는 능력을 주지는 않는다. 예를 들어, 사람이 심장마비나 뇌졸중과 같은 병을 앓고 있다면 일반적으로 조직 손상이 뒤따른다. 기관이 손상될 경우 기관의 기능을 되돌릴 유일한 방법은 손상된 조직을 새로운 세포들로 대체하는 것인데, 심장이나 뇌 조직은 생물학적으로는 절대로 대체되지 않는다.

배아에서 기관이 발달할 때 많은 유전자들의 발현이 정해진 순서대로 일어나야 한다. 약물이 고칠 수 없는 세포들에서도 변화는 일어나며, 기관이 심하게 손상되었을 경우 어떠한 약물도 새로운 조직이 자라고 손상된 조직의 수선이 일어나도록 자극할 수 없다. 심지어 인간유전체프로젝트로부터 얻은 새로운 지식을 가지고도, 약물들이 조직 재생과 기관 기능의 회복에 필요한 시기 선택을 지닌 유전자의 발현을 자극할 수 있을 것 같지 않다.

재생의학(regenerative medicine)은 결함 있는 조직과 기관을 대체하거나 고치는 데 사용될 세포들과 조직들을 배양하는 것을 말하며, 우리가 알고 있는 의약과 보건 서비스의 전달을 급격히 변화시킬 잠재력을 지닌 새로운 생명공학 영역이다. 앞으로 배우겠지만, 여기서 논의할 많은 주제들은 대부분 이러한 다양한 기술들이 개인 맞춤 기반의 정밀의료 분야의 속해 있다.

세포와 조직 이식

기관 이식은 오래된 아이디어이나, 손상된 조직들을 대체하거나 수선하는 데 쓰일 특정 세포들 또는 조직들을 이식하는 기술은 의학 생명공학 연구에서 상당히 새로운 분야이다.

태아 조직 이식

설치류 실험에서 성공을 거둔 후, 태아 조직 이식(fetal tissue transplants)은 1980년대 후반부터 사용되어 왔고, 대부분의 인간 태아 신경세포들은 배아나 사고 피해자로부터 유래된 태아, 그리고 합법적으로 낙태된 배아로부터 나온다. 여기에서는 배아 또는 태아에서 유래된 조직의 이식을 언급하지만 미래에는 배아 또는 태아가 아닌 줄기세포가 그러한 이식을 위한 주요 세포 공급원이 될 것으로 예상된다.

신경퇴화 질환은 점진적으로 진행되며, 시간이 지나감에 따라 차츰 뇌기능이 손실된다. 알츠하이머병과 파킨슨병이 아마도 가장 잘 알려진 신경퇴화 질환의 예일 것이다. 실제로 이 두 질병은 가장 많이 발생하는 신경퇴화 질환들 중 1위, 2위를 차지하고 있다. 파킨슨병의 경우를 보더라도, 매년 거의 5만 명 이상이 이 병으로 진단받으며, 현재 미국에는 50만 명의 환자가 있는 것으로 추산된다. 파킨슨병은 뇌 안쪽 깊게 자리잡은 흑질(substantia nigra)이라는 부위에서 뇌세포에 손상이 일어나 발생한다. 이 지역에 자리잡은 세포들은 도파민(dopamine)이라는 신경전달물질을 분비한다. 이러한 도파민 분비세포들이 손실되면 떨림, 무력감, 균형 감각의 상실, 손재주의 상실, 근육 경직, 후각의 감소, 음식을 삼키지 못함, 언어능력 문제, 그리고 기타 다른 현상들이 일어난다. 치료는 대부분 뇌에 도파민의 생성과 축적을 증가시키는 약물 사용을 포함한다. 하지만 약물 치료를 시작한 지 4~10년이 경과하면, 이 약의 효과가 감소하고 병은 계속 지속되기에 환자들의 삶의 질이 떨어지고 결국 환자들은 이 병과 관련된 합병증으로 사망하게 된다.

현재 250,000명의 사람들이 척수 손상으로 마비를 겪고 있고 전 세계적으로 거의 200만 명의 인구가 척수 부상을 안고 살고 있다. 매년 거의 미국의 약 10,000명을 포함해 매년 전 세계적으로 85,000명 이상의 사람이 척수 부상을 당한다. 신경 질환 및 척수 손상 치료에 태아 조직 이식은 가장 널리 사용되는 방법이다. 대부분의 성인 신경세포는 손상된 경우 스스로 회복되지 않지만 태아 신경세포는 계속해서 분열을 하기 때문에 태아 신경세포를 이식받은 환자의 40% 이상에서 증상 완화를 보이고 다양한 개선을 보였으며, 경우에 따라 몇 년이 지나면 완치는 안 되더라도 거의 증상이 없어지기는 상태가 되기도 한다.

척수 부상을 치료하기 위해 많은 방법들이 시도되어 왔다. 한 가지 방법은 절단된 신경을 잇기 위하여 태아나 성인 신경세포의 신경섬유를 이식하는 것이었다. 이러한 가교 이식물은 개와 쥐를 사용한 실험에서 가능성을 보여주었다. 과학자들이 신경의 성장을 방해하는 염증 물질과 신경의 성장을 촉진하는 요소들에 대해 더 많이 알게 됨에 따라 반흔 조직을 최소화하고, 아교세포(glial cells)라 불리는 도움 세포로부터 기원한 반흔 조직에 의해 생겨난 손상을 줄이며, 성장 억제 물질의 작용을 막고, 동시에 신경 재생을 촉진하기 위해 이러한 물질들을 사용할 수 있게 되었다.

장기 이식

장기 이식은 생명을 살릴 수 있으며 실제로 살리고 있다. 미국에서만 매년 조직 손상과 장기 부전과 관련된 수술이 약 115,000건에 가깝지만, 매년 약 30,000명 정도만이 장기 이식을 받고 있다. 미국에서는 장기부전과 조직 관련 의료 서비스에 4,000억 달러 이상의 비용이 쓰인다. 이 숫자는 나라 전체가 의료 서비스에 지출하는 비용의 거의 절반에 육박한다.

자가이식(autografting)은 환자 자신의 몸 한 부분에서 기원된 조직을 다른 부분에 이식하는 것을 말하며, 자가이식은 이식과 관련된 몇 가지 문제를 완화시킬 수 있다. 예를 들면, 관상동맥 우회술(coronary bypass operation)은 다리의 정맥 일부를 잘라내고, 이 혈관을 수술로 심장의 동맥에 연결하여 막힌 혈관들을 우회하는 방법이다. 그러나 환자가 심장이나 간이식을 필요로 한다면, 환자에게 기관을 기증할 사람을 찾아야만 한다. 적합한 기증자를 찾았더라도 이식 거부는 중요한 문제이다. 이식 거부는 기증받은 사람의 면역계가 기증받은 기관을 외부 물질로 인식하여 일어난다. 이식을 위한 기관의 적합성을 확인하는 방법으로 그 기증자의 기관이 대상자와 잘 맞는지 확인하기 위해 조직 유형 검사(tissue typing)를 실시한다.

조직 유형 검사는 몸에 있는 모든 세포의 세포막에서 발견되는 마커 단백질(marker protein)에 근거한다. 조직유형 검사에 쓰이는 단백질들은 주요 조직적합성 복합체(major histocompatibility complex, MHC)라 불리는 70개 이상의 유전자들 가운데 일부이며, 기관 이식이 적합하기 위해서는 기증자와 대상자 간 MHC 분자들이 일치해야 한다. MHC 단백질에는 많은 종류가 있다. 한 가지 공통된 그룹의 단백질은 조직적합성 항원(human leukocyte antigen, HLA; 백혈구에서 처음으로 발견되었기 때문에 이러한 영어 명칭이 붙었다)이라 불리며, HLA는 사실상 거의 모든 세포들에서 발견된다. B 세포와 T 세포 같은 면역계 세포들은 체세포들이 제시하는 HLA 분자를 자기(self)로 인식하는 반면, 다른 세포들이나 외래 세포들은 비자기(non-self)로 인식해서 세포를 공격해 파괴한다. 일부 보편적인 HLA들은 대부분의 인체 조직에 존재하며, 어떤 HLA은 각 조직마다 다르게 존재한다. 기관 이식이 성공적으로 되기 위해서는 기증자와 대상자 세포들 간 여러 HLA가 적합성을 보여야 한다. 그렇지 않을 경우, 대상자는 이식된 기관을 거부할 것이다.

1963년 첫 번째 간이식이 시술된 이후, 이식수술 의사들은 면역계를 약화시키고 기관 거부를 최소화하기 위해 면역억제제를 사용한다. 대부분의 이식을 받은 사람들은 그들의 남은 일생 동안 면역억제제를 복용해야 한다. 이러한 방법에 수반되는 명백한 문제점은 약해진 면역계 때문에 병원성 감염이 일어날 수 있다. 실제로 감염이 발생해 생명이 위협을 받기도 한다. 충분한 기관 기증자의 부족과 기관 거부는 과학자들이 기증되는 기관을 제공할 다른 방법들을 찾게 된 주요 이유이다.

이종 장기이식(xenotransplantation)은 인간이 아닌 다른 동물 종의 기관을 이식받는 것을 의미하며, 언젠가는 인간으로부터 인간으로 이뤄지던 이식의 실행 가능한 대체 방안이 되어, 인간 기증자 기관의 엄청난 수요를 덜어주는 데 도움을 줄 것이다. 한때 인간 대상자들에게 기관을 제공할 동물로 개코원숭이(baboon)가 선택되는 것이 고려되었다. 1984년 어린이에게 동물로부터 사람으로의 이식이 처음으로 시술되었다. 캘리포니아주 로마린다대학 의료진들은 개코원숭이의 심장을 베이비 페이(Baby Fae)라는 이름의 12세의 소녀에게 이식하였다. 베이비 페이는 3주 후 이식 거부와 관련된 합병증으로 사망하기 전까지 개코원숭이의 심장을 지니고 살았다. 이와 비슷한 이식들이 시도되었으나 별로 성공을 거두지 못했다. 비록 개코원숭이와 다른 유인원들은 앞으로 기관을 기증하는 데 쓰일 가능성이 큰 동물들이지만, 많은 연구 집단들은 기관의 출처로 돼지의 가능성을 연구하고 있다. 돼지는 그 숫자가 많고, 기르기 쉬우며, 상당히 값이 싼 이유로 훌륭한 선택일 수 있다. 이식 때 돼지로부터 사람에게 바이러스가 전이되어 이식된 기관이 거부되고 다른 건강상 문제를 일으킬까 하는 염려가 되어 돼지 장기를 사용하는 것이 지연되고 있다. 현재까지, 장기이식을 위해 인간 면역 시스템에 거부반응이 없는 또는 돼지 바이러스가 없는 기관을 제공하기 위해 복제된 돼지를 조작하려는 노력은 제한적이지만 성공을 거두었다. 그러나 2017년 생명공학 회사인 이제네시스(eGenesis)가 크리스퍼 유전자 편집 기술을 사용하여 돼지 유전체 안에 있는 62개 PERV를 모두 제거한 건강한 배아를 개발했다. 이제 유전체 편집을 크리스퍼로 통해 가능해졌기 때문에 이 연구는 앞으로 관심을 가지게 될 것이다. 이종 장기이식은 항상 다른 동물의 장기를 이식받을 필요는 없다. 과학자들은 세포와 조직 이식 기술로써 세포들을 전달하는 방법을 개발하기 위해 노력하고 있다.

세포 치료법

세포 치료법(cellular therapeutics)은 결함 있는 조직을 대체하거나 중요한 생물학적 물질을 전달하는 데 세포들을 사용하는 것을 일컫는다. 인간 조직 이식이나 이종 장기이식의 조직 거부를 피할 한 가지 대체 방안은, 살아 있는 세포들을 생물캡슐(biocapsule) 혹은 미세캡슐(microcapsule)이라 불리는 작은 플라스틱 구슬이나 관 구조물에 넣어 사용하는 것이다. 생물캡슐에 재조합 단백질과 같은 치료 목적의 물질을 만들도록 고안된 유전자 조작 세포들을 넣을 수도 있다.

생물캡슐은 벽에 작은 구멍들이 있어, 양분이 캡슐 안팎으로 이동하거나 캡슐 안에 있는 세포들에 의해 만들어진 물질들이 캡슐을 빠져나와 혈액이나 주변 조직으로 이동할 수 있다. 예를 들면, 인슐린을 합성하는 췌장의 베타세포들이 들어 있는 캡슐은 1형 당뇨병 환자에게 이식될 경우, 이 세포들이 만든 인슐린이 캡슐을 빠져나와 환자의 혈액을 타고 인슐린을 필요로 하는 신체 각 조직으로 이동할 것이다. 생물캡슐의 또 다른 중요한 특징은 생물캡슐이 세포들을 캡슐 내에 숨겨 면역세포들이나 항체들이 캡슐에 들어와 이 세포들을 파괴하지 못하게 함으로써, 그 안에 들어 있는 세포들을 대상자의 면역계에 의한 공격으로부터 이러한 방법에서 생물캡슐은 몇 달마다 교체되어야 하며, 당뇨병의 경우 이 방법은 매일 인슐린을 주사하는 것보다 더 나은 방법이 될 수도 있다.

조직공학

당신의 첫 차로 30,000달러나 300달러를 지불했던 간에, 시간이 지나면서 부품들이 닳거나 망가지는 것은 분명하다. 근처 정비소에 가서 망가진 곳을 고치거나 부품을 교체할 수는 있겠지만, 계속 타다 보면 수리가 불가능할 정도로 차가 낡아 버려, 결국 새 차를 구입해야 할 때가 올 것이다. 사람의 신체 일부도 새로 교체해야 할 만큼 낡고 망가질 수 있다. 낡은 기관(organ)들은 그 기능이 떨어져 필요한 만큼 작동을 못하게 되거나, 심지어 아예 작동을 멈출 수도 있다. 사람이 아무리 상대적으로 건강한 삶을 살아왔더라도, 고령으로 기관이 노쇠하거나, 발작 또는 심장마비와 같은 갑작스런 일을 당하게 되면 몸속 기관들은 기능이 떨어지거나 그 기능을 멈출 수도 있다. 하지만 사람의 신체는 자동차와 같이, 부품을 보관하고 있는 곳에 가서 새것으로 갈아 낄 수 있는 것이 아니다.

하지만 미래에는 새롭게 등장한 조직공학(tissue engineering)이라 불리는 과학 기술 덕택에 손상되거나 죽은 조직을 대신하는 데 쓰일 조직들이나 기관들을 제공받을 수 있을지 모른다. 조직공학은 아직 작지만 빠르게 성장하고 있는 산업분야로, 현재 미국에서만 약 80개 이상의 생명공학 분야의 회사들이 조직공학 분야에서 연구개발 활동을 하고 있으며 다음 10년 동안 이 분야가 50%에 달하는 성장세를 보일 것으로 전문가들은 내다보고 있다. 현재 조직공학에 관여하는 회사들은 손상된 조직이나 심지어 닳아 버린 조직을 교체하는 데 사용 가능한 인체조직이나 기관들을 만들려고 열심히 노력하고 있다. 예를 들면, 피부의 상당량이 손실될 만큼 심한 화상을 입어 고통스럽고 생명까지 위협받는 환자들을 치료하는데, 조직공학적으로 짜여진 인체 피부조직이 매우 효과가 있음이 입증되었다.

1990년대에 조직공학의 선구자인 찰스 바칸티(Charles Vacanti)와 그의 동료들은 조직공학적인 방법을 이용해 생쥐의 등에서 인간의 귀를 자라게 하여 전세계적으로 토픽기사가 된 적이 있다. 이 실험에서 바칸티는 외이(outer ear) 모양으로 된 생분해성 재질의 비계를 생쥐의 등에 붙이고 여기에 암소의 연골세포(cartilage cells)를 파종하였다. 연골세포들은 비계 구조물을 파고들어 자라 연골을 만들었고, 비계구조가 분해되어 없어질 때쯤엔 그 연골은 스스로를 지탱할 힘을 가질 만큼 자랐다. 사람의 귀 모양을 지닌 그 조직은 실제로 사람에게 이식된 적이 없다. 그 조직은 근원이 암소로부터 온 세포인 까닭에, 인체의 면역계가 거부반응을 일으켰을 것이기 때문이다. 또한 이 조직은 단순히 외이구조이며, 실제로 소리를 감지하는 내이(innter ear) 구조들은 여기서 빠져 있다. 하지만 이 연구는 조직공학이 실제로 사용될 수 있다는 강력한 증거를 제시하였다.

조직공학 과학자들은 흔히 칼슘, 콜라겐, 다당류인 알긴산염, 혹은 생분해성(biodegradable) 물질과 같은 생물학적인 재질로 된 토대(framework)나 비계(scaffold)를 도안하고 제작하는 것으로 작업을 시작한다. 비계는 대체될 기관의 주형(mold) 모양이며, 세포들이 위치할 3차원 구조의 토대를 만드는 데 그 목적이 있다. 비계에서 세포들을 배양하는 것을 가리켜 파종(seeding)이라는 표현을 쓰는데, 이는 말 그대로 그 세포들이 비계 위에서 자랄 더 많은 세포들을 만들어 내는데 씨앗으로 쓰이기 때문이다. 세포들이 파종된 비계를 영양분이 풍부한 배양액에 담가 놓은 다음, 시간이 흐르면 비계 재료 위에 세포층이 형성되어 비계 형태를 취하게 된다. 지금까지 피부이식에 사용되는 인공피부는 조직공학적 방법으로 자란 기관 중 가장 성공적임이 입증되었다. 하지만 골절치료를 위해 만들어진 뼈 구조물도 매우 잘 작동하며, 공학적인 방법으로 만들어진 치아도 매우 전망이 밝다. 많은 조직공학 제품이 FDA 승인을 받았으며 환자 치료 또는 임상시험에 사용되고 있다.

3차원 생체 조직의 인쇄

3차원(3D) 프린터는 플라스틱으로 모든 종류의 프로토타입 제품을 제작하는 데 매우 인기가 있다. 그러나 10년 동안 과학자들은 3차원 바이오 프린팅(3D bioprinting)을 사용해 인간 조직을 제작하려고 했다. 잉크로 글자들을 인쇄하듯이 세포들로 조직을 인쇄하는 것과 같다. 잉크 안에 있는 염료 입자와 같이 용액에 들어 있는 세포들은 잉크젯과 같은 노즐을 통해 분무되어 다양한 조직타입들을 인쇄를 할 수 있다. 과학자들은 심지어 방광의 자기공명영상(MRI) 스캔을 사용하여 암환자에게 이식할 방광을 적절한 3차원 모양으로 구조를 만들어 인쇄하였다.

아직 많은 기술적 한계들을 극복하기 위해 연구자들은 3차원 바이오 프린팅 기술 개발에 힘쓰고 있다. 느린 바이오 프린팅 프로세스는 도전 과제 중 하나이다. 복잡한 기능을 하는 기관과 조직들을 인쇄하고 인쇄를 용이하게 하기 위해 세포들을 성장시키는 그런 이슈들이 남아 있다. 그러나 비교적 짧은 시간에 이 분야는 빠르게 발전했으며, 여러 분야의 연구 접근법이 3차원 바이오 프린팅이 재생의학의 중요한 도구가 될 수 있다는 점에 의심의 여지가 없다.

엔지니어링 오가노이드와 장기

지난 10년 동안 줄기세포를 통해 생산되고 배양된 소형 장기들은 조직 엔지니어들에게 유용한 도구였었다. 장기가 생체 내에서 발달하는 방식과 유사하게, 시험관 내에서 적절한 조건하에서 성장한 세포가 오가노이드(organoid)를 형성하기 위해 분화 및 조직화될 수 있다. 과학자들에게 장기 개발을 돕고 약물테스트, 질병 모델링 및 향후 장기 대체에 유용하다. 뇌, 심장, 내장, 신장, 간, 폐, 뇌하수체, 전립선, 위 등의 뇌 피질을 위해 환자의 줄기세포에서 오가노이드가 만들어졌다.

때때로 오가노이드는 유리 또는 플라스틱 슬라이드에서 자란다. 장기칩(organs-on-chips)이라고 하는 소형 장기 모델은 생명공학 회사 및 제약회사가 이러한 체외 시스템을 약물 개발에 사용함에 따라 매우 가치가 높아지고 있다. 장기칩은 전통적인 방식의 플레이트상에서 세포 배양해서 약물 시험을 하는 것보다 더 나은 모델인 것으로 인식되며, 경우에 따라 동물 시험을 대체할 수 있다. 예를 들어, 여성 월경주기를 기능적으로 모방하는 여성의 자궁 조직 모델을 개발을 통해 유산의 원인을 연구하는 데 도움이 되었다.

장기 이식을 위해 전체 장기를 조작하는 경우, 피부는 상대적으로 기관 및 방광과 같은 장기들 보다 환자에게 이식되기 좋다. 간, 심장 및 신장과 같은 크고 복잡한 장기들을 만드는 것이 훨씬 더 어렵다. 소변과 같은 체액을 생성할 수 있게 쥐에서 태아 조직이 초기 신장을 만드는 데 사용되었다. 환자의 방광을 형성하기 위해 조직생검을 통해 새로운 방광을 생성하는 시도가 현재 2건의 임상시험 2상이 진행 중에 있다. 현재까지 과학자들은 투석이 필요한 신부전 환자에게 사용하거나 각막, 망막, 갑상선 조직, 요도 및 질(질이 없거나 안 좋은 상태의 질을 가지고 태어난 10대 소녀에게 이식)을 생성하기 위해 생체공학적 혈관을 만들기도 했다. 조직공학 분야는 아직은 초기 단계이나 아주 빠르게 발전하고 있어 조직공학적 미래가 현실이 될 것으로 기대하고 있다.

줄기세포

1998년 처음으로 대중에게 보고된 이후 줄기세포를 둘러싼 엄청난 기대와 논쟁과 연관된 주제들은 신문의 제1면과 TV 헤드라인으로 자주 언급되었다. 줄기세포는 과학자, 성직자, 정치인 및 일반대중에게도 감정적이고 논쟁적인 반응을 불러일으킨다. 이 줄기세포의 잠재적인 응용은 흥분, 두려움, 분노 및 다양한 감정을 유발하고 있다.

줄기세포란 무엇인가?

줄기세포(stem cell)에는 여러 가지 유형이 있지만 일반적으로 모든 줄기세포는 다른 세포들과 구별되는 두 가지 기본 특성을 가지고 있다.: 자기재생(self-renewal) 및 특수화된 기능들을 지닌 다양한 종류의 성숙한 세포들로 분화(differentiation)할 수 있다.

- 자기재생: 인간 배아 줄기세포는 더 많은 줄기세포를 만들 수 있도록 무한정 분열이 가능하다.
- 분화: 분화란 세포들이 특정 기능을 지니도록 발달하고 성숙하는 과정을 뜻한다. 분화는 수많은 유전자들이 활성화되거나 침묵화되어야 하는 복잡한 과정이며, 분화 중인 세포들은 그들이 변화하게 도와주는 다른 세포들로부터 분비되는 성장요소나 호르몬과 같은 화학적 신호들에 의존한다. 줄기세포는 인체를 구성하는 200가지 이상의 모든 세포들로 분화할 수 있다는 점에서 매우 특이하다. 줄기세포는 매우 다양한 세포들로 분화할 잠재성을 지니는데, 이러한 줄기세포의 특성을 전능성(pluripotency)이라 한다.

줄기세포가 무엇인가를 이해하기 위해 우선 인간 배아의 발생에 대해 잠시 들여다볼 필요가 있다. 어떻게 시험관 내 수정(*in vitro* fertilization)이 이루어지는가를 살펴보면 될 것이다. 체외수정이 처음으로 사람들의 주목을 받게 된 것은 1978년 첫 번째 시험관 아기인 루이스 브라운(Louise Brown)이 태어났을 때이다. 시험관 아기를 만들어 내기 위해, 공여자 양친들로부터 채취한 정자와 난자를 배양접시에 섞어 배아(embryo)를 만들었다. 며칠 동안 세포분열 후, 그 배아는 수술적인 방법을 통해 여성의 자궁, 보통은 난자 제공자의 자궁에 이식하게 되는데, 이때 배아를 이식받는 자궁이 준비될 수 있도록 난자 제공자는 며칠 동안 호르몬 요법을 받게 된다. 부부 모두가 시험관 내 수정 시술에 동의한 경우, 보통 여러 개의 배아가 준비되나, 많은 경우에 있어 그 중 하나만 각 시술 동안 이식받게 된다. 시술하고 남은 배아들은 나중에 필요한 경우 사용될 수 있도록 냉동 보관된다. 잠정적으로 그 남겨진 배아들은 나중에 인간 배아 줄기세포(human embryonic stem cells, hESCs 또는 ES cells)의 재료가 될 수 있으며, 이들은 또한 많은 논쟁거리의 재료가 되기도 한다.

하나의 배아는 일련의 예측 가능한 발생 단계를 거치게 된다. 난자와 정자 세포의 수정이 일어난 후, 그 수정란은 접합체(zygote)라고 불리게 된다. 접합체는 매우 빠른 속도로 세포분열을 일으켜, 3~5일 후에는 첫 번째로 12세포로 이루어진 작은 공구조의 상실배(morula)를 형성한다(상실배는 작은 오디라는 의미). 수정 후 대략 5~7일이 경과하면, 분열 중인 세포들은 약 100개의 세포들로 이루어진 작은 속 빈 공구조의 포배낭(blastocyst)을 만든다. 포배낭은 직경이 대략 1밀리미터의 1/7 크기이다. 포배에서 바깥쪽 한 줄로된 세포들은 영양아층(trophoblast)이라 불리는데, 이 세포층은 발달 중인 배아에 영양을 공급하는 태반(placenta)의 일부를 형성한다. 줄기세포 과학자들이 1차적으로 관심을 갖는 세포지역은, 포배 안 쪽에 감추어진 약 30개의 세포로 된 작은 덩어리 구조로서, 이 세포들은 내부세포괴(inner cell mass)로 알려진 구조이다.

내부세포괴의 세포들은 배아 자체를 형성하기 위해 발달하고 분화한다. 그보다 앞서 2년 전, 붉은털원숭이(rhesus monkey)로부터 얻은 인간 배아 줄기세포를 배양한 적이 있던 매디슨 소재 위스콘신대학의 제임스 톰슨(James Thomson)은 1998년 처음으로 인간 포배낭으로부터 인간배아 줄기세포를 성공적으로 분리배양했다고 발표했다. 또한 같은해 존스홉킨스대학의 존 기어하트(Johe Gearhart)와 그의 동료들은 인간 태아 조직으로부터 배아생식세포(embryonic germ cell), 즉 배우자 - 정세포와 난세포 - 를 형성하는 원시세포를 분리해냈고, 또한 배아생식세포들이 다른 종류의 세포들로 발달할 수 있음을 보여주었다. 이들의 발견에 뒤이어, 과학자들은 쥐, 돼지, 암소, 토끼, 그리고 양과 같은 종들에서 줄기세포를 분리해 내었다. 사실 줄기세포 과학자들은, 우리가 지금 인간 배아 줄기세포를 분리해내는 방법에 대해 대부분의 지식들은 1980년대 쥐를 사용해 시작된 선구적인 연구들로부터 기원되었다. 쥐를 사용한 연구들은 어떻게 모델동물들이 과학 진보에 지대한 공헌을 했는지 보여주는 또 다른 훌륭한 예이다.

인간 배아 줄기세포는 노화를 피해가고 어떠한 노화의 징조도 보이지 않는다. 이는 일부분 이 세포들이 높은 수준의 텔로머레이즈를 발현하는 데 기인한다. 많은 연구 집단들이 큰 문제 없이 수년간 600회 이상의 세포분열을 진행한 줄기세포들을 유지해오고 있다. 이들처럼 유지가 가능하고 연속적으로 자랄 수 있는 배양세포들을 세포주(cell line)라고 한다. 줄기세포들도 매우 빠르게 자랄 수 있으며, 오랜 기간 동안 냉동된 후에도 그들의 특성을 유지한다. 적절한 조건 아래서 호르몬과 성장요소(growth factor)라 불리는 물질들(과학자들은 여러 성장 요소들을 밝혀내려 열심히 연구하고 있다)을 포함한 여러 가지 물질로 자극이 주어지면, 줄기세포 세포주들은 여러 종류의 세포들로 분화되도록 이끌어진다. 줄기세포를 관심있는 특정 세포로 분화시키는 것은 재생의학을 위해 조직을 만드는 데 매우 중요하다. 줄기세포 연구의 주요 핵심은 줄기세포의 다능성을 조절해 이들을 별개의 세포타입으로 분화를 자극하는 인자를 찾기 위한 것이다. 이 인자에는 조직 특이적 분화를 자극하는 성장인자, 호르몬 및 펩타이드와 같은 물질이 포함된다.

예를 들어, TGF-β, BMP 및 기타 성장 분화 인자를 포함하는 신호전달 시스템은 나노그(NANOG)라는 전사 인자를 암호화하는 유전자에 의해 작동된다. 나노그는 인간 배아 줄기세포를 미분화 만능 상태로 유지하는 핵심 단백질이다. 일단 줄기세포가 생산되어 분리되면 과학자들은 전능성을 결정하기 위해 여러 가지 테스트를 거친게 된다. 인간, 생쥐, 쥐, 유인원, 그리고 기타 동물에서 기원된 줄기세포들은 적절한 배양 조건 아래서 헤아릴 수 없이 많은 종류의 세포들로 분화한다. 분화된 인간 세포에는 피부세포, 뇌세포(신경세포와 신경아교세포; 후자는 신경세포를 지지하고, 보호하며 신경세포에 영양분을 공급한다), 연골세포, 정원세포, 골생성세포, 간세포, 근육세포(평활근세포와 골격근세포; 전자는 혈관벽을 형성하며 후자는 골격에 결합하여 골격의 운동을 조절한다. 그리고 심근세포; 심장의 근육성 심벽을 구성한다) 등이 포함된다.

연구원들은 어디서 인간 배아 줄기세포를 구할까? 연구 목적의 인간 배아 줄기세포는 시험관 내 수정에 사용되지 않아 시술받은 부부에게 더 이상 필요 없는 배아의 포배낭이나, 혹은 연구 목적으로 기증된 정자나 난자로부터 시험관 내 수정된 인간 배아로부터 기원된다. 보통의 경우 사용 후 남는 포배낭은 파기되거나 영구적으로 냉동 보관되지만, 부부가 동의할 경우 배아줄기세포를 해동시켜 사용할 수 있다. 매년 미국의 임신클리닉에서 100만 개의 미사용된 배아와 수천 개의 난자들이 폐기된다.

줄기세포의 다양한 원천

인간 배아 줄기세포에 대한 연구는, 그 연구의 재료가 초기 배아이기 때문에 논쟁을 불러일으켜 왔다. 최근 몇 년 동안 과학자들은 성체줄기세포(adult-derived stem cells, ASCs)들을 발견했는데, 성체줄기세포는 성숙한 성인 조직 안에 들어 있으면서 다른 종류의 세포들을 만들 수 있는 세포들을 뜻한다. 성체줄기세포는 그 숫자가 매우 적으며 뇌, 장, 머리카락, 피부, 췌장, 근육, 그리고 혈액 등의 여러 조직에서 분리되었지만, 모든 조직에서 발견되는 것은 아니다.

인간 배아 줄기세포 연구에 반대하는 사람들 중 일부는 성체줄기세포를 연구에 사용하면 배아를 파괴할 필요가 없기 때문에 인간 배아 줄기세포보다 성체줄기세포가 더 받아들일 만한 대체수단이 될 수 있다고 주장한다. 성체줄기세포는 직경이 가는 바늘을 사람의 근육이나 골조직에 찔러 넣는 생검법을 사용하여 얻을 수 있다. 심지어 사체로부터 성체줄기세포를 분리해 내는 것이 가능할지도 모른다. 성체줄기세포가 지방조직에 존재한다는 것은 이미 알려진 바이며, 매년 미국에서만 지방흡입술과 기타 성형수술로 매년 50만 리터의 지방조직이 버려진다는 것을 고려한다면, 지방조직이 잠재적으로 성체줄기세포의 유용한 재료가 될 가능성도 있다.

한 조직으로부터 얻은 성체줄기세포가 이와 다르게 특화된 세포의 형태로 분화될 수 있음이 여러 실험으로부터 밝혀졌다. 예를 들면, 근육조직으로부터 분리된 성체줄기세포는 혈액세포로 발달하는 데 사용될 수 있다. 하지만 다른 연구들에 따르면, 성체줄기세포는 인간 배아 줄기세포만큼 전능성을 가지지 못한다. 성체줄기세포가 인간줄기세포 정도의 가치가 있는가하는 것을 밝히기 위해 더 많은 연구들이 필요하다.

또 다른 줄기세포가 있는데 이 줄기세포는 인간 양수로부터 줄기세포를 분리될 수 있다. 소위 양수유래줄기세포(amniotic fluid-derived stem cell, AFS cell)를 신경세포, 근육세포, 지방세포, 골세포, 혈관 그리고 간세포로 발달하도록 이끌었다. 종양개시 세포로도 불리는 암줄기세포는 암의 발병, 종양 진행, 종양 전이 및 종양의 재발에서 확인이 되어왔다. 정상적인 줄기세포와 마찬가지로, 암줄기세포는 자가재생되고 분화되어 이들이 유래된 조직을 형성할 수 있다. 특정 암줄기세포는 조직 내에서 클러스터를 형성해 천천히 자란다. 암줄기세포가 종양을 형성하는 능력 이외에 어떤 특성을 가질 수 있는지 아직은 확실하지 않다. 연구원들은 항암제에 따른 항암 내성에 관여하는지도 연구하고 있으며 이들 세포를 이해함으로써 암치료를 열어갈 수 있는 잠재적 치료의 핵심이다.

체세포의 핵 재생 프로그램에 의한 줄기세포의 생성

배아를 만들지 않고도 줄기세포를 분리해내는 새로운 방법들 중 하나가 체세포 핵 재생 프로그램(nuclear reprogramming of somatic cell)이다. 이 방법의 기본 개념은, 체세포를 발생초기로 되돌려놓기 위해 세포발생에 관련된 유전자들을 사용하여 유전자의 발현을 변형시키는 것이다. 결국 체세포는 유전적으로 재프로그래밍되어 그 세포가 기원된 줄기세포의 특징적인 전능성을 되갖게 된다. 최초의 성공적인 재생 프로그램의 사례들 중 하나가 인간배아 줄기세포를 섬유아세포(fibroblast)라 불리는 피부세포와 잡종화시킨 것이다. 이 잡종세포는 생체 내와 생체 외에서 인간 배아 줄기세포의 여러 가지 특징을 나타낸다.

야마나카와 일본 동료들은 2006년에 처음으로 이 연구의 한 가지 방법으로 레트로바이러스를 이용해 네 개의 전이유전자(OCT3/4, SOX2, c-MYC, 그리고 KLF4)를 섬유아세포에 전달하는 것이다. 이 네 유전자는 세포 발생에 관여하는 전사요소들을 암호화하며, 이 유전자들의 발현은 섬유아세포가 발생초기 단계로 돌아가도록 재프로그래밍한다. 이렇게 재프로그래밍된 세포들을 유도 만능 줄기세포(induced pluripotent stem cell, iPS cell)라 한다. 야마나카는 2012년 영국의 존 고든 경과 함께 노벨 생리의학상을 수상했다. 유도 만능 줄기세포는 자기 재생과 전능성과 같은, 인간 배아 줄기세포가 지니는 많은 특성들을 나타내며, 인간 배아 줄기세포와 구분되기 힘든 것처럼 보인다. 유도 만능 줄기세포는 인간, 마우스, 쥐, 돼지, 원숭이 및 기타 생명체에서 생산된다. 앞서 언급한 4가지 유전자에 대한 RNA 분자 칵테일을 사용하여 체세포로부터 유도 만능 줄기세포를 생성한다. 최근 유도 만능 줄기세포들은 c-MYC 유전자를 사용하지 않고도 만들어질 수 있게 되었는데, c-MYC이 잘 알려진 발암유전자라는 점에서, 이 연구는 어쩌면 매우 중요한 진보일 수 있다. 또한 인간 신경 줄기세포는 OCT4만으로도 유도 만능 줄기세포로 재프로그래밍이 가능하다.

유도 만능 줄기세포들은, 미분화된 인간 배아 줄기세포에서 발현됨으로써 줄기세포의 특징적인 마커로 쓰이는 Nanog와 Oct 같은 유전자들을 발현한다. 다른 연구들에 따르면, 이 만능유도 줄기세포들은 신경세포와 심근세포와 같은 다른 형태의 세포들로 분화될 수 있다. 연구진들은 지원자들로부터 채취한 인체 피부세포를 핵 재생 프로그램하여 유도 만능 줄기세포를 유도해냈다. 그 중 한 연구진은 36세 여성의 얼굴로부터 채취한 피부세포와, 69세 남성 노인의 관절에서 얻은 결합조직세포들을 재프로그래밍하였다. 반면 다른 집단은 신생아의 표피(foreskin)에서 분리해낸 피부세포를 사용하였다. 난모세포 및 정자는 마우스 유도 만능 줄기세포(및 배아줄기세포)로부터 유래되었다. 불임을 연구하는 과학자들은 불임 부부가 자녀를 가질 수 있도록 인간 난자와 정자를 생산하는 데 관심이 많다.

재프로그래밍에 의해 유래된 줄기세포는 또 다른 정밀의료의 다른 예로써 환자별 세포치료 방법으로 사용할 수 있다. 또한 유도 만능 줄기세포를 사용하면 이론적으로 환자별로 질병 특이적 줄기세포를 생성할 수 있다. 예를 들어, 특정 질환을 앓고 있는 환자로부터 피부와 조직 생검을 수행하여 이들 세포를 활용해 줄기세포로 재프로그래밍하여 질병과 싸우기 위한 세포를 생성하는 데 사용될 수 있다. 면역거부의 위험 없이 환자기반 유도 만능 줄기세포를 세포 기반 요법에 사용할 수도 있다. 환자별 줄기세포의 경우 크리스퍼-캐스를 이용해 환자 세포 내 돌연변이를 복구한 다음 그 세포를 다시 주입하는 것을 고려해볼 수 있다. 그러나 가장 낙관적인 유도 만능 줄기세포를 연구하는 과학자조차도 그러한 세포치료가 가능하려면 최소한 10년 이상은 준비가 필요하다고 말하고 있다. 2017년, 노인성 환반변성을 치료하기 위해 사람에게 유도 만능 줄기세포를 처음 사용한 보고서에서는 치료가 안전하다고 결정했었다. 이 임상시험은 환자의 시력을 향상시키지는 않았지만 질병의 진행을 중단시켰다. 파킨슨병 환자를 치료하기 위해 유도 만능 줄기세포를 사용하기 위한 임상시험이 곧 진행될 예정이며, 앞으로 몇 년 동안은 많은 다른 임상시험도 시작될 것으로 보인다.

과학자들은 환자로부터 유래된 재프로그래밍된 세포들을 대상으로 흥미진진한 발전을 이루고 있다. 이 세포들은 - 접시 위의 질병(disease in a dish) - 형태로 연구할 수 있다. 즉, 질병 환자에서 유래되어 배양된 재프로그래밍된 세포들은 과학자들이 인간 질병의 진행에 관해 더 잘 이해할 수 있도록 도울 수 있다. 또한 질병에 걸린 세포에 대한 잠재적 약물 치료의 효과를 알기 위해 약물 스크리닝에도 활용되고 있다. 전 세계 실험실에서 질병을 앓고 있는 환자로부터 유도 만능 줄기세포를 만들고 이들을 시험관 내에서 모델링하고 약물 치료 효능을 보기 위해 사용할 수 있다.

표면적으로는 유도 만능 줄기세포는 인간 배아 줄기세포와 관련해 법적, 윤리적 논쟁을 우회하고 있다. 그러나 유도 만능 줄기세포와 같이 유망한 분야도 해결해야 할 과제가 많다. 예를 들면, 과학자들은 유도 만능 줄기세포가 어떻게 만들어지며 이러한 세포의 효능을 가장 잘 제어하는 방법은 다음과 같은 아직 완전히 이해하지 못하는 것들이 많이 남아 있다.

- 생산 방식이 상대적으로 비효율적이다(재프로그래밍을 했을 때 1,000개의 체세포 중에 단지 1개만 iPSC가 된다).
- 살아 있는 세포주들을 만들기 위해 지속적인 공급이 필요하다.
- 냉동보관된 다른 세포들과도 비교해도 생존율이 낮다.
- 종양을 형성하는 경향이 있다.
- 가끔 배양 시 자연분화를 통해 성숙한 세포로 변화된다.
- 가끔 특정 세포타입으로 분화하기가 매우 어려운 경우도 발생한다.

과학자들은 배아가 필요 없이 환자 유래 줄기세포를 만들 수 있는 잠재력이 있는 iPSC 연구를 빠르게 진전시키고 있으며 핵 재프로그래밍 및 iPSC와 관련해 향후 몇 년 동안은 흥미로운 발전들이 새롭게 발표될 것으로 보인다.

줄기세포의 잠재적 응용

미국 질병통제예방센터(CDC) 내의 인간통계센터에 따르면, 미국에서 매일 사망하는 사람들 중 약 3,000명은 언젠가는 줄기세포 기술에 의해 치료될 수 있는 질병으로 세상을 떠난다. 앞으로 줄기세포 기술이 전 세계에 걸쳐 수백만 명의 삶에 영향을 미칠지 모른다. 줄기세포는 건강한 조직을 키우는 것부터, 태생적 기형을 이해하고 치료하기 위한 연구, 유전자 치료에서 유전자 전달을 위한 유전자 조작, 조직공학을 이용해 연구실에서 조직 자체를 만드는 것까지 다양한 목적으로 사용될 수 있다. 많은 과학자들은 줄기세포 기술이 뇌졸중, 심장병, 파킨슨병, 알츠하이머병, 루게릭병, 당뇨병과 기타 여러 가지 질환을 치료하는 데 중요한 역할을 할 것으로 기대하고 있다.

잠재성(potential)과 전망(promise)과 같은 용어들은 줄기세포 분야를 논할 때 많이 쓰이지만, 질병 치료에 줄기세포들이 사용하는 것은 아직 거의 입증된 바 없다. 여기서 잠깐 지금까지 알려진 줄기세포 기술을 사용한 실례들에 대해 생각해 보자. 백혈병은 백혈구들이 비정상적인 분열로 미성숙된 세포들을 만드는 질환으로, 백혈병 환자들은 보통 결함 있는 백혈구들을 파괴하기 위하여 화학요법이나 방사선 치료요법을 받는다. 그 결과, 환자의 면역체계가 크게 약화된다. 백혈병 치료에는 화학요법으로 손상된 백혈구와 적혈구를 대체하기 위해 수혈이 포함될 수 있다. 백혈병 치료에 줄기세포를 이용해 만들어진 백혈구들을 사용하는 것이 효과적인 방법이다. 제대혈(umbilical cord blood)로부터 얻은 줄기세포는 겸상적혈구빈혈증과 기타 혈액 결함으로 인한 질병들을 앓는 환자들에게 적혈구를 제공하는데 쓰여왔다. 제대혈로부터 줄기세포를 분리하는 것이 점차 보편화되면서, 미국의 많은 주에서는 그들의 자식들이 나중에 필요할 때를 대비해서 부모들이 돈을 지불하고 제대혈 줄기세포의 냉동 보관을 선택할 수 있게 되었다.

줄기세포 치료 성공에 대한 보고서는 신중하게 접근할 필요가 있다. 줄기세포 치료를 받은 후 뇌졸중, 척수손상, 관절염 및 기타 질병에 대해 겉보기에는 현저한 회복을 보이는 환자들이 있다는 식으로 과장된 내용들이 보고되고 있기 때문이다. 이들 중 대부분은 입증되지 않은 치료법이다. 지금까지 조직 복구를 위해 동물모델이나 줄기세포를 가지고 수행된 많은 인간 임상시험에서 많은 수의 유망한 결과들이 나왔다. 예를 들면, 지방으로부터 얻은 줄기세포는 인간 두개골에서 뼈조직을 생성하는데 사용되었다.

심장조직의 복구는 앞으로 많은 가능성이 있을 것으로 생각된다. 줄기세포는 심장마비와 같은 손상에 의해 죽거나 죽어가는 세포들을 대체하는 데 쓰일 수 있을지 모른다. 심장마비는 미국인의 주요 사망원인들 중 하나인데, 매년 50만 명에 가까운 사람들이 심장마비로 사망한다. 심근세포가 죽으면 심장이 약해져, 심장이 정상적인 혈류를 유지하기 위해 적절한 강도로 박동하는 것을 방해한다. 성인의 심근세포들은 스스로 복구 불가능하다.

여러 그룹의 연구자들이 골수나 심장조직과 같은 ASC를 손상된 심장 부위에 주사했다. 마우스를 활용한 첫 번째 성공적인 사례에 관한 내용이다. 종종 심장세포에 대한 성장-활성화 신호로서 작용하는 다양한 분자가 줄기세포와 함께 손상된 심장에 주사되기도 한다. 이식된 줄기세포는 심장근육 세포로 발달하여 건강한 근육세포와 전기 연결을 형성하며 심장기능을 35%까지도 향상시켰다. 연구자들은 치료 후 최소 1년 동안 생쥐에서 심장 펌핑 효율이 향상되었다고 보고했다. 그러나 이 연구를 통해 많은 ASC가 심장근육세포로 발달하는지 또는 ASC가 손상된 조직을 둘러싼 세포의 치유를 자극하는 물질을 분비하는지에 대해 아직까지 알려진 것이 없다.

유사한 접근법이 hESC, iPSC 또는 hESC 유래 심근세포를 돼지, 쥐, 생쥐 및 임상시험에 참여한 사람들의 손상된 심장 심실 벽에 이식하는 데 사용되었다. 경우에 따라, 이식된 세포의 안착을 돕기 위해 손상된 심장 부위에 주입하기도 한다. 이러한 형태의 실험을 통해 이식된 줄기세포는 분화되어 심장 근육세포를 형성하며 이는 손상된 부위에 대한 상당한 비율로 전기적 활성화 및 수축성이 회복된 것을 볼 수가 있었다.

현재 여러 단계의 임상시험이 진행되고 있으며 연구자들은 이러한 접근이 향후 심혈관 질환의 치료에 큰 영향을 미칠 것으로 낙관하고 있다. 가능성을 흥미롭게 고려해보면 미래에 외과의사는 재생의학 연구소에서 심근육 문제를 겪는 환자를 위해 혈액 은행에서 혈액을 주문해 수혈하는 것과 같이 심장 근육세포를 주문하고 같은 방식으로 심장 마비 환자에게 이식할 수 있게 된다.

생쥐에서 겸상적혈구빈혈증을 치료하기 위해 유도 만능 줄기세포를 사용하는 혁신적인 치료법이 보고되었다. 유도 만능 줄기세포들은 형질전환이 된 쥐의 피부세포로부터 만들어졌는데, 이 쥐는 변형된 형태의 인간 겸상적혈구빈혈증 유전자를 발현하며 빈혈증의 증세를 보였다. 유도 만능 줄기세포들은 헤모글로빈 유전자의 돌연변이를 바로잡도록 유전자가 조작되고, 이 줄기세포로부터 혈액 줄기세포가 만들어졌다. 빈혈증 유전자가 들어 있는 쥐에 이식된 혈액 줄기세포들은 정상적인 기능을 가진 적혈구들을 생성하였고, 쥐에서 빈혈증이 치료되었다. 크리스퍼를 사용한 연구에서도 유사한 결과가 보고되었다. 이 실험 결과는 줄기세포 기술과 유전자 치료법을 결합하여 이루어낸 흥미 있는 산물이다.

이 장 앞부분에서 우리는 척수를 다친 환자가 겪는 문제점들에 대해 논의하였다. 지난 몇 년 동안 과학자들은 인간 뇌와 척수에서 새로운 신경세포가 자랄 수 없다는 오래된 믿음을 버리게 되었다. 뇌에서 분리된 성체줄기세포를 배양하여 신경세포를 만들었다. 과학자들은 이미 배아줄기세포가 신경세포로 분화될 수 있기 때문에, 이 배아줄기세포들이 척수 손상을 입은 쥐와 생쥐에 주입되었을 때 이 동물들에서 신경기능이 개선될 수 있음을 보여줬다.

미국 존스홉킨스대학 연구원들은 인간줄기세포를 이식하여 뒷다리가 마비된 쥐들을 걷게 하였다. 이 연구는 소아마비를 유발하는 바이러스에 감염시킨 후 마비된 마우스에서 실행되었다. 그러나 우리는 모델동물의 신경계 손상이 인간보다 더 빨리 회복된다는 것을 알고 있다. 아직도 척수 재생 분야에서는 할 일이 많이 남아 있는 상태이지만 연구자들은 성인 신경 줄기세포 이식이 향후 몇 년 안에 척수 부상을 입은 사람들에게 임상시험을 통해 희망을 줄 수 있을 것으로 기대하고 있다.

2017년 후반에 줄기세포 치료법의 가장 성공적인 사례 중 하나는 이 치료는 줄기세포와 유전자치료를 결합하여 세균성 감염으로 인해 거의 2/3의 피부를 잃어버린 7세 소년의 표피를 다시 재생하는 임상시험을 진행했다. 이탈리아 모데나대학의 재생의학센터의 루카 박사가 이끄는 줄기세포팀은 레지오 에밀리아라는 소년의 피부 생검을 통한 세포에 LAMB3 유전자 사본을 레트로바이러스를 통해 도입시켰다. 이 세포를 배양 후 4개월에 걸친 수술을 통해 피부를 소년에게 부착했다. 21개월 이후 피부는 정상적으로 성장하고 이전의 상처들을 대체함으로써 소년의 피부의 80% 이상이 건강하게 재생되었다.

줄기세포 기술이 성공적인 치료 방법이 되기에 앞서 대답되어야 할 질문들이 많다. 어느 부분에서든 만능줄기세포를 사용하여 동물이나 환자에게 도입한 연구들 대부분은 문제에 시달렸다. 주로 만능줄기세포를 원하는 조직으로 분화하도록 조절하는 문제였다. 예를 들면, 줄기세포들이 체내에 들어간 후 어떻게 줄기세포의 분화를 조절할 수 있을까? 원래 목적과 달리 줄기세포가 다른 조직으로 분화하는 것도 통제 불가능하다. 배아줄기세포들은 주사될 경우 종양이 형성되며, 이 종양들 중 기형종(teratoma), 한 종양에서 치아, 골, 털과 같이 분화된 조직들이 함께 섞여 있다.

분화된 성체조직 대신 줄기세포를 주입할 경우, 줄기세포가 체내 다른 곳으로 퍼져나가는 것을 완전히 통제할 수는 없다. 또 다른 문제는 어떻게 줄기세포가 분화 중에 만들어 내는 염색체 이상을 피하는 방법을 찾아내는 것이다. 예를 들면, 염색체 수 이상(12번, 17번 상염색체 17번, 기타)이 자주 발생한다. 중국, 태국, 한국, 루마니아 및 기타 국가에서 허가받지 않은 클리닉에서 줄기세포 주사를 받은 환자들이 합병증으로 인해 사망하는 사례가 있었다. 미래에는 가장 효과적이고 안전한 줄기세포 치료는 시험관 내에서 원하는 세포 및 조직타입으로 줄기세포를 분화한 다음에 적절하게 세포를 도입하여 치료 가능성을 높이는 것이 매우 중요하다. 기타 해결되어야 할 문제점에는 다음과 같은 것들이 있다:

- 줄기세포는 왜 자기재생을 하며 미분화된 상태를 유지하는가?
- 줄기세포의 분열을 어떤 요소들이 촉진시키는가?
- 줄기세포의 분화에 어떤 성장신호들(화학물질, 유전적 환경적 신호들)이 영향을 주는가?
- 새로운 세포, 조직들과 기존의 기관들을 어떤 요소들이 통합시키는가?
- 체세포 핵 재생프로그램이나 기타 배아를 필요로 하지 않는 연구 방법들이, 인간 배아 줄기세포의 특성을 지닌 다전능성 줄기세포를 만드는 데 믿을 만한 방안이 될 수 있을까?
- 줄기세포 기술로 어떤 질병을 가장 효과적으로 치료할 수 있을까? 줄기세포 치료제를 전달하는 데 가장 효과적인 전략은 무엇인가?

이러한 질문들과 기타 많은 궁금점에 대한 대답들은, 과학자들과 의사들이 줄기세포에 기초한 인간 질병의 치료 방법을 찾으려는 노력에 많은 도움을 줄 것이다.

클로닝

우리는 지금까지 이 책에서 많은 방식의 클로닝(cloning)에 대해 다뤄왔다. 클로닝이란 유전자, 세포 혹은 한 개체의 복사본를 만드는 것을 뜻한다. DNA 재조합 기술이 클로닝에 사용된다. 박테리아나 배양된 세포들이 배양접시나 발효조(bioreactor)에서 자랄 때 그 세포들의 클론이 만들어진다. 확실히 클로닝의 어떠한 면도 동물 복제와 같은 논쟁거리가 되지 못한다. 1997년 돌리(Dolly)라는 이름을 가진 양의 복제가 발표되었을 때, 전 세계는 즉각적으로 생명공학 기술이 인간 복제도 가능할 수 있다는 예상에 직면하게 되었다. 이 절에서 인간 복제 연구가 과학적으로 의미하는 바에 대해 생각해 보도록 하자.

치료적 클로닝과 생식적 클로닝

복제에는 치료적 클로닝(therapeutic cloning)과 생식적 클로닝(reproductive cloning)이라는 2가지 방식이 있다. 생식적 클로닝은 자손을 만드는 것을 목적으로 한다. 돌리는 생식적 클로닝에 의해 만들어진 많은 동물들 중 첫 번째로 태어난 동물이다. 생식적 클로닝과 달리, 치료적 클로닝은 이식을 필요로 하는 환자에게 유전적으로 일치하는 줄기세포를 제공하는 것을 말한다. 치료적 클로닝에서는 환자의 세포(예를 들면, 피부세포)로부터 얻은 염색체를 핵이 제거된 난자에 주입한 다음, 배양액 속에서 배아를 만들도록 세포분열을 자극한다. 이렇게 만들어진 배아는 자식을 만드는 데 사용되지 않고, 대신 줄기세포를 얻기 위해 이 배아가 포배낭에 이를 때까지 여러 날 동안 배양한다. 이러한 배아로부터 분리된 줄기세포는 배양액에서 자랄 수 있으며, 나중에 기증자 환자에게 이식될 수 있다.

유도만능줄기세포 기술 이전에 치료적 클로닝은 원래 환자 자신의 세포가 재료로 사용되었기 때문에, 세포를 제공받는 환자에게 면역거부의 두려움 없이, 환자 특성에 맞는 줄기세포를 제공할 수 있는 매우 값진 방법이었다. 이론적으로, 한 환자로부터 얻은 줄기세포는 같은 유전병을 앓는 환자들로부터 세포주(cell line)를 만드는 데 사용될 수 있기 때문에, 과학자들이 인간 질병 문제에 대해 연구하고 더 많이 이해하는 데 전례 없는 가능성을 제공한다.

많은 과학자들은 치료적 클로닝이란 용어가 인간 복제를 암시하기 때문에, 이 용어를 별로 좋아하지 않는다. 인간 질병을 치료하기 위하여 줄기세포를 만들어 내는 것은 인간을 복제하는 것과는 다르다. 대부분의 줄기세포 연구자들은 체세포 핵이식(somatic cell nuclear transfer, SCNT)이라는 용어를 선호한다. 치료용 복제의 경우, 배반포는 줄기세포의 주 공급원으로 사용된 다음 파괴된다. 2013년에 적어도 두 개의 다른 연구팀이 인간 배아를 복제하고 체세포 핵이식에 의해 인간 배아 줄기세포를 생산할 수 있음을 보여주는 논문을 발표했다. 제1형 당뇨병 환자와 인슐린을 생산하는 췌장 세포를 만들어 이 인슐린 생산 세포로 환자를 치료하는 데 한 걸음 더 다가섰다. 치료적 복제가 치료로 적용되어 효과가 있음이 아직까지는 증명되지 않았지만 가능성을 두고 임상시험은 계속해서 진행 중에 있다.

생식적 클로닝의 경우 배아가 여성의 자궁에 착상되어 자라고 태아로 발달하게 되는데, 보통 전체 과정이 9개월 정도 걸린다. 핵이식에 의한 핵 클로닝(nuclear cloning)은 아무리 좋게 생각해도 매우 비효율적인 방법이다. 돌리 양의 경우, 277번의 핵융합 시도만에 1개의 배아가 성공적으로 착상되어 완전히 발달한 후 돌리가 태어났다.

많은 과학자들은 인간의 생식적 클로닝이 비윤리적이고 비도덕적이며, 또한 과학적으로 불완전하다고 생각한다. 몇몇 사기업들은 생식적 클로닝으로 인간을 만들어 내는 연구를 진행 중이라고 크게 발표한 적이 있다. 일반적으로 이러한 주장은 이에 대한 커다란 회의감을 불러일으켰고, 대부분의 과학 단체들에 의해 불신을 받거나 강하게 비난받았다.

미국에서 배아줄기세포와 치료적 클로닝에 대한 규제

줄기세포의 윤리적인 사용에 관한 국제적 지침은 존재하나, 현재 배아줄기세포, 치료적 클로닝, 생식 클로닝을 관장하는 국제적인 정책은 없다. 미국에서는 2001년 조지 부시 대통령은 배아줄기세포를 분리하려는 목적으로 배아를 만드는 데 연방정부의 연구비를 사용하는 것을 금지하겠다고 발표했다. 이 금지에서 이미 형성된 78개의 세포주에 관한 연구에 연방정부의 돈을 사용하는 것은 제외되었다.

그러나 이 세포주 중에 21개 세포주만 연구에 이용할 수 있게 되었으며, 많은 세포주들은 초기에 생각했던 것보다 훨씬 가치가 없는 것으로 판명되었다. 일부는 성장하지 못했으며 이 세포주들 중에서 많은 수가 염색체 수 이상을 가지며 쥐 영양세포에 오염이 되었다. 많은 과학자들과 줄기세포 연구를 옹호하는 그룹들은 새로운 줄기세포 생성에 연방정부의 연구비를 사용 못하게 하는 법안을 무력화하려 열심히 싸우고 있다.

2006년 법안은 연방상원에서 통과된 후, 부시 대통령에 의해 거부권이 행사됐다. "줄기세포 연구 촉진안"이라 불리는 새로운 법안은 많은 표를 얻으며 연방하원을 통과하였으나, 대통령 거부권을 무력화시키기에는 아직 표가 부족했다. 이 법안은 연방상원에서 통과되었으나 결국 이 또한 대통령에 의해 거부되었다. 2009년 버락 오바마 대통령 때도 실제로 연방자금을 사용하지 못했다.

많은 개인 소유 연구재단들이 줄기세포 연구자들이 배아줄기세포에 대한 연구를 수행하는데 수억 달러의 돈을 제공하고 있으며, 또한 의회가 줄기세포 연구기관들을 세우고 주정부들이 배아줄기세포 연구에 자금을 지원하는 법안들을 입법화하도록 하였다. 이러한 움직임이 더 적극적인 주들에는 캘리포니아, 뉴저지, 코네티컷, 일리노이, 메릴랜드, 그리고 위스콘신 등이 포함된다. 2004년 시민들은 줄기세포 연구를 지원하기 위한 캘리포니아 재상의학연구소(CIRM)의 설립에 3억 달러의 예산과 30억 달러가 넘는 연구비를 지원했다. 2017년에 CRIM의 연구비가 소진됨에 따라 주정부는 CRIM 연구비를 주정부가 충당할 것인지 민간 자금으로 지원되어야 하는지 결정해야 할 것이다. 전 세계적으로 새로운 배아줄기세포 생성에 대한 규제와 치료적 클로닝에 대한 정책은 나라마다 다르다. 예를 들면, 새로운 세포주 형성과 치료적 클로닝은 영국, 이스라엘, 한국, 중국, 그리고 싱가포르에서는 합법이다. 치료적 클로닝은 브라질, 호주, 그리고 유럽연합(회원국 중 미사용된 시험관내 수정 배아로부터 기원된 배아 줄기세포는 합법인 나라도 있다)에서는 금지되어 있다.

합법적으로 줄기세포 연구가 가능한 센터는 상대적으로 작은 국가(벨기에, 스웨덴, 터키, 이스라엘, 스위스 등)에 설립이 되었다. 그러나 앞서 언급한 바와 같이, 많은 줄기세포 클리닉이 전 세계적으로 생겨났으며, 절망적인 환자들은 줄기세포 치료가 가능한 국가로 의료여행을 간다. 이는 근거없는 정보와 불이익을 받음에도 불구하고 종종 과장되고 입증되지 않는 줄기세포 치료를 위해 "줄기세포 관광객"들은 전 세계를 여행하는 것으로 알려졌다. 이들 관광객들은 놀라운 속도로 계속 증가하고 있다. 유럽연합에서는 줄기세포 사용을 규제하는 미국의 FDA 규정과 유사한 법률이 있다.

FDA는 줄기세포의 질과 임상시험 및 의료 제품으로의 적용에 관한 기본 가이드라인을 가지고 있다. 그러나 미국에서도 FDA 규정이 제대로 시행되지 않아 미국에서만 약 600개의 줄기세포 클리닉이 운영되고 있는 것으로 추정된다. cGMP를 적용해 안전하게 줄기세포를 다룰 수 있게 하는 규제가 필요하며 사기 및 비극적인 피해를 막기 위해 더 나은 규정이 필요하다. 줄기세포 기술의 남용과 그로인해 발생하는 비극들로, 합법적으로 개발 중인 치료제들에 대한 신뢰도가 크게 훼손되지 않도록 법 제도가 신속히 정비되어야 한다.

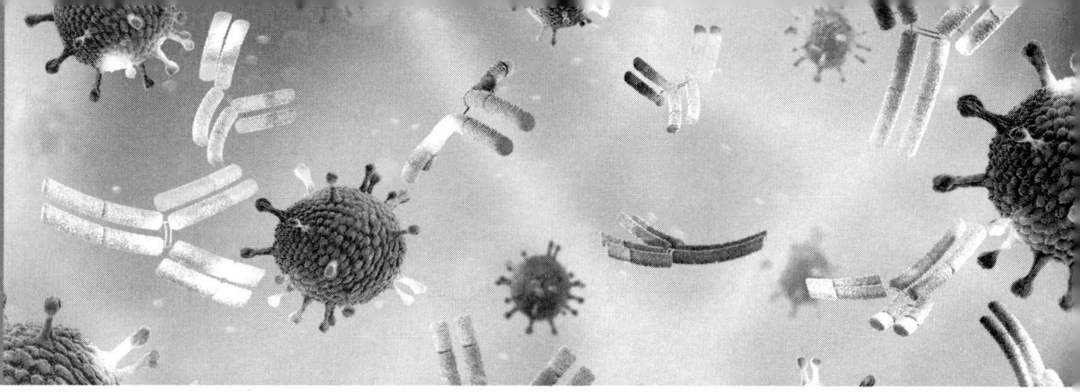

8장

바이오의약품

사람 또는 동물의 질병에 대한 진단, 치료, 처치 또는 예방 등 약리학적 영향을 주기 위해 사용되는 물질로서 바이오의약품의 정의가 약사법 제2조 4항에 기술되어 있다. 이러한 의약품을 크게 구분해 보면 합성의약품(chemical drug)과 바이오의약품(biopharmaceuticals 또는 biologics). 합성의약품은 저분자 유기화합물로써 분자량이 통상 500~1000달톤인 것들을 말한다. 분자량이 매우 작기 때문에 경구투여가 불가능한 환자를 위한 주사제형도 가능하지만 우리가 흔히 접할 수 있는 경구 투여 의약품들이 주로 합성의약품이다. 합성의약품은 100% 전합성에 의한 것들도 대부분이지만 그 기원이 식물율, 동물 유래 혹은 미생물 유래의 천연물질도 있다. 또한 그 천연 물질들을 유기합성 기술에 의해 구조 변경하여 효력을 더욱 더 증진시킨 물질들도 많은 부분을 차지한다.

8.1 바이오의약품

바이오의약품은 고분자인 단백질, 당 단백질 혹은 탄수화물 제제로써 분자량이 적게는 수천에서 많게는 수십만 심지어는 안과 수술보조제로 사용되는 히알루론산과 같이 수백만 달톤 정도까지의 분자량 범위를 가지며 주로 사이토카인, 성장인자, 호르몬, 혈액제제, 백신, 치료용 항체, 치료용 천연 고분자, 체외 진단시약, 핵산 치료제, 세포치료제 등이 바이오의약품에 해당된다.

바이오의약품은 과거에는 극 미량 존재하는 활성 성분을 인체, 동물 등에서 추출, 정제하여 양의 한계 때문에 극히 제한된 범위 내에서만 사용해 왔으나 아예 사용 자체가 불가능하였다. 근래에는 재조합 DNA 기술이나 세포 융합기술과 같은 분자생물학 기술 등의 발달로 인해 미생물이나 동물세포에 유전자 조작을 가하여 유용 유전자가 도입된 재조합 미생물이나 재조합 동물세포를 이용하여 쉽게 대량 생산이 가능하게 되었다.

바이오의약품의 특징은 대부분 분자량이 크고 단백질이기 때문에 경구투여를 하게 되면 소화기관에서 소화효소의 공격을 받아 분해되어 약리학적 활성이 소실된다는 것이다. 설사 소화기관에서 분해되지 않는다고 하더라도 분자량이 커서 장내 세포를 통해 체내 흡수가 불가능하다. 따라서 바이오의약품의 투여경로는 경피주사, 근육주사, 정맥주사 등 주사제로만 사용이 가능하다. 또한 바이오의약품은 가격이 합성의약품에 비해 상대히 비싸다는 점이다. 재조합단백질은 대개 바이알당 약 2~5만원, 치료용항체의 경우는 약 100만원 이상이고 최근 개발되어 인기가 급상승중인 면역항암제들은 1회 주사에 수 천 만원이 소요되는 경우도 있다. 따라서 값싼 합성의약품으로 치료가 가능한 분야의 질병은 바이오의약품이 경쟁하기가 어렵다. 투여경로의 불리한점, 가격 경쟁력으로 볼 때 바이오의약품은 합성의약품으로는 치료가 불가능한 분야에서 경쟁력을 발휘할 수 있고 그렇지 않으면 경쟁력을 상실한다. 예를 들면 왜소증치료제로 사용되는 성장호르몬은 신체에 존재하는 단백질 유전자를 재조합 DNA 기술을 사용해 재조합 단백질을 치료약으로 사용하기 때문에 합성의약품으로는 그 대안을 찾을 수 없다. 하지만 불과 수년 전까지만 해도 C형 간염치료제로 인기를 누리고 있던 인터페론 알파는 오랜 연구개발 끝에 합성의약품이 개발되어 2015년 인터페론 알파의 절반 정도의 시장이 줄어 들었다는 사실을 보면 이해가 될 것이다.

바이오의약품의 분류

우리가 과거에서부터 접종 받아왔던 전통적인 예방백신과 1980년대부터 상업화되기 시작한 바이오의약품들이 급성장하고 있음에도 불구하고 바이오의약품의 주류는 저분자 유기합성 의약품이다. 합성의약품을 생산하는 전 세계 제약회사는 줄잡아 10,000여 개 이상이며 그 중에서 세계적으로 100여 개 이상의 회사가 흔히 말하는 빅파마(Big phama)로 알려져 있다.

앞서 설명한 것처럼 의약품을 합성의약품과 바이오의약품으로 나눌 수 있지만 과거에서부터 의약품을 분류하던 방식은 대개 질병의 영역별로 구분하는 것이다. 예를 들면, 심장순환기계 치료제, 중추신경계 치료제, 항 감염제, 암 치료제 등으로 의약품을 구분하는 것이다. 각 질병에 대해 수 많은 치료제들이 판매되고 있으며 그 중 대부분이 과거에서부터 사용되어 오던 합성의약품들이고 일부 만이 30여 년 전부터 실용화 되고 있는 바이오의약품이다. 시장성으로 보면 심장순환기 계통의 약물들에 대한 시장 규모가 가장 크며 대개 고혈압치료제, 고지혈증치료제, 혈소판 저해제, 항 응혈제 등이고 그 다음으로 시장성이 큰 분야는 중추신경치료제 분야이며, 항우울증, 정신분열증, 간질, 다발성경화증 등의 치료제가 포함되어 있다. 세계적으로 널리 알려져 있는 다국적 제약 기업들은 역사가 길고 대부분 합성의약품을 중심으로 성장하였고 바이오의약품에 대해서는 전문성이 떨어져 초반에는 주로 바이오벤처기업으로부터 기술을 라이센싱 받아 제품화를 하였지만 점차 시간이 지남에 따라 바이오벤처기업을 인수하거나 합병함으로써 자체적으로 기술력을 확보하고 있다.

바이오의약품 관련용어

바이오의약품은 영어로 Biopharmaceuticals 또는 Biologics 혹은 Biotechnology medicines 등으로 표현되고 있다. 원래 Biologics는 유전공학 기술에 의한 재조합 단백질이나 치료용 항체 등이 시장에 등장하기 전부터 사용되던 용어로써 주로 백신이나 혈액 유래의 제품 혹은 독소나 알러젠 유래의 제품을 일컫는 용어로 사용되었다. Biopharmaceuticals라는 용어는 1980년대부터 처음으로 사용되었다. 주로 유전공학 기술인 재조합 DNA 기술에 의해 생산된 재조합 단백질이나 세포융합 기술 등에 의해 생산된 단클론 항체 등을 총칭해서 일컫는 용어로 사용되고 있다. 최근에는 유전자치료제나 안티센스 기술 등과 같은 핵산유래의 치료제들도 Biopharmaceuticals라고 통칭하고 있다.

여러 가지 문헌이나 논문, 상업적 자료 등을 보면 Biopharmaceuticals 혹은 Biologics를 주로 사용하고 있고 이 용어들은 최신의 재조합 단백질, 치료용 항체, 백신, 체외진단 시약, 혈관관련 제품, 독소 혹은 알러젠 유래의 제품 및 치료용 효소 등을 모두 포함하는 용어로 생각하면 되겠다. 우리말 용어를 살펴보면 과거부터 Biologics를 생물학적 제제라는 용어로 널리 사용하고 있다. 생물학적 제제는 백신 및 혈액 유래의 제품들을 일컫는 용어이다. 유전공학 기술에 의한 재조합 단백질이 국내에서도 다수 상업화되고 많은 환자들에게 처방되면서 바이오의약품, 생물의약품, 혹은 생물학적 제제 등의 용어들이 혼용되고 왔다고 볼 수 있겠다. 바이오의약품이라는 용어는 영어의 Biopharmaceuticals와 동등한 의미를 가진다고 볼 수 있으며 전통적인 백신, 혈액유래 제품 등은 물론 최근에 등장한 재조합 단백질, 치료용 항체, 체내 진단용 단클론항체, 핵산 제품 및 식물, 동물, 인체 유래의 모든 고분자 제품을 포괄적으로 일컫는 용어로 이해하면 되겠다.

바이오의약품의 기원

바이오의약품의 기원은 바이오의약품의 기원은 1909년에 독일의 면역학자인 에를리히(Paul Ehrlich)의 연구에서 출발한다. 그는 매독균만 선택적으로 배양할 수 있는 화학물질의 배양에 성공하였고, 이를 이용한 매독 치료제는 맞춤치료제의 출발로 마술탄환(magic bullet)이라 불리며 큰 인기를 누렸다. 한편, 바이오의약품의 기원을 백신에서 찾을 수도 있다. 1796년에 에드워드 제너(Edward Jenner)가 천연두를 예방하기 위해 우두 바이러스(Cowpox virus)를 인간에게 접종한 사건이 최초의 바이오의약품을 환자에게 적용한 사례일 것이다. 그 이후로 전통적인 백신이 계속해서 개발되면서 많은 사람들을 죽음으로부터 이끌었던 여러 가지 전염병들이 예방되기 시작했다. 치료용 바이오의약품의 기원 1930년대에 돼지의 췌장으로부터 인슐린을 대량으로 생산하여 당뇨병 환자에게 사용하기 시작한 사건이 아닌가 생각된다. 또한 1920년대에 발견된 성장호르몬도 죽은 사람의 뇌하수체에서 추출, 분리하고 정제해서 극히 제한적으로 사용된 적이 있었으나 이 호르몬이 극미량 존재하는 이유로 양적인 한계와 높은 비용과 함께 추출, 정제된 성장호르몬 투여 환자에서 크로이츠벨트-야콥(Creutzfeldt-Jakob)병이 발병되었다는 사실 등으로 안전성 문제가 대두되어 사용이 중단된 사례도 있다. 죽은 사람의 뇌하수체에서 성장호르몬을 추출, 분리, 정제하는 과정에서 우리가 알지 못하는 감염성 세균이나 바이러스가 오염될 수 있다는 사실을 알 수 있는 예이기도 하다. 또한 1959년 바이러스나 항종양 효과가 우수한 것으로 알려져 있는 인터페론이 발견되었고 그 이후 여러 가지 치료용으로 유용하게 사용될 수 있는 많은 인체 유래의 단백질들이 발견되어 상용화됨으로써 그 당시까지만 해도 도저히 치료가 불가능했던 일부의 난치병들이 치료의 기틀이 마련되었다. 하지만 이와 같은 많은 유용 단백질들의 발견에 의하여 다양한 난치병의 치료 가능성이 제시되었으나 실제로 임상적으로 환자에게 사용하기에는 현실적인 측면에서 거의 불가능하였다. 그 이유는 이미 설명한 것처럼 이들 유용 단백질들은 신체에서 극 미량 생산되고 이들을 추출, 분리, 정제하여 치료제로 사용하기에는 한계가 있었다. 이와 같은 한계를 극복할 수 있는 혁신적인 계기가 있었으니 그것은 다름이 아닌 1973년 스텐리 코헨(Stanley Cohen)과 허버트 보이어(Herbert Boyer)에 의해 개발된 재조합 DNA 기술과

1975년에 밀스테인(César Milstein)과 쾰러(Georges Köhler)의 하이브로도마기법을 통한 단클론항체 생산의 성공이 그것이다.

DNA 재조합 기술과 세포융합 기술의 개발은 유전자 조작된 미생물이나 동물세포를 이용해 목적하는 단백질을 대량할 수 있는 길을 열었다. 따라서 양적 생산의 한계를 극복할 수 있게 되었고 직접 추출, 정제하여 사용한 경우에서 보았던 질병을 유발하는 세균이나 바이러스의 오염에 대한 안전성 문제를 극복할 수 있는 계기가 되었다. 더 나아가 천연 단백질보다 더 우수한 2세대 재조합 단백질, 즉 단백질공학 기술을 이용한 변형된 단백질의 출현도 충분히 가능하게 되었다.

유전공학 기술에 의해 생산된 재조합단백질의 생산 방법은 여러 가지 장점을 가지고 있으나 아직도 사람을 특정 조직을 통해 추출과 분리 그리고 정제해 생산되는 단백질의약품이 시장에 다수 존재한다. 이러한 경우는 재조합 DNA 기술에 의한 생산보다 재래식 방법이 아직도 비용적인 측면에서 경제성이 있다든지 아니면 혼합물 형태의 제품이 치료 효과가 더 큰 경우가 있기 때문이다. 전자의 경우가 사람혈청 알부민이고 후자의 경우는 혈액분획에 의해 얻어지는 혈액응고 인자이다.

8.2 바이오의약품의 종류와 특성

재조합단백질 의약품

단백질의약품은 유전자조작 방법을 통해 유용한 유전자를 미생물이나 인간 또는 동물 유래 세포에서 발현시켜 필요한 목적하는 단백질을 제품으로 만든 것을 말한다. 단백질의약품은 유전자 재조합 기술이 1970년 대에 보편화 됨에 따라 대량 생산이 가능해지고 개발이 확대되었고 이를 이용하여 인슐린, EPO와 같은 다양한 제품들이 출시되었다. 이후 늘어나는 수요를 맞추기 위한 저비용 대량생산을 위한 세포주 개발, 세포배양 기술, 바이오공정기술의 최적화 기술이 개발되어왔다. 2000년대 이후에는 기존의 단순 치환 단백질 재조합 기술의 한계를 극복하기 위해 효능을 개선할 수 있는 약물의 지속성을 높인 서방형 제제(약물전단시스템을 포함한 약물) 및 기존보다 효과가 개선된 개량신약(바이오베터) 위주의 개발이 이뤄지고 있다.

전 세계 단백질의약품 시장은 2012년 790억 달러 규모에서 연간 7.5%로 성장하여 2025년에는 약 2,800억 달러이 이를 것으로 예측된다. 최초의 단백질의약품은 미국의 바이오벤처기업인 제넨텍이 유전자재조합 기술을 사용하여 개발한 인간 인슐린인 휴뮬린(Humulin)이며 이후 성장호르몬을 출시하여 릴리, 노보노디스크 등에 의해 상업화되었다. 이런 단백질의약품은 천연 단백질과 동일한 구조의 단백질로서 1세대 바이오 제품으로도 불리며, 인슐린, EPO, 인간 성장호르몬, 혈우병치료제인 혈액응고 인자 등이 주요 제품이다. 초기에는 혈액 또는 인체 소변, 조직 등에서 정제하는 방식으로 생산된 인슐린, 호르몬 등이 단백질의약품들은 시료 확보의 어려움, 높은 오염 위험성, 제조 공정 관리의 어려움, 높은 생산 비용과 낮은 생산성으로 인해 대부분 재조합 DNA 기술을 적용하여 생산하는 방식으로 전환되고 있다.

바이오베터 의약품

바이오의약품 원약으로 기반으로 효능, 안전성, 편의성 등을 개량한 의약품을 바이오베터라고 정의한다. 바이오베터 의약품은 기존의 의약품을 변형시키기 때문에 활성 약물 성분은 임상 효능이 검증되어 있어 다양한 약물에 적용이 가능한 것이 장점이다. 제네릭과 달리 신약과 같은 개발 단계를 수행해야 하고, 면역원성을 확인해야 한다. 현재까지 개발된 대표적인 바이오베터 기술은 당쇄화(Glycosylation), 페질레이션(PEGylation), 단백질 융합, 아미노산 치환, Fc-엔지니어링 등이 있지만 아직까지 국내에서 개발 출시된 제품은 전무한 상황이다.

치료용 항체의약품

치료용 항체의약품은 현재 의약품 중 성장 속도가 가장 빠른 분야로서 현재 80여 개 이상의 제품이 출시되었다. 주로 다양한 암의 치료제 혹은 관절염 치료제 및 자가면역질환 치료제로 사용되고 있다. 대표적인 제품으로는 비호지킨림프종에 사용되는 리툭산(Rituxan), 유방암 치료제인 허셉틴(Herceptin), 대장암 치료제인 아바스틴(Avastin), 어비툭스(Erbitux) 등이 있으며 항염증제로 주로 류마티스관절염 치료제로 사용되고 있는 휴미라(Humira), 레미케이드(Remicade), 엔브렐(Enbrel) 등이 있다. 특히 휴미라는 2017년 매출이 19조원 이상인 블록버스터 중 블록버스터 제품이다. 위에 설명한 제품들 모두 연간 매출이 1조원 이상이 블록버스터 제품이다.

항체의약품은 1970년대에 다발성골수종 B 세포가 단클론항체를 생성한다는 것을 발견한 이후로 하이브리도마(Hybridoma)를 제작하는 기술이 개발되면서 시작되었다. 하이브리도마 제작 기술을 특정 항원에 반응하는 단클론항체의 대량 생산을 가능케 하였으나 쥐에서 만들어진 항체치료제에 대한 인간 항체가 환자에게서 생성되어 약효 감소 및 부작용을 수반한다는 것이 밝혀졌다. 이런 문제점을 극복하기 위해 유전자재조합 기술을 이용한 키메라항체(1980년대), CDR-grafting 기술이 적용된 인간화항체(1990년대)뿐 아니라 파지 디스플레이(Phage display) 기술 또는 형질전환 쥐를 이용한 100% 인간항체(2000년대) 제조 기술까지 발전하게 되었다.

항체 제조기술의 발전과 더불어 항체의약품으 단점을 극복하기 위해 affinity maturation 기술, Fc-엔지니어링 기술, 항체 fragment 기술, glyco-엔지니어링 기술, 접합체 기술, 이중타깃 기술, 유사항체 스케폴드 기술 등 항체 개량기술이 개발되었고 이를 융합하여 항체의약품의 개발이 가속화되고 있다. 해외에서는 2017년 기준 80여 가지 이상의 항체의약품이 품목허가가 되었으나 국내에서 개발된 품목은 6종의 바이오시밀러 항체의약품이 전부일 정도로 우리나라는 아직까지 오리지널 항체의약품 개발이 이뤄지지 않고 있다.

항체 개발 역사상 최초로 제작된 단클론항체는 쥐의 비장세포와 골수종세포를 융합시켜서 제작된 하이브리도마에서 생산된 항체를 정제하여 만들어진 OKT3 항체(1993년)이다. 이후 최근에는 특허성을 지닌 단클론항체 스크리닝법으로 하이브리드도마 제작이 아닌 파지 디스플레이 방법이 기본적으로 사용되며 이외에도 형질전환 쥐를 제조하거나 단일 B세포 배양 등 다양한 방법이 개발되고 있다. 파지 디스플레이

기술을 사용하여 스크리닝이 완료되고 후보 물질이 나오면 affinity maturation을 통해 최종 개발후보를 선정한 후, 항체를 발현하는 재조합유전자를 삽입한 동물 세포주를 제작, 배양 후 정제하여 단클론항체 의약품을 개발하게 된다. 항체의약품 개발에 필요한 공정기술은 대부분 특허가 만료되어 공개되어 향후 표적 단백질 선정 및 표적 단백질에 특이적으로 결합하는 부위의 항체 단백질을 만드는 유전자의 염기서열을 확보하는 것이 핵심기술이 될 것이다.

새로운 표적에 대해 특허성을 보유한 항체의 개발은 높은 기술적 난이도로 인해 아직까지도 국내에서 개발된 단클론항체 신약이 허가된 사례는 없다. 하지만 주요 국내 제약사와 벤처기업 등은 항체의약품 개발 역량을 확보, 내재화하여 항체 신약 개발에 힘쓰고 있다. 단클론 항체의 항원 인식 부분 등을 변형시켜 한 개의 항체가 동시에 2개의 타깃을 인지하게 하는 이중항체, 암세포 특이적으로 약물을 전달할 수 있도록 고안된 암세포 특히 항원에 결합하는 항체와 항암제를 특수한 연결체(Linker)를 통해 결합시키는 ADC(antibody drug conjugate) 의약품도 단클론항체 의약품 개발과 더블어 최근 국내에서도 활발히 개발되고 있는 추세이다.

항체의약품의 바이오시밀러는 특허가 만료된 항체의약품의 복제의약품으로 오리지널 의약품에 대한 동등성 확보 및 원가 경쟁력이 핵심이다. 항체 바이오시밀러 개발에 필요한 기술은 1세대 바이오의약품인 재조합단백질 의약품 개발과 유사하다. 대장균을 사용하는 대신 항체 단백질을 발현하는 동물 세포주를 확립(개발)하고 이를 대량으로 배양하여 항체단백질을 발현, 정제하는 바이오시밀러 공정 기술과 제조된 바이오시밀러 의약품의 특성을 오리지널과 비교하는 바이오 분석 기술이 주요 기술이다. 국내에서는 LG 생명과학, 셀트리온, 삼성바이오로직스 등이 경쟁력을 갖춘 개발/생산 역량을 확보하여 국내 및 글로벌 시장에 진출하고 있다.

백신

백신은 항원, 즉 병원체를 약하게 만든 후 인체에 주입하여 항체를 형성하게 하여 그 질병에 대한 저항력과 면역성을 제공하는 바이오의약품 중 하나이다. 1796년 에드어드 제너에 의해 천연두 바이러스 약독화 생백신이 개발된 이래로 전 세계적으로 현재까지 30종 이상의 감염성 질병에 대한 백신이 제품화되었다. 백신은 제품 개발에 적용된 기술에 따라 혈장 유래 무독화 백신, 재조합 백신, 바이러스 배양 백신, 접합 백신, mRNA 백신 및 여러 가지 항원을 혼합한 혼합 백신으로 구분할 수 있다. 백신에 대한 보다 구체적인 내용은 14장을 참조해 보기 바란다.

- 혈장유래 무독화 백신
  인간 혈장을 사용하여 개발된 초기 형태의 백신으로는 B형 백신이 있다. B형 간염 백신은 HBs(B형 간염 바이러스의 항원) 항원 보유자의 혈장을 2회 초원심 분리하여 추출된 HBs 항원으로 생산된다. 추출된 HBs 항원을 펩신 효소처리 및 우레아로 변성시킨 후 포르말린 또는 열 처리를 통해 불활성화 시킨다. 이후 aluminum hydroxide 입장에 흡착시켜 최종 백신을 제조한 다음, 보존제 등을 첨가하면 B형 간염 백신이 만들어진다. 하지만 인체 유래 원료 물질을 사용함으로써 다른 질병 유발 바이러스의 오염에 대한 가능성을 배제할 수 없기 때문에 현재는 잘 사용하지 않는 백신 생산 방법이다. 대표적인 제품으로 국내 최초이자 세계에서 3번째로 개발된 헤파박스(1993년 녹십자)와 1986년 CJ 헬스케어에 개발한 헤팍신 B가 있다.

• 재조합 백신

병원성 바이러스로부터 표면항원 등을 암호화하는 유전자를 분리하여 이를 효모 등의 숙주세포를 이용해 제조된 백신을 말한다. 먼저 항원 유전자를 발현하는 숙주세포를 개발하고 이를 발효 또는 배양하여 고효율로 생산한 후 분리, 정제 과정을 거쳐 백신의 원료를 제조한다. 원료에 면역원성을 증가시키기 위해 흡착물질인 보조제(adjuvant)와 보존제를 첨가하여 조제, 충전하면 백신이 되는 것이다. 모든 병원성 바이러스에 대해 성공하는 기술은 아니며 정제된 항원이 바이러스와 비슷한 구조를 갖는 VLP(virus like particle)를 형성할 경우에 성공 확률이 높다고 하겠다. 현재까지 재조합 기술로 개발된 재조합 백신으로는 B형 간염 백신이 오래전부터 개발되어 보편적으로 사용되고 있으며 최근에는 자궁경부암의 원인 바이러스인 인간 papiloma virus(HPV)의 여러 개의 항원 부위 유전자를 조작해 제조한 자궁경부암 백신도 재조합 백신의 일종이다.

• 바이러스배양 백신

재조합 백신으로 면역이 어려운 바이러스 질병의 경우는 인체가 아닌 유정란이나 세포 배양을 통해 바이러스(대개 계대 배양으로 약독화 된 변이 바이러스)를 증식한 후 이를 포르말린 처리 등의 불활성화 또는 무독화를 시켜 백신을 제조하게 된다. 이 방법의 장점으로는 혈장 유래 무독화 백신에 비해서 대량 생산이 용이하다는 이점이 있고 다른 바이러스의 감염 위험에 있어서 상대적으로 안전하다는 것이다. 유정란 숙주의 경우 수율이 높은 장점이 있는 반면에 원료의 준비와 바이러스의 배양 기간이 길고 공정으로 제어하기기 어려워 대량 생산에 여러 한계점을 지닌 것도 사실이다. 이러한 유정란 백신 제조 방법의 단점을 해결하기 위해 세포 배양기 내에서 숙주세포를 배양한 후 바이러스를 감염, 증식시키는 세포 배양 바이러스를 적용하는 방법들이 시도되고 있으나 독감 등 몇 몇의 경우에는 수율 개선에 대한 기술 확립이 필요한 실정이다.

• 접합(Conjugate) 백신

바이러스가 아닌 병원성 미생물 백신들 중 폐렴구균이나 수막염구균 등은 항원으로 작용하는 다당류를 단독으로 사용하기보다는 carrier 단백질을 다당류에 접합시킬 경우, 더 좋은 면역원성과 장기 기억을 촉진시키는 것으로 밝혀짐에 따라 다당류-단백질 접합 백신이 새로운 백신의 범주로 포함되었다.

• 독소(Toxin)

독소가 의약품으로 쓰이는 예는 현재 성형 미용 분야에서 주로 주름살 제거 등에 사용되는 보톡스가 대표적이다. 보톡스는 상한 통조림이나 썩은 고기에서 발견되는 혐기성 세균의 일종인 클로스트리디움 보툴리눔(*Clostridium botulinum*)이 생산하는 신경 독소로 보툴리눔균의 7종류 신경 독소(A~G) 중에 A형 독소를 주로 정제해 희석한 것을 말한다. 보툴리눔 독소는 흔히 보톡스라고 불리는 데 1995년 국내 최초로 식약처에 의해 승인된 보툴리눔 톡신 A형 제제로 앨러간사의 고유 상품명이다. 보툴리눔 독소는 콜린성 신경시냅스에 작용하여 아세틸콜린의 방출을 감소시켜 신경근 차단 효과를 일으킴으로써 작용한다. 1989년 사시와 안면경련의 치료 목적으로 미국 FDA의 승인을 받았으며 2002년 미용 목적의 사용에도 FDA의 승인을 받았다. 우리나라에서는 1999년부터 피부과 영역에서의 사용이 보편화되었고 주름, 다한증, 사각턱 등의 치료제로 주료 이용되고 있으며 안과 질환, 신경질환, 비뇨기과 질환 등의 다양한 영역에서도 사용되고 있다. 메디톡신은 앨러간사으 보톡스와 동일한 물질로서 클로스트리디움 보툴리눔을 이용하여 2006년 세계에서 4번째로 개발된 보툴리눔 독소 제제이다.

• 세포치료제

세포치료제(cell therapy)는 재조합 단백질(1세대), 항체(2세대) 제품군을 이을 차세대 바이오 의약품으로 일찍부터 주목받아 왔다. 세포치료제는 살아있는 세포를 치료에 이용하는 것이다. 1990~2000년대에 허가받은 세포치료제는 주로 피부세포나 연골세포를 이용한 피부재생·연골결손 치료제였으나, 최근에는 암, 퇴행성 질환을 타깃으로 하는 줄기세포 및 면역세포에 대한 연구가 활발해지면서 이들이 개발의 중심에 자리 잡고 있다. 세포치료의 경우 기존의 치료제보다 근본적인 치료가 가능하므로 암뿐만 아니라 신경퇴행성 질환, 유전병 등 난치성 질환의 치료를 가능하게 할 기술로 기대되어 왔다. 그러나 그 동안 세포치료제는 연구개발과 상업화에 많은 어려움을 겪어 왔다. 체내에서의 효과 발현 미흡, 생명윤리와 관련된 이슈 등이 주된 원인이었다. 그러나 최근 들어 세포 배양·조작 기술, 유전자 분석·조작 기술 등의 발전으로 기술적 문제들이 조금씩 해결되고 있다.

세포치료제 시장이 본격적으로 성장해 나가기 위해서는 기술 및 상업화 측면에서 해결해야 할 몇 가지 이슈가 있다. 먼저 현재까지 허가된 줄기세포치료제의 경우 직접적이기보다는 간접적 효능에 의존한다는 점이 문제로 지적되어 왔다. 임상 적용을 확대하기 위해서는 작용 기전을 좀더 명확히 하는 것이 필수적이다. 최근 진행되고 있는 유전자 조작 줄기세포치료제 개발 시도가 하나의 해결 방안이 될 수 있을 것으로 기대되고 있다. 면역세포치료제의 대표격인 CAR-T 치료제의 경우, 심각한 부작용을 일으킬 수 있고, 대상 적응증이 혈액암에 한정되어 있다는 점도 문제로 지적된다. 부작용을 줄이는 동시에 환자 수가 많은 고형암을 대상으로 한 치료 성과를 얻는 것이 시장 확대를 위한 관건이 될 것으로 보인다. 세포치료제와 관련한 가장 현실적인 이슈 중 하나는 의약품의 가격이다. 이를 해결하기 위해서는 치료 과정을 단순화시킬 수 있는, 연구-생산-시술이 한 곳에서 가능한 원스톱 서비스 모델 등이 요구되고 있다. 근본적인 문제 해결을 위해서는 환자의 세포가 아닌 타인의 세포를 이용한 치료제 개발이 현실화되어야 할 것으로 보인다. 또한 비용 부담을 덜기 위한 다양한 지불 프로그램 개발도 기업과 보험자가 함께 고민해 나가야 하는 중요한 과제다.

세포치료제는 기존 의약품과 비교해 가장 '개인 맞춤형'에 근접한 치료제라는 점에서 매우 혁신적인 제품이라고 할 수 있다. 물론 세포치료제 시장을 둘러싼 이슈들은 복잡하고 대부분 단기간 내 해결이 쉽지 않기 때문에, 세포치료제 제품들이 항체 의약품과 같은 상업적 성과를 이루어 내기 위해서는 상대적으로 더 오랜 시간이 필요할 것으로 보인다. 그러나 세포치료제는 현재의 기술 장벽들이 해결되고 난 이후에는 급격히 성장할 수 있는 분야이며 그 파급력도 매우 클 것으로 기대된다.

세포치료제 분야는 신약개발을 목표로 하는 제약바이오 기업들의 새로운 성장 돌파구로서 의미가 클 것으로 보인다. 현재 글로벌 차원에서 절대적 경쟁 우위에 있는 기업들이 극히 소수라는 점을 볼 때, 후발 기업들도 충분히 진입할 만한 분야이다. 그러나 병원 시술 과정이 중심이 되는 세포치료제는 기존 의약품과는 분명히 다른 사업 모델을 요구하고 있다. 개발을 염두에 둔 기업들은 이러한 점을 명확히 인지하고 대비할 필요가 있다. 선도 기업들의 사례를 보면 연구개발에서 판매마케팅에 이르는 모든 단계에서 관련된 연구기관·기업·병원 등과의 협력을 적극적으로 추진하고 있다. 세포치료제 시장에서 성공하기 위해서는 의사·병원뿐 아니라 기반기술을 보유한 연구기관, 재료·기기 등 연구개발 인프라에 해당하는 주체 등과의 협력이 매우 중요한 과제가 될 것이다. 한편, 2022년 현재 국내의 세포치료제 허가건수는 22건으로 세계에서 가장 많은 세포치료제가 국내 기업에 의해 제품화되고 있다.

- 체세포치료제: 체세포치료제의 경우 원하는 조직으로의 분화가 필요 없어 기본적인 세포 배양 기술도 개발이 가능하다. 체세포의 경우, 다량 채취 및 증식이 용이하며, 자가체세포를 사용하는 경우, 면역 거부 반응 및 윤리적 문제가 없다는 장점이 있다. 하지만 줄기세포 대비 재생 효능이 낮다는 한계점이 있다. 또한 자사체세포의 경우, 상업 생산 및 시술이 불가하여 치료비용이 높은 반면에 낮은 효능으로 시장성이 크지 않다. 체세포치료제의 경제성을 높이기 위해 타가 세포를 이용하는 기술 개발이 필요하지만 효능이 더 뛰어난 성체줄기세포치료제 개발로 연구가 더 활발히 진행되고 있다. 국내에서 개발된 세포치료제는 대부분 골재생 또는 피부재생 치료제로 국한되어 있으며 콘드론(Chonfron, 2001년 세원셀론텍)은 자가연골세포 배양/이식으로 국내에서 최초로 허가 받은 치료제이다. 뒤이어 홀로덤(Holoderm, 2002년 태고사이언스), 칼로덤(Kaloderm, 2005년 태고사이언스) 등이 피부각질세포를 이용해 피부화상치료제를 개발하였고, RMS ausron(2009년, 세원셀론텍)은 뼈세포를 이용하여 국소 골형성 촉진제를 개발하였다. 이외에 AutoStem(2010년, 차바이오앤디오스텍)과 QueenCell(201년 안트로젠)은 자가유래 지방세포를 사용하여 피하지방결손 치료제를, CureSkin(2010년 에스바이오메딕스)는 섬유아세포를 이용해 흉터 치료제를 개발하였다.
- 줄기세포치료제: 줄기세포는 체세포와 달리 다량 채취가가 어렵고 안전성 및 윤리적 이슈, 분화기술이 아직 확립되지 않는 등 해결해야 할 문제들이 많다. 하지만 다양한 세포로 분화가 가능해 난치병에 치료에 큰 도움이 될 것으로 전망되는 바이오의약품이다. 줄기세포치료제는 세의 원천에 따라 배아줄기세포, 성체줄기세포, 역분화유도줄기세포로 구분된다. 성체줄기세포는 전 세계 줄기세포 치료제 시장의 99% 이상을 차지할 정도로 상업화가 상당히 진척되어 있다. 배아줄기세포는 생명윤리 문제와 분화 조절 기술 개발의 어려움, 변이 발생 및 암세포 분화 가능성 등 임상시험 적용에 많은 난관이 있어 여전히 초기 개발단계에 있다. 하지만 적절한 자극을 통해서 신체 내 210여 개의 장기를 구성하는 조직으로 분화할 수 있는 무한한 잠재력을 가지고 있기 때문에 바이오벤처기업을 중심으로 활발한 연구가 진행되고 있다.

배아줄기세포: 배아줄기세포는 수정한 지 14일이 안 된 배아 상태에서 얻어지는 줄기세포로 신체의

모든 장기로 분화할 수 있는 특징을 가지고 있어 만능줄기세포로도 불린다. 배아줄기세포는 분화능력이 탁월하고 계속해서 세포 수를 늘릴 수 있지만 암세포로도 분화될 수 있어 안전성 측면에서 아직 해결해야 할 부분이 많다. 원하는 조직으로 분화시키는 기술과 발암성을 감소시키는 것이 배아줄기세포 치료제의 핵심기술이다. 안전성 문제뿐만 아니라 윤리적 문제도 계속 대두되어 배아줄기세포 연구는 그 동안 다소 정체되었다. 그런나 지난 2010년 10월 세계 최초로 미국의 제론사가 척추손상환자를 대상으로 인간의 배아줄기세포 사용에 대한 임상실시 허가를 FDA로부터 승인 받았다. 뒤이어 미국의 ACT가 인간 배아줄기세포에서 유도된 망막색소상피세포를 이용한 스타카르트병, 황반변성증 대상 임상을 시작하였다.

최근에는 줄기세포 치료제를 개발하는 바이오 기업들이 안전성과 효율성을 극대화한 새로운 기술로 차세대 줄기세포 치료제 개발에 나서고 있다. 메디포스트는 2세대 줄기세포 치료제 플랫폼인 '스멉셀'(SMUP-Cell)을 이용해 주사형 골관절염 치료제 SMUP-IA-01과 당뇨병성 신증 치료제·폐질환 치료제 SMUP-IV-01을 개발하고 있다. 스멉셀 배양공정은 작은 크기의 고효능 줄기세포를 선별해 줄기세포 특성을 유지하는 배양법을 적용함으로써 바이오리액터를 통해 대량 생산이 가능하다. 또한, 해동했던 제품을 다시 냉동할 수 있어 보관 및 유통 문제도 해소할 수 있다. 강스템바이오텍은 플랫폼 기술 셀럽(SELAF)을 이용해 중등도 이상의 만성 아토피 피부염 환자를 대상으로 한 치료제 퓨어스템-AD 주와 중등도 이상의 류마티스관절염 환자를 대상으로 한 치료제 퓨어스템-RA 주를 개발 중이다. 셀럽은 태아의 탯줄과 태반에 있는 탯줄 혈액인 제대혈 내 극소량 존재하는 줄기세포를 순도 95% 이상으로 분리한 후 동결 제형으로 대량 생산하는 플랫폼 기술이다. 차바이오텍은 배아줄기세포를 이용해 중간엽 줄기세포를 제조하는 방법으로 치료제를 개발하고 있다. 이 기술은 중간엽 줄기세포를 만들 때 배아줄기세포로부터 직접 분화법을 이용해 제조 기간을 50% 단축하고, 유전적 안정성을 높게 유지해 효율을 향상한다. 이 기술로 배아줄기세포를 이용해 중간엽 줄기세포를 만들면 돌연변이 확률을 낮추고 세포 노화를 늦출 수 있어, 유전적으로 안정성이 확보된 세포치료제를 개발할 수 있다. 또한, 배상체 형성 단계가 없어 제조공정이 단순하고, 균일한 품질의 세포를 만들 수 있다. 차바이오텍은 현재 탯줄 유래 중간엽 줄기세포를 이용해 퇴행성 요추추간판에 의한 만성 요통 치료제 CordSTEM-DD, 뇌졸중 치료제 CordSTEM-ST, 아셔만증후군 치료제 CordSTEM-AS, 중증호흡기질환 치료제 CordSTEM-ARDS 등과 배아줄기세포 유래 조기난소부전 치료제 ES-MSC, 황반변성 치료제 hESC-RPE, 스타가르트병 치료제 hESC-RPE 등을 개발 중이다.

줄기세포 엑소좀을 활용한 치료제 개발에도 많은 기업이 뛰어들고 있다. 줄기세포 엑소좀은 줄기세포 치료제와 효과는 유사하지만, 보관이 편리하고 대량 생산이 가능해 수백만 원에 달하는 줄기세포보다 효율적인 데다가 부작용 우려도 적다. 엑소좀을 활용하면 항암치료 외에도 당뇨, 파킨슨병, 알츠하이머 등 세포의 문제로 생기는 질병은 모두 조기 진단이 가능해질 전망이다.

유도만능줄기세포: 역분화줄기세포(Induced Pluripotent Stem Cell, iPSC)는 이미 분화된 세포의 특성 유전자를 조작해 다시 분화능력을 유도한 줄기세포를 말한다. 2006년 일본 교토대학의 야

마나카 신야 교수가 배아세포에서 활성화되는 4개의 유전자(Oct3/4, Sox2, Klf4, c-myc)를 레트로바이러스에 삽입한 후, 이를 쥐의 피부세포에 넣어 역분화줄기세포를 만드는데 성공하였다. 연구단계에서 배아줄기세포와 동등한 분화능력을 증명함으로써 수정란 파괴, 난자의 사용과 같은 윤리적인 문제없이 환자와 유전정보가 같은 맞춤형 줄기세포를 얻을 수 있는 유도만능줄기세포는 현재 혁명적인 기술로 부상하고 있다. 하지만 바이러스를 이용해 유전자를 변형시키기에 안전성에 대한 우려가 있고, 아직 초기 단계의 연구 성과이기에 상업화까지 해결해야 할 그리고 마주칠 기술 장벽들의 존재가 예상된다.

성체줄기세포: 성체줄기세포는 성인 신체의 각 부위에서 얻어지는 줄기세포이다. 이것은 그 원천에 따라 지방, 골수, 제대혈 줄기세포 등으로 분류된다. 줄기세포 채취가 용이한 장점으로 인해 줄기세포 연구 중 성체줄기세포 연구가 가장 먼저 시작되었다. 배아줄기세포에 비해 안전성 문제가 적어 임상시험도 더 활발히 진행되었다. 특히 골수에서 얻어지는 조혈모세포는 혈액계와 면역계 세포로 분화가 가능하여 이미 백혈병, 혈액 질환 및 면역계 질환에 널리 사용되고 있다. 최근 가장 연구가 활발히 진행되고 있는 것은 골수, 제대혈, 지방에서 채취되는 중간엽줄기세포(Mesenchyma Stem Cells, MSCs)이다. 이들 MSCs는 비교적 배양이 용이하고 많은 양의 세포를 쉽게 증식시킬 수 있으며, 연골, 뼈, 근육과 같은 중배엽성 조직세포로 분화할 수 있을 뿐 아니라 손상된 조직에 이식될 경우 조직 재생에 도움이 되는 생리활성물질을 분비한다.

- 면역세포치료제: 면역세포치료제는 혈액에서 분리한 NK 세포, 수지상세포, T 세포 등의 면역세포를 체외에서 증식시키거나 암세포 특이적인 항원 유전자를 삽입한 면역세포를 제조한 후 숫자를 늘린후 다시 환자에게 주입함으로써 면역작용으로 질환을 치료하는 기전을 가진 첨단 바이오의약품 중 하나이다. 최근에는 T 세포 또는 NK 세포에 외래 유전자를 바이러스 벡터를 이용해 도입시켜 제작된 CAR-T(Chimeric antigen receptor-T cell)세포와 같이 유전자 치료 개념이 도입된 세포치료제 기술이 다양하게 개발되고 있다. 면역세포치료제 중 CAR-T 세포는 가장 최근의 기술이 적용된 것으로 가장 치료가 어려웠던 혈액암에서 높은 치료 효능을 보이면서 적응증 확대, 효능 증대 및 타가이식이 가능한 기술 개발이 진행중이다. 주요 기술로는 CAR에 해당하는 scFv(single-chain variable fragment, 유전자 재조합을 통해 항체의 variable region만을 발현시켜만든 단쇄 항체)를 제조하는 기술, CAR를 발현하는 벡터 제조기술, T 세포 분리기술, 타가이식이 가능이 가능하도록 하는 유전자 조작 기술, 세포치료제 운반 및 보관을 위한 동결 기술 그리고 안전성 확보를 위한 T 세포 활성 조절 스위치 제작 기술도 요구되고 있다.

• 유전자치료제

유전자 치료는 발병 원인이 되는 비정상유전자를 대체하거나 치료용 단백질을 발현할 수 있는 유전자를 직접 환자의 세포 또는 조직에 주입하는 치료 기술을 말한다. 바이러스 벡터, 플라스미드 DNA, 리포좀, 유전자편집 기술을 활용한 기술까지 유전자 치료의 범주에 포함된다. 유전자 치료제 개발에 있어서 치료에 타깃이 되는 유전자의 선정 및 발현 벡터 제작 기술, 치료 유전자를 타겟 세포에 전달해

주는 유전자 전달기술, 그리고 유전자 치료제의 인체 전달 기술 등이 핵심 기술이나 치료 유전자의 안전성 확보와 유전자 전달의 전달 효율 및 체내에서의 장시간 발현 유도는 아직 해결되지 않은 기술적 난제이다. 세계 최초의 유전자 치료제인 젠디신(Genecine)이 2003년 중국에서 허가된 이후 선진 시장인 유럽에서 글리베라(Glybera)가 2012년에 품목 승인을 받았다. 국내에서는 인보사(Invossa)가 2017년에 국내 최초로 허가 되었으나 이상 세포주가 확인되면서 2019년에 품목허가가 취소되었다.

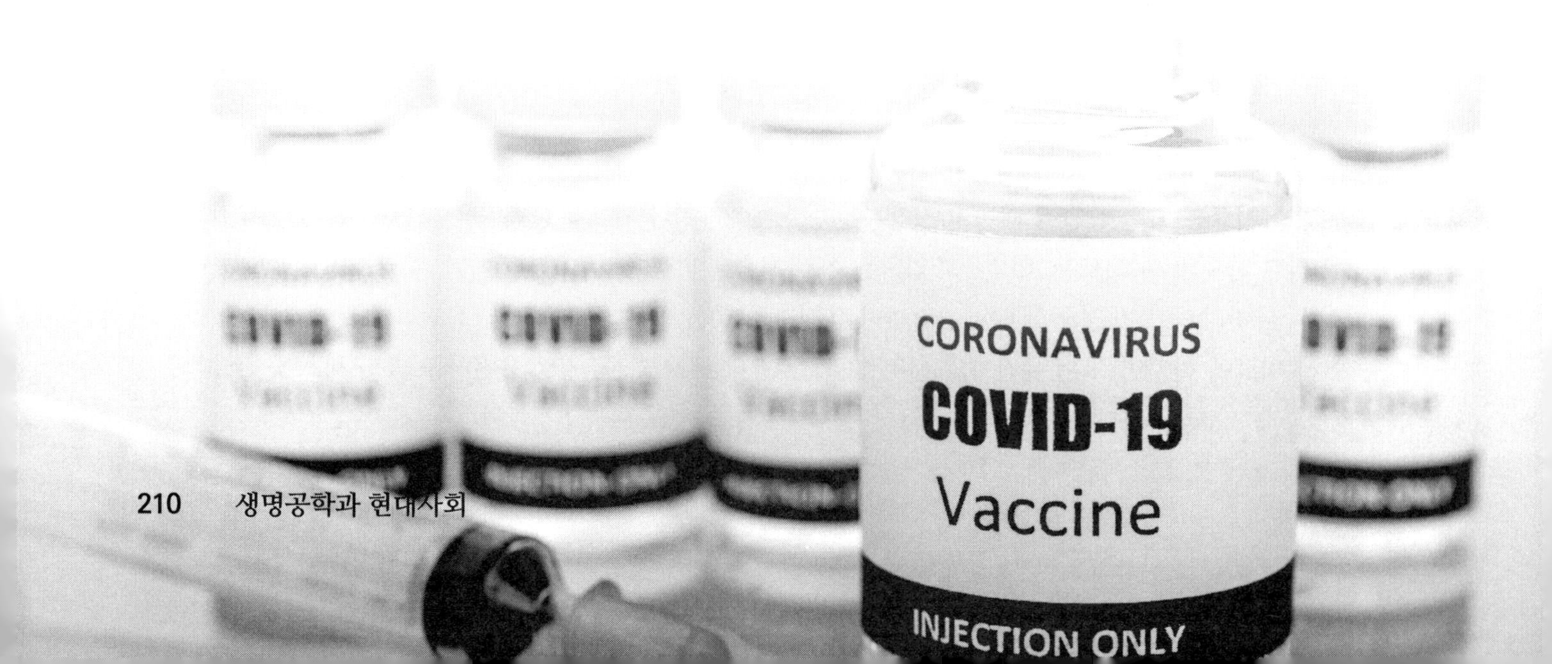

9장

수산 생명공학

해양환경이 생명공학적 응용의 풍부한 원천이고 서식 범위의 문제에 대한 가능한 해결책임을 배운다면 물의 75% 가까이가 지구표면을 덮고 있다는 사실은 놀랄 일이 아니다. 해양생물은 몹시 추운 남극해, 높은 압력의 심해, 고염, 엄청난 고온, 그리고 낮은 채광과 같은 극한 상태에서도 존재한다. 결과적으로 해양생물은 엄청난 수요의 물질대사경로, 생식방법, 그리고 감각기관의 적응으로 진화되었다. 그들의 피난처에는 독특한 유전정보가 풍부하며 응용이 가능하다. 이 장에서는 조사를 통한 수산 생명공학(aquatic biotechnology)의 많은 매력적인 측면과 바다와 민물의 생물들이 어떻게 생명공학의 응용에 사용되는지에 대해 고찰해 본다.

9.1 수산 생명공학

바다는 천 년 동안 천연 자원과 식품의 원천이 되어왔다. 그러나 인구집단의 증가, 어류와 해양생물의 과도한 포획, 그리고 쇠퇴하는 환경의 상태는 많은 종에게 압력을 주어 어업을 쇠약하게 하고 해양자원을 상하게 하는 원인이 되었다. 과학자들은 수산 생명공학에 대해 많은 연구를 해왔음에도 불구하고 막대한 대다수의 해양생물(특히 미생물)은 아직 확인하지 못했다. 그들이 추정하기로 지구 생물의 80% 이상이 해양환경에 생존하고 있다.

인구의 증가, 그리고 인간의 의료적 요구, 우리 지구에 대한 환경 문제와 함께 지구 표면의 대부분의 잠재적인 재산을 활용할 명백한 필요가 있으며, 이에 따라 해양과학은 생명공학의 연구를 위한 새로운 국면이 되었다. 미국에서는 매년 수산 생명공학의 개발과 연구에 5,000만 달러에 가까운 돈을 지출하고 있다. 이와 대조적으로 일본에서는 매년 9억 달러에서 10억 달러를 지출한다. 수산 생명공학의 기본적인 과학연구에 투자하여 자사제품의 제정적인 성공을 이룬 아시아 국가의 혁신적인 연구는 다른 국가도 많은 시간과 자원을 투자하도록 장려하고 있다. 미국에서는, 여러 연구에서 우선적으로 해양생물을 이용하여 무한한 가능성을 탐구하는 것이 확인되었다. 그것은 다음과 같다.

- 세계 식량공급의 증가
- 해양 생태계의 복원과 보호
- 인간의 건강과 질병치료의 이익을 위한 새로운 화합물의 식별
- 해산물의 안전 및 품질의 향상

• 화학산업에서 응용프로그램과 새로운 제품의 발견 및 개발
• 질병 모니터링 및 치료에 대한 새로운 접근과 이해
• 세계 해양의 생물학과 지구화학 프로세스의 지식 증가

이 장에서는 양식업에서 해양생물로부터 새로운 의료 제품 분리에 이르기까지 수산 생명공학의 다양한 측면에 대해 다룰 것이다. 다음 절에서는 양식업과 크고 빠르게 확장되는 수산 생명공학의 농업 응용프로그램에 대해 설명할 것이다.

9.2 양식업

두 명의 어부가 건강하고 적당한 크기의 메기를 그물이 넘치게 잡아 끌어올린다. 어부의 그물에는 물고기가 가득하다. 시장에서 이 메기들은 최상의 향, 색깔 그리고 맛을 지닌 것들이 될 것이다. 이는 부두 낚시나 상업적 어선을 이용하는 대신에 어부가 양식장에서 그물로 잡은 물고기이기 때문이다. 상업적 목적을 위한 물고기와 조개류, 그리고 해양식물의 배양은 양식업(aquaculture)이라고 한다. 특히, 수산 양식업은 해양식물(동물)양식(mariculture)이라 부른다. 양식업은 농업 생명공학의 한 형태이지만, 일반적으로 수산 생명공학으로 간주된다. 이 절에서는 주로 바다와 민물의 물고기와 조개류의 양식업에 대해 알아볼 것이다.

양식업의 경제력

전 세계적으로 인구가 2017년 기준 7억 5천만 명에서 2050년에는 9억 7천만 명으로 늘어날 것으로 보인다. 인구가 늘어남에 따라 고기류와 해산물의 소비도 증가될 것이다. 물고기는 단백질이 풍부하고 여러 비타민, 철, 아연, 그리고 오메가-3 같은 미량영양소가 풍부하다. 개발도상국에서는 영양소를 물고기 섭취에 많이 의존하고 있고, 물고기가 없으면 치명적인 문제가 발생할 것이다.

사실상 가까운 미래에는 모든 종류의 해산물이 자연어장에서 공급하는 5,000~8,000톤의 세계적인 수요를 넘을 것으로 추정되고 있다. 과도한 어획, 서식지의 고갈, 그리고 상업 낚시 산업은 자연 해산물 공급이 감소하고 있다. 국제연합식량농업기구는 2016 Report on the State of World Fisheries and Aquaculture에서 반 이상의 물고기가 남획되고 있으며 30% 정도는 과도한 포획되었거나, 고갈되거나 회복됐다고 발표하였다. 만약 수요가 계속적으로 증가하고, 자연 어획량이 계속해서 감소한다면, 물고기와 조개류의 고갈을 경험하게 될 것이다. 그러므로 전 세계적으로 양식업 제품의 수요가 향후 30년 동안 70% 성장할 것으로 예상된다. 양식업은 더 나은 자원관리 실행과 함께 할 때 이 문제를 해결할 수 있을 것이다.

세계적으로 양식업 생산량은 2000년에 거의 3,300만 톤으로 이는 1984년 이후로 두 배나 증가하였다. 2014년 데이터에 의하면 세계 총 어장은 양식업과 포획된 물고기를 더하여 1억 7,000만 톤이 넘고, 이

미 양식 물고기 섭취량이 야생 물고기 섭취량보다 많았다. 물고기와 조개류는 1990년대 중반 이래 일년에 9,300만 톤 생산되고 있고, 7,400만톤이 양식으로 생산되고 있다. 수산양식 생산물은 물고기, 연체동물, 갑각류 그리고 그 외 개구리 등 해양동물이 있다. 이미 양식업의 몇몇 자원은 식량 자원으로서의 육우 목축업을 능가하였다.

많은 나라들이 수산양식에 활발히 뛰어들고 있다. 2014년에는 최소 35개 국가에서 양식된 물고기의 섭취가가 야생 물고기의 섭취보다 증가되었다. 중국은 수산양식에 오랫동안 심혈을 귀울였다. 약 전 세계 수산양식의 60%를 차지할 정도로 독보적인 어류 생산국이다. 중국인은 미국인보다 생선을 50% 더 많이 섭취하고 총 소비량은 10개 국가의 소비량 합보다 높다. 이러한 요구에 따라 중국은 매년 6,000만 톤씩 생산한다. 다음은 15개의 주요 생산국이다. 인도네시아, 인도, 베트남, 필리핀, 방글라데시, 대한민국, 노르웨이, 칠레, 이집트, 일본, 미얀마, 태국, 브라질, 말레이시아. 미국은 17위에 그쳤고, 우리나라보다 낮은 순위다.

수산양식업은 위치, 기후 등 여러 요인이 나라마다 달라서 다른 형태를 나타낸다. 예를 들어, 그리스는 세계적인 농어 생산국으로, 매년 100,000톤을 생산하고 유럽의 생산량의 90% 이상이다. 노르웨이는 캐나다와 같이 연어생산국이다. 칠레 양식산업의 빠른 성장과 성공에 많은 국가들이 만약 칠레가 할 수 있다면, 왜 우리라고 안되겠는가?라는 의문을 가졌고, 결과적으로 알제리, 에콰도르, 아르헨티나, 스코틀랜드, 아이슬랜드, 페로제도, 아일랜드, 뉴질랜드, 콜롬비아, 페루, 그리고 많은 다른 국가들이 시장을 확대시키고 있다.

양식업은 미국에서 매년 6억 파운드의 식품을 생산하는데, 이는 12억 달러 이상의 가치가 있다. 하지만 미국의 생산량은 세계 해산물 공급에 5%에 지나지 않는다. 미국에서 양식업 생산량은 지난 10년간 거의 두 배로 증가했고, 100종 이상의 서로 다른 종의 해조류와 해산물이 생산되었다. 이러한 증가는 계속될 것으로 기대되며, 세계적으로 유사하게 양식업에 대한 증가가 일어나고 있다. 예를 들자면 세계적으로 팔리고 있는 연어의 절반 이상이 양식업에 의해 생산되었고, 지난 20년 동안 양식연어의 생산이 약 50배 증가하였다.

1950년대 미국의 양식업은 중요한 산업이 되었고 이때 남동부에 메기 양식업이 시작되었다. 그리고 지금은 양식업 시설이 모든 주에 존재한다. 미국에서 양식사업 잠재력의 가장 성공적인 사례 중 일부는 알라바마와 미시시피 델타의 메기양식, 메인과 워싱턴의 연어 양식(미국인이 먹는 연어의 약 75% 생산), 아이다호와 서부 버지니아의 송어양식, 그리고 루이지애나의 가재양식이다. 마찬가지로 플로리다, 메사추세츠와 다른 주들은 상업 어부들의 이득에 대해 고민하면서 성공적인 패류양식을 개시했다. 예를 들면, 케이프코드의 어부들은 메사추세츠 양식산업의 약 75%를 차지하며 대합조개, 등 껍질이 부드러운 조개, 푸른 홍합과 굴을 포함한 다양한 조개류의 양식을 개시했다.

개발도상국의 양식산업이 활발하게 진행되고 있는 많은 대부분의 나라들은 근해지역의 계속된 어류의 남획으로 인해서 천연 시장의 어류와 패류가 심하게 고갈되었다. 양식업으로 인하여 천연시장은 천연자원 손실을 창출하게 되었다. 또한 양식업은 세계 곳곳의 일반적으로 그들 어업이 유명하지 않은 지리학적 위치에서 해산물 산업 창출의 이득을 조달하고 있다. 이를테면, 성공적인 어류 양식산업이 고도로 발달한 애리조나 사막에서는 양식업으로부터 재활용되어 사용된 물이 농작물의 논밭에 물을 주는 데 쓰인다. 양식업은 관개수로의 액면가까지도 높였다. 호주의 건조한 지역에서도 이와 비슷한 개발이 진행 중이다.

이론상, 어류양식의 생산력 증가는 소비자를 위해 소매가격의 하락으로 이어질 것이다. 어떤 면에서 양식업은 경제적인 측면에서 가축양식이나 상업적 낚시보다 더 저렴하다. 예를 들자면, 0.5 kg의 소를 사육시키기 위해서는 약 3.5 kg의 곡물이 필요하다. 그러나 약 0.5 kg의 대부분의 물고기를 양식하기 위해서는 1 kg보다 더 적은 물고기 사료가 필요하다. 마찬가지로 다른 예를 들면, 어류 양식장에서 양식사육된 메기는 야생의 메기보다 20% 가까이 더 빨리 자라고, 시장판매를 위해서 약 2년이면 된다. 물고기에게 주기 위해 비육된 유전자 가공사료는 약 5센트/kg로, 대부분 사육되는 물고기의 35~40센트/kg의 이익을 낸다 - 투자에 있어서 훌륭한 이익을 낸다. 그러나 이 장에서 배우겠지만 경제적인 측면에서 양식업은 반드시 그렇게 호의적인 것은 아니다.

비록 세계적으로 양식업이 계속 증가할 것 같지만 가까운 미래에 양식업이 야생포획을 완전히 대체할 가능성은 낮다. 무엇보다도 많은 어종이 어류양식에 적합하지 않다. 그 이유는 참치나 황새치처럼 개방구역 어종들은 넓은 구역의 물을 배회하고 많은 사료가 요구되며, 어류양식장에서 사육할 수 없기 때문이다. 우리는 미래 양식업에 대한 다른 방책들을 이 장에서 논의할 것이다. 이 장에서 통계를 제시하는 목적은 여러분에게 불면증을 위한 치료법을 제공하는 것이 아니라 오히려 양식업의 중요성과 현재의 가치 그리고 미래의 가능성에 대한 전망을 이해시키도록 돕는 것이다.

물고기 양식 관행

여러 방면에서 양식업은 단순히 전통적 육상농업기술로부터 확장되었으며 이것은 10년간 계속 시행되어 왔다. 인간의 소비를 위한 유기체 배양은 해양수산업의 중요한 목적이다. 유기체는 상업을 위한 물고기 미끼를 제공하거나 휴양지의 낚시를 위한 많은 다른 이유들로 사육된다. 앤초비와 같은 작은 물고기, 청어, 정어리는 물고기의 사료로 양식되고 기름은 가금류, 소, 돼지의 가축사육과 다른 물고기의 사육에 사용된다. 양식진주, 제약을 위한 병원체를 분리 배양하는 어종, 금붕어와 희귀한 열대어를 포함한 관상용 물고기의 번식, 그리고 주요 휴양지에 물고기를 번식시키는 일은 양식업의 많은 용도 중 하나이다.

예를 들자면 뉴저지에서는 어업생물학자들이 송어가 새끼를 낳도록 송어를 위한 가두리 어장을 만들었다. 매년 봄마다 주 전역의 개울, 강, 연못 및 호수에 600,000마리가 넘는 무지개 송어가 있다. 많은 강과 시내는 1년 내내 송어를 공급할 수 없다. 왜냐하면 여름에 너무 더워지거나 또는 송어를 위한 수원의 질이 떨어지기 때문이다. 그러나 가두리를 통하여 낚시꾼들이 식탁의 식량을 위해 포획하는 것이 장려되었다. 다른 많은 주에서는 다수의 온수와 냉수 어종을 위한 비축프로그램이 있는데, 여기에는 튀김용 민물고기, 농어, 배스, 메기, 강늉치고기, 그리고 양식된 민물 흰색농어와 바다의 줄무늬농어인 잡종 줄무늬농어가 포함된다. 이와 같은 프로그램들은 상대적으로 시골 어업에 접근이 적은 도시지역의 사람들에게 낚시의 기회 또한 제공한다.

다양한 어류와 해양생물이 성공적으로 배양되어 왔다. 많은 지역에서 이 목록은 곧 확대될 것이다. 예를 들자면, 바닷가재나 게 같은 해양 어종은 제한된 구역에서 양식되어 왔지만 아직 상업적으로는 넓게 이용하지 못한다.

수산양식은 양식되는 어종, 어종의 생명주기, 성장을 위한 환경 요건, 그리고 시장 판매를 위한 완전한 발육을 이루기 위해 요구되는 기간 등 매우 광범위한 요소들에 의존된다. 연어나 송어 같은 물고기들의 알(어란)과 어백(정액)을 양식한 성어로부터 수공으로 분리한다. 생산되는 물고기의 질과 건강을 유지하기 위해 좋은 품질의 성어의 경우 보관하게 된다. 예를 들자면 물고기의 성장률, 건강, 질, 그리고 육질의 색 등의 많은 특징들을 고려하여 사육할 물고기를 선정한다.

어란은 작은 탱크나 컨테이너에서 수정되고 일정기간 지난 후, 치어라고 불리는 부화된 배아들은 흐르는 물이 있는 커다란 유리수조 탱크로 옮겨진다. 이러한 대부분의 배양은 처음에는 실내의 "종묘장"에서 이루어지고 열대물고기는 작은 물고기 크기가 되면 종묘장을 떠난다(크기는 대략 사람 손가락 길이다). 작은 물고기는 때때로 2년생 연어로 불리며, 대개 실내 또는 실외의 수로지로 불리는 콘크리트 탱크로 들어간다. 수로지는 흔히 탱크를 통해 물의 흐름이 계속 지속되는 연속상관 된 탱크로 설계된다. 이것은 특별히 시내와 강에서 살아남기 위해 다투는데 익숙한 특성을 가지는 연어와 송어 같은 종을 위해 중요하다. 환경 상태를 모방하는 것에 의하여, 양식업자는 이 종들을 야생어류의 근육계 발달과 생존본능과 같은 신체적 발달 특징을 갖추도록 양식한다.

몇몇 어종은 시장에 나갈 크기가 되기 전까지 수로지에서 사육되거나, 수확되기 직전에 더 자라기 위해 작고 얕은 저수지로 옮겨진다. 확실히 연어를 포함한 어종들이 보통 크기가 된 후 하구 퇴적지 또는 저수지, 호수에 있는 그물망, 우리, 그리고 다른 하구 퇴적지에서 성숙을 위해 사육되기도 한다. 어패류 양식업자는 주로 그물선반이나 우리 같은 장치에 굴이나 조개처럼 돌에 달라붙는 대단히 많은 수의 작은 양식종묘장을 이용한다. 그런 다음 그물망을 하구 환경에 배치하여 어패류가 자연적으로 크도록 한다. 해양 환경에서 일반적으로 이러한 그물망은 자연 서식지보다 조개 생산량이 훨씬 많다. 양식학자들은 수율을 높이기 위해 끊임없이 배양 기술을 수정하고 있다.

연어 양식은 물고기 사육공정의 우수한 예이다. 빠르게 키워 수정에 사용하기 위해 성어로부터 어란과 정자를 짜내고, 그 결과로 생겨난 배아를 작은 물고기 단계가 되기 전까지 탱크 안에서 12~18개월 동안 사육한다. 작은 물고기는 대개 바다 또는 만이 막힌 해안가에 위치한 철조망으로 둘러싸인 축사로 옮겨진다. 이러한 모든 공정의 연어 사료는 흔히 청어, 앤초비, 어유 그리고 동물과 가금류의 부산물로부터 만들어진 알갱이로 구성된다(뼈, 여분의 살코기 등). 또한 이 사료에는 항생제와 연어를 반짝이는 분홍색으로 만들기 위해 첨가되는 색소, 그리고 기생충들을 제거하기 위한 살충입욕제가 들어 있다. 양식공정 전반에 걸쳐 양식업자는 생선제품에서 파생된 식물성 기반의 음식과 같은 식량자원으로 실험을 하여 농장양식의 맛을 변화할 수 있다. 결국 적당한 크기의 흠잡을 데 없는 물고기가 시장 판매를 위해 포장된다.

어류양식의 혁신

어류양식은 많은 혁신적인 접근을 위해 개발 중이다. 예를 들면, 서부 버지니아의 어장을 연구하는 생물학자는 버지니아주의 버림받은 석탄 광산의 강점을 알고 있다. 민물로부터 나와 봄에 녹아 스며들거나 많은 광산으로 흐르는 시원한 산의 지표수와 온천수가 스며들어 사육하는 무지개송어와 북극민물송어에 질 좋은 환경을 제공한다. 이것은 버려진 광산의 중요한 사용을 보여준다.

어떤 회사들은 동일하게 조정되는 환경 속에서 하나 이상의 어종을 사육하는 공동수산양식(integrated aquaculture)이라 불리는 복작(polyculture)을 시도하였다. 다른 영양소와 식습관을 가지는 어류양식은 수자원을 최대한 좋게 만드는 한 가지 방법이다. 복작은 어류와 패류의 공동사육과 동물과 식물의 복작을 더하여 서로 다른 어종의 공동양식을 포함한다. 예를 들자면, 잉어는 상추와 같은 식물을 같이 키울 때 효과적으로 양식된다. 물고기 대사산물(질소 같은 것)이 물로 분비되어 상추에 비료로 작용하여 영양소로 흡수되어 상추가 자라는 것을 돕는다. 다른 새로운 수산양식 접근은 수경재배 시스템(hydroponic system)을 사용하는 것이다. 이 방법은 적은 용량의 물을 흘러내리게 하는 방법으로 물고기 탱크로부터 낭비되는 물이 선반을 통과하면서 채소(토마토나 브로콜리)나 허브(바질이나 쪽파)를 양식하는 방법이다. 복작과 수경재배 시스템은 메기, 잉어, 틸라피아와 같은 물고기 양식에 흔히 함께 사용된다.

수산양식을 위한 유익한 어족

어떻게 어패류나 조개류를 선택적 교배를 통해 좋은 특성을 가진 종을 키우기 위해 번식을 통해 양식업을 개선할 수 있는지 생각해보려 한다. 예를 들어, 메기 개체군에서 모든 물고기가 같은 속도와 같은 근육량과 체지방의 신체 특성을 가지고 자라는 것은 아니다. 과학자들은 다양한 기술을 사용하여 빠른 성장 속도와 근육량 물고기를 식별할 수 있다. 그들은 초음파 기계를 사용하여 필렛 수율은 측정하기 위해 근육량을 측정한다. 그런 다음 가장 높은 수확량을 보이는 물고기를 키워 근육량을 증가시켜 새로운 세대를 생산한다.

미시시피주의 미국농무부 메기유전학연구부(U.S Department of Agriculture Catfish Genetics Research Unit) 과학자들은 선택적으로 증식한 USDA 103(관급품 메기에 걸맞은 이름)이라 불리는 새로운 다양한 메기를 개발하였다. 이 메기들은 저수지에서 10~20% 더 빨리 자라고 시장에 팔리기 위해 태어나서부터 성체가 되는 시간까지 18~24개월이 걸린다. 몇몇의 USDA 103 메기는 다른 종이 2년이 걸리는 것보다 1년 더 빠르게 성적으로 완전한 발육에 이를 수 있는 것으로 보고되고 있다. USDA 103 메기의 부정적인 면은 다른 종류의 메기보다 더 많은 사료를 소비한다는 것이다.

애리조나에서는 연구자들이 낮은 염분에서 자라도록 순응된 새우를 선택적인 사육에 사용하였다. 처음에는 소금이 더해진 민물에서 미숙한 새우를 배양했다. 과학자들은 이 새우들을 염분농도를 단계적으로 낮추는 물의 탱크 속에서 증식하였다. 이것은 바닷물이 필요 없이 높은 질을 가지는 새우의 양식을 가능하게 하고, 재활용된 저염분의 물로 과일과 채소의 논밭 관개를 할 수 있었다. 그러므로 새우는 천연자원인 바닷물로부터 수백 마일 떨어져 있는 사막의 애리조나에서 양식될 수 있었다.

해산물의 질과 안전성

많은 양식 노력에는 품질, 즉 성장률, 지방함량, 맛, 질감 그리고 색깔을 향상시키기 위해 특정 특성 개선을 포함한다. 수산양식업은 소비자들을 위한 어류와 패류 어종을 만들기 위해 분자생물학의 최첨단 기술을 사용하였다. 게다가 과학자들은 위험성이 없는 해산물을 만드는 연구를 함으로써 해산물에서 병원체와 화학적 오염물을 제거하였다.

메릴랜드, 컬럼비아의 아이진 바이오테크에서는 유전자 복제기술을 사용하여 새우의 분홍색을 띠게 만드는 색소인 아스타잔틴(astaxanthin)을 대량 생산했다. 과학자들은 물고기 사료에 재조합형 아스타잔틴을 포함하여 신선한 색인 무지개 빛깔을 가지는 연어와 송어를 개발했다. 또한 아스타잔틴은 산화방지제로서의 유용한 가치를 가지는 것으로 생각되어 인간을 위한 영양보충제로 사용된다. 대부분의 사람들은 분홍색을 가지는 연어를 좋아한다. 사실은 소비자 여론조사에서 많은 사람들이 더 빨간 연어가 더 높은 품질을 가진다고 믿는 것을 보여주었다. 검붉은색을 가지는 연어는 일본의 최고 초밥 식당에서 높게 평가받는다. 실제로 아스타잔틴 색소는 연어의 맛에 아무런 영향을 끼치지 않지만 어부들은 소비자들이 더 좋아하는 것을 기르고 싶어 한다. 아스타잔틴의 주요 생산자인 스위스 제약회사인 로슈사는 물고기 양식업자들이 소비자가 요구하는 물고기 생산을 돕기 위해 도표에 나타난 색과 닮은 살모판(salmofan)을 제공한다. 양식업자들은 밝은 분홍색부터 어두운 진홍색까지 나타나는 음영을 고를 수 있고 그로 인해 그들이 원하는 신선한 색을 가지고 생산될 아스타잔틴이 농축된 사료를 구입할 수 있다.

해산물의 질과 안전성 발전에 대한 다양한 접근 방식이 현재 쓰이고 있으며, 더 많은 것들이 개발 중에 있다. 오염된 해산물의 발견부터 맛의 개발, 그리고 해산물의 유통기한까지, 해양 생물학자들은 혁신적인 기술 적용을 위해 노력하고 있다. 에질런트 테크놀러지산(Agilent Technology)은 식품 생산자가 어류종을 파악할 수 있게 DNA 어레이(array)를 생산한다. 포트 관리자, 정부 기관, 해산물 가공 업체, 유통 업체 등 다른 사람들은 이 기술을 사용하여 냉동 어류와 신선한 어류에 존재하는 어종을 알아낸다. 비슷한 기술이 불법적으로 수확되거나 잘못 분류된 종을 식별하여 밀렵꾼의 불법적인 어획을 방지하기 위해 사용한다.

해양 과학자들은 분자생물학 기술들을 사용하여 해양 유기물이 생산하는 독소의 유전자들을 해석하고 식별했다. 이들은 어떻게 독소가 질병의 원인이 되고 독소노출의 부정적인 영향력을 최소화하는지 이해를 도왔다. 많은 분자 탐침기와 PCR 기반의 분석은 어류와 패류를 감염시키는 박테리아, 바이러스, 그리고 다수의 기생동물을 발견하기 위해 개발되었다. 새우의 바이러스성 질병을 탐지하기 위한 유전자 탐침이 개발되었으며 회사는 어류 및 조개류에 대한 환경 스트레스의 영향을 감지하고 평가하기 위한 유전자 탐침을 개발 중이다.

굴에 있는 비브리오 콜레라를 검출하기 위해서 휴대용 항체 테스트 키트가 개발되었다. 이 항체들은 극심한 설사로 심한 경우 탈수와 죽음에 이르게 할 수 있는 매우 심각한 질병으로 특징 지어진 콜레라(cholera)의 원인이 되는 박테리아인 비브리오콜레라 단백질의 확인에 쓰인다. 콜레라는 특별히 불충분한 하수오물 설비로부터 나오는 흔한 결과로 오염된 물을 공급하는 개발도상국가에서 문제가 된다. 이 키트는 남아메리카에서 오염된 해산물의 확인과 콜레라 감염의 최소화에 널리 성공적으로 사용되었다. 비슷한 접근으로 수족관 산업에 팔리고 있는 열대지역 어류에 영향을 미치는 시가독소를 위해 딥스틱 단일항체키트가 개발되어 하와이에서 사용되었다.

해양미생물학자들은 양식업에 의해 사육된 물고기에 심각한 질병을 유발하는 수많은 병원균 검출 키트나 백신을 개발하는 데 흥미를 가진다. 여러 수산양식 회사들은 연어의 내부장기 파괴와 내부출혈 그리고 매년 세계적으로 수백 수천의 연어를 죽음으로 이끄는 치명적인 사건의 원인이 되는 전염성 연어 빈혈증을 위한 백신을 개발하는 연구를 하고 있다. PCR 기반의 분석이 빈혈바이러스를 확인하기 위해 사용되었지만, 여전히 백신은 없다.

유사한 연구로 *Caligus elongatus*와 같은 바다이(sea lice)에 대비한 연구가 진행되었다. 이 작은 기생충들은 연어에 부착해, 연어의 피를 빨아먹고 노출된 부위의 손상을 가져와 연어가 치명적인 감염에 걸리기 쉽게 한다. 캘리포니아, 아이다호, 오리건, 그리고 워싱턴의 과학자들은 매년 많은 수의 상업적 송어와 연어를 죽이는 원인이 되는 전염성조혈괴사증(IHN) 바이러스에 대비하여 서브유닛 백신(아단위백신)을 개발하였다. 이 백신은 박테리아가 보유한 IHN 단백질로부터 개발되었다. 이 백신은 물고기에 주입하여 IHN 바이러스에 대한 항체를 생성하도록 하여 물고기를 IHN에 의한 감염으로부터 보호한다.

수산양식업의 한계와 방책

비록 수산양식업이 세계적으로 굳게 확립된 유일무이하게 식량을 공급할 무한한 가능성이 있는 해양생물학의 응용물이기는 하지만 한계와 장벽을 가지고 있다. 모든 어종이 양식업에 이상적으로 알맞은 것은 아니다. 몇몇 종에게 있어, 빠르게 축적되는 대사산물을 정확하게 제거하고 충분한 농도의 영양소를 운반하기에 적당한 유수율을 가지는 물을 유지하는 것은 어렵다. 이것은 특별히 넓은 지역의 대양 배회가 요구되고 제한된 작은 거주공간에서 살아남을 수 없는 해양종에 해당이 된다. 게다가 해양생물들은 흔히 시장성이 높은 크기를 달성하기 전에 각 단계마다 다른 먹이를 요구하는 일련의 단계를 수반하는 길고 복잡한 생명주기를 가진다. 이런 종들이 성어가 되기까지 어린 작은 물고기들의 손실은 매우 높을 수 있고 엄청나게 비싼 비용이 든다. 수산양식업은 짧은 단계를 가지는 종이 가장 적합하다.

수산양식업은 끊임없이 물고기의 질병을 최소화해야 한다. 주어진 고밀도의 붐비는 상태에서 키워지는 많은 물고기는 흔히 본산지의 것보다 양식되는 물고기가 박테리아, 바이러스성 병원체, 이에 의해 발생하는 질병과 스트레스에 더 감염되기 쉽다. 왜냐하면 양식되는 물고기는 유전자의 다양성과 질병저항력이 더 적기 때문에 질병 감염이 더 빨리 퍼질 수 있기 때문이다. 대부분의 양식된 개체군의 물고기는 질병에 감염되기 쉽고 저항력이 적다. 그러므로 만약 질병이 관리되지 않으면 물고기 공급은 빠르게 실패할 수 있다.

앤초비나 청어 같은 야생의 미끼용 물고기의 과도한 양을 소비하는 수산양식 산업이 우려된다. 비록 몇몇의 미끼용 물고기가 양식업에 의해 사육되고 있지만 세계의 많은 지역에서는 여전히 본산지로부터 그물을 쳐 물고기 밥을 만드는 미끼용 물고기를 사용한다. 모든 우리(그물 속)의 연어를 위해 앤초비, 청어, 그리고 고등어와 같이 야생에서 잡힌 다른 여러 우리(그물 속)의 물고기가 사용된다. 0.5 kg의 연어를 키우는데 야생에서 잡힌 물고기 1.5~ 2.5 kg이 요구된다. 과학자들은 육식성의 먹이 습관을 가지는 몇몇의 양식된 물고기(악어)를 채소에 기반을 둔 식이로 바꾸는 구제책을 가지고 있지만 많은 양식업자들은 물고기의 질에 대해 걱정한다. 채소에 기반을 둔 식이를 찬성하는 자들은 맛이 좋지 않은 연어는 소수가 좋아할 뿐이라고 주장한다.

전통적 토지 농업에서 동물 대변 및 폐기물의 유출은 환경에 중대한 영향을 미치는 문제이다. 이 문제는 양식산업에도 걱정되는 오염원이다. 수산양식업으로부터 나오는 미처리한 배설물(똥), 소변, 그리고 먹지 않은 사료를 포함하는 황무지 폐수는 자연의 수로 속으로 배출된다. 이러한 폐수는 높은 질소와 인, 그리고 조류의 급격한 증가와 여러 가지 다른 문제를 유발한다. 죽어가는 조류는 물의 산소를 빼앗고, 이것은 물고기를 죽음으로 몰 수 있다. 또한 폐사한 물고기는 인체건강에 영향을 미칠 수 있는 *Salmonella*와 *Pseudomonas*와 같은 박테리아성 병원체를 번식시킨다. 폐사한 물고기가 인간에게 질병 전달의 가능성이 있다고는 하지만 충분히 입증되지는 않았다. 지금은 일반적으로 수산양식업으로부터 나오는 폐기물이 대체적으로 보아 수질에 미약한 결과를 낸다고 생각하지만, 이것은 아마도 수산양식업의 세계적인 노력에 따라 바뀔 것이다.

수산양식업 설비에 있어 해를 끼치는 짐승의 근절은 또 다른 관심사이다. 수많은 물고기를 먹는 새(가마우지, 페리칸, 왜가리, 해오라기, 갈매기)와 포유류(바다표범, 바다사자)는 포획가능한지, 포획할 수 없는지, 근절해야 하는지에 대한 당면 과제가 된다. 그러나 많은 설비가 치명적이지 않은 방법으로(빛, 반사경, 허수아비, 사람과의 대면 같은 시각적 괴롭힘을 포함하여 육식동물의 고통스런 울부짖음, 고동소리, 전기 소음생성기와 같은 청각적 장치) 해를 끼치는 "짐승" 종을 다루는 데 사용하고 있다. 수면하의 음향과 폭발하는 장치는 주위의 울타리와 보호그물을 동시에 사용하여 포식자로부터 양식하는 물고기 양식장을 보호할 수 있다.

많은 수산양식 작업에 일반적으로 사용된 화학약품의 방출이 증가되어온 것 또한 문제이다. 여기에는 항생제, 살충제, 제초제(식물 제거), 살조제(조류 제거) 그리고 기생충을 관리하는 데 쓰이는 화학약품을 포함한다. 게다가 오염방지 화합물(따개비류, 다른 생물의 성장을 줄이는 데 쓰이는)과 방식제와 같은 잔여 화합물은 어류와 패류에 흡수되고 다른 해양생물과 인간에게 전달된다. 양식된 연어를 살펴보면 그들이 상당히 높은 수준의 폴리염화페비닐(PCBs)과 다른 유사한 화합물로 인해 암의 위험률 증가와 관련되어 있다는 것을 발견했다. 양식된 연어의 오염물질을 줄이는 방법에 대한 연구는 어류양식업자에게는 가장 큰 관심사이다.

많은 연방법이 환경에 미치는 잠재적 영향을 위해 배출을 규제하는 정수법(Clean Water Act), 양식 폐수를 포함하여 양식업을 규제한다. 배출을 규제하는 수질오염방지법, 수산양식에 위협을 내포할지도 모르는 새를 보호하기 위한 조류보호협약, 수산양식 시설에 약탈자일 수도 있는 해양포유류의 도살을 금하는 해양 포유동물 보호법, 물고기를 포함해 곡식에 이러한 물질들의 사용을 억제하는 연방살충제, 진균제 및 살서제 시행령, 물고기 양식과 식품안전성 관리에 사용하는 약물의 승인을 감독하는 식품의약법 등이 있다.

수산양식 풍경의 시각효과 또한 문제이다. 이를테면, 스코틀랜드의 몇몇 지역에서는 스코틀랜드 해안선을 따라 대량으로 존재하는 패류 사육장이 해안 풍경의 자연경관에 피해를 끼치는 것이 문제로 발생했다. 양식업자와 자연주의자에 의해 고조된 매우 심각한 쟁점은 우연히 야생으로 탈출한 양식된 물고기에 의해 토착종이 위험해질 가능성이 있다는 것이다. 지금까지 수산 생명공학의 가장 오래된 응용분야 중 하나인 양식산업에 대해 포괄적으로 살펴보았다. 알고 있듯이, 수산양식은 논란의 여지가 없다. 다음 절에서는 초기 단계인 수생 생물의 분자 유전학을 탐구하려 한다.

9.3 해양생물의 분자유전학

수생 생물의 유전체가 이해를 향상시키는 한 가지 목적은 생명공학 응용을 위한 이들 종의 유전자 조작을 포함한다. 과학자들은 수산양식 종의 생존발육 개선에 대해 연구하고 있고, 분자생물학은 해양종의 면역체계와 그들의 감수성과 기생충의 질병매개와 생명주기를 포함하는 질병을 일으키는 생물에 대해 더 연구하는 데 적용되고 있다.

새로운 유전자의 발견과 복제

해양생물에서 유전자 발견 과정은 많은 흥미로운 영역에 포함된다. 예를 들면, 새로운 유전자 검증을 위해 헌신적이었던 굉장한 연구는 높은 온도와 깊은 바다의 영향과 같은 유전자 발현 조절의 환경적 요소나, 분자적 기초에 대한 적응 검증 연구와 해양생물의 재생, 성장, 개발을 조절하는 호르몬과 같은 유전자와 분자요소들에 대한 연구이다. 앞서 언급한 바와 같이 어류 및 조개류에 영향을 미치는 병원체는 매년 큰 재정적 손실을 발생시킨다.

새로운 유전자 검증을 위해 많은 연구 집단이 물고기의 질병과 함께 돌연변이 군집의 검증에 참여했다. 결국 이러한 지식은 미국의 부화장들을 위해 선택된 특성을 갖는 질병이 없는 종축종의 개발에 사용될 것이다. 해로운 유전자의 검증으로 물고기의 성장, 건강, 장수에 부정적인 영향을 가질 수도 있으며, 과학자들은 이러한 많은 유전자들이 수산양식업을 위한 개선종 생산을 위해 제거되거나 형질전환할 수 있다고 예상한다. 발견된 유전자는 많은 해양종을 위한 중요한 식량자원인 식물성 플랑크톤과 동물성 플랑크톤과 같은 현미경으로 볼 수 있는 해양생물의 검증을 위한 탐침으로 사용될 수 있으며, 과학자들이 미생물의 유전자에 미치는 환경적 영향을 살피는 데 도움이 될 것이다. 이것은 어떻게 현미경으로 볼 수 있는 생물이 더 높은 먹이사슬의 생물에게 영향을 미치는지에 대해 이해하기 위한 매우 중요한 문제이다.

유전자는 부화장에서 사육된 종으로부터 토속종의 물고기를 구별하는 데 사용할 수 있는 DNA 마커를 식별했고, 생물학자들은 질병에 더 큰 저항력이 있고 그것을 어류양식에 사용하고자 한다. 이러한 마커는 과학자들이 자연산지에 있는 양식장에서 사육된 도망자의 영향을 측정하는 것을 시도하는 데에 대한 중요한 도구로 제공될 것이다. 이러한 지표유전자는 독특한 종과, 당면 과제의 묶인 물고기의 불법포획과 부정한 판매 사례에 대해 조사할 때 PCR 기술을 적용하여 물고기와 야생생물을 관리할 수 있게 한다. 예를 들어, 미국 북동부에서는 지느러미고래가 경매에서 높은 값으로 매겨진다. 그러나 과도한 지느러미고래의 포획은 지느러미고래의 합법적 포획을 위해 엄격한 크기 제한과 계절제한의 결과를 낳았다. 만약 야생동물 관리자가 금렵기 동안 지느러미고래를 수확하여 배와 완전하지 않은 사체의 살코기만을 갖는 밀렵자로 의심되는 사람과 마주치게 된다면, 어떻게 관리자는 이 살코기가 무슨 종으로부터 온 것인지 판단할 수 있을까? 지느러미 고래의 독특한 프라이머를 사용하여, PCR 분석으로 살코기로부터 DNA를 분리할 수 있고, 이 살코기가 지느러미고래로부터 나온 것인지 아닌지를 조사할 수 있다.

성장호르몬(growth hormone, GH) 유전자의 클로닝은 어떻게 유전자 발현 프로세스가 수산 생명공학을 진보로 나아가게 할 수 있는지에 대한 좋은 예이다. 성장호르몬은 뇌하수체에서 생성되어 사춘기 동안 뼈와 근육세포들의 성장을 자극하는 것이다. 연어 성장호르몬 유전자의 클로닝은 토착종과 비교하여 크게 촉진된 성장률을 갖는 형질전환(transgenic) 종의 개발을 이끌었다. 동일한 다른 예로, 알라바마 버밍햄 대학의 연구자들은 바다 게로부터 탈피억제호르몬(molt-inhibiting hormone, MIH)의 유전자를 클로닝했다. 탈피(허물벗기)는 MIH의 감소를 유발시켜 모든 것을 먹어 치울 수 있는 미성숙한 게로 만들 수 있다. 현재 진행되는 연구는 해산물 산업을 위해 요구하는 미성숙한 게를 생산하는 방법으로서 MIH의 발현을 막기 위한 것에 집중되고 있다.

부동화 단백질

새로운 유전자들은 검증하는 데 가장 성공적인 예는 유전자 검증을 위한 부동화 단백질(antifreeze protein, AFP)의 응용에 관한 것이다. 메사추세츠의 AF 단백질 주식회사는 부동화 단백질 생산의 선두주자이다. 많은 AFP는 처음에 동부 캐나다의 해안에서 자급자족하는 북쪽의 대구와 지구상에서 가장 극한 환경 중 하나인 매우 차가운 얼음이 가득한 곳에서 사는 경골어라 불리는 대서양 물고기와 같이 해저 부근에 서식하는 어종으로부터 분리되었다. 이어서, AFP는 가자미목 물고기(*Pleueonectes americanus*), 둑중개(*Myoxocephalus scorpius*), 등가시치과 물고기(*Marcrozoarces americanus*), 빙어(*Osmerus mordax*), 청어(*Clupea harengus*)를 포함하는 많은 다른 냉수어종으로부터 분리되었다. 흥미롭게도, 유사한 단백질이 딱정벌레 애벌레에서도 발견되었다.

여러 종류의 AFP가 발견되었다. 구조적으로 대부분의 AFP는 대량의 알파나선과 많은 수의 이황화물에 의해 서로 결합되어 있다. AFP의 기능은 물고기 혈액의 어는점을 낮추고, 몹시 추운 바닷물의 냉각으로부터 물고기 세포의 체액을 보호하는 것이다. 바닷물은 약 -1.8℃에서 결빙한다. AFP는 전형적으로 물고기 체액의 어는점을 약 2~3℃로 낮춘다. 현재 대부분의 AFP가 물고기 혈액으로부터 대응하여, 과학자들은 세계적인 AFP의 미래 이용성을 위해 재조합 AFP 생산을 받아들일 것으로 예상되는 세균과 포유류 세포에 대해 연구하고 있다.

AFP는 다양한 방법의 동결로부터 살아 있는 생물을 보호한다. 이것은 수면얼음결정을 변화시키거나 큰 얼음결정 구조를 속박함으로써 생물학적 체액의 동결온도를 더 낮추고, 냉해로부터 세포막을 보호한다. 이러한 독특한 능력 때문에 수많은 혁신적인 응용을 위한 항냉동제 단백질이 고도로 발달되었다. AFP는 낮은 온도와 동결에 큰 저항을 가지는 형질전환 어류와 식물을 만드는 데 사용한다. 실례로, 연어는 부동화 분자를 생산하지 못하고 그로 인해 거의 동결하는 물에 노출되면 죽는다. 예를 들어, 야생 연어 종에게 너무 차가운 동부캐나다 해안의 물을 이용하면 어는데 저항성이 있는 AFP 유전자를 갖는 형질전환 연어를 위한 수산양식 서식지로 가능할 것으로 생각된다.

AFP 유전자 프로모터 서열은 연어의 성장호르몬을 포함하는 이식유전자의 발현을 자극하는 재조합 DNA 실험에도 사용된다. AFP 프로모터 유전자의 전사는 낮은 온도에 의해 자극된다. AFP 프로모터 서열의 3′ 끝에서 관심 있는 유전자의 연결(ligating)에 의해 AFP 프로모터는 냉수조건하에서 이러한 "하류(downstream) 유전자"의 전사를 자극하는 데 사용할 수 있다. 그로 인해 AFP 프로모터 유전자 구조는 단백질의 생산증가를 이끌어 이질성 유전자를 전사하는 매우 유용한 전사 벡터(vector)로서 기여할 수 있다. 이러한 구성체는 다음 절에서 논의할 유전자변형 물고기에게 매우 유용할 것이다.

밀, 커피, 과일(감귤, 사과, 배, 체리, 복숭아), 대두, 옥수수, 감자와 같이 많은 인기 있는 농작물이 낮은 온도에 의해 입는 농작물 피해는 전 세계적인 문제이다. AFP는 토마토와 같은 추위에 강한 형질전환 종을 생산하는 식물에 도입되어 왔으나 이 식물들은 아직까지는 넓게 이용되지 않고 있다. 하지만 소수의 상업적 농작물은 물고기에서 유래된 AFP를 효과적으로 사용하고 있다.

인간 세포, 조직, 그리고 장기의 냉동은 AFP의 전도유망한 의학적 이용이다. AFP는 혈액을 포함한 수많은 인간 조직의 저장과 이식수술에 사용하기에 앞서 심장과 간 같은 인간 장기의 냉동저장 가능성을 연구하고 있다.

마지막으로, 과학자들은 아이스크림을 포함하여 냉동식품의 저장기간과 질 개선에 사용할 수도 있는 AFP 사용법을 조사하고 있다. 냉동식품의 질 변화는 흔히 녹는 동안 그리고 다시 얼리는 동안 발생하며 집의 냉장고에 둘 때 일어난다. 냉동식품의 얼음 결정화 고유성을 바꾸어 냉동식품의 종합적인 질 개선에 AFP를 사용하는 것이 가능하다. 당신도 알다시피, AFP는 수많은 흥미로운 응용에 유용할 것이다. 확실히 바다를 서식지로 하는 많은 어종들은 미래의 생명공학에 큰 이득이 될 수 있는 많은 새로운 유전자를 보유하는 건 사실이다.

녹색 형광유전자

생물발광하는 *Aeguorea uictoria* 해파리를 포함하는 해양생물로부터 나온 새로운 유전자와 관련된 응용연구에 대한 눈에 띄는 하나의 예가 있다. *A. victoria*는 녹색형광 단백질(green fluorescent protein, GFP)이라 불리는 단백질을 암호화하는 유전자 때문에 형광을 내며 어두운 곳에서 자랄 수 있다. GFP는 자외선에 노출될 때 밝은 녹색빛을 생산한다. 해양생물의 4분의 3이 발광하는 능력을 가진다고 추정되고 있다. 생물발광은 흔히 물고기와 다른 생물들이 어두운 환경의 바다에서 교배행위를 하는 동안 서로를 찾는 데 사용되는 방법이다. 최근에는 빨강, 주황, 노란색의 형광을 내는 단백질을 위해 유전자가 클로닝되어 왔으며, 연구자들이 사용 가능한 단백질의 색채범위가 넓히고 있다. 시모무라 오사무, 마틴 챌피(Martin Chalfie)와 로저 첸(Roger Tsien)은 2008년에 GFP의 발견으로 노벨 화학상을 받았다.

GFP의 경우, 과학자들은 독특한 리포터 유전자(reporter gene) 개발을 통해 이 단백질이 보여주는 형광 특성의 장점을 취하였다. 리포터 유전자는 연구자들이 시험관 내에서 세포 혹은 심지어 모든 기관의 발생에 관여하는 유전자의 발현 연구를 가능케 하였다. 리포터를 갖고 있는 플라스미드는 대상 유전자에 GFP 유전자를 연결효소로 연결시킨 후 선택한 세포 속으로 리포터 플라스미드가 도입된다. 일단 세포 내부로 들어가면, 이 플라스미드는 복제되고 번역되어 자외선에 노출될 때 형광을 내는 융합 단백질을 생산한다. 오직 이 세포만이 형광을 내는 GFP 융합 단백질을 생산한다. 이런 식으로, 이 플라스미드는 검출이나 대상 유전자가 발현되는지 여부를 연구하는 데 도움을 준다.

이와 같은 접근은 유전자의 발현과 조절에 대한 기본적인 연구에 널리 쓰여왔다. 생물학자들은 다양한 세포유형으로 분화하는 배아줄기세포에 GFP의 발현을 사용하고 있다. 과학자들은 의학적 진단연구와 질병치료에 가능성이 있는 많은 혁신적인 방법에 GFP 리포터 유전자를 사용하고 있다. 예를 들어, GFP 유전자는 쥐에서 장내세균 감염에 의한 종양 연구에 사용되어 왔고, 항생제 치료에 따른 세균의 사멸을 연구하였고, 음식물에 의해 감염되는 인간 장내 미생물 연구에 이용되고 있다.

해양 기생충의 유전체 클로닝

해양미생물학자들은 생물의 재생과 질병원인에 쓰이는 유전자에 대해 연구하는 방법으로 야생과 양식 종에 영향을 미치는 다양한 해양 기생충의 유전체 클로닝을 시도하고 있다. 칠레의 과학자들은 *Piscirikettsia salmonis* 세균의 유전체를 해독했다. *P. salmonis*는 감염된 연어의 간에 영향을 미치고 죽음에 이르게 하는 리케치아증후군이라 불리는 병의 원인체이다. 이 증후군은 연어 양식업의 세계적인 문제점으로 제거하기 위해 많은 노력이 집중되고 있다. 현재는 효과적인 치료법이 존재하지 않는다. 이 증후군은 칠레에서만 연어산업에 경제적 손실을 매년 10억 달러 내는 원인이다. 과학자들은 기생충 유전정보에 관심을 집중하고, 기생충에 대한 저항을 개선하는 양식어종의 면역체계를 보강하기 위한 개발 전략들을 시도하는 중이다. 예를 들어, 연어에 백신으로 *P. salmonis*로부터 나온 유전자나 단백질을 주입하는 것이 가능하다면 면역체계를 자극하여 이 세균에 의한 감염으로부터 벗어날 수 있다.

과학자들은 미국의 여러 지역에서 굴의 상업적 양식을 위해 반드시 제거되어야 할 질병과 기생충에 대하여 싸우는데 분자적 접근법을 사용하는 방법에 대해 연구 중이다. 지역 전역에 걸쳐서 굴의 개체는 보다 더 적어졌다. 과도한 포획, 서식지 파괴, 그리고 기생충과 바이러스성 질병과 인간 소비를 위해 이전에는 풍부한 굴의 서식처로 알려졌던 많은 지역의 굴 산지가 사라지고 있다. Dermo(*Perkinsus marinus*), SSO(*Haplosporidium castale*), MSX(*Haposporidium nelson*) 기생충들은 메릴랜드의 체사피크만과 뉴저지의 델라웨어만과 같은 많은 지역의 동부 굴을 황폐화시켰다. 걸프 및 캘리포니아 해안을 따라 유사한 문제가 발생했다.

최근까지 이러한 질병을 제거하기 위한 연구가 충분히 지원되고 있지 않다. 세포배양기술은 이러한 문제를 극복하는 데 사용되어 왔고, 연구가들은 지금 Dermo, SSO, MSX의 분자생물학에 대해 많은 연구를 진행하고 있다. 분자기술은 기생충의 생명주기에 대한 연구에 사용되어 왔고, 현재의 분자 탐침기는 현장과 수상양식 시설 속의 이 기생충들을 탐지하는 데에 이용할 수 있다. 예를 들어 PCR에 기반을 둔 접근법들은 Dermo, SSO, MSX를 빠르고 섬세한 탐지에 매우 효과적임이 증명되었고, 양식업자들이 발생한 감염이 넓게 퍼지기 전에 병든 굴을 검증하고 걸러내게 해준다.

굴의 면역체계와 관계되는 유전자를 위해서 *C. virginica*와 같은 동부굴 종보다 더 민감한 태평양굴(*Crassostrea gigas*)과 같은 종으로부터 질병 저항력을 위한 유전자를 전이시키기 위한 새로운 전략들이 개발되고 있다. 미래에는 이 종과 다른 기생충들에 대한 손상에 대해 저항력을 공급해줄 유전자를 갖는 형질전환 굴의 개발이 가능해질 것이다.

유전체학과 수생생물

유전체학은 놀랍게도 대규모의 다양한 해양 미생물 군집의 유전체 분석을 위한 메타게노믹스 프로젝트부터 문어의 유전체를 분석까지 많은 수생 생물의 유전체 서열 분석에 사용되고 있다. 국제 과학자 팀이 성게 유전체 서열분석을 완료했습니다. 성게는 불가사리와 해삼을 포함한 해양 동물의 종류 중 극피동물에 속한다. 성게는 5억 년 이전에 생겨난 것으로 추정되고 있다. 이들의 유전체는 인간과 함께 공통의 조상을 공유하고 있기 때문에 분자생물학자들에게 큰 관심이 되어 왔다. 이 조상은 *Deuterstomes asose*라 불리는 동물의 상문(superphyla)으로부터 유래되었다. 이 문(phyla)에 포함되는 것은 인간과 다른 척추동물인 극피동물이다. *Deuterstomes asose*는 이 상문이 아닌 동물보다 동족끼리 더 가깝기 때문에, 유전체 연구가들은 성게가 인간과 유전적으로 비슷할 것이라고 예상한다. 유전체 분석의 비교분석 결과, 성게와 청각, 균형, 면역 및 발달에 관여하는 유전자의 약 약 7,000개의 유전자를 공유하기 때문이다. 만약 이게 사실이라면 성게는 분자생물학자들을 위한 매우 가치 있는 실험모델이 될지도 모른다.

유전자변형 생물: 형질전환체와 3배체

양식업은 계획된 대로 더 빨리 자라고 더 건강한 유전자 변형종에 재조합 DNA 기술을 사용하는 데 관계한다. 많은 종들이 수산양식산업에 잠재적 응용법을 위해 유전자 조작되어 왔다. 외래 유전자는 성장촉진, 추위 내성과 질병저항력의 증진, 그리고 먹는 것의 질 개선을 위한 신선도의 변경을 위해 어류와 패류에 삽입되었다.

쿠바는 유전자 조작된 식품, 특별한 해산물을 상용화한 세계에서 가장 진보적인 국가이다. 쿠바에서는 유전자 조작된 틸라피아를 이미 인간의 소비를 위해 판매하고 있다. 마찬가지로, 노르웨이 기업은 야생 틸라피아보다 거의 두 배 빠른 속도로 자라는 농장에서 자란 유전자 조작된 틸라피아를 개발했다. 비록 형질전환 옥수수, 대두, 토마토가 미국에서 20년 이상 사용되었지만, 2013년까지는 형질전환 물고기가 인간의 소비를 위해 FDA에서 승인받은 적은 없다.

메사추세츠의 아쿠아바운티(AquaBounty)사는 대부분의 대서양 연어의 특성보다, 더 빠른 성장과 큰 성어크기를 나타내는 왕 연어로부터 나온 장어의 유기물체로부터 바다 구덩이(*Zoarces americanus*)라고 불리는 장어의 유기체로부터 성장호르몬 유전자와 조절 유전자를 포함하고 있는 형질전환 대서양 연어를 생산했다. 대서양 연어는 겨울에 정상적으로 자라는 것을 멈춘다. 하지만 AquaAdvantage® 연어는 야생 연어보다 10% 덜 먹지만, 1년 내내 성장호르몬이 분비되서 야생의 대서양 연어보다 2배로 자랄 수 있다. 이런 물고기는 출하크기로 도달하는 데 야생의 물고기가 36개월이 걸리는 데에 비해 18개월이 걸린다. AguaBounty는 이 연어를 개발하는데 6천 7백 달러를 들였다. 1993년 FDA와 논의했지만, 유전자 조작된 음식용 동물에 대해 검토하지 않았다. 1995년에 이 회사는 FDA 승인을 신청을 해서 2015년 FDA로부터 판매 승인을 얻었다.

이 연어가 야생연어와 비교하여 영양적 가치, 외관, 맛에 있어서 아무런 차이가 없다는 자료에도 불구하고 FDA 승인을 얻기 위해 20년 이상을 노력을 했다. 2010년에 FDA는 이 연어가 먹어도 안전하다고 했지만, 완전히 2015년까지 허가를 내주지 않았다. 승인결정이 지연되고 있는 주요 원인은 이들이 탈출하고, 야생 물고기로 자랄 경우 잠재적으로 환경에 어떤 영향을 주게 될지 모르는 위험평가 때문이다. 아쿠아바운티사에 따르면 이 모든 형질전환 연어는 99.8%가 암컷이고, 3배체라 했다. 2016년에 캐나다에서 처음으로 AquaAdvantage® 유전자 조작된 연어의 판매가 허가되었다.

2004년, 텍사스(오스틴)의 요크타운 산업체들은 바다 말미잘로부터 나온 붉은 형광성의 단백질 유전자를 함유하는 형질전환 제브라피시인 금붕어를 개발해서 발표했을 때 인기 있는 뉴스거리를 제공하였다. 자외선을 비출 때 형광의 밝은 분홍색을 띠는 금붕어는 미국에서 판매했던 첫 번째 유전자 조작 애완동물로 광고되었다. 요크 타운은 다른 인기는 수족관의 유전자 조작된 테트라 및 바브와 같은 물고기의 노란색, 초록색, 빨강, 파랑 또는 자주색이 나는 유전자 조작 유전체를 만들어 제품 라인을 확장했다. 비록 이 물고기는 원래 환경 오렴 물질을 탐지하기 위해 개발되었지만 수많은 생명공학 반대자들은 유전자변형종의 새로운 고안품에 대해 항의를 표명했다.

수많은 다배체(polyploid) 해양생물 종이 만들어졌다. 다배체는 염색체의 완전집합의 수를 증가시킨 생물이다. 우리가 이미 숙지한 것처럼, 대부분의 동물과 식물이 그들 세포 안의 염색체 2세트를 가지고 배우자체 안의 염색체가 단일 또는 반수체(haploid, n)임을 의미하는 2배체[diploid(약 2n, n = 염색체 수] 이다. 인간의 경우 23개 염색체의 반수체를 갖고 있다. 그러므로 인간 체세포는 46개의 염색체로 구성된 2배체이다(2n = 46).

중요한 다배체 해양종은 주어진 3배체(triploid) 종에서 만들어졌다. 3배체 생물은 3세트의 염색체(3n)를 포함한다. 수많은 다른 기술은 3배체를 만드는 데 사용할 수 있다. 대개 3배체의 물고기는 난자의 온도 변화나 화학적 반응의 영향으로 알세포가 분열하면서 만들어진다. 알은 여기에서 잘 발달한 염색체 쌍으로 취급된다.

배수체를 만드는 일반적인 방법은 crocus 꽃(*Colchicum autumnale*)에서 추출한 콜히친(colchicine)을 알에 처리하는 것이다. 콜히친은 세포 분할을 위해 없어서는 안 될 미세소관의 형성을 방해하여 세포 분할에 관여한다. 결과적으로, 처리된 알에서 염색체는 복제되지만, 이 세포들은 알에서 분할이 불가능해진다. 그 결과 이 알들은 많은 평범한 2배체의 염색체와 같이 2배체 수의 염색체를 가진다. 이런 알세포는 보통의 반수체 정자세포에 의해 수정한 결과와 다른 3배체 생물이다. 3배체 생산을 위한 다른 접근법은 한 쌍의 정자와 보통의 반수체 난자를 수정하는 것을 포함한다. 결과적으로 생겨난 배아는 난자와 각각 한 쌍의 다른 정자로부터 나온 염색체(chromosome)의 1개 쌍을 가지는 3배체이다.

배수성은 보통 생물의 성장 특성에 영향을 준다. 우리가 많이 먹는 딸리, 바나나도 배수체이다. 예를 들어, 3배체는 대부분의 종이 30~50% 더 빨리 더 신속하게 자라고 보통의 2배체 종자보다 더 크다. 그러나 대부분의 3배체는 비정상적인 수의 염색체를 가지는 배우자체를 생산하거나 어떠한 배우자체도 생성하지 못하는 경우가 있기 때문에 불임이다.

처음으로 3배체종의 물고기가 넓게 사용된 예는 3배체인 초어이다. 초어(*Ctenopharyngodon idella*)는 많은 해양식물에 대한 왕성한 식욕을 가진다. 1960년대 초반, 미국 어류 및 야생동물관리국은 말레이시아에 사는 2배체 초어를 수입했다. 1980년대 초반, 3배체 초어는 난자에 온도 충격을 주어 2배체 난자를 만들고 보통 반수체 정자와 이 난자를 수정하여 개발하였다. 3배체는 빠르게 자라고 11.34 kg을 넘었다. 많은 양의 식물을 소비하는 능력 때문에 초어는 미국 도처의 민물 저수지와 호수에 있는 해양성 잡초의 성장을 관리하기 위해 매우 인기가 좋았다. 또한 3배체 초어는 자연적인 방법으로 호수의 잡초 성장을 관리하고 화학적 제초제 사용을 최소화할 수 있는 종으로 저수지와 호수의 관리자들 사이에 한동안 인기가 있었다. 그러나 3배체 초어가 모두에게 감동을 주었던 것은 아니었다. 어떤 운하에서는 초어의 과잉 때문에(이 초어는 소수의 자연포식자를 가진다), 해양성 식물을 먹는 속도가 너무 빨라 사실상 수질이 바뀌게 되었다. 송어나 베스 같은 많은 오락용 물고기가 서식지로 활용하는 잡초의 급격한 감소는 낚시터가 이익을 내기도 전에 낚시를 쇠퇴하게 만들었다. 또한 많은 3배체는 자연습지로 탈출해 본래 종을 움짝달싹도 못하게 하여 늪지 같은 지역의 식물손실을 가져오고, 자연의 호수는 잡초 관리라는 최초의 목표를 잃게 되었다. 결국, 이 불확실한 불임 물고기의 제거로 환경이 복원되었다.

또 다른 배수성의 성공적인 이야기 역시 서부 해안에 감소하는 굴 양식을 훌륭하게 소생시킨 3배체 굴이 있다. 굴 생산은 날씨, 번식, 양식, 서식지에 의한 강한 영향을 받기 때문에 일반적으로 계절적이다. 1년마다 한 번씩 수확을 위해 공급되는 태평양 굴의 3배체 종뿐만 아니라 반수체 종보다 충분히 크게 자라는 3배체 굴도 개발되었다. 2배체는 일반적으로 당을 조직에 저장한 다음 산란을 위해 에너지를 소비하는 여름 동안 살이 마르게 된다. 살이 마른 굴은 시장 판매에 적합하지 않다. 3배체는 산란하지 않기 때문에 여름 내내 살찌게 자라고 시장판매 준비가 되게 생산된다.

최근 과학자들은 연체동물, 전복, 조개, 굴, 가리비, 홍합들에서 인간의 소비를 위해 4배체 생산 방법을 새롭게 접근하고 있다. 미래에 이들 다배체는 인간소비가 널리 이용 가능하게 될 수 있다. 다음 절에서는 중요한 의학의 적용법을 위해 사용하는 해양생물의 가치에 대해 학습하게 될 것이다.

9.4 수산 생명공학의 의학적 용도

상대적으로 소수의 해양생물로부터 의학적 용도의 제품이 얻어진다. 그러나 이것은 빠르게 변화하고 있다. 많은 과학자들은 바다와 민물의 서식지가 의학적 상품의 증명을 위한 거의 무한한 기회를 소유하는 것으로 믿고 있다. 미래에는 해양생물로부터 새롭고 중요한 종류의 약이 개발되어 인간의 이익을 위해 쓰일 것이다. 그리고 해양생물들은 생물의학의 모델로 인간의 질병치료, 진단, 이해에 쓰이게 될지도 모른다.

해양 유래의 약물

많은 수의 해양종은 항생물질, 항바이러스 분자, 항암 화합물, 살충제를 포함한 생물학에 관계하는 합성물을 가지고 있다고 짐작되고 있다. 이런 종에는 많은 다른 종과 관계되는 바다해면, 자포동물문의 일원(히드라, 해파리, 바다말미잘, 다양한 산호), 연체동물문의 일원(달팽이, 굴, 조개, 문어, 오징어), 그리고 상어가 있다. 연구 중인 해양생물의 가치는 폭넓고 장엄하다. 해양 식물 및 동물 종의 잠재적으로 가치있는 제품(예 : 약물)은 세계적으로 생물탐사(bioprospecting)가 계속될 것이다. 앞으로 대양으로부터 나온 약물의 응용은 매우 전망 있을 것으로 예측하고 있다. 소수의 가능한 해양제품의 의학적 응용법에 대해 생각해 보자.

골 부피의 단계적인 손실에 의해 이루어진 골다공증(osteoporosis)은 개인의 생활양식을 심하게 방해하는 엉덩이, 다리, 관절의 골절을 이끌어 낼 수 있는 다공성의 부서지기 쉬운 뼈를 말한다. 골다공증에 의해 영향을 받는 약 2억 5,000명의 미국인은 90% 이상이 여성이다. 일반적인 골다공증을 위한 치료는 에스트로겐을 이용한 호르몬 치료이다. 이 약물치료는 많은 여성에게 효과가 없을 뿐만 아니라 에스트로겐에 의한 효과가 오랜 시간이 걸린다는 문제점이 있다. 또 다른 사람들은 칼슘흡수를 자극하고, 뼈를 석회화하고, 파골세포라 불리는 세포의 뼈 흡수를 억제하는 사람에게 갑상선호르몬인 재조합형 칼시토닌(calcitonin)이 처방되고 있다. 최근에는 연구자들이 인간의 칼시토닌보다 20배나 더 높은 생물활성이 있는 칼시토닌을 생산하는 새로운 종의 연어를 발견했다. 현재 연어 칼시토닌이 주사형태와 코의 스프레이 형태로 이용되고 있다.

세계 곳곳의 아름다운 산호암초는 산호 줄기에 의해서 만들어졌다. 이 구조물은 부분적으로 인간과 동물의 뼈와 연골을 구성하는 중요한 구성요소인 수산화인회석(hydroxyapatite, HA)으로 되어 있다. 생명공학 회사인 Interpore International은 HA 임플란트를 작은 관 속에 잘라 넣어 골절된 뼈의 공간을 메우는 데 사용하는 기술을 개발했다. 이 관들은 궁극적으로 빠르게 재생되어 조직세포를 이어주는 공간을 메우게 되는 것이다. 결과적으로 환자들은 그들의 신체 다른 부분으로부터 뼈를 이식할 필요가 없을 것이다. 이 임플란트는 잃어버린 곳곳의 치아 뿌리의 뼈를 채워주는 재료로 기여할 것이다.

수많은 점착성 물질이 홍합과 다른 패류에 의해 생산되는 풀과 같은 수지로 검증되었다. 많은 해산물 식당에서 인기 있는 요리인 홍합(*Mytilus edulis*)은 전형적으로 돌에 들러붙거나 바다나 만의 가장자리에 서식한다. 매일 이 생물은 파도에 의해 타격을 받는다. 이것들은 썰물 동안 노출되고 난 뒤 다시 민물의 파도에 의해 타격을 받고 물에 잠기게 된다. 어떻게 이들은 부서지거나 바위에서 떨어지지 않고 돌과 다른 구조물에 접촉을 유지하는가? 그 해답은 족사섬유(byssal fiber)라 불리는 단백질이 풍부한 강력접착제의 독특한 형태에 있다.

족사섬유는 철보다 더 강하고 인간의 힘줄보다 신장성이 크고 몇 배나 강하다. 족사섬유의 접착력과 탄력성은 파도의 위력으로부터 힘을 흡수하고 홍합을 바위로 끌어당긴다. 비록 족사섬유를 홍합으로부터 바로 분리시키는 데는 엄청나게 비싼 비용이(1g의 접착제를 위해 홍합이 거의 10,000개 필요) 들지만 과학자들은 박테리아와 효모로부터 생산하는 많은 접착제 단백질을 재조합 DNA 기술로 족사섬유 유전자 발현에 사용하고 있다. 비록 여전히 개발에 많은 시간이 걸릴지라도 족사섬유 단백질은 자동차 타이어 외피나 뼈와 치아 재생 방법, 군인을 위한 부드러운 신체 방어구에 이르기까지 폭넓게 다양한 여러 가지 용도로 생각되고 있다. 다른 가능한 용도에는 외과수술용 봉합선, 인공 힘줄, 인대 이식 등이 있다.

해양 벌레의 유형 중 모래성 벌레(*Phragmatopoma californica*)는 모래 알갱이로부터 작은 대피소에서 서로 붙어 지내는데 이 벌레 역시 생체 접착제의 잠재적 원료로 연구되고 있다. 마찬가지로 2017년 하버드 연구원들은 미국과 유럽의 민달팽이인 Dusky Arion(*Arion fuscus*)에서 발견된 초강력 조직 결합 생체 접착제로 만들었다. 민달팽이는 표면에 접착할 수 있는 접착성 점액을 분비한다. 돼지와 쥐 조직 시험에서 민달팽이 접착제는 습식 및 건식 사용에서 강도를 유지하며 피부, 연골, 심장 등 다른 조직에서 몇 주 동안 효과를 나타냈다.

바다로부터 나와 하나의 약물 범주로 나타난 수산 생명공학 기술의 유망한 의학적 응용품은 관절염, 천식뿐 아니라 항염증제와 마취제(진통제) 그리고 항암물질들 검증과 인간을 치유하는 것을 포함한다. 1969년에 FDA 허가된 약 중 6가지가 해양유기물에서 비롯됐다. 첫 번째 제품인 시타 라빈(Cytosar-U)은 캐리비안 근처에 사는 해면에서 특정 형태의 백혈병과 림프종 치료에 널리 사용된다.

12가지 이상의 다른 항암 화합물들은 해양의 무척추동물, 특히 바다해면, 국화판멍게, 연체동물로부터 분리되었다. 이런 많은 화합물들은 다양한 단계의 임상실험으로 시장에서 새롭고 효과적인 약물을 이상적으로 이끌어낼 수 있을 것이다. 여러 연구자 집단은 신경체계 혼란을 치료하는 데 사용될지도 모르는 물질을 발견하길 바라며, 독을 가지는 해양생물을 연구 중이다.

어쩌면 치명적일 수 있는 종인 뿔 있는 바다달팽이가 생산하는 코노독소 분자는 신경체계의 신경전달물질 수용체에 정확히 작용할 수 있다. 2004년 아일랜드 엘란 주식회사에 의해 바다뿔달팽이 *Conus magus*로부터 생산된 펩타이드 코노독소인 프리알트(Prialt)를 FDA가 승인했다. 프리알트와 같은 코노독소는 뇌에서 통증 전달이 재생되면 신경의 경로를 차단하여 모르핀의 100배 이상의 강력한 진통제와 같은 효과를 나타내는 신경독의 새로운 이동성에 대한 전망을 선사했다. 여전히 유일하게 승인된 독유래 약물인 프리앨트는 허리 통증과 같은 만성 그리고 심한 통증 치료에 성공적으로 사용된다. 뿔달팽이에 의해 생성된 다른 독소의 종류인 *C. magus*는 현재 임상 시험 중이다. 뿔달팽이는 수천 가지 잠재적 약물이 있고, 0.1% 미만의 독 프로테움(약 100,000 펩타이드)이 연구되었다.

2010년에 해면에서 추출한 할라벤은 전이성 유방암 치료에 대해 FDA의 승인을 받았다. 할라벤은 화학 요법으로 미세소관 연장 및 단축을 방해함으로써 세포분열을 방해한다. 2015년 분리한 항종양약 욘델리스는 멍게 엑티나시디아 터비나타에서 분리되었고, 전이성이거나 수술로 제거할 수 없는 연조직 육종의 치료(지방조직와 평활근)를 위해 FDA에 의해 승인되었다. 욘델리스는 전립선, 유방, 난소암의 치료제로 사용된다. 이 약물은 DNA의 작은 홈에 결합하고, DNA 복구 단백질과 전사를 차단함으로써 세포분열을 억제한다.

다른 연구자들은 항종양과 암을 치료하는 능력을 함유하는 와편모충이라 불리는 단일세포 플랑크톤과 같은 해양생물의 충분한 공급품을 제공하는 양식체계를 개발 중이다. 최근에는 *Bagula neritina*라고 불리는 바다무척추동물이 확실히 백혈병에 활성을 지니는 미세한 양의 화합물을 함유하고 있음을 보여주었다. 임상실험을 위해 많은 양의 이 화합물이 필요해질 것이기 때문에 만약 이 화합물을 많이 생산하고자 한다면 분자복제기술이 중요해질 것이다.

유사하게 일본의 복어(*Fugu rubripes*)는 최근 들어 갈수록 많은 주목을 받고 있다. 복어는 공격받을 때 물을 삼켜 불룩해지는 능력과 테트로도톡신(TTX)이라 불리는 강력한 신경독을 생성하는 것으로 유명하다. TTX는 지금까지 발견된 독 중 가장 유독한 독 중 하나이다(청산가리보다 치사율이 약 10,000배 높음). 종종 헐리우드 영화에서는 치명적인 독소를 생산하는 능력을 방영하여 복어를 묘사했다. 일본에서 복어는 치명적인 위험성에도 불구하고 이 맛있는 물고기의 식품 질을 즐기는 많은 스시 애호가들의 별미로 매우 비싸게 값이 매겨진다(매년 복어의 섭취로 인한 사망은 약 100명이며 대부분이 일본에서 일어난다).

과학자들은 어떻게 나트륨 채널로 불리는 단백질들이 뉴런이 생산하는 전기 충격을 돕는지 보다 더 많은 연구개발에 TTX를 사용했다. TTX는 나트륨 채널을 막고 신경 전기 충격 전달을 막기 때문에 치명적이다. TTX가 어떻게 나트륨 채널에 영향을 미치는지의 이해는 다른 형태의 만성 통증을 가지는 환자에 처방되는 마취제뿐만 아니라 항암약품으로도 시험된 새로운 약물의 개발로 이끌었다. 연구자들은 인간과 거의 비슷한 수의 유전자를 가지지만 더 적은 유전체(390 Mb)를 가지는 복어 유전체 서열을 연구 중이다. 복어는 또한 인간보다 훨씬 적은 비암호화 DNA(인트론)을 가진다. 따라서 인트론의 중요성을 연구하기 위한 이상적인 생물모델이다.

스쿠알렌이라 불리는 스테로이드는 돔발상어로부터 처음 검증되었고 AIDS나 암과 같은 질병을 갖는 환자에게 치명적인 영향을 미칠 수 있는 생명을 위협하는 진균성 감염의 치료에 사용할지도 모르는 강력한 약품으로 부상했다. 상어는 암에 거의 걸리지 않는다(비록 상어가 암에 안걸리는 게 미신일지라도) 그리고 상어 연골은 항암효과가 많다고 보고됐다. 비록 관리된 임상실험에서 유효성이 입증된 상어 연골로부터 나온 화합물은 없지만, 상어 연골 추출물은 항혈관생성 화합물을 가진다. 혈관생성(angiogenesis)은 혈관의 구성물질로 흔히 많은 종류의 종양 형성과 성장을 위해 요구되는 과정이다. 혈관 구성물이 막히게 되면 확실한 종양의 성장을 억제하기 위해 징후를 보이는 해양물고기로부터 나온 항혈관생성 화합물을 유도했다. 게다가 많은 해양생물은 거친 환경에서 살기 때문에 과학자들은 개발된 이러한 개조 생물들로부터 연구할 수 있다고 낙관하고 있다. 예를 들어, 연구자들은 최근 자연의 햇볕 태우기 방지제의 가능한 자원으로 자외선에 내성을 보이는 해양생물을 연구 중이다. 다른 예로서, 악어 상처가 나서 미생물 감염된 물에서 수영하더라도 감염에 대해 강한 내성이 있다. 과학자들은 악어가 MRSA(methicillin-resistant *Staphylococus aureus*, 병원에서 대표적으로 치명적인 감염원의 70%)과 같은 미생물을 죽일 수 있는 항균성 펩타이드를 생산한다는 사실을 발견했고, 현대 항균제로 사용된다.

심지어 상업적 게장이 산업으로부터 버려지는 게 껍질이 수산 생명공학의 의학적 응용품으로 역할을 가진다. 절지동물 문의 일종인 게, 바닷가재, 새우, 곤충, 거미의 바깥골격이나 외골격은 키틴(chitin)과 키토산(chitosan)의 풍부한 자원이다. 이 복잡한 탄수화물들은 식물에 있는 세포벽의 질긴 외층 형태인 셀룰로오스와 비슷한 구조이다. 셀룰로오스는 또한 식이섬유의 원천으로 널리 알려져 있다. 이와 유사하게 키틴과 키토산 또한 식이섬유의 원천이다. 채소와 과일의 섭취로 얻어지는 식이섬유는 게 껍질을 먹는 것보다 더 서서히 당신의 소화관으로 향한다. 게 껍질의 완전한 추출물 역시 많은 영양제 판매점에서 분말로 구입할 수 있다. 많은 피부크림과 콘택트렌즈 또한 키틴을 함유하고 있으며, 키틴은 인간에게 사용할 때 치유 자극 효과를 보이는 알러지가 없는 해소 가능한 봉합상처를 만드는 데 사용된다. 이번 절에서 보여준 예들로 바라건대, 당신은 해양 유기체로부터 수산 생명공학 기술을 통해 달성되었거나 달성될 의약품 응용 방법을 더 많이 이해할 것이다.

9.5 비의료 제품

우리는 이제 세계의 생명공학의 잠재력을 더욱 높이 평가하기 위해 생명공학산업에 영향력을 끼쳤던 식품보충제로 연구된 시약으로부터 나온 다양한 해양유기체에서 추출한 여러 가지 비의료 제품을 생각해 보자. 우리는 바이오매스와 바이오 프로세싱을 향후 잠재적인 새로운 응용 분야로 논의함으로써 이 장을 마무리한다.

다양한 제품들

우리는 분자생물학의 강력한 도구로서 PCR 개발을 가능하게 해준 온천의 고세균인 *Thermus aguaticus*로부터 분리된 *Taq* 중합효소의 중요성에 대해 살펴보았다. 또한 바다는 기본적인 중요한 규칙과 응용연구를 해내고 있는 효소와 다른 제품들의 훌륭한 보고임이 증명되었다. 예를 들어, 열수 통로(바다로 향하는 온천의 뜨거운 물) 가까이 사는 세균은 연결효소와 제한효소를 포함하여 PCR과 DNA 복제효소를 위한 열에 안정한 효소를 제공했다.

가지각색의 흥미로운 특성을 가지는 해양 세균에 의해 생산된 다른 여러 효소들은 미래에 중요한 응용법의 결과를 가져올지도 모른다. 예를 들어, 어떤 효소는 많은 소금의 용해 절차를 포함하고 있는 산업을 이상적으로 증가하게 하는 촉진제이다. 환경의 오염을 탐지하는 생물 발광하는 세균인 *Vibrio harveyi*의 역할을 논하였다. 연구자들은 많은 제조업의 공정에 쓰이는 합성세제에 저항력이 있는 여러 독특한 단백질분해효소를 포함하여 많은 수의 단백질분해효소를 생산하는 *Vibrio* 종을 발견하였다. 결과적으로 합성세제에 저항력이 있는 이러한 단백질분해효소는 옷의 단백질 얼룩을 제거하기 위한 세탁세제에 쓰이는 것을 포함하여 세탁공정의 단백질을 퇴화시키기 위한 주요한 역할을 가질 것이다. *Vibrio*는 또한 콜라겐분해효소(collagenase)의 훌륭한 원천으로 단백질분해효소를 조직배양하는 데 사용된다. 과학자들은 배양하는 간세포와 같은 성장하는 세포를 조사할 때 세포와 함께 붙잡고 있는 연결된 조직을 분해함으로써 각각의 세포를 세포배양 접시 안에 분리시킬 수 있는 콜라겐분해효소를 사용할 수 있다.

바다의 다른 제품은 카라기난(carrageenan)으로 많은 보존식품, 치약, 그리고 미용의 원료로 목록에 올랐다. 이 풍부한 황산염 다당류는 적색 조류로부터 추출되어 60년 넘게 많은 제품을 위해 사용되어 왔다. 이들은 다른 온도에서 밀도가 바뀌는 교질화 형태의 능력을 가진다. 결과적으로 카라기난은 농후화 작용제와 우리가 이것을 먹을 때 우리의 입 안에서 음식의 느낌이 어떤지 개선하는 데 사용되어 왔다. 카라기난의 가장 일반적인 응용은 껌, 초콜릿 우유, 맥주와 와인, 아이스크림, 샐러드 드레싱, 시럽, 소스, 패스트푸드용 가공 육류, 접착제, 직물, 광택제와 수백 가지의 다른 제품의 안정화와 부피증가제로서 쓰임을 포함한다.

필리핀은 세계에서 가장 큰 적색 해초(Rhodophyta)의 생산국으로 이 해초로부터 많은 카라기난을 얻는다. 적조류는 또한 스시를 감싸는 데 사용하는 종잇장처럼 얇은 해조류 제품인 김에 사용하기 위해 높이 평가된다. 양식 해조류의 진보는 한천과 알긴산을 포함하여 다른 해조류 중합체의 생산을 증가하게 하였고 이는 이미 학습했던 것처럼 세균이식을 위한 항원 겔을 만들고 DNA 전기영동을 위한 아가로스 겔을 만들기 위한 저마다 중요한 연구용도로 사용되고 있다.

바이오매스와 바이오프로세스 응용

새로이 최근 생겨난 하나의 수산 생명공학의 분야는 해양의 바이오매스(biomass)의 탐구를 포함한다. 해양 잡초 지형의 조류는 물고기의 양성소로서의 바이오매스를 다시 선사한다. 당신이 아는 것처럼 식물은 광합성 과정을 통해 이산화탄소와 물을 탄수화물과 산소로 전환시켜 산소의 생산에 중요한 역할을 한다. 해양식물(해초, 풀, 플랑크톤을 포함한다)은 광합성을 사용하여 태양으로부터 나오는 거대한 양의 에너지(세계 총 에너지 생산의 약 30%)를 포획하여 화학에너지로 전환한다. 바이오매스 같은 것으로부터 나온 화학에너지는 채취할 수 있을까?

과학자들은 대체에너지 생산에 사용될 해초와 식물에 여러 방법을 적용하고 있다. 예를 들어, 천연원료로부터 정상 상태로는 생산 또는 분리하는 데 엄청나게 비싼 비용이 드는 원료의 자원을 대체하여 제공하는 상당한 양의 탄수화물과 지질을 대량생산하는 능력을 가지는 해양조류의 급속한 생합성 능력의 이득을 취하는 것이 가능할지도 모른다. 이와 유사하게 에탄올과 같은 연료를 해양의 바이오매스로 전환하는 것이 가능할지도 모른다.

과학자들은 수면하의 연료전지와 같은 플랑크톤을 사용하는 것에 대한 가능성 있는 방법을 연구했고 수면에 있는 플랑크톤은 광합성을 받을 때 에너지를 방출하는 것에 반하여, 이 플랑크톤은 에너지를 생성하는 다른 반작용을 사용하여 바다 밑바닥(산소가 더 적은 곳)의 침전물에 도달한다. 결과적으로, 과학자들은 이 플랑크톤이 바다 밑바닥의 표면에서 획득될 수 있는 천연의 전기를 생성하여 전기의 무한한 원천을 제공할 수 있음을 발견했다. 미래의 바다는 에너지를 공급하기 위한 금전적 가치가 있는 자원이 될 것이다. 마지막으로, 과학자들은 탄산가스의 흡수작용 증가와 지구의 온실효과 감소에 쓰일 수도 있는 해양조류의 바이오매스라는 수단을 탐구하고 있다.

바이오프로세스(bioprocessing)는 재조합 단백질과 같은 생물학 생성물을 생산하는 공학 접근법을 포함한다. 조류는 어쩌면 잠재적으로 재조합 유전자 발현을 위해 매우 유용한 가치가 있다. 연구자들은 해양조류가 매우 큰 규모에서 배양될 수 있기 때문에 이들이 항체와 같은 단백질을 대량 생산할 수 있다는 것을 발견하였다. 해양생물학자들은 어떻게 해양생물을 다양한 중합체와 다른 생체적합물질 합성에 사용할 수 있는지 탐구하고 있으며, 이는 산업의 제조공정을 위해 사용될 수도 있다. 예를 들어, 굴 껍질 단백질은 현재 사용되는 재료의 대안으로 무독성, 생분해성의 세정제와 여러 가지 용매의 첨가제로 고려되고 있다.

어떻게 해양생물이 환경을 깨끗하게 하는 응용법에 쓰이기 위해 고려되고 있는지 논하는 것으로 이 장을 마치고자 한다.

9.6 수산 생명공학의 환경 분야 응용

불행하게도 세계의 바다는 인류의 쓰레기, 그리고 산업화를 위한 쓰레기 처리장으로 오랫동안 사용되고 너무나 많은 사고는 어장, 해양생물, 그리고 환경에 오염의 결과를 주었다. 명확히, 바다는 사회적 결과 없이는 폐기물을 수용할 무한한 능력을 가지지 않고 우리는 그 결과로서 많은 해양종의 번식을 위한 서식지와 어린 해양생물의 성장이 위기에 처한 습지대와 같은 강어귀의 환경이 인간의 영향과 오염 때문에 심각한 쇠퇴의 신호를 보여주고 있음을 깨닫고 있다. 이 절에서 우리는 어떻게 해양생물이 그들이 살고 있는 환경 속에서 정화와 오염조절을 하는 데 사용될 수 있는지 생각해 볼 것이다.

오염방지물질

생물부착이라고 불리기도 하는 생물막 형성(biofilming)은 표면에 생물의 부착을 가리키는 말이다. 이 표면은 배의 선체, 파이프의 안쪽 내면, 시멘트 벽, 부두 주변에 사용하는 말뚝, 다리, 건물과 같은 제조된 표면이 될 수 있다. 또한 생물막 형성은 특히 패류인 해양생물의 표면에 발생한다. 만약 당신이 해양환경에 위치해 있는 선창가의 보트와 부두에서 시간을 조금이라도 보냈다면, 당신은 물속에 있는 구조물 위에 생물막 형성의 효과를 보았을 것이다. 해양환경의 따개비, 조류, 홍합, 대합 그리고 세균은 생물막 형성을 초래하는 가장 일반적인 생물 중의 하나이다. 생물막 형성이라는 말처럼 이 생물들은 글자 그대로 층 또는 일반적으로 복합적인 층을 만들어 막을 생성하여 그들이 들러붙어 있는 표면 위를 덮어 성장하는 것을 말한다. 그러나 생물막 형성은 오직 바다 문제만은 아니다. 예를 들어, 유사한 생물막 형성이 당신 집의 배관, 콘택트렌즈 표면, 그리고 당신의 구강 내에서 발생한다. 당신 치아 외막의 세균과 이식된 외과 기구와 의치에 달라붙은 세균은 생물막 형성의 예이다. 규칙적으로 당신의 이를 닦는 것으로 당신 구강 내의 생물막 형성을 최소화시키기는 하지만 이러한 간단한 교정법은 해양환경 속의 생물막 형성을 막기 위해서는 쓸모가 없다.

생물막 형성은 중요한 문제를 만들 수 있다. 예를 들어, 배의 선체에 해양생물의 부착은 물을 통과하는 움직이는 배의 저항을 크게 증가시켜, 왕복시간을 늦추고 배의 동력 효율을 감소시킨다. 생물막의 축적은 파이프의 움직임을 방해하고, 물통과 수로와 배의 여과 체계를 막고, 금속 표면을 부식시킬 수 있다. 게다가 무척추동물에 의한 표면의 군체형성과 홍합이 생성하는 단단한 생물막 형성은 제거하기 어렵고 비용이 많이 든다.

전통적으로 대부분의 오염방지물질은 부착하는 생물의 성장을 최소화하기 위해 구리가 풍부하고 수은이 풍부한 페인트 같은 유독한 화학제품을 썼다. 그러나 이러한 페인트로부터 나오는 금속들은 환경오염의 원인이 될 수도 있다. 그 결과, 연구자들은 이들이 소유하는 표면 위의 생물막 형성을 막는 데 쓰이는 많은 생물의 활성 기전을 연구하고 있다. 만약 생물막 형성이 제조된 표면과 해양생물의 표면 모두에 문제라면 어떻게 대합, 홍합, 그리고 심해의 거북이까지 생물막 형성을 최소화하고 이렇게 생물막 형성 생물에 의해 완전히 둘러싸는 것으로부터 패류를 막을 수 있을까? 과학자들은 분자기술을 사용하여 답을 찾았다. 어떤 생물은 억제하는 물질을 생산하려고 했다. 다른 생물은 생물막 형성 생물의 부착을 방지하는 분자를 생산하는 것으로 나타났다. 거머리말(*Zostra marina*)과 같은 많은 해양 해초와 조류는 부착으로부터 세균, 곰팡이, 그리고 조류를 방지하거나 중화하는 화합물을 생성한다. 가까운 미래에는, 이 화합물들이 배 선체 외피, 수산양식업 장비, 그리고 생물막 형성에 영향을 받기 쉬운 다른 표면을 보호하는 도료 생산에 이용될 것이다.

바이오센서

많은 과학자들이 낮은 농도의 오염물질과 수로의 독소를 탐지하는 바이오센서(biosensor)로써 해양생물의 쓰임을 탐구하는 연구를 하고 있다. 우리는 이미 어떻게 생물 발광하는 종의 세균이 바이오센서로 사용될 수 있는지 학습하였다. 어떤 종들은 그들의 주위환경을 비추는 데 생물발광을 사용하고, 다른 쓰임으로 이것은 바다의 어둡고 깊은 곳에서 짝을 찾는 데 사용된다. 대부분의 생물발광하는 심해어는 *Vibrio fischeri*와 같은 공생관계를 필요로 한다.

*V. fischeri*과의 다른 생물 발광하는 종은 발광 효소인 루시페라아제를 위한 lux 유전자를 보유하고 있다. 주변환경 상태에 따라 *Vibrio*의 빛의 세기도 조절된다. 이런 능력 때문에 *Viborio*는 해양 환경 속의 유기화학물질과 질소를 함유하는 화합물과 같은 오염물질을 탐지하는 바이오센서로 사용되어 왔다.

몇몇의 해양생물이 환경의 오염을 탐지하는 데 유용할 뿐만 아니라, 많은 해양종 또한 천연과 제조된 많은 물질을 분해하기 위한 물질대사경로를 가지는 것으로 믿어지고 있다. 많은 연구는 어떻게 해양생물이 해양환경에 유입되는 주변환경의 갖가지 위험한 물질을 치료하거나 정화하는 데 사용되는지를 밝히는 분해과정을 포함하는 생화학적 경로의 특징을 보여준다.

환경의 치료

해양생물은 페놀과 톨루엔, 서식지에서 발견되는 석유생산품과 인접한 석유 굴착장치, 그리고 유독한 금속과 같은 유독한 유기체의 화학물질을 포함하는 물질을 분해하기 위한 독특한 기전을 가지고 있다.

가장 효과적인 기술 중의 하나는 오염된 지역의 패류의 양을 증가시키는 데 영향을 주었던 바다치료에 쓰였다. 과학자들은 오염된 물속에 패류의 그물선반을 도입하여 대합, 굴, 홍합과 같은 쌍각류의 자연양식 방식을 이용하였다. 물속에서 이런 생물종들은 질소화합물과 유기물 화학물질과 같은 폐기물을 제거하기 때문에 하구지역에 알맞은 여과기의 형태와 같은 작용을 한다. 이 화학물질들은 결국 패류의 조직 속에 흡수된다. 이 시기가 지나야 패류는 수확될 수 있고 그동안 물에서 폐기물을 제거할 것이다. 예를 들어, 최근에 떠다는 홍합이 부착된 고정된 플랫폼에 뉴욕시의 브롱크스강 강어귀에서 약 6 kg의 질소를 일 년에 제거한다고 공개했다. 이것은 강의 질소오염의 아주 적은 양에 불과하고 과학자들은 수백, 수천 개의 뗏목이 수질개선을 위해 필요하다고 한다.

바닷물의 중금속 오염은 많은 산업의 제조공정의 결과이다. 이 문제의 해결책으로 과학자들은 철, 망간, 니켈, 코발트와 같은 금속을 산화시키는 해양세균을 분리했다. 이러한 몇몇의 세균은 또한 광석으로부터 중금속을 추출하는 데 사용할 수 있다. 게다가, 어떤 해양 세균과 단일세포 조류는 금속을 결합하는 단백질의 일족인 금속티오네인을 발현한다. 이 종들은 카드뮴과 다른 중금속이 함께 오염된 물에서 번성하여 환경을 둘러싸고 있는 카드뮴을 포집하고 난 뒤 유독한 금속을 사실상 해롭지 않은 부산물로 바꾼다. 과학자들은 제조공정으로부터 나온 금과 같은 중요하고 값비싼 금속을 추출, 회수, 재활용하는데 이 생물을 사용하는 방법을 검토하고 있다.

수생 생물 또는 그 제품을 사용함으로써 자연에서 환경 또는 이들과 함께 파종된 생물반응기에서 폐기물 제거를 자극할 수 있고 하수 처리와 거의 같은 방식으로 유기체 식물은 배설물을 분해하기 위해 박테리아에 의존한다. 예를 들어, USDA의 미생물학자들은 성장함에 따라 질소대사작용을 하는 조류를 스크러버라 불리는 큰 매트의 표면에 자라게 해서 천연 여과기로 사용할 수 있게 하였다. 이 스크러버 역할은 질소 폐기물을 흡착하는 수족관의 숯 여과기와 같다. 가축동물 폐기물로 오염된 물이 스크러버 위를 지나가고 나면 조류는 이 폐기물을 흡수하고 대사한다. 이 폐기물은 조류를 위한 영양소를 제공하고 매트를 두껍게 성장시킨다. 이 조류는 정기적으로 다시 베어 수확하지만 잔디처럼 재성장한다. 이러한 방법으로 깨끗해진 물은 관개를 위해 사용되고 수확된 몇몇의 조류는 가축사료로 사용되었다. 비슷하게 플로리다에서 부레옥잠을 사용하여 인, 질소와 다른 영양소가 풍부한 물을 정화하는 연구를 수행했다.

10장

생물환경정화

우리의 환경은 매우 빈번하게 위협을 받고 있다. 우리가 숨 쉬는 공기, 우리가 마시는 물, 우리의 식량원이 되는 식물을 자라게 하는 토양 모두는 인간 활동의 직접적인 결과로 오염이 되고 있다. 미국인들은 하루 평균 약 2 kg의 쓰레기를 배출하고 있는데 이는 일 년에 한 사람당 725 kg가 넘는 양으로 총 2억 5천 5백만 톤의 쓰레기가 매년 배출된다. 그러나 이 쓰레기 중 약 1/3(약 8,300만 톤)만이 재활용되거나 퇴비화 되며 나머지는 매립되어 진다. 하지만 가정쓰레기는 비교적 작은 문제에 지나지 않는다. 화학물질의 유출, 가정용품 및 살충제를 비롯한 산업폐기물로부터 야기된 문제들이 환경오염을 주를 이루어 왔기 때문이다. 증가하는 독성화학 물질의 수는 전 세계에 걸쳐 환경과 그곳에 살고 있는 생물들에게 심각한 위협을 주고 있다. 개발도상국가들의 경우 환경오염의 확산은 보다 심각한 문제이다.

단지 생물공학이 인류의 건강문제를 진단하고 해결하는 하나의 열쇠로 간주될 때만이 취약한 오염된 환경을 연구하고 개선해나가는 강력한 도구로서 가치가 있을 것이다. 이번 장에서는 어떻게 생물공학이 우리의 오염문제를 얼마나 해결하고 생물환경정화를 통해 인류와 생물에게 좀 더 깨끗한 환경을 만들 수 있는지를 숙고할 필요가 있다.

10.1 생물환경정화란 무엇인가?

생물환경정화(bioremediation)는 박테리아, 곰팡이 및 식물 등의 생물체를 이용하여 환경에 존재하는 화학적 화합물들을 분쇄 또는 분해한다. 이는 생물들이 영양분을 얻고 에너지를 생산하기 위하여 화합물을 분해하는 자연적 화학반응 및 과정들을 이용한다. 예를 들면, 박테리아는 아데노신 삼인산(adenosine triphosphate, ATP)을 세포의 에너지원으로 이용하기 위하여 설탕을 대사한다. 그러나 많은 미생물은 에너지를 획득하기 위하여 자연 화합물을 분해하는 것과 함께 인간이 생산한 화학물질들을 분해하는 데 이용될 수 있는 대사반응들을 발달시켜왔다. 생물환경정화는 해로운 물질들을 독성이 적은 물질들로 변형시키는 생물들을 이용하여 오염된 환경적 지역들을 정화한다.

생물환경정화는 새로운 기술이 아니다. 인간은 수천 년 동안 쓰레기를 줄이기 위해 생물학적 처리를 수행하여 왔다. 분뇨를 분해하기 위해 토양미생물을 이용하는 옥외화장실은 생물환경정화의 가장 흔한 예이다. 이와 유사하게 오수처리장도 수십 년 동안 분뇨를 처리하기 위해 미생물을 사용해왔다. 하지만 현대의 생물환경정화는 다양한 환경조건에서 많은 종류의 독성화합물질을 정화하기 위해 여러 가지 새롭고 혁신적인 기술들을 사용하고 있다.

많은 미생물들의 장점을 이용하는 것은 생물환경정화의 단적인 예이다. 생물환경정화의 주요 목적은 자연적 정화기작을 향상시켜 정화 속도를 증가시키는 것이다. 이 장에서 우리는 여러 상황 속에서 다양한 오염물질을 분해하기 위해 미생물을 활성화시키는 방법들을 탐구할 것이다. 생물환경정화의 또 다른 중요한 측면은 유전자변형 미생물을 이용해 환경에서 오염물질의 분해를 위한 새로운 접근법의 개발이다.

생물환경정화가 중요한 이유

삶의 질은 청결하고 건강한 환경과 직접적으로 연관되어 있다. 우리는 환경오염물질이 유전적으로 우리에게 영향을 미칠 수 있고 일부 독성물질은 질병을 유발하는 돌연변이인자와 같이 작용할 수 있다는 것을 알고 있다. 분명히 인간과 생물에 대한 오염물질의 단기 및 장기노출과 그것의 결과에 대해 많은 관심을 가질 이유는 충분하다.

자료에 따르면 매년 미국에서 200만 톤 이상의 위해물질이 생산된다. 사고로 인해 이러한 물질이 유출되기도 하지만 대부분 환경피해를 줄이기 위해 빠르게 처리된다. 하지만 심각한 문제를 일으키는 경우도 있는데 불법투기관행과 저장된 화학물질이 환경으로 유출될 수 있는 버려진 창고처럼 방치로 인해 오염된 현장도 있다. 이러한 문제점에 대하여 1980년 미국의회는 오염물질이 어떻게 인류의 건강과 환경에 영향을 미치는지에 대한 관심과 함께 암묵적으로 용인되고 있는 화학물질의 투기와 방치관행에 대응하기 위해 미국 환경보호청(U.S.Enviromental Protection Agency, EPA)의 주도로 슈퍼펀드 프로그램(Superfund Program)을 진행하였다. 슈퍼펀드 프로그램의 1차 목표는 오염지역으로부터 미국시민을 보호하기 위해 오염현장을 찾고 오염물질을 제거하는 것이다.

미국사람 5명 중 1명은 EPA에서 처리하는 오염부지로부터 5~7 km 이내에 살고 있다. 슈퍼펀드가 시작한 이래 25년 동안 EPA는 미국 내의 700곳 이상을 정화하였다. 그럼에도 불구하고 1,300곳 이상이 정화를 기다리고 있고 에너지국(Department of Energy, DOE)의 평가에 의하면 매년 많은 오염부지가 신규 확인되고 225,000곳 정도가 정화를 필요로 하는 것으로 예상된다. 미국에서 현재 확인된 오염지역의 정화비용은 2조 달러를 초과한다는 평가다. 그 외 오염지역의 오염 규모와 정화를 필요로 하는 부지의 수를 따지면 훨씬 더 많은 비용을 추산하기에 의심의 여지가 없다. 분명히 미국에서 환경오염은 많은 주목을 받고 있는 중요한 문제이다. 많은 다른 나라에서 환경오염은 더 큰 문제가 될 수 있다.

국립보건원(National Institute of Health, NIH)의 한 분과인 국립환경보건원(National Institute of Environmental Health Sciences)을 통해 미국은 환경유전체프로젝트(Environmental Genome Project)라 불리는 하나의 계획을 추진하고 있다. 이 계획의 1차 목표는 인간에게 질병을 일으키는 환경오염물질의 영향에 대해 연구하고 이해하는 것이다. 또한 환경인자에 민감한 유전자, 비독성화 유전자 및 인류건강에 위해한 환경지표로서 역할을 하는 단일염기다형성(single-nucleotide polymorphism, SNP)의 검출에 관한 연구들이 포함된다. 궁극적으로 이 계획은 과학자들에게 전염병 연구를 수행할 수 있도록 유전체 자료(genome data)를 만드는 것이다. 그래서 과학자들은 환경이 어떻게 질병발생에 영향을 미치는지와 어떻게 특정 질병이 환경오염물질의 노출에 의해 영향을 받는지에 관해 보다 자세히 이해하게 된다. 하지만 오염물질을 정화하는 방법은 수없이 많은데 왜 생물환경정화만을 사용하는가? 우리는 오염된 물질을 물리적으로 제거하거나 오염지역을 화학적으로 처리할 수 있다. 그러나 이러한 방법들은 비용이 많이 들고 화학적 처리인 경우 또 다른 정화를 필요로 하는 2차 오염물질을 유발할 수 있다. 생물환경정화의 주요 장점은 유해한 물질을 이산화탄소, 염소, 물 및 단순한 유기물과 같은 비교적 덜 유해한 물질로 전환시킨다는 것이다. 생물이 정화에 이용되기 때문에 생물환경정화 과정은 다른 유형의 정화방법보다 더 깨끗하게 처리할 수 있다.

생물환경정화의 또 다른 장점은 오염현장(원위치)에서 수행이 가능하다는 것이다. 이를 원위치 생물환경정화라 한다. 오염물질을 다른 장소로 이동시킬 필요가 없기 때문에 환경교란 없이 보다 완전하게 정화가 가능하다. 환경정화 이외에 생물공학적 접근 방법은 오염물질을 검출하고, 생태계를 회복하고, 인간에게 질병을 유발하는 조건을 찾고, 폐기물을 가치 있는 에너지로 전환하는 데 중요하다. 다음 절에서는 널리 알려진 화학오염물질과 이들로 오염된 환경의 관점에서 생물환경정화의 기본원리를 다룰 것이다. 또한 생물환경정화에 중요한 미생물과의 반응에 관해서도 살펴볼 것이다.

10.2 생물환경정화의 기초

자연적으로 발생하는 늪과 습지는 수백 년 동안 생물환경정화를 탁월하게 수행하여 왔다. 이러한 환경에서 식물과 미생물은 다양한 화학물질을 흡수하고 분해할 수 있었고 오염물질을 무해한 산물로 전환할 수 있었다. 어떻게 생물이 오염물질을 분해할 수 있는지를 논의하기에 앞서 정화가 필요한 환경현장과 환경을 오염시키는 대표적인 화학물질들에 대하여 알아보자.

정화될 대상은 무엇인가?

불행하게도 이 질문에 대한 대답은 거의 모든 것이 정화될 필요가 있다는 것이다. 토양, 공기, 물, 그리고 침전물(해수나 담수의 바닥에 가라앉은 토양과 동식물 사체의 혼합물) 모두가 오염될 수 있다. 비록 새로운 생물환경정화 기법이 공기오염을 감지하고 정화하기 위해 개발되고 있지만 토양, 물 및 침전물이 생물환경정화가 가장 흔히 적용되는 대상이다. 일반적으로 사용되는 생물환경정화의 유형은 현장조건에 의존하기 때문에 효율적인 환경정화를 위하여 각각의 현장의 복잡한 특징들을 고려해야만 한다. 예를 들어, 토양을 정화하는 방법은 물을 정화하는 방법과 매우 다르다. 이와 유사하게 지표수는 지하수(지하의 토양 및 암석 주변에 존재하는 물)와는 다르게 처리할 필요가 있다.

오염물질은 다양한 방법으로 환경에 유입되고 환경의 다양한 구성요소에 영향을 미친다. 어떤 경우에 오염물질은 대형선박의 유출사고, 트럭의 교통사고 또는 산업현장에서 화학물질 탱크의 파열 등을 통해 환경으로 유입된다. 물론 사고의 위치, 유출량, 유출기간(시간, 주, 년)에 따라서 환경별로 다른 영향을 받을 것이다. 한 공장에서 화학물질이 유출되고 있는 탱크를 상상해 보자. 처음에는 표토(surface soil)와 심토(subsurface soil)를 오염시키지만 많은 양의 화학물질이 유출되고 유출이 일어난 탱크가 오랜 기간 동안 발견되지 않는다면 화학물질은 토양 속으로 더 깊이 이동할 것이다. 많은 비가 내린 후에는 이 물질들이 연못, 호수, 하천과 강으로 흘러들어갈 것이다. 또한 이 물질들은 침출수(leachate)가 되어 지하로도 흘러들어갈 것이다. 결국 침출수는 대수층(마시는 물의 주요 수자원인 깊은 지하수를 포함하는 층)을 포함하는 심층수(지하수)를 오염시킬 수 있다. 물론, 화학약품은 대기로 오염물질의 방출을 통해 환경에 유입되는데 이것들이 구름에 섞여서 비로 내리면 지표수와 연이어 지하수를 오염시킨다. 예를 들자면, 이것이 산성비를 야기하는 것이다. 제조업, 매립지, 불법투기, 농업용 살충제, 광산활동을 통해서 발생하는 오염물질 역시 환경오염을 일으킨다. 오염정화에 적용되는 생물학적 방법이 처리환경에 영향을 받기 때문에 토양을 정화하는 방법은 수처리 방법과 매우 다르다. 또한 생물환경정화가 어떻게 적용될지는 처리해야 될 화학물질의 종류에 따라 다르다.

환경 속의 화학약품

오수처리장에서 분뇨를 분해하기 위해 사용되는 생물환경정화 기술은 환경에 존재하는 다양한 화학약품을 분해하는 것과 매우 다르다. 청정제, 세제, 향수, 카페인, 해충약, 살충제, 비료, 의약품과 같은 생활용품들이 우리의 하수에서 발견되고 있고, 미국 내 수로에서는 피임약, 진통제, 항생제, 콜레스테롤 강하제, 항우울제, 항경련제 및 항암제와 같은 처방약과 일반약 들이 연구자들에 의해 갈수록 많이 발견되고 있다. 기타 환경으로 유입되는 화학약품들은 산업공정 과정이나 사고로 발생되는 산물들이다.

다양한 원인으로부터 유래된 수많은 화학약품들은 환경에서 흔한 오염물질이 될 수 있다. 대부분의 이들 화학약품들은 잠재적인 돌연변이 유발물질과 암을 유발하는 발암성 물질(carcinogen)로 알려져 있다. 비록 화학 오염물질이 건강에 미치는 영향에 대하여 세부적으로 논의하지는 않으나, 대부분의 이들 화학약품은 천식, 피부발진, 및 다른 형태의 염증, 기형아, 면역시스템의 저하 및 다른 종류의 암 등의 질병을 일으키는 것으로 알려져 있으며, 이들은 동식물에게도 독성을 가질 수 있다.

많은 관심이 집중되고 있는 환경 오염물질의 한 종류로 내분비 교란물질(endocrine distruptors, 체내에서 생산되는 자연적 호르몬들을 저해하는 화합물), dichloro-diphenyl-trichloroethane(DDT), polychlorinated biphenyls(PCBs), synthetic estrogens들은 모두 내분비 교란물질들이다. 내분비 교란물질들은 인간의 건강과 특히 수생 생물의 건강에 영향을 미친다. 파충류와 양서류의 기형적 출산, 예를 들어 개구리 다리의 기형적 발달, 그리고 물고기의 성 변환 등이 과학자들이 내분비 교란물질들에 대한 노출과 연관이 있을 것으로 추측하는 예들이다. 매우 간단히도, 환경 속 오염물질의 존재는 환경의 전반적인 악화와 그 안에서 생활하는 생물들의 건강 악화를 야기한다.

몇몇 화학물질들을 대상으로 사용을 제한 또는 금지하는 규제가 시행되고 있으나, 그들의 사용이 완전히 중단된다 하더라도 이들 화학물질들은 수 세기 동안 환경에 잔류한다. 아울러, 유출의 종류 및 해당 지역의 정화 환경과 함께 화학 오염물질의 종류 역시 생물환경정화에 이용될 생물의 종류 및 정화 전략을 결정하는 데 중요한 요소이다.

정화 기작의 기본원리

미생물들은 산소를 필요로 하는 반응인 호기적 물질대사(aerobic metabolism)나 산소를 필요로 하지 않는 혐기적 물질대사(anaerobic metabolism)를 통해 많은 화학약품들을 무해한 화합물로 전환할 수 있다. 이 두 가지의 과정은 산화와 환원 반응을 포함한다. 만약 당신이 생분해를 이해해야 한다면 산화·환원 반응에 기본적으로 익숙해져야만 한다.

산화와 환원 반응

산화(oxidation)는 하나의 원자나 분자로부터 한 개 또는 그 이상의 전자를 제거하는 것을 말하고 이때 한 분자의 화학구조와 특성이 변할 수 있다. 화학오염물질의 경우 산화는 그것의 화학특성을 변화시켜 무해한 화합물로 만들 수 있다. 산화반응은 종종 환원반응(reduction reaction)과 함께 일어난다. 반응이 일어나는 동안 한 원자나 분자는 하나 또는 그 이상의 전자를 얻는다. 산화와 환원 반응이 주로 동시에 일어나기 때문에 이러한 전자전달반응을 산화환원반응(redox reaction)이라 부른다.

산화환원반응 동안 산화제(oxidizing agent)는 전자를 강하게 끌어당기는 전자수용체로 이들 분자는 전자이동 과정에서 전자를 제거한다. 이와 같이 산화제가 전자를 받아들였을 때 해당 물질은 환원이 된다. 산소(O_2), 철(Fe^{3+}), 황산(SO_4^{2-}) 및 질산(NO_3^-)은 생물환경정화에서 종종 산화환원반응에 관여한다. 산화환원반응은 많은 세포들이 기능을 수행하는 데 중요하다. 예를 들면 인간의 몸을 구성하는 세포(많은 다른 유형의 세포)는 당을 분해하여 에너지를 얻기 위해 산화와 환원반응을 수행한다.

호기적 및 혐기적 생분해

산소를 쉽게 접할 수 있는 지표수와 표토 같은 환경에서 호기성세균은 화합물의 산화를 통해 오염물질을 분해한다. 호기적 생분해 반응에서 O_2는 석유제품과 같은(탄소원자로 이루어진) 유기분자(organic molecule)를 포함하는 다양한 화학약품을 산화시킨다. 이 과정에서 O_2는 물을 생성하기 위해 환원된다. 미생물들은 이산화탄소(CO_2)와 메탄가스처럼 보다 단순하고 무해한 분자를 만들기 위해 산화된 유기화합물을 추가적으로 분해할 수 있다. 세균들은 이 과정에서 생성된 에너지를 세포분열에 이용하여 결국 생물량(biomass)을 늘린다. 또한 어떤 호기성세균들은 금속과 암모니아 같은(탄소를 포함하지 않는) 무기화합물(inorganic compound)을 산화한다.

심하게 오염된 부지나 대수층 같은 깊은 지하 환경에서 산소의 농도는 매우 낮다. 심토에서 산소는 지하로 확산이 원활히 이루어지지 않으며 산소는 호기성세균들에 의해 빠르게 소모된다. 산소의 농도가 낮은 환경에서 호기적 생분해를 촉진시키기 위해 처리구역으로 산소주입이 가능하더라도 생분해는 자연적으로 혐기적 물질대사를 경유하여 발생할 것이다. 혐기적 물질대사 역시 산화와 환원을 필요로 하지만 혐기성세균들은 전자수용체로 산소 대신 다른 분자에 의존한다. 철(Fe^{3+}), 황산(SO_4^{2-}) 및 질산(NO_3^-)은 호기성세균에 있어서 산화환원 반응을 위해 빈번히 이용되는 전자수용체들이다. 그 이외에 많은 미생물들은 호기적 및 혐기적 물질대사 모두를 수행할 수 있다. 환경에서 산소의 양이 감소할 때 그들은 생물환경정화를 계속하기 위해 혐기적 물질대사로 전환할 수 있다.

기능을 수행하는 자: 물질대사를 하는 미생물

과학자들은 미생물(특별히 세균)을 환경을 정화하기 위한 도구로 사용한다. 다른 화학약품들을 효과적으로 분해하는 세균의 능력은 여러 가지 조건에 영향을 받는다. 존재하는 화학약품의 종류, 온도, 오염지대(토양, 지표수 또는 지하수 오염 등), 영양분과 많은 다른 요소들 모두 생분해의 효과와 속도에 영향을 미친다. 생물환경정화를 이용하는 많은 오염현장에서 정화 효율을 높이기 위하여 호기성 및 혐기성 세균 모두를 접목한다. 예를 들면, 혐기성세균들은 산소가 매우 희박한 반면 황산, 질산, 철 및 메탄 같은 전자수용체가 존재하는 오염원과 가장 가까운 곳에서 생분해 반응을 주도할 것이다. 그러나 오염원에서 먼 곳일수록 산소가 더욱 풍부한 경향이 있기 때문에 이런 곳에서는 일반적으로 호기성세균들이 생분해에 관여한다.

생물환경정화를 위해 이용될 유용한 미생물들을 찾는 작업은 오염현장에서 수행하는 것이 가장 효율적이다. 오염된 지역에 서식하는 미생물은 오염된 화학약품에 대한 저항성을 발전시켜왔고 생물환경정화에 유용하게 이용될 것이다. 오염지역에서 발견되는 토착미생물(indigenous microbe)은 많은 경우 순수 분리되어 실험실에서 배양 및 연구되고, 많은 양으로 증폭되어 정화현장에 투입된다. 그러한 미생물들은 생물환경정화를 위해 일반적으로 가장 흔하게 사용되고 효과적인 물질대사를 수행하는 미생물들이다. 예로서 대부분의 토양에 매우 풍부한 *Pseudomonas* 속에 속하는 많은 균주들은 수백 종의 화학약품들을 분해한다고 알려져 있다. 또한 일부 대장균 균주들도 많은 오염물질을 분해하는 데 상당히 효과적이다.

아직까지 덜 알려진 수많은 세균들이 현재까지 생물환경정화에 사용되어 왔으며 이들의 잠재된 기능을 규명하기 위해 현재 연구가 진행되고 있다. 우리는 치명적인 방사능에 내성을 나타내는 특별한 능력을 보여주는 미생물인 *Deinococcus radiodurans*의 적용가능성을 논의할 것이다. 최근에 더블린대학교(University of Dublin)의 연구자들이 많은 플라스틱에 함유된 독성물질인 스티렌(styrene)을 생분해성 플라스틱으로 전환할 수 있는 *Pseudomonas putida*의 한 균주를 발견하였다.

과학자들은 생물환경정화에 가장 효과적인 많은 미생물들이 아직 확인되지 않은 것으로 예상하고 있으며, 새로운 대사성 미생물을 발굴하는 생물환경정화 연구가 활발히 진행되고 있다. 2015년 럿거스대학(Rutgers University) 과학자들은 Betaproteobacteria 부류의 미생물 균주를 콜로라도에 있는 오래된 우라늄 채굴 시설에서 분리하였음을 발표하였다. 과학자들이 아직 규명하지 못한 화학과정을 통하여 해당 균주는 우라늄을 더 이상 물에 녹지 않는 형태로 환원시킨다. 표토와 지하수에서 우라늄이 침투하지 못하게 하는 것은 상수원, 특히 인간이 음용하는 수원에서 우라늄을 제거하는 것에 비하여 큰 장점을 지닌다. 나아가 과학자들은 생물환경정화가 가능한 조류(algae)와 곰팡이들을 대상으로 연구하고 있다. *Phanerochaete chrysosporium*과 *Phanerochaete sordida* 등의 폐기물 분해 곰팡이는 박테리아가 거의 또는 전혀 분해하지 못하는 크레오소트 및 펜타클로로페놀 등의 독성 화학약품들을 대사할 수 있다. 석면과 중금속-변환 곰팡이는 *Fusarium oxysporum*과 *Mortierella hyalina* 등이 있다. 곰팡이는 고체 폐기물 및 하수 처리시설에서 하수 및 슬러지, 그리고 종전까지 생물분해가 어려운 것으로 알려진 PCB와 다른 화합물들의 퇴비화 및 분해에 있어서 그 이용 가능성이 매우 높다.

생물환경정화를 위한 유전체학 프로그램

많은 과학자들이 생물환경정화를 위하여 현재 이용되고 있거나 또는 미래에 이용될 생물들의 유전체를 연구하고 있는 것은 더 이상 놀라운 사안이 아니다. 유전체학을 통하여 생물환경정화에 이용되는 생물들이 화학약품들의 독성을 없애기 위하여 이용하는 유전자들과 대사 경로들을 새로이 확인할 수 있을 것이다. 과학자들은 전체 미생물 커뮤니티의 유전체를 판독하고 있으며, 염색체 및 플라스미드 상에 존재하는 생물환경정화에 관여하는 효소를 생산하는 새로운 유전자들을 발굴하고 있다. 이런 정보들은 과학자들이, 유전공학적으로 개발된 생물환경정화에 이용될 향상된 생물종 등, 보다 효율적인 정화기법을 개발하도록 도울 것이다. 다양한 미생물에서 얻은 무독화 유전자들을 다양한 오염물질들(PCBs와 수은)을 분해할 수 있는 능력을 가진 다른 미생물에 도입하는 것도 역시 가능할 것이다.

생물환경정화 효율 향상

앞에서 설명한 바와 같이 생물환경정화를 연구하는 과학자들은 오염물질을 분해하기 위해 일반적으로 토착미생물을 이용한다. 오염물질을 이용하는 토착세균들은 생물환경정화에 매우 효과적이다. 또한 과학자들은 관련된 미생물과 정화될 환경현장, 제거해야 될 오염물질의 양과 종류에 따라서 미생물의 정화능력 증진을 위해 여러 가지 전략을 사용한다.

비료화(fertilization)라 불리는 영양증식배양(nutrient enrichment)은 생물환경정화로서 잔디밭에 뿌리는 인 또는 질소와 유사한 비료를 오염물질을 분해할 수 있는 토착미생물의 성장을 촉진시키기 위하여 오염된 환경에 추가로 주입한다. 생물은 고분자를 합성하기 위해 풍부한 탄소, 수소, 질소, 산소 및 인과 같은 주요 요소들을 필요로 하기 때문에 비료를 첨가함으로 생물환경정화 미생물에게 생식과 번식을 가능케 해준다. 예를 들면, 나무조각(wood chip)과 짚은 비료의 일종으로 탄소원을 미생물에게 공급하기 위해 첨가된다. 비료는 지하수로 주입되거나 토양과 혼합함으로써 오염현장에 처리된다. 비료를 처리하는 개념은 단순하다. 더 많은 영양분의 공급으로 미생물이 빠르게 자라고 따라서 생분해율을 증가시키는 것이다.

생물접종법(bioaugmentation 또는 seeding)은 생분해 과정에서 세균을 오염현장에 투입함으로써 토착미생물을 지원해주는 또 다른 접근 방법이다. 생물접종법은 고유의 생물환경정화 특성을 가진 유전공학적으로 변형된 미생물을 사용하기도 한다. 다만, 실험실에서 배양된 미생물 균주가 토착미생물처럼 자라지 않거나 생분해를 하지 못하는 경우 생물접종법은 효과적인 해결책이 될 수 없으며, 과학자들은 접종된 세균이 정화처리 후에도 잔존하여 환경을 생태적으로 변형시키지 않는 것을 확실히 해야 한다.

식물환경정화

식물을 이용한 식물환경정화(phytoremediation)를 이용하여 토양, 미루나무(cottonwood), 물, 공기에 존재하는 화학약품을 제거한다. 검증된 약 350개의 식물종이 자연스럽게 독성물질을 흡수하도록 한다. 포플러나무(poplar) 및 노간주나무(juniper tree) 들은 몇몇 화본과 식물들과 알파파 등과 함께 식물환경정화에 성공적으로 사용되어왔다. 식물환경정화에 있어서 오염물질은 땅에서 오염된 물을 흡수하는 것과 같이 식물의 뿌리를 통해 흡수된다. 하나의 예로 해바라기는 우크라이나의 체르노빌 핵발전소의 연못에서 방사능물질인 세슘(cesium)과 스트론듐(strontium)을 효과적으로 제거하였다. 부레옥잠(water hyacinth)은 인도와 방글라데시의 상수도에서 비소(arsenic)를 제거하는 데 사용해오고 있다. 방글라데시는 지하수의 60%에서 비소농도가 건강표준을 상회한다.

독성 화학약품이 식물에 흡수된 후 식물세포는 화학약품을 분해하기 위해 효소들을 사용할 것이다. 또한 화학약품이 식물세포에 농축되어서 식물 전체가 오염물질을 흡수하는 식물스펀지와 같은 작용을 하기도 한다. 예를 들어, 수생 양치류를 기름의 신속한 흡수를 위하여 이용하기도 한다. 이러한 식물들의 잎은 매우 발수성이 높으나 많은 양이 기름을 흡착할 수 있으며 빠르게 성장한다. 많은 경우 오염된 식물은 폐기물로 분류되어 태워지거나 다른 방법으로 폐기된다. 높은 농도의 오염물질은 대부분의 식물들을 사멸시키기 때문에 식물환경정화는 얕은 표토와 지하수의 오염도가 낮은 지역에서 가장 적합하다.

과학자들은 대부분의 식물들이 자연적으로 수행하는 것과 같이 공기 중에서 오염물질을 정화하는 데 사용될 수 있는 식물을 개발하고 있다. 예를 들면, 지구온난화의 원인이 되는 화석연료의 연소로부터 방출되는 주요 온실가스인 이산화탄소(CO_2)의 제거이다. 첫 번째로 포플러 나무의 일종인 black cottonwood의 유전체가 2006년에 해독되었다. 포플러 나무는 식물환경정화에 널리 이용되는데, 유전공학적으로 개발된 프플러 나무는 많은 양의 이산화탄소를 흡수하는 가능성을 보여주었다. 과학자들은 TCE를 분해하는 박테리아를 검정 포플러 나무에서 얻었으며, 이들 미생물을 TCE에 오염된 슈퍼펀드 지역에 식재하기 전 어린 묘목에 접종하였다. 이렇게 미생물이 강화된 나무들은 처리되지 않는 대조군에 비하여 밑동이 약 30% 넓었으며, 이는 처리된 나무들이 오염된 토양에서 건강하게 생육함을 의미하였다. 3년 후 미생물로 처리된 나무 뿌리 주변의 토양에서 염소 이온(TCE의 분해산물로 무독함)의 농도가 대조군 나무에 비하여 50% 높게 관찰되었다.

식물환경정화는 효과적이고, 저렴하며, 유지비용이 낮은 생물환경정화 방법이 될 수 있다. 부가적인 장점으로써, 식물환경정화는 지나치게 드러나지 않는 매력적인 전략이 될 수 있다. 예를 들어 나무와 덩굴을 심는 것은 오염된 경관의 모습을 시각적으로 개선할 수 있고 동시에 환경을 정화할 수 있다. 그러나 현재 대부분의 식물환경정화는 처리를 위하여 오염된 위치의 토양을 다른 장소로 옮겨 이루어진다. 식물환경복원의 두 가지 주요 단점은 식물의 뿌리가 닿는 표면층(약 50 cm 깊이)만이 처리가 가능하고 일반적으로 수 년의 시간이 소모된다는 점이다.

10.3 정화현장과 전략

매우 다양한 생물환경정화 전략이 존재하는데 어떤 전략을 사용할 것인지는 여러 가지 요인에 따라서 상이하다. 첫 번째 고려해야 될 사항은 오염물질의 종류, 정화대상이 될 환경의 특징, 그리고 정화현장의 크기이다. 결론적으로 정화를 실행하기에 앞서 다음과 같은 몇 가지 질문을 고려하여야 한다.

- 오염물질이 화재나 폭발의 위험성을 가지고 있는가?
- 오염물질 정화 시 작업자를 포함한 사람에게 건강의 위협을 가하는가?
- 오염물질이 한 번의 사고로 환경에 유출되었는가 아니면 저장용기로부터 오랜 기간 동안 누출되었는가?
- 오염이 어디에서 발생했는가?
- 오염지역이 토양의 표면인가? 지면 아래인가? 오염이 물에 영향을 주는가?
- 오염면적이 얼마나 넓은가?

이러한 질문들에 답하기 위해서는 분자생물학자, 환경공학자, 화학자 등 여러 과학자들이 효과적인 정화계획을 개발하고 적용하기 위하여 함께 노력하여야 한다.

토양정화

토양과 물 모두를 위한 처리 전략으로는 비원위치 생물환경정화(*ex situ* bioremediation)와 같이 알려진 방법으로 오염물질의 처리를 위해 오염현장에서 다른 장소로 이동시키거나, 원위치(라틴어로 "장소 안에") 생물환경정화(*in situ* bioremediation)라고 불리는 굴착이나 제거 없이 오염현장에서 정화하는 방법이 있다. 원위치 생물환경정화는 선호되는 기법으로 그 이유는 비원위치 방법보다 비용이 적게 들기 때문이다. 또한 토양이나 물을 굴착하거나 퍼 올릴 필요가 없기 때문에 큰 면적의 오염토양도 한 번에 처리가 가능하다. 원위치 방법은 오염된 토양과 물에서 미생물의 활성을 증진시키는 원리를 이용하는 것이다. 호기적 분해과정을 필요로 하는 원위치 방법은 공기나 과산화수소(H_2O_2)를 오염토양에 주입시키는 생물학적 통기법(bioventing)을 이용한다. 과산화수소는 물과 산소로 쉽게 분해되면서 미생물에게 산소원을 제공하기 때문에 자주 사용된다. 비료 역시 토착세균의 성장과 분해활성을 증진시키기 위해 생물학적 통기법을 통해 토양으로 주입된다.

원위치 생물환경정화는 항상 최고의 해결책은 아니다. 이 방법은 미생물과 비료성분이 빠르게 침투되는 밀도가 낮은 사토(sandy soil)에서 가장 효과적이다. 단단한 점토와 조밀한 돌이 많은 토양(dense rocky soil)은 원위치 방법이 일반적으로 적합하지 않고, 화학약품에 의한 오염 정화도 수년이 걸릴 수 있다.

어떤 토양정화 현장에서는 비원위치 방법이 원위치 방법보다 더 신속하고 효과적일 수 있다. 토양의 비원위치 방법은 처리될 토양의 종류와 양 그리고 정화대상의 화학약품의 종류에 따라서 몇몇 다른 기술들을 이용한다. 가장 일반적인 비원위치 기술은 슬러리상 생물환경정화(slurryphase bioremediation)이다. 이 방법은 오염토양을 다른 장소로 옮기고 물과 비료(많은 경우 산소도 포함)와 함께 대형 생물반응기 안에서 토양을 섞는다. 이때 반응기 안에서 미생물에 의한 생분해 조건들이 주의 깊게 관찰되고 관리될 수 있다. 슬러리상 환경생물정화는 적은 양의 토양을 정화하기 위해 그리고 오염물질의 조성이 잘 알려져 있을 때 신속하게 이용될 수 있는 방법이다.

기타 토양정화전략에는 고체상 생물환경정화(solidphase bioremediation) 기술이 있다. 고체상 정화방법은 슬러리상보다 시간소모가 더 많고 일반적으로 넓은 공간이 필요하다. 그러나 특정 화학약품을 분해하는 데는 많은 경우 최고의 방법이 될 수 있다. 고체상 정화기술은 퇴비화, 토양농작법과 바이오파일과 같은 3가지 기술이 널리 사용된다.

퇴비화(composting)는 음식찌꺼기와 잔디쓰레기 같은 생활쓰레기를 분해하는 데 사용되고 유사한 방법들이 오염토양에서 화학오염물질을 분해하는 데 사용된다. 퇴비더미에 있는 건초(hay), 짚 또는 다른 물질들은 화학약품을 분해하는 세균을 돕기 위해 토양에 첨가된다. 토양농작법(land farming)은 물과 침출수(leachate)가 토양 밖으로 유출될 수 있도록 얇은 층 위에 오염된 토양을 펼쳐놓는다. 이 방법의 주요 목표는 오염된 물이 더욱더 환경을 오염시키지 않도록 하기 위해서 침출수를 수집하는 것이다. 오염된 토양이 땅 밑에 있었다면 원래보다 더 얇은 층으로 펼쳐지기 때문에 토양농작법은 토양에서 화학약품의 증발과 토양에 공기를 공급하므로 미생물에 의한 오염물질의 분해를 더욱 촉진한다.

토양의 바이오파일(biopile)은 토양에 존재하는 화학약품이 증발이 용이한 경우 토양더미의 미생물들이 오염물질을 빠르게 분해하도록 이용된다. 이 방식은 오염토양을 몇 미터 높이로 쌓아올린다. 바이오파일은 비교적 적은 증량제들이 토양에 첨가되고 선풍기와 배관시설이 공기를 더미 안과 밖으로 공급해준다는 점에서 퇴비화와 차별화된다. 더미 안의 화학약품이 증발할 때 진공기류는 화학증기를 더미에서 끌어내어 화학물질의 종류에 따라 대기로 방출하거나 처리를 위하여 필터에 포집된다. 토양정화를 위한 거의 모든 비원위치 방법들은 영양분을 분산시키기 위해 혼합하고, 토양에 산소를 공급하며, 생분해를 증가시키기 위해 오염물질과 미생물의 상호작용을 증가시킨다.

수질정화

오염된 물은 수많은 문제를 야기한다. 폐수와 지하수는 생물환경정화에 의해 제거될 물질에 따라서 그 처리 방법이 결정된다. 어떻게 지표수가 유류 유출사고처럼 대규모 오염을 처리할 수 있는지 자세히 살펴보자.

폐수처리

아마도 가장 널리 알려진 생물환경정화 기술은 인간에 의해 발생된 오물(분변과 폐지), 비누, 세제 및 다른 생활 화학약품 등을 제거하는 폐수처리일 것이다. 오수 정화장치와 도시 하수처리장 모두 생물환경정화를 이용한다. 전형적인 정화장치에서는 한 가정에서 배출된 인간의 오물과 폐수가 배관시설을 통해 집 근처의 땅 밑에 매장된 정화조로 이동한다. 정화조 안에서 분변과 폐지와 같은 고형물질은 미생물에 의해 분해되어 바닥으로 가라앉는 반면, 액체는 탱크의 위쪽으로 흘러나가 정화대(septic bed)라 불리는 토양과 자갈지대를 가로질러 지하로 퍼져 내려간다. 정화대에 서식하는 토착미생물은 물속의 폐기성분을 분해한다.

정화조를 가지고 있는 사람들에게 막힘 현상을 방지하기 위해 사용하도록 권장하는 생물환경정화의 한 상업적 활용방안은 Rid-X와 같은 약품을 첨가하는 것으로 이 약품은 주기적으로 정화장치에 주입된다. 이들 약품들은 지방, 단백질, 당과 종이와 식물성분인 섬유소를 분해하는 지방분해효소(lipase), 단백질분해효소(protease), 전분분해효소(amylase) 그리고 섬유소분해효소(cellulase)와 같은 효소가 풍부한 동결건조 세균을 함유하고 있다. 이러한 방법으로 미생물을 첨가하는 것은 앞 절에서 논의된 바와 같이 생물접종법의 한 예이고, 이러한 처리는 정화장치가 요리용 지방과 유류, 분뇨, 폐지 및 정화장치를 막히게 할 수 있는 다른 물질을 분해하는 데 도움을 준다.

폐수(오수)처리장은 상당히 복잡하고 체계적으로 공정을 수행한다. 오수관으로 들어가는 생활하수는 펌프에 의해 처리시설로 이동하여 분변과 폐지가 잘게 부서지고 작은 입자로 분해된다. 이때 작은 입자들은 정화조에서 가라앉고 슬러지(sludge)라 불리는 진흙 같은 형태를 띠게 된다. 정화조에서 흘러나오는 물을 유출수(effluent)라고 부른다. 유출수는 호기성세균과 다른 미생물들이 유출수의 유기물을 산화시키는 호기조로 보내진다. 호기조에서 물은 수용성 유기물을 활발하게 분해하는 폐수분해균의 생물막으로 덮인 돌과 플라스틱 위로 분사된다.

대안적으로, 유출수는 세밀하게 조절된 환경에서 배양한 다양한 폐수분해균을 포함하는 활성오니조로 수송된다. 대개 이들 미생물은 물에서 자유유영을 하지만 어떤 경우에는 오염수가 흐르는 여과지에서 자란다. 최종적으로 유출수는 염소처리로 소독되어 물 순환 과정의 일부가 된다.

슬러지는 혐기성세균이 추가적으로 분해하는 혐기조로 운반된다. 메탄과 이산화탄소를 생성하는 세균들은 혐기조에 흔히 존재한다. 메탄가스는 종종 수집되어 오수처리장의 기계를 작동시키는 데 연료로 사용된다. 슬러지에 대개 존재하는 작은 벌레들 역시 슬러지를 작은 입자들로 분해하도록 돕는다. 슬러지는 결코 완전히 분해되지는 않지만 독성물질이 제거되면 말려서 매립하거나 비료로 쓸 수 있다.

과학자들은 소변에 존재하는 주요물질인 암모니아를 분해하는 고유의 능력을 가진 *Candidatus Brocadia anammoxidans*라 불리는 세균을 발견하였다. 폐수가 환경으로 되돌아가기 전에 암모니아의 제거는 중요하다. 왜냐하면 높은 농도의 암모니아는 조류이상번식(algal bloom)과 수로에서 산소 농도의 감소를 초래해 환경에 영향을 주기 때문이다. 일반적으로 폐수처리장은 암모니아를 산화시키는 *Nitrosomonas europaea* 같은 호기성세균을 이용하여 여러 단계의 반응을 거쳐 암모니아를 처리한다. 반면, *Candidatus Brocadia anammoxidans*는 혐기조건에서 한번의 과정을 통하여 암모니아를 분해할 수 있는데 이를 혐기적 암모니아 산화과정(anammox)이라 한다. 폐수처리장은 암모니아를 폐수로부터 보다 효과적으로 제거하기 위해서 이 균주를 곧 사용할 수 있다.

전 세계적으로 매일 많은 양의 물이 폐수처리시설을 통하여 처리되고 있으므로, 과학자들은 폐수로부터 가치있는 화학물질들을 회수하기 위한 노력에 관심을 가지고 있다. 여기에는 주요 중금속들과 함께 탄소, 질소, 인 등 비료로 재활용될 수 있는 형태의 탄소, 질소, 인 등이 포함된다.

지하수 정화

해변근처에서의 유출사고를 제외하고 기름유출과 같은 대형 화학물질의 유출은 인구밀집지역에서 멀리 벗어난 해양환경에서 발생한다. 그러나 담수오염은 대개 인구밀집지역과 인접하여 발생하고 식수원이나 지하수 또는 저수지 같은 지표수를 오염시키므로 인류건강에 심각한 위협이 된다. 지하수 오염은 미국의 많은 지역에서 흔히 발생하는 문제이다. 미국인구의 약 50%가 먹는 식수원은 지하수로부터 오며 대부분의 지하수가 인간의 건강에 영향을 줄 수 있는 오염물질을 포함하고 있다고 보고되고 있다. 오염된 지하수는 때때로 정화하기가 매우 어렵다. 오염수가 대개 토양과 암석에 고정되어 있어 대수층을 세척하기 위한 용이한 방법이 없기 때문이다.

원위치 및 비원위치 정화 기법들이 연계되어 수행되기도 한다. 예를 들면, 지하수가 유류나 휘발유로 오염이 되었을 때 이들 오염물질이 대수층의 표면으로 올라온다. 일부 기름과 가스는 직접 끌어올릴 수 있지만, 지하수와 섞인 것들은 표면으로 끌어올려 생물반응기를 통과해야 한다. 생물반응기 안쪽에서 스크린이나 그물망 위에서 자라며 생물막을 형성하는 세균들이 오염물질을 분해한다. 영양분과 산소가 종종 생물반응기에 첨가된다. 영양분, 세균 및 산소를 이용하는 생물반응기로부터 배출된 깨끗한 물은 원위치 생물환경정화를 위하여 대수층으로 다시 돌려진다. 일부의 경우, 토착세균이 군집을 형성한 토양에 참호 또는 구멍을 파서 대용량의 생물반응기가 매우 간단히 만들어질 수 있다. 이러한 접근들은 가축 폐기물 및 비료의 과다사용으로 인한 질소 오염을 줄이고 조류의 과잉성장과 어류의 폐사를 야기하는 지역 연못, 하천과 호수의 오염을 방지하는 데 이용될 수 있다. 이러한 구덩이들은 비료의 역할을 하는 우드칩으로 채워지며, 그 후 표토수가 구덩이를 채우도록 유도된다. 세균은 이러한 우드칩의 탄소를 이용하여 바이오매스를 늘이고 물의 질산염을 분해하여 질소 가스를 방출한다.

10.4 폐기물의 에너지화

전 국토에 걸쳐 많은 매립지가 가정과 사업장에서 발생하는 쓰레기의 과다로 인하여 한계에 부딪치고 있다. 대부분의 생활쓰레기는 음식물 찌꺼기, 상자, 폐지, 음식을 담는 판지용기(cardboard packing container) 및 이와 유사한 물건들로 구성되어 있다. 세제(detergent), 세척액(cleaning fluid), 페인트, 매니큐어(nail polish) 및 광택제(varnish)와 같은 다양한 화학폐기물은 대부분의 주에서 일반쓰레기(regular garbage)와 같이 버려질 수 있어 이들의 양을 줄이기 위한 노력에도 불구하고 여전히 쓰레기

(trash)로 취급되어서 버려진다.

과학자들은 음식물 쓰레기와 다른 종류의 쓰레기들을 토양분과 메탄가스로 전환할 수 있는 혐기성세균이 포함된 생물반응기를 통해 쓰레기를 줄이는 전략을 구상하고 있다. 메탄가스는 전력을 생산하는 데 사용될 수 있고, 토양분은 농장, 묘목장과 다른 농업에 사용되는 비료처럼 상업적으로 판매될 수 있다. 그들은 또한 지하로부터 빠져나가 주변의 지하수와 지표수를 오염시키는 매립지의 화학물질을 줄이기 위해 생물접종법을 사용한다. 성공적으로 수행될 경우 생물공학기술의 적용을 통해 대부분의 폐기물이 줄어들고 많은 매립지로부터 유용한 공간을 크게 늘리는 데 도움이 될 것이다.

2016년 유타주립대 생화학자들로 구성된 연구팀이 *Rhodopseudomonas palustris*가 단 하나의 효소를 이용하는 하나의 과정을 거쳐 이산화탄소를 메탄으로 변환시킨다는 흥미로운 연구결과를 발표하였다. 이산화탄소는 매우 안정적인 분자로 쉽게 분해되지 않는다. 화석연료의 연소에서 발생한 유해한 이산화탄소를 이용가치가 높은 연료로 전환시키는 일은 온실가스 감소의 가능성 측면에서 볼 때 매우 놀라운 발견이다. 본 연구가 상업적 적용에 성공할지 여부에 관심이 집중되고 있다.

생물환경정화를 연구하는 학자들은 역시 오수 슬러지와 미개발 에너지 자원으로써 해양과 호수의 저서에 존재하는 오염된 침전물을 연구 중에 있다. 호수와 해양의 침전물은 낙엽과 사체 같은 부패해가는 물질이 분해되면서 생성된 유기물이 풍부하다. 이러한 거름(muck) 속에는 에너지를 생성하기 위해 침전물 속에 있는 유기분자를 사용하는 혐기성세균들이 존재한다. Electrigens 또는 electrogenic 미생물이라는 용어는 전기를 생산하는 미생물이라는 뜻으로 유기화합물들을 이산화탄소로 환원시키며 전자를 전극으로 전달할 수 있는 능력을 가진다. 특정한 조건 하에서 electrigens들은 군집을 형성하며 상호 연결하여 전자를 전달하는 나노와이어를 만든다! 이들 균주는 비료나 일반적인 가정폐기물에서도 전기를 생산하는 데 이용될 수 있다.

*Desulfuromonas acetoxidans*는 혐기성 해양 박테리아로 철을 전자수용체로 이용하여 침전물 내의 유기분자들을 산화시킨다. 연구자들은 *D. acetoxidans* 및 *Geobacter metallireducens*와 *Rhodoferax ferrireducens* 등의 박테리아에서 전자를 획득하여 에너지를 박테리아 안에 포획하여 실험실 환경에서 전기를 공급할 수 있는 박테리아 생물 배터리라 불리는 방법을 연구하고 있다. 미국 해군은 지속적으로 electrogenic 미생물에 대한 연구를 지원하고 있다. 한 가지 적용 사례는 해양침전물에 서식하는 전기를 생성하는 미생물들이 해저환경에서도 전기를 생산할 수 있는가이다.

자연 및 실험실 환경에서 전기를 생성하는 미생물은 생물와이어를 형성하는 것으로 보고되었으며, 긴 사슬의 미생물들이 서로 결합하여 전자를 전달한다. 몇몇의 이러한 사슬들은 발진기로써 전류의 주기적인 펄스를 생산하는데(몇몇 종들은 매 펄스에 따라 생물발광을 한다), 비소 또는 철 등의 화학물질들을 감지하는 데 이용한다. 생물전지 기술이 현재 실험실 수준에서 발전되어가고 있으나, 이러한 연구들의 전망은 매우 밝으며, 높은 효율의 에너지원들이 생물정화를 수행하는 전기생산 박테리아에서 생산될 때까지 보다 많은 연구들이 요구된다.

10.5 환경정화를 위한 유전자변형균주의 활용

생물환경정화는 전통적으로 자연적으로 발생하는 미생물의 활성화에 의존했지만 많은 토착미생물들은 특정 종류의 화학약품, 특히 매우 독성이 강한 화합물들을 분해할 수 없다. 예를 들면, 플라스틱과 합성수지의 생성과정 동안 생성된 어떤 유기화합물은 생분해에 저항하고 환경에서 수백 년 동안 존재한다. 많은 방사성물질들도 역시 미생물을 죽이므로 결국 생분해를 막는다. 이렇게 특별히 까다롭고 독성이 강한 오염물질의 정화에는 유전자변형 미생물과 식물이 요구될 수 있다. DNA 재조합기술의 개발은 과학자들로 하여금 생물환경정화 과정을 개선할 수 있는 유전자변형생물들을 만들 수 있도록 하였다.

석유를 먹는 세균

생물환경정화를 위한 최초의 효과적인 유전자변형 미생물은 아난다 차클라바티(Ananda Chakrabarty)와 GM(Gneral Electric)사의 연구진들에 의해 1970년대에 개발되었다. 이러한 연구들은 DNA 생물복제(DNA cloning)와 DNA 재조합기술이 널리 보급되기 전에 수행되었다. 그러면 어떻게 차클라바티가 이러한 연구를 하였을까? 차클라바티는 살충제와 원유를 포함한 여러 종류의 화학물질에 의해 오염된 토양으로부터 *Pseudomonas*에 속하는 균주들을 분리할 수 있었다. 그러고 나프탈렌(naphthalene), 옥탄(octane) 및 크실렌(xylene)과 같은 유기화합물을 분해할 수 있는 능력을 가진 균주들을 동정하였다. 이들 균주의 대부분은 각 성분을 분해하기 위한 유전자를 암호화할 수 있는 플라스미드를 가지고 있기 때문에 이들 화합물의 존재 하에서 자랄 수 있다.

차클라바티는 세 가지 다른 균주를 교배하여 결국에는 여러 개의 다른 플라스미드를 포함하는 한 개의 균주를 생산하였다. 이러한 플라스미드들에 의해 생산된 복합 단백질들은 원유에 포함된 많은 화학성분들을 효과적으로 분해할 수 있었다. 이 업적으로 인해 그는 유전자변형생물로는 최초로 미국특허를 받았다. 그러나 이 특허결정은 심한 논쟁에 휘말렸고 약 10년간 법원에 계류되었다. 논쟁이 되었던 첫 번째 쟁점은 생물이 특허대상이 되는지 여부와 차클라바티의 재조합 세균이 자연의 산물로 봐야 되는지 아니면 발명으로 봐야 되는지였다. 결론적으로 대법원은 재조합 차클라바티의 개발은 특허로써 발명의 가치가 있다고 판결을 내렸다.

차클라바티의 방법은 기대했던 것만큼 효과적이지는 않았다. 원유는 수천 개의 화합물을 포함하고 있는 데 반해 그의 재조합 세균은 단지 몇 개만 분해할 수 있었다. 원유에 포함된 주요 화합물은 재조합 세균에 의해 거의 영향을 받지 않았다. 결론적으로 다른 분해특성을 가진 재조합세균의 개발이 연구의 새로운 핵심영역이 되었다. 미래에는 원유를 정화하는 유용한 방법으로 유류의 다양한 화합물을 분해할 수 있는 기능을 가진 다수의 균주를 투입하는 방법이 사용될 수 있다. 현재까지 유전자변형 미생물들을 생물정화를 위하여 현장에 적용하는 것은 일부 규제적 장애와 GM 박테리아의 유출에 대한 대중의 우려에 의하여 매우 제한적으로 이루어지고 있다. 그러나 GM 미생물은 실제 환경에서 토착세균과의 경쟁에서 밀려 효율적이지 못한 경우가 많다.

중금속 정화를 위한 미생물의 유전자 조작

구리, 납, 카드뮴, 크롬 및 수은을 포함하는 중금속은 사람과 야생동물에게 심각한 해를 끼칠 수 있다. 수은은 환경을 오염시킬 수 있는 극도의 독성을 가진 금속이다. 이것은 제조업, 건전지, 전기개폐기, 의료장비와 여러 다른 생산품에 사용된다. 수은 및 이와 관련된 화합물인 메틸수은은 생물축적(bioaccumulation)이라 불리는 과정을 통해 생물들에게 축적될 수 있다. 생물축적을 통해 먹이사슬에서 높은 단계에 있는 생물일수록 낮은 단계의 생물보다 더 높은 농도의 오염물질을 함유한다. 예를 들어, 급수시설에서 수은이 작은 물고기에게 섭취된 후 새(bird), 대형어류, 수달(otter), 너구리(raccoon) 및 사람을 포함한 다른 동물에게 먹힐 것이다. 대형어류와 조류는 작은 물고기를 수없이 먹기 때문에 보다 적게 먹는 작은 물고기보다 더 많은 수은을 체내에 축척할 것이다.

이와 같이 어떤 사람이 대형어류를 주식으로 먹는다면 그 사람은 시간이 흐르면서 많은 양의 수은을 축적할 것이다. 수은과 메틸수은으로 오염된 어류와 조개류의 지속적인 소비는 기형아와 뇌손상을 포함한 심각한 건강상의 문제를 일으킬 수 있다. 이러한 이유 때문에 미국의 많은 지역의 보건담당자들은 임산부와 어린이들은 황새치(sword fish)와 참치회(fresh tuna) 같은 종류의 어류는 적은 양만 먹을 것을 권장하고 일주일에 한 번 이상 이들 어류의 섭취를 금하고 있다.

수은은 매우 낮은 섭취량에도 독성이 있기 때문에 오염된 상수도로부터 수은을 제거하기 위해 가장 최근의 방법으로도 받아들일 만한 기준치만큼 충분한 수은제거는 하지 못한다. 최근에 과학자들은 수은과 다른 중금속의 정화에 유용할 것으로 추정되는 유전자변형 대장균 균주를 개발했다. 그들은 또한 식물과 다른 생물에서 자연적으로 발생하는 금속결합 단백질을 동정하였다. 두 개의 가장 잘 특성화된 단백질인 메탈로티오네인(metallothionein)과 파이토컬레이틴(phytochelatin)은 강한 금속결합능을 가지고 있다. 그러나 이들 단백질이 기능을 하려면 금속이 세포 속으로 들어가야 한다. 그래서 과학자들은 수은이 금속결합 단백질에 결합할 수 있는 세균의 세포질로 수은을 빠르게 흡수할 수 있는 수송 단백질을 발현시킬 수 있도록 형질전환 대장균을 개발한 것이다.

이렇게 유전적으로 변형된 세균들 중 일부는 수은을 직접 흡수할 수 있지만 수은과 흡착하는 다른 세균들은 상수도로부터 수은을 빨아들이는 스펀지와 같이 작용하는 생물막(biofilm)을 형성하며 자란다. 생물막은 수은을 포함하고 있는 세균을 제거하기 위해 주기적으로 제거되어야 한다. 이와 유사하게 메탈로티오네인 유전자를 포함하는 유전자변형 단세포 조류와 시아노박테리아라 불리는 세균은 사람에게 매우 심각한 질병을 일으키고 독성이 강한 중금속인 카드뮴을 흡수하는 능력을 가져 앞으로 전망이 높다.

유전자변형 식물과 식물 환경정화

최근에 과학자들은 생물환경정화의 능력을 개선하기 위해 유전자변형 식물의 개발에 박차를 가하고 있다. 현재, MeHg의 정화에 식물환경정화를 이용하는 것은 매우 활발한 연구분야이다. 미생물에서 유래된 수은을 무독화하는 유전자가 삽입된 형질전환 식물들은 수은과 같은 중금속을 축적할 수 있는 가능성을 보여주었으며, 결과적으로 식물환경정화에 이용될 수 있을 것으로 생각된다.

이러한 분야에서 가장 전망 있는 연구 중의 하나는 다수의 토양과 지하수를 오염시키는 군사용 폭발물과 무기로 오염된 사격장의 화학물질을 제거하기 위한 식물들의 개발이다. Hexahydro-1,3,4-trinitro-1,3,5-triazine(RDX)과 2,4,6-trinitrotoluene(TNT)은 폭발물에서 기인하는 가장 흔한 화학오염물질들이다. 화학약품은 토양을 통해 쉽게 이동하며 지하수오염의 원인이 된다. RDX와 TNT 모두 대부분의 생물에게 매우 독성이 크고 야생동물과 사람의 건강에 상당한 위협이 된다. TNT가 최고의 오염물질 20개 중의 하나이고, EPA는 TNT와 RDX를 환경에서 제거해야 할 우선대상인 화학약품 목록에 기재하였으며 전 세계적으로 주요 오염문제를 일으킨다. 놀랍게도, 수백 톤의 이러한 화합물들이 전 세계 곳곳에서 발견되고 있는데, 수백만 에이커의 미군 기지의 경우 최대 1650억 달러의 정화 비용이 예상된다.

몇몇 세균과 식물들은 낮은 효율로 TNT를 조금 분해하는 정도이고, RDX는 특이적인 화학구조에 의하여 분해가 더더욱 용이하지 않다. 그러나 지난 몇 년 동안 과학자들은 TNT와 RDX의 식물환경정화를 위해 효율이 높은 형질전환 식물을 만들어내기 위해 유전자변형 기술을 이용해왔다. *Enterobacter cloacae*에서 유래된 질산환원효소(nitroreductase) 유전자를 발현하는 담배는 효과적으로 TNT를 독성이 약한 화합물로 전환하였다. 과학자들은 세균인 *Rhodococcus rhodochrous*에서 유래한 xplA라 불리는 유전자를 *Arabidopsis thaliana*에 도입하였다. 이 xplA 유전자는 식물로 흡수된 RDS를 분해할 수 있는 시토크롬(cytochrome) P450라 불리는 RDX 분해효소를 생산한다.

최근 워싱턴대학과 뉴욕대학의 연구자들은 RDX를 분해하는 박테리아에서 얻은 두 개의 유전자를 발현하는 유전자변형 switchgrass(*Panicum virgatum*)와 creeping bentgrass(*Agrostis stolonifera*)를 개발하였다. 테스트 실험 결과, 이들 형질전환 초본들은 2주 안에 오염된 토양에서 모든 RDX를 제거하였고, 식물환경정화 후 잎과 줄기에 RDX가 잔존하기 않았다. 미래에는 TNT와 RDX 두 가지를 동시에 분해하는 식물을 개발할 수 있을 것으로 기대한다. 나아가, 포플러 나무의 염기서열이 해독되었으므로 유전자변형 식물을 연구하는 생물환경정화 과학자들은 표토보다 월등히 아래에 있는 TNT와 RDX를 정화하는 유전자변형 포플러 그리고 뿌리를 깊게 내리고 빠르게 생장하는 나무를 개발할 가능성에 매우 고무되어 있다.

생물감지기

여러 해 동안 생물발광 해양 박테리아 *Vibrio fischeri*가 독성 화학물질이 환경샘플 내에 존재하는지를 테스트하기 위한 바이오센서(biosensor)로 이용되어 왔다. 예를 들어, 퇴적물 샘플과 혼합되면 침전물에 존재하는 화학물질이 박테리아를 죽이므로 박테리아로부터 나는 빛이 감소할 것이다. 따라서 과학자들은 생물발광의 감소를 측정할 수 있고, 침전물 내의 독성 화학물질의 농도를 파악할 수 있다. 그러나 GM 생물을 바이오센서로 개발하는 데 보다 많은 관심이 집중되어 있다.

연구자들은 탄소와 수소의 복잡한 구조를 가진 PAH(polycyclic aromatic hydrocarbon)라 불리는 독성 화합물을 효과적으로 분해할 수 있는 유전자변형세균인 *Pseudomonas fluorescens*를 개발하였다. 과학자들은 DNA 재조합기술을 이용하여 오염물질을 대사할 수 있는 효소를 암호화하는 세균의 유전자와 생물발광 해양세균으로부터 lux 유전자와 같은 탐색유전자를 연결하는 데 성공을 거두었다. 앞 장을 상기해보면 lux 유전자는 빛을 발광하는 효소 루시페라아제(luciferase)를 암호화하기 때문에 탐색유전자로 자주 사용된다. PAH가 분해될 때 세균은 생분해율을 감지하기 위해 사용될 수 있는 빛을 방출한다. 유사한 기술들이 lux 유전자를 포함하는 재조합 세균으로부터 생물감지기(biosensor)를 개발하는 데 사용되고 있다. 이러한 접근방식은 다양한 환경오염물질을 검출할 수 있는 많은 다른 종류의 생물감지기를 개발하는 데 널리 사용되고 있다. 미래에는 유전자변형 미생물들이 생물감지기와 같이 그리고 많은 생물환경정화의 적용에 주요 참가자로서 아마 더 큰 역할을 담당할 것이다. 다음 절에서 가장 널리 연구되고 많이 알려진 생물환경정화의 두 가지 예를 들어 설명할 것이다.

10.6 환경재앙

대부분의 생물환경정화 기법은 비교적 적은 면적, 아마도 수백 에이커 정도의 오염지역을 정화한다. 그럼에도 불구하고 상당 부분이 생물환경정화에 의해 처리해온 큰 규모의 환경재앙연구를 통해 다른 생물환경정화 방법이 효과를 거두게 했다.

엑손 발데즈 유조선의 기름 유출 사건

세계는 석유화학제품에 크게 의존하고 있다. 여기에는 원유, 천연가스, 다양한 액화 정제 가스, 그리고 가솔린과 디젤 연료 등의 정제된 석유제품들이 포함된다.

석유화학제품들은 자동차에 이용되는 가솔린과 디젤 연료로만 이용될 뿐만 아니라 플라스틱, 페인트, 화장품, 그리고 세제 등의 수백 가지 생활용품들의 기초가 된다. 미국의 에너지 정보행정국(U.S. Energy Information Administration)에 따르면, 2016년 기준 미국은 79억 배럴(1배럴 = 42 미국 갤런, 또는 약 159리터)의 석유제품을 매년 이용하고 있으며, 매년 약 19.6백만 배럴, 하루 약 1,010만 배럴이 약 70개국에서 수입된다.

미국 국립과학보고서에 따르면 약 13억 리터의 기름이 매년 해양으로 유출되고 있다고 한다. 원유가 운반될 때 일정량의 사고적 유출과 누출이 거의 항상 발생하고, 이것이 약 전체의 12%를 차지한다. 기름의 소비와 유출, 육지로부터의 하역에 의한 방출은 약 37%를 차지하나 가장 많은 46%의 기름이 자연적으로 발생하는 해저에서의 누출에 의하여 우리의 바다로 유입된다.

기름유출은 환경 특히 수많은 야생동물들에게 엄청난 피해를 준다. 전형적으로 대형유출은 인간의 삶에 직접적으로 큰 피해는 주지 않는다. 왜냐하면 대부분의 대형 유출사고는 수영장과 상수도로부터 멀리 떨어진 대양이나 만에서 발생하기 때문이다. 인간은 한 지역의 식수원을 위협할지도 모르는 주유소의 지하탱크의 누출 같은 지역적 유출로 더 많은 영향을 받는다.

1989년에 엑손 발데즈 유조선은 알래스카의 해변에서 떨어진 Prince William Sound의 한 암초 위지면을 내달렸다. 이 결과로 약 1,100만 갤런의 원유가 유출되었고 알래스카 해변의 1,600 km 이상을 오염시켰다. 생물환경정화를 위해 많은 실험적 접근이 이 기름유출을 정화하기 위해 시도되었고 Prince William Sound는 새로운 정화방법을 시도하는 거대한 시험장이 되었다.

대부분의 대형 기름유출에서 수행되는 것처럼 물리적 정화 방법들이 많은 양의 기름을 방지하고 제거하기 위해 제일 처음 사용되었다. 오일펜스(containment boom)나 스키머 - 표면망, 울타리, 또는 표면에 뜨는 부표와 같은 공기주입식 장치 - 가 제자리에 고정되거나 기름을 수집하고 방지하기 위해 보트 뒤에서 끌어당겨지는 방법이 처음으로 사용되었다. 그 다음 진공장치가 표면의 기름을 처리탱크로 끌어들이기 위해 사용된다. 모래사장과 바위들은 기름을 분산시키기 위해 높은 압력 하에서 담수로 씻긴다. 바다에서 기름의 희석과 용해에 의해 기름은 점차적으로 분산된다. 생물공학적 정화기술로 원유와 결합하는 감귤류에서 추출한 제품(citrus-based product)을 사용하였고 이것은 흡수판에 모아지게 된다. 하지만 다량의 기름을 제거하기 위해 이러한 물리적인 방법을 이용한 후에도 오염된 해변의 표면과 표면 아래에 수백만 갤런의 기름이 여전이 모래, 바위, 자갈에 부착되어 남아 있다. 바로 이 시기가 생물환경정화 기술을 적용해야 할 때이다.

생물환경정화에서 첫 번째 단계에는 모래와 바위에 살고 있는 유류분해균(대부분 *Pseudomonas* 균주들)을 활성화시키기 위해 질소와 인산비료가 사용된다. 토착세균들은 즉시 그들이 기름을 분해한다는 징후를 보여준다. 미생물이 석유제품을 분해할 때 PAH가 만들어지고 결국에는 이산화탄소와 물로 분해될 수 있는 탄소고리로 산화된다. 시간이 흘러 해변의 토양에서 기름을 검출하는 화학실험을 통해 토착세균에 의한 자연분해가 진행되었다고 지시해주는 화학성분의 중요한 변화를 볼 수 있게 되었다. 이 기름을 완전히 정화하는 데는 수백 년이 걸릴지도 모르고 알래스카 환경의 어떤 지역에서는 유출 이전의 천연상태로 결코 돌아가지 못할지도 모른다.

쿠웨이트의 유전 사고

쿠웨이트의 사막들은 말 그대로 생물환경정화를 공부하기 위한 살아 있는 도서관이다. 걸프전쟁 후 10년이 지나서도 쿠웨이트 사막의 넓은 면적이 기름으로 덮인 채 남아 있었다. 1990년부터 1991년까지 이라크의 쿠웨이트 점령기간 동안 셀 수 없는 숫자의 유전이 파괴되어 대략 9억 5,000만 갤런의 기름이 사막으로 유출되어 태워졌다. 이 양은 엑손 발데즈 사건으로 유출된 기름의 20배나 더 많다. 이러한 유출을 연구하고 있는 쿠웨이트의 과학자들은 유출된 기름이 많은 오염지역에서 식물과 동물에게 심각한 영향을 미친다는 것을 발견하였다. 어떤 식물종은 완전히 사려졌고 장기간의 생물학적 손상이 오랫동안 알려지지 않을 것이다.

발데즈 유출과는 대조적으로 사막토양의 생물환경정화는 수많은 어려운 문제들을 가지고 있다. 알래스카의 기름유출과는 달리 기름을 퍼뜨리고 용해시킬 파도가 없다. 사막의 건조한 토양 조건은 소수의 유류분해미생물만이 살고 있고 모래와 바위에 부착된 기름은 자연분해 과정을 느리게 한다. 선행연구는 새로운 유류분해균주들이 모래의 표면 아래에 있는 기름을 분해하기 위해 느리게 일을 하고 있음을 보여주었다.

쿠웨이트 정부는 아마 세계에서 가장 큰 생물환경정화 과제가 무엇인지 주목시키기 위해 10억 달러의 계획을 추진해왔다. 건조한 사막 환경을 정화하기 위한 하나의 모델로 사용하기 위한 이만한 크기의 면적은 이전에도 연구된 적이 없다. 그래서 세계로부터 온 생물환경정화관련 과학자들은 기름으로 젖은 모래알들을 정화하기 위한 방법을 개발하기 위하여 쿠웨이트 사막에서 연구를 계속하고 있다. 과학자들이 이 지역에서 연구하는 것으로부터 배우는 정보는 다른 사토환경(sandy environment)에서 기름유출을 처리하는 데 틀림없이 가치가 있을 것이다. 예를 들어, 오염된 모래에서 분리된 수십 종의 원유 분해 세균(대부분 *Corynebacterium variabile*에 속함)은 바이오매스를 증가시키고 실험실 조건에서 1주 이내에 대부분의 원유를 효율적으로 분해하는 것으로 나타났다. 현장에서 생물학적 정화를 개선하기 위해 이러한 미생물을 촉진하는 것 외에도 비슷한 환경 조건을 가진 다른 정화장에서 생물학적 정화를 위하여 유용하게 이용될 수 있을 것이다.

대량의 기름 유출 사고

2010년 4월 20일, 영국 석유(British Petrol)의 석유 시추 장비 Deepwater Horizon이 폭발하여 87일 동안 해저에서 석유의 간헐천 방출이 지속되었으며, 루이지애나 해안에서 약 65킬로미터 떨어진 멕시코만에 수백만 갤런의 원유가 분출되었다. 오일 흐름의 추정치가 큰 폭으로 변했지만, 7월 중순에 파손된 유전이 덮이기 전까지 6억 리터(적어도 5백만 배럴)의 기름이 걸프만에 방출되어 역사상 가장 큰 해양 석유 유출 사건으로 기록되었다. 그러나 누출의 크기를 감안할 때 예측된 것보다 훨씬 적은 양의 기름이 해안으로 들어갔다. 정화 담당자에 의해 제거되지 않은 오일은 파도 작용과 화학 분산제의 사용을 통해 분산되었다. 계획된 연소 및 PAH와 같은 휘발성 물질의 표면 증발도 오일 정화에 기여하였으나, 생물환경정화는 약 50%의 유출된 기름을 분해하는 데 결정적 역할을 하였다.

메사추세츠에 위치한 우즈 홀(Woods Hole) 해양 연구소(Oceanographic Institute)의 보고에 따르면, 기름이 유출된 지 처음 5일 동안은 미생물이 유의적으로 기름을 분해하지 않았다. 시간이 지남에 따라, 수중에 적어도 22마일 길이의 기름띠가 생겼다. 몇 주 안에 미생물이 기름띠로 몰려들어 급속히 번식하여 박테리아가 기름띠 모양 안쪽에서 두 배나 고밀도로 나타났다. 이러한 기름띠에 존재하는 토착 미생물에 대한 연구를 통하여 1,500개의 유전자에서 코딩되는 단백질들이 탄화수소를 분해하도록 디자인된 것으로 밝혀졌다. 명백히 탄화수소 분해 미생물은 기름띠에서 매우 풍부해졌으며 이들 미생물은 활발히 기름을 분해하고 있었다. 미생물이 멕시코만으로 유출된 약 20만 톤의 메탄을 분해하는 것으로 밝혀졌다. 에탄 및 프로판은 유출된 탄화수소의 대표적인 예이며, 이들 또한 미생물에 의해 분해되었다.

걸프의 따뜻한 물과 프로판과 에탄을 포함하는 천연 가스와 같은 것들은 토착 미생물에 의한 생분해를 촉진한다. 철분, 질소 및 인과 같은 비료가 현장에 적용되어 생분해 속도를 높였다. 또한 기름띠를 따른 용존 산소 수준의 변화도 기름띠를 따른 생분해 비율의 변화에 영향을 미쳤다. 이러한 미생물들은 거의 3일마다 기름의 양을 대략 절반으로 감소시키는 것으로 나타났다.

저들은 어디서 왔을까? 석유 분해 박테리아는 오랜 세월 동안 해저에서 자연적으로 스며나오는 기름으로 번성하여왔다. 매년 약 7,900만 리터의 기름이 자연적으로 발생하는 누출을 통해 멕시코만의 바닥으로 누출된다. Deepwater Horizon 기둥 내에서 연구자들은 새롭게 발견된 종을 포함하여 900 이상의 아종 세균을 발견하였다. 또한 손상된 유전에서 흘러나오는 기름의 흐름을 막기 위해 사용되는 화학 분산제는 오일 방울과 물 사이의 표면적을 증가시켜 오일 분해 박테리아와 물의 접촉을 촉진하여 미세 입자를 만들 수 있다. 그러나 다른 연구에서는 분산제가 탄화수소 분해 박테리아를 억제하고 분산제 분해 세균을 선호하는 것으로 나타났으며, 이는 왜 기름띠 내부의 미생물 밀도에 비하여 석유의 생물학적 복원 속도가 예상보다 낮았는가를 설명한다.

걸프 지역의 연구를 지원하기 위해 British Petrol로부터 5억 달러에 달하는 서약의 일환으로 지원되는 많은 생태 유전체 프로젝트가 진행 중이다. 과학자들은 전체 유전체 시퀀싱, 마이크로 어레이 분석 및 전사체 분석을 통하여 다른 생물들의 유전체가 어떻게 오일 스트레스에 적응하는지 연구하고 있다. 하나의 중요한 발견은 생물정화는 상이한 분해능을 가진 다양한 미생물의 복합적 공동체를 필요로 한다는 것이다. 미생물은 오일 뷔페에서 다양한 화학 성분을 기반으로 번창하였다. 일부 미생물들은 알칸을 분해하고 다른 미생물은 방향족 탄화수소를 대사한다. 루이지애나의 습지로 이동한 석유가 걸프 지역의 해양 생태계에 미치는 장기적 영향은 수십 년 동안 면밀히 평가될 것이다.

10.7 생물환경정화의 도전

생명공학은 사고, 산업적 제조, 생태계의 잘못된 관리를 통해 오염된 환경을 복구하기 위한 우리의 노력에서 중요한 도구이다. 생물환경정화는 빠르게 발전되는 과학분야이다. 전 세계의 과학자들은 이러한 분해 과정에 관여하는 새로운 유전자와 단백질의 확인 및 생분해 과정에 관련된 미생물에 대한 이해를 높이기 위한 연구를 수행하고 있다. 연구자들은 새로운 종류의 화학물질을 분해할 수 있는 유전자변형 미생물을 만들기 위해 미생물 유전학을 연구하고 있다. 오염을 감지하고 모니터하기 위한 새로운 바이오센서를 개발하고 있다. 여기서 우리는 생물정화를 연구하는 과학자들이 찾고자 하는 몇 가지 다른 도전 과제에 대한 해결책들을 간단히 살펴볼 것이다.

가치 있는 금속의 재활용

구리, 니켈, 붕소 및 금과 같은 가치 있는 금속의 재생은 생물환경정화의 새로운 영역으로 현재 개발 중에 있다. 산화반응을 통해 많은 미생물들은 금속성 산물을 세균세포에 축적하거나 세포표면에 부착시키는 금속 산화물이나 광석으로 불리는 불용성 물질로 전환할 수 있다. 깊은 바다의 열수구(hydrothermal vent)에 사는 어떤 해양세균은 값비싼 금속들을 침전시킬 수 있는 잠재 능력을 가지고 있다.

산업제조 과정에서 유해한 금속들을 회수하는 한 방법으로 세균을 사용하는 것은 하나의 가능성 있는 방법이지만, 과학자들은 가치 있는 진귀한 금속의 회수를 위해 세균을 이용하는 방법에 관심을 가진다. 예를 들면, 많은 제조과정은 금과 은의 도금기술을 사용하는데 이 기술을 통해 금과 은의 부유 입자들이 함유된 폐수를 발생시킨다. 미생물은 이러한 폐수로부터 금속의 일부를 재생할 수 있다. 유사하게 미생물은 역시 금광에서 발견되는 지하수나 동굴수(cave water)로부터 금 입자들을 회수하는 데 사용된다. 그러한 환경에서 살고 있는 많은 균주들은 이러한 목적을 위해 활발히 연구가 진행되고 있다.

도시 폐수 처리 시설은 폐수에서 귀중한 금속, 특히 백금, 은 및 금, 그리고 전자 제품에 사용되는 팔라듐 및 바나듐 같은 희귀 원소를 회수하려는 과학자들에겐 관심의 대상이다. 백만 명 미국인의 하수 폐기물에는 1,300만 달러 상당의 금속이 포함될 수 있다. 식물은 환경으로부터 금속을 회수하는 방법을 제공할 수 있다. 오스트리아 알프스 산맥에 서식하는 야생 겨자 *Thlaspi goesingense*는 저장 액포 내에 금속을 축적하는 것으로 알려져 있다.

방사성 폐기물의 생물환경정화

활발하게 연구가 진행되는 또 다른 분야는 환경에서 방사성 물질을 제거하기 위한 생물환경정화 기법의 개발이다. 우라늄, 플루토늄과 다른 방사성 물질들은 우라늄 광산에서 흘러내리는 물에서 찾을 수 있다. 원자력발전소에서 나오는 방사성 폐기물 역시 전 세계적으로 폐기 때문에 문제가 되고 있다. 미국의 에너지국은 무기생산과 핵 반응기 개발에 의해 오염된 30개주 100개 이상의 지역을 확인하였다. 방사능 오염지역은 종종 중금속과 톨루엔 같은 유기물과 함께 플루토늄, 세슘 및 우라늄 같은 방사능의 복잡한 혼합체로 구성된다.

비록 대부분의 방사성 물질이 대다수의 미생물을 죽이지만, 일부 세균은 방사성 화학물질을 분해하는 능력을 가지고 있다. 예를 들어 매사추세츠대학교의 연구진들은 *Geobacter*의 어떤 종들은 지하수에 녹아 있는 우라늄의 방사능을 효과적으로 고정해서 불용성 우라늄으로 환원할 수 있다는 것을 발견하였다. 그러나 지금까지 방사성 물질을 무해한 산물로 완전히 대사할 수 있는 어떤 세균도 발견하지 못했다.

특히 *Deinococcus radiodurans*라고 불리는 균주는 대단히 흥미롭다. 이 균주의 이름은 사전적으로 방사능을 저지하는 낯선 딸기를 의미한다. 기네스북에 따르면 세계에서 가장 강력한 세균으로 기록된 *D. radiodurans*는 약 50년 전에 비록 방사선으로 멸균을 했지만 상하게 된 쇠고기 통조림에서 처음으로 분리되고 동정되었다. 그 이후에 과학자들는 *D. radiodurans*가 인간을 포함한 다른 생명체보다 3,000배 높은 방사능에도 견딜 수 있다는 것을 발견하였다. 많은 방사능에 노출되면 DNA의 이중나선구조가 끊어지고 돌연변이를 유발한다. 그러나 *D. radiodurans*는 방사능에 믿을 수 없는 저항성을 가진다. 비록 이 균의 저항 기작이 완전히 밝혀지지는 않았지만, 이 미생물은 방사능으로부터 손상을 최소화할 수 있도록 유전체를 접는 정교한 시스템을 분명히 가지고 있으며 또한 유전체의 손상된 부분을 대체하기 위한 독창적인 DNA 복구 기작을 사용한다. 최근 *D. radiodurans* 유전체의 완전해독은 고유의 DNA 복구 유전자를 찾을 수 있는 가능성을 열어 준다.

미국의 에너지국은 방사능 오염지역의 생물환경정화를 위해 *D. radiodurans*와 또 다른 세균인 *Desulfovibrio desulfuricans*의 이용에 매우 큰 관심을 가지고 있다. 최근 미국 에너지국과 미네소타대학교의 연구진들은 *D. radiodurans* 유전자의 프로모터 서열(promoter sequence)을 톨루엔 대사에 관여하는 유전자(toluene dioxygenase)와 결합시켜 재조합 균주를 만들었고, 이 균주는 높은 방사능 환경에서 톨루엔을 분해할 수 있는 능력을 보여주었다. 방사성 물질을 고정시키는 효과에 있어서 과학자들은 금속결합 단백질을 암호화하는 다른 미생물의 유전자를 *D. radiodurans*에 접목하기 위해 같은 전략을 추진하고 있다.

마지막으로 생분해를 연구하는 과학자들이 새로운 화학물질이 환경에 어떤 영향을 줄 수 있는지 예측할 수 있도록 준비하여 새로운 오염물질을 제거하는 기술을 개발하는 것이 중요하다. 생물환경정화는 환경에서 모든 오염 물질을 제거할 수는 없지만, 잘 계획된 생물학적 정화는 환경정화 노력의 중요한 한 부분을 담당한다. 우리는 최근 수년간 미국과 세계적으로 관심을 얻었던 중요한 정화 문제들을 소개하는 것으로 이 장을 마치고자 한다.

환경에서의 매크로 및 마이크로 플라스틱 분해

치약, 옷, 세탁 세제, 페이셜 스크럽, 비닐 봉지, 타이어 및 플라스틱 병은 어떤 공통점을 가지고 있는가? 모두 매크로 플라스틱(플라스틱 조각의 크기가 5 cm 이상) 및 마이크로 플라스틱(작은 플라스틱 입자, 약 100 nm ~ 5 mm 크기)의 근원으로서 전 세계의 수중 환경에 심각한 오염을 야기한다. 개인별로 볼 때, 북미 또는 서유럽의 사람은 평균 매년 플라스틱 100 kg, 약 3억 톤의 플라스틱이 매년 생산되고 폐기된다. 이중 15% 미만이 재활용을 위해 수집되는데, 이는 연간 1,000억 달러가 넘는 세계 경제 손실에 해당한다. 그러나 아마도 가장 걱정스러운 통계는 매년 약 9백만 톤의 플라스틱이 세계의 바다로 들어가는 것일 것이다. 이러한 추세가 지속된다면 과학자들은 2050년까지 해양에 존재하는 플라스틱이 물고기보다 더 많은 양을 차지하리라는 심각한 예측을 내놓았다.

태평양 쓰레기 소용돌이라고도 불리는 그레이트 퍼시픽 쓰레기 패치(Tha Great Pacific garbage patch)는 플라스틱 파편의 바다 뗏목으로, 1980년대 후반에 발견되었다. 크기의 추정치는 70만 평방 킬로미터(대략 270,000평방 마일, 대략 텍사스의 크기)에서 측정 방법 및 해류에 따라 몇 배 더 크게 추정되기도 한다. 이것은 바다 표면 아래에 매달려 있는 큰 쓰레기와 마이크로 플라스틱의 조합이다. 비슷한 패치가 대서양에도 존재한다. 이 패치는 산업화된 국가들에서 멀리 떨어진 지역에서 발견되며, 지역의 오염으로 인해 세계적으로 문제가 발생한다고 강조했다. 또한 남태평양의 멀리 떨어져 있는 헨더슨섬(Henderson Island)과 같은 인구가 많은 섬에서는 가장 가까운 도시에서 5,000 km 이상 떨어진 곳에 많은 수의 플라스틱이 밀려왔다.

문제는 대단히 심각하다. 매일 8조 개 이상의 마이크로 비드가 미국의 수로에 유입된다고 추산된다! 일부는 폐수 처리 시설에서 제거될 수 있다. 지구의 대양 표면에는 수십만 톤의 미세 플라스틱이 있다. PCBs, DDT, PAHs와 같은 화학물질은 모두 해양 플라스틱에 부착하여 독성을 나타낸다. 매크로 및 마이크로 플라스틱은 해양 생물을 파괴한다.

위가 플라스틱 파편으로 가득 차 죽은 해양 동물에 대한 연구들은 널리 알려져 있다. 새와 바다거북은 비닐봉지를 해파리로 착각할 수 있다. 과학자들은 바닷새의 약 90%가 소화 시스템에 플라스틱을 가지고 있다고 추정한다. 대합조개, 홍합 및 굴과 같은 여과섭식자(Filter feeders)는 상당한 양을 섭취할 수 있다. 소화를 방해하고 내분비계 장애 물질로 작용하는 마이크로 플라스틱의 양은 다른 많은 건강상의 영향 중에서도 중요하다고 하겠다. 유사하게, 마이크로 플라스틱과 관련된 화학물질은 포식자 종에 의해 대량으로 소비되는 작고 오염된 유기체로 먹이 사슬에서 생물에 축적될 수 있다. 해산물을 규칙적으로 섭취하는 사람들은 해마다 11,000개에 이르는 마이크로 플라스틱 입자를 소비하는 것으로 추산된다.

생분해될 수 있는 원유와 같은 유기 오염물질과 달리 플라스틱은 생물학적 정화에 매우 강하다. 태양광에 노출된 상태에서 플라스틱이 분해되는 광분해(범퍼 또는 헤드 라이트 커버가 자동차 수명과 함께 색이 바래는 것과 같이 자동차의 부품을 보았을 때 광분해를 관찰한 경우)는 플라스틱을 더 작은 입자로 분해시킨다. 그것은 플라스틱을 환경에서 제거하지 않는다. 한 가지 문제는 플라스틱 고분자 재료가 커서 박테리아 세포 안으로 쉽게 들어가지 않는다는 것이다.

물론, 매크로 플라스틱 및 마이크로 플라스틱의 생산을 줄이고 기존의 플라스틱을 대체할 수 있는 생분해성 소재를 개발하여 환경을 정화하는 일은 장기적으로 필요하다. 일부 제조업체는 이미 각질 제거제와 같은 스킨 케어 제품에서 마이크로 플라스틱을 제거하고 모래 및 조개껍질 조각으로 대체하는 조치를 취하고 있다. 2020년 1월 1일부터 캘리포니아주에서 마이크로 플라스틱을 포함한 개인 위생 용품 판매를 금지할 예정이다.

이러한 조치들이 새로운 오염원에 영향을 미치기까지에는 시간이 걸릴 것이다. 생물정화는 현재 존재하는 매크로 및 마이크로 플라스틱 오염 문제를 해결하는 데 도움을 줄 수 있는가? PET는 플라스틱에 존재하는 중합체이다. 2016년까지 PET를 분해하는 것으로 알려진 생물은 없었다. 요시다 쇼스케(Yosida Shosuke)와 일본 연구팀은 PET를 완전히 분해하여 탄소 공급원으로 사용하는 새로운 박테리아인 *Ideonella sakaiensis*를 분리했다고 보고했다. *I. sakaiensis*는 PET 병 재활용 사이트에서 수백 개의 미생물 샘플을 스크리닝하여 발견한 그람음성 호기성 박테리아이다. *I. sakaiensis*는 PET 대사에 관여하는 두 가지 주요 효소를 합성한다. PET 생물정화는 느린 과정이다. 연구실에서는 소량의 PET가 생분해되는 데 약 6주가 소요된다.

스페인과 영국의 연구원들은 PET를 함유한 제품을 소비하고 분해할 수 있는 가능성을 보인 왁스 나방(*Galleria mellonella*)의 유충을 연구하고 있다. 언급된 사례들과 같은 연구는 미래의 잠재적인 생명공학의 응용이 환경 플라스틱의 생물학적 정화를 해결할 것이라는 낙관론을 제시한다.

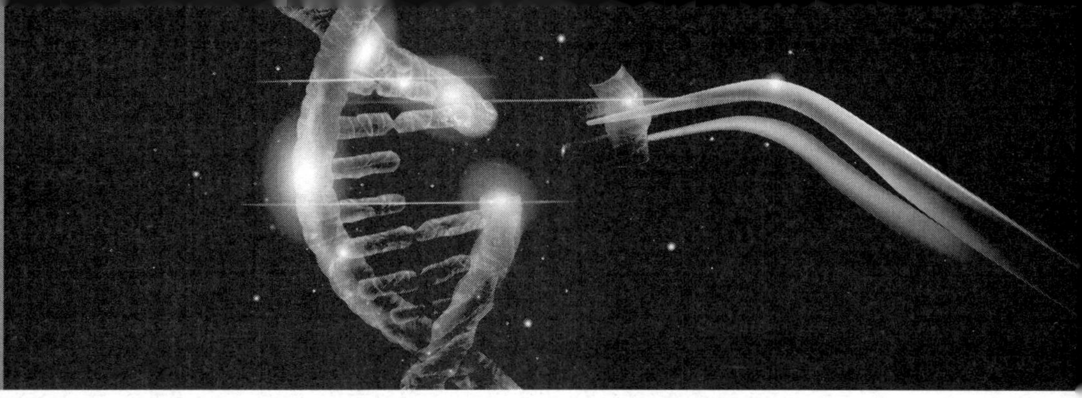

11장

유전자 치료

유전병의 증상을 치료하는 데는 약물치료들이 효과적일 수 있으나, 의학적 처방의 이상적인 결과는 질병을 치료하는 것이다. 이것이 유전자 치료(gene therapy, 잘못된 유전자들에 의해 유발된 유전적 질병 상황을 바로잡기 위해 환자의 세포에 치료 유전자를 전달하는 것)의 목표이다. 유전자 치료에서의 초기 시도들은 정상적인 치료용 유전자 사본을 전달하여 질병 유전자를 압도하거나, 그 효과를 완화시키는 방식으로 발현시킴으로써, 유전 질병의 증상을 최소화하거나 없애는 것에 초점을 맞추었다. 그러나 최근에는 결함 유전자들을 방해하거나 침묵화시키고, 심지어는 결함 유전자들을 꼭 집어 제거하는 등의 새로운 방법들이 유전자 치료의 강력한 기작으로 부상하고 있다.

유전자 치료는, 질병-유발 유전자의 발견과 같은 과학적 발견을 받아들이고 그 발견을 효과적인 치료로 해석함으로써, 질병 치료를 위해 실험대로부터 환자 곁으로의 이동을 뜻하는 중계 의학(translational medicine)이 추구하는 한 가지 목표이다. 이론적으로, 치료 유전자의 전달은 비교적 단순하다. 그러나 실제로 유전자 치료를 수행하기는 매우 어렵다. 20년 이상의 시도에도 불구하고, 이 분야는 기대에 부응하지 못했던 것이 사실이다. 그러나 유전자 치료는 괄목할만한 새로운 성공들과 매우 흥미로울 수 있는 새로운 기술들이 수면 위로 부상하면서 빠르게 부활하고 있는 중이다. 유전자 치료는 곧 주류 의료 서비스의 일부가 될 것이다. 유전자 치료로 인간의 유전병을 치료하는 것은 유전학 기술의 궁극적 응용이라고 할 수 있다. 이 장에서는 어떻게 유전자 치료가 행해지는지 살펴보고, 유전자 치료의 새로운 접근법에 대한 것뿐만 아니라 성공과 실패 사례들을 모두 강조해서 다루려고 한다. 마지막으로 유전자 치료와 관련한 윤리적 논쟁에 대해서도 살펴보도록 하자.

11.1 유전자 치료에 적합한 유전병

유전자 치료를 위한 두 가지 핵심적 기준은 특정 질병을 일으키는 유전자가 밝혀져 있어야 한다는 것과 그 유전자가 클로닝되어 실험실에서 합성 가능해야 한다는 것이다. 인간유전체프로젝트의 결과로, 인간 질병 유전자들과 그들의 특정 DNA 서열들이 밝혀짐에 따라 유전자 치료 시도를 위한 후보 유전자들의 수가 크게 증가되었다. 초기의 유전자 치료 시도나 접근법들은 모두 단일 유전자에 의해 발생하는 유전병을 치료하는 데 초점을 맞추었다. 이것은 이론적으로, 다수의 유전자들이나 잠재적인 여러 돌연변이들에 의해 유발되는 질병보다는 하나의 유전자에 의한 질병을 다루는 것이 기술적으로 더 쉽기 때문이었다.

유전병에 의해 영향을 받은 세포들이 유전자 치료로 처리되기 위해서는 직접적 접근이 가능해야 한다. 예를 들어, 백혈병, 혈우병, 그리고 기타 혈액 관련 질병들은 유전자 치료의 주요 표적이 되는데, 그 이유는 신체 밖에서 혈액 세포를 조작하고 그것을 다시 체내로 돌려주는 것이 뇌나 척수, 골격근이나 심장근의 세포를 다루거나, 췌장처럼 이질성 세포집단들이 섞여 있는 기관들을 다루는 것보다는 비교적 쉽게 수행될 수 있기 때문이다.

지난 10년 동안, 모든 주요 유전병들이 유전자 치료의 표적이 되어 왔다. 최근 승인된 임상 시험들의 대다수는 암치료를 위한 것이었다. 현재 유전성 실명, 알츠하이머나 파킨슨병 같은 신경성(신경퇴행성) 질병들, 그리고 근위축성 측삭경화증(amyotrophic lateral sclerosis, ALS), 심혈관계 질환, 근이영양증, 혈우병, 다양한 암들 및 HIV 감염성 질환들에 대해서도 유전자 치료를 적용하려는 시도가 진행 중이다. 우울증이나 약물 중독, 그리고 알코올 중독 등 다른 질병들에 대한 시도는 아직 많지 않다. 전 세계적으로 2,000건 이상의 허가된 유전자 치료 임상 시도가 있었거나 최근에 시작되었다. 미국에서 유전자 치료 임상 실험을 하기 위해서는 그것이 수행될 연구소 내 평가위원회의 승인을 우선 얻어야 하며, 실험 프로토콜은 식품의약국(Food and Drug Administration, FDA)의 승인을 받아야만 한다.

11.2 치료 유전자들이 전달되는 방법

일반적으로, 환자에게 치료 유전자를 전달하는 두 가지 방법이 있는데, 생체 외 유전자 치료(*ex vivo* gene therapy)와 생체 내 유전자 치료(*in vivo* gene therapy)이다. 생체 외 유전자 치료에서는 특정 유전병을 가진 사람으로부터 세포를 빼내 실험실에서 정상 사본의 치료 유전자를 추가하거나, 결손 유전자의 발현을 막을 수 있도록 DNA나 RNA 서열을 추가한다. 그리고 이 세포들은 치료 유전자가 요구된 단백질의 정상 사본을 발현할 수 있도록 환자 몸으로 되돌려 옮겨지게 된다. 이런 방식으로 유전적으로 바뀐 세포들은 원래 환자로부터 유래한 것이므로, 면역계가 거부할 위험 없이 환자 몸에 다시 이식이 가능하다.

생체 내 유전자 치료는 환자의 세포를 빼지 않는다. 대신, 치료용 DNA가 직접 신체의 아픈 세포로 도입된다. 생체 내 유전자 치료의 주된 어려움 중 하나는 신체의 모든 조직이 아니라 의도된 조직으로만 치료 유전자들을 전달할 수 있어야 한다는 제약이 따른다는 점이다.

유전자 치료용 바이러스 벡터

시험관 내(*in vitro*) 접근법과 생체 외(*ex vivo*) 접근법에서, 성공적인 유전자 치료의 핵심은 환자의 세포에 유전자를 전달하는 체계를 가지고 있느냐 하는 것이다. DNA는 분자의 크기가 비교적 크고 전하를 띠고 있기 때문에, 대부분의 인간 세포들은 DNA를 쉽게 받아들이지 않는다. 그러므로 치료용 DNA 분자들을 인간의 세포로 전달하는 일은 유전자 치료에서 상당히 도전적인 단계로 작용한다. 유전자 치료의 초기부터, 유전적으로 조작된 바이러스들은 치료용 유전자를 인간 세포로 전달하는 주요 도구인 벡터로 사용되어 왔다. 유전자 치료를 위한 바이러스 벡터들은 치료용 DNA를 포함하도록 조작되어 바이러스가 표적 세포를 감염시키면 세포에 해를 끼치지 않고도 그 치료용 DNA를 전달할 수 있다.

전 세계적으로 행해진 대부분의 유전자 치료 시험들에서, 과학자들은 유전적으로 변형된 레트로바이러스들(retroviruses)을 벡터로 사용해왔다. 레트로바이러스들(HIV는 일종의 레트로바이러스이다)은 RNA 유전체를 포함하고 있으며, 과학자들은 이것을 상보적 DNA 분자를 합성하는 데 주형으로 사용한다는 것을 배웠다. 레트로바이러스 벡터들(retroviral vectors)은 바이러스들로부터 복제 및 질병 관련 유전자들을 제거하고 그것을 분리된 인간 유전자로 대체함으로써 만들어진다. 변형된 RNA가 바이러스로 포장된 후에는 치료용 인간 유전자를 포함하고 있는 재조합 바이러스 벡터가 환자의 세포들을 감염시키는 데 사용된다. 기술적으로, 바이러스 입자들은 치료용 유전자의 RNA 사본들을 실어 나른다. 일단 세포 안으로 들어가면, 그 바이러스는 스스로 복제할 수는 없지만 치료용 RNA가 DNA로 역전사되고 그것이 세포의 핵 안으로 들어가 숙주세포의 염색체 내로 통합된다. 만약 삽입된 치료 유전자가 적절히 발현된다면 그것은 정상적인 유전자 산물을 만들어 환자가 가진 돌연변이의 효과를 개선시킬 수 있을 것이다.

레트로바이러스 벡터들이 가지는 한 가지 장점은, 그들이 치료용 유전자들을 환자 세포의 유전체 내로 통합시키기 때문에 해당 유전자가 장기적으로 발현된다는 점이다. 그러나 레트로바이러스 벡터들이 가지는 주된 문제점 중 하나가 바로 그러한 삽입 돌연변이들(insertional mutations)에 의한 것으로, 일부 경우에 심각한 독성이 생기게 된다. 레트로바이러스 벡터들은 일반적으로 그들의 유전체를 숙주세포의 유전체 내에 아무데나 무작위로 통합시킨다. 따라서 레트로바이러스의 통합으로 유전체 내의 유전자나 프로모터 서열 같은 유전자 조절 영역이 무작위로 불활성화될 가능성이 있다.

아데노바이러스 벡터들은 초기 유전자 치료 시험에서 여러 번 사용되었다. 이 벡터들의 장점은 많은 치료용 유전자들을 실어 나를 수 있다는 것이다. 그러나 많은 사람들이 아데노바이러스 벡터들에 대해 항체들을 만들기 때문에, 바이러스와 그 치료용 유전자가 불활성화되도록 하거나 환자에 심한 부작용을 일으킬 수 있는 면역반응이 발생할 수도 있다. 아데노-연관 바이러스(adeno-associated virus, AAV)라고 불리는 연관 바이러스는 현재 유전자 치료용 벡터로 널리 사용된다. 천연의 형태일 때, AAV는 80~90%의 사람들을 어릴 때 감염시키며 일반적인 감기와 관련된 증상을 일으킨다. 불활성화시킨 형태의 AAV는 병원성이 없기 때문에 유전자 치료에 많이 사용되는데, 보통은 처방된 환자들의 면역계로부터 주된 반응을 유발하지 않는다. 비록 사람 염색체의 특정 부위로 유전자를 전달하는 데 변형된 형태의 AAV가 사용되기는 하지만, AAV는 일반적으로 숙주세포의 유전체 내로 통합되지 않으므로 레트로바이러스처럼 삽입 돌연변이가 생길 가능성이 거의 없다. 많은 형태의 AAV들이 유전자를 숙주세포의 핵 내부로 전달하며, 이들은 거기서 에피좀(episome)이라고 불리는 작은 고리 형태의 DNA들을 만든다. 이들은 바이러스 유전체 내에 포함된 프로모터 서열들의 조절 하에서 발현된다. 그러나 AAV에 의해 전달된 치료 DNA가 보통은 유전체 내로 통합되지 않기 때문에, 숙주세포가 분열할 때 복제되지 않으며 따라서 현재 성공적이라는 방법들에서는 유전자 치료가 계속 반복되어야 할 필요가 생긴다.

렌티바이러스 벡터(lentivirus vector)를 사용하는 것은 유전자 치료에서 활발한 영역 중 하나이다. 렌티바이러스는 일종의 레트로바이러스로서, 비교적 큰 조각의 유전물질을 받아들일 수 있다. 렌티바이러스의 또 다른 장점은 비분열 세포에도 감염시킬 수 있다는 점인데, 대부분의 다른 바이러스 벡터들은 세포들이 분열할 때만 주로 감염이 가능하다. 아직 렌티바이러스 통합이 발생하는 숙주세포 유전체 부분을 통제할 수는 없으나, 이 바이러스는 다른 레트로바이러스들처럼 유전자 조절 영역으로 더 잘 들어가는 경향을 보이지는 않는 것 같다. 따라서 삽입 돌연변이가 나타날 가능성은 다른 벡터들보다 현저히 낮은 것으로 보인다.

후천성면역결핍증(acquired immunodeficiency syndrome, AIDS)을 일으키는 인간면역 결핍바이러스(human immunodeficiency virus, HIV)는 일종의 렌티바이러스이다. HIV가 유전자 치료의 벡터로 사용될 수 있다는 것이 놀라울지도 모르겠다. 어떤 바이러스 벡터라도, 과학자들은 그 벡터가 불활성이 되도록 유전적으로 조작되어 있음을 확인함으로써 신체나 다른 조직들에 질병이 퍼지지 않도록 해야 한다. HIV의 경우, 완전한 기능적 바이러스 입자들을 구성하는 데 필수적인 유전자들을 제거시켜 변형된 형태의 HIV 계통이 유전자 치료 시험에 사용되고 있다. HIV는 특정 T 림프구(T 세포)들과 대식세포들을 감염시킬 수 있도록 개발되어 혈액 내로 치료 유전자들을 전달하는데 좋은 벡터가 된다.

바이러스 벡터들과 비바이러스성 벡터에 의한 접근법들 모두 보통 시험관 내에서 치료 유전자들을 줄기세포들(stem cells)로 전달시키는 데 사용되는 예가 증가하고 있다. 그런 후 줄기세포들은 환자에게 도입되든지 아니면, 시험관 내에서 분화시켜 환자의 적절한 기관으로 이식되도록 한다.

비바이러스성 전달 방법

과학자들은 바이러스 벡터들을 사용하지 않고, 소위 순 DNA (naked DNA)를 세포 내로 도입하려는 생체 내(*in vivo*), 그리고 생체 외(*ex vivo*) 전략으로 실험을 계속하고 있다. 유전자들을 세포로 도입하는 데 사용되는 비바이러스성 방법들로는 화학적으로 도움을 받아 유전자들이 세포막을 통과하도록 하는 것과, 치료 유전자들을 나노입자들로 수송하는 것, 그리고 리포좀(liposome)이라고 불리는 인위적 지질 소낭에 분리된 DNA서열을 포장하여 세포와 융합시키는 방법들이 있다. 유전자 약(gene pill)을 통한 단기적 유전자 발현 방법도 개발 중이다. 이 방법에서는 약이 치료 DNA를 장으로 전달하면, DNA는 장세포들에 의해 흡수되고 거기서 치료 단백질이 발현되어 혈액으로 그 단백질이 분비되도록 하는 것이다.

11.3 최초의 성공적 유전자 치료

1990년에 FDA는 최초의 인간 유전자 치료 시험을 승인했는데, 그것은 아샨티 데실바라는 이름의 한 어린 소녀를 치료한 것이었다. 그녀는 중증 복합성 면역결핍증(severe combined immunodeficiency, SCID)이라는 유전병을 앓고 있었다. SCID를 앓는 사람들은 기능적인 면역계가 없어서 보통 소소한 감염으로도 사망할 수 있다. 아샨티는 아데노신 탈아민화효소(adenosine deaminase, ADA)를 암호화하는 유전자에서의 돌연변이에 의한 상염색체성 SCID를 가지고 있었다. 임상 의사들이 그녀의 백혈구 세포들과 T 세포들을 분리하는 것으로 유전자 치료가 시작되었다. 면역계의 주요 성분인 이 세포들은 정상적인 ADA 유전자를 삽입해 가지고 있는 레트로바이러스 벡터와 섞였다. 그 바이러스는 많은 T 세포들을 감염시켰고, 정상 ADA 유전자 사본은 일부 T 세포들의 유전체 내로 통합되었다. 그 벡터들과 섞인 후에, T 세포들은 전달된 ADA 유전자가 발현되었음을 확인하기 위해 실험실에서 길러져 분석되었다. 그런 후에 십억 개 이상의 유전적으로 조작된 T 세포들이 아샨티의 혈류로 주입되었다. 충분한 수의 기능적인 T 세포들이 생산되려면 여러 차례 반복된 치료가 필요했다. 추가적으로 아샨티는 정제된 ADA 단백질 주사도 주기적으로 맞았는데, 이 과정 때문에 유전자 치료의 정확한 효과를 구별하기가 어려워졌다. 아샨티는 정상적인 생활을 유지하기 위해 ADA 효소 대체 치료를 계속적으로 받고 있다.

SCID에 대한 이후의 유전자 치료들은 ADA-생산 T 세포들의 수를 늘리기 위한 골수 줄기세포들의 이용과 시험관 내 접근법들에 초점을 맞추었다. 현재까지 유전자 치료로 SCID에 걸린 20명 정도의 어린이들이 건강을 되찾았다. SCID 치료는 아직까지는 유전자 치료 중 가장 성공적인 예로 생각된다.

11.4 유전자 치료의 단점들

1990년에서 1999년까지, 4,000명 이상의 사람들이 다양한 유전병들로 인해 유전자 치료를 받았다. 이런 시도들은 종종 실패했으며, 따라서 유전자 치료에 대한 신뢰 상실을 가져오게 됐다. 미국에서는 1999년 십대였던 제시 겔싱어(Jesse Gelsinger)가 오르니틴 카바밀기전달효소(ornithine transcarbamylase, OTC) 결핍증이라는 간 질환으로 유전자 치료를 받기 위한 안전성 검사 중에 사망하면서 더 나락으로 떨어졌다. OTC 유전자를 포함한 많은 수의 아데노바이러스가 그의 간 동맥에 주입되었다. 그 벡터들은 그의 간을 표적으로 하여 간세포로 들어가 OTC 단백질을 생산하게 할 것으로 예상되었다. 그 결과 OTC 단백질이 그의 유전적 결함을 바로잡아 그의 간 질환을 치료할 것으로 기대되었다.

연구자들은 그 치료용 바이러스로 17명을 이전에 치료했었으며 이런 환자들로부터 얻은 초기 결과들은 희망적이었다. 그러나 18번째 환자로서 제시 겔싱어는 첫 치료 후 수 시간 내에 엄청난 면역반응을 나타냈다. 고열이 발생했고, 폐는 액체로 찼으며, 다수의 기관들이 멈춰 결국 급성 호흡 부전으로 4일 만에 사망했다. 아데노바이러스에 대한 제시의 심각한 반응은 그의 신체가 이 방법에 사용되었던 바이러스에 이전에 노출되었었기 때문일 수 있었다.

그 비극의 여파로, 정부와 과학계에서 여러 조사가 이루어졌다. 조사관들은 임상실험의 과학자들이 유전자 치료에 대한 다른 부작용들을 알리지 않았으며, 그 중 일부는 그 실험으로부터 재정적으로 이득을 얻을 수 있는 사립 회사들 소속이었다는 것을 알게 되었다. 사전 고지 후 동의를 얻는 과정에서는 동물 실험에서 발견한 심각한 부작용이 설명되지 않았다고 판정되었다. FDA는 곧 전국에 걸쳐 유전자 치료 실험들을 조사했고 다수의 실험들을 중지시켰으며 여러 유전자 치료 프로그램을 폐기시켰다. 다른 연구 그룹들은 자발적으로 유전자 치료 연구를 중지시켰다. 임상 실험 프로토콜들에 대한 더 엄격한 제제를 부과함으로써 제시 겔싱어 사례에서 나온 절차상 문제 몇 가지를 바로잡았다. 제시의 죽음은 유전자 치료 분야에 심각한 충격을 주었고 그 충격이 채 가시지 않았는데 두 번째 비극이 발생했다.

유전자 치료에 대한 전망은 2000년, 프랑스의 한 연구팀이 유전자 치료에서의 최초의 대규모 성공이라고 열렬히 찬양했던 보고로 인해 한동안 밝아지기도 했다. 치명적인 X-연관성 SCID(X-SCID; "풍선에 갇힌 소년" 병이라고도 알려져 있다)에 걸린 아이들이 정상 유전자를 가진 레트로바이러스 벡터로 치료받은 후 기능적인 면역계를 발달시켰던 것이다. 그러나 이 연구의 자랑은 곧 절망으로 바뀌었는데, 이 실험에 참여했던 20명의 환자들 중 5명이 그 치료 결과 백혈병에 걸린 것이 분명해졌기 때문이었다. 이 환자들 중 한 명은 사망했으며 다른 4명은 백혈병이 좀 잦아들었다. 조사된 2명의 아이들에서, 그들의 암세포가 레트로바이러스 벡터를 포함하고 있었는데, LMO2라는 유전자 근처로 통합되어 있었다. 이 삽입 돌연변이가 LMO2 유전자를 불활성화시켜 무절제한 백혈구 세포의 증식과 백혈병 발생을 유발했던 것이다. FDA는 곧 27건의 유사한 유전자 치료 임상 실험을 중지시켰으며, 유전자 치료는 다시 한 번 심각한 재평가를 거치게 되었다.

그래도 낙관적인 것은, 영국에서 환자의 골수로부터 얻은 조혈모세포를 이용한 X-SCID와 SCID의 유전자 치료에서 나온 장기간의 생존 자료였는데, 16명의 어린이 중 14명이 치료 후 적어도 9년간 면역체계를 회복했다는 점이었다. 이 어린이들은 이전에는 20세를 채 넘기지 못할 것으로 예상되었었다. 그럼에도 불구하고, 위의 사건들은 유전자 치료의 발전에 커다란 부정적 영향을 미쳤다.

유전자 치료용 벡터의 문제점

유전자 치료를 비판하는 사람들은 연구팀들의 지나친 조급증과 이해의 충돌, 임상 실험 관리의 느슨함, 그리고 희망만 많고 실제로 가져다주는 것은 거의 없다는 점을 들어 비난한다. 제시 겔싱어 사례와 프랑스의 X-SCID 실험을 포함하여, 유전자 치료와 관련된 대부분의 문제점들은 세포 내로 치료용 유전자를 전달하는 데 사용되었던 바이러스 벡터들로 귀결된다. 이 벡터들은 몇 가지 심각한 단점들을 가지고 있는 것으로 보였다.

- 우선, 인간의 치료용 유전자를 포함하고 있는 레트로바이러스 유전체들이 숙주세포 유전체로 통합되려면 숙주세포들이 DNA를 복제해야만 한다. 체내에서는 어느 조직이든 아주 소수의 세포들만 DNA를 복제하고 분열한다.
- 둘째, 대부분의 바이러스 벡터들은 다량으로 주입할 경우, 특히 아데노바이러스의 경우는 제시 겔싱어 사례에서처럼, 환자에서 의도치 않은 면역반응을 유발할 수 있다.
- 셋째, 바이러스 유전체가 숙주의 염색체 내로 통합되면 프랑스의 환자들에서처럼 필수적인 유전자들이 활성화되거나 돌연변이화될 수 있다. 바이러스의 통합효소(integrase)는 바이러스의 유전체를 숙주의 유전체로 통합시키는 효소로서 염색질-관련 단백질들과 상호작용하며 종종 통합 후 유전자들을 전사적으로 활성화시키는 경향이 있다.
- 넷째, AAV 벡터들은 5 kb 이상의 DNA 서열들을 포함하지 못하며, 레트로바이러스들도 10 kb 이상으로 큰 것들은 전달할 수 없다. 그러나 많은 인간 유전자들은 5~10 kb 크기 범위를 벗어난다.

• 마지막으로, 만약 불활성화된 벡터들이 숙주세포 내에 이미 존재했던 비변형 바이러스 유전체와 재조합이라도 일으킨다면 완전히 감염성인 바이러스들이 생겨날 가능성도 있다.

이런 문제점들을 극복하기 위해, 벡터들의 작용과 안전을 개선하려는 시도로서 새로운 바이러스 벡터들과 전략들이 개발 중이다. 다행스럽게도, 유전자 치료는 몇 가지 희망적인 새로운 시도들과 성공적인 치료들 때문에 부분적으로나마 회복기를 맞고 있다.

11.5 최근의 성공적 시도

최근 몇 년간, 실명 때문에 치료받은 환자들은 유전자 치료의 혜택을 크게 입었다. 선천성 망막성 실명은 전 세계적으로 2,000명당 한 명꼴로 나타나는데, 그들 중 많은 사람들이 다양한 유전적 결손을 가진다. 165개 이상의 유전자들이 다양한 형태의 망막성 실명에 관여한다.

레버의 선천성 흑내장증(Leber congenital amaurosis, LCA)을 가진 환자들 일부에서 성공적인 유전자 치료가 수행되었는데, 이 질병은 망막 퇴행성 질환으로 해마다 50,000~100,000명의 유아 중 한 명에 영향을 끼치며 심각한 시력 손상을 유발한다. LCA에 대한 유전자 치료는 원래 개들에서 시작되었다. 이런 치료들의 성공을 바탕으로, 그 프로토콜이 인간의 유전자 치료 시도에 맞게 적용되었다.

LCA는 망막에 있는 광민감성 세포들인 광수용기 세포들(간상세포와 원추세포들)에서의 변화에 의한 것으로, 18개 혹은 그 이상의 유전자들에 의해 발생한다. 특히 이중 하나의 유전자인 RPE65는 유전자 치료의 표적이 되어왔다. RPE65 유전자의 단백질 산물은 레티놀을 대사시키는데, 이 물질은 비타민 A의 한 형태로, 망막의 간상세포와 원추세포들이 빛을 감지하고 전기적인 신호를 뇌로 보낼 수 있도록 해준다. 최초의 시도들 중 하나에서, RPE65 유전자에 결함을 가진 젊은 환자들에게 정상 유전자가 주입되었다. 1회 치료 후 몇 달이 지나자 많은 성인 환자들이 아직 법적으로는 맹인이었으나 빛을 감지할 수 있었고, 그 중 일부는 시력표의 몇몇 글자들을 읽을 수 있게 되었다. LCA에 대한 이 치료 방법은 눈 뒤의 망막 아래에 직접 RPE65 유전자를 가진 AAV를 주사하는 것에 기초한다. 치료 유전자는 망막의 시각 세포들 바로 뒤에 있는 세포층인 망막 색소 상피세포들의 15~20%가량에 들어간다. 이 방법으로 치료받은 성인들은 다양한 시각 기능 검사에서 상당한 개선이 있었음을 보여주었다. 그러나 가장 많이 개선된 것은 어린이들로서 그들은 모두가 걸어다닐 수 있을 만큼의 시력을 갖게 되었다. 연구자들은 어린이들의 경우 더 나이든 환자들만큼 많은 광수용체 세포들을 잃지 않았었기 때문에 더 성공적인 결과가 나온 것으로 생각한다.

연령과 관계된 퇴행성 실명을 비롯하여 다양한 형태의 시력상실을 치료하기 위해 20여 가지 이상의 유전자 치료들이 완료되었거나 현재 진행 중이다. 눈의 크기가 작고, 치료에 필요한 세포의 수가 비교적 작기 때문에, 눈 질환을 위한 유전자 치료가 일상적이 되리라는 전망은 매우 밝다. 망막 세포들은 또 매우 오래 산다; 따라서 AAV 전달 방법은 그 유전자들이 통합되지 않더라도 오랫동안 효과를 나타낼 수 있다.

B형 혈우병에 대한 성공적 치료

영국에서의 유전자 치료는 매우 고무적인 것으로, 이들은 혈액 질병인 B형 혈우병을 가진 소규모의 성인 집단을 성공적으로 치료했다. 이 질병은 인간의 혈액 응고 단백질인 인자 IX 결핍에 의해 발생한다. 현재 B형 혈우병 환자들은 농축한 인자 IX 단백질을 매주 여러 번 주입받는 방식으로 치료된다. 여섯 명의 성인 환자를 대상으로 한 생체 내 유전자 치료 시도에서는, 인간의 인자 IX 유전자 사본을 가진 아데노바이러스 벡터(AAV8)를 단 한번 간세포들로 도입했다. 치료를 받은 6명의 환자들 중 4명이 유전자 치료 후에 인자 IX 주사를 끊을 수 있게 되었다. 이 AAV 치료 방법을 사용한 여러 다른 시도들이 진행 중이며, B형 혈우병에 대한 유전자 치료가 거의 일상적인 현실에 가까워졌다는 기대가 높다.

벡터로서 HIV가 보여준 희망

파리 대학(University of Paris)과 하버드 의과 대학(Harvard Medical School)의 연구자들은, β-글로빈 유전자가 관련된 혈액 질병으로 헤모글로빈 생산이 감소되는 β-탈라세미아(β-thalassemia)에 대한 유전자 치료 후 2년 만에, 한 젊은이가 더 이상 수혈이 필요 없게 되었으며 건강한 것으로 보인다고 보고했다. 변형된 불활성화 HIV가 정상 β-글로빈(β-globin) 유전자 전달에 사용되었다. 비록 이 시도가 HMGA2라고 불리는 성장 인자 유전자의 활성화를 일으켜, 프랑스의 X-SCID 시도를 떠올리게 했지만, 이 전사 인자의 활성화는 조혈성 세포들의 과도 생장이나 전백혈병 상태를 유발하지는 않았다.

2013년에 이탈리아 밀라노에 있는, 유전자 치료를 위한 산 라파엘 텔레톤 연구소(San Raffaele Telethon Institute for Gene Therapy)의 과학자들이 HIV에서 유래한 렌티바이러스 벡터를 조혈모세포에 사용하여 이염성 백질이영양증(metachromatic leukodystrophy, MLD)이나 비스코트-알드리치 증후군(Wiskott-Aldrich syndrome, WAS)을 가진 어린이들을 성공적으로 치료했다고 보고했다. MLD는 라이소좀의 효소 저장에 영향을 끼치는 신경퇴행성 질환으로, 아릴설파테이즈 A(arylsulfatase A, ARSA) 유전자에서의 돌연변이 때문에 생기며 결과적으로 설파타이드(sulfatides)라고 불리는 지방의 축적을 초래한다. 이것들은 신경세포에 독성을 나타내 뇌에서 신경세포를 감싸고 있는 마이엘린 수초의 점진적 손실인 탈수초화(demyelination)를 일으킨다. 결국 인지능력과 운동능력을 상실하게 된다. MLD에 대한 치료 방법은 없다. MLD를 가진 아이들은 태어날 때는 건강해 보이지만 결국 MLD 증상을 나타내게 된다.

연구자들은 이 실험에서 렌티바이러스 벡터를 이용한 생체 외 방법을 사용하여 기능적인 ARSA 유전자를 각 환자들로부터 얻은 골수 유래 HSC들에 도입시켰고, 다시 환자들에게 치료된 HSC들을 주입했다. 10명의 MLD 환자와 6명의 WAS 환자들로 구성된 총 16명의 환자들이 포함된 첫 시도가 시작된 후 3년 만에, 유전자 치료 후 18~24개월 동안 6명의 환자들로부터 분석된 결과는 이 유전자 치료가 안전하고 효율적임을 시사하고 있었다. 초기의 이 보고들은 각 연구로부터 3명씩을 연구한 것을 바탕으로 한 것인데, 이들이 유전자 치료 후 안전성과 효율성에 관한 중요한 결론을 얻기에 충분한 시간이 지난 첫 환자들이었기 때문이다. 이런 결론에 도달하기까지는 15년 이상이 걸렸다. 이 실험들에는 연구원들 및 임상의를 포함하여 70명 이상이 참여했는데, 이는 유전자 치료가 전형적으로 팀워크를 필요로 함을 시사한다.

MLD를 가진 세 명의 아이들에서, 뇌의 자기공명 영상과 인지능력 및 운동 능력 검사를 통해 판단한 결과 유전자 치료는 18~24개월 후 질병의 진전을 중지시킨 것으로 보였다. 질병의 발현이 7~21개월 때 예측되므로, 과학자들은 이 실험의 결과로 매우 고무되었다. 이 실험은 기술적으로 복잡한데, HSC들이 혈액을 타고 들어가 신경세포들에 흡수될 수 있는 ARSA 단백질을 방출해야 하기 때문이다. 주된 난점은 신경퇴행 과정에 맞설 만큼 충분한 양의 치료 ARSA 단백질을 생산할 수 있는 충분한 수의 조작 세포들을 만들어야 한다는 점이다.

WAS 환자를 치료한 데에서도 비슷한 결과들이 보고되었는데, 이 질병은 X-연관성 질병으로 결함이 있는 혈소판 때문에 환자들은 감염이나 잦은 출혈, 자가 면역 질환, 그리고 암 등에 취약해진다. 이 실험들에서 MLD와 WAS 환자들의 유전체를 서열화했을 때는 암유전자들 근처에 유전체가 통합된 증거는 없었다. 유사하게, 환자들은 조혈모세포 과증식의 증거도 보이지 않았으므로, 이 렌티바이러스의 전달 방법과 과정이 치료 유전자 전달에 있어 안전하고 안정적이라는 것을 시사한다.

11.6 표적화된 유전자 치료

우리가 지금까지 강조했던 유전자 치료들이나 사례들은 결손 유전자와 함께 존재하면서 정상적으로 작동하는 치료 유전자를 추가하는 것에 초점을 맞추었었다. 그러나 돌연변이된 유전자를 제거하거나, 교정하고, 혹은 대체할 뿐 아니라 결함 유전자의 발현을 침묵화(억제)하는 것들은 현재 개발 중인 다른 두 가지 접근법들이다. 이런 접근법들은 빠르게 발전하고 있다.

유전자 표적화를 위한 DNA-편집용 핵산분해효소들

과학자들은 거의 20년 동안 유전체 내의 특정 유전자들을 대체하는 유전자 표적화(gene targeting) 혹은 유전자 편집(gene editing)이 가능한 단백질을 만들어내기 위해 제한효소나 기타 핵산분해효소들을 변형시키는 연구를 지속해 왔었다. 이 개념은 핵산분해효소와 단백질의 서열 특이적 DNA 결합 영역을 결합시켜 정확하게 표적화된 부위를 자를 수 있도록 하는 것이다. 1996년에 연구자들은 아연-손가락 모티프를 가진 DNA-결합 단백질들을 제한효소인 *Fok*I의 절단 영역과 결합시켜 아연-손가락 핵산분해효소(zinc-finger nucleases, ZFNs)라 불리는 효소를 만들어냈다. 아연-손가락 모티프는 여러 전사 인자들에서 발견되며, 아연 원자와 결합된 두 개의 시스테인과 두 개의 히스티딘 잔기들이 뭉쳐 특정 DNA 서열과 상호작용한다. 아연-손가락 모티프를 폴리펩타이드의 DNA 절단 부위에 연결함으로써, ZFN들은 서열 특이적 표적화 방법으로 유전체 내의 서열을 변형시킬 수 있는 기작을 제공한다.

ZFN의 DNA 결합 영역은 유전체 내의 어떤 서열이라도 붙여서 조작될 수 있다. 아연 손가락들은 5-뉴클레오타이드 간격으로 결합하며, ZFN의 핵산분해효소 영역은 결합 부위들 사이를 절단한다.

TALENs(transcription activator-like effector nucleases)이라고 불리는 또 다른 범주의 DNA-편집용 핵산분해효소들은 식물 병원성 세균들에서 분리된 전사 인자들에서 발견된 DNA-결합 영역을 추가함으로써 만들어진 것이다. 이 전사 인자들은 핵산분해효소들(nucleases)에 대한 전사 활성자형 실행분자들[transcription activator-like effectors(TALEs) to nucleases]이라고도 알려져 있다. TALENS도 이량체로 작용하여 절단한다. DNA-결합 영역은 일련의 아미노산 반복 서열들이 연이어 나타나는데, 각 TALEN 반복 부위가 특정 단일 염기쌍에 결합한다. 핵산분해효소 영역은 두 이량체 사이의 서열을 절단하는데, 그 길이는 약 13 bp 정도이다.

ZFN들과 TALENS은 동물 모델과 배양된 세포들에서, 결손 유전자를 유전체로부터 제거하는 것을 포함한 유전자 대체 방법의 도구로 희망적인 결과를 보여주었다. 이 효소들은 유전체 내에 부위 특이적 절단을 일으킬 수 있다. 특정 통합효소(integrase)들과 연합되면, ZFN들과 TALEN들은 결손된 서열들을 잘라내고 재조합을 이용하여 상동 서열들을 유전체 내로 도입함으로써 결함 서열을 대체할 수 있는 유전자 편집이 가능하다. 비록 이 기술이 인간에게 믿을만하게 적용될 수준으로 진보된 상황은 아니지만, 몇 가지 고무적인 실험들이 있었다.

예를 들어, ZFN들은 HIV를 가진 환자들을 치료하는 임상 시험에 활발하게 사용되고 있다. 과학자들은 사람들을 HIV 감염에 저항적으로 만들거나, HIV-양성인 사람들에서 바이러스를 무력화시킬 수 있도록 면역계를 자극하는 유전자들을 전달하기 위한 방법을 탐구 중이다. 2007년, 40세의 HIV-양성 미국인이었던 티모시 브라운(Timothy Brown)은 급성 골수성 백혈병이 재발하여 줄기세포(골수) 이식을 받았다. 그가 HIV-양성이었기 때문에, 담당 의사는 CCR5 유전자의 두 사본이 모두 돌연변이였던 공여자를 선택했다. 이 유전자는 T 세포 표면에 있는 HIV 공동수용체를 암호화하며, HIV는 여기에 붙어서 T 세포(특히 CD41 세포들) 내로 들어오게 된다. 자연적으로 CCR5 유전자의 두 사본에 모두 돌연변이를 가진 사람들은 대부분의 HIV에 저항성을 가진다. 브라운은 다시 재발했고 CCR5-돌연변이 공여자로부터 또 다시 줄기세포 이식을 받았다. 결국 암은 억제되었고, 그가 더 이상 면역 억제 치료를 받지 않음에도 2010년까지 그의 체내에서는 HIV가 감지되지 않았다. 브라운은 일반적으로 HIV 감염에서 치료된 최초의 사람으로 인정된다.

이러한 예는 연구자들을 자극하여 유전자 치료로 HIV 환자들의 CCR5 유전자를 변형시키려는 압력으로 작용했다. 한 가지 희망적인 시도에서, T 세포들을 HIV-양성인 남성으로부터 뽑아내어 ZFN들로 CCR5 유전자를 파괴했다. 그 변형된 세포들은 다시 환자의 몸으로 재도입되었다. 치료를 받은 6명의 환자 중 5명에서, 면역세포 수가 상당히 증가했으며, 바이러스도 치료에 따라 줄어들었다. 이 방법으로 바이러스의 전파를 막으려면 어느 정도의 면역세포들이 처치되어야 하는지는 알 수 없었지만, 초기의 결과들을 매우 고무적인 것이었다.

최근 들어, 인간의 세포로 연구 중인 과학자들이 TALEN들을 이용하여 COL7A1 유전자의 결손 사본들을 제거했는데, 이 유전자는 퇴행적 이영양성 표피 박리증(recessive dystrophic epidermolysis bullosa, RDEB)의 원인이 된다. 이 병은 치료가 불가능하며, 종종 치명적인데, 피부에 과도한 물집이 생기고 통증이 나타나며 심각하게 피부를 약화시키는 손상이 생기기 때문이다. 미네소타 대학(University of Minnesota)의 연구자들은 TALEN을 이용하여 RDEB 환자의 피부세포에서 COL7A1 유전자의 돌연변이 근처에서 DNA를 절단했다. 그 다음, 이 세포들을 일종의 유도성 만능 줄기세포들(induced pluripotent stem cells, iPSCs)로 전환시켰다. 그 iPSC들은 COL7A1 유전자의 치료용 사본으로 처리된 다음 올바른 단백질을 발현시키는 피부세포로 분화되었다. 이것은 매우 희망적인 결과였고, 연구자들은 이제 이 피부 세포들을 RDEB 환자들의 치료를 위해 이식하려는 계획을 세운 상태이다. 또 다른 연구팀은 최근 TALENs를 이용하는 비슷한 접근법을 택하여 뒤센형 근이영양증(Duchenne muscular dystrophy, DMD)에서의 돌연변이를 교정하기 위해 배양된 세포를 고치려고 노력 중이다. 연구자들은 이런 접근법이 곧 환자들의 치료에 적용될 수 있으리라는 낙관적 기대를 하고 있다.

유전자 편집 방법의 혁신, CRISPR/Cas

CRISPR/Cas(clustered regularly interspaced short palindrome repeats/CRISPR-associated proteins) 혹은 간단히 크리스퍼(CRISPR)라고 알려진 유전자 편집 기술만큼 놀라운 유전자 표적화 방법은 여태껏 없었다. 세균세포에서 밝혀진 이 CRISPR 시스템은 세균과 고세균들이 침입하는 박테리오파아지들과 외래 플라스미드들에게 저항할 수 있도록 하는 면역성을 제공해준다. 2013년에 처음 소개된 CRISPR 열풍은 유전자 치료를 위한 유전자 편집을 포함하여 유전체를 조작하는 응용 분야를 혁신적으로 바꾸었다. CRISPR가 세균, 동물, 그리고 식물 세포들에서 작용하기 때문에, 이 방법은 표적화된 유전자 편집에 의한 유전 공학을 위해 다양하게 응용될 수 있다.

CRISPR는 단일 가닥 "안내" RNA 서열(sgRNA)의 전달에 기초한다. sgRNA는 유전체 내의 표적 유전자에 상보적이며 Cas9이라는 엔도뉴클레아제와 결합한다. TALEN 방법과 비교하면, sgRNA들은 디자인하거나 합성하기가 비교적 쉽다. sgRNA 서열의 전달과 동시에 대체서열을 암호화하는 DNA 주형가닥이 전달된다. sgRNA-Cas9 복합체는 표적 DNA 서열에 결합하고 Cas9이 편평한 말단의 이중가닥 DNA 절단을 만든다. DNA 절단 부위에 대한 CRISPR에 의한 인식은 RNA-DNA 염기쌍 형성과 상보적 서열 근처의 3-뉴클레오타이드 서열인 프로토스페이서-인접 모티프(protospacer-adjacent motif, PAM)에 의해 결정된다. 세포들이 Cas9에 의한 DNA 손상을 수리하면서, 수리 효소들이 주형 DNA를 유전체의 CRISPR/Cas 부위에 통합시켜 표적 DNA 서열을 대체하게 된다.

CRISPR의 능력 중 일부는 살아 있는 성체 동물들에서 직접 편집이 이루어질 수 있다는 점이다. 이 기술이 널리 사용된 지 몇 달 내에 세계의 연구자들은 인간 세포, 생쥐, 쥐, 세균, 초파리, 효모, 제브라피쉬, 그리고 수십 가지 다른 생물들에서 특정 유전자들을 표적화하는 데 CRISPR를 사용했다. 매사추세츠 공과대학(Massachusetts Institute of Technology, MIT)의 한 연구팀은 최근 CRISPR에 의한 유전자 편집을 통해 희귀 간 질환인 1형 티로신혈증(type I tyrosinemia)에 걸린 생쥐를 치료했다. 인간에서는 십만 명당 1명꼴로 영향을 미치는 질병인 티로신혈증에서는, 효소인 푸마릴아세토아세테이즈(fumarylacetoacetase)를 암호화하는 FAH 유전자에서의 돌연변이 때문에 아미노산인 티로신의 분해가 저해된다. 생체 내의 1회 치료 후, 대충 250개의 간세포들 중 하나가 CRISPR에 의해 전달된 정상 유전자 사본을 받아들였다. 그러나 약 1달 후에는 이 세포들이 증식하여 아픈 세포들을 대체하면서 간의 1/3을 차지했는데, 이는 생쥐가 티로신을 대사하여 질병의 영향을 전혀 나타내지 않을 만큼 충분한 양이었다. 생쥐들은 곧 티로신 생성을 방해하기 위해 사용되는 저단백질 식사와 약물을 끊었다. 생쥐와 인간에서 CRISPR가 성공적으로 응용된 예들 중 유명한 것들에는 β-탈라세미아, 암, 그리고 HIV등에 대한 치료가 포함된다. CRISPR 방법의 빠른 발달과 효율성에 기초하면, 미래에는 CRISPR가 분명히 가장 최신의, 촉망받는 유전자 편집 도구가 될 것이다.

유전자 방해를 위한 RNA의 침묵화

결함 유전자들로부터 생긴 mRNA들의 번역을 막기 위해 안티센스 올리고뉴클레오타이드(antisense oligonucleotide)를 사용하려는 노력들이 있었지만, 유전자 치료에 대한 이런 접근 방법은 아직 일반적으로 신뢰할 만한 것으로 증명되지는 않고 있었다. 그럼에도 불구하고, 강력한 유전자 침묵화(gene silencing) 도구로서 RNA 간섭 현상이 출현하면서 이것은 유전자 침묵화에 의한 유전자 치료 방법에 다시 활기를 불어넣고 있다. 앞서 배운 것처럼 RNA 간섭(RNA interference, RNAi)은 유전자 발현을 조절하는 한 가지 형태이다. 동물에서는, 짧은 이중가닥 RNA 분자들이 세포 내로 도입되고, 거기에서 다이서(Dicer)라는 효소에 의해 21~25 nt 길이의 조각들로 잘린다. 이들은 소형 간섭 RNA들(small interfering RNAs, siRNAs)이라고 불린다. siRNA들은 이제 RNA-유도성 침묵화 복합체(RNA-inducing silencing complex, RISC)라고 불리는 효소 복합체와 결합하는데, 이들은 siRNA들을 표적 mRNA로 이동시킨다. 거기서 이 작은 RNA들은 상보적 염기쌍에 의해 mRNA와 결합한다. RISC 복합체는 siRNA가 결합한 mRNA들이 단백질로 번역되는 것을 막거나 이들이 단백질로 번역되지 않게 mRNA가 분해되도록 할 수 있다.

현재까지 RNAi에 기반한 치료의 주된 어려움은 이중가닥 RNA나 siRNA들을 생체 내로 전달하는 것이었다. RNA들은 체내에서 빠르게 분해된다. 또한 RNA들을 표적 조직의 세포들 내로 투과시키는 것도 어렵다. 예를 들어, 어떻게 RNA-기반 치료제를 정상의 건강한 세포가 아닌 암세포들로 전달할 수 있을까? 두 가지 일반적인 전달 방법들은 siRNA들을 직접 주입하거나, DNA 플라스미드 벡터를 세포로 도입하여 이중가닥 RNA로 전사되도록 함으로써 그것을 다이서가 siRNA들로 자를 수 있게 하는 것이다. 렌티바이러스, 리포좀, 그리고 콜레스테롤이나 지방산에 siRNA들을 부착시키는 것 등이 siRNA들을 전달하는 데 사용되는 다른 방법들이다.

RNAi가 사용되는 십여 가지 이상의 임상 실험들이 미국에서 수행되고 있다. 시각상실증을 치료하기 위한 몇몇 RNAi 임상 실험들은 희망적인 결과들을 보여주고 있다. 황반변성(macular degeneration)에 의한 실명을 치료하려는 한 가지 RNAi 전략은 VEGF라는 유전자를 표적으로 한다. VEGF 단백질은 혈관 생장을 촉진한다. 이 유전자의 과다발현은 망막에 혈관들이 과다하게 자라게 하여 시력을 손상시키고 결국 실명에 이르게 한다. 많은 사람들은 이 질병이 RNAi 치료에 의한 승인을 얻게 되는 최초의 질병이 되리라고 기대한다. RNAi에 의해 치료될 것으로 생각되는 다른 질병들로는 여러 가지 암들과 당뇨, 간질환, 다발성 경화증, 그리고 관절염 등이 있다.

11.7 잠재적 도전들과 윤리적 문제점

우리가 지금까지 살펴보았던 발전들에도 불구하고, 유전병의 치료에 유전자 치료 방법이 널리 응용되리라는 희망을 품을 수 있기까지는 아직 많은 질문들이 남아 있다:

- 서로 다른 질병들에서 유전자를 전달하는 적당한 경로란 어떤 것인가? 예를 들어, 뇌와 근육 조직을 치료하는 가장 좋은 방법은 무엇인가?
- 유전병의 효과를 경감시키기 위해서는 기관이나 조직 내 세포들 중 몇 % 정도가 치료 유전자를 발현시켜야 하는가?
- 얼마만큼의 치료용 유전자 산물들이 생산되어야 질병이 지속적으로 개선될 수 있으며, 충분한 양이라는 것은 어떻게 확인될 수 있을까? 현재는 많은 방법들이 치료 유전자와 그 단백질을 단기적으로만 제공한다.
- 여러 유전자들이 관여된 질병의 치료에도 유전자 치료를 사용할 수 있게 될까?
- 특정 시간이나 필요에 따라 유전자가 켜지거나 꺼질 수 있도록 환자 내에서 치료 유전자들의 발현이나 시기가 조절될 수 있을까?
- 표적화된 유전자 전달 방법들은 유전자 치료 실험을 위해 보다 널리 사용되게 될까?

유전병에 대한 치료 방법으로서 유전자 치료가 과거의 아픔에서 완전히 벗어나 그 약속을 충족시킬 수 있을까에 대해서는 많은 사람들이 의문을 가진다. 새로운 어떤 치료를 위한 임상 실험들은 상당히 위험할 수 있으며, 종종 동물 연구들은 새로운 유전자들을 전달하는 방법에 대한 인간 개체에서의 반응을 정확하게 반영하지 못한다. 그러나 항생제나 기관 이식 같이 생명을 구하는 발달을 이끌었던 유사한 노력의 역사가 보여줬던 것과 마찬가지로, 거기에는 단점도 있고 심지어 비극도 있을 것이다. 그러나 우리는 한 발자국씩, 언젠가는 믿을 수 있고 안전하게 심각한 유전병들을 치료할 수 있는 기술을 향해 나아갈 것이다.

유전자 치료를 둘러싼 윤리적 우려

유전자 치료는 몇 가지 윤리적 걱정들을 야기하며, 여러 형태의 유전자 치료들이 강렬한 논쟁의 원인이 되곤 한다. 현재, 모든 유전자 치료 실험들은 유전자 전달의 표적으로 체세포들만 사용하도록 제한되어 있다. 이런 형태의 유전자 치료는 체세포 유전자 치료(somatic gene therapy)라고 불린다. 이 치료법은 오로지 한 명의 개인만 영향을 받으며, 유전자 치료는 환자나 가족의 허락과 고지 후 승낙을 얻어 실시된다.

두 가지 다른 형태의 유전자 치료는 아직 승인되지 않았는데, 주로 그를 둘러싼 풀리지 않는 윤리적 문제들 때문이다. 첫째는 생식세포 치료(germ-line therapy)라고 불리는 것으로, 생식세포들(배우자, 즉 정자와 난자를 만드는 세포들)이나 성숙한 배우자들이 유전자 전달의 표적으로 사용된다. 이런 방법들에서는 전달된 유전자가 생식세포를 포함하여 신체를 구성할 미래의 모든 세포들로 통합된다. 결과적으로, 미래 세대의 개인들은 동의하지 않았음에도 모두 영향을 받을 것이다. 이런 종류의 절차는 윤리적인가? 미래 세대를 위해 우리가 이런 결정을 내릴 권리가 있는가? 지금까지 이런 걱정들은 잠재적 이익들보다 더 크게 느껴져 왔으며 그런 연구는 금지되어 있다.

유전자 치료는 현재 매우 비싼 처방이다. 그러나 얼마가 적절한 치료비인가? 건강 보험 제공자들이 유전자 치료를 어떻게 보게 될지는 두고 봐야 할 것이다. 그러나 만약 유전자 치료 처방이 다른 선택이 별로 없는 환자의 삶의 질을 극적으로 개선시키는 건강관리 방안을 제공한다면 보험회사들은 환자의 치료비를 지급할 가능성이 있다.

마지막으로, 누구에게 유전자 치료를 할 것이냐 역시 윤리적으로 도발적인 또 다른 문제가 된다. 이전에 언급했던 제시 겔싱어 사례에서, 그의 OTC 결핍증은 저단백질 식사와 약물 치료로 어느 정도 치료가 가능했다. 제시에게 유전자 치료를 하는 것이 필요했는지는 현재까지도 널리 토론되는 문제이다.

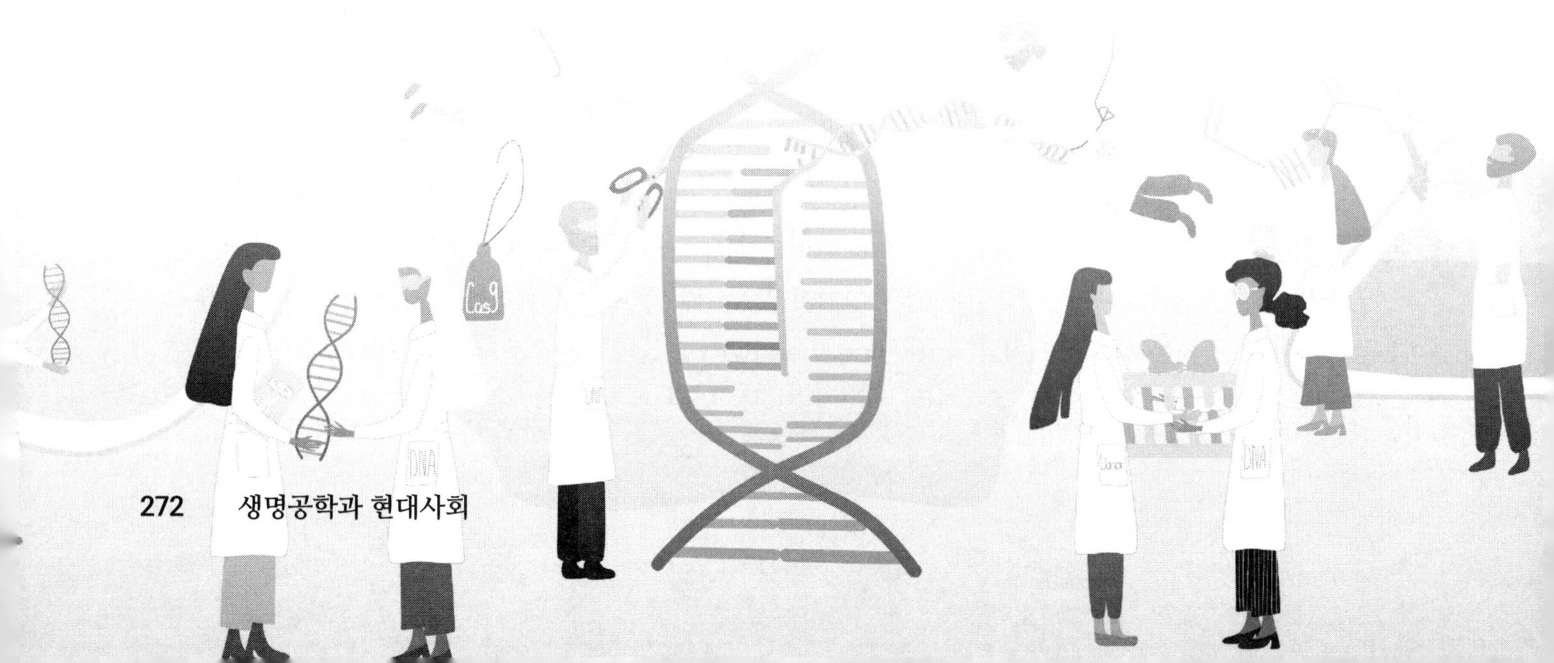

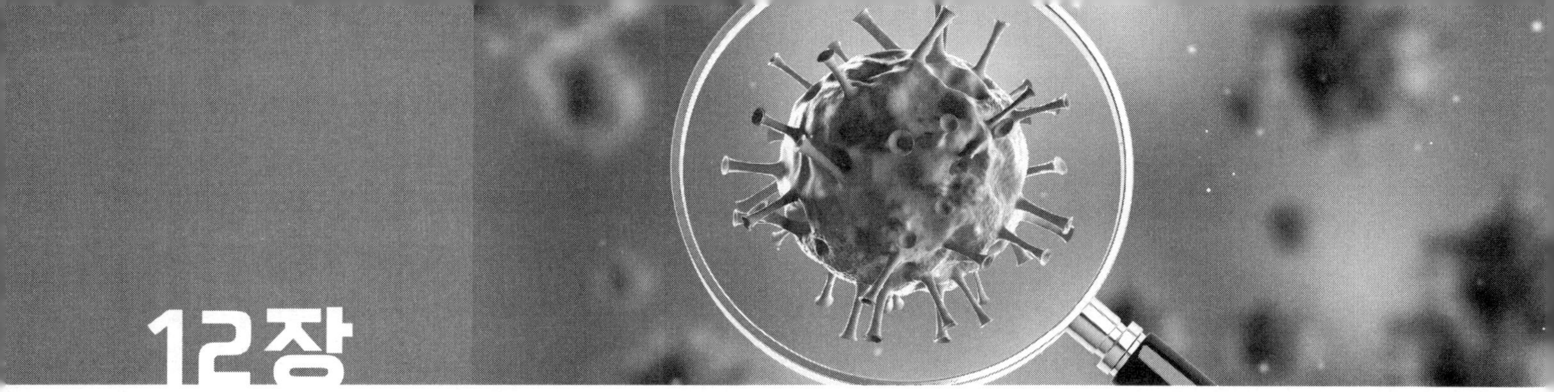

12장

암 생명공학

암은 서방 국가들에서는 주된 사망원인이다. 모든 연령대의 사람들에게 영향을 미치며, 세 명 중 한 사람은 일생에 한 번 암을 경험하게 된다. 미국에서는 해마다, 백만 건 이상의 암 진단이 내려지고 있고, 50만 명 이상의 사람들이 암으로 사망한다.

지난 30여 년에 걸쳐 과학자들은, 암이 체세포 수준에서의 유전적 질병이며, 돌연변이되었거나 잘못 발현되는 유전자의 산물들이 존재한다는 특징을 발견했다. 여러 개의 비정상적 유전자 산물들의 종합 효과가 암세포의 통제되지 않는 세포 성장 및 전이를 일으킨다. 일부 돌연변이된 암 유전자들은 유전될 수도 있지만, 대부분은 체세포 내에서 생기고, 그 후 분열하여 종양을 형성한다. 인간유전체프로젝트의 완료와 다수의 빠르고 거대한 규모의 DNA 서열화 연구들로 인해, 세포를 암화시키는 돌연변이들에 대한 새로운 정보들이 엄청나게 쏟아지기 시작했다. 암 유전학에 대한 이런 새로운 이해 역시 새로운 유전자-특이적 치료를 이끌어내고 있으며, 그 중 몇몇은 이제 임상 실험에 진입 중이다. 일부 과학자들은 향후 25년 내에 유전자-표적화 치료들이 화학치료를 대체할 것이라고 예상한다.

이 장의 목표는 암의 원인과 성격에 대한 현재의 이해를 조명하는 것이다. 앞으로 살펴보게 되겠지만, 암은 세포 기능의 많은 기초적 측면을 통제하는 유전자들에서 발생한 돌연변이 축적에 의한 유전적 질환이다.

12.1 암은 체세포 수준에서의 유전적 질병이다

아마도 암의 원인에 대한 이해에서 가장 중요한 발달은 암이 유전적 질병이라는 것을 알게 되었다는 사실일 것이다. 암과 관련된 유전체적 변화는 단일 뉴클레오타이드 치환에서부터 거대한 크기의 염색체 재배열, 증폭, 그리고 결실에 이르기까지 매우 다양하고 넓다. 그러나 다른 유전 질병들과 달리, 암은 주로 체세포에서 발생하는 돌연변이들에 의해 생긴다. 암의 오직 5% 정도만이, 어떤 형태의 암에 대한 개인의 취약성을 높이는 생식세포성 돌연변이와 관련이 있다. 암과 다른 유전질환과의 또 다른 중요한 차이는, 암이 단일 돌연변이에 의해서는 거의 발생하지 않고 여러 돌연변이들의 축적에 의해 발생한다는 것이다. 암을 일으키는 돌연변이들은 세포의 다양한 기능, 예를 들어 DNA 수리, 세포분열, 아폽토시스, 세포 분화, 세포 이동, 그리고 세포와 세포간 접촉 등에 영향을 미친다.

암이란 무엇인가?

임상적으로, 암은 100가지에 육박하는 다수의 아주 복잡한 질병으로 정의되는데, 암이 발생한 세포 형태와 각 암 형태에서 생긴 유전적 변화에 따라 다르게 행동한다. 암은 발병 연령, 성장 속도, 침투력, 예후, 그리고 처방에 대한 반응성 등이 매우 다양하다. 그러나 분자적 수준에서는, 모든 암들을 하나로 묶는 공통점들을 나타낸다.

모든 암세포들은 두 가지 기본적 특징들을 공유한다: (1) 비정상적 세포 성장과 분열(세포 증식, cell proliferation), 그리고 (2) 세포들이 퍼져 나가 신체의 다른 지역에 침투하지 못하도록 하는 정상적 제제력 손실(전이, metastasis)이다. 정상적인 세포에서는, 이러한 기능들이 시간과 공간에 알맞게 발현되는 유전자들에 의해 매우 엄격하게 통제된다. 암세포에서는, 이러한 유전자들이 돌연변이되었거나 부적절하게 발현된다.

통제되지 않은 세포증식과 전이가 조합되어 암세포를 위험한 것으로 만든다. 한 세포가 단순히 세포 성장에 대한 유전적 통제를 상실하면, 그것은 여러 개의 세포 덩어리로 자라는데, 이것을 양성 종양(benign tumor)이라고 한다. 그러한 종양은 종종 수술로 제거될 수 있으며 심각한 해를 입히지는 않는다. 그러나 만약 종양의 세포들이 혈류 속으로 들어가 다른 조직에 침투하는 능력을 얻게 되면, 2차 종양들을 형성한다(전이). 이들은 악성이다. 악성 종양(malignant tumor)들은 치료하기가 어렵고 종종 생명을 위협하기도 한다.

암세포 클론들의 기원

비록 악성 종양들이 수십억의 세포들을 포함할 수 있고, 신체의 다양한 부분들로 침투하여 자랄 수 있지만, 모든 1, 2차 종양들의 암세포들은 클론들이다. 즉, 그들은 여러 가지의 특수한 돌연변이들을 축적한 공동의 한 조상 세포로부터 기원한 것이다. 이것은 암의 분자적 원인에 대한 이해에 있어 중요한 개념이며 암의 진단에 있어서도 의미가 깊다.

여러 자료들이 암의 클론성에 대한 개념을 지지한다. 예를 들어, 상호 전좌들은 백혈병(leukemia)과 림프종(lymphoma)들(두 가지 암 모두 백혈구 세포와 관련되어 있다)을 포함하여 많은 암들의 특징이다. 버킷 림프종(Burkitt's lymphoma) 환자의 암세포들은 8번 염색체(c-myc 유전자 근처의 전좌 절단 지점)와 2, 14, 혹은 22번 염색체(면역글로불린 유전자나 그 근처에서 생긴 전좌 절단 지점) 사이의 상호전좌를 나타낸다. 버킷 림프종 환자들은 c-myc 유전자와 면역글로불린 유전자 DNA 서열에 나름대로의 독특한 절단 지점을 나타낸다; 그러나 한 환자의 모든 림프종 세포들은 동일한 전좌 절단 지점을 포함하고 있다. 이것은 버킷 림프종의 개별 사례에서는 모든 암세포들이 단일 세포에서 기원했으며, 이 세포가 자신의 유전적 이상을 후손에 전달했음을 증명해 준다.

암세포가 클론들이라는 또 다른 증거는 그들의 X-염색체 불활성화 패턴이다. 앞에서 설명한 바와 같이, 여성들은 일부 세포에서는 부계 X염색체를 불활성화시키고, 다른 세포들에서는 모계의 X 염색체를 불활성화시키는 모자이크들이다. X-염색체 불활성화는 발생 초기에 무작위로 일어난다. 한 종양 내의 모든 세포들은, 여성의 경우 1, 2차 종양 모두에서 동일하게 불활성화된 X-염색체를 포함하고 있다. 이것은 환자의 모든 암세포들이 공동의 조상 세포에서 기인한 것이라는 생각을 지지한다.

암 줄기세포 가설

암세포들의 클론 기원과 관련된 한 가지 개념은 암 줄기세포에 관한 것이다. 많은 과학자들은 현재, 종양 내의 대부분의 세포들이 증식하지 않는다고 믿고 있다. 증식하여 종양 내의 거의 모든 세포를 만든 세포들은 암 줄기세포(cancer stem cell)들이라고 알려져 있다. 줄기세포들은 자기 생산 능력을 갖춘 미분화 세포들로서, 이 과정에서 불균등하게 분열하여 성숙한 세포 형태로 계속해 분화하는 딸세포 하나와, 줄기세포로 남는 딸세포 하나가 된다. 암 줄기세포 가설은 무작위 혹은 확률 모형과 대조적이다. 이 모형은 한 종양 내의 모든 세포들이 새로운 종양을 형성할 수 있는 능력을 가진다고 예측한다.

암 줄기세포가 존재하느냐에 대해 과학자들을 아직도 활발하게 논쟁하고 있지만, 적어도 일부 종양들에서는 암 줄기세포가 존재한다는 증거들이 축적되고 있다. 백혈병뿐 아니라, 고형 암들인 뇌, 유방, 장, 난소, 췌장, 그리고 전립선에서의 암들에서도 암 줄기세포들이 규명되었다. 어떤 종양에서 어느 정도의 분율이 암 줄기세포들로 구성되어 있는지는 아직 확실치 않다. 예를 들어, 인간에서의 급성 골수성 백혈병(acute myeloid leukemias)에서는 10,000개 세포당 하나 미만의 암 줄기세포를 포함한다. 대조적으로, 일부 고형암들은 암 줄기세포들을 40%까지도 포함할 수 있다.

과학자들은 암 줄기세포들의 기원에 대해서도 확신이 없다. 한 조직 내의 정상적인 성체 줄기세포에서 생길 수도 있고, 혹은 다수의 돌연변이를 축적하고 염색질 구조에 변화를 획득한 후에 줄기세포와 유사한 성질을 획득한 일부 분화된 체세포들에서 생겨날 가능성도 있다.

여러 돌연변이들이 요구되는 다단계 과정으로서의 암

비록 암이 조절되지 않는 세포 증식과 전이를 일으키는 돌연변이에 의해 시작되는 유전 질환이라고 알고는 있지만, 한 개의 돌연변이를 가지고 정상 세포를 종양 형성 악성세포로 만들기는 쉽지 않다. 만약 그 정도로도 충분하다면, 암은 아마 지금보다 훨씬 흔했을 것이다. 인간에서는 세포분열할 때마다 한 유전자당 10^{-6} 정도로 자연돌연변이가 발생하는데, 주로 DNA 복제의 내생적 오류율 때문이다. 인간의 일생 동안 약 10^{16}번의 세포분열이 발생하므로, 한 사람은 일생 동안 신체 어느 부분에선가는 유전자당 10^{10} 돌연변이를 겪을 수 있다. 그러나 3사람당 한 명 정도만이 암으로 고생한다.

노화와 관련해 암이 나타나는 현상은, 암이 하나의 세포에서 발생하는 여러 돌연변이 사건의 축적으로 인한 것임을 보여주는 또 다른 시사점이다. 대부분의 암 발생은 나이와 함께 기하급수적으로 증가한다. 만약 하나의 돌연변이가 정상 세포를 악성세포로 만들기에 충분하다면, 암 발생률은 나이와 무관하게 나타날 것이다. 암의 노화 관련 발병은, 한 세포가 악성 암세포로 전환되기에 앞서, 가능성은 낮지만 무작위로 발생하는 약 10개까지의 독립적인 돌연변이들이 필수적임을 제시한다. 암이 다단계 과정이라는 또 다른 시사점은 암을 일으키는 발암원(carcinogen)에의 노출과 암의 출현 사이에 생기는 지연 현상이다. 예를 들어, 히로시마와 나가사키의 원자탄 폭발로 인해 독립적으로 방사능에 노출된 사람들이 백혈병을 발병시킬 때까지는 약 5~8년까지의 잠복기가 있었다.

암 발생의 다단계적 성질은, 암이 종종 조금 잘못된 세포들로부터 시작해서 점차 종양을 만드는 악성 세포로 가는 진행성 단계를 보인다는 점으로도 설명된다.

종양형성(tumorigenesis; 악성 종양의 발달)의 각 단계는 세포를 점차 정상적인 증식에 대한 통제로부터 벗어나게 하여 악성으로 만드는 둘 혹은 그 이상의 유전적 변화에 기인하는 것으로 보인다. 이런 관찰은 암세포를 만드는 점진적인 유전적 변화가 세포들에게 선택적 이점을 제공하고 종양 형성 과정 중에 세포분열을 통해 증식하도록 함을 시사한다.

암의 점진적 성질은 대장암(colorectal cancer)의 발생으로 잘 설명된다. 대장암들은 몇몇 유전자들에서의 유전적 결함들이 단계적으로 축적되는 것이 특징인 몇 가지 임상적 단계들을 통해 진행하는 것으로 알려져 있다. 첫 번째 단계는 정상적인 상피 세포들이 선종(adenoma) 혹은 폴립(polyp)이라고 불리는 작은 세포 덩어리로 바뀌는 것이다. 이 단계에는 선종형 대장 폴립증(adenomatous polyposis coli, APC) 유전자가 불활성화되는 돌연변이 사건이 필요한데, 이 유전자는 장 세포의 정상적인 분화에 관여하는 단백질을 암호화한다. APC 유전자는 이 장 후반에 논의될 종양 억제 유전자이다. 결과적으로 선종(adenoma)이 천천히 자라고 양성 종양으로 인식된다.

대장암 발생의 두 번째 단계에는 작은 선종 내 세포들 중 하나에서 두 번째 유전적 변화가 발생하는 것이 필요하다. 이것은 보통 Kras 유전자에서의 돌연변이로, 이 유전자의 정상적인 산물은 세포 성장을 조절하는 데 관여한다. 대장암의 발생에 기여하는 Kras에서의 돌연변이들은 Kras 단백질들이 계속해서 활성적인 상태가 되도록 하여 결과적으로 통제되지 않는 세포분열을 일으킨다. APC와 Kras에서의 돌연변이를 포함하는 세포들은 성장하고 팽창하여 약 1 cm 직경의 커다란 중간 선종을 형성하는데, 이 과정은 클론성 팽창(clonal expansion)이라고 알려져 있다. 원래의 작은 선종(APC 돌연변이를 포함하는) 세포들은 이제 두 개의 돌연변이를 포함하는 세포들보다 그 수가 훨씬 적어진다.

세 번째 단계는 커다란 선종이 악성 종양인 암종(carcinoma)으로 변화되는 단계로, p53, PI3K와 TGF-β 같은 몇몇 유전자들에서의 결함에 의해 시작되는, 여러 번의 클론성 팽창 사건들이 관여한다. 이런 유전자들의 산물들은 아폽토시스, 성장 신호 보내기, 그리고 세포 주기 조절 같이, 정상적인 세포 성장 및 분열이라는 주요 사건들을 조절한다. 우리는 이후에 이들에 대해 보다 자세히 다룰 것이다. 결과적으로 생긴 암종은 더 성장할 수 있게 되고, 대장의 기저 조직으로 침투하게 된다. 암종 내부의 소수 세포들이 종양을 뚫고 나올 수 있도록 하는 새로운 돌연변이들을 하나 이상 획득하게 되면, 신체의 다른 부분으로 이동하여 전이를 일으킨다.

운전자 돌연변이와 동승자 돌연변이

과학자들은 이제 암세포들의 발달 중에 생기는 체세포성 돌연변이들을 모두 규명하기 위해 DNA 서열화에서의 최근 발달들을 응용하기 시작했다. 이런 연구들은 암세포들에서 얻은 유전체들의 DNA 서열들과 동일 환자의 정상 세포들에서 얻은 DNA 서열들을 비교한다. 이런 연구들에서 나온 자료들은 수많은 체세포성 돌연변이들이 암세포에 존재한다는 것을 보여준다. 대장암이나 유방암 같은 고형암들은 70개나 되는 돌연변이 유전자들을 가질 수 있다. 폐암이나 흑색종(melanoma) 같은 다른 암들은 수백 개의 돌연변이들을 포함할 수 있다. 연구자들은 각 종양들에 존재하는 소수의 돌연변이들 — 운전자 돌연변이(driver mutation)라고 불리는 — 만이 종양 세포들에 성장의 이점을 제공할 수 있다고 믿는다. 나머지 돌연변이들은 시간이 지나면서 습득된 것으로, 아마 증가된 수준의 DNA 손상 결과 암세포에 축적되었지만 암 표현형에 직접 기여하지는 않는 돌연변이들일 수 있다. 이들은 동승자 돌연변이(passenger mutation)라고 알려져 있다. 특정 암에서 생기는 운전자 돌연변이의 총 수는 2~8개로 비교적 적은 수이다.

이 장의 다음 절들에서 살펴보게 되겠지만, 암으로 진행시키는 운전자 돌연변이를 가지는 유전자들(원암유전자들과 종양 억제 유전자들)은 세포 내의 여러 필수 기능들을 조절하는 것들이다. 이제 이런 기본 과정들과, 그것을 조절하는 유전자들, 그리고 이 유전자들에서의 돌연변이들이 어떻게 암을 유발하게 되는지를 살펴보도록 하자.

12.2 암세포들은 유전체 안정성, DNA 수리, 그리고 염색질 변형에 영향을 미치는 유전적 결함을 가진다

많은 연구자들은 암세포들에서의 기본적 결함이란 세포가 정상적으로 DNA 손상을 고치지 못하는 것이라고 생각한다. 이렇게 유전체의 온전함을 상실하는 것은 그 유전체의 모든 유전자들(그 산물들이 세포 증식, 예정 세포 사멸, 전이 등을 조절한다)에서 돌연변이율을 전체적으로 증가시키게 된다. 암세포에서 나타나는 높은 수준의 유전체 불안정성은 돌연변이 유발자 표현형(mutator phenotype)이라고 알려져 있다. 그리고 최근의 연구에 의하면, 암세포들은 염색질 변형의 위치와 형태에 있어서의 변이들을 포함하는데, 특히 DNA와 히스톤의 메틸화 양상이 달라져 있음을 보여준다.

유전체 안정성과 DNA 수리 결함

암세포에서의 유전체 불안정성은 전좌, 이수성, 염색체 소실, DNA 증폭, 그리고 염색체 결실 등과 같은 대규모의 결함이 특징이다. 종종 암세포들은 암의 형태와 단계를 진단하는 데 사용되는 특수한 염색체 결손을 보인다. 예를 들어, 만성 골수성 백혈병(chronic myelogenous leukemia, CML)에 걸린 환자의 백혈구 세포들은 특수한 전좌를 가지고 있는데, 9번 염색체의 C-ABL 유전자가 22번 염색체의 BCR 유전자 내로 전좌되어 있다. 이러한 전좌로 인해 필라델피아 염색체(Philadelphia chromosome)라고 알려져 있는 구조가 생긴다. BCR-ABL 융합 유전자는 키메릭 BCR-ABL 단백질을 암호화한다. 정상적인 ABL 단백질은 단백질 인산화효소(protein kinase)로, 신호전달 경로에서 외부의 환경에서 온 성장 신호를 핵으로 전달한다. BCR-ABL 단백질은 CML 세포에서 잘못된 신호 중계 분자로 작용하여, 외부의 성장 신호가 없어도 지속적으로 성장 신호를 촉발한다.

암 돌연변이 유발자 표현형 개념과 같이, 다수의 유전성 암들은 DNA 수리를 조절하는 유전자에서의 결손에 의해 발생한다. 예를 들어, 색소성 건피증(xeroderma pigmentosum, XP)은 자외선과 기타 다른 암유발원에 극도로 민감한 것이 특징인 희귀한 유전병이다. XP 환자들에게서는 종종 피부암이 발생한다. XP 환자들에서 나온 세포들은 뉴클레오타이드 절제 수리에서의 결함을 가지는데, DNA 수리를 위해 필요한 것으로 보이는 7개의 유전자 산물 중 하나에 돌연변이가 있다. XP 세포들은, UV에 의해 유발된 티민 이합체(thymine dimer) 같은 DNA 손상을 수리하는 능력이 결여되어 있다.

또 다른 유전성 암인 유전성 비용종성 대장암(hereditary nonpolyposis colorectal cancer, HNPCC)도 DNA를 수리하는 유전자에서의 돌연변이에 의해 발생한다. HNPCC는 상염색체성 우성 증상으로, 약 200명~1000명당 한 명에 영향을 미친다. HNPCC에 영향을 받은 환자들은 대장암, 난소암, 자궁암, 그리고 신장암에 걸릴 위험성이 증가한다. HNPCC 환자들에서 나온 세포들은 정상보다 높은 돌연변이율과 유전체 불안정성을 보인다. 적어도 8개의 유전자가 HNPCC와 관련이 있으며, 이들 중 네 개가 DNA의 미스매치 수리에 영향을 미친다. 이 네 유전자들 — MSH2, MSH6, MLH1, 그리고 MLH3 — 의 불활성화는 유전체 전체에서 빠르게 돌연변이가 축적되도록 하며, 여러 암들의 연속적 발생을 일으킨다.

뉴클레오타이드 절제 수리와 DNA 미스매치 수리를 조절하는 유전자들에서의 유전적 결함들이 높은 빈도로 암을 유발한다는 관찰은, 돌연변이 유발자 표현형이 암 발생에 중요한 기여 요인이라는 생각을 지지한다.

염색질 변형과 암의 후성유전학

암의 후성유전학이라는 분야는 암 유전학에 새로운 관점을 제공하고 있다. 후성유전학(epigenetics)은 유전자 발현에 영향을 미치지만 DNA의 뉴클레오타이드 서열을 변화시키지는 않는 인자들에 대한 연구이다. 아세틸화 및 인산화 같은 히스톤 변형과 DNA 메틸화는 후성유전학적 변형의 한 예이다. 유전자 발현과 유전병에 미치는 염색질 변형 및 후성유전학적 요인들의 영향은 교재 후반에 보다 자세히 논의될 것이다.

암세포들은 변형된 DNA 메틸화 양상을 나타낸다. 전체적으로, 암세포에서는 DNA 메틸화가 정상 세포에서보다 적다. 동시에, 일부 유전자들의 프로모터들은 암세포에서 과메틸화된다. 이런 변화들은 정상 세포들에서는 침묵해야 할 다수의 유전자들 — 암 유발 유전자들을 포함 — 에 대한 전사 억제가 풀리게 하는 동시에, DNA 수리와 세포 주기 조절 같은 정상적인 세포 기능들을 조절해야 할 유전자들의 전사를 억제하는 것으로 생각된다.

암세포에서는 히스톤 변형 역시 망가져 있다. 히스톤 아세틸화 효소, 탈아세틸화효소, 메틸기 전이효소, 그리고 탈메틸화효소 등을 암호화하는 유전자들이 암세포에서 종종 돌연변이되거나 비정상적으로 발현되곤 한다. 종양에 존재하는 다수의 후성유전학적 이상들 때문에, 일부 과학자들은 암세포들이 유전자 돌연변이보다는 후성유전학적 결함을 더 많이 가질 것으로 생각한다. 게다가, 후성유전학적 변화는 가역적이기 때문에, 후성유전학에 기반한 치료법들을 이용하여 암을 치료할 수도 있을 것이다.

12.3 암세포들은 세포 주기 조절에 영향을 미치는 유전적 결함을 가진다

모든 암세포들에서의 기본적 이상 중 하나는 세포 증식에 대한 통제를 잃는다는 것이다. 비록 피부의 상피세포들이나, 골수의 조혈 세포들은 생물의 일생을 통해 지속적으로 분열하고 성장하지만, 다세포 생물체의 성체 세포들은 대부분 분열하지 않으며, 조용하게 분화되어 있는 상태로 존재한다. 분화된 세포들(differentiated cells)은 특정 기능을 위해 특수화된 세포들로, 망막의 광수용체 세포나 심장의 근육세포 같은 것들이다. 세포 증식에 대한 정상적인 조절에는, 세포 주기의 각 단계, 예정된 세포사멸, 그리고 외부 성장 신호에 대한 반응 등을 조절하는 많은 유전자 산물들이 개입한다. 암세포에서는, 이 기능들을 조절하는 많은 유전자들이 돌연변이화되거나 부적절하게 발현되어 통제되지 않는 형태의 세포 증식을 유발한다.

이 절에서는, 세포 주기의 각 단계와, 이들을 조절하는 일부 유전자들, 그리고 이 유전자들이 돌연변이 되었을 때 어떻게 암을 일으키는지에 대해서 살펴보도록 하자.

세포 주기와 신호전달

한 세포가 분열하여 다음 분열이 이루어질 때까지 일어나는 세포의 사건들이 세포 주기(cell cycle)를 구성한다. 세포 주기 중 G0 상태의 세포들은 종종 외부의 성장 신호에 의해 다시 세포 주기로 재진입하도록 자극을 받을 수 있다. 이 신호들은 세포 표면 수용체에 결합하는 성장 인자나 호르몬 같은 분자들에 의해 세포로 전달되며, 이러한 신호는 세포막으로부터 세포질로 중계된다. 외부 환경으로부터 세포의 핵으로 성장 신호가 전달되는 과정은 신호전달(signal transduction)로 알려져 있다. 궁극적으로, 신호전달은 세포를 G0 상태에서 나와 다시 세포 주기로 돌아오도록 촉진하는 유전자 발현 프로그램을 개시하도록 한다. 암세포들은 종종 신호전달 경로에서의 결함을 갖는다. 때때로, 부적당한 신호전달 분자들은 외부 성장 신호가 없는데도 핵에 지속적으로 성장 신호를 보낸다.

세포 주기 조절과 검문점

정상적인 세포에서 세포 주기의 진행은 엄격하게 조절되며, 다음 단계가 시작되기 전에 반드시 그 전단계가 완료되어야 한다. 세포가 세포 주기의 다음 단계로 진행하기에 앞서 외부의 성장 신호와 내부적 평형 상태를 감시하는 세포 주기의 지점이 적어도 세 곳에 존재한다. 이들은 G1/S, G2/M, 그리고 M 검문점(checkpoint)들이다. G1/S 검문점에서, 세포들은 자신의 크기를 감시하고 DNA가 손상되지 않았는지를 검사한다. 만약 그 세포가 적당한 크기에 도달하지 않았거나, 혹은 DNA가 손상되었다면, 더 이상의 세포 주기 진행은 이러한 상태가 교정될 때까지 중지된다. 만약 세포의 크기와 DNA가 정상이라면, G1/S 검문점은 통과되고 세포는 S기로 진행한다. 두 번째 주요 검문점은 G2/M 검문점으로, 분열기로 진입하기에 앞서 세포의 생리적 조건이 검사된다. 만약 DNA 복제나 수리가 완료되지 않았다면, 세포 주기는 이 과정들이 완결될 때까지 멈춘다. 세 번째의 주요 검문점은 M 검문점이라고 불리는 것으로, 분열이 진행될 때 발생한다. 이 지점에서는 방추사 시스템의 성공적 형성과, 동원체와 연계된 카이네토코어에 방추사가 잘 부착되었는지가 검사된다. 만약 방추사가 적절하게 형성되지 않았거나 부착이 부적절하면, 유사분열이 중지된다.

검문점에서의 세포 주기 조절 외에도, 세포는 두 가지 종류의 단백질들을 통해 세포 주기의 진행을 조절한다: 사이클린(cyclin)과 사이클린 의존성 인산화효소(cyclin-dependent kinase, CDK)들이다. 세포는 세포 주기 동안, 정확한 방식으로 사이클린 단백질들을 축적시켰다가 분해한다. 사이클린이 존재하면, 이것은 특정한 CDK에 결합하여 CDK/cyclin 복합체의 활성을 촉발시킨다. CDK/cyclin 복합체는 세포 주기 진행에 필요한 변화를 일으키는 다른 단백질들을 선택적으로 인산화시켜 활성화한다. 예를 들어, G1기에는, CDK4/cyclinD 복합체가 S기의 DNA 복제에 필요한 산물들(DNA 중합효소 δ와 DNA 라이게이즈)의 유전자 전사를 활성화시킨다. 또 다른 CDK/cyclin 복합체인 CDK1/cyclin B는 초기 분열기의 사건들(핵막 분해, 염색체 응축, 세포골격 재구성 등)을 일으키는 데 필요한 많은 수의 단백질들을 인산화시킨다. 그러나 분열은 사이클린 B가 분해되고, M기에 특징적인 단백질 인산화가 역전되었을 때만 완성된다. 비록 많은 수의 서로 다른 단백질 인산화효소들이 세포에 존재하지만, 세포 주기 조절에 관여하는 것은 소수이다.

세포 주기를 조절하는 유전자들 중 어느 것이라도 돌연변이 되거나 잘못 발현되면 암이 발생할 수 있다. 예를 들어, G1/S 혹은 G2/M 검문점들을 조절하는 유전자들이 돌연변이 되면, 그 세포는 DNA 손상을 수리하지 않은 채 성장하고 분열을 계속할 수 있다. 이런 세포들이 분열을 지속함에 따라, 세포 증식이나 전이를 조절하는 유전자들에서 돌연변이들이 축적된다. 유사하게, 사이클린을 암호화하는 유전자들처럼, 세포 주기 진행을 조절하는 유전자들이 잘못된 시기에 비정상적 수준으로 발현된다면, 그 세포는 지속적으로 자라고 분열하게 되어 세포 주기를 빠져나와 G0로 들어가지 못할 수 있다. 두 경우 모두 증식에 대한 세포의 조절을 상실하는 것이며 세포가 암이 되는 경로로 작용한다.

아폽토시스의 조절

만일 DNA 복제, 수리, 혹은 염색체 조립이 부적절하면, 정상 세포들은 이 조건이 교정될 때까지 그들의 세포 과정을 멈추고 기다린다. 이것은 정상적으로 증식하는 세포들에서 돌연변이의 축적이나 염색체 이상이 누적되는 것을 감소시켜준다. 그런데 만약 DNA나 염색체 손상이 너무 심각하여 수리가 불가능하면, 그 세포는 두 번째 보호 대책인 아폽토시스(apoptosis), 혹은 예정 세포사멸(programmed cell death)이라고 불리는 과정을 시작한다. 아폽토시는 세포가 자살을 감행하도록 하는 유전적 조절 과정이다. 암을 막는 역할 외에도, 아폽토시스는 또한 정상 다세포 생물의 발생에서 최종적인 성체에 기여하지 않는 일부 세포들이 제거되기 위해서도 발생한다. 손상된 세포들이나 발생 중에 제거되어야 할 세포들을 위한 아폽토시스의 단계들은 동일하다. 핵 DNA들이 단편화되고, 내부 세포 구조들이 파괴되며, 세포가 아폽토시스 소체(apoptotic body)라고 불리는 작은 구형 구조물로 분해된다. 마지막 단계에서는, 아폽토시스 소체들이 면역계의 대식세포에 의해 삼켜진다. 캐스페이즈(caspase)라고 불리는 일련의 단백질분해효소들이 아폽토시스의 개시와 세포내 성분들의 소화를 일으킨다.

손상 세포들을 제거함으로써, 예정 세포사멸은 암유발 유전자들에서의 돌연변이들을 포함하여, 다음 세대로 전달될 수 있는 돌연변이의 수를 감소시킨다. 세포 주기 검문점들을 조절하는 것과 동일한 유전자들 몇몇이 아폽토시스를 개시한다. 이런 유전자들은 여러 암들에서 돌연변이되는 것들이다. 이런 검문점 유전자들의 돌연변이나 불활성화 결과, 세포는 자신의 DNA를 수리할 수 없게 되거나 아폽토시스를 일으키지 못한다. 이렇게 되면, 성장, 분열, 그리고 전이를 조절하는 유전자들에 더 많은 돌연변이가 축적된다.

12.4 암세포들에서는 원암유전자와 종양 억제 유전자들이 변형되어 있다

암세포에서는 원암유전자와 종양 억제 유전자라는 이 두 가지 일반적인 유전자 범주들이 변이되거나 잘못 발현된다.

원암유전자(proto-oncogene)들은 다른 유전자들의 발현을 촉진하는 전사 인자들과, 세포분열을 촉진하는 신호전달 분자들, 그리고 세포 주기를 통과하도록 하는 세포 주기 조절자들을 암호화한다. 이 산물들은 정상적인 세포 기능들, 특히 세포 성장과 분열에 매우 중요한 것들이다. 정상 세포들이 잠잠해지거나 분열을 멈추면, 원암유전자 산물들의 발현이나 활성은 대부분 억제된다. 암세포에서는, 하나나 혹은 그 이상의 원암유전자들이 변화되어 그들의 활성이 정상적인 양식으로 조절되지 않는다. 때로 이것은 비정상적 단백질 산물을 만드는 돌연변이에 기인한다. 다른 사례에서는, 원암유전자들이 과발현되거나, 인핸서 요소 같은 유전자-조절 영역 내에 생긴 돌연변이 혹은 유전자 발현에 영향을 미치는 염색질 구조 변화 때문에 부적절한 시기에 발현될 수 있다. 만약 원암유전자가 지속적으로 켜진(on) 상태라면, 그 산물은 계속 세포를 분열하도록 촉진할 수 있다. 원암유전자가 변이되었거나 비정상적으로 발현되어 암의 발달에 기여할 때, 이것을 암유전자(oncogene, 암 유발 유전자)라고 한다. 암유전자들은 기능 획득(gain-of-function) 변화를 겪은 유전자들이다. 결과적으로, 원암유전자 중 하나의 대립유전자만이 변화되거나 잘못 발현되어도 암을 일으킬 수 있다. 그러므로 암유전자들은 우성의 암 표현형이 나타나도록 한다.

종양 억제 유전자(tumor suppressor gene)들은 그 산물들이 정상적으로는 세포 주기 검문점들을 조절하고, 아폽토시스를 개시하는 것들이다. 정상 세포에서는 종양 억제 유전자들에 의해 암호화되는 단백질들이 DNA 손상이나 외부 환경에서의 성장-억제 신호에 반응하여 세포 주기를 정지시킨다. 종양 억제 유전자들이 변이되거나 불활성화되면, 세포들은 정상적으로 세포 주기 검문점에 반응할 수 없거나, 혹은 DNA 손상이 심각해도 예정 세포 사멸을 진행할 수 없다. 이것은 돌연변이를 더 증가시키고 암이 생기게 한다. 종양 억제 유전자의 두 대립유전자가 모두 돌연변이나 후성유전학적 변형으로 인해 불활성화되거나, 세포에서의 다른 변화가 세포를 계속 자라고 분열하도록 하면, 세포들은 종양형성능을 갖게(tumorigenic) 된다.

다음의 예들은 돌연변이가 되거나 비정상적으로 발현될 때 암의 발생에 기여하는 원암유전자들과 종양 억제 유전자들이다. 약 400개 이상의 암유전자들과 종양 억제 유전자들이 알려져 있으며, 암 연구가 지속됨에 따라 더 많아질 것으로 보인다.

ras 원암유전자

인간의 종양에서 가장 흔히 변이되는 유전자들 중 일부는 ras 유전자 패밀리(ras gene family)에 속하는 것들이다. 이 유전자들은 인간의 암 중 30% 이상에서 변이를 일으킨다. ras 유전자 패밀리들은 세포막과 관련한 신호전달 분자들을 암호화하며, 성장과 분열을 조절한다. Ras 단백질들은 정상적으로는 외부의 성장 신호에 반응하여 세포가 분열하도록 촉진하는 신호를 막에서 핵으로 전달한다. Ras 단백질들은 구아노신 이인산(guanosine diphosphate, GDP)이나 구아노신 삼인산(guanosine triphosphate, GTP)의 결합에 따라 불활성(꺼짐) 형태와 활성(켜짐) 형태가 교체된다. 원암유전자 ras가 암유전자로 돌연변이 되면, Ras 단백질은 GTP를 GDP로 가수분해시키지 못하며, 따라서 Ras 단백질이 - 켜진 - 형태로 고정되어 지속적으로 세포가 분열하도록 촉진한다.

p53 종양 억제 유전자

인간의 암에서 가장 흔하게 변이되는(모든 암의 50% 이상에서 발생하는) 유전자는 p53 유전자이다. 이 유전자는 50개 이상의 유전자들에 대해 전사를 억제하거나 촉진하는 핵 내 전사 인자를 암호화한다. 정상적으로, p53 단백질은 지속적으로 합성되지만 빠르게 분해되고 따라서 세포 내에는 아주 낮은 수준으로만 존재한다. 여러 가지 형태의 스트레스들이 핵 내 활성형 p53 단백질의 수준을 빠르게 증가시킨다. DNA의 화학적 손상, 이온화 방사선에 의한 DNA에서의 이중가닥 절단, 자외선에 대한 노출로 생긴 DNA-수리 중간체의 형성 등이 이를 촉발한다.

p53 단백질은 DNA 손상에 반응하여, 세포 주기 정지 후 DNA 수리 및 DNA가 수리되지 못할 때의 아폽토시스를 포함한 여러 반응을 개시하도록 한다. 이런 반응들은 p53이 각 반응에 관여하는 유전자들의 발현을 촉진하거나 억제하는 전사 인자로 작용하기 때문에 발생한다.

정상적인 세포에서, p53은 G1/S와 G2/M 검문점에서 세포 주기를 중지시킬 수 있으며, S기를 통한 세포 진행 역시 늦출 수 있다. 이것은 cyclin/CDK 복합체들을 방해하고 세포 주기의 이 시기들에 관여하는 다른 유전자들의 전사를 조절함으로써 이루어진다.

p53 단백질은 또한 손상된 세포가 아폽토시스를 통해 자살하도록 할 수도 있다. 이 과정을 통제하는 유전자들의 전사를 활성화시킴으로써 이것이 가능해진다. 충분한 p53이 존재하지 않는 암세포에서는, 이런

유전자 산물들이 합성되지 않으며, 아폽토시스는 일어나지 않을 수 있다. 기능적인 p53이 부족한 세포들은 세포 주기 검문점에서의 정지가 불가능하거나 DNA 손상에 대한 반응으로 아폽토시스로 진입하는 것도 불가능하다. 결과적으로, 그들은 세포의 DNA 상태와 관계없이 검사되지 않은 채 세포 주기를 통과한다. p53이 결핍된 세포들은 돌연변이율이 높으며 암으로 이끄는 여러 형태의 돌연변이들을 축적시킨다. 유전체의 온전함에 미치는 p53 유전자의 중요성 때문에, 이것은 종종 - 유전체의 수호신 - 이라고 불린다.

RB1 종양 억제 유전자

RB1(retinoblastoma 1) 종양 억제 유전자의 돌연변이나 소실은, 유방암, 골암, 폐암, 방광암 등을 포함하여 많은 형태의 암들을 발생시키는 데 기여한다. RB1 유전자는 원래 망막아종(retinoblastoma)에 대한 연구 결과 밝혀진 것이다. 이것은 어릴 때 눈에서 종양이 발생하는 유전병이다. 망막아종은 약 15,000명당 1명의 빈도로 발생한다. 가족성 망막아종에서는, RB1 유전자의 대립유전자 하나가 돌연변이 된 것을 물려받으며, 85%의 확률로 망막아종을 발달시킬 뿐 아니라, 다른 암들의 발생 가능성도 증가시킨다. 유전성 망막아종 환자들의 모든 체세포는 RB1 유전자 중 하나의 대립유전자가 돌연변이되어 있다. 그러나 어떤 망막세포에서 RB1의 나머지 정상 대립유전자가 소실되었거나 돌연변이 되었을 때만 망막아종이 발생한다. 유전성 조건을 갖지 않은 사람들에서는 망막아종이 매우 드문데, 그 이유는 RB1 유전자의 두 사본을 모두 불활성화시키기 위해서는 체세포성 돌연변이가 독립적으로 두 번 필요하기 때문이다.

망막아종 단백질(pRB)은 G1/S 세포 주기 검문점을 조절하는 종양 억제 단백질이다. pRB는 세포 주기의 모든 단계에 있는 모든 세포의 핵에서 발견된다. 그러나 세포 주기에서의 활성은 인산화 상태에 따라 다르다. 세포가 G0기에 있으면, pRB는 인산화되어 있지 않으며 E2F 같은 전사 인자들과 결합하여 이들을 불활성화시킨다. 세포가 성장 인자에 의해 자극을 받으면, 세포는 G1기로 들어가 S기로 접근한다. G1기를 거치면서, pRB 단백질은 CDK4/cyclinD1 복합체에 의해 인산화된다. 인산화된 pRB는 불활성화되어 결합하고 있던 조절성 단백질들을 방출한다. E2F와 다른 조절자들이 pRB로부터 방출되면, 이들은 G1기에서 S기로의 이동에 필요한 30여 개 유전자들의 발현을 자유롭게 유도할 수 있다. 세포가 S, G2, M기를 지난 후에는, pRB는 비인산화 형태로 전환되고 E2F 등 조절 단백질들과 다시 결합하여 다음 세포 주기에 이들이 필요할 때까지 잡고 있게 된다. 정상적으로 잠잠한 상태의 세포에서는, pRB 단백질은 활성화 상태로 S기의 통과를 방해한다. 망막아종을 포함한 많은 암세포에서는 RB1 유전자의 두 사본에 모두 결함이 있거나, 불활성형이거나, 혹은 아예 없어서 세포 주기의 진행이 조절되지 않는다.

12.5 암세포들은 다른 조직으로 전이하여 침투한다

이 장의 첫 머리에 언급했던 것처럼 통제되지 않는 성장 자체만으로는 악성 암이나 생명을 위협하는 암을 만들기 에는 충분치 않다. 암세포들이 혈액이나 림프계로 들어가 주변 조직으로 침투하고 2차 종양을 발달시키기 위해서는, 원래의 종양 부위로부터 탈출하는 능력을 획득하여 악성 상태가 되어야만 한다. 1차 종양 부위를 떠나 다른 조직으로 침범하기 위해서는, 종양세포들이 그 1차 종양들로부터 분리되어야만 하고 정상적으로 체조직들을 둘러싸 분리시키는 세포외 기질(extracellular matrix) 및 기저막(basal lamina) 성분들을 분해하는 단백질분해효소들을 분비해야 한다. 세포외 기질과 기저막은 단백질과 탄수화물로 구성된다. 이들은 체조직들을 둘러싸 분리시키고, 조직의 성장을 위한 뼈대를 형성하며, 정상적으로는 세포의 이동을 저해한다.

세포외 기질을 침범할 수 있는 능력은 일부 정상적인 세포 형태의 특징이기도 하다. 예를 들어, 임신 중에 자궁 내벽에 배아가 착상하는 것은 세포외 기질을 가로지르는 세포 이동을 필요로 한다. 그리고 백혈구 세포들은 감염 부위로 도달하기 위해 모세혈관 벽을 관통한다. 침범의 기작은 아마도 정상 세포나 암세포에서 비슷할 것으로 생각된다. 차이는 정상 세포의 경우 침범 능력이 엄격하게 조절되는 반면, 종양세포에서는 이러한 조절이 상실된다는 점이다.

일단 암세포들이 1차 종양으로부터 나와 조직 장벽을 통과하게 되면, 그들은 혈액이나 림프계로 들어와 다른 조직의 미세혈관들에 머물게 된다. 이 지점에서 그 세포들은 두 번째의 침입 사건을 일으켜 새로운 조직으로 들어가 새로운 종양으로 자란다(전이). 순환하는 암세포들 중 아주 일부(약 0.01%) 만이 생존하여 전이성 종양을 만든다. 전이성 세포들의 다른 중요한 특징들로는, 세포 이동성이 증가하고, 새로운 혈관 형성을 촉진하며, 숙주의 면역 체계에 의한 추적을 따돌리는 능력 등이 있다.

전이는 세포-부착 분자, 세포골격 조절자, 그리고 단백질분해효소들을 포함하는 많은 수의 유전자 산물들에 의해 조절된다. 예를 들어, 상피세포 종양들은 정상보다 낮은 수준의 E-카드헤린 당단백질(E-cadherin glycoprotein)을 갖는데, 이것은 정상적인 조직에서 세포-세포 부착을 담당하는 단백질이다. 그리고 많은 수의 고도 악성 종양들에서는 메탈로프로티네이즈(metalloprotienase)와 같은 단백질분해효소들이 정상보다 높은 수준으로 존재한다. 예를 들어, 뼈로 전이한 유방암세포들은 메탈로프로티네이즈 유전자 MMP1의 발현이 비정상적이다. 폐로 퍼진 것들은 MMP1과 MMP2 유전자들을 과발현한다. 종양의 공격성 정도는 그 종양에 의해 발현되는 단백질분해효소들의 수준과 비례하는 것으로 보인다. 그리고 악성 세포들은 메탈로프로티네이즈의 조직 억제물질(tissue inhibitors of metalloproteinases, TIMPs) 같은 조절성 물질들에 의한 정상적 조절에도 반응하지 않는다.

12.6 일부 암은 유전될 수도 있다

비록 대다수의 인간 암들이 산발성(sporadic)이지만, 일부(약 5%)는 유전적이거나 혹은 가족성 요소를 갖는다. 대부분의 유전성 암-감수성 유전자들은, 멘델식 우성 양식으로 유전되지만, 그 자체만으로 암을 발달시키기에는 충분치 않다. 유전자의 다른 사본에서 생기는 체세포성 돌연변이가 적어도 하나 더 있어야 세포를 악성 종양으로 진행시킬 수 있다. 그리고 완전히 암 표현형을 나타내기 위해서는 보통 다른 유전자들에서의 돌연변이들도 필요하다. 위에 언급한 바와 같이, RB1 유전자에서의 유전된 돌연변이는 개인이 다양한 암을 발달시킬 소인을 제공한다. 이 환자들의 정상 체세포가 RB1 유전자의 돌연변이에 대해 이형접합성이라고 해도, 종양 내 세포들은 이 유전자의 두 사본에서 모두 돌연변이를 갖는다. 종양에서 두 번째로 생기는, 야생형 대립유전자의 돌연변이화 현상은 이형접합성 소실(loss of heterozygosity)이라고 알려져 있다. 이형접합성 소실이 이 유전성 암들의 발현에 필요한 첫 단계이긴 하지만, 종양세포들이 완전한 악성으로 변화되기 위해서는 다른 원암유전자들과 종양 억제 유전자들, 그리고 염색질 변형 유전자들에서의 돌연변이들이 더 필요하다.

유전성 대장암의 발달은 한 유전자에서 돌연변이 대립유전자를 물려받는 것이 어떻게 악성으로 가는 다단계 경로의 한 단계에 기여하는지를 잘 설명해준다. 앞에서 우리는 어떻게 대장암들이 여러 유전자들에서의 돌연변이 축적을 통해 단계적으로 세포의 클론성 팽창을 일으켜 암종으로 발전하게 되는지에 대해 논의했었다. 대장암 대부분은 산발적이지만, 약 1% 정도는 가족성 선종 폴립증(familial adenomatous polyposis, FAP)이라고 알려진, 암에 대한 유전적 소인 때문에 생긴다. FAP에서, 사람들은 5번 염색체의 장완에 위치하는 APC(adenomatous polyposis coli) 유전자에서 하나의 돌연변이 대립유전자를 물려받는다. 돌연변이들로는 결실, 틀이동, 그리고 점돌연변이들이 나타난다. APC 유전자의 정상적인 기능은, 성장과 분화를 조절하는 종양 억제 유전자로 행동하는 것이다. 이형접합성 APC 돌연변이의 존재는 장의 상피세포들이 부분적으로 세포 주기 조절을 탈출하여 세포분열을 하게 허용함으로써, 폴립(polyp) 혹은 용종(adenoma)이라고 불리는 작은 세포 덩어리를 만들게 한다. 이러한 조건에 이형접합성인 사람들은 젊은 나이에 장과 직장에 수백~수천 개의 폴립이 생긴다. 폴립들에서 이 시기에 두 번째 돌연변이가 꼭 일어나야 하는 것은 아니지만, 대부분의 사례에서는, 두 번째 APC 대립유전자가 암 발달 후기에 돌연변이를 일으킨다.

12.7 바이러스와 환경 요인들이 인간의 암에 기여한다

전 세계적으로, 인간의 암 중 약 15%는 바이러스와 관련되어 있어서, 바이러스 감염은 흡연 다음으로 주된 암의 위험 인자로 작용한다. 특정 암에 대한 유전적 소인을 포함하여, 암의 다른 위험 인자들과 마찬가지로, 바이러스 감염 단독으로는 암을 일으키기에 충분치 않다. 다른 요인들, 이를테면 DNA 손상, 혹은 하나 이상의 원암유전자나 종양 억제 유전자들에 축적된 돌연변이들이 세포를 암을 향한 다단계 경로로 움직이게 한다.

바이러스 외에도 환경 인자들 역시 암 발생에 기여한다. DNA를 손상시키는 물질이나 사건들은 암유발성일 가능성이 있다. 우리 환경은 자연적인 것이든 인공적인 것이든, 많은 발암원들을 포함한다. 이들에는 화학물질, 방사능, 그리고 만성 감염 등이 포함된다. 아마도 우리 환경에서 가장 중요한 발암원은 담배 연기일 것인데, 이것은 DNA와 상호작용하여 돌연변이들을 일으키는 적어도 60가지의 화학물질들을 포함한다. 역학자들에 따르면 암 사망 사례의 약 30%는 흡연과 관련되어 있다고 한다. 흡연자들은 20배나 높은 폐암 발병 위험률을 가지는데, 전 세계적으로 1년에 백만 명 이상의 사람들이 폐암으로 사망한다.

음식도 자주 암 발달에 연루된다. 적색육과 동물성 지방의 소비는 대장암, 전립선암, 그리고 유방암 등 일부 암과 연관이 있다. 이런 재료들이 발암 과정에 기여하는 기작은 요리 과정 중에 발암성 화학물질들이 생기거나 혹은 호르몬들을 통해 세포분열이 촉진되는 것과 연관이 있다. 알코올은 간의 염증을 유발하고 간암 발생에 기여할 수 있다.

비록 대부분의 사람들이 인공적이고 산업적인 환경들이 암의 발달에 중요한 기여 인자라고 인식하고 있지만, 이것은 전체 암들의 일부에 관한 것으로, 특수한 상황에만 적용된다. 가장 돌연변이 유발성이 큰 물질 중 일부, 따라서 가장 발암성이 크다고 할 수 있는 것은, 자연적인 물질과 자연적인 과정들에 의한 것이다. 예를 들어, 땅콩에서 자라는 곰팡이 성분인 아플라톡신(aflatoxin)은 가장 강력한 발암성 화학물질 중 하나로 알려져 있다. 니트로사민(nitrosamine) 같은 대부분의 화학 발암원들은 합성된 물질의 성분이다; 그러나 많은 것들이 자연적으로 존재하는 것들이다. 예를 들어, 식물에서 발견되는 자연 살충제들과 항생제들은 암을 유발할 수 있으며, 사람의 신체 자체도 장의 산성 환경에서 알킬화제를 만든다. 그럼에도 불구하고, 합성 살충제나 석면 등 인간이 만든 발암원들에 노출되는 특정 집단의 사람들에서는 암의 위험률이 훨씬 더 증가한다.

자연적인 방사(X-선, 자외선), 음식물, 그리고 외부 환경의 물질들에 의해 생기는 DNA 손상들이 암을 일으키는 환경 유발성 돌연변이들 대부분을 차지한다. 그리고 정상적인 대사 과정이 산화적 최종 산물을 만들고 이것이 DNA나 단백질, 지질 등에 손상을 유발할 수 있다. 인간의 신체는 활성 산소에 의해 하루에 약 10,000번의 DNA 손상을 경험한다고 한다. DNA 수리 효소들은 이러한 손상에 성공적으로 대처한다. 그러나 일부 손상들은 영구적 돌연변이로 남을 수 있다. DNA 복제 과정 자체도 돌연변이성이다. 그러므로 세포분열을 촉진하는 성장 인자나 호르몬들은 궁극적으로 돌연변이성이며 아마도 암을 유발하는 것일 수 있다. 감염에 의한 만성 염증 역시 조직 수리와 세포분열을 촉진함으로써, 결과적으로 복제 중에 DNA 손상을 누적시킬 수 있다. 이러한 돌연변이들은 지속될 수 있으며, 특히 p53, RB1 같은 종양 억제 유전자들의 불활성화나 돌연변이에 의해 세포 주기 검문점들이 손상되었을 때는 더욱 그럴 가능성이 커진다.

13장

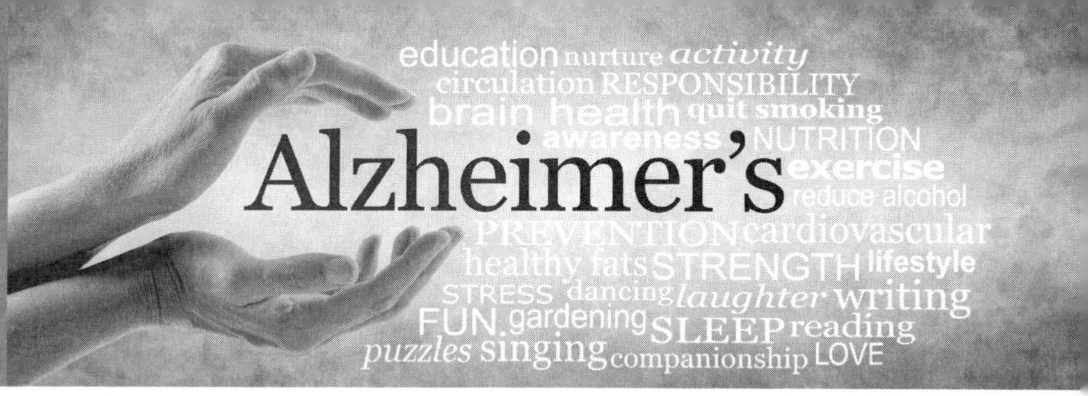

알츠하이머 치매

알츠하이머는 기억력의 점진적인 퇴행을 가져오는 뇌의 이상에서 오는 병이다. 또한 알츠하이머는 일상생활 곤란을 겪을 정도의 심각한(사고, 기억, 추론) 지적 기능의 상실을 가져오는 치매(dementia)증에 이르게 된다. 독일의 의사였던 알로이스 알츠하이머(Alois Alzheimer)가 1906년에 처음으로 이 질병에 대해서 언급했을 때만 해도 이 병을 앓고 있는 사람은 극소수에 불과했으나 오늘날, 65세 이상의 10%, 85세 이상의 거의 50% 이상에 이르는 노인들에게 영향을 주는 치매증의 가장 일반적인 원인이 되었다. 미국 내에서도 약 4백만 정도의 성인이 알츠하이머 환자로 알려져 있다. 알츠하이머는 보통, 최근에 일어난 사건을 잊어버린다던가, 일상적으로 해왔던 일을 하는데 어려움을 겪는 것처럼 서서히 시작된다. 이 병의 진전 속도는 기억력 혼란, 성격, 행동의 변화나 판단력 상실 등으로 개인차에 따라 매우 다양하게 나타날 수 있다. 알츠하이머 환자는 점차적으로 대화를 할 수 있는 능력을 잃게 되는데, 이는 대화를 이어갈 단어선택의 어려움이나 사고력의 결함, 지시사항에 부적절하게 대응하게 되기 때문에 생긴다. 그리하여 결국, 알츠하이머 환자는 자기 자신을 통제하거나 보호할 수 없는 상태에 이르게 된다.

13.1 알츠하이머는 유전되는가?

나이와 가족병력은 확실하게 이 병과 상관 관계가 있으며 가장위험한 요소로 알려져있다. 연결과에 의하면, 알츠하이머 발병에 있어서의 유전자의 역할(특히 19번 염색체가 주시되고 있는데, 이 염색체는 1번, 14 번, 21번염색체와 관련되어 나타나는 가족내 유전으로 종종 나타나는 것보다 더 희귀한 형태의 질병이며 이는 주로 30~40대에 걸리기 쉽다)에 주목하고 있다. 많은 연구기관과 의학자들은 알츠하이머병은 다양한 영향요인에 의해서 비롯되는 복합적인 질병이라고 믿고 있다.

13.2 치매와 유사한 질병에는 어떤 것이 있는가?

우울증, 약물작용, 갑상선이상과 관련된 치매는 조기발견 된다면 고칠 수 있다. 적절한 치료를 받으려면 정확한 원인을 아는 것이 중요하다. 아래 도표에서와 같이 알츠하이머병이 치매의 첫 번째 원인이 된다.

크로이츠펠트 야곱병(Creutzfeldt-Jakob Disease, CJD)

감염에 의한 희귀하고 치명적인 뇌질환으로 증상은 기억력 쇠퇴, 행동의 변화, 근육조절기능의 부족 등으로 나타난다. 이 병은 빠르게 진전되며 보통 1년 안으로 사망에 이른다. 현재 치료가 불가능하다.

뇌경색성 치매(Multi-Infarct Dementia, MID)

혈관성 치매로도 알려져 있으며 다발성 중풍(뇌경색)으로 인한 뇌손상으로 시작된다. 증상은 지각력 손상과 기억력 손실, 행동의 변화로 나타난다. 이 병의 원인이 되는 고혈압, 당뇨병의 치료를 통해 서 이 병의 진행을 멈출 수는 있다.

뇌수종에 의한 압력으로 생기는 병(Normal Pressure Hydrocephalus, NPH)

척수의 순환 장애로 인해 발생하는 희귀한 질병으로 증상이 기억력 상실, 보행과 대소변기능장애 등으로 나타난다. NPH는 뇌막염, 뇌염등 뇌손상의 병력과 관련되어 있으며, 수술로 완치가 가능하다.

헌팅턴병(Huntington's Disease)

손발과 얼굴근육의 비틀림, 사고능력의 둔화, 성격의 변화로 특정 지을 수 있는 유전적 질환의 하나로서, 알츠하이머병과는 대조적으로 헌팅턴병은 쉽게 진단이 된다. 또한 동작의 장애와 신경정신적 증상도 약으로 조절이 가능하다. 그러나 이 병의 진행을 중단시킬 수는 없다.

파킨슨병(Parkinson's Disease)

근육활동에 영향을 주는 질병으로 떨림, 경직 언어 장애가 오며, 말기에는 치매가 생길 수 있다. 파킨슨병 치료제는 신체적 균형기능은 향상시킬 수는 있어도, 뇌손상에 따른 증상에는 효과가 없다.

우울증(Depression)

슬픔, 무기력함, 사고나 집중의 곤란, 절망감 그리고 어떤 경우엔 자살성향과 유사하게 나타나는 신경정신적 질병으로, 심해지면 기억력 손상을 가져오지만, 치료가 가능하다.

픽스 병(Pick's Disease)

알츠하이머와 거의 유사한 희귀한 뇌질환으로 증상이 성격변화, 지각 장애, 기억력 손상의 단계로 발전하는 양상을 보인다. 알츠하이머와 마찬가지로 진단이 매우 어려우며, 부검을 통해서만 확인될 수 있다.

루이바디병(Lewy Body Disease)

최근에 확인된 질병으로서, 증상이 알츠하이머와 파킨슨병의 조합으로 나타난다. 대개 파킨슨병에 따르는 비정상적인 동작에 이어서 치매증상이 시작되는데, 현재 이 질환의 치료제는 개발되지 않은 상태이다.

13.3 알츠하이머가 젊은 연령층에도 발병할 수 있는가?

한 마디로 말하면 그렇다. 이 병은 30대, 40대나 50대에도 나타날 수 있다. 그러나 알츠하이머로 진단받은 사람의 대부분은 65세 이상이다. 조발성(early onset) 알츠하이머병이라고 불리는 이 사례는 전체 알츠하이머 환자의 10%에 못 미치는 흔하게 나타나는 현상은 아니다.

13.4 기억력 감퇴는 자연스러운 노화의 한 현상인가?

누구나 한 번쯤 차를 주차한 곳을 잊어버리거나, 잘 알고 있는 사람의 이름을 잊어 버릴 수 있다. 그리고 많은 건강한 사람들조차도 나이가 들어감에 따라 어떤 종류의 정보를 기억하기가 어려워질 수 있다. 알츠하이머병에 따른 증상은 그러한 단순한 기억 감퇴와는 많이 다르다. 알츠하이머는 의사전달이나 교환, 지식의 습득, 또한 사고나 추론등에 영향을 미치고, 그 개인의 직장생활과 사회생활에 곤란을 가져온다.

13.5 알츠하이머병의 주요 증상

전형적인 알츠하이머병의 증상

알츠하이머병 환자는 다양한 영역에서 인지 기능 장애를 보인다. 증상은 서서히 시작되고 진행하기 때문에 정확히 언제부터 증상이 시작되었는지, 일상생활의 장애는 언제부터 있었는지 그 시점을 정확하게 말하기 힘들다.

• 인지 기능 장애

기억장애는 가장 처음에, 그리고 가장 흔하게 나타나는 증상이다. 초기에는 사람이나 사물의 이름을 잘 기억하지 못하거나, 최근에 나누었던 대화의 내용이나 최근에 있었던 일의 내용을 자세히 기억하지 못하는 등 기억장애가 시작된다. 이때 옛날 기억은 비교적 잘 유지된다. 그러다가 병이 진행되면서 옛날 기억도 점차 장애를 보인다. 대화 중에 말하고자 하는 단어가 잘 생각이 나지 않거나 방금 전에 한 이야기를 기억하지 못하는 기억장애는 흔하게 나타나지만, 일반적인 언어장애는 잘 나타나지 않는다. 그러나 병이 진행됨에 따라 상대의 말을 잘 이해하지 못하고 말수가 줄어들게 되며, 결국에는 말을 전혀 하지 못하게 되기도 한다. 공간지각장애도 발생한다. 엉뚱한 곳에 물건을 놓아두거나, 놓아둔 물건을 찾지 못한다. 또, 잘 알던 길에서 길을 잃거나 오랫동안 살아온 집을 못 찾기도 한다. 그리고 복잡한 그림을 따라 그리지 못하고, 운전도 할 수 없게 된다. 계산장애와 실행증, 실인증은 흔하게 나타나는 증상이다. 실행증으로 인해 평소에 사용하던 물건을 사용하지 못하거나 옷 입기 등의 기본적인 일상생활의 장애를 보인다. 실인증은 알쯔하이머병의 중-후기부터 나타나는데, 알고 지내던 사람들을 잘 알아보지 못하게 되고 심해지면 가족과 배우자도 알아보지 못하게 된다.

• 전두엽 기능 장애

병이 진행되어서 뇌의 전두엽을 침범하게 되면 문제 해결, 추상적 사고, 결정 내리기가 힘들어 지고 판단력이 떨어진다. 즉, 여행, 사교 모임, 주식 투자, 사업 같은 일들을 수행하기 힘들어진다. 병의 초기에는 주로 기억 장애를 중심으로 하는 인지 기능 장애는 있고 전두엽의 기능 장애는 심하지 않기 때문에, 사회활동이나 일상적인 생활은 그런대로 유지할 수 있다가 병이 진행되면서 인지 기능 장애가 더 심해지고 범위가 넓어져서 사회활동을 할 수 없게 된다. 더 진행하면 일상생활의 간단한 일조차도 혼자 해내기 힘들어진다.

• 행동 심리적인 문제

행동 심리증상도 알츠하이머병의 매우 중요한 증상이다. 알츠하이머 병의 주된 증상은 인지 기능 장애이지만, 실제로 병원에 입원을 하게 되는 이유는 행동 심리 증상인 경우가 많다. 이 증상은 크게 이상 행동과 이상 심리 증상으로 나뉜다. 이상 행동은 공격적으로 변하고 의미 없이 주변을 배회하고, 부적절한 성적 행동을 하고 보호자를 쫓아다니거나 소리 지르기, 악담, 불면증, 과식증 등의 증상을 보인다. 이상 심리 증상은 불안, 초조, 우울증, 환각, 망상 등의 증상을 보인다. 초기 치매에서도 우울, 낙담, 무감동 등의 증상이 나타나지만, 대부분의 증상은 중기 이후에 많이 나타난다. 각각의 증상을 보면 무감동, 무관심은 경증의 경우 10~15% 정도에서 나타나고, 말기의 경우에는 50%에서 나타난다. 우울증도 알츠하이머 환자에게 매우 흔히 나타나는 증상이다. 그리고 망상은 알츠하이머병 환자의 40%에서 병의 과정 중에 경험하는 것으로 나타난다. 망상의 증상은 주로 도둑이 들었다거나 누가 물건을 훔쳐가려 한다든지 배우자를 의심하는 형태가 흔하며, TV에 나오는 사람과 대화하려 하거나 거울에 비친 자신을 다른 사람으로 착각하고 말을 거는 등의 형태로도 나타난다. 환각은 경증의 경우에는 5~10% 정도에서 나타나고, 병이 진행되면 빈도가 증가하지만 망상처럼 흔하지는 않다. 알츠하이머병의 행동 심리적인 문제 중에서 초조, 불안, 배회, 수면 장애, 공격성 등은 가족과 간병인에게 큰 짐이 된다. 따라서 환자를 입원시키게 되는 중요한 심리 증상과 달리 행동 증상은 치매의 정도와 매우 밀접한 관련이 있다. 공격성의 증가는 20~50%의 환자에서 나타나며, 여러 가지 문제를 유발할 수 있는 원인이 된다. 공격성을 미리 예측할 수 있는 인자는 정확히 알려져 있지는 않으며 우울과 낙담이 공격성과 관련이 있을 것이라는 연구결과가 있다.

- 일상생활 능력의 손상

  알츠하이머병 환자에서 나타나는 인지 기능 장애는 종국에는 환자들의 일상생활 수행 능력을 앗아간다. 중등도의 치매로 진행이 되면 시장보기, 돈 관리하기, 집안일 하기, 음식 준비하기 등의 능력이 떨어지게 되고, 중증으로 진행되면 용변 보기, 옷 입기, 목욕하기 등의 기본적 일상생활 수행 능력이 급격히 떨어진다. 알츠하이머병이 진행됨에 따라 여러 가지 증상들이 더욱 악화되어 결국 대화가 불가능해지고 자신을 돌보기 힘든 상태가 된다. 치매 말기에 치매환자의 주요 사망원인으로는 흡인성 폐렴, 요로 감염, 패혈증과 폐색전증이 있다.

13.6 알츠하이머의 진단은 어떻게 하는가?

단일한 진단 측도는 없다. 그 대신 , 치매를 가져올 수 있는 여러 가지 병인을 가려내는 과정에서 진단될 수 있다. 가정 주치의 또는 전문의가 진단하든지 아래와 같은 과정을 거친다.

- 알츠하이머 증상을 가진 환자와 그 가족 구성원의 병력 검사
- 신경정신과적 검사
- 신체 검사
- 뇌신경계 검사
- 여러 가지 실험실내의 검사
- 심리 검사

알츠하이머의 진단은 이러한 여러 가지 검사를 통해서 행해지는데 80~90%의 정확률로 진단되고 있다.

13.7 어떤 치료약들이 있는가?

지금 현재로는 알츠하이머를 완치시키거나 중단시킬 수 있는 의료적 치료는 없다. 미 식품의약국(FDA)가 승인한 네 가지 약, 타크린(tacrine: Cognex®), 도네페즐(donepezil hydrochloride: Aricept®), 리바스티그민(rivastigmine: Exelon®), 갈란타민(galantamine: Reminyl®)만이 이 병에 관련된 증상을 완화시키고 병의 진전 속도를 늦출 수 있다. 현재 이 병의 진행을 늦추거나 기억력을 향상시킬 수 있는 약들을 계속 개발하고 있다. 이러한 약물치료는 알츠하이머에 따라오는 우울증, 불면증, 초조감등의 행동에서

나타나는 증상도 감소시킬 수 있다.

- 도네페질

가장 일찍 승인을 받아 임상가들이 많이 사용하고 있는 도네페질의 경우 대개 하루 5 mg의 용량으로 시작하여 4~6주 후에 10 mg의 용량으로 증량하게 된다. 취침 시 복용으로 꿈을 많이 꾸게 된다면 주간 복용으로 바꿀 수도 있고, 반대로 투약 후 오심이 심한 경우에는 취침 시 복용하기도 한다. 23 mg 제형도 출시되어 있지만 효능이 그만큼 더 높은지의 여부는 입증되지 않았다. 위장 장애, 오심, 복통, 설사, 식욕부진 등이 흔히 알려진 도네페질의 부작용이며 환자들의 20~30%에서 나타난다. 콜린성 부작용으로 인해 서맥이 발생할 수 있어 주의를 요하지만 간 질환이나 신장 질환의 경우에는 용량 조절이 별로 필요치 않다.

- 갈란타민

갈란타민은 하루 두 번 복용하며 일일 용량 8 mg으로 시작하여 4주 후에 16 mg로 증량한다. 최종 유지 용량은 하루 24 mg이다. 도네페질과 마찬가지로 위장 소화기 계통의 부작용, 즉 오심, 구토, 설사와 식욕부진, 체중 감소 등이 나타날 수 있다. 말기 신장병 환자나 간 질환이 있는 경우에는 사용에 주의해야 한다. 중등도 신장 질환이 있다면 최대 일일 12 mg 이내의 용량이 추천된다.

- 리바스티그민

리바스티그민은 경구 투약과 경피 투약이 가능하다. 경피용 패치 제제는 효능은 비슷하면서도 내약성이 좋아 위장계통 부작용에 민감한 환자들에게 선호된다. 경피용 패치 제제는 피부 자극을 피하기 위해 부착 부위를 돌아가면서 사용한다. 50 kg 이하의 저체중 환자들이나 간 기능이 중등도 이상 저하된 환자에서는 가장 낮은 용량의 패치를 사용해야 하며 중증 간 질환에서의 패치 사용에 대하여는 연구된 바가 없다. 경구용으로 사용한다면 오심과 구토, 식욕부진, 두통 등의 부작용을 줄이기 위해 음식과 함께 복용하기도 한다.

- 메만틴

메만틴은 2003년에 미국 FDA의 허가를 받았다. 이 약제는 NMDA 수용체 길항제로서 콜린성 약제와는 다른 작용기전을 갖고 있고 신경보호 역할도 하는 것으로 알려져 있다. 뇌 피질과 해마의 신경세포들의 주된 흥분성 아미노산 신경전달물질인 글루타메이트는 NMDA 수용체를 활성화시키며 학습과 기억 기능에 관여한다. 허혈은 NMDA 수용체의 과흥분을 유발하여 세포 사멸에 이르게 하므로 NMDA 수용체의 차단은 혈관성 치매 환자에서 생길 수 있는 신경세포 손상을 막고, 남아 있는 신경세포의 생리적 기능을 복원시켜 증상 호전을 기대할 수 있을 것으로 추정된다. 실제로 메만틴은 경증보다는 중등도, 혹은 중증의 알츠하이머병에서 효능을 보인다.

- 항산화 물질: 노화와 세포 사멸의 과정에는 산화 현상이 일어나게 된다. 따라서 단가아민 산화효소 억제제인 셀레길린(selegiline)이나 비타민 E(tocopherol)의 항산화 효과가 알츠하이머 치매환자의 악화를 막는 데에 도움이 되는가를 보기 위한 연구들이 수행되었는데, 결과는 일관성 있는 결론을 내리기 어려웠다. 대체적으로 하루 2000 IU 이상의 비타민 E를 복용할 경우 기능적 악화를 늦추어주지만

인지기능에는 효능이 없다고 한다. 셀레길린은 부작용이 더 많고 비용도 많이 들어 권장되지 않는다.

- 비타민 E: 셀레길린과 비타민 E, 그리고 위약을 비교한 연구결과를 보면, 항산화제를 복용한 대상자들이 위약군보다 요양기관 입소, 치매 중등도 진입, 혹은 사망에 이르는 기간이 더욱 길었다. 하지만 ADAS-cog나 MMSE로 평가한 인지기능의 수준에서는 차이를 보이지 않았다. 613명의 경증, 혹은 중등도 알츠하이머 환자들을 최대 4년까지 추적한 또 다른 연구에서는 비타민 E 2000 IU를 복용한 집단에서 일상생활 수행 기능의 저하가 더 적었지만, 메만틴을 복용한 집단에서는 그렇지 않았다고 한다. 이 연구에서도 인지기능에 대한 효과는 없었다. 이 연구는 재향군인을 대상으로 한 것이어서 대상자가 대부분 남자이고 연구를 마친 환자가 채 60%가 안 되었기 때문에 모든 알츠하이머 치매의 경우로 일반화하기 어렵다. 78명의 알츠하이머 치매 환자를 대상으로 비타민 E 800 IU와 비타민 C을 같이 투여하여 16주간 추적한 연구에서는 뇌척수액 검사에서 뇌의 산화스트레스 지표들은 낮아졌는데 MMSE 점수의 저하 속도는 오히려 빨라져 유용성의 결론을 내리지 못했다. 결국 위의 연구결과들을 종합해 보면 비타민 E 2000 IU를 매일 복용할 경우 인지기능 개선 효과는 기대할 수 없지만 일상생활 기능 저하는 경감된다는 점, 별다른 부작용이나 내약성 문제만 없다면 경도에서 중등도 알츠하이머 환자에게는 비타민 E를 병용할 수 있다고 볼 수 있다.

- 셀레길린: 몇 개의 작은 연구에서 항산화제인 셀레길린에 대한 임상연구가 진행되었다. 임상연구 12개를 종합한 메타분석 결과를 보면 일부 인지기능, 행동증상 등에 도움이 되는 것으로 되어 있지만 그 효과는 별로 크지 않아 결론을 일반화하기에는 이르다.

• 임상시험 근거가 미약하나 현실적으로 사용되고 있는 약물들

다음의 약제들이 알츠하이머 치매 치료제로 시도되었지만 효과가 없거나, 효과에 대한 결론을 내리기 어려운 경우가 많다.

- 에스트로겐 대체요법: 에스트로겐(estrogen) 대체요법은 치매 예방에 도움이 되는지, 혹은 치매 치료에 도움이 되는지 두 가지 방향에서 연구되어 왔다. 에스트로겐은 실험실 연구나 동물실험에서는 뇌혈류량을 개선시키고, 콜린성 신경세포의 위축을 억제하며, 산화스트레스를 줄이고 신경성장인자(nerve growth factor)를 촉진시키는 것으로 알려져 있다. 하지만 실제 임상시험에서는 에스트로겐 단독, 혹은 프로제스틴 병용 요법 시 65세 이상의 정상 여성에서 오히려 치매의 발병 위험성을 오히려 높인다는 결과를 보였다. 또 치료 효과에 대하여도 인지기능 개선이나 일상생활 수행능력 면에서 위약과 다를 바가 없다는 연구가 많고, 콜린 분해효소 억제제를 사용하고 있는 환자들에서 에스트로겐을 병용해도 추가적인 이익이 없었다고 한다. 일부 긍정적인 결과들, 즉 고용량 에스트라디올 패치 제제를 사용한 소규모 임상연구나 메타분석 연구에서 에스트로겐 대체요법이 기억력과 주의력, 정신운동 속도 등 인지기능의 호전시킨다는 연구도 있기는 하지만 대체적으로 에스트로겐 대체요법의 장점이 뚜렷하지 않고, 예방의 측면에서는 오히려 에스트로겐 대체요법이 유해할 수 있다는 점에서 권장되지 않는다.

- 항염증 약물: AD 치료나 예방에서 항염증 약물의 역할도 오랜 기간 동안 꾸준히 연구되어 왔다. 아밀로이드가 염증 반응을 유발하고, 미세 아교세포(microglia)를 활성화시키며, 사이토카인 분비를 촉진한다고 알려져 있기 때문이다. Nonsteroidal antiinflammatory drug(NSAID) 등의 비스테로이드성 항염증 약물을 복용한 경우 AD 발병 위험을 낮춘다는 역학 연구들도 있다. 하지만 임상시험 결과 아스피린을 포함한 여러 가지 항염증 약물들이 AD의 인지 저하를 막지 못하는 데다 약물 부작용이 더 흔하고 Cox-2 억제제의 경우 심혈관계 부작용의 위험성마저 있어 항염증 약물은 AD 예방이나 치료에 이용되지 않는다.

- 은행잎 추출물: EGb-761과 같은 은행잎 추출물이 치매 환자의 인지기능을 증진시키는지에 대해 여러 연구가 있었지만 서로 다른 용량, 서로 다른 연구 디자인 등으로 인해 명확한 답변을 내리기 어렵다. 36개의 크고 작은 임상연구를 모아서 메타분석한 연구의 결론은 은행잎 추출물은 안전하며 부작용의 문제점은 없으나 인지기능 증진의 효과에 대하여는 결론을 내릴 만큼의 충분한 근거가 부족하다고 하였다.

- 스타틴 계열 약물: 알츠하이머 치매 환자의 뇌 혈관에서도 동맥경화나 죽상병변이 많이 나타난다. 따라서 스타틴 계열 약물이 알츠하이머 치매 예방이나 치료에 도움이 될지 여부에 관해 몇 가지 임상연구가 시도되었다. 경도 및 중등도 알츠하이머 치매 환자 63명에게 아토바스타틴(atorvastatin)을 사용한 예비연구에서 임상적 유용성의 경향은 보였지만 심바스타틴 40 mg을 400여 명의 경도 및 중등도 AD 환자에게 1년 반 동안 사용한 연구나 640명의 경도 및 중등도 AD 환자에서 아토바스타틴 80 mg을 사용한 연구에서는 치매 진행 억제나 인지저하 억제의 장점을 발견할 수 없었다. 현재로서는 스타틴 계열의 약물이 알츠하이머 치매의 인지저하에 긍정적인 영향을 미치는지 여부를 결론 짓기 어려운 상황이다.

- 비타민 B: 호모시스테인 대사에 관련된 비타민 B를 보강하는 것이 AD의 예방, 혹은 진행 억제에 도움이 되는지 조사한 연구들이 있지만 결과는 그다지 긍정적이지 않다. 340명의 경도 및 중등도 AD 환자들에게 18개월 동안 엽산, B6, B12를 포함한 고용량 비타민 B를 복용시켰을 때 인지기능 개선의 효능을 발견할 수 없었다고 한다.

- 오메가3 지방산 : 일본이나 몇몇 해양국가에서 장수와 어류 섭취의 관계가 조명되는 경우가 종종 있다. 일부 관찰연구에 의하면 어유(fish oil)나 오메가3 지방산은 낮은 치매 유병률과 관련이 있다고 한다. 정상인과 경도인지장애, 알츠하이머 치매 환자 등 800여 명의 인지 저하, 뇌용적 변화 등을 조사한 관찰 연구에서 어유의 복용이 정상인의 인지 저하를 줄이고 뇌용적 위축을 억제하는 효과를 보였다고 한다. 하지만 직접적인 임상시험에서는 이런 이점이 입증되지 않았다. 295명의 경도 및 중등도 AD 환자들에게 18개월 동안 docosahexaenoic acid (DHA)를 복용시켰지만 인지나 기능 감퇴에서 대조군과 차이가 없었고 174명의 경도 및 중등도 AD 환자들을 대상으로 한 12개월의 무작위배정 위약 대조 연구에서도 위약 대조군과 차이가 없는 것으로 나타났다.

• 임상시험이 진행 중인 실험적 약물들

알츠하이머 치매의 병태생리에 기반한 신약 개발의 방향과 성과는 어디까지 와 있을까? 신경전달물질에 대한 조절, 타우나 아밀로이드 단백을 대상으로 한 약제 개발, 세포 내 신호전달체계에 대한 조절, 산화 스트레스 경감, 미토콘드리아를 타깃으로 하는 약물 개발, 세포 칼슘 대사를 타깃으로 하는 약물 개발, 항염증 약물, 기타 치료 전략 등이 활발히 연구되고 있다.

- 당뇨 치료제: 알츠하이머 치매 환자의 뇌 내 당대사에 변화가 있다는 점으로 인해 당뇨 치료제를 치매 약제로 개발하려는 움직임이 있었다. 경도인지장애 환자에게 비강 점막 스프레이를 통해 인슐린을 주입하여 치매 진행을 막을 수 있는지를 보는 임상연구에서 인지기능과 일상생활기능 저하를 억제하는 효과가 관찰되어 이를 기반으로 장기적인 임상연구가 진행 중이다. 로지글리타존(rosiglitazone) 같은 약제는 지방세포의 핵에 존재하는 peroxisome proliferator activated receptor γ(이하 PPAR-γ) 수용체를 활성화시켜 혈당을 낮추며 지방 대사에도 관여하는데, 임상시험 결과 인지기능 증진에는 효과가 없는 것으로 판명되었다. 비록 로지글리타존 같은 약제는 심혈관계 부작용으로 인해 더 이상 당뇨약으로 처방되지는 않지만 이외에도 몇 가지 PPAR-γ 수용체 항진 약물들이 정상인을 대상으로 한 대규모 AD 예방 임상시험에 진입해 있으므로 그 결과를 지켜볼 필요가 있다.
- 아밀로이드 가설에 근거한 약물 개발: 알츠하이머 치매에서 가장 기본적인 병태생리로 추정되는 현상은 아밀로이드의 뇌 축적과 그에 따른 신경세포 시냅스의 소실이다. 아밀로이드 전구단백질(amyloid precursor protein, 이하 APP)은 신경세포의 세포막에 걸쳐 있는 단백질인데, 이 중 일부 토막이 분비효소(secretase)에 의해 잘리면 베타 아밀로이드(Aβ)가 만들어진다. 이 베타 아밀로이드가 합쳐지면서 불용해성으로 신경조직 사이에 쌓인 것이 신경반(amyloid plaque, senile plaque)이다. 따라서 이런 아밀로이드 생성과 응집, 제거에 이르는 각 단계를 표적으로 하는 치료 약제가 개발되고 있다. 베타 아밀로이드의 생성을 막는 분비효소 억제제, 아밀로이드가 뭉치는 것을 막는 응집 억제제, 이미 만들어진 베타 아밀로이드를 항원-항체 반응을 통해 체내에서 면역학적으로 제거하는 면역 치료제 등이 그러한 예가 될 것이다. 또한 일단 베타 아밀로이드가 여럿 뭉쳐서 올리고머를 형성하게 되면 미토콘드리아의 에너지 생성과정에 악영향을 미치거나, 염증 반응을 일으키거나, 신경세포 소실, 아밀로이드 신경반의 생성, 타우의 과인산화 등에 영향을 미치게 되는데, 이런 다양한 경로 또한 약제 개발의 타깃이 될 수 있다.

분비효소 억제제: 아밀로이드 가설에 의하면 신경반의 구성 물질인 아밀로이드 베타(Aβ)가 AD의 핵심 병리로 추정된다고 한다. 그 근거로는 1) 신경반의 구성 물질로서 Aβ가 발견된다는 점, 2) 가족력이 있는 AD 환자들에서 아밀로이드 전구물질(APP) 유전자의 돌연변이나 프레시닐린(presenilin, PS) 유전자 돌연변이가 나타난다는 점, 3) 다운 증후군 환자들은 40대에 이미 알츠하이머 병변이 나타나기 시작하는데 이들에게는 21번 염색체가 한 copy 더 있음으로 해서 APP 유전체의 과발현의 원인이 되고 있다는 점 등을 들 수 있다. 알츠하이머 병리 현상은 실제 임상 증상이 생기기 10~20년 전부터 발생하므로 항아밀로이드 치료제 개발의 초점은 일찌감치 Aβ의 생산을 막

거나, 응집을 억제하거나, 제거를 촉진하는 방향에 맞추어져 왔다. Aβ 단백은 APP 전구단백질로부터 베타 분비효소(β secretase)와 감마 분비효소(γ secretase)의 작용으로 잘라져 나오는 토막이므로 베타 분비효소나 감마 분비효소의 억제가 잠재적 치료제 개발의 표적이 될 수 있다. 감마 분비효소 억제제로 개발된 세마가세스타트(semagacestat)는 대규모 임상연구에서 체중감소와 피부암 등의 발현으로 중단되었으며 아바가세스타트(avagacestat) 역시 효능 부족과 부작용으로 임상시험을 통과하지 못하였다. 따라서 최근에는 β-site APP cleaving enzyme(이하 BACE)이라고 불리우는 베타 분비효소 억제제, 즉, BACE 억제제가 잠재적인 치료제 개발의 목표로 떠오르고 있다. 아이슬란드 사람 중 0.5% 정도는 APP에 돌연변이가 있어 이 BACE가 잘 작용하지 못한다고 하는데, 이들에서 AD의 발생 위험성이 다섯 배나 낮다는 점도 BACE 억제제 개발의 가능성을 보여주고 있다. 몇몇 약제가 2상 및 3상 임상시험에 진입해 있다.

Aβ 단백 응집 억제제: 용해성(soluble)인 Aβ 단백은 점차 올리고머(oligomer)를 형성하면서 비용해성인 섬유질로 뭉치고 대뇌에 침착된다. 아밀로이드는 비용해성인 신경반보다는 오히려 용해성 상태에서 신경 독성이 있는 것으로 알려져 있다. 응집 억제를 위해 tramiprosate, scylloinositol 등 약제들이 시도되었으나 인지증상 개선이나 일상생활 기능 면에서 별다른 효능을 보이지 못하였다.

면역 치료제: 면역 치료제는 이미 생성된 Aβ 단백을 제거하여 신경 독성을 줄이고자 하는 전략으로 개발되었다. 항원을 주입함으로써 신체의 항체반응을 유도하는 능동면역(actrive immunization)은 이론적으로는 몇 번의 항원 주입만으로 평생 지속되는 항체 반응을 유발할 수 있다는 장점이 있지만, 고령의 노인에서는 충분한 항체 반응이 유도되지 않는 경우가 많으며, 항체로 인해 부작용이 생긴다면, 항체가 체내에 남아 있는 한 부작용이 지속될 수도 있다는 단점이 있다. 항체를 반복적으로 주입하는 수동면역(passive immunization) 방법은 반복 투여의 번거로움과 비용의 문제가 있지만 항체가 제거되면서 부작용도 사라지므로 안전성 면에서는 더 나을 수도 있다. 능동면역 방법으로 가장 먼저 시도된 AN1792 백신은 경도에서 중등도 AD 환자 372명에게 주입되었는데, 6%의 환자에서 면역반응으로 인한 무균성 뇌수막염이 발생하여 임상시험이 중단되었다. 백신을 맞은 사람 중 20%에서만 충분한 항체 반응을 보인 점도 문제였다. 충분한 항체 반응을 나타낸 사람에서조차 인지기능의 개선 등 임상 효과를 보이진 못했지만, 사후 부검에서 백신을 맞은 사람의 아밀로이드 신경반이 감소됨을 확인하여 생물학적 기전이 추정대로 작동하고 있음을 입증하였다. 백신을 맞은 사람들에서 오히려 뇌의 위축이 더 심했는데 이것 역시 Aβ 단백이 제거됨으로써 나타난 현상으로 이해되었다. AN1792 이후 격렬한 항원 항체 반응을 보이지 않도록 디자인된 몇 개의 능동면역 약제가 임상시험 진행 중이다. 수동면역 치료 방법에서는 단클론항체(monoclonal antibody)를 외부에서 주입하므로 피험자는 자신의 면역 시스템을 가동할 필요가 없다. Aβ 단백의 N-단말에 작용하는 바피뉴주맙(bapineuzumab) 등이 그 예다. 경증에서 중등도 AD 환자들을 대상으로한 2상 임상시험에서는 효능을 보였지만, 이어서 진행한 대규모 3상 시험에서는 효능이 입증되지 못하였고 MRI상에서 뇌 피질 부종 등의 부작용 병변이 나타나 개발이 중단되었다.

- 타우 가설을 기반으로 하는 약물 개발: 타우 병변인 신경섬유총(neurofibrillary tangle)은 아밀로이드 신경반보다 치매의 임상 양상과 더 잘 부합함에도 불구하고 최근까지의 AD 치료제 개발은 주로 아밀로이드 가설에 근거하여 이루어졌다. 하지만 아밀로이드 기반 치료제의 잇단 실패로 최근에는 타우 기반 치료제 개발이 주목받고 있다. 신경세포 내에 존재하는 타우 단백질이 과잉으로 인산화가 진행되면서 세포 내 미세 골격 구조가 손상되고, 세포형태 유지나 대사물 이동 등의 생체기능을 유지하지 못하게 되어 결국 신경세포 사멸로 이어지게 된다. 타우 단백을 타깃으로 하는 치료제 개발 역시 면역 치료(ACI-35, AADvac-1 등), 타우 응집 억제제(methylene blue), 미세 골격 구조 안정화 물질(BMS 241027, AL-208) 등이 비임상, 혹은 임상 단계의 시험을 거치고 있지만, 타우를 기반으로 하는 신약 개발은 아밀로이드 기반 약제 개발에 비하여 아직 초기 단계인 상황이다.

13.8 알츠하이머 치매의 예방

일반적으로 치매를 예방하기 위하여서는 다음과 같은 방법이 제시되고 있다. 신체적인 건강을 유지하도록 노력한다. 이를 위해 자신에게 알맞은 운동을 선택하여 꾸준히 운동을 하도록 한다. 걷는 것도 좋고 에어로빅과 수영을 하여도 좋으나, 무엇보다 중요한 것은 즐거운 마음을 가지고 운동하는 것이다. 취미 생활을 갖도록 한다. 특히 세밀한 손동작을 사용하는 취미가 좋은데, 예를 들면 즐거운 마음으로 서예, 자수, 그림 그리기 등을 하는 것이 도움이 된다. 두뇌 활동을 많이 하도록 한다. 텔레비전을 보거나 신문이나 잡지를 매일 읽으면서 두뇌 활동을 지속시키는 것이 좋다. 글을 쓰는 것도 좋으며 일기를 매일매일 쓰는 것도 기억력을 유지하는 방법이 될 것이다.

친구들과 지속적인 관계를 유지하고 가능한 한 사회 활동을 많이 하도록 한다. 노인이 되면 여가가 많기 때문에 그동안에 하지 못하였던 사회 봉사활동에 적극 참여하고 이를 통하여 친구들을 많이 사귀는 것이 좋다. 스트레스를 줄이도록 한다. 스트레스에 시달리게 되면 혈관이 수축하고 혈압이 상승할 수 있다. 에릭슨(Erikson)은 노년기를 흔히 자아 통합 대 절망의 시기라고 하였다. 이 시기에는 자신의 생을 정리하고 받아들이고 의미를 찾음으로써 행복감을 느낄 수 있다는 의미이다. 그렇지 못할 경우 남을 원망하거나 절망감을 느끼게 된다. 그렇기 때문에 항상 즐거운 마음을 가지고 긍정적인 생활 태도를 가져야 한다.

체중을 관리하여 살이 찌지 않고 정상체중을 유지하도록 한다. 그러기 위하여서는 식사관리를 하여야 한다. 건강에 필요한 영양소를 골고루 섭취하도록 한다. 염분이 많은 음식은 고혈압이나 심장 또는 신장 질환을 가지고 있는 사람에게는 해롭다. 당뇨병을 가지고 있는 사람은 탄수화물을 피하고 열량 섭취를 제한하여야 한다. 그리고 고지혈증을 가지고 있는 사람은 콜레스테롤이 많이 들어 있는 음식을 피하여야 한다. 추운 날씨게 외출하는 것은 삼가야 한다. 왜냐하면 추운 온도에 노출이 되면 뇌경색이 일어나기 쉽기 때문이다.

변비를 피하도록 한다. 혈압이 높은 사람은 대변을 보기 위하여 힘을 쓰다가 뇌졸중을 일으키기 쉽다. 음주, 담배, 카페인 등을 삼가도록 한다. 음주는 과도할 경우 직접적으로 인지기능을 저하시켜 알코올성 치매를 일으키거나 베르니케 코르사코프(Wernike Korsakoff) 증후군을 일으킬 수 있다. 담배는 심폐기능을 저하시키며 심근경색이나 뇌경색의 원인이 될 수 있다.

난청이나 시력 장애를 가지고 있는 경우 새로운 정보를 접하는데 지장을 주며 치매 환자로 의심받을 수 있기에 보청기나 안경을 착용하여 정상적인 청력과 시력을 갖도록 하는 것이 좋다.

14장

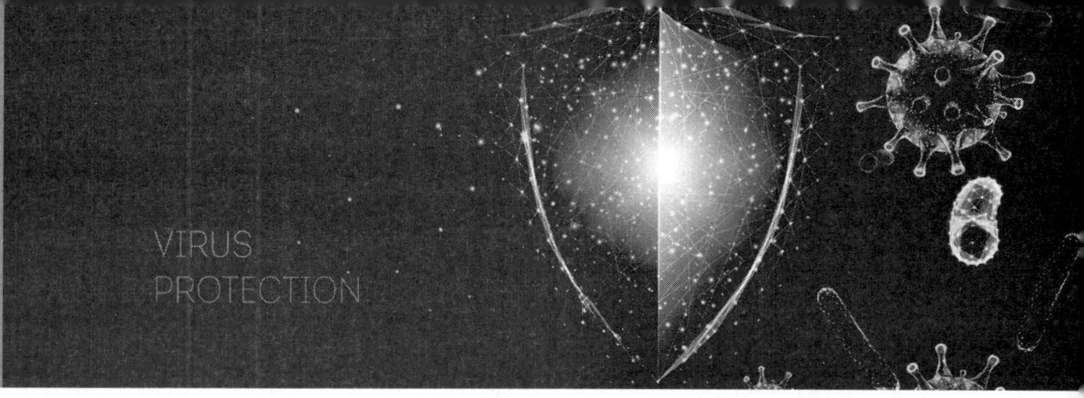

면역과 백신

면역(immunity)은 침입자로부터 몸을 보호하는 일련의 과정이라 정의할 수 있다. 면역계의 능력은 다양하고 정교하다. 외부로부터 온 침입자라고 확인되면 가차 없이 공격한다. 그뿐 아니라 면역계는 한참 전에 침입했던 침입자를 기억하고 있다가 재차 침입하면 마치 기다리고 있었다는 듯이 침입자를 강력하게 퇴치한다. 기억은 뇌에서만 벌어지는 것이 아니라 우리의 면역계에서도 벌어지고 있는 것이다. 면역계는 침입자의 정체를 구분하여 각각을 맞춤형으로 공격하기도 한다. 면역은 크게 두 가지 방식으로 나뉜다. 침입자의 정체에 상관없이 몸을 보호하는 면역으로 선천적 또는 비특이적 면역과 이와는 달리 병원균의 정체에 특이적으로 반응하는 면역으로 후천적 또는 특이적 면역을 말한다. 이 장에서는 선천적 면역과 후천적 면역의 특징과 차이를 알아보고 코로나19로 우리에게 친숙한 백신의 특성과 종류들에 대해 살펴보자.

14.1 면역과 선천적 면역

백혈구

혈액은 용액 부분인 혈장과 세포로 되어 있다. 세포(혈구세포)로는 적혈구, 백혈구와 혈소판이 있다. 사람의 혈액 $1mm^3$당 적혈구는 500만 개, 백혈구는 6~8천 개 정도가 존재한다. 백혈구의 특징은 아메바처럼 크기가 일정하지 않고 적혈구 보다는 큰 크기를 가지고 있다.

면역의 주체들인 백혈구(white blood cell 또는 leukocyte)의 종류를 살펴보자. 이들은 모두 갈비뼈, 척추, 골반 등의 뼈 안의 골수(bone marrow)의 조혈모세포로부터 만들어진다. 혈액을 원심분리하면 적혈구와 혈장 층들 사이에 세포들이 흰색 막을 형성하게 되는데, 이로부터 백혈구라는 이름이 유래한 것이다.

백혈구는 호중구, 호산구, 호염기구, 림프구 및 단핵구의 5가지 주요 유형으로 세분된다. 이들 중 호중구, 호산구, 호염기구는 세포 안에 과립(작은 알갱이)이 보여 과립성 세포로, 단백구와 림프구는 비과립성 세포로 분류된다. 호중구, 호염기구, 호산구 등의 용어는 해당 pH에 염색되는 특징을 나타낸다. 이들 중 호중구와 단핵구(대식세포 포함)는 식균작용에 주로 사용된다. 호중구는 백혈구의 60%를 차지하는 대표적인 백혈구로서 주로 미생물 감염에 대응하는 백혈구로서 고름 등에 다량 존재한다. 림프구는 혈액보다 림프액에 주로 위치하는 백혈구로 B 림프구와 T 림프구가 있다. 이들은 곧 설명될 후천적 면역의 일꾼으로 침입자 정체를 정확히 인식하여 공격하는 백혈구들이다.

선천적 면역

선천적 면역(innate immunity)은 침입자의 종류에 관계없이 몸을 지키는 방어 기능을 말한다. 피부가 박테리아, 바이러스, 모기 등 침입자의 종류에 관계없이 침입을 억제하듯이 선천적 면역은 태어날 때부터 가지고 있는 방어체제를 말한다. 위의 염산, 눈물 등은 모두 선천적 면역의 예이다. 백혈구들 중 주로 식균작용(phagocytosis)을 담당하는 과립구 백혈구들도 선천적 면역 기능을 가진다. 몸이 병원균을 만나게 되면 우선 선천적 면역으로 대응한다. 일차적으로 피부나 점막 등의 물리적 장벽으로 병원균의 침입을 막는다. 만약 일차적인 선천적 면역 방법으로 병원균이 처리되지 않으면 다음 단계로 식균작용이나 염증 반응이 시작된다. 대표적인 식(균)세포들인 호중구(neutrophil)와 대식세포(macrophage)들은 병원균이나 이물질을 세포 내로 끌어들여 분쇄한다. 이들 식세포들은 계속해서 염증 반응을 일으켜 침입자들의 추가적인 침입을 봉쇄하도록 한다.

염증반응(inflammation, 炎症)은 선천적 면역반응으로 감염이나 상처 지역에서 작용한다. 열이 나고, 붓고, 아프고, 붉어지는 과정에서 침입 지역의 파괴와 복구가 이루어진다. 상처가 생기면 상처부위에 있는 백혁구의 한 종류인 비만세포(mast cell)가 히스타민(histamine)이라는 신호물질을 분비하여 주변에 침입을 알린다. 이 신호에 따라 혈액이 이 상처지역으로 모이면서 모세혈관이 확장된다. 혈류량이 증가되면서 혈관의 투과성이 증가된다. 혈액에 있던 호중구나 대식세포 등의 식세포들이 혈관을 비집고 빠져나와 조직에 있는 병원균을 잡아먹는다. 이 과정에서 생겨난 식세포의 사체와 조직액으로 고름이 만들어진다. 모세혈관이 확장되는 과정에서 열이 나고 붓고 통증이 느껴진다. 식균작용이 종료되면 염증반응은 서서히 종료되고 피부와 혈관은 원래 상태로 되돌아간다. 식세포들은 선천적 면역의 최전선에서 침입자들과 일차적인 방어전선을 구축하고 있는 셈이다. 선천적 면역으로 방어가 되지 않으면 다음 단계의 후천적 면역이 대기하고 있다.

14.2 후천적 면역

선천적 면역과는 다르게 후천적 면역(acquired immunity)은 공격할 대상의 정체를 인식하는 것으로 반응을 시작한다. 후천적 면역은 공격의 주체인 B 림프구와 T 림프구들을 활성화시켜 침입자를 맞춤형으로 섬멸한다. 가령 같은 박테리아라도 후천적 면역에선 박테리아A와 박테리아B 각각의 정체가 구분된다. 정체를 파악하기 위해선 이들 림프구들은 침입자의 항원(antigen)을 정확하게 인식해야 한다. 항원이란 후천적 면역을 일으키는 분자들을 말하는데, 박테리아의 표면에 있는 단백질, 바이러스 표면의 단백질, 꽃가루, 이식 받은 장기등이 항원이 될 수 있다. 항원의 특징은 몸이 자신의 것이 아니라 외부의 물질로 인식될 수 있어야 한다. 가끔 자신을 남으로 잘못 인식하여 공격하는 면역 질환이 있기도 한다(자가면역질환).

후천적 면역이란 용어는 침입한 항원의 종류에 따라 적응하여 반응하는 후천성의 의미를 내포하고 있다.

후천적 면역은 림프구인 B 림프구와 T 림프구에 의해 벌어진다. B 림프구는 항체를 분비하여 세포 밖에 있는 항원을 공격하는 체액성 면역(humoral immunity)을, T 림프구는 병원균에 침입 당한 세포를 직접 섬멸하는 세포성 면역(cell-mediated immunity)을 담당한다(추후 설명됨). T 림프구는 세포성 면역에서도 중요하게 작용한다. B 림프구는 골수에서 만들어지고 또 성숙하고, T 림프구는 골수에 만들어진 다음, 가슴샘으로도 불리는 흉선(thymus)에서 성숙한다. 성숙한 림프구들은 주로 림프절(lymph node)에 머물며 후천적 면역을 수행한다.

모세혈관으로부터 흘러나온 조직액은 대부분 정맥으로 순환하지만 일부는 림프액이 되어 림프계를 따라 이동한다. 림프액은 온몸에 분산되어 있는 림프관을 통해 이동하다가 다시 혈관으로 유입된다. 림프액에는 적혈구가 없고 백혈구들 특히 림프구들이 많이 포함되어 있다. 후천적 면역에서 공격 대상이 되는 항원은 림프구와 단핵구 등 면역세포들이 집결되어 있는 림프절로 이동하여 면역세포들의 공격을 받는다. 지질 등 소화산물이나 임무를 마친 다한 혈액 세포들은 림프계의 일부인 지라(spleen)에서 소각된다.

림프구의 성숙과 다양성

골수에서 생성된 초기 단계의 림프구들은 면역반응을 수행할 수 없다. B 림프구는 골수에 계속 남아 성숙의 과정을 거친다. 성숙이란 림프구가 항원을 인식해서 활성화될 수 있는 림프구들로 변모하는 과정을 말한다. 성숙과정에 가장 중요한 것은 B 림프구가 다양한 종류로 분화하여 세상에 있는 역시 다양한 항원을 1:1로 인식할 수 있도록 하는 것이다. 각 B 림프구는 특정 항원을 1:1로 인식하여 선천적 면역반응을 일으킬 수 있게 된다.

B 림프구의 표면에는 항원수용체라 해서 특정 항원과 결합할 수 있는 구조가 있다. 바로 이 구조가 다양해야 다양한 항원들과 결합할 수 있는 것이다. 하나의 B 림프구는 한 종류의 항원과 특이적으로 결합한다. 세상에 존재하는 수많은 종류의 침입자나 항원을 인식하기 위해서는 역시 수많은 종류의 B 림프구들이 준비되어 있어야 한다. 항원수용체가 B 림프구로부터 분리되면 항체(antibody)가 되는데, 항체는 세포 밖의 항원과 결합하여 항원을 공격한다.

B 림프구의 다양성을 위해 각각 항원을 인식할 수 있는 항원수용체를 표현하는 유전자 종류 역시 많아야 한다. 이 많은 조합의 유전자들은 유전자재조합(gene recombination)이라는 방식에 의해 만들어진다. 조금씩 서로 다른 유전자 조각들이 재조합되어 많은 조합의 항원수용체를 형성한다는 것이다. 이것이 바로 몸 밖에 있는 삼라만상의 항원을 각각의 B 림프구가 1:1로 상대할 수 있는 원리인 것이다. B 림프구와 마찬가지로 T 림프구의 종류도 다양해야 하는데, B 림프구와 비슷한 원리로 수많은 종류의 T 림프구가 흉선에서 형성된다.

이제 다양해진 B 림프구와 T 림프구들은 주로 림프절에서 항원을 기다린다. 림프절이 경찰서라면 각 림프구는 경찰 한명 한명에 해당한다. 특이하게도 이들 경찰 한명 한명은 각각의 항원을 인식할 수 있도록 특화된 경찰관이라 할 수 있겠다. 이들은 기다리던 항원이 나타나면 본격적으로 후천적 면역을 시작한다.

체액성 면역과 항원제시

B 림프구와 T 림프구가 담당하는 후천적 면역은 항원을 인식하는 것으로부터 시작한다. 항원은 항원제시세포(antigen presenting cell, APC)에 의해 후천적 면역을 시작하는 면역세포들에게 제시된다. 대표적인 항원제시세포로는 대식세포와 B 림프구가 있다. 앞서 선천적 면역으로 병원균을 잡아먹는 대식세포가 다시 등장한다. 대식세포 경우에 따라서는 후천적 면역에 필요한 항원을 제시해주는 임무를 갖기도 한다. 대식세포는 항원제시세포로 림프구에 침입자의 정체를 알려준다.

항원제시세포가 벌이는 항원제시는 주조직적합복합체(major histocompatibility complex, MHC)라는 특별한 구조를 통해 벌어진다. MHC는 장기이식과정에서 붙여진 용어로 MHC가 서로 다른 사람들 간에는 장기이식을 할 수 없다. MHC는 6개 단백질이 모여 있는 복합체로 개인별 명찰에 해당한다. 한 사람이 가지는 세포는 동일한 MHC를 가지고 있어 항원으로 여기지 않고 면역반응을 일으키지 않는다. 장기를 공여 받기 위해서는 MHC가 동일하거나 매우 유사한 공여자의 장기를 이식받아야 하는 이유이다.

MHC에는 두 종류 MHCI 과 MHCII가 있다. MHCI은 핵을 가지는 모든 세포들이 공통적으로 가지는 것으로 세포성 면역에서 작용하고, MHCII는 체액성 면역을 벌이는 면역세포가 가진다. MHCII로 항원을 제시하는 대식세포와 B 림프구를 통해 체액성 면역을 살펴보자. MHCII를 통해 제시되는 항원은 반드시 세포 밖의 혈액, 림프액이나 조직액에 있는 항원이 되어야 한다. 식균작용으로 세포 밖의 병원균을 섭취한 대식세포는 후천적 면역이 필요하면 항원을 제시한다. 대식세포는 섭취한 병원균을 리소솜(risosome)의 가수분해 효소를 사용하여 조각을 낸다. 이 조각은 MHCII에 결합한다. 항원-MHCII 결합체는 대식세포의 표면으로 이동해 항원을 보조 T 림프구에게 제시한다. 대식세포가 제시하는 항원은 같은 항원을 인식할 수 있는 구조를 가진 보조 T 림프구에게 의해서도 결합된다. 보조 T 림프구는 대식세포의 MHCII-항원을 인식할 수 있는 T 림프구 수용체(T cell receptor, TCR)로 대식세포가 제시하는 항원을 인식한다. 이제 보조 T 림프구는 항원을 섬멸하기 위한 다음 단계로 사이토카인(cytokine)이라는 화학물질을 분비한다. 사이토카인은 항원을 제시한 대식세포와 자신을 증식시켜 항원을 공격할 수 있도록 한다. 항원을 제시하고 인식했던 대식세포와 보조 T 림프구의 수가 늘어나 체액성 면역을 시작할 수 있게 된 것이다. 사이토카인은 경보음에 해당하는 것으로 화학 분자를 분비시켜 근처의 특정 항원을 인식할 수 있는 특정 보조 T 림프구가 복제되어 충분한 공격력을 갖추도록 하는 기능은 물론이고 근처의 다른 면역세포들에 우리 면역계가 항원에 의해 공격당하고 있음을 알려주는 기능도 한다. 이 특정 보조 T 림프구가 선택되는 현상(수많은 경찰들 중에서 한 명이 선택된 것)을 클론 선택(clonal selection)이라 하고 이 클론이 증식하는 현상 '클론 증식(clonal expansion)'이라 한다. 클론(clone)이란 같은 개체의 집합을 의미하는 것으로 클론 증식은 같은 종류의 보조 T 림프구가 많이 생겨나 대규모로 항원을 공격할 준비를 마친 것에 해당된다. 특정 항원을 1:1로 인식할 수 있는 특정 보조 T 림프구는 자기 증식을 통해 많은 수의 동일한 보조 T 림프구를 가지게 된 것이다.

대식세포와 함께 B 림프구도 항원을 제시할 수 있는 항원제시세포이다. B 림프구도 대식세포가 제시했던 동일한 세포 밖의 항원을 B 림프구 표면의 항원수용체로 결합한 다음 세포 안으로 끌어들여 조각낸 후 조각난 항원을 MHCII에 결합하여 세포 표면에서 보조 T 림프구에게 제시할 수 있다. 보조 T 림프구로서는 대식세포와 B 림프구로부터 동일한 항원을 제시 받은 결과가 된다. 이런 이중적인 항원 확인을 통해 자신의 세포나 조직을 항원으로 잘못 인식하여 공격하는 자가면역질환(autoimmune)을 방지하려는 면역세포들의 정교함이 엿보인다. 이중적 항원 확인이 이루어지면 클론 선택과 클론 증식 현상은 더욱 강력해진다. 머뭇거림 없이 항원을 공격하게 되는 것이다.

이와 같이 동일한 항원이 이중적으로 확인되면 B 림프구는 사이토카인에 의해 형질세포(plasma cell)로 전환되면서 세포의 수가 크게 증가한다. 또한 형질세포는 항원수용체가 세포막으로부터 분리되면서 항체를 생산하기 시작한다. 항체로 세포 밖의 항원을 공격하는 체액성 면역이 본격적으로 시작되는 것이다. B 림프구는 형질세포와 함께 기억세포(memory cell)로도 전환되어 오랜 기간 몸에 남아 있게 된다. 기억세포는 항원수용체를 부착하고 있으며 한참 후 동일한 항원이 침입하면 곧바로 형질세포로 전환하여 항체를 신속하고 대규모로 분비하여 이전보다 더욱 강력한 체액성 면역을 진행한다. 지금까지 체액성 면역의 항원제시와 항체 생성 등을 살펴보았다. 이와 같이 후천적 면역의 한 축인 체액성 면역은 세포 밖 혈액, 림프액이나 조직액에 있는 항원을 형질세포가 분비하는 항체로 공격하는 면역으로 정의된다.

항체

체액성 면역에서의 공격 수단인 항체는 항원과 열쇠와 자물쇠처럼 특이적인 결합을 위한 구조를 가진다. 항체 한 분자는 중사슬(heavy chain)과 경사슬(light chain) 두 종류의 폴리펩타이드 사슬 각각 2개씩 모두 4개의 폴리펩타이드 사슬로 형성된다. 이들 네 사슬의 일부분은 아미노산 서열이 항체들 간에 서로 다른 가변 지역(variable region)과 항체들 간에 서열이 크게 다르지 않는 불변 지역(constant region)으로 구분된다. 항체는 불변 영역에 의해 Y자 모습의 항체로서의 입체구조 틀을 갖게 되지만 Y자 모습의 상단 부에 있는 가변 지역이 서로 달라 항체마다 약간씩 서로 다른 입체구조를 갖게 된다. 다양한 입체구조를 갖는 각각의 항체들은 다양한 항원과 특이적으로 결합할 수 있는 것이다. 여러 분자의 항체가 항원 박테리아에 결합하게 되면 항체에 결합된 병원균은 침전되거나 식세포에 인식되어 제거된다.

B 림프구의 항원수용체와 항체는 구조적으로 매우 유사하다. 항원수용체는 세포막 결합 부위에 항체가 결합되어 있는 구조를 가지는데, 형질세포는 세포막 결합 부위만 남긴 채 항체 부분을 세포 밖으로 분비한다.

기억세포와 백신

처음으로 접해 본 침입자에 대한 1차 체액성 면역반응(1차 반응)은 일반적으로 강력하지 않다. 감염된 후 며칠에 걸쳐 항원과 결합한 B 림프구가 분열하여 형질세포와 기억세포를 만들기는 하지만 형질세포에 의해 만들어지는 항체의 양이 적어 감염 후 몇 주가 지나면 항체의 대부분이 혈액에서 사라진다. 하지만 1차 반응을 경험한 후 수 주나 수년이 지난 후에 동일한 침입자가 다시 침입하면 1차 반응시 생겨났던 기억세포는 급격히 활성화되어 감염 후 수 시간 내로 많은 수의 형질세포로 전환하여 항체를 분비하는 2차 반응을 유도한다. 기억세포는 B 림프구와 T 림프구 모두가 가지는 후천적 면역의 공통된 특징이라 할 수 있다.

인위적으로 기억세포를 갖게 하기 위해서 백신을 사용하는 방법이 있다. 죽이거나 끓이는 등의 방법으로 얻은 약화된 병원균을 백신(vaccine)이라 하는데, 백신은 더 이상 병을 일으킬 수 없지만 항원으로서의 특성은 계속 가지고 있다(죽이거나 끓여도 항원의 특성은 여전히 남아 있다). 예방주사는 백신을 주사하는 것으로 1차 반응을 일으켜 우리 몸에 기억세포를 만들어준다. 예방주사를 미리 맞아두면 살아가는 동안 동일한 항원을 가진 실제의 병원균이 침입해도 기억세포가 있어 쉽게 병원균을 격퇴할 수 있는 것이다.

세포성 면역과 항원제시

체액성 면역과는 또 다른 후천적 면역으로 세포성 면역(cell-mediated immunity)이 있다. 세포성 면역은 세포 밖 항원을 세포 내로 끌어 들여 MHCII에 의해 항원제시를 하는 체액성 면역과는 다르게 바이러스 등에 의해 감염된 세포나 암세포 등에서처럼 세포 내에서 새롭게 생겨난 항원을 MHCI에 의해 항원제시를 한다. MHCI은 핵을 가진 몸의 모든 세포가 가지는 것으로 바이러스 등에 의해 감염되면 바이러스는 침입한 세포 내에서 새로운 단백질(가령 바이러스가 자신의 복제에 사용하기 위해)을 만드는데 바로 이것을 침입자의 항원으로 인식하는 것이다. 암세포에서도 유전자 변형 등의 원인으로 세포 내에 정상 세포들이 가지지 않은 새로운 단백질들이 항원으로 인식되는 것이다. 이들 세포 내 항원은 세포 내에서 분해된 다음 MHCI에 결합되어 세포 표면에서 제시된다. 이때 항원을 인식하는 세포는 또 다른 종류의 T 림프구인 세포독성 T 림프구(cytotoxic T lymphocyte)이다. 세포독성 T 림프구는 암세포나 감염된 세포가 제시하는 항원을 특이적으로 인식할 수 있는 것이어야 한다. 항원을 침입자로 인식한 세포독성 T 림프구는 보조 T 림프구와는 달리 사이토카인을 분비하지 않고 곧바로 감염된 세포를 공격한다. 퍼포린(perforin) 단백질을 분비하여 감염된 세포를 조각내어 섬멸한다. 바이러스 등은 세포 밖 항원으로도 보조 T 림프구에 의해 인식될 수 있는데, 이 경우 보조 T 림프구가 분비하는 사이토카인이 세포독성 T 림프구의 증식을 야기한다.

세포성 면역에선 암세포나 감염된 세포가 항원제시세포(MHCI으로 제시)가 되어 세포독성 T 림프구에게 항원을 제시한다. 보조 T 림프구에서처럼 세포독성 T 림프구도 항원 인식에 TCR(T 림프구 항원인식수용체)와 보조 수용체 역할을 하는 CD8 단백질이 항원 인식에 필요하다. 보조 T 림프구의 보조수용체로는 CD4가 잘 알려져 있다.

인간면역결핍바이러스(HIV)

에이즈, 이 병의 우리말 명칭은 후천성 면역결핍증후군(acquired immuno-deciency syndrome, AIDS)이다. AIDS를 일으키는 HIV(human immunodeficiency virus)라 불리는 바이러스는 보조 T 림프구를 파괴하여 우리 몸의 면역 능력을 저하시킨다. 에이즈는 외부 침입자들의 공격에 대항하지 못하게 되는 질병으로 인류가 맞고 있는 커다란 재앙으로 꼽힌다. 바이러스는 살아 있는 숙주세포에서 숙주세포의 여러 장치와 물질을 이용하여 증식한다. HIV가 가지는 RNA는 숙주세포 안에서 역전사효소에 의해 DNA로 전환된 다음 숙주세포의 DNA에 삽입된다(잠복기의 시작). HIV는 보조 T 림프구를 공격하는 즉시 파괴하지는 않으며, 이 안에서 오랫동안 잠복하고 있다가 결정적인 순간에 파괴를 감행한다. 에이즈 감염자 개인별로 차이는 있지만 보균 후 1~10년 정도의 다양한 잠복기간을 갖는다. 잠복기에도 몸은 HIV에 대항하여 항체를 만드는데 이 항체를 검출하는 것이 일반적인 에이즈 검사이다. 최근에는 바이러스를 직접 확인할 수 있게 되어 감염 초기에 검사가 가능해졌지만 아직 이 바이러스를 퇴치하는 방법이 없어서 대부분의 환자가 극심한 보조 T 림프구의 감소 현상을 보이고 면역력이 저하되면서 암과 같은 질병에 걸리게 된다. HIV는 뇌의 신경세포에까지 침입하여 치매를 일으킬 수 있는 무서운 질병이다.

HIV는 지름이 약 100 nm의 원형입자로 되어 있으며, DNA가 아닌 RNA를 유전물질로 가지고 있다. 막에는 당단백질이 안테나처럼 돌출되어 있어 표적이 되는 세포의 표면 구조를 인식하여 침투한다. 보조 T 림프구는 HIV 표면의 당단백질과 결합할 수 있는 구조를 가지고 있어서 HIV의 표적이 된다. HIV는 이 보조 T 림프구에 잠복하고 있다가 결국 이 세포를 파괴하고 다른 보조 T 림프구로 옮겨 공격한다.

미국 LA에서 5명의 AIDS 환자가 최초로 보고된 것은 1981년이었는데 2010년도를 기준으로 전 세계적으로 약 3,400만 명의 환자가 있는 것으로 알려지고 있다. 특히 성관행이 문란한 동남아시아나 아프리카를 중심으로 환자의 숫자가 급속도로 늘어나고 있다.

면역관련 질환

백혈병

백혈병(leukemia)은 백혈구 세포에 생기는 암이다. 백혈병 환자는 백혈구가 계속 생겨서 혈액 내 다른 세포들(적혈구, 혈소판 등)의 기능을 방해하여 혈액 응고가 안 되고 빈혈 증세가 생기는 매우 무서운 질병이다. 수적으로 많아진 백혈구도 대부분 제대로 기능을 못하게 된다. 정상인으로부터 골수를 이식받아 정상적인 백혈구를 생성하는 것이 주된 치료 방법이다. 혈액세포로 발전할 수 있는 혈액줄기세포로 백혈병을 치료하려는 시도가 최근 활발하게 이루어지고 있다. 골수 속에 있는 조혈모세포는 성체줄기세포 중 하나인데, 이것은 적혈구, 백혈구 등으로 분화할 수 있다. 가령 백혈병을 치료하고자 할 때에는 우선 암화되어 있는 백혈구세포를 항암제나 방사능을 통하여 제거한 후 기증받은 정상인의 줄기세포를 이식한다. 물론 면역거부반응이 없는 줄기세포를 사용하여야 한다.

알러지

어떤 음식을 먹고 두드러기가 생기거나 꽃가루에 민감하게 반응하여 심하게 재채기를 하는 등 많은 사람들에서 볼 수 있는 증상이다. 또한 페니실린 주사를 맞으면 생명이 위험할 정도로 민감한 반응을 보이는 경우도 있다. 이런 현상을 알러지(allergy)라 하는데, 면역계가 정상인이라면 반응하지 않아야 할 이상과민현상을 보이는 경우를 말한다. 알러지를 유발하는 물질이 이 증상을 보이는 사람에게 들어오면 심한 면역반응, 즉 과도한 전쟁을 하게 되어 전선에 있는 조직의 혈관이 과도하게 확장되는 결과가 발생하고 재채기, 콧물, 두드러기 등의 증상이 나타난다. 왜 특정한 물질이 특정한 사람에게서만 알러지 반응을 일으키게 하는지, 또 나이에 따라 갑자기 이 반응이 생기게 되는지 아직 정확히 이해되고 있지 않다. 이들 물질과 멀리하는 것 외에는 피할 뚜렷한 방법이 현재로서는 없어 보인다.

자가면역질환

매일 수십억 개의 면역세포를 생산하다 보면 일부 불량제품이 나올 수 있다. 즉 어떤 림프구는 자기 단백질을 항원으로 오인하여 공격을 한다. 이와 같이 자기의 조직을 파괴하는 질병을 자가면역질환(autoimmune disease)이라고 한다. 대표적인 것으로 류머티즘이 있는데, 체내의 면역세포들이 자신의 관절에 있는 연골조직을 침입자로 인식하여 공격하는 무서운 병이다. 어처구니없게도 자기에게 공격을 당한 관절은 제대로 사용할 수 없을 정도로 석회화되기도 한다. 이 병에 걸리는 정확한 이유는 아직 밝혀지지 않고 있다. 어떤 학자들은 사람의 면역체계는 원래 여러 가지 이물질들에 항상 노출된 채로 바쁘게 일을 해왔는데, 최근 생활환경의 개선으로 할 일이 없어진 면역체계가 자기 몸의 조직을 대상으로 공격하게 되었다고 추측하기도 한다.

차세대 항암제

인체는 외부의 침입자(바이러스, 독소 등)뿐만 아니라 암세포의 출현 등 내부의 해로운 변화로부터 스스로를 보호하는 방어체계를 갖추고 있다. 암세포는 정상 세포와 달리 표면에 항원을 MHC1를 통해 제시하는데, 암 발생 초기 단계에서의 암세포는 대부분 세포성 면역에 참여하는 T 림프구들(세포독성 T 림프구와 보조 T 림프구 모두 말함)에 의해 인식된다. T 림프구는 항원수용체 TCR 지역이 암세포에 있는 MHC1의 항원과 결합하면서 암세포를 공격한다. 이때 방금 언급된 결합만으로 벌어지는 것이 아니라 암세포와 T 림프구의 표면에 있는 여러 다른 보조 결합으로 결합이 조절된다. 이들 여러 결합으로 암세포와 T 림프구간의 힘의 균형이 유지되다가 균형이 무너져 암세포의 증식이 개시될 수 있는 것이다. 바로 이 과정을 면역관문(immune checkpoint)이라 하는데, 암세포를 공격하는 면역의 활성여부가 결정되는 관문에 해당된다. 암세포 표면의 특정 구조로 T 림프구의 접근이 방해받게 되면 암세포가 본격적인 증식을 시작한다. 암세포와 T 림프구의 결합을 방해하는 요인을 제거하게 되면 면역은 다시 활성화되고 암세포는 다시 공격받게 된다. 암세포는 교묘하게도 T 림프구가 자신을 인식하지 못하도록 결합을 방해하는 장치를 개발한다. 바로 암세포에 의한 결합의 방해를 억제하는 억제제(immune checkpoint inhibitor)가 최근 새로운 항암요법으로 부각되고 있다. 암세포와 T 림프구 간의 결합을 조절하는 단백질들인 CTLA4, PD-1, PD-L1 등이 면역관문억제제의 주요 대상이다.

2018년 항암치료의 새로운 패러다임을 제시한 면역관문억제제 연구자들이 노벨상을 받았다. 일본의 혼조 다스쿠는 면역세포인 T 림프구의 표면에 나타나는 PD-1 단백질을 처음 발견했다. PD-1이 암세포 표면에 발현되는 PD-L1 단백질과 만나면 T 림프구는 암세포를 공격하지 못한다. 혼조 교수의 연구는 PD-1 단백질에 항체를 결합하여 T 림프구의 무력화를 막는 면역관문억제제를 개발했다. 아직 면역관문억제제가 모든 암종에서 효과적으로 작동하는 것은 아니지만 많은 사람들의 기대를 모으고 있는 차세대의 항암제이다. 수술이나 화학항암제 시대, 표적항암제 시대를 거쳐 면역관문억제제 시대가 선듯 다가온 것이다.

14.3 병원성 미생물

우리나라에서 4~50년 전만 해도 아이를 출산하면 참숯과 고추가 달려 있는 새끼줄을 대문 위에 걸어놓곤 했었다. 이것을 금줄이라고 한다. 이것의 의미는 출산 후 21일 동안 다른 사람들이 출입을 삼가해 병원균의 감염으로부터 산모와 아이를 보호하려는 것이다. 당시만 해도 태아의 사망률이 상당히 높았음을 보여준다. 백일을 넘기면 축하연을 할 정도였으니 말이다. 1950년대의 유아 사망률은 1000명당 100명, 1942년 우리나라 남자의 평균수명은 42.8세 여자는 47.1세 등의 통계는 사람들이 얼마나 많은 질병에 무방비 상태로 공격당했는지 짐작하게 한다. 1995년 기준으로 우리나라 남자의 평균수명은 69.5세, 여자의 경우 77.4세이고, 2012년 기준으로는 남자 77.4세, 여자 84.0세로 길어지고 있다. 2018년엔 남자 79.7세, 여자 85.7세로 계속 늘어나고 있다.

질병은 세계의 역사를 바꿀 정도의 파괴력을 가지고 있어 왔다. 페스트로 서양의 중세가 마감되었고, 천연두로 아메리카 인디언은 무력화되었다. 13세기의 한센병, 14세기의 페스트, 15세기의 매독, 18세기의 천연두, 19세기의 결핵, 20세기의 암 등은 한 시대의 문화와 문명을 파고들면서 수많은 인명을 희생시켰다. 15세기에는 '성의 개방'과 함께 매독이 창궐하여 16, 17세기를 거치며 매춘부를 통해 얻은 균이 고향을 찾은 군인들을 통해 전국 각지에 급속히 퍼지게 되었다. 19세기에는 비위생적인 환경으로 발생한 것으로 추정되는 결핵은 많은 희생과 함께 이 시대 사람들의 평균수명을 15세 정도로 만들어버렸다. 비슷한 시기에 우리나라에는 교역의 증가와 함께 유입된 콜레라균으로 인해 수많은 인명이 희생되었다. 21세기를 맞는 지금도 에이즈, 인플루엔자 바이러스로부터 유래하는 독감, 최근에는 코라로바이러스의 전 세적인 유행 등 사람들을 위협하는 감염성 질병들이 도사리고 있으며, 다시 한 번 전 세계를 뒤흔들 수 있을 태세를 보이기도 한다. 다행히 청결해진 환경과 의학의 발달로 희생자의 수나 감염의 범위는 감소 추세에 있으나 여전히 경계를 필요로 한다.

질병은 병원균이 여러 경로를 통해 숙주인 인간을 공격하고 면역력을 넘어 다치게 하는 것을 말한다. 수명 증가의 원인은 면역력의 강화에 의한 것보다는 세균이 쉽게 서식하고 번식할 수 없도록 주거환경이 개선된 것과 병원균을 퇴치할 수 있는 약제의 개발에 의한 영향이 크다. 대부분의 질병은 그 원인이 밝혀지고 치료법이 개발되어 인간들은 과거보다 풍요로운 일생을 보내고 있다. 그러나 인류가 질병으로부터 완전히 벗어난 것은 아니다. AIDS와 같이 새로운 형태의 질병이 계속 출현하고 있기 때문이다. 인류의 평균수명을 연장시킨 가장 강력한 요인 중의 하나는 병원성 세균의 퇴치일 것이다. 1860년대 영국의 외과의사가 수술에 사용되는 장비들을 소독하기 시작한 뒤 수술 후 환자의 사망률이 45%에서 15%로 낮아졌다고 한다. 병원균에 대한 기초적인 지식을 습득하여 건강을 유지하는 데 잘 활용해야 할 것이다.

질병의 성립

질병을 일으키는 병원균으로는 세균(박테리아), 곰팡이, 바이러스, 원생동물 등 종류가 다양하다. 이들은 환경조건에 따라 스스로 이동하며 병을 전파하기도 하지만 보통 매개체를 통하여 전파되고 있다. 환자의 침구, 손잡이, 장난감 등 무생물은 물론 수많은 생명체들도 병원균을 간직하고 있다가 전파하는 운반체 역할을 한다. 질병에 걸린다는 것은 무엇보다 원인균이 우리 몸과 접촉되었다는 것을 뜻한다. 결핵균은 공기를 타고 침입하며, 어떤 세균은 정상적인 피부에는 침입을 못하지만 피부에 상처가 생기면 침입을 시작한다. 장출혈성 대장균인 대장균 O-157는 음식을 통하여 소화기관으로 침투하여 번식하게 되고 결국 심각한 문제를 일으킨다. 이와 같이 적절한 환경이 주어지면 이들 병원균은 증식을 한다. 이때가 질병 성립의 중요한 시점인데, 만약 숙주의 면역체계를 넘어서면 질병이 성립되고 숙주를 다치게 한다.

병원균의 공격 수단

병원균이 우리 몸을 다치게 하는 방법은 종류에 따라 여러 가지가 있으며, 다음과 같이 정리된다.

외독소 - 우리를 다치게 하는 단백질 무기를 독소(toxin)라 하며, 이중 외독소(exotoxin)는 살아 있는 세균이 분비하는 독소를 말한다. 이들은 보통 물에 잘 녹는 단백질(수용성 단백질)로 혈액이나 림프 등의 순환계를 타고 온몸을 순환하게 된다. 보튤리눔 박테리아의 외독소는 뇌세포를 죽게 하고, 디프테리아균의 외독소는 세포에 침입하여 단백질 합성을 방해한다. 콜레라, 장염비브리오균도 숙주세포의 여러 기능을 파괴한다. 보통 외독소의 분자구조와 숙주세포의 표면의 구조가 서로 상응하도록 되어 있어서 외독소(즉 이를 분비하는 세균)의 종류에 따라 공격당하는 세포가 정해져 있는 경우가 일반적이다. 콜레라를 일으키는 세균 *Vibrio cholerae*은 외독소인 콜레라 독소를 분비한다. 이것은 감염자의 작은 창자 세포막에 있는 G-protein이라는 수용체의 작용을 변형시켜 많은 이온들을 급격히 세포 안으로 들어오게 한다. 결과적으로 물도 세포 안으로 유입되어 콜레라 환자는 설사 증세와 함께 극심한 탈수현상을 보이게 된다. 물이 제대로 보충되지 않으면 생명을 잃기도 한다.

내독소 - 외독소와는 달리 내독소(endotoxin)는 분비되지 않으며 세포의 구성성분으로 있다가 세균이 죽음으로써 방출된다. 대장균, 이질균 등에 있는 독소가 여기에 해당된다.

면역세포의 파괴 및 회피 - 어떤 세균들은 특별한 신호물질을 분비하여 숙주의 면역세포가 고사되도록 한다. 또한 자기를 나타내는 표면의 항원구조를 다른 구조물로 둘러싸 면역체계를 벗어나는 위장전술을 쓰기도 한다.

항원교체 - 어떤 병원균들은 항원(즉 자신의 특정구조)을 자주 바꿈으로써 숙주의 면역체계를 벗어난다. 대표적인 것이 독감 바이러스와 코로나바이러스의 스파이크(spike) 단백질처럼 자주 항원을 바꿈으로써 우리 몸은 항체를 신속하고 제대로 생산할 수 없게 된다. 최근의 조류독감이나 사스 바이러스 경우도 이런 경우에 해당한다. 항원이 수시로 바뀌는 이유 때문에 백신 개발이 어렵다.

RNA 바이러스와 변종

2004년 조류독감 바이러스와 사스가 출현했다. 에이즈의 원인인 HIV는 1984년에 발견되었고 지금까지 약 2,000만 명이 사망했다. 1995년에는 아프리카의 자이레에서 사망률 50%인 에볼라 바이러스가 나타나기도 했다. 독감으로 사람들을 괴롭혀온 인플루엔자 바이러스는 매년 한 번씩은 한국을 방문하는 것으로 보인다. 사스(severe acute respiratory syndrome, SARS)(중증급성호흡기증후군)는 코로나 바이러스가 원인으로 전염성 폐렴을 일으키며 세계인들을 공포로 몰아넣고 있다. 2003년, 2012년에 출현했던 사스 바이러스의 변종들은 최근 2019년에 다시 나타나 전 세계적으로 번지고 있다.

이 바이러스들은 모두 'RNA 바이러스'로 유전정보를 DNA가 아닌 RNA를 가진다. RNA 바이러스가 치명적인 것은 RNA 유전체가 복제될 때 염기서열에서 실수가 많이 발생한다는 것이다. 보통 생명체들에서 벌어지는 DNA의 복제는 이런 실수를 'DNA 수선' 방법에 의해 치유하는 데 반해, RNA 바이러스는 이런 치유능력이 잘 작동하지 않는다. 결국 이 바이러스의 표면에 돌출되어 있는 단백질 항원은 계속 변하게 된다. 어떤 특정 RNA 바이러스를 대상으로 하는 백신을 만들었다 해도 이들이 곧바로 변신을 하기 때문에 만들어진 백신은 무용지물이 되고 만다.

조류독감을 일으키는 인플루엔자 바이러스는 닭, 오리 등 가금류에 전염되면 호흡기는 물론 전신으로 증식하기 시작한다. 변신이라는 책략을 통해 방어선을 돌파하면서 말이다. 사람들이 정말 두려워하고 있는 것은 조류독감을 일으키는 인플루엔자 H5N1형 바이러스가 사람에도 전염되기 때문이다. 실제로 사람에서 독감을 일으키는 여러 바이러스는 옛날에 조류로부터 유래되었을 가능성이 매우 높다. 사람에게 옮겨온 후 계속 변신해왔기 때문에 아직도 독감에 대한 치료제를 개발할 수 없을 정도이다. 아마 지금의 조류독감 바이러스도 사람에 감염되면 또 다른 형태로 사람을 괴롭히게 될 것이다. 독감 정도가 아니라 재앙으로 몰아갈 수 있는 변종이 생기게 될지도 모른다. 2019년에 새로 출현한 신종 코로나바이러스도 RNA 바이러스로 많은 변이를 겪고 왔고 변이는 향후에도 계속될 것이다. 계속되는 변이로 사람 호흡기 세포의 특정 단백질을 인식하여 결합할 수 있는 바이러스 표면 단백질(스파이크 단백질이라 함)을 장착하는 무서운 바이러스가 되어 있는 것이다.

신종 코로나 바이러스

최근 전 세계가 2019년에 새롭게 출현한 신종 코로나바이러스에 의해 약 6억 명 이상의 확진자와 600만 명 이상의 사망자를 발생시키고 있다. 예전에 발생했던 사스(2003년)나 메르스(2013년) 코로나바이러스들의 변종으로 여겨지는데, 이들에 비해 치명률은 낮지만 전염성은 높은 것으로 알려지고 있다. 사스 바이러스와 매우 유사한 변종임을 나타내는 SARS-COV2(Severe acute respiratory syndrome-coronavirus2)가 공식적으로 사용되는 신종 코로나바이러스의 명칭이다. 2019년에 새롭게 나타난 코로나바이러스 질병임을 COVID-19(Coronavirus infection disease19)로 표현하기도 한다.

직경이 100 nm(1/10.000 mm) 정도인 SARS-COV-2는 RNA 바이러스로 단일 가닥의 RNA와 외피, 여러 외피 단백질을 가지고 있다. 박쥐가 첫 숙주인 것으로 여겨지는 SARS-COV2는 아직 규명되지 않은 중간 매개 동물을 거쳐 사람에서 서식하게 된 것으로 여겨진다. RNA 바이러스가 가지는 공통된 특징인 높은 돌연변이율로 신종이 계속 발생하고 있는데, 이런 변이 과정이 사람 세포와 결합할 수 있는 SARS-COV2의 외피 단백질을 만들어 낸 것으로 보인다.

SARS-COV2는 자신의 표면에 돌출되어 있는 스파이크 단백질이 사람 세포 표면에 있는 수용체 ACE2(angiotensin converting enzyme 2) 단백질과 결합하면서 감염이 시작된다. 숙주인 사람 세포에 감염이 되면 바이러스는 자신의 RNA를 세포 안에 방출한다. RNA는 복제되어 여러 가닥이 더 만들어진다. 또한 RNA 염기서열 정보로 사람 세포의 리보솜에서 단백질이 만들어진다. 복제된 RNA와 단백질들은 조면소포체와 골기체를 거치면서 많은 수의 새로운 바이러스를 만든다. 복제된 바이러스 입자들은 숙주세포를 파괴하면서 세포를 나와 근처의 다른 세포들을 침입하여 감염 지역을 넓히고 감염의 강도를 높인다. 이런 바이러스 복제과정으로 생겨난 많은 수의 바이러스 입자들이 호흡기를 타고 공기 중으로 방출되어 다른 사람들에게 옮겨간다. 마스크 착용과 손 씻기는 감염을 방지하는 가장 중요한 수단이다.

SARS-COV2는 숙주에서 급성 호흡기 질환을 일으킨다. 호흡계인 기도나 폐의 폐포를 침투하여 세포나 조직을 파괴시키는 것이 질환의 주요 원인으로 보인다. SARS-COV2의 침입으로 기도, 폐나 폐포 등의 점막세포가 고사되고, 호흡 기능을 떨어뜨리는 폐렴으로 발전하게 된다. 기관지나 폐포를 침입하면 염증반응이 시작되고 많은 경우 면역체계에 의해 염증반응은 멈추게 된다. 하지만 염증반응이 과도해지면서 이 지역의 세포들이 심하게 손상될 수 있다. 감염 지역에 나타난 대식세포나 호중구들이 사이토카인 분비하여 경보음을 울리면 더 많은 식균세포들이 모여들어 또 다시 사이토카인을 분비하여 악순환이 지속되기도 한다. 사이토카인 폭풍(cytokine storming)이라고 하는 과도한 사이토카인의 분비로 감염된 세포뿐만 아니라 정상적인 세포들도 손상시킬 수 있다. 또한 염증반응으로 인해 폐포 표면에 있는 모세혈관의 투과성이 증가하여 혈액의 수분이 조직액으로 흘러나오고 폐포에 물이 찰 수 있고 조직이 손상되어 폐포 벽이 경화 현상을 보이기도 한다. 산소와 이산화탄소를 교환하는 장소인 폐포의 기능이 급격히 떨어지고 숨이 가빠지게 된다. 정상적인 면역으로 바이러스의 복제를 막게 되는 경우가 일반적이지만 과도한 면역반응으로 폐렴이 발생하고 호흡 기능에 심한 손상을 끼치고 사망에 이르게 할 수도 있다.

이 신종바이러스를 치료하는 뚜렷한 방법은 아직은 찾지 못하고 있다. 현재 팍스로비드(Paxlovid)와 렘데시비르(Remesir)라는 먹는 치료제가 중증 환자를 대상으로 사용이 되고 있고 10여 종의 백신도 접종이 가능하지만 SARS-COV2의 전염 차단과 전파를 완전히 막는 데는 아직도 시간이 필요한 상황이다. 비말이 사람 간에 전파되지 않도록 하는 것이 자신과 남을 함께 보호하는 가장 확실한 방법이다. 주로 손을 통해 입, 코, 눈 등이 감염될 수 있으므로 손을 자주 씻는 것이 가방 기본적인 방어 수단이다. 마스크 쓰는 것, 전염 가능성이 있는 사람들은 격리되어야 하는 것도 마찬가지이다.

14.4 항생제와 백신

질병을 유발하는 병원균의 종류와 유발 방법이 다양한 것과 비례하여 이들을 퇴치할 수 있는 방법이나 약제들도 다양해지고 있다. 이를 위해서는 무엇보다 병원균이 질병을 유발하는 병원성을 이해하여야 하며, 이를 통해 질병의 퇴치와 치료 원리와 전략이 학문적 뒷받침 속에서 선행되어야 한다.

항생제

위대한 과학의 발견에는 우연이나 실수가 관련된 경우가 많다. 1929년 영국의 세균학자 플레밍은 포도상구균 세균을 배양하는 배양접시의 뚜껑을 실수로 닫지 않은 채 휴가를 떠나게 되었다. 돌아와서 보니 이 세균이 배양접시에 온통 자라 있는데 이상하게도 한가운데에 푸른곰팡이에 오염된 곳에서는 이 세균이 자라지 못한다는 것을 관찰하였다. 실수로 오염된 배양접시를 통하여 플레밍은 인류역사에 매우 위대한 발견을 하게 된다. 푸른곰팡이에는 페니실린이라는 물질이 있어서 이것이 세균을 죽이고 있다는 것을 알게 된 것이다. 이 발견을 시작으로 여러 종류의 항생제가 개발되었고, 다양한 종류의 병원성 세균을 죽일 수 있게 되었다.

살아 있는 미생물이 다른 미생물을 죽이기 위한 수단으로 만들어진 물질을 항생제(antibiotics)라 한다. 아마 항생제 덕을 보지 않은 사람은 없을 것이다. 지금은 여러 종류의 항생제가 상품화되어 있고 세균의 종류에 따라 그 처방도 다르다. 페니실린은 세균이 세포벽을 형성하지 못하도록 하는 역할을 하고, 클로람페니콜, 테트라사이클린, 에리스로마이신 등은 단백질 합성을 저해시키며, 리팜피신이라는 항생제는 DNA 합성을 방해한다. 하지만 항생제는 세균을 죽이는 것이지 바이러스를 죽이지는 못한다. 따라서 바이러스가 원인인 질병의 치료에는 항생제가 사용되지 못한다. 바이러스가 원인인 감기에 항생제를 사용하는 경우가 있는데, 이는 단지 감기의 결과로 생기는 세균에 의한 2차 감염을 막기 위한 것이다.

대부분의 세균은 항생제에 의해 죽지만 항생제를 남용하면 세균 중 일부는 항생제에 저항하여 살아남게 된다. 따라서 항생제는 어느 정도 심각한 증상에서만 사용하여야 한다. 우리나라에서는 얼마 전만 하여도 항생제를 약국에서 마음대로 구입하여 거의 대부분의 증세에 사용하기도 하였다. 이런 과정에서 항생제에 저항하는 세균이 생겨나 이를 퇴치하기 위하여 또 다른 종류의 항생제를 사용해야만 했다. 결국에는 많은 종류의 항생제에 동시에 저항할 수 있는 세균이 출현하기도 하였다. 항생제의 남용은 막아야 하며 항생제의 사용은 제한적이어야 한다. 자칫 어떤 항생제로도 죽일 수 없는 무서운 세균이 출현할 수 있기 때문이다.

사람과 세균 간의 결투에서 누가 최종 승자가 될까? 이 질문에 대한 대답은 아무도 내릴 수 없다. 세균을 격퇴하려는 인간의 기술이 날로 늘어나지만 이를 피해 인간을 괴롭히는 세균의 지략 또한 갈수록 정교해진다. 이 지리멸렬한 싸움은 영원히 진행될 것 같기도 하다. 수천여 종의 감염성 질환 중 현재까지 완전 퇴치에 근접한 것은 천연두와 소아마비 등 극히 일부이다. 세균·바이러스가 유전자 변이를 통해 기존 항생제와 항바이러스제에 견딜 수 있는 내성을 갖게 된 것이 가장 주요한 이유이다. 우리나라에서 결핵 환자의 수는 1960년대에 17만 명 정도였는데 범국가적인 퇴치 노력으로 1970년대 14만 명, 1980년대 8만 명, 2000년대 3만 명으로 감소하였지만 2012년도 기준으로 환자 수는 다시 증가하여 4만 명에 근접하고 있다. 내성을 갖게 된 결핵균을 박멸할 항생제가 개발되지 않았기 때문이다. 또한 우리나라의 AIDS 환자의 수도 1985년 2명이 처음 보고된 이후 꾸준히 증가하여 2012년엔 950명 정도가 보고되고 있다(보고 안 된 숫자가 많을 것으로 예상됨). 모두 내성바이러스를 없앨 약이 개발되고 있지 않기 때문이다. 2020년 11월 현재 신종 바이러스에 의해 희생된 사망자의 수가 전 세계적으로 100만 명을 넘어서고 있다.

문명이 발달하고 과학 기술이 발전하면 기존의 질병은 퇴치할 수 있지만 새로운 환경에 적응하는 새로운 종류의 질병이 출현한다. 이런 질병을 일으키는 세균은 세상에 없던 것이 갑자기 출현하는 것이 아니라 다른 생물들로부터 옮겨오든지 또는 유전자의 변이를 통한 변종의 형태로 다시 새롭게 등장한다. 기동성이 뛰어나고 변신의 귀재들인 많은 세균들은 쉽게 무너지지 않으며 항상 사람들을 공격할 준비를 하고 있는 것이다. 사람들은 여행길을 따라 질병을 세계화시키기도 하고, 항생제의 폭격을 벗어난 저항성 세균들이 난데없이 나타나기도 한다. 결핵을 비롯하여 홍역, 콜레라, 디프테리아 등 오래된 질병들이 최근 다시 증가하는 추세를 보이고 있으며, 원래 원숭이에 머물던 특정 바이러스의 강력한 변종으로 추정되던 HIV도 결국 중앙아프리카의 킨샤사 고속도로와 비행기를 통해 이제 전 세계로 퍼져 있다. 환경오염, 지구온난화, 삼림의 황폐화, 스트레스 등 현대인에 의해 만들어진 조건들은 병원체들을 다시 불러 모으는 요인이 되어버렸다. 이 병원체들의 이동과 변종의 과정을 면밀히 분석하여 이들을 화나지 않게 하면서 한 곳에 오래 머물게 할 수 있는 지혜가 필요한 시점이다.

백신

백신(vaccine)은 균이나 바이러스를 죽이거나 약화시켜 감염력은 없지만 항원은 그대로 남아 있는 것을 말한다. 백신 주사는 기억세포(기억 B 림프구 또는 기억 T 림프구) 만들어 놓고 실제 균이나 바이러스가 침투해도 쉽게 이를 물리칠 수 있게 한다. 백신은 이미 기원전에도 사용되었다. 1716년 영국 대사의 부인이 터키에서 사람들이 팔에 가벼운 상처를 내고 천연두 환자의 고름을 바른 뒤 호두의 껍질로 덮는 방법으로 천연두를 예방하는 것을 관찰하였다 한다. 이러한 계속된 노력의 결과로 1980년 WHO는 천연두균은 이 세상에서 완전히 박멸되었다고 선포했다. 천연두의 후유증으로 나타난 '곰보'가 이제는 보이지 않는다. 백신을 가지고 있다는 것은 그 병으로부터 해방될 수 있다는 것을 의미한다.

19세기 이래 미생물학의 지속적인 연구로 콜레라, 장티푸스, 페스트 등의 백신이 개발되었고 1909년에는 결핵의 백신인 BCG를 개발하였다. 우리는 어릴 때부터 많은 종류의 예방주사를 맞아왔다. 백신이 없다는 것은 해당되는 침입 병원균에 대한 뚜렷한 대비책이 없다는 것을 의미한다. 신종 코로나바이러스에 대항하는 연구자들은 현재 백신 개발에 몰두하고 있다.

최근 SARS-COV2 표면의 스파이크 단백질의 RNA를 백신으로 시용하는 시도가 벌어지고 있다. 이를 RNA 백신이라 하는데, 스파이크 단백질을 암호화하는 mRNA가 전 세계적으로 인체에 접종되기 시작하였다. 인체에서 스파이크 단백질이 만들어지면서 이에 대한 항체가 만들어질 것을 기대하고 있는 것이다.

mRNA 백신을 통해 얻어진 항체는 실제 SARS-COV2가 침입하더라도 스파이크 단백질에 결합하여 침입을 억제하게 될 것이다. 다음은 현재 가장 많이 사용되는 대표적인 백신의 종류이다.

- 약독화 생백신(Live attenuated vaccine)
  제너나 파스퇴르가 개발한 백신은 살아있는 미생물이었다. 즉, 미생물을 몇 세대나 배양해서 그 감염력, 인체에 대한 독성을 줄인 것이었는데, 이와 같은 것을 약독화 생백신이라고 한다. 우두바이러스는 자연적으로 존재하는 천연두 바이러스의 약독주였던 것이다. 이런 유형의 백신은 약독화되어 있지만, 살아있기 때문에 생백신이라고 부른다. 물론 살아있기 때문에 인체에 감염해서 증식한다.

- 불활성화 사백신(Killed or inactivated vaccine)
  모든 미생물이 약독화에 성공하는 것은 아니다. 그래서 등장한 것이 불활성 사백신이다. 살아 있는 미생물을 감염시키지 않아도 미생물의 사체에서 면역이 도입되는 경우가 있다는 사실을 알게 되었다. 바이러스에서는 광견병바이러스, 세균에서는 콜레라균, 페스트균, 장티푸스균이다. 이들의 사체를 접종하면 면역을 획득할 수 있다. B형 간염바이러스백신도 불활성 백신의 한 종류이다. 불활성 백신 자체에는 증식력이 전혀 없으므로 안전하다.

- 톡소이드(Toxoid vaccine)
  세균 감염증에서는 세균이 내놓는 독소(단백질의 일종)가 원인이 되어 증상을 일으킨다. 그러나 이 독소에 대한 항체가 존재하면 독은 중화되어 증상이 나타나지 않는다. 그래서 독소에 대한 면역을 도입하기 위해 연구를 거듭한 결과, 만들어진 것이 톡소이드이다. 톡소이드란 독소에 포르말린(formaldehyde)을 결합시킨 것으로 독성은 전혀 없음에도 불구하고 항원성이 보존되어 있어, 면역획득에 있어서는 아주 좋은 백신이다. 파상풍 톡소이드는 잘 알려져 있다. 톡소이드는 넓은 의미의 불활성 백신이다.

- 재조합(형) 백신(Recombinant vaccine)
  유전자공학기술은 백신조제에 대한 새로운 가능성을 개척한 셈이다. 성분이 대단히 새로운 순수한 백신이 가능하게 됨으로써 새로운 예방접종개촉에 대한 가능성이 생기게 되었다. 예를 들면, 백신 성분을 무해바이러스 껍질에 이입, 혹은 유전자전이 식물(transgenic plant) 내에 또는 유전자전이 가축(transgenic domestic animal) 젖에 백신을 발현시킨다. 양자 모두에서 음식물 섭취에 따라 면역을 얻게 된다. 그러나 세계시장에 나타난 단일성분 재조합(형) 백신은 B형간염바이로스 감염을 저지하는 백신뿐이다. 여기서 유전자공학 기법을 이용하면 병원체의 한 성분, 예를 들면 표면항원에 대한 한 성분을 얻을 수 있다. 그러나 이 방법은 병원체 항원 성분을 미리 파악하고 있어야 한다는 전제가 있어야 한다는 것이다. 이 전략 성공사례는 B형간엽 바이러스 재조합형 백신제조이다. 많은 아세아 여러 나라에서는 B형간염은 풍토병이기 때문에 전증예의 90%는 질병 진행을 감지하지 못하며, 환자의 약 5%는 만성인 긴질환으로 이행한다. B형간염 환자는 약 10억 명으로 추정하고 있다. 재조합형 백신을 조제하기 위해 B형간염 바이러스의 표면항원 HbsAg가 감염환자의 혈장에서 분리하였다. 아미노산 배열이 결정되어, 유전자가 클로닝되었다. 대장균(*E.coli*) 및 출아효모(*S, cerevisiae*)에서도 생산이 가능하다.

• mRNA 백신
인공적으로 만든 mRNA를 이용하여 면역계통의 후천 면역을 강화하는 백신으로 핵산 백신 중 한 분류이다. 핵산 백신에는 DNA와 RNA 계열이 있다. 백신은 뉴클레오타이드가 변형된 mRNA 분자 형태로 인체 세포에 투여되며 RNA 형질이 발현되면서 작용하게 된다. 세포 안에서 백신의 RNA는 바이러스 등의 병원체가 숙주의 mRNA 작동 과정을 가로채 외래 단백질을 만들어 내는 것과 동일한 방식으로 항원를 형성할 단백질을 만들어내게 된다. 백신이 만들어낸 항원은 실제 병원체와 달리 독성이 없기 때문에 인체에 해를 입히지 않지만 후천적 면역 체계를 학습시켜 면역학적 기억을 형성하게 해 진짜 병원체가 침입하였을 때 효과적으로 항체를 형성하도록 돕는다. RNA 백신은 목적하는 곳까지 도달하기 위해 약물 전달 용기에 담겨 투여되는데, 일반적으로 페길화(pegylation)된 지질 나노입자가 사용된다. 인체 세포에 도달하면 지질이 분해되면서 포장된 나노 입자가 열리고 그 속의 mRNA가 세포로 들어가면서 백신으로서의 특성을 발현하게 된다. RNA 백신의 작용으로 만들어지는 항원의 효율인 반응원성(reactogenicity)은 기존의 RNA를 사용하지 않은 백신과 비슷한 것으로 알려져 있다. 그리고 알레르기와 같은 자가면역반응이 있는 사람은 RNA 백신이 부작용을 일으킬 수 있다. 기존의 단백질 항원 백신에 비해 mRNA 백신이 갖는 장점은 생산 속도가 빠르고 비용이 적게 들며 세포 매개 면역과 체액 면역 모두에서 항체 반응을 유도할 수 있다는 점이다. 반면에 RNA 백신은 열에 대해 매우 민감하고 쉽게 파괴되기 화학적 특성 때문에 효능을 유지하기 위해서는 저온 보관 및 유통이 필수적이다. mRNA 백신은 코로나19에 대항하는 백신으로 주목받고 있다. 2020년 12월 초 2종의 코로나19 백신이 개발 완료되어 8주간의 최종 임상 단계를 마치고 신속한 보급을 위해 긴급 사용승인이 되어 코로나19로부터 많은 사람들을 구하기도 하였다.

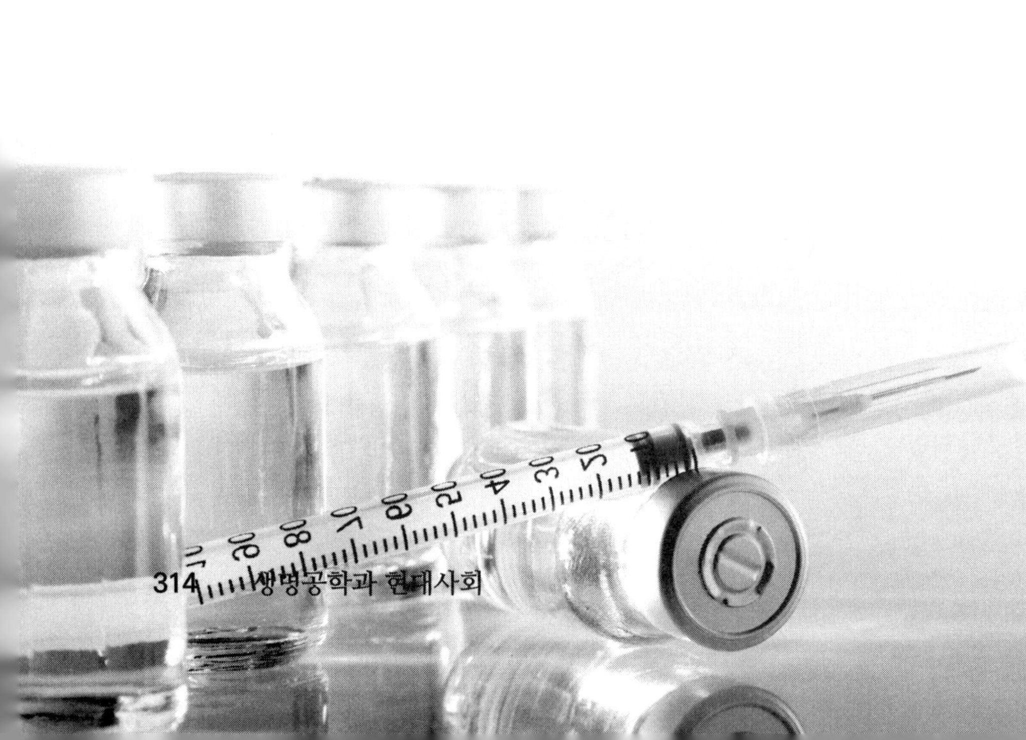

15장

제품으로서의 단백질

열대우림, 대양의 가장 깊은 심해, 옐로스톤 국립공원의 간헐온천, 고래의 골격 등은 단백질에 대한 과학적인 탐구의 미개척 분야이다. 단백질은 거대분자로서 살아 있는 세포의 구조, 기능 및 조절에 있어서 필수적인 요소이다. 각각의 단백질 분자는 유일하게 생명현상을 유지하는 데 필요한 생화학적 반응에 대한 기능을 갖고 있다. 연구자들은 자연계에서 단백질의 생성, 성장의 조절, 화학적 분해 속도 및 질병의 방어기전에 대한 비밀을 풀기 위해 단백질을 연구한다.

단백질의 응용범위는 매우 다양하다. 예를 들어, 고래 골격의 자연적인 분해과정 동안 뼈에 있는 지방 잔류물은 특별히 진화한 몇몇 세균이 생성하는 단백질에 의해 수시로 제거된다. 이와 같이 지방질을 분해하기 위하여 박테리아가 생성하는 단백질은 심해의 차가운 물에 적합하게 적응되었다. 연구자들은 찬 온도에서 지방질을 녹일 수 있는 물질을 이용하여 세제를 만들기 위해 필요한 매우 중요한 첨가물을 만들 수 있다는 것을 알게 되었다.

2012년 진행된 연구에서 XNAs라고 불리는 6개의 인공적인 핵산이 유전정보를 저장하고 있으며 마치 DNA처럼 자연선택을 통해 진화된다는 것을 보여주었다. 이후, 연구자들은 이 인공 핵산으로부터 4개의 서로 다른 종류의 합성 효소 단백질을 만들어 냈다. 자연 상태의 효소에서처럼, 이렇게 만들어진 합성효소도 간단한 생화학적 반응을 할 수 있다. XNAzymes는 자연 상태에 존재하는 효소의 상태보다 훨씬 안정적이고, 생체의 자연과정을 거치기 때문에 암이나 바이러스 질환을 포함한 다양한 질환의 새로운 치료제로서의 개발에 유용할 것으로 생각된다. 인공 합성 효소는 자연적인 효소로서 이해되고 있으며, 생명공학의 새로운 개척분야로 인정되고 있다.

2000년 미국 NIH는 10년간 600만 달러를 투자하는 연구인 단백질 구조 계획(Protein Structure Initiative, PSI)를 개시하여 사람 단백질의 구조를 밝히는 연구를 착수하였다. PSI는 연방대학과 기업들의 노력으로 비용을 줄이고, 단백질의 3차 구조를 결정하는 데 드는 시간 또한 단축하는 노력을 하고 있다. PSI의 초기 목표는 DNA 염기서열에 상응하여 얻을 수 있는 대부분의 단백질 구조를 쉽게 얻고자 하는 것이었다. 2010년에 시작된 PSI는 현재, 대량으로(high-throughput) 단백질 구조를 결정하는 방법을 사용하여 PSI의 초기 단계 동안 중요한 생물학적, 생물의학적 문제들의 많은 부분에서 성공적으로 연구를 발전시켰다.

현재는 PSI의 일부분인 공개된 데이터베이스만 해도 33,000개 이상의 단백질 서열이 있다. 본 계획의 목표는 기존의 저장된 데이터베이스와의 구조 비교에 근거하여 알려지지 않은 단백질 구조를 확립하는 것이다. 국제적인 연구팀은 인간 단백질체(human proteom)의 목록을 작성하였고 인체의 모든 단백질에 대한 목록을 작성하였다. 30개 이상의 서로 다른 사람 조직을 사용하여, 국제 연구침은 17,294개의 유전자에 의해 암호화된 단백질을 동정하였는데 이는 인간유전체가 암호화하는 전체 단백질의 약 84%에 달한다. 존스홉킨스대학과 인도의 방갈로르 생물정보학 기관에 의해 진행되는 이 PSI 계획은 단백질을 암호화할 것으로 예상하지 못한 유전체의 부위로부터도 193개의 새로운 단백질을 밝혀냈다.

우리는 이 장에서 다양한 산업에서 사용되는 많은 단백질의 적용법에 대하여 둘러볼 것이다. 다음으로 우리는 단백질의 구조형성 과정(folding)에 주목하여 개개 단백질의 특별한 구조의 본질을 알아볼 것이다. 그 기초 위에 우리는 몇몇 단백질의 발현 방법에 대한 시작과 가공과정의 세부사항을 탐구할 것이다. 그런 다음 우리는 어떻게 단백질을 발현시키고, 정제하는지 배우고, 정제된 단백질을 분석하고 확인하기 위하여 이용하는 과정을 학습하게 될 것이다.

15.1 생명공학 산물로서 단백질

제조공정에서 단백질의 사용은 시간에 의해 좌우되는 기술이다. 예를 들면, 가장 오래된 가공 식품 중 2가지, 즉 맥주나 포도주 제조에는 단백질을 이용한다. 맥주와 포도주 생산에서 사용된 발효는 발효조에 추가된 효모와 다른 추가물에 의해 생성된 효소에 달려 있다. 치즈 제조는 단백질을 이용한 또 다른 산업이다. 생명공학 덕택에 현재는 소의 위에서 만들어지는 치즈 제조 효소를 공학적으로 제작된 세균에서 생산하여 단백질 재료로 사용한다.

오랫동안 제조한 단백질의 가치가 중요하다는 것을 알고 있었지만, 처음으로 재조합 DNA 기술이 개발된 1970년대가 되어서야, 비로소 특정 단백질을 수요에 따라 생산할 수 있게 되었다. 그때부터, 다양한 단백질의 생산은 기업에서 신제품 개발의 원동력이 되었다.

다른 산업 분야에서도 생명공학적으로 생산된 단백질로부터 얻는 이점들이 있다. 대부분의 적용분야는 효소(enzyme)라고 불리는 화학반응을 촉진하는 단백질 그룹이다. 효소는 세제를 더 잘 작동시키고, 시추 작업에서 오일의 흐름을 증가시키고, 콘택트렌즈를 청소하는 것과 같은 다양한 용도도 사용된다. 수많은 기업들은 탈중합반응(depolymerization)이라고 불리는 반응, 즉 큰 분자를 분해하는 효소들에 관심을 가졌다. 이 효소들은 아밀라제(amylase)처럼 전분을 분해하는 탄수화물 분해효소(carbohydrases), 다른 단백질을 분해하는 프로테이즈(proteases), 그리고 지방을 분해하는 라이페이즈(lipases)를 포함한다. 치즈를 만들 때 사용되는 키모신(chymosin) 같은 효소들은 다양한 음식과 음료 생산 그리고 산업적인 대량 생산과정에서 이용된다.

생명공학 약물과 의학적 다른 활용

생명공학 단백질은 지난 과거 10년간 건강관리와 제약 산업에 혁명을 가져왔다. 많은 질병들, 즉 고셰(Gaucher's)병와 같은 특이 질환과 당뇨병 같은 질환들은 일반적으로 결여된 단백질을 대체함으로써 치료할 수 있다. 당뇨병은 인슐린 호르몬의 결여가 원인이다. 인슐린은 돼지 또는 암소에서 추출해야 했다. 그러나 이러한 외래 단백질은 인체에서 거부반응을 보였기 때문에 예상보다 적게 이용되었다. 인슐린의 거부반응은 동물이 아닌 대장균을 이용해 생산함으로써 거부반응 문제는 극복되었다. 연구자들은 대장균에 인간의 인슐린 유전자를 삽입하여 미세 인슐린 공장을 만들어내었다. FDA는 1982년에 이 새로운 인슐린을 첫 번째 재조합 DNA 제제로 승인하였다. 인간 인슐린을 풍부하게 생산 공급하는 기능은 수백만 명의 건강한 삶을 개선하였다.

단클론항체(monoclonal antibodies), 혈액 단백질 및 질병과 싸우기 위해 살아 있는 유기체에서 생산된 효소처럼, 치료용 단백질은 생명공학 제제로 생각할 수 있다. 화학적으로 합성한 제제, 즉 1개의 화합물을 한꺼번에 추가해서 화학적으로 합성한 약과는 달리 생명공학 제제는 일반적으로 미생물 발효작용을 통하여 또는 포유류 세포 배양에 의해 생산한다. 오늘날, 진행 중인 400여 종의 새로운 생명공학 제제의 대다수는 단백질이다. 이들 중 비록 적은 비율이라도 임상시험에 성공한다면, 현재 사용 중인 50여 종의 생명공학 제제에 더불어 추가되는 중요한 일이 될 것이다.

개개인은 특정 약물이 개개인에게 제대로 작동할지에 대해 개별적인 반응성을 가지고 있다. 특정 생물학적 지표(바이오마커)를 알고 측정하면 특정 환자에 대한 특정 약물의 효과를 예측하는 데 사용할 수 있다. 예를 들어, 췌장암 환자의 소변 샘플은 건강한 사람의 샘플과 비교 시, 세 가지 단백질의 각 수치가 증가한 것으로 나타난다. 이 바이오 마커는 췌장암 1기와 2기의 환자에서 90% 이상의 정확도로 탐지된다.

생명공학 제제를 제조하는 것은 복잡하고 많은 시간이 걸리는 과정이다. 치료에 관련된 단백질을 확인하고, 그것의 유전자 서열을 분석하고, 생명공학을 이용하여 필요한 분자를 만들기 위한 과정을 진행하는 데에는 여러 해가 소요된다. 이러한 방법적인 것이 확립되면, 생명공학 제제를 대량 생산하기 위해 정교하게 조절되는 생물반응기(bioreactor)에서 치료 유전자를 갖도록 형질전환된 숙주세포(host cell)를 배양하여 단백질 제품을 대량 생산한다. 생물반응기는 생물학적 생산 시스템을 포함한 것으로 효소 반응을 촉진시키기 위하여 디자인된 무균상태의 생성물을 생성할 수 있는 용기이다. 세포는 온도, 산소, 산성도 및 다른 가변의 균형을 포함하는 정확한 배양 조건을 통해 표적 단백질을 생산하도록 한다. 적당한 시기가 되면, 단백질은 배양액으로부터 분리되고, 각 정제 단계마다 엄격하게 검사되며 약제로서의 활성을 갖는 산물로 형성된다. 약제의 정제과정에 대한 것은 이 장의 뒤에 다시 논하게 될 것이다. 이러한 절차는 모든 단계에서 미국 식품의약국(FDA)의 규칙을 엄격하게 따라야만 한다.

새로운 자동화된 생화학적 접근법을 사용하여, 바이러스 DNA를 운반하는 바이러스 캡시드와 유사한 10개의 큰 단백질인 이코사헤드라(icosahedra)는 처음부터 정확하게 설계되어 만들어졌다. 만들어진 구조는 두 개의 다른 방식의 공학적으로 만들어진 단백질이며, 각각 60개의 복사체가 존재하고, 이들은 집합체를 이루어 이코사헤드라로 나타난다. 단백질 디자인 연구소는 수년 동안 개발된 단백질 디자인 컴퓨터 프로그램인 Rosetta를 사용하여 단백질 간에 공간을 형성하는 아미노산 잔기를 최적화함으로 가장 적합한 구조를 만들었다. 이 작업은 고도의 집중된 계산이 필요하기 때문에 클라우드 기반 플랫폼에 의존해야 했다. 이 플랫폼은 일반인이 개인 컴퓨터에서 단백질 구조를 예측할 수 있게 하는 공공재이다. 연구자들은 동결전자현미경을 사용하여 실제로 단백질의 구조가 계산 모델의 예측에 매우 가깝게 나왔다는 것을 확인할 수 있었다.

항생제 단백질을 생산하는 스마트 붕대

감염을 감지하고, 감염을 치료하기 위해 적절한 항균 단백질을 생산하는 '스마트 붕대'를 상상해보자. 매사추세츠 공과대학(MIT)에서는 효소, 리보솜, RNA, DNA를 포함하는 작은 펠릿(작은 덩어리)을 개발했는데, 이 펠릿은 실온에 보관 가능하고, 필요한 곳에 간단히 물만 첨가함으로써 사용할 수 있다. MIT 연구자들에 의해 고안된 동결 건조된 펠릿의 세포 성분은 펠릿으로 동결 건조되어 있기 때문에 적어도 1년 동안 안정하게 유지된다. 단백질 생산을 활성화하기 위해서는 펠렛에 물을 첨가하기만 하면 된다. 기본적으로 세포 추출물은 건강 관련 종사자, 군인 및 교육자뿐만 아니라 매우 정교한 응급 처치 키트에 관심이 있는 여행자 및 모험가를 위한 즉석 생물 제조를 가능하게 한다. 이와 같은 MIT 연구는 항균성 펩타이드뿐만 아니라 디프테리아 백신으로 사용될 수 있는 작은 단백질을 생산했다.

생물학적 치료: 단백질을 이용한 오염물 처리

산업 공정에서 생성되는 오염 물질의 양을 줄이는 것 외에도 단백질을 사용하여 유해 폐기물을 청소할 수 있다. 사육장, 가정 및 사업장의 유기 폐기물은 환경, 특히 수생 생태계에 대한 위협을 증가시키고 있다. 효소는 이러한 유기 폐기물들이 문제가 되기 전에 이를 분해하는 데 사용될 수 있다.

단백질에 대한 또 다른 유망한 새로운 응용 분야는 수은 및 카드뮴과 같은 중금속 오염 물질을 중화시키는 것이다. 환경에 지속된 이러한 위험 요소는 먹이 사슬 전체의 유기체에 해를 끼칠 수 있다. 이러한 중금속 물질들은 효소에 의한 분해에 저항성이 있지만, 그렇다고 이런 중금속 물질을 중화시킬 수 없다는 의미는 아니다. 일부 미생물에는 실제로 중금속을 포획하는 단백질인 메탈로티오네인(metallothioneins)이라는 끈끈한 코팅 성분이 있다. 이 경우, 오염 물질은 분해되거나 소화되지는 않지만, 덜 위험한 상태가 된다. 독성 금속이 박테리아에 결합되면 식물과 동물에 흡수될 가능성이 줄어들기 때문이다. 연구자들은 현재 유독성 물질을 공격하고 파괴할 수 있는 새롭고 더 나은 생물학적 도구를 만들기 위해 유전공학의 힘을 사용하고 있다.

15.2 단백질 구조

단백질이 발현되고, 이를 수집하는 과정을 이해하기 위하여, 우리는 단백질의 분자 구조를 주의 깊게 볼 필요가 있다. 단백질은 아미노산 사슬로 만들어진 복잡한 분자이다. 모든 분자들과 같이 단백질에도 특정한 분자량이 있다. 단백질에는 또한 다른 원자 및 분자와 상호작용할 수 있는 전기적 전하를 띠고 있기도 하다. 상호작용하는 이 기능은 단백질의 생물 활성도에 대한 열쇠이다. 예를 들면, 아미노산의 화학 구조와 전기적 전하는 이들이 물과 상호작용하는 데 영향을 미칠 수 있음을 고려해야 한다. 아미노산 분자들은 친수성(hydrophilic; 아미노산이 자석처럼 물 분자를 끌어 당김) 또는 소수성(hydrophobic; 물을 싫어하는 아미노산)으로 나눌 수 있다.

구조 배열

단백질은 구조상 4단계로 구분되며, 1차, 2차, 3차, 그리고 4차 구조가 있다. 특정한 아미노산 서열에 따라 생기는 단백질의 특징적인 구조는 아미노산 잔기의 종류에 따른다.

1차 구조

20가지의 필수 아미노산은 단백질을 구성하는 기본 단위이다. 10에서 10,000개의 아미노산은 아미노기와 카르복실기는 머리와 꼬리(head-to-tail) 형태로 함께 연결될 수 있다. 리보솜 안에서 연결된 아미노산 구조는 1차 구조(primary structure)로 알려져 있다. 단백질 서열 내의 단 하나 아미노산이 바뀌어도 단백질의 모든 기능을 잃을 수 있다. 유전질환은 주로 단백질의 돌연변이 결과로 나타난다.

2차 구조

단백질의 2차 구조는 아미노산 사슬이 접히거나, 또는 특정 위치에서 아미노산 사이에 수소 결합의 형성으로 뒤틀린 새로운 모양을 만듦으로써 생긴다. 대부분의 일반적인 모양은 알파나선 및 베타 병풍 구조(beta-sheet)로 구성되며 이는 단백질의 접힘 부분에서 자세히 설명하겠다. 알파나선 구조는, 오른손 방향의 아미노산 나선을 형성한다. 수소 결합은 아미노산의 질소 원자를 다른 아미노산의 산소 원자에 결합시키며 구조를 안정화시킨다. 이러한 결합은 일정한 간격으로 발생하기 때문에 나선형 사슬이 형성된다. 베타 평면 구조 역시, 수소 결합은 질소 및 산소 원자를 연결하지만, 각 아미노산의 원자들은 그 결합이 옆으로 이어지기 때문에 최종적으로 평평한 평면구조가 형성된다. 이 평면구조는 평행(아미노산 사슬이 모두 동일한 방향으로 진행) 구조이거나 역평행(이 경우 아미노산 사슬이 서로 반대방향으로 진행)이다. 단백질 구조의 기본 요소 중 하나인 베타 회전은 단일 사슬이 반복해서 역평행 베타 평면 구조로 형성할 때 발생한다. 알파-회전 구조 및 베타-평면 구조는 둘다 단백질의 가장 안정적인 구조이기 때문에 이 구조를 유지한다.

3차 구조와 4차 구조

3차 구조는 3차원 폴리펩타이드로 2차 구조가 조합하여 함께 결합될 때 형성된다. 3차 구조를 유지하는 결합은 아미노산 사이의 2차 구조를 형성하는 결합에 의해 생성된다. 이러한 결합은 예를 들면, 이황화결합을 이룰 수 있는 시스테인 같이 또 다른 시스테인과 교차결합함으로써 단백질 내에 특정한 모양을 만든다. 부록 2에서 이황화 결합 형태로 결합할 수 있는 시스테인의 일산화황 잔기를 볼 수 있다. 단백질의 3차 구조는 세포 수용체 결합 또는 화학 반응 촉매화와 같은 기능을 결정한다.

2차 구조나 3차 구조가 무엇이든 간에 단백질의 구조는 깨지기 쉽다는 것을 기억하는 것은 매우 중요하다. 수소 결합은 쉽게 깨지기 때문에 단백질 구조를 변화시킬 수 있다. 계란을 가열하면, 액체 상태의 계란 단백질인 알부민이 수소 분자와의 교차결합에 의한 3차 구조가 열에 의해 끊어짐에 따라 그 형태가 우리가 흔히 보는 유동성 고체인 계란 흰자로 빠르게 변한다는 것을 알고 있다. 실험실에서 사용되는 대부분의 단백질은 깨지기 쉬운 구조이기 때문에 실험실의 열에 의해 단백질이 파괴되는 것을 막기 위해 얼음 위에 보관된다. 단백질의 4차 구조는 몇몇 폴리펩타이드의 독특한 형태의 3차원 구조의 복합체이다. 혈액에서 산소를 운반하는 헤모글로빈은 4차 구조를 가진 단백질의 예이다. 그것은 서로 연결된 두 개의 3차 단백질로 구성되어 있다.

단백질-단백질 상호작용 지도 생성

새로 개발된 단백질 상호작용 지도는 이미 복잡한 인간 질병의 근원이 될 수 있는 각각의 단백질을 발견하는 데 도움을 주고 있다. 국제 연구팀은 아메바에서 벌레, 생쥐, 인간에 이르기까지 다양한 유기체의 세포를 연구하여 단백질이 어떻게 서로 다른 조직과 신체를 형성하는지를 보여주었다. 연구팀은 수만 가지의 새로운 단백질 상호작용을 발견했으며, 이는 세포에서 추정되는 모든 단백질 간의 상호작용의 약 1/4을 차지한다. 많은 단백질이 함께 모여 새로운 단백질을 만들거나 더 이상 필요하지 않은 단백질을 재활용하여 말 그대로 재사용 가능한 부분으로 분해하는 등 주요 역할을 하는 소위 분자생물학적 기계를 형성하기도 한다.

효모 2-하이브리드 시스템은 단백질 상호작용을 이용한 기술이다. 새로 발견된 분자 기작인 코만도(Commander)는 약 12개의 개별 단백질로 구성되어 있다. 코만도의 구성 요소 중 일부를 암호화하는 유전자는 지적 장애가 있는 사람들에게서 돌연변이를 일으키는 것으로 밝혀졌지만 아직까지 이러한 단백질의 작동 방식은 명확하게 밝혀지지 않았다. 코만도는 모든 동물 세포에 존재하기 때문에 과학자들은 올챙이의 구성 요소를 파괴하여 배아 발달 과정에서 뇌 세포가 배치되는 방식에서 이상이 있음을 발견하고 사람의 복잡한 조건에서의 발생기원에 대한 가능성을 제시하기도 했다. 이 오픈된 지도는 유기체들 사이에서 발견되는 단백질 간의 상호연결을 통해 인간의 경우에서도 적용될 수 있을 것으로 예상하고 있다.

단백질의 접힘

1951년 파울링과 코레이는 단백질의 기본적인 형태로 알파나선 구조와 베타 평면 구조를 제시하였고, 현재는 단백질 구조의 가장 일반적인 요소로 밝혀진 알파나선 구조와 베타 평면 구조는 처음으로 단백질의 기본적인 형태에 대해 이해할 수 있는 돌파구를 열게 되었다. 두 가지 구조는 아미노산 사슬의 분자적인 구조와 함께 수소 결합의 존재에 의해 결정된다.

모든 단백질의 구조와 기능의 중요성은 단백질의 접힘 현상에서 기인한다. 접힘 현상은 아미노산의 다른 가닥들이 어떻게 모양을 유지하는지를 표현한다. 예를 들면, 겸상 적혈구 빈혈증(sickle cell anemia)은 1차 구조의 중요한 위치에서 단 하나의 아미노산 변이로 인한 잘못된 접힘 현상에 의한 결과이다. 단백질이 부정확하게 접히는 경우에 단백질의 고유 기능을 상실할 뿐만 아니라 오히려 잘못 접힌 단백질은 유해할 수도 있다. 예를 들면, 알츠하이머(Alzheimer)에서 형성하는 플라크(plaque)는 잘못된 접힘으로 인해 뇌세포에 존재하는 효소에 의해 파괴되지 않고 축적되는 것이다.

해독 후 단백질 변형

단백질은 진핵세포에서 리보솜에 의해 합성된 후에, 당화(glycolsylation) 같은 100가지 이상의 해독 후 변형(post-translational modification)이 일어난다. 이 변화에는 단백질의 활성에 중요한 효과가 있을 수 있다. 그것은 가용성을 증가시켜 단백질을 세포막 안쪽으로 향하게 하고 생물체에서 분자의 활성을 연장한다. 해독 후 변형은 단백질이 생합성되는 동안 또는 그 후에 진행되는 단백질의 공유결합 및 일반적인 효소적 변형을 지칭한다. 단백질은 mRNA를 폴리펩타이드 사슬로 번역하는 리보솜에 의해 합성되고, 이후 해독 후 변형을 거쳐 완성된 단백질 생성물을 형성 한다. 해독 후 변형은 아미노산 잔기 또는 단백질의 C- 또는 N- 말단에서 일어날 수 있다. 펩타이드 절단, 지질화, 당화, 인산화 및 이황화 결합과 같은 변형이 일어날 수 있다.

인산화는 효소의 활성을 조절하는 매우 일반적인 반응 기작이며 해독 후 가장 일반적인 변형이다. 또한 많은 진핵생물의 단백질은 당화(glycosylation) 과정에서 탄수화물 분자가 부착됨으로 단백질 접힘을 촉진하고 안정성을 향상 시킬뿐만 아니라 조절 기능을 수행할 수 있다. 세포막에 부착된 지질 분자는 종종 세포막에 부착된 단백질이나 단백질의 일부분을 표적으로 한다.

스크립스 연구소(Scripps Research Institute)의 과학자들이 발견한 것처럼 당 단백질은 질병 치료에 사용될 수 있다. 이 발견은 암세포만을 표적으로 하여 파괴하는 새로운 방법이다. 당 단백질은 화학요법 약물을 실어 운반하는 작은 합성 분자인 나노 입자와 결합하여 암세포를 표적으로 하여 파괴하는 새로운 방법을 만들 수 있다. 화학요법에 사용될 화학물질을 실은 나노 입자는 B 림프종 암을 표적으로 함으로써, 약물의 유효량은 증가시키면서 동시에 정상 조직은 보호한다. 스크립스 과학자들의 발견은 백혈병, 림프종 및 관련 암을 치료하기 위한 단백질 당화에 기초한 다른 새로운 약물 치료법의 개발로 이어질 수 있음이 분명하다.

분자적 진화에 따른 단백질 공학

단백질 공정과정은 때때로 아미노산 서열의 특정 부위를 변화시키는 것이 중요하다. 간혹 특별하게 미리 계획해서 변형시킨 아미노산 서열이 필요할 때가 있다. 효소는 지난 수백 년간 세포 내의 특정 화학반응들을 촉매하는 진화과정과 함께 변형되어 왔다. 지난 10년간 과학자들은 직접적인 진화와 이론적으로 특정 표면에 딱 맞는 단백질의 디자인 분야에서 효소의 활성, 안정성, 특이성을 자연 상태의 효소보다 더 개선시키는 데 어느 정도 성공해 왔다. 워싱턴대학의 데이비 베커 연구실은 이론적 디자인 프로그램인 로제타(Rosetta)를 사용하여 이 분야에서 많은 진보를 이루어 냈다. 연구팀은 특정 효소의 활성부위를 복제하여 그 활성부위에 부착할 수 있는 단백질 겹침 구조를 발견함으로써 자연 상태에서는 존재하지 않는 효소를 디자인해냈다. 효소활성을 위한 84개의 구조를 테스트한 이후, 50개를 선별하여 각각의 DNA 염기서열을 대장균에 삽입하여 단백질을 발현시켰다. 최종적으로 선택된 효소는 원래의 효소만큼의 기능을 아니어도 제대로 기능을 했다. 여러 차례 활성부위의 변이를 통해 좀 더 좋은 활성을 갖는 효소를 얻어냈다. 이 연구는 단백질을 이론적으로 제대로 디자인할 수 있게 됐다고 말하기는 어렵지만, 적어도 큰 진보를 이루고 있다는 것에 의의가 있다.

미국 메사추세츠주에 있는 캠브리지 대학에서는 단백질을 진화시키는 방법과 M13 박테리오파지의 감염 주기에 적응된 또 다른 PACE(page-assisted continuous evolution)라는 생합성 물질을 개발시키는 것에 집중했다. 겹침 구조로서 파지를 사용하여 파지의 표피 단백질과 관련 있는 연결 단백질 선별에 성공했다. 이것은 PACE가 고전적인 직접 진화과정으로 얻는 것보다 100배 이상 빠르게 얻어낸 것이다. 파지의 감염주기가 겨우 10~15분이기 때문에, 생합성 물질이 진화됨에 따라 이러한 진화 단백질의 가능성 또한 그 정도의 빠른 속도라고 볼 수 있다.

잘못된 단백질 접힘 현상은 비정상적인 현상으로, 알츠하이머병, 파킨슨병, 헌팅턴병, 낭포성 섬유증, 고셰병, 기종, 만성 간질환 및 다른 질병들에서는 종종 나타난다 잘못 접힘이 세포 내에서 제대로 풀리지 않고 쌓이게 되면 심각한 피해로 나타난다. 프리온(prion, PrP) 단백질은 이러한 잘못접힘 단백질의 대표적인 예이다. 프리온 단백질 자체는 제대로 된 접힘 구조나 잘못된 접힘구조나 모두 프리온 단백질(PrP)로 불린다. 바이러스나 곰팡이 혹은 기생충과 같은 다른 모든 전염성 인자들이 RNA나 DNA와 같은 핵산을 갖고 있는 것과는 달리 프리온은 단백질 자체가 전염원이다. 프리온 질병은 양에서 나타나는 산양 질병이나 소에서 나타나는 광우병에서 나타나는 전이성 해면상뇌증(transformable spongiform encephalitis, TSE)을 일으키는 주요 인자이다. 포유루에서 프리온병으로 알려진 모든 질환은 뇌구조나 다른 신경조직에 영향을 미치며 현재까지 치명적인 불치병이다.

2013년, 한 연구는 영국에 거주하는 사람들의 2,000명 중 한 명꼴로 사람의 크로이츠펠트 야곱병(Creutzfeldt-Jacob disease, CJD)을 일으킬 수 있는 이러한 전염성 프리온 단백질을 보유하고 있다고 밝혔다. 알려진 모든 프리온은 아밀로이드 접힘과 같은 형태를 이루는데 이는 조밀한 베타평면 구조로 구성된 복합체로 중합된다. 이 변형된 구조는 감염된 조직 내에서 매우 안정하게 축적되어 조직에 손상을 일으키고 결국은 세포사멸을 일으킨다. 이 구조적 안정성은 프리온 단백질이 자연변성에 내성이 있다는 것을 의미한다. 프리온 단백질은 심지어 건강한 사람과 동물의 몸에서도 전체적으로 발견된다. 그러나 감염체에서 발견된 프리온은 다른 구조를 갖고 있으며 이것은 단백질분해효소(Protease)에 내성이 있다. 프리온 복제 모델은 프리온이 전파되는 방법과 자생적인 형태가 드물게 나타나는지에 대한 이유가 설명되어야 한다. 맨프레드 에이젠(M. Eigen)은 이종이량체 모델인 PrPSc가 매우 효과적인 촉매임을 보였고, 단백질의 전환 반응 속도를 약 10^{15}배 증가시켰다. 확인된 정상 단백질 유전자는 PRNP이다. 유전된 모든 프리온 질환의 경우, PRNP 유전자에 돌연변이가 있으며 비정상적인 프리온으로 접힐 가능성이 더 큰 다른 많은 PRNP 돌연변이가 확인되었다.

15.3 단백질 생산

단백질은 귀중하고, 단백질은 복잡하고 섬세한 제품이라는 것은 확실하다. 이러한 점들로 인해 우리는 지금 단백질의 생산에 있어서 생명공학의 실질적인 작업을 학습하고자 한다.

단백질을 생산하는 것은 멀고 힘든 과정이고, 각 단계에서 단백질 생산을 위하여 선택할 수 있는 많은 방법이 존재한다. 단백질 생산에는 상류공정(upstream processing)과 하류공정(downstream processing)의 2가지 중요한 단계로 나눌 수 있다. 상류공정은 단백질의 실제적인 발현을 의미하며 하류공정은 단백질의 정제과정으로 첫째로 단백질의 순수분리 후 단백질의 순도와 기능을 확인한다. 마지막으로 하류공정은 단백질을 안정하게 보존하는 방법의 개발이 포함된다. 정리하면 간단하게 할 수 있는 상류공정과 복잡한 하류공정으로 구분된다.

단백질 발현: 상류공정

우선 상류공정에서 만들어질 단백질을 결정하고, 가공할 단백질에 대해 생각해 보자. 단백질원으로 사용되기 위한 세포 선정, 즉 미생물, 균류, 식물세포 및 동물세포는 모두 특정 상황에서 유일한 품질을 만들 수 있도록 잘 선택하여야 한다.

미생물

미생물은 몇 가지 이유로 매력적인 단백질 제조원이다. 첫째, 미생물의 발효과정은 잘 연구되었다. 더구나, 미생물은 짧은 기간에 대량으로 배양할 수 있다. 산업적 응용에서 제품을 대량으로 생산하는 기능은 기본이다. 또한 미생물은 유전적으로 바꾸기 쉽기 때문에 상대적으로 매력적이다. 재조합 DNA 기술의 대부분은 미생물에서 단백질의 생산 수준을 증가시키기 위하여 이용될 수 있는 방법이다. 하나의 방법은 숙주세포에 관련된 유전자를 추가로 넣어주는 방법이다. 또 다른 하나는 유기체에서 관련 유전자를 더 강력한 프로모터(promoter)를 통하여 발현을 조절하게 만드는 방법이다.

또 다른 단백질 공장 역할을 하는 미생물은 리터당 그램 범위의 단백질을 분비할 수 있는 토양의 상층에 서식하는 그람양성 세균인 *Bacillus subtilis*이다. *B. subtilis*는 차세대 대량분비 세포 공장이 될 수 있도록 공정되었다. *Bacillus*의 단백질 분비 분석은 1980년대에 고전적인 분자 유전학 접근법으로 시작되었는데, 이것은 분비 과정과 관련된 세포 성분에 대한 정보를 제공한다. *B. subtilis*의 대부분의 적용 분야는 단백질 분비 기전 및 분비된 단백질 모두를 포함하는 분비체(secretome)이다. 이러한 "분비체" 분석의 매우 중요한 결과는 소위 신호 펩타이드라고 불리는 *B. subtilis*에서 분비되는 모든 분비 시그날을 분석했다는 것이다. *B. subtilis*와 같은 미생물에 의해 분비되는 효소의 효율적인 생산은 오늘날 단백질 산업에서 주요 성공 동력 중 하나이다.

어떤 경우에는 단백질 생산을 위해 외래 유전자[cDNA 또는 상보적 DNA(complementary DNA)]를 대장균 유전자의 전체 또는 일부분과 직접 연결시켜 생산하기도 한다. 그 결과 생산한 단백질은 유전공학적으로 생산한 융합 단백질(fusion protein)이 된다. 이 단백질은 세균성 단백질과 연결되었다는 의미로, 융합 단백질은 표적 단백질과 세균 단백질을 분리하는 추가적인 단계가 필요하다. 융합된 세균성 단백질은 보통 효소를 사용하여 기질과 결합하도록 구성되었으며, 정제과정에서 컬럼에 결합할 수 있도록 했다. 대장균에 의해 합성된 단백질의 대부분은 세포 내 단백질이다. 대부분 다른 세포의 단백질을 대장균에서 생산하는 경우에 생산한 단백질은 정제하기 전에 대장균의 세포질에 봉입체(inclusion body)로 축적된다.

단백질 생산에 미생물을 사용하는 것은 한계점도 있다. 대장균 같은 세균은 원핵생물(prokaryotic)이다(원시적인 단일세포 생물). 더 진보된 진핵세포는 원생생물(protozoans)과 다세포 생물이다. 원핵생물은 당화과정과 같은 특정 과정을 진행할 수 없기 때문에 몇몇 단백질은 진핵세포에 의해서만 생산할 수 있다. 실험실의 작은 플라스크에서 전체 단백질 생산 공정을 수행하는 것이 가능하지만, 유전자 조작 미생물은 대규모 발효기(혐기성) 또는 생물반응기(호기성)에서도 성장할 수 있다.

컴퓨터는 생물반응기 안의 환경에 대하여 세포 성장을 위한 산소 농도 및 최적 온도를 감시한다. 세포가 성장 단계에 있을 때 단백질의 농도가 가장 높기 때문에 세포의 성장 정도는 매우 주의 깊게 조절해야 한다. 재조합 유기체에 있는 유전자를 활성화하는 것은 유기체가 단백질 대사를 위해 필요로 하는 중요한 단백질을 합성한 이후에 정확한 시기에 이루어진다.

균류

균류는 동물 사료 및 맥주와 같은 다양한 제품에서 광범위하게 이용되는 요소이다. 몇몇 균류에서 찾아낸 자연적으로 존재하는 단백질은 음식과 빵에 사용하는 효모처럼 영양분이 있고 음식 재료로도 사용되고 있다. 자연적으로 생기는 단백질 이외에도 균류의 많은 종은 단백질 가공의 좋은 재료로 이용된다. 세균과 달리 균류는 진핵생물이다. 이로 인하여 균류는 해독 후 변형이 가능하는 등 인간의 단백질을 정확하게 만들 수 있다.

식물

식물세포 또한 단백질 발현에 사용할 수 있다. 실제로 식물은 자연적으로 생산되는 생물활성 분자의 풍부한 재료이고, 현재 모든 약의 85%는 식물에서 찾아내고 있다. 산업적으로 식물에서 파생된 단백질의 예는 단백질가수분해(proteolytic) 효소 파파인(papain)이다. 파파인 또는 식물성 펩신은 고기를 연하게 하는 용도로 이용된 프로테이즈이다. 파파인은 질긴 고기를 만드는 결합조직과 혈관에 존재하는 콜라겐을 분해한다.

식물은 자연적으로 생기지 않는 특정한 단백질을 생산하기 위해 유전적으로 변경시킬 수 있다. 식물에 의해 제공된 효소를 생성하는 능력에 대한 장점은 의심할 여지없이 가까운 장래에 약을 생산하는 데 사용될 것이다. 예를 들면, 담배는 최초의 유전자변형 식물로 백만 개의 종자를 생산할 수 있다. 식량으로 사용되지 못했던 식물이 생명공학 단백질을 생산하기 위한 좋은 선택이 될 수도 있다. 일단 필요로 하는 유전물질이 식물 유전자에 병합되면, 이런 수백만 개의 새로운 "단백질 식물공장"은 대지를 채울 수 있을 만큼의 양이 될 수도 있다.

단백질 생산자로 식물을 사용하는 것에는 또한 단점이 있다. 모든 단백질을 식물에서 발현시킬 수 있는 것도 아니고, 또한 식물은 단단한 세포벽이 있기 때문에 식물세포에서 단백질의 추출과정은 시간이 걸리고 어려운 과정이다. 마지막으로 식물세포가 당화 단백질을 만들더라도 동물세포에서 생기는 당화과정과는 약간 다르다. 따라서 당화과정은 식물을 이용한 단백질 생산에서 제외될 것이다.

포유류 세포 배양 체계

배지에서 단백질을 수집할 수 있을 때까지 동물세포를 배양하는 것은 가능하다. 그러나 이 과정은 동물세포가 미생물보다 필요한 영양 조건이 복잡하다는 점이 있다. 동물세포는 또한 상대적으로 천천히 성장하고, 생물반응기를 사용하기 위한 세포가 많이 필요하다. 추가적으로 동물세포는 성장하는 데 오래 걸리기 때문에, 동물세포 배양에 있어서 다른 배양 체계보다 오염에 대해 더 신중해야 한다. 이런 문제점에도 불구하고 많은 경우에, 동물세포는 단백질 생산을 위해 주어진 과정이 특허로 승인된 방법이거나 단백질 생산을 위한 필연적인 선택이 아니라면 지금도 단백질 발현에 최고로 각광받고 있다.

동물 생산 체계

동물세포를 사용할 때 세포 배양만이 유일한 선택은 아니다. 때때로 살아 있는 동물을 단백질 생산자로 사용하기도 한다. 예를 들면 단클론항체를 생산하기 위해 동물을 사용하는 기술을 들 수 있다. 단클론항체는 하나의 표적에 대하여 작용하는 단일 항체로 질병의 진단과 치료에 사용할 수 있다. 항체는 감염성 바이러스나 세균 등과 같은 항원(antigen)에 반응하여 생성된 단백질이다. 항체는 항원과 결합하고 중화시켜 유기체를 보호할 수 있다. 항체의 생산은 감염병에 저항하여 생존을 돕는 면역반응의 일부분이다. 단클론항체를 제작할 때 쥐에 항원을 주사하게 된다. 쥐는 항원에 대한 항체를 분비하는데, 쥐의 항체생산 세포를 암세포와 융합시킬 수 있다. 융합된 종양세포를 쥐의 복강에 주입하여 복수가 모아지면 복수로부터 단클론항체를 정제할 수 있다.

동물에서 단백질 생산의 다른 방법은 유전자를 이식시킨다. 즉 다른 유기체의 유전자를 갖는 유전자변형 동물로부터 달걀이나 우유를 생산하는 것이다. 이 축산품은 넣어준 재조합 유전자의 단백질을 가지며, 우유나 달걀에서 단백질을 정제할 수 있다. 유전자변형 동물은 정상 동물과 형태적으로 동일하고 정상적인 활성을 나타낸다. 2009년, FDA는 염소에서 생산된 최초의 인간 약물인 ATryn을 승인했다. ATryn은 인간의 희귀 출혈 장애를 치료하는 약물이다.

곤충 체계

곤충 체계는 동물세포에서 단백질 생산의 또 다른 수단이다. 곤충에 감염되는 바이러스인 베큘로바이러스(baculoviruses)는 원하는 단백질을 발현하기 위한 DNA를 곤충세포에 도입하기 위해 사용된다. 그러나 곤충세포에서 생산한 단백질은 번역 후 변형에 있어서 동물세포와 약간 다르다. 진핵 단백질에서 나타나는 올바른 단백질 접힘 및 활성에 필수적인 단백질의 당화와 이황화 결합 형성 등의 일부 공유결합의 변형에 있어 다르기 때문에 곤충의 단백질 발현 시스템은 보통 소량의 단백질이 필요한 연구에 사용된다.

단백질 정제 방법

일단 단백질이 생산되면 하류공정이 시작된다. 첫째로, 단백질을 수집하여야 한다. 단백질이 세포 내에 존재할 경우에 전체 세포를 수집한다. 그러나 단백질이 배양액으로 분비되어 세포 외에 존재할 경우에는 배지를 모으게 된다. 단백질의 수집은 단지 하류공정의 시작이다. 그 다음에 단백질은 생물학 분자들의 복잡한 혼합물로부터 표적 단백질만을 분리하여 정제되어야 한다.

순도는 단백질 정제의 첫 번째 조건이다. 일반적으로, 미국 식품의약국(Food and Drug Administration, FDA)은 표적 단백질의 순도를 99.99%로 구성되도록 요구한다. 다른 모든 세포질 물질에서 단백질을 분리하는 것은 쉽지 않고, 발현산물에 있는 다른 단백질들에서 표적 단백질을 분리하는 것은 훨씬 어려울 수 있다. 단백질 정제의 과정을 이해하기 위해서 우리는 일반적으로 이 과정에서 갖추어야 할 몇몇 단계를 알아볼 것이다.

1단계: 정제를 위한 추출물의 준비

단백질이 세포 내에 있는 경우에, 첫 번째 단계는 세포를 용해(cell lysis)시키거나, 또는 단백질을 방출시키기 위해 세포벽을 깨는 것이다. 세포벽을 깨기 위한 많은 방법들에는 세포를 얼렸다 녹이는 방법(세포막을 붕괴시켜 세포 내용물을 방출시킴), 계면활성제를 사용하여 세포벽을 녹이는 방법, 초음파를 이용한 파괴 또는 작은 유리구슬로 가는 방법이 있다. 부서지기 쉬운 단백질을 분해 없이 정제하는 것은 매우 흥미로운 일이다. 세포파괴 과정은 세포내 성분들뿐만 아니라 관심 단백질을 방출하는 것이다.

세포를 파괴시킨 후에는 계면활성제와 염을 혼합물에 첨가한다. 계면활성제는 분자들 간의 결합을 감소시키고 소수성을 감소시킴으로 단백질을 수용성으로 유지시켜 준다. 이러한 것들은 혼합물로부터 단백질을 분자량에 따라 분리해 낼 수 있도록 도와준다.

2단계: 용액에서 단백질 안정

다음 단계는 단백질의 안정화이다. 단백질은 생물활성을 유지하는 것이 매우 중요하며 분해되기 쉬운 분자라는 것을 항상 상기하여야 한다. 결과적으로 정제과정 중 단백질을 보호하기 위한 조치를 취해야 한다. 저온상태를 유지하는 것은 단백질 보호에 매우 중요한 요소이므로, 단백질 정제는 반드시 저온에서 이루어져야 한다. 실온상태의 보통의 열에도 단백질 활성은 저해될 수 있다. 적절한 이온상태(pH)를 유지하는 것도 단백질 활성 유지에 매우 중요한데 대부분의 활성 단백질은 그 기능을 최대화된 상태로 유지하기 위한 적당한 완충용액이 필요하다. 자연상태에 존재하는 단백질분해효소인 프로테이즈는 표적 단백질을 자를 수 있기 때문에 또 다른 위협요인이 된다. 단백질 분자가 분해되는 것을 막기 위해 프로테이즈 억제제와 미생물 생장억제제를 추가할 수 있으나, 다른 한편으로 이 첨가물은 마지막 정제과정에서 제거될 필요가 있다. 이는 단백질 정제과정에서 어떤 첨가물도 사용되어서는 안 되기 때문이다. 또 다른 잠재적인 위협요인은 거품이 생기거나 단백질이 분해되어 불필요한 단백질 단편들 때문에 발생하는 정제할 단백질의 물리적 분해이다. 다시 한번, 첨가물은 단백질 파괴에서 거품이 생기는 것을 막는 것을 도울 수 있으나 첨가물은 마지막 정제과정에서 제거되어야 한다. 몇몇의 단백질 정제 방법은 표적 단백질에 큰 손상을 줄 수 있다. 이것은 단백질을 성공적으로 추출하고 정제하기 위하여 균형을 유지해야 한다는 것을 의미한다. 단백질 정제가 필수적이더라도 단백질 고유의 생물 활성을 유지하는 것 역시 매우 중요하다.

3단계: 추출물에 있는 성분 분리

단백질 정제의 마지막 단계는 가장 중요하다. 단백질 사이의 유사성은 세포가 파괴될 때 지질, 탄수화물, 핵산 등과 같은 비단백질들로부터 단백질을 분리하는 것을 가능하게 한다. 또한 각각의 단백질 사이의 차이점은 다른 단백질들에서 표적 단백질을 분리하기 위하여 이용된다.

단백질 침전

단백질의 표면에는 일반적으로 물 분자와 결합하고 상호작용할 수 있는 친수성 아미노산이 있다. 그 특성은 추출물에 있는 다른 물질에서 단백질을 분리하기 위한 기본으로 사용된다. 일반적으로 암모니움 황산염은 단백질 혼합물에서 단백질을 침전(precipitation)시키기 위하여 첨가될 수 있는데, 이는 용액에서 단백질을 침전시킨다. 암모니움 황산염 침전은 종종 단백질 정제에서 첫 번째 단계로 사용한다. 그것은 비단백질에서 단백질을 분리하고 또한 단백질을 침전시켜 안정하게 만든다. 암모니움 황산염 침전의 문제는 몇몇 산업적인 상황에서 선택의 폭이 좁다는 것이다. 암모니움 황산염은 스테인리스와 반응성이 매우 높은데, 대부분의 산업적인 정제 시설이 스테인리스로 만들어졌다는 것이다. 단백질 침전을 촉진시키기 위하여 자주 이용되는 다른 용매로는 알코올, 이소프로판올, 아세톤 및 디에틸 에테르를 포함한다. 이 용매는 암모니움 황산염처럼 단백질 분자 사이의 물을 제거하여 침전시키는 방법이다.

여과(크기에 따른) 분리 방법

크기와 밀도에 따라 분자 등을 분리해 내는 방법에는 여러 가지가 있다. 원심분리(centrifugation)는 표본을 빠른 속도로 회전시켜서 분리하는 방법이다. 이 과정에서 단백질은 보통 단일층으로 분리되거나, 더 무거운 다른 세포 요소들로부터 분리될 수 있다. 소용량의 원심분리기는 한 번에 몇 리터 정도의 작업을 해낼 수 있다. 반면 대용량 원심분리의 경우는 수백, 수천 리터의 추출물을 생산할 수 있다. 산업적으로 사용하는 원심분리는 일반적으로 생물반응기에서 추출물의 연속 처리를 가능하게 하는 연속적으로 흐르는 원심분리기를 사용한다.

단백질을 분리하기 위하여 각종 종류와 크기의 여과기가 사용된다. 이 과정 중 막 필터법(membrane filtration)으로 알려진 방법은 나일론의 얇은 막 또는 극단적으로 작은 세공 구조를 가진 다른 설계된 물질로서 세포질 파편 모두를 제거하기 위하여 사용된다. 첫째로 마이크로 필터법(microfiltration)은 침전물 및 세균을 제거한다. 초미세여과장치(ultrafiltration)는 단백질과 핵산 같은 분자를 분리해낼 수 있는 여과장치를 사용한다. 붙잡을 몇몇 초미세여과장치는 더 작은 단백질들에서 더 큰 단백질을 걸러낼 수 있다. 막 여과 방법의 주요 단점 중 하나는 막이 쉽게 막히는 것이고, 장점은 원심분리보다 시간이 적게 걸린다는 것이다.

투석여과(diafiltration)와 투석(dialysis)은 화학의 평형개념을 통한 여과 방법으로 녹아 있는 기질이 높은 농도에서 더 낮은 농도로 이동하는 것이다. 투석은 몇몇 분자들이 크기에 따라 삼투압에 의해 반투막을 통과하는 원리에 달려 있다. 투석은 염이나 용매 및 이전 과정에서 사용된 다른 첨가물을 제거하는 데 필요하다. 염은 정제의 나머지 과정 동안에 단백질을 안정시키는 것을 돕는 완충제로 대체된다. 투석여과는 투석한 성분을 여과하는 과정이 추가된 것이다.

크로마토그래피

어떤 정제과정이든지 처음은 세포에서 단백질을 유리시키고, 원하지 않는 오염 물질 및 미립자를 제거하고, 단백질을 농축하는 것이다. 크로마토그래피(chromatography)는 단백질의 크기, 다양한 기질에 녹는 성질 또는 결합하는 경향에 의해서 분류하는 방법이다. 크로마토그래피는 긴 유리관에 미세 수지(resin) 구슬들과 염 용액을 채운 것이다. 단백질 추출물은 컬럼을 통하여 흐르게 된다. 사용하는 수지에 따라 단백질은 여과체계에서와 같이 구슬에 반응하여 수지 구슬에 붙잡히거나 또는 통과하게 된다.

크기 제한 크로마토그래피(size-exclusion chromato-graphy, SEC)는 여과 방법으로 겔 구슬을 사용한다. 크기가 큰 단백질 분자들은 빠르게 겔 구슬 주위를 통과한다. 그러나 다른 작은 분자들은 겔 구슬에 있는 작은 구멍을 통하여 들어갈 수 있기 때문에 더 천천히 통과하게 된다. 겔은 다양한 격자 크기를 이용할 수 있고, 적당한 여과를 위해서 필요한 겔은 추출물에서 제거될 오염 물질의 분자량에 달려 있다. 이 방법은 단지 예비적인 분리에 사용할 수 있으나, 산업적으로는 매우 긴 컬럼을 필요로 하기 때문에 문제가 될 수 있다.

이온교환 크로마토그래피[ion exchange(IonX) chromatography]는 매우 유용한 단백질 정제 및 농축 방법으로 관속의 겔 구슬에 단백질을 결합시키기 위하여 정전하를 이용한다. 단백질이 수지에 달라붙는 동안, 다른 오염 물질은 컬럼을 통과하여 밖으로 나간다. 이후, 겔에 부착된 단백질은 정전하를 바꾸어서 겔에서 떼어내고 추출할 수 있다. 이것은 염 농도를 증가시켜 관을 통과시킴으로써 결합된 단백질(280nm 파장의 UV 하에서 볼수 있음)은 그 후에 관에서 분리되고 모아지게 된다.

친화성 크로마토그래피(affinity chromatography)는 리간드(ligand)라고 불리는 독특한 모양의 화합물에 특이적으로 그리고 가역적으로 결합할 수 있는 대부분의 단백질에 이용된다. 리간드는 특정한 큰 분자에 결합하는 작은 분자이다. 열쇠와 자물쇠처럼 잘 어울리는 두 물질을 생각하면 된다. 단백질이 수지 구슬에 결합된 후에, 완충용액을 사용하여 결합하지 않은 분자를 씻어낸다. 마지막으로, 적당한 완충용액을 이용하여 리간드에 결합된 단백질 결합을 끊음으로 단백질을 분리시킨다. 앞서 설명한 것과 같이 융합 단백질은 세균성 단백질의 기질(리간드) 친화성 크로마토그래피의 한 부분이기 때문에 친화성 크로마토그래피에 사용할 수 있고 세균성 효소 단백질과 같은 혼합 단백질 분리에 주로 사용한다. 친화성 크로마토그래피는 각 단계수를 줄였기 때문에 정제과정을 좀 더 단축시킬 수 있다.

아미노산은 물 분자에 대해 끌리거나 분리된다. 소수성 상호작용 크로마토그래피(hydrophobic interaction chromatography, HIC)는 단백질과 물의 반발작용의 원리로 분류된다. 이 방법은 관 속의 구슬을 소수성 분자로 채우고, 단백질에 있는 소수성 아미노산은 비드에 있는 유사한 화학약품에 결합한다.

등전점 전기영동(iso-electric focusing)은 정제과정 도중 품질 관리에서 매우 유사한 2개의 단백질을 어떤 방법으로도 분리하기 어려울 때 자주 사용한다. 각 단백질에는 특정한 위치의 표면에 특정한 개수의 축적된 아미노산이 있다. 전하를 띤 아미노산 그룹의 유일한 조합 때문에 각 단백질은 용액의 pH가 단백질의 전하량과 일치하는 등전점(iso-electric point, IEP)으로 알려져 있는 유일한 전기적 전하를 갖는다. 이러한 등전점은 다른 하나로부터 유사한 단백질을 분리하기 위하여 이용될 수 있다. 등전점 전기영동은 2차원 전기영동법(two-dimensional electrophoresis)의 첫 번째 전개 방식이다.

2차원 전기영동법은 전하량과 크기를 기준으로 단백질을 분리하는 방법이다 근본적으로 2가지 방법의 조합으로 이루어진다. 이 기술에서 연구자는 중합체를 특별히 준비한 길쭉한 겔(gel)에 단백질 용액을 넣는다. 길쭉한 겔이 전기장에 놓여질 때 혼합물에 있는 각 단백질은 그것의 전하량에 따라 층으로 나누어진다. 다음으로 길쭉한 조각은 겔과 함께 정렬되고 전류가 흐르게 된다. 그러면 단백질은 겔을 이동하면서 분자량에 따라 분리된다.

분석 방법

고성능 액체 크로마토그래피(high-performance liquid chromatography, HPLC)는 지금까지 기술한 추출물을 분리하기 위해 컬럼을 중력에 의한 또는 저압 펌프에 의존하는 크로마토그래피에 꼬임(twist)을 추가하였다. 그런 저속(low flow) 방법은 하나의 시료를 가공하기 위하여 몇 시간이 걸릴 수 있다. 대조적으로, HPLC 체계는 짧은 시간에 추출물을 관에 통과시키기 위하여 더 강한 압력을 사용한다. 그러나 HPLC 체계에는 제한점이 있다. 이 기술은 한 번에 적은 양의 단백질을 분리해내기 때문에 대량생산보다는 분석을 위한 작업에 더 유용한 기술이다.

질량 분석(mass spectrometry, mass spec)은 미량 원소를 확인하기 위하여 이용되는 매우 민감한 방법이다. 실제로, 이것은 HPLC 체계의 추출에 자주 사용된다. 모든 질량분석기는 3단계로 구성된다. (1) 분석 물질을 전하를 띤 가스에 섞고, (2) 분자를 질량 대 전하의 비율에 따라 분리하고, (3) 분리한 이온을 검출하는 단계로 구분된다. 피코그램(1그램의 10억분의 1) 정도의 적은 물질이 이 과정에 의해서 분석될 수 있다. 이 과정의 중요한 응용은 단백질의 아미노산 순서를 결정하고, 더 큰 단백질은 조각(펩타이드)으로 절단하여 분석할 수 있다는 것이다.

이 응용 과정에서 중요한 부분은 단백질 시퀀싱에 있다. 더 큰 단백질은 단편(펩타이드)으로 분해되어 아미노산 서열을 결정하기 위해 분석된다. 질량 분광법은 현재 선호되는 방법이며, 생명공학 회사에서는 아미노산 염기서열 분석을 위해 분석 속도가 느린 에드먼드 엔드 그룹 분석 방법 대신 질량 분광법을 사용하고 있다. 질량 분광법은 동일한 단백질의 이성질체 사이의 차이를 감지할 수 있으며, 임계 분석 측면에서는 실험실에서 사용하는 그 어떤 분석기보다 성능이 빠르게 향상되고 있다.

고속 단백질 액체 크로마토그래피(fast protein liquid chromatography, FPLC)는 질량 분석과는 달리, 단백질 혼합물을 분석하거나 정제하는 데 사용된다. 다른 형태의 크로마토그래피에서와 같이, 혼합물의 서로 다른 성분은 두 가지 물질인 이동성의 상태인 이동 유체(이동상) 및 고정된 상태인 다공성 고체(고정상)에 대해 상이한 친화도를 가지기 때문에 분리가 가능하다. FPLC에서 이동상은 수용액 또는 버퍼이다. 버퍼의 유량은 양 변위 펌프에 의해 제어되며 일반적으로 일정하게 유지되는 반면, 버퍼의 조성은 두 가지 이상의 저장된 버퍼를 다른 비율로 하여 유체를 끌어냄으로써 변화될 수 있다. 고정상의 경우는, 비드나 일반적으로 가교결합된 아가로스로 구성된 수지(resin)가 원통형 유리 또는 플라스틱 컬럼에 충전된 상태이다. FPLC 수지는 적용 분야에 따라 광범위한 비드 크기 및 표면 리간드로 제공된다. 완충액과 리간드가 정확히 균형을 이루면 관심 있는 단백질에 결합하게 된다.

검증

단백질 정제과정의 각 단계에서 표적 단백질이 소실되지 않았다는 것과 성공적으로 농축이 되었다는 것을 확인하는 것은 중요하다. SDS-PAGE(polyacrylamide gel electrophoresis)는 이러한 정제과정을 확인하기 위해 자주 사용되는 방법이다. 이 방법은 SDS라는 계면활성제를 단백질 혼합물에 추가하고 가열한다. SDS는 단백질을 변성시키고, 단백질의 크기에 따라 분리한다. 이 처리 후에 단백질을 특수한 겔(PAGE)에서 전개하면 분자 크기 및 질량에 따라서 특정한 위치에 단 하나의 띠를 형성하여 보일 수 있다.

쿠마시(Coomassie) 염색액과 단백질을 섞으면 명확하게 염색된 띠를 볼 수 있고, 알려진 단백질 크기 표지자와 샘플을 비교할 수 있다. 샘플과 크기 표지자가 동일한 위치에 있을 때 우리는 표적 단백질이 잘 정제되었다고 생각할 수 있다. 이 시험은 정제과정에서 각 단계마다 확인할 때, 염색된 띠의 농도가 점점 진해지면 단백질의 정제과정 동안 정제할 단백질이 소실되지 않았다는 것을 확인할 수 있다.

SDS-PAGE로 분리된 단백질을 확인하는 방법을 웨스턴 블롯이라고 한다. 웨스턴 블롯은 단백질을 겔로부터 니트로셀룰로오스 막으로 옮기고 단백질의 특정 구조를 인식하는 특정 항체로 검출한다. 겔에서 단백질이 존재하지 않은 부분은 항체가 비특이적으로 결합하지 못하도록 해야 한다. 항체에 붙어 있던 효소는 기질을 형광으로 전환시키고 전환된 형광은 엑스레이 필름 등에 감광하여 결과를 얻을 수 있다. 이 과정에서 단백질은 하나의 전기장에서 분리된다. 분리된 단백질은 SDS-PAGE에서 분리한 것과 같은 형태로 겔로부터 막으로 이동된다. 단백질이 옮겨진 막은 항체가 비특이적으로 결합하지 못하도록 방지한 후, 막에 있는 항원을 검출하기 위하여 적당히 희석한 1차 항체를 첨가하고 막과 함께 배양한다. 한 개의 항원에 반응하는 항체가 있는 경우에 그 외 항체는 막을 세척할 때 제거될 것이다. 결합된 항체를 검출하기 위하여 알칼리 포스파테이즈와 같은 표지 그룹이 결합된 2차 항체를 추가한다. 마지막으로 2차 항체가 결합된 후에 결합하지 못한 항체를 세척하고 기질을 추가하면 결합체와 함께 침전이 일어나고, 그 결과로 어디에 1차 항체가 결합되었는지 볼 수 있도록 띠로 나타난다.

항체를 이용한 특정 단백질의 검출은 ELISA(enzyme linked immunsorbent assay) 방법을 사용할 수도 있다. 일반적으로 사용되는 ELISA는 2개의 항체, 즉 하나의 단백질과 결합하는 항체와 발색반응을 일으키기 위하여 효소를 붙인 항체를 필요로 한다. ELISA는 친화성 크로마토그래피를 다공판에서 시행하는 것이다. 하나의 단백질에 대하여 유일하게 결합하는 1차 항체를 ELISA 격판에 부착시킨 후, 단백질을 추가한다. 일련의 세척과 빈 공간을 채우는 단계를 거치고, 효소가 붙어 있는 2차 항체를 추가한다. 기질을 추가하면 항체가 결합되어 있는 단백질의 경우에는 발색반응이 나타난다. ELISA는 현재의 연구에서 중요한 많은 단백질을 찾아내기 위하여 디자인된 방법이다.

단백질 보존

표적 단백질은 분리되고 모아진 후에, 사용될 때까지 단백질의 활성이 보존될 수 있도록 저장되어야 한다. 단백질을 보존하기 위한 하나의 방법으로는 동결건조(lyophilization, freeze drying) 방법이 있다. 이 과정의 시작은 일반적으로 액체 상태인 단백질을 얼리는 것이다. 그런 다음 유체로부터 물을 증발시키기 위하여 강한 진공을 이용한다. 동결건조는 얼음 결정에서 액체로 녹는 과정 없이 곧바로 승화하는 과정이다. 앰플은 물이 제거된 후에 밀봉되고 건조된 단백질만 남게 된다. 동결건조는 생명공학적으로 파생된 단백질의 보존을 위하여 일반적으로 사용하는 방법으로 단백질의 구조를 원래대로 유지한다는 것이 증명되었다. 또한 많은 동결건조한 단백질은 장기간 동안 실온에 저장될 수 있다.

단백질의 대량 정제

단백질 정제 방법은 보통 소규모 실험실에서 디자인된다. 적은 양의 제품이 필요한 경우에는 이 정제 기술과 생산력 정도로도 가능하다. 예를 들어, 단클론항체에 대한 수요는 연간 수 그램 정도이다. 하나의 실험실 규모의 생물반응기는 보통 충분한 양을 생산할 수 있다. 그러나 다른 단백질이 대량으로 필요하게 되면, 생산의 규모는 증가되어야 한다. 그러나 생산 규모를 증가시키는 것은 쉽지 않다. 실험실에서 적용되는 소규모 생산 방법이 대량 생산에 항상 그대로 적용되는 것은 아니다. 더구나 정제과정의 변화는 임상연구 및 실험실 규모에서와는 달리 유효하지 않을 수 있다. 예를 들면, FDA가 생명공학 단백질을 승인할 때, 그 단백질의 생산 공정을 함께 승인하기 때문에 생산 공정 역시 FDA 승인을 받기 위해 다시 한번 노력해야 한다. 이런 이유로 생물공정 기술자는 정제의 초기 단계에서 후에 생산 규모를 증가시키는 것이 가능할 것이라는 점을 염두에 두고 진행한다.

정제 후 분석 방법

연구 과정에서도, 정제된 단백질을 주의 깊게 살펴보고 있어야 한다. 본 과정의 목표는 특정한 단백질의 분자 구조를 잘 이해하거나 단백질의 구조와 기능을 바꾸기 위한 것이다. 다음에 서술되는 두 가지 방법은 이러한 과정을 위해 사용된다.

단백질 서열 분석

단백질의 구조에 대해서 다시 한번 상기하면 각 단백질에는 1차적인 순서로 알려져 있는 아미노산의 특정한 순서가 있다. 단백질을 완전하게 이해하기 위하여 이 1차적인 순서를 결정하는 것이 중요하다. 자동화된 단백질 서열분석기는 이 작업을 가능하게 하였다. 자동화된 단백질 서열 분석은 예전의 Edmond 분절방법에서 현재의 질량 분석 방법으로 최근에 바뀌었다. 질량 분석 방법에서 각각의 펩타이드는 질량에 따른 특징(분석기에 머무는 시간)에 의해 확인된다. 펩타이드를 이온으로 변환하고 진공 상태에서 가속시킴으로써 몇 분 안에 많은 고유 단백질을 식별할 수 있다.

X선 결정법

X선 결정법(X-ray crystallography)은 단백질의 복잡한 3, 4차 구조를 결정하기 위하여 이용된다. 이 방법은 용액 상태에서 조심히 탈수한 단백질의 순수한 결정을 필요로 한다. 순수한 단백질은 X선 조사로 단백질의 윤곽에 근거를 둔 특정한 그림자를 만든다. 그림자의 컴퓨터 분석은 리본 모양의 도해를 만들어 내고 이것은 단백질의 구조를 기술하는 것뿐만 아니라 단백질의 기능을 증가시키기 위하여 단백질 분자를 잠재적으로 개량하는 것 또한 가능하게 한다. 단백질 결정학은 FDA에서 제품 생산과정을 승인하는 것에 필요하기 때문에 중요하다.

Cryo-EM이 생성하는 단백질 이미지

수십 년 동안 X선 결정법은 고분자 구조의 이미지, 특히 단백질의 3차원(3D) 이미지를 얻기 위해 사용되어 왔다. 최근의 계측 기술의 개선은 cryo-EM(cryo-electronic microscopy)을 사용하여 복잡한 단백질 구조도 거의 원자 수준의 해상도로 이미지화할 수 있다. 금속 프레임에 의해 지지되는 겹쳐진 격자에 정제된 단백질을 넣게 되면, 3차원의 단백질은 나머지 다른 방향으로도 격자의 구멍을 채우게 된다. 이후 그리드는 스캐닝 EM을 위해 진공 상태에서 급속 동결된다. 소프트웨어를 사용하면 서로 다른 방향의 수많은 2차원(2D) 이미지를 사용하여 3차원 구조를 생성하고 보다 자세한 구조 정보를 제공받을 수 있다. 이것으로 2017년 3명의 연구자가 노벨 화학상을 수상했다. 연구원 중 한 사람인 리처드 앤더슨(R. Henderson)은 "우리는 세포의 모든 구석에 있는 생체 분자의 복잡한 세부 사항을 볼 수 있습니다."라고 말했다.

15.4 단백질체학

많은 질병은 대부분 잘못된 단백질의 결과이다. 그러나 그것이 단순히 유전자 돌연변이에 의한 것이라고 이해해서는 안 된다. 왜냐하면 단백질은 번역 후 변형 과정을 거치기 때문에 그 변이 과정은 훨씬 복잡할 수 있다. 새로운 과학 분야인 단백질체학(proteomics)은 질병과 단백질 발현의 복잡한 관계를 이해하는 데 필요하다.

단백질체학에서 단백질체(proteome, 단백질의 PROTEin와 유전체의 genOME을 합침)들은 질환 상태와 정상 상태에서 비교된다. 단백질 발현의 변이는 특정한 질병의 시작 또는 진행과 연관성이 있다. 단백질체학의 목표는 새로운 진단 방법과 질병치료를 위한 약의 개발에 이용될 수 있는 단백질 지표를 발견하는 것이다. 예를 들면, 이 연구는 신경 손상의 치료, 폐암 및 광우병 치료에서 유용한 돌파구를 이끌어 냈다. 예를 들어, 캘리포니아대학 데이비스 캠퍼스에서는 유방암과 관련된 종양 유전자인 BRCA2에 의해 생산 된 단백질을 정제했다. 이후, BRCA2 단백질은 합성되어 유방암에서의 BRCA2의 역할을 연구할 수 있게 되었다. 유방암 생존율을 거의 70%까지 증가시킨 약물인 트라스투주맙[주성분은 허셉틴(Herceptin); Genentech, San Francisco]은 BRCA2 단백질을 주요 타겟으로 한다. 허셉틴은 과발현된 HER2 수용체가 있을 경우에 발현되는데, BRCA2 돌연변이에서는 BRCA2 단백질이 항상 발현되는 것은 아니다(BRCA1, BRCA2 및 HER2 음성에는 트라스투주맙이 작용하지 않는다). 허셉틴은 DNA 복구 복합체가 아닌 외막 성장 신호 수용체를 표적으로 한다. 이런 식으로, 특정 BRCA2에 대한 바이오 마커를 가진 환자들은 트라스투주맙을 투여받을 수 있으며, 이는 유방암 환자의 모든 항암치료에 따른 불편함을 감소시키고, 불필요한 치료를 하지 않을 수 있도록 도와준다.

BRCA2 유전자는 1994년에 발견되었지만, 유전자에 의해 만들어진 단백질은 그 크기가 매우 크고, 잘 발현되지 않고, 또한 쉽게 분해되기 때문에 단백질 자체를 정제하는 것은 어렵다고 결론이 났다. 이에 데이비스대학에서는 여러 가지 다른 세포주를 테스트하였고, BRCA2 유전자를 인간 세포주에 도입하여 전체 단백질로 발현시키는 데 성공했다. 다른 연구자들은 유전공학 기술을 사용하여 효모에서 인간 BRCA2 단백질을 제조했다. 그런 다음 손상된 DNA를 복구하는 기능을 위해 정제된 단백질을 테스트했다. BRCA2 단백질을 사용한 실험은 BRCA2 단백질은 손상된 DNA를 복구하는 역할을 하는데, 유방암에서는 이 기능이 손상되어 손상된 DNA가 복구되지 않은 채 유지하게 된다. 유방암에 관여하는 BRCA2 및 기타 단백질의 기능에 대한 연구는 계속되고 있으며, 이러한 진전은 단백질체학 없이는 불가능했을 것이다.

단백질체학은 앞에 기술한 몇몇 기술에 응용될 수 있다. 즉, 2차원 전기 영동법은 단백질을 분리하기 위하여 이용되고, 질량 분석은 단백질의 동일성을 확인하기 위하여 이용될 수 있고, 아미노산 서열분석은 단백질 동정에 이용된다. 이러한 노동집약적인 실험실의 일들이 미래에 자동화될 것이다. 단백질 마이크로어레이(protein microarrays)는 유리 표면에 단백질을 고정시킨 것으로 색깔 변화에 의하여 결합을 나타낼 수 있는 시약을 붙인다. 이 어레이의 가능성은 증가하고 있으나, 생산하는 것이 어려워서 DNA 어레이만큼 증가하지는 않고 있다. 단 하나의 DNA 어레이는 전체 유전체의 발현 변화를 모니터링할 수 있다. 반면, 기능적인 단백질 마이크로어레이는 단백질의 상호작용, 즉 단백질-단백질, 단백질-지질, 단백질-DNA 및 단백질-치료제 상호작용 등을 발견하는 데 응용되고 있다.

16장

식물 생명공학

지난 40년 동안 세계의 인구는 거의 두 배가 되었지만 농토는 고작 10% 증가하는 데 그쳤다. 그러나 여전히 우리는 비교적 풍족한 세계 속에 살고 있다. 인구 한 명당 세계 식량 생산은 과거 40년 동안 실제로 25% 증가하였다. 어떻게 조금밖에 늘어나지 않은 농토에도 불구하고 그렇게 많이 늘어난 사람들을 먹이는 것이 가능하였을까?

그 질문에 대한 답으로는 비료, 살충제, 물공급, 그리고 대단한 이익도 주지만 환경에 위험도 주는 현대 농업의 기술을 들 수 있다. 최근의 추정에 의하면 지구에 방출되는 온실가스의 거의 24%가 농업 생산 활동에서 만들어진다고 한다. 농업은 지구상의 물 70%를 사용하고 있으며 농장에서 흘러나온 비료와 살충제는 물 공급처와 해안 지역을 오염시키고 있다.

이번 장의 후반부는 오늘날 작물이 생산량이 더 많고, 질병에 더 강하며, 다양한 환경에서도 잘 자라는 등의 이유로 과거의 조상 식물보다 훨씬 낫다라는 사실을 보여준다. 이런 진보는 부분적으로는 전통적인 선택 육종 덕분이지만 점차적인 생명공학 기술 때문에 더욱 가속화되었다. 생명공학 작물을 심은 전체 경작지가 꾸준히 늘어나고 있다. 세계 인구가 계속 증가함에 따라 우리는 생명공학 기술에 점점 더 의존하려고 한다. 이런 기술들은 사용만 잘 한다면 더 영양이 많으면서도 더 적은 비료와 살충제를 쓰고, 물이나 화석 연료를 적게 쓰면서도 잘 자라게 할 수 있는 식물을 만들어 낼 수 있다. 그러나 이런 기술의 능력과 새로움 때문에 혹시 잘못 사용되거나 또는 뜻하지 않은 결과를 초래할 수 있다는 걱정을 하게 한다.

이 장에서 우리는 농업에서 사용되는 핵심 기술 몇 가지에 대해 살펴보고 어떻게 적용되는지 알아보고자 한다. 그리고 우리는 이 기술로 생겨날 수 있는 문제점과 원하지 않은 결과를 막을 수 있는 현장에서의 제어 시스템에 대하여 살펴볼 것이다.

16.1 선택적 육종을 늘리기 위한 생명공학 기술의 활용

인간은 처음으로 식물을 작물화한 이후부터 선택적인 육종을 계속해 왔다. 처음에는 원하는 특성을 가진 식물의 종자를 단순히 심기만 하였었다. 그러나 다음에는 점차적으로 복잡해진 유전성과 유전학을 이해하게 되자 두 식물 모두로부터 가장 좋은 특성을 받는 식물을 만들기 위해 서로 다른 종을 교배할 수 있다는 것을 알게 되었다. 그러나 이런 고전적인 선택 육종은 느리고 예측불허이며 많은 노동력이 들어갔다. 유명한 육종가인 버뱅크(Burbank)는 65,000번의 실패를 한 후 완전히 흰색인 블랙베리를 만들어 냈다.

문제는 특히 목본 작물에서 더 심각하다. 한 번의 교배로 나온 자손 식물이 성체로 자라 열매를 맺는데 몇 년이 걸리지만 빠르게 전파되는 새로운 질병은 신속하게 식물을 죽일 수도 있다.

과거 몇십 년 동안에 생명공학 기술은 훨씬 더 빠르고 더 효율적인 선택적 육종에 혁명을 일으켰다. 다음에는 이런 기술의 몇 가지를 소개하려고 한다.

마커의 도움을 받는 선택

전통적인 식물의 육종에서 교배가 되었는지 아닌지 알 수 있는 유일한 방법은 그 의문의 형질이 자손에서 또는 열성 형질일 경우는 자손의 자손에서 나타날 만큼 충분히 자랄 때까지 기다려 보는 것이다. 마커의 도움을 받는 선택(marker-assisted selection, MAS)이라고 부르는 기술은 이런 과정을 단축시켜 준다.

첫 단계는 생산성 또는 질병저항성 같은 원하던 형질과 관련된 유전적 변이를 알아내는 것이다. 다음은 이런 대립인자의 근처에 위치한 유전적 마커를 찾는 것이다. 유전자와는 다르게 이런 마커들은 짧은 DNA 서열을 가지고 있어 빠르고 손쉽게 확인할 수 있다.

하나는 좋은 열매를 맺고 다른 하나는 질병저항성을 가진 두 종류의 과일 나무를 교배하여 많은 수의 어린 싹을 얻었다고 가정해 보자. 모든 어린 싹을 심어서 다 자랄 때까지 기다리기보다는 각 식물에서 작은 조직을 떼어내어 열매의 좋은 형질과 질병저항성의 형질을 지닌 대립인자와 같이 유전된 마커의 존재를 테스트할 수도 있다. 이런 마커들을 가진 어린 싹은 거의 원하는 대립인자도 함께 유전되었을 것이다. 그렇지 않은 것을 버리고 이런 어린 싹만 선택하여 기르면 된다. 또한 이런 MAS 기술은 측정하기 어렵거나 유전도가 매우 낮은 형질을 선택할 때 사용될 수도 있다.

돌연변이 육종

전통적인 선택 육종은 관심 있는 종이거나 상호교배가 가능한 근연종에 있는 형질만 가지고 하였었다. 예를 들면, 버뱅크(Burbank)는 야생 종에서 색이 옅어진(야생 식물의 전형적인 작고 가시 돋인 열매를 가진) 베리를 맺는 돌연변이종을 얻을 때까지 흰색의 블랙베리를 만들 수 없었다. 그러나 그런 자생적 돌연변이는 매우 드물다.

육종가들은 많은 돌연변이를 만들어 유효한 형질의 모둠을 늘리기 위해서 돌연변이 유발 화학물질이나 방사선에 종자를 노출하는 돌연변이 육종(mutation breeding)을 하였다. 결과적으로 얻어진 돌연변이의 대부분은 별거 아니였지만 몇 개는 새로운 색깔의 열매나 크기가 큰 종자와 같이 유용한 형질을 갖기도 하였다. 1930년부터 2014년까지 3,200개도 넘는 식물이 돌연변이로 만들어져서 세상에 나왔다. 돌연변이 식물의 75%는 작물이고 25%는 장식용이나 관상용 식물이다. 예를 들면, 오늘날 상점에서 사는 거의 모든 붉은 자몽은 이런 과정을 통해 만들어졌다.

원형질체 융합

때로는 자연에서 두 개의 식물이 교배하여 나온 자손이 부모 각각의 완전한 2배체 유전체를 갖기도 한다. 이런 일은 일반적인 교배로 자손을 낳는 경우가 아니지만 자주 부모 식물보다 더 크고 활력 있는 자손이 생겨나기도 한다. 예를 들면 두 번의 자생적 교배를 통해 나온 현재의 밀은 3종류의 야생종 유전체가 성공적으로 합쳐져서 생겨난 것이다.

이런 드물게 일어나는 자생적 교배 과정은 원형질체 융합(protoplast fusion)이라 부르는 기술을 통하여 실험실에서도 재현해 볼 수 있다. 이 기술은 캘러스(callus), 즉 식물의 상처 부위에서 과성장하는 세포의 덩어리를 만드는 것으로 시작한다. 이런 세포는 적당한 조건으로 배양된다면 완전하고 새로운 식물로 만들어질 수 있는 능력이 있다. 모든 식물세포처럼 캘러스 세포도 셀룰로오스로 구성된 두꺼운 세포벽에 의해 둘러싸여 있다. 다행히도 세포벽은 셀룰레이즈라는 효소에 의해 분해되어 원형질체(protoplast)라 부르는 벌거벗은 세포가 될 수 있다. 그것은 멸균된 식물세포 배양의 세포벽을 없애고 나서 시작할 수도 있다. 이렇게 만든 원형질체는 다른 식물에서 만들어진 원형질체와 합쳐져서 융합 세포가 되고 하나의 잡종 식물로 생장할 수 있다. 원형질체 융합으로 브로콜리와 콜리플라워가 융합되어 브로코플라워를 새로 만들었다. 또한 서로 다른 종의 밀이 합쳐지거나 또는 감자잎마름병에 강한 식물을 만들기 위하여 이 기술이 사용되었다.

16.2 식물의 유전공학

여기서는 식물 유전체를 직접 조작하는 기술에 대하여 다루기로 한다. 대부분의 이런 기술들은 새로운 유전자를 목표 식물에 집어넣어서 유전자변형 식물을 만든다. 이런 과정을 식물 형질전환(plant transformation)이라 부른다. 식물 형질전환은 고전적인 육종 방법으로는 불가능한 해충 저항성 박테리아 유전자를 도입한다든지 유전자변형으로 제초제 저항성 작물을 만드는 것을 가능하게 하였다. 미국에서 기르는 콩과 옥수수 대부분은 유전자변형된 것이며 몇 가지 다른 식물에서도 조작된 것이 많다.

유전자 도입을 위한 아그로박테리아 사용

유전자를 식물에 도입하는 주요 방법의 하나는 아그로박테리아[*Agrobacterium tumefaciens*, 최근에 유전체 분석으로 리조비움 라디오박터(*Rhizobium radiobacter*)라고 다시 분류되었지만 여전히 아그로박테리아라는 이름을 일반적으로 사용하고 있음]인데, 자연에서 이 박테리아는 식물 상처 부위를 통해 들어가서 자기 유전자를 식물세포 핵 속으로 넣음으로써 생존한다. 그 DNA가 세포의 염색체에 끼어들어 세포가 증식하게 함으로써 박테리아의 서식지와 먹이를 제공하는 종양덩어리가 되게 한다. 이런 종양덩어리를 근두암종(crown gall)이라 한다. 특이적으로 아그로박테리아는 Ti(종양유발 tumor inducing에서 유래) 플라스미드라 부르는 큰 원형의 이중가닥 DNA 플라스미드를 사용하여 식물에 감염된다. 식물 염색체

DNA에 삽입되는 Ti 플라스미드 부위를 T-DNA라고 부른다. 유전공학에서 아그로박테리아를 사용하기 위해서 T-DNA에서 종양을 일으키는 유전자 부위가 제거되고 대신에 식물에 도입하려는 유전자로 대체한다.

잎 절편 기술

T-DNA를 사용하기 위해서 연구자들은 잎 절편 기술(leaf fragment technique)을 쓴다. 이런 방법에서는 잎의 작은 조각을 유전자조작된 아그로박테리아를 포함한 배지에서 잠시 배양한다. Ti 플라스미드에는 종양 유전자가 제거되고 도입하고자 하는 유전자를 끼워 넣었다. 배양하는 동안 Ti 플라스미드의 DNA가 식물세포의 DNA 안으로 삽입될 수 있다. 그 다음 잎 절편에 식물 호르몬으로 처리하여 줄기와 뿌리를 발생시킨 후 이 새로운 식물을 토양에 심는다.

유전자총

식물세포에 유전자를 도입하기 위한 또 다른 방법은 유전자총(gene gun)을 사용하는 것이다. 유전자총이 DNA로 코팅된 아주 작은 금이나 텅스텐 구슬을 식물세포에 발사한다. 일단 세포 안에 들어가면 DNA는 금속 구슬에서 떨어져 나와 식물세포의 DNA로 삽입된다. 이 방법은 밀이나 옥수수 같이 아그로박테리아를 사용하는 형질전환법의 성공률이 떨어지는 외떡잎식물(하나의 떡잎만 생기는 개화식물)에서 특히 유용하다. 듀퐁 파이오니어(DuPont Pioneer)는 최근에 다른 형질전환법으로는 아주 어려운 거의 모든 옥수수 변종에서 유전자총을 사용하여 형질전환을 성공시켰다.

엽록체 공학

식물세포는 광합성을 책임지는 기관인 엽록체를 가지고 있다. 엽록체는 자신의 DNA를 가지고 있어 몇 가지 단백질을 만들 수 있다. 엽록체 DNA는 생명공학자에게 새로운 표적이 될 수 있다. 엽록체 DNA는 한 번에 여러 새 유전자를 받을 수 있다. 또한 엽록체는 핵보다 식물이 성체가 되었을 때 전달된 유전자가 활성을 유지하고 있을 확률이 높다. 다른 장점으로 꽃가루는 엽록체가 없어서 꽃가루를 통해 엽록체 DNA가 다른 작물로 옮겨가는 것이 불가능하다. 또한 핵과 엽록체 유전체 모두가 한 번에 여러 유전자로 변형될 수 있다. 그러나 여전히 유전자 발현 조절이나 원하지 않았던 잘못된 장소로 DNA 삽입과 같은 많은 문제점이 남아 있다.

엽록체 형질전환은 항생제, 백신 등의 의약 물질뿐만 아니라 공업용 효소나 바이오 연료, 생체 재료 등의 생산 등 여러 곳에 적용할 수 있다. 엽록체 형질전환은 담배, 상추, 애기장대, 토마토, 당근, 유채, 감자, 양배추, 면화, 페튜니아, 콩, 사탕수수, 사탕무우, 벼, 가지, 콜리플라워, 포플러 등에서 적용되었다.

크리스퍼-캐스(CRISPR-Cas) 기술을 활용한 유전자 불활성화

크리스퍼-캐스 기술은 세포로부터 매우 정확하게 특정 유전자를 손실시키는 데 사용된다. 어떤 경우 이 기술은 매우 유용하다. 예를 들면, 갈색화에 관여하는 효소인 폴리페놀 산화효소(PPO)의 유전자를 불활성화시키면 갈색으로 변하지 않는 단추 버섯을 만들 수 있어서 배양 선반에 오래 있을 수 있으며 자동화된 기계적 수확이 가능하게 한다.

더욱이 2015년 EU에서 시작하여 여러 나라에서 유전공학을 통해 기존에 존재하던 유전자를 손실시키는 것은 유전자변형생물(GMO)에 포함되지 않는다는 결정을 하였다. 앞으로 이런 식물은 제약 없이 기를 수 있으므로 EU에서는 새로운 변종들을 빠르게 개발할 것이라는 것을 의미한다. 미국의 Animal and Plant Health Inspection Service(APHIS)에서는 CRISPR-Cas9으로 편집하는 기술은 외부 유전자를 그 식물에 새로 도입한 것이 아니라 존재하던 유전자를 불활성화하는 형질변환을 하였기 때문에 CRISPR-Cas9으로 형질변환한 흰단추버섯, 반질거리는 옥수수, 잘 무르지 않는 바나나 등을 비규제 대상으로 생각하고 있지는 않다. 그러나 크리스퍼-캐스처럼 유전자 편집 기술에 의해 만들어진 다른 식물들은 유전자변형생물에 대한 규제를 받지 않을 것으로 기대한다.

미국 식품의약국(FDA)은 2015년 두 개의 새로운 유전자변형 사과 종과 여섯 개의 감자 변종을 승인하였다(갈색화를 막거나 감자튀김을 만드는 동안 아크릴아마이드로 변환되는 아스파라진 아미노산이 적게 포함되도록 하는 유전자 불활성화로 유전자 변형이 이루어졌다). 북극 사과로 상품명을 갖게 된 새로운 사과 종이 2017년 11월 미국 시장에 처음으로 선을 보였다.

안티센스 기술

토마토는 빨갛고 즙이 많고 맛이 좋지만 아주 빨리 물러진다. 대부분의 토마토는 완전히 익었을 때 수확하면 며칠 못가서 상해 버린다. 하지만 수년간의 연구로 1994년에 등장하여 잠시 동안 시장에 머물렀던 Flavr Savr 토마토는 익었지만 신선한 상태를 몇 주 동안이나 유지할 수 있다. 기존에 존재하는 유전자에 상보적인 유전자를 식물에 도입하는 안티센스 기술(antisense technology)로 만들었다. 센스와 안티센스 유전자 모두가 mRNA로 전사되면 이 둘은 서로 결합하게 되므로 단백질을 만들기 위한 번역 작용이 일어나지 못한다.

Flavr Savr 토마토에서 안티센스 기술이 적용되어 토마토 세포벽의 펙틴을 분해하여 토마토을 무르게 하는 효소인 폴리갈락트로네이즈(polygalacturonase)를 생산하지 못하도록 막는 것이었다. Flavr Savr 토마토는 FDA가 승인한 최초의 유전자변형식품이었다. 비록 경제적인 면에서 성공을 거두지는 못하였지만 안티센스 기술을 사용하여 여러 유전자변형식품이 만들어졌고 현재 시장에서 흔하게 볼 수 있다.

유전자 모둠

전통적인 육종가나 유전공학자나 모두에게 목표는 하나 이상의 유전자를 쉽게 식물에 도입하는 것이다. 예를 들면 야생 근연종으로부터 두 개의 질병 저항 유전자를 또는 다르게 유전자가 조작된 종들에서 질병 저항성이나 제초제 저항성 유전자를 하나의 식물로 합치는 것이다. 두 개 이상의 도입된 유전자 조합을 유전자 모둠(gene stacks)이라고 부른다. 유전자 모둠을 만드는 일반적인 방법은 각 유전자를 가진 식물을 교배하여 나온 자손에서 두 유전자를 함께 갖는 것을 선별하는 것이다. 이 과정은 섞어 모으기라고 할 수 있다. 관심 있는 유전자를 가진 식물이 이미 규제기관으로부터 사용 허가를 받은 것이라면 섞어 모으기로 나온 자손에게도 그 허가가 계승될 것이다. 결과적으로 상업적으로 허가된 서너 개의 유전자를 섞어 모은 생명공학 유전자 모둠 대부분이 연속적인 섞어 모으기의 산물이라고 할 수 있다.

분자 모둠이라 부르는 유전자 모둠을 만드는 또 다른 방법에서는 동시에 또는 연차적으로 유전공학 기술로 각 분자를 도입하는 것이다. 2016년 미국에서는 7천5백4십만 헥타르의 농지에서 생명공학 유전자 모둠의 식물을 재배하고 있다.

16.3 식물 생명공학기술의 적용

바이러스나 곤충, 잡초에서 농작물을 보호하고 영양 성분을 개선하는 것이 농부들의 목표일 때 생명공학은 그들을 도울 수 있는 몇 가지 강력한 도구를 제공하였다.

바이러스로부터 농작물 보호

농작물들은 여러 다양한 식물 바이러스에 취약하다. 바이러스 감염은 작물 생장과 생산량 그리고 품질을 감소시킨다. 다행히도 농부들은 병에 대한 자체의 방어 시스템을 활성화할 수 있는 유사 바이러스 입자(virus-like particles)를 사용하여 작물을 보호할 수 있다. 이와 같은 식물 백신은 불활성시킨 또는 식물 바이러스의 일부로 되어 있다. 그들은 식물의 면역계를 작동시켜 백신이 사람에게 작용하듯이 식물이 실제 바이러스에 저항할 수 있게 한다. 예를 들면, 연구자들이 담배 식물에 담배모자이크 바이러스(TMV)의 유전자를 도입하였다. 도입된 유전자는 바이러스 표피 단백질을 만들어 담배 식물의 면역계를 작동시켰다. 이와 같은 바이러스 표피 단백질에 대한 방어를 위해 바이러스 mRNA의 RNA 침묵 기술이 적용되었다. 이 유전자를 갖는 담배 식물체는 담배모자이크 바이러스에 대해 면역력을 갖게 된다.

식물 백신은 다양한 작물의 종에서 효과가 입증되었다. 또 다른 예로는 하와이의 파파야 산업이 파파야 원형반점 바이러스로 황폐화된 경우다. 1984년부터 시작된 코넬대학과 하와이주립대학의 연구를 통해 이 바이러스에 대항하는 변종인 무지개 파파야를 개발하였다. 무지개 파파야는 1998년에 처음으로 보급된 지 4년 만에 하와이 파파야 산업의 손실을 줄였을 뿐 아니라 거의 원형반점 바이러스가 퍼지기 이전의 수준으로 회복시켰다.

유전적 살충제

지난 50년 동안 농부들은 자연적인 박테리아가 만드는 살충제를 이용해 해충에 의한 피해로부터 작물들을 보호해 왔다. 박테리아 바실러스 튜링지엔시스(*Bacillus thuringiensis*, Bt)는 Cry라고 부르는 결정화된 단백질 종류를 생산하여 해로운 곤충과 그들의 애벌레를 죽일 수 있다. 최소한 3종류의 결정화된 단백질 분자 구조가 밝혀졌다. 관련된 해충의 애벌레가 식물의 잎을 먹어서 Cry 단백질 결정을 섭취하게 되면 그 결정이 곤충의 소화관에서 분해가 되어 소화관 세포를 공격하여 결국은 해충이 죽게 한다. 이 단백질은 인간을 포함한 포유류나 조류에게는 무해하다. 그 이유는 곤충의 소화관처럼 알칼리 환경에서는 작동하지만 인간의 위처럼 산성의 상태에서는 단백질이 파괴되기 때문이다.

과거에는 살충제로 Bt 독성물질을 사용하는 유일한 방법이 농작물에게 직접 뿌리는 것인데 비가 오면 씻겨 내려가고 햇빛에서는 불활성화되어 버린다. 좀 더 최근에는 유전공학으로 Cry 유전자를 직접적으로 식물에 도입하여 그 유전자변형 식물이 스스로 살충제를 만들게 하였다. 담배, 토마토, 옥수수, 면화 등이 이런 방식으로 유전자가 조작되었다. 사실 오늘날 심고 있는 대부분의 면화 종자는 Bt 독성물질의 유전자를 가지고 있어 효과적으로 면화에 피해를 주는 해충을 죽이고 있다.

제초제 내성

전통적인 제초제는 잡초와 함께 유용 작물을 죽이기도 하는 기본적인 문제점을 가지고 있다. 그러므로 유전공학이 특정 제초제에 내성을 갖는 농작물을 만들어 효과적으로 잡초를 제거하는 방법으로 사용되었다. 더욱 안전한 제초제의 출현은 환경의 피해를 줄이고 잡초를 제거하여 농작물의 생산량을 높이게 되었다. 글리포세이트, 글루포시네이트, 2-4D, 다이캄바는 가장 많이 사용되는 제초제다.

글리포세이트(Glyphosate)

1999년 이후로 식물에서 가장 많이 도입된 유전형질은 라운드업(Roundup)과 기타 제초제의 주요 성분인 글리포세이트에 대한 내성이다. 글리포세이트는 방향성 아미노산과 식물의 생장과 생존에 꼭 필요한 물질을 합성하는 생화학적 반응에 관여하는 EPSPS(5-enolpyruvylshikimate-3-phosphate syntatase) 효소를 억제한다. 유전공학을 통해 과학자들은 글리포세이트에 의해 영향을 받지 않는 효소로 대체한 유전자변형 농작물을 만들어 글리포세이트에 잡초는 죽더라도 이 작물은 살 수 있게 하였다. 글리포세이트에 공격을 받는 이 효소는 동물에는 존재하지 않는다.

글리포세이트는 토양 미생물에 의해 쉽게 분해가 된다. 글리포세이트와 AMPA(aminomethylphosphonic acid)는 분해되면 토양 입자 위에 강하게 접착하기 때문에 지하수까지 흘러갈 수 없을 것이다. 일반적인 토양에서는 글리포세이트의 반감기는 47일 정도다. 한 가지 발생하는 문제는 제초제를 뿌리면 옆에 농작지로 넘어갈 수 있어서 이 문제에 대한 해결책을 연구하고 있다.

글루포시네이트(Glufosinate)

글루포시네이트는 아미노산인 글루타민의 합성과 암모니아의 탈독성화를 방해함으로써 작용하는 제초제이다. 처음 스트렙토마이시스(*Streptomyces*) 박테리아로부터 분리된 유전자를 사용하여 이 제초제에 내성을 갖도록 식물이 유전자조작되었다. 제초제 글루포시네이트 내성을 갖는 농작물을 여러 제초제 내성을 갖도록 만들어서 농부가 2~4개의 다른 화학물질을 섞어서 제초제로 사용할 수도 있다.

2-4D와 다이캄바

다우 아구로사이언스(Dow AgroScience) 회사는 2-4D 퀴잘로포프(quizalofop, 잡풀 제초제)와 글루포시네이트에 내성을 갖는 종자의 사용 인증을 신청하였다. 또한 몬산토 회사는 글리포세이트와 다이캄바 둘 다에 내성을 갖는 모둠 유전자변형 작물종의 허가를 신청한 상태다. 2-4D와 다아캄바는 둘 다 심각한 피해 없이 수십 년 동안 수백만 에이커의 농지에서 개별적으로 사용되어 왔다. 다이캄바는 매년 또는 다년간 곡물 밭이나 고지대에서 장미 잡초를 제거하고 목장에서는 잡목과 고사리 제거하는 데 사용해 왔다. 다이캄바는 식물의 생장을 가속화시키면서 작용한다. 토양 박테리아 슈도모너스 말토필리아(*Pseudomonas maltophilia*)는 다이캄바를 다이클로로살리사이크릭산(dichlorosalicylic acid)으로 변환하여 다이캄바보다 훨씬 강하게 토양에 흡수되게 한다. 이런 제초제의 분해율은 글리포세이트와 비슷하다.

증가된 영양소

생명공학 목표 중 하나는 영양소가 증가된 농작물을 만들어서 수백만 명의 영양실조로 어려움을 겪는 사람들을 구하는 것이다. 영양소 결핍에 대항하는 능력을 갖춘 무기 중 하나가 황금쌀(Golden Rice)이다. 황금벼는 유전자 조작으로 베타 카로틴을 다량 합성하게 되어 사람이 먹었을 때 비타민 A로 변환될 수 있다. 최근에 세계 여러 나라에서 약 5십만 명의 어린이가 비타민 A의 결핍으로 인해 시각장애인이 될 수도 있다는 보고가 있다. 현재는 건강관리 담당 공무원들이 마을마다 돌아다니면서 비타민 A를 공급하여 실명을 예방하기 위한 노력을 기울이고 있다. 만약 간단히 이런 영양소를 일반 쌀에 넣게 되면 이론상으로는 더 효율적이고 더 효과적일 수 있다. 황금쌀의 한 가지 제약은 비타민 전구물질이 몸에 흡수되기 위해서는 지방에 녹아 있어야 한다. 그래서 황금벼는 지방 섭취가 매우 적은 아이들에게는 별로 도움이 되지 않는다는 것이다.

영양실조를 막기 위하여 유전자변형작물을 사용하는 것은 장단점을 모두 가지고 있다. 2017년 이후로 환경보호단체에 의한 우려의 목소리 때문에 농부들이 황금벼를 거의 심지 않았다. 유전자변형 작물의 대안으로 어떤 사람들은 전통적인 육종을 통해 비타민 A, 철분, 아연의 섭취를 높이려는 목적으로 12종의 작물을 모으는 하베스트 플러스(Harvest Plus)라는 프로그램을 지지하였다. 그러나 또 다른 사람들은 유전자조작 작물의 개발을 지지하였다. 예를 들면, 빌과 멜린다 게이트 재단(Bill and Melinda Gates Foundation)에서는 황금벼와 유전자변형 카사바, 수수, 바나나 등의 개발에 3천 6백만 달러를 지원하였다.

바이오제약(Biopharming)

1990년대 초반 이후로 몇 생명공학 회사들은 단백질 약이나 산업용 화학물질을 생산하기 위한 소규모 공장으로서 유전자조작 작물을 사용하겠다는 제안을 하였다(바이오제약이라 함). 유전자변형된 작물을 기르는 하나의 농장에서도 상업적으로 매우 가치가 높고 추출이 가능한 단백질 약품이나 백신 같은 단백질을 대량으로 생산할 수 있다는 것이다. 잎에서 독감 인플루엔자 백신을 생산하는 담배 식물체를 만드는 것을 앞에서 설명하였었다. 또한 바나나, 감자, 토마토, 벼, 밀, 콩, 옥수수 등에서 백신을 생산하는 연구도 진행되고 있다. 코넬대학의 연구팀은 최근 간염 바이러스 B에 대한 백신을 생산하는 토마토와 바나나를 만들었다.

식물에서 생산될 수 있는 또 다른 단백질 약으로는 항체, 혈액, 사이토카인, 생장자극 물질, 호르몬, 재조합 효소 등이 가능하다. 이런 약들이 치료하는 질병은 낭포성 섬유증, 비호지킨림프종, 간염, 노워크 바이러스, 광견병, 몇 종류의 위장관 관련 질병들을 포함한다.

유전자보다는 유전자 프로모터의 결실 조작

지금까지 우리는 유전자를 넣거나 빼는 이야기를 해 왔다. 크리스퍼 유전자 편집 기술은 언제 어디서 얼마나 유전자가 발현되어야 하는지를 결정하는 프로모터 부위도 변형시킬 수 있다. 콜드 스프링 하버 연구소(Cold Spring Harbor Laboratory)의 연구팀이 토마토 유전자 발현율을 세밀하게 조절하는데 크리스퍼 기술을 이용하였다. 조절된 유전자에는 꽃 기관과, 로큘레스(토마토 안의 젤라틴 성분의 종자 공간)의 수를 조절하는 유전자로 이들은 열매가 얼마나 크게 생장할 수 있는지를 결정한다. 이 연구는 재배업자가 가장 좋은 생장 형질을 쉽게 선택하여 그들이 미래 작물을 기를 때 적용할 수 있는 변종들의 카다로그를 제공할 수 있었다. 이런 접근법은 새로운 유전자를 도입하는 것이 아니므로 반대가 적어서 미국 농업부(USDA)의 규제가 없는 패스트트랙으로 쉽게 허가를 받을 것이다.

16.4 건강과 환경에 대한 우려

유전자변형 생물체가 나오기 시작한 이후로 사람들은 인간과 환경에 대한 잠재적인 효과 때문에 걱정들을 한다. 자연적인 것이 안전한 것이라고 인식되던 시기에는 이런 확실하게 비자연적인 식물은 위험을 안고 있다고 생각하였다. 환경운동가들은 유전자변형 식물을 만드는 회사에 대해서 반대의 소리를 높였다.

인간의 건강에 관한 걱정

외부 유전자로 만들어진 단백질을 섭취하였을 때 알러지 반응이나 또 다른 문제를 일으킬 것이라는 걱정이 있다. 사실 이런 일이 있었다. 1996년 New England Journal of Medicine이란 학술지에서 동물의 사료로 사용하기 위해 브라질 땅콩의 영양소 단백질을 콩에 도입한 경우 그 콩이 브라질 땅콩에 민감한 사람들에게 심각한 알러지 반응을 일으켰다는 보고가 있었다. 그 농작물의 개발기간 동안 이런 문제가 드러나 개발이 중단되었다. 한편으로 이 사건은 유전공학의 위험성을 보여주고 있다. 다른 한 편으로는 성공스토리로 보여질 수도 있다. 즉 이와 같은 위험 농작물이 일반 사람들이 접하기 전에 시스템에 의해 감지되었다는 것이다.

또 다른 우려는 항생제 내성 유전자에 관한 것이다. 이런 유전자는 흔히 관심 있는 유전자와 함께 식물에 도입되어 항생제가 도입된 유전자를 갖게 된 세포나 어린 식물을 선별하는 데 사용될 수 있다. 걱정하는 것은 이런 항생제 내성 유전자가 박테리아에 들어가서 항생제에 내성을 갖게 되는 상황이다. 최근 Science 학술지의 한 보고에 의하면 항생제 내성 유전자가 식물에서 박테리아로 옮겨갈 가능성은 거의 없다고 하였다. 반대로 박테리아는 다른 박테리아로부터 쉽게 항생제 내성 유전자가 옮겨져서 환자나 동물을 항생제로 치료할 때 오히려 내성을 갖는 박테리아가 선택될 수 있다는 것이다. 항생제 내성은 매우 심각한 걱정거리이지만 유전자조작 식물은 결코 어떤 역할도 하지 않을 것이다.

환경에 대한 걱정

유전자변형 옥수수가 많은 모나크 나비를 죽일 수도 있을 것이라는 두려움은 과학적인 연구를 통하여 해소되었다(2001년에 몇 개의 후속 연구에서는 가장 일반적인 Bt 옥수수 꽃가루가 자연 상태의 경작지에서 곤충들에게 노출되는 양으로는 독성을 보이지는 않는다고 결론을 내렸다). 그러나 유전자변형 식물이 환경에 끼치는 피해에 대한 걱정은 근거가 전혀 없는 것은 아니다. 한 예로 작물의 유전자 강화를 하려던 시도가 슈퍼잡초, 즉 작물로부터 제초제 내성 같은 특질을 얻게 된 잡초를 만들게 되었다. 이런 가능한 모든 위협을 측정하고 위험을 최소화할 수 있는 방안을 찾아내는 추가적인 연구가 필요하다. 생명공학적으로 강화된 농작물에 의해 생긴 위험은 그들이 제공하는 혜택과 견주어 보아야 한다. 무엇보다 먼저 생명공학은 불가피하였던 화학 살충제의 사용을 엄청나게 줄일 수 있었다는 것이다. 콩, 옥수수, 면화, 유채 이 네 가지 생명공학 작물을 심은 국가에서는 연간 7억9천1백만 톤 정도(8.8%)의 살충제가 적게 사용되었다. 결과적으로 환경에 미치는 영향이 17.2%가 줄었다. 2016년 국립과학연구소(National Acamemies of Sciences)의 유전자변형 작물의 경험과 전망(Genetically Engineered Crops, Experiences and Prospects)이라는 보고서에는 유전자변형 작물의 긍정적 또는 부정적 영향과 유전자조작 기술들이 보유한 미래를 위한 전망이 기술되어 있다. 이 보고서는 유전자변형 작물과 식품의 경제, 농업, 건강, 안전 등의 측면에서 불확실한 점들이 있으며 안전 평가의 갭을 메울 수 있는 조언, 그리고 규제의 명확성을 높이고 유전자조작 기술로 접근하는 혁신적인 시도에 대하여 언급하고 있다.

규제

생명공학이 무법의 개척자는 아니다. 몇몇 기관들이 유전자변형 식품의 생산과 시장을 통제하고 있다.

미국 식품의약국(United States Food and Drug Administration)은 시장에 나와 있는 식품을 통제하고, 농무부(USDA)는 늘어나고 있는 시범재배를 감독하며, 환경부(Environmental Protection Agency)는 살충제 역할을 하는 식물 사용을 조절하는 일은 맡고 있다. 이런 기관들 특히 식품의약청에서의 활동은 수년 동안 변화가 있었고 이 기관 모두는 농작물의 심사에 적극적으로 참여하여 활동하고 있다.

생명공학 혁명의 초창기인 1992년 초 식품의약국은 유전자변형 식품이 일반 식품에 적용되는 정도의 기준 강도로 통제된다고 발표하였다. 식품 회사는 법은 아니지만 자발적으로 어떤 산물을 시장에 내놓기 전에 식품의약국과 협의를 하였다. 2001년 기관들은 더 엄격하고, 더 공식적인 접근법을 적용하였다. 회사들은 유전자변형 식품이 시장에 나오기 최소 120일 전에 식품의약국에 보고해야 한다는 규정이 있다. 제조사는 또한 새 산물이 전에 있는 식품보다 더 위험한 것은 아니라는 증거를 제공해야만 한다. 식품안전센터와 식료품판매 제조사 연합과 식품 연합은 식품의 100% 안전을 보증하는 규제와 절차가 없는 상태로 의약품을 생산할 수 있는 식물의 사용에 대하여 강한 반대 의견을 미국 농무부에 제출하였다. 여러 비식용 식물이나 용기 안에서 식물 기르는 시스템으로 이런 걱정을 해소할 수 있다. 어떤 제조업자도 지금까지의 이런 규정들을 어긴 적이 없었다.

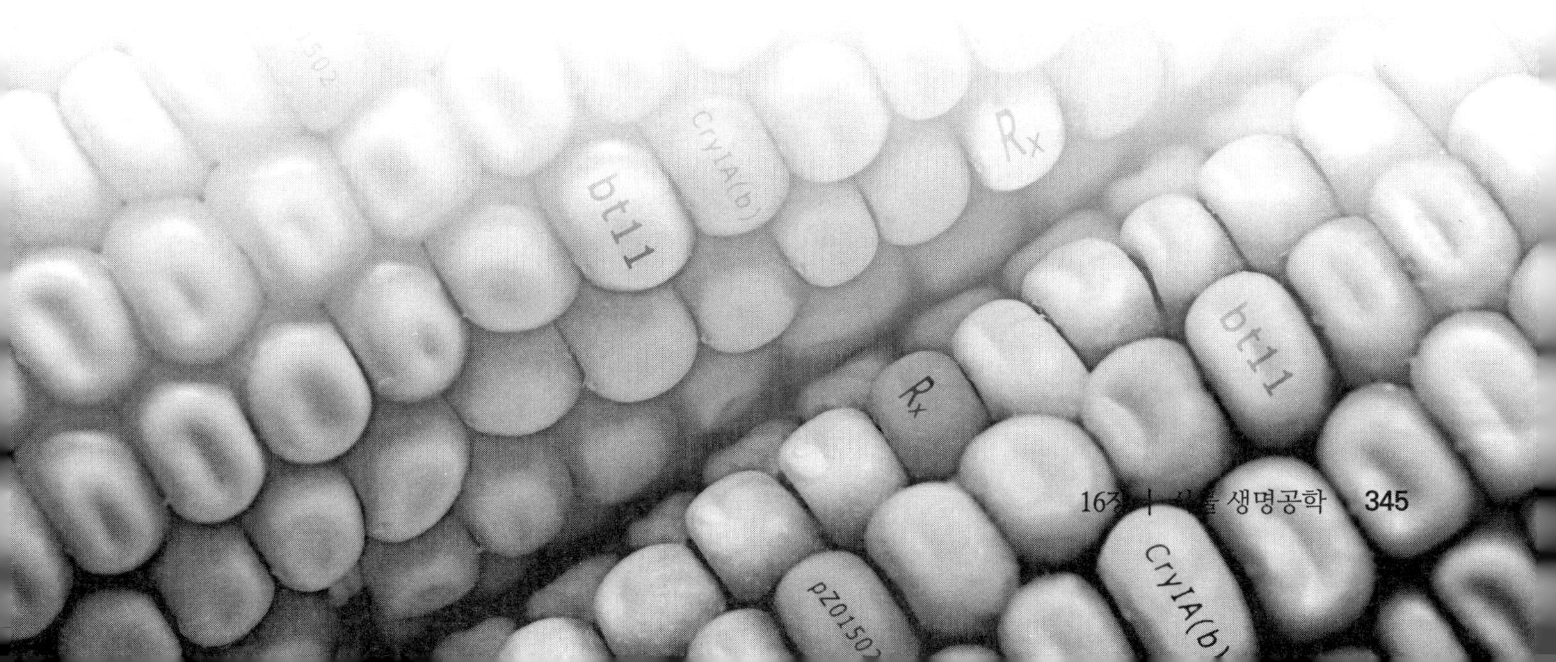

17장

동물 생명공학

여러 가지 이유로 인해 동물 연구는 필수적일 뿐만 아니라 범위도 점차 넓혀가고 있다. 『Research and Markets』 사가 2018년도에 출판한 Animal Biotechnology–Technologies, Markets, and Companies 보고서에 의하면, 생명공학 기술은 구제역, 돼지열병, 조류독감, 소해면상뇌병증(광우병)과 같은 동물 질병 연구에도 응용될 수 있다. 가장 밀접한 제품은 백신, 특히 유전자재조합 DNA 백신이라고 할 수 있다. 이러한 분야의 연구가 급속도로 발전하고 있는데, 왜냐하면 인체 질병 연구 및 치료에 사용되는 기술의 상당 부분이 동물에 응용될 수 있기 때문이며, 또한 개나 고양이 질병의 상당수가 인체 질병과 유사하기 때문이다. 비인간적이고 비윤리적인 목적을 위해 동물이 사용될 수 있으나, 논쟁이 될 만한 관행의 많은 부분은 정부의 규제로 인해 도입될 수 없다.

동물은 생명공학 분야에 많은 기회를 제공하고 있으나, 과학뿐만 아니라 윤리적인 측면에서 많은 도전에 직면하게 된다. 이러한 도전을 성공적으로 극복한 연구자는 과학 분야와 사회에 많은 기여를 할 수 있는 기회를 가질 수 있다. 예를 들어, 세계 동물의약품 관련 시장은 2018년까지 429억 불에 이를 것으로 예측되고 있다. 동물의 건강을 위한 제품의 상당수는 인간 및 다른 동물 모두에게 이익을 제공하고 있다.

이 장에서는 동물 생명공학의 여러 면에 대해 알아보게 될 것이다. 먼저 동물을 이용한 연구에 대해 살펴보고 나서, 클로닝, 형질전환, 생물반응기로서의 동물 등과 같이 최신 연구분야에 대해 학습해 보자.

17.1 연구용 동물

흰 쥐는 신약 연구를 위해 첫 번째 단계에서 사용하기 때문에, 과학적인 연구의 아이콘(우상)이라고 할 수 있다. 지난 수십 년간 동물이 주요한 연구수단으로 사용되어 왔음에도 불구하고, 동물의 사용이 논쟁거리가 되는 것이 현실이다. 다음으로, 동물이 연구에 얼마나 중요한 역할을 하는지 및 이로 인해 발생하는 이슈에 대해서 알아보자.

왜 동물을 연구에 사용하는가?

지난 세기 동안 중요한 의학적 진보는 동물을 이용한 연구에 주로 의존하였다. 의심의 여지 없이, 그러한 연구를 통해 수많은 사람들을 질병의 고통에서 벗어나게 하였다. 아래에 몇 가지 예를 들어 본다.

- 동물을 실험에 사용하여 개발된 소아마비 백신(polio vaccine)이 없었다면, 매년 수천 명의 아이들과 성인들이 죽거나 질병의 부작용으로 고통을 받았을 것이다.
- 동물실험을 통해 개발된 투석기술(dialysis)이 없었다면, 말기 신장병으로 고통받는 수만 명의 환자들이 죽었을 것이다.
- 동물실험을 통해 완벽하게 성공한 백내장 수술(cataract surgery) 기술이 없었다면, 매년 백만 명 이상의 사람들이 적어도 한쪽 눈의 시력을 잃게 되었을 것이다.

동물 연구는 동물의 건강을 위해서도 직접적으로 유익하다. 경제동물과 반려동물의 건강을 위해 연구되고 미국 농무부에 의해 허가된 110여 가지의 수의용 생물학적 제제 및 백신을 개발하는 데에는 동물실험이 필수적인 역할을 하였다. 유전체학, 형질전환기술, 클로닝기술 등은 고품질의 고기, 우유 및 계란을 효율적으로 생산하는 데 새로운 접근방법을 제공하였으며, 환경오염을 줄이는 데에도 기여하였다. 이러한 기술들은 멸종위기에 처한 종의 보존에도 도움이 될 것이다.

사람에 따라 생체 외에서의 세포실험만으로도 충분하지 않냐고 의아해할 수도 있다. 하지만 신약이나 새로운 수술법 개발은 하나의 세포나 장기에서의 효과만 보는 것으로 충분하지 않고 생물체 전체에서의 효과를 관찰해야 하기 때문에 반드시 동물실험을 해야 하는 것이다. 예를 들면 어떤 약이 암세포를 죽이는 능력이 강력할 수는 있지만, 정상적인 장기도 파괴할 수도 있다는 점이다.

한 예로서, 모발 성장에 효과적인 피나스테리드(finasteride, 제품명은 Propecia)에 예기치 못한 부작용이 생긴 경우이다. 임산부는 이 약의 내용물과 접촉하면 안 된다는 경고사항을 가지고 있다. 이러한 경고문과 함께 약 자체에 특수한 보호코팅을 한 이유는 동물실험을 통해 얻은 정보에 의한 것이라 할 수 있다. 즉, 다량의 약을 경구 투여한 어미에서 태어난 자손들 중에서 수컷에게 심각한 선천적 장애(생식기 기형)가 나타나는 것을 확인하였다. 실제로 임산부가 단순히 약을 만지는 것만으로는 태아에게 이러한 질병에 발생하지 않는다 할지라도, 이러한 경고문이 약에 붙어 있다. 이와 같이, 동물실험 덕분에 예기치 못한 재앙을 방지하는 데 도움을 주게 되며, 임산부에게는 절대 이 약을 처방하지 않게 된 것이다.

연구용 동물의 종류

생쥐(mouse)와 인간 사이의 차이점은 분명하다. 그러나 이들은 유전적으로 뿐만 아니라 그리고 생리학적 측면에서 많은 점이 유사하다. 이러한 이유로 인해 생쥐나 다른 동물을 이용한 연구들은 우리에게 많은 정보를 제공한다.

동물실험에 가장 많이 사용된 동물은 생쥐(mouse) 또는 쥐(rat)이었는데, 왜냐하면 다른 동물에 비해 이들의 유전적 정보가 가장 많이 알려져 있을 뿐만 아니라 실험 시에 통제가 용이하기 때문이다. 물론, 다른 동물들도 실험에 사용되고 있는데, 척추동물 모델로 제브라피시(zebrafish), 무척추동물 모델로 초파리(fruit fly)나 유충(worm)이 그 예이다. 특히 제브라피시(*Danio rerio*)는 크기가 작고 튼튼하여 많이 이용되는 실험모델 동물이다.

제브라피시는 크기가 작기 때문에(성체의 길이는 3 cm 정도) 작은 공간에서도 다량으로 키울 수 있다. 한 세대가 3개월에 불과한 이 열대어는 산란도 계속적으로 할 수 있다. 1주일에 암컷 한 마리당 평균 자손 수는 200여 마리 이상이다. 제브라피시의 수정란은 초기의 기관 발생을 약 120시간 만에 마치게 되는데, 장관, 간 및 신장은 초기 48시간에서 72시간 사이에 발생된다. 물고기의 생장이 매우 빠르기 때문에, 과학자들은 독성이나 부작용에 대한 실험을 5일 만에 수행할 수 있다. 만약 약이 제브라피시에 독성을 나타내면 아마도 사람에서도 독성이 나타날 것이다. 그러나 물고기와 쥐가 최고의 실험동물이 아닐 경우도 있다. 예를 들면, 개의 폐와 심혈관계는 사람의 것과 유사하여 심장 질환과 폐질환을 연구하기 위해서는 개가 더 나은 선택이 될 수 있다. HIV와 AIDS 연구에는 원숭이나 침팬지가 사용되는데, 이러한 바이러스에 대한 감수성이 사람과 비슷하기 때문이다. 고양이나 개뿐만 아니라 원숭이와 침팬지 같은 영장류들은 특별한 실험에만 사용되기 때문에, 전체 실험동물 수와 비교하면 1% 정도에 불과하다(대부분의 실험동물은 마우스임). 게다가, 여러 가지 대체수단의 개발도 인해 실험에 사용되는 동물의 숫자는 지난 20년 동안 지속적으로 감소하고 있다.

단클론항체가 신약 개발을 위해 동물을 사용하는 좋은 사례 중의 하나이다. 단클론항체는 항원을 주입한 쥐의 비장(spleen)에서 추출한 세포와 골수종세포의 융합에 의한 하이브리도마 세포를 배양하여 생산한다. 단일클론을 분리하기 위해서는 하이브리도마 세포만 자랄 수 있는 선택배지가 사용된다. 다음 장에서 더 자세히 설명하고자 한다.

동물연구를 위한 규정

미국 식품의약국(FDA) 규정에 의하면, 신약, 의료기술뿐만 아니라 화장품까지도 시장에 출시되기 전에 안전성 시험을 반드시 통과하여야 한다. 안전성 시험은 임상시험(phase testing)이라고 알려진 엄격한 과학적 기준과 방법을 포함하고 있다. FDA는 제품이 시판되기 전에 세포배양, 실험동물 수 및 임상시험 참여자의 숫자가 통계적으로 판단하기 충분한 숫자를 대상으로 실험하기를 제조사에 요구한다.

만약 세포배양을 이용한 초기 단계 실험에서 위험한 수준의 독성을 나타내게 된다면 그 제품은 동물실험 단계로 넘어갈 수 없다. 실험동물의 선택은 인간과 유전적으로 얼마나 유사하느냐에 따라 결정된다. 동물에 따라 다른 효과가 나타날 수 있기 때문에 둘 이상의 종(species)이 실험에 이용된다. 인간과 유사한 동물을 2종 이상 사용하여 실험을 하였을 때, 독성이나 예기치 못한 효과들이 종종 나타나는 경우가 있다. 약물 흡수율이나 생체내 대사작용, 체외배출시간 등을 동물모델을 이용하여 조사하게 된다. 만약 동물실험을 통해 심각한 문제가 발견되면 임상연구 단계로 넘어가지 않는다.

실험동물의 대안

가능한 한 초기 단계에서는 연구자들이 세포배양법과 컴퓨터에 기반한 모델을 이용한다. 이러한 방법은 실험동물을 이용하는 것보다 비용이 적게 들 뿐만 아니라 시간까지 절약할 수 있다. 이미 언급하였듯이 세포배양을 이용한 연구는 물질의 독성을 체크하기 위한 예비 검색에 종종 이용된다. 또한 생물학에 대한 근원적인 질문에 대한 대답들이 종종 세포수준에서 증명되기도 한다. 어떤 화합물이 최고의 약이 될 수 있을 것인가에 대한 단서나 실마리는 장기칩(organs on a chip)과 같은 생체외 실험을 통해 밝혀지기도 한다.

장기칩

장기칩(organs on a chip)은 간, 심장, 신장, 장관, 뇌, 뼈와 같은 생체내 장기를 아주 정교하게 모사한 시스템이다. 예로서, 폐모사칩(lung on a chip)은 허파꽈리 모세혈관 벽을 반복적으로 모사한 것이다. 얇은 탄성중합체막 위에 올려놓은 인체 내피조직과 아주 가까운 거리에 허파꼬리 조직을 함께 배양함으로써 3차원 구조가 만들어진다. 컴퓨터로 챔버 내부의 압력을 조절함으로써 허파꽈리세포가 숨 쉬면서 늘어나는 것처럼 시뮬레이션하게 된다. 새로운 물질의 독성시험을 생쥐 유래의 허파꽈리세포로 만든 3차원 모사시스템에서 실시한 후에 생쥐 허파에서의 병리학적 변화를 비교 관찰한 결과, 3차원 모사시스템의 신뢰성이 매우 높다는 것을 확인할 수 있었다.

비록 동물모델이 인체 생리의 복잡성을 모방하고자 할지라도, 동물실험에서의 결과를 얼마나 유효성 있게 인체에 적용할 수 있는지에 대해 더욱 철저한 검토가 요구되고 있다. 새롭게 개발된 약물이 임상시험에서 성공 가능성을 높이기 위해서는, 장기칩이 약물의 효능, 안전성 및 약물 타겟으로의 적용 가능성을 초기 단계에서 검토하는 데 매우 유효한 수단이 될 잠재력을 가지고 있다. 미세하게 조절된 장기모델들을 서로 유기적으로 연결함으로써, 약물에 대한 생체내 반응을 예측하는 연구가 시도되었다. 한 예로써, 유방암 모델, 장관 모델 및 간 모델을 서로 결합함으로써, 네 가지 항암제의 흡수, 대사 및 효능이 연구된 바 있다. 정부의 관리기관에서는 장기칩 기술의 잠재력에 대해 인식하게 되어, 초기 단계의 약물시험 대체수단으로 실험실에서 도출되는 성과를 주시하고 있다.

동물연구의 규제

동물연구는 규제가 매우 심하다. 미국의 연방동물복지법은 연구대상 동물의 사육환경, 사료급이, 청결, 건강관리에 대한 특별한 기준을 정해 놓았다. 동물을 이용한 연구를 시작하기 전에, 먼저 연구자들은 동물연구의 필요성에 대해 증명해야 한다. 또한 가장 적절한 종(species)을 선택하여야 하며, 가능한 한 최소한 숫자의 동물을 사용할 방법을 고안해야 한다. 연구가 진행되는 동안에 기관과 연방 기준이 잘 지켜지고 있는지를 감독위원회는 주관기관과 함께 점검한다. 정부기관은 실험실 상태를 정기적으로 검사한다. 미국 국립보건원, 식품의약국 또는 질병관리본부로부터 연구자금을 지원받기 위해서는, 연구자들은 국립과학원이 제정한 실험동물의 사용 및 관리에 대한 가이드에 명시된 관리기준을 반드시 따라야 한다. 연구의 비용이 소요되더라도 대부분의 기관은 그 가이드라인을 준수하려고 한다. 연구자들은 동물연구에 필수적인 Three Rs을 이뤄내려고 노력해야 한다.

- 실험에 사용하는 고등동물(고양이, 개, 영장류)의 숫자 줄이기(reduce)
- 가능하다면, 동물을 대신할 수 있는 모델로 대체하기(replace)
- 가능한 한 인도적으로 진행하도록 시험조건을 개선하기(refine)

수의학: 인간과 동물을 위한 이점

모든 동물실험이 사람을 위해서만 수행되는 것은 아니다. 수의사도 연구에 참여하게 되는데, 동물병원의 연구자가 애완동물의 암 치료 연구에 참여하기도 한다. 동물과 사람의 암은 매우 유사하기 때문에, 한쪽에서의 연구성과가 다른 쪽에 유용한 정보가 된다. 예를 들어, 유방암의 65%에서 발견되는 BRCA1 유전자는 개의 BRCA1 유전자와 유사하다. 개와 사람의 유방암이 서로 유사하다는 점은 오래전부터 알려져 왔지만, 개에서 종양세포가 주위 조직에 영향을 미치는 방식이 사람에서도 같다는 점은 2017년에 와서야 취리히대학의 연구자에 의해 알려지게 되었다. 이로 인해 애완동물의 암 치료를 위한 임상시험 결과가 사람에게 적용될 수 있는 길을 열게 되었다.

유방암을 일으키는 BRCA1 유전자와 같이 암을 유발한다고 알려진 많은 유전자들은 암에 걸릴 가능성이 많은 가족들에 대해 연구함으로써 밝혀지게 되었다. 특정 암에 걸리기 쉬운 품종의 개가 있다면, 그 품종은 암에 취약한 유전적 특징을 가지고 있다는 점을 의미한다. 미국의 듀크 암연구소와 노스캐롤라이나 주립대학의 수의과대학이 전략적 제휴관계를 맺었으며, 개의 비교종양학 연구를 위한 컨소시엄을 통해 암 전문의와 연구원들이 공동으로 연구과제를 수행할 수 있었다.

17.2 클로닝

성장이 끝난 동물 유래의 핵으로부터 새로운 동물을 생산한다는 것은 과학 분야에서의 획기적인 성과로서, 1997년도에 이루어진 돌리가 최초의 예이다. 하지만 이러한 기술이 사람에게도 적용될 수 있다는 점에서 논쟁의 대상이 되었다. 여기서는 클로닝 방법들과 이와 관련된 쟁점들에 대해 논의하기로 한다.

돌리(Dolly)의 탄생: 클로닝 연구의 획기적인 발전

다른 고등동물과 같이, 사람도 부모로부터 각각 한 벌씩의 유전자를 받는다. 유전자의 혼합은 또 다른 가능성으로 다가온다. 이를 증명하기 위하여 어떤 대가족의 아이들을 살펴보자. 어떤 아이는 곱슬머리를 가질 수 있고 다른 아이는 생머리를 가질 수 있다. 어떤 아이는 혀를 말 수도 있으나 다른 아이는 혀를 말지 못할 수도 있다. 어떤 아이는 다른 아이가 가지고 있지 않은 유전 질환을 가질 수도 있다. 이러한 불확실성을 클로닝 기술로 제거할 수 있다. 어떤 동물을 복제하기 위해 클로닝 기술이 사용될 때, 오직 한쪽만이 유전정보 기여자가 된다. 만약 공여자(donor) 양이 길고 부드러운 털을 가졌다면, 복제 양도 그럴 것이다. 즉, 자손은 부모와 유전적으로 동일하게 프로그래밍된다는 것이다.

쌍자생산(embryo twining; 배아를 반으로 분할함)은 클로닝에 대한 첫 번째 단계이다. 최초의 성공적인 사례는 유전적으로 동일한 두 마리의 건강한 쌍둥이 송아지를 생산한 실험이다. 성체로부터 클론을 생산하기 위해서는 공여자(donor)로부터 얻은 DNA가 난자(egg)에 반드시 삽입되어야 한다. 그 첫 번째 과정으로, 공여자 동물로부터 세포들을 모아 저영양 배지에서 배양한다. 이 세포들은 살아 있지만 매우 굶주려 있는 상태이기 때문에, 세포들은 분열을 멈추고 관련된 유전자들이 불활성화된 상태가 된다. 이러한 과정을 통해 공여자 세포들은 수용자(recipient)의 난자로 들어갈 준비가 된다.

난자 자체는 탈핵(enucleation) 과정을 통해 준비된다. 피펫으로 난자의 핵에 있는 DNA를 조심스럽게 빨아낸다. 다음으로 연구자들은 원하는 유전물질을 난자로 전달하는 방법을 결정하여야 한다. 호놀룰루 기술이라고 알려진 또 다른 방법은 핵이 제거된 난자의 중앙에 수여자 세포의 핵을 직접 주입하는 방법이다. DNA가 난자로 전달되고 난 후에는 발생과정이 일어난다. 새로운 세포는 마치 성체세포라기보다는 배아세포처럼 행동하는 반응을 보이게 된다. 모든 과정이 원활하게 진행된다면, 일반적으로 수정란에서 일어나는 것과 같이 세포분열이 일어나게 된다. 초기 며칠 동안 배아가 배양기 속에서 자라면서 준비가 되면 대리모로 전달됨으로써 임신이 이루어지게 된다. 대리모는 수여자와 유전적으로 동일한 클론을 생산하게 될 것이다. 이러한 방식으로 클론이 성공적으로 만들어진 종에는 양, 염소, 돼지, 소 및 멸종 위기에 처한 들소 등이 포함되어 있다.

클로닝 기술의 한계

클로닝 기술에도 그 한계가 있다. 첫 번째, 공여자 세포는 반드시 살아 있는 생물로부터 얻어진 것이어야 한다는 점이다. 영화 "쥬라기 공원"에서 자유롭게 살던 공룡들은 공상과학소설에서나 존재하는 것으로 봐야 할 것이다. 또한 대부분의 전문가들은 살아 있는 맘모스 세포를 찾아서 클로닝하고 코끼리나 다른 먼 친척관계의 동물에게 성공적으로 전달하여 생산한다는 것은 가능성이 거의 없는 일이라고 생각한다.

핵이식기술은 사람에 있어서 유전자 교정에도 활용할 수 있다. 미토콘드리아병은 세포의 발전소라고 할 수 있는 미토콘드리아 유전자 200여 군데의 돌연변이에 의해 발생한다. 돌연변이가 발생하는 세포 또는 유전자에 따라 근무기력증이나, 간질환, 당뇨, 발작, 발육지연, 시력 저하 등의 질병이 유발된다.

최근 솔크(Salk) 연구소에서는 이러한 문제의 해결책에 한 단계 더 접근하였다. 그들은 환자의 세포를 돌연변이가 없는 건강한 줄기세포로 되돌려 놓았다. 그들의 접근방법은 환자의 피부세포의 핵을 건강한 미토콘드리아를 가진 공여자 난자에 도입한 후에, 이 난자가 전능성 줄기세포를 만들어내도록 하는 것이었다. 이러한 방법을 통해 건강한 사람의 미토콘드리아가 전달되고, 환자 세포와 유전적으로 매우 유사하고 건강한 세포를 만들어낼 수 있었다. 이러한 사실은 돌연변이가 제거된 줄기세포를 만든 후에 심장, 뇌, 근육, 안구세포 등을 생산할 수 있다는 것을 의미한다.

심지어 필수 유전형질을 가지도록 세심하게 교배해 온 경주마들도 유전적인 요소보다 다른 요인이 더 중요한 영향을 미친다. 달리는 즐거움이나 승리에 대한 의지는 유전자에 암호화되어 있지 않다. 좋은 종마를 찾기 위해 DNA를 살펴보는 것은 분명해 보이지만, 가장 보수적인 스포츠로서 수 세기 동안 내려온 전통에 반하는 것이며, 분자유전학에 대한 의심이 만연하게 된다. 2012년에 국제승마스포츠연맹이 복제말도 차기 올림픽 경기에 참가할 수 있다고 발표했음에도 불구하고, 영국기수클럽은 혈통을 검증하기 위한 유전자 검사 및 복제 말 사용금지를 주장하고 있다.

더 중요한 사실은, 돌리 이후로 클로닝 방법들이 개선되었음에도 불구하고 실제로 성공률이 매우 낮다. 돌리는 277번의 시도 끝에 나온 결과물이었다. 이러한 시도들 중에는 29개의 배아만이 6일 이상을 생존하였으며, 29개 중에서 오직 돌리만 태어나게 되었다. 과학자들은 여전히 클로닝 과정에서 예기치 못하게 발생하는 문제에 대해 이해하려고 노력하고 있다.

심지어 더 중요한 문제는 클론(복제물)이 실제보다 더 나이를 먹어간다는 것이다. 돌리의 세포가 실제보다 더 나이를 먹었다는 것을 알게 되었을 당시에 이미 문제가 되었다. 이것은 몇 가지 이유를 통해 설명될 수 있다. 우리 몸에 있는 각각의 세포는 유전적 특징을 결정하는 염색체를 가지고 있다. 각 염색체의 말단에는 텔로미어(telomere)라고 불리는 고도로 반복된 DNA 서열이 존재한다. 세포가 복제되면서 분열할 때마다 텔로미어 길이가 짧아진다. 이러한 현상을 통해, 살아 있는 세포 내부에 생물학적 시계가 정말로 존재한다는 것을 알 수가 있다. 세포의 염색체 나이는 텔로미어의 길이를 조사해 보면 알 수 있다. 텔로미어를 연구하면 생물체 노화의 흔적이 나타난다. 돌리의 텔로미어는 같은 해에 태어났던 다른 새끼양들의 텔로미어와 같지 않았고, 오히려 돌리의 공여자나 돌리보다 6살 정도 더 나이를 먹은 양의 텔로미어와 길이가 같았다.

돌리 이후에 다른 8종의 생물(소, 생쥐, 돼지, 양, 토끼, 고양이, 노새, 말)도 복제되었지만 핵이식은 여전히 매우 비효율적인 과정이며(성공률은 약 2%), 제한된 숫자의 복제물만 존재한다. 그럼에도 불구하고, 텔로미어 길이가 핵이식 기술의 낮은 성공률과 관계없는 것으로 보인다. 최근에 공여자 세포의 텔로미어 길이가 미치는 영향에 대해 조사한 바 있다. 즉, 공여자의 다양한 부위, 즉 근육, 난관, 유방, 귀 피부세포 등에서 채취한 핵을 사용하여 14마리의 송아지를 복제하였는데, 공여자의 세포 타입에 따라 텔로미어 길이가 세 구간(normal, shorter, longer)으로 구분되었다.

세포 배양시간이 하나의 변수가 될 수 있다. 실제로 세포 배양시간이 짧을수록 공여자 세포핵의 텔로미어 길이가 대조구와 비슷한 반면, 세포 배양시간이 지나치게 길어지면 텔로미어 길이도 길어진다는 점이다. 그 이유는, 세포 배양시간이 짧으면 짧을수록 텔로미어 길이가 긴 상태로 전달된다는 점으로 설명될 수 있다. 반대로, 세포 배양시간을 극단적으로 늘리면 텔로미어를 훼손하게 되고, 이에 따른 회복기작이 작용함으로써 텔로미어 길이가 지나치게 길어지게 된다.

이러한 클리닝의 어두운 면 외에 클로닝은 희망적인 부분도 가지고 있다. 연구자들이 텔로미어를 재생시키는 텔로머라제(telomerase)라는 효소를 연구함으로써, 클론에서 텔로미어가 짧아지는 문제점을 규명하고 있다. 이 효소는 노화와 관련된 많은 질병들을 이해하고 예방하는 데 중요한 역할을 할 수 있을 것이다.

그렇다면 클론이 왜 필요할까? 여러 가지 이유가 있는데, 유전자 구성을 정확히 알고 있는 동물을 다수 확보하면 많은 장점이 있다. 먼저, 클론은 의학 연구에 이용할 수 있다. 즉, 유전적 특성이 동일한 클론을 대상으로 실험하면, 유전적 소인에 의한 변수를 배제한 상태로 실험결과를 쉽게 정리할 수 있다. 클론은 또한 발생, 노화 및 질병의 세포 분자적 비밀을 여는데 신기원을 제공할 수 있다.

멸종위기에 처해진 동물들의 경우에도 계통군을 유지하기 위하여 클로닝을 생각하는 것도 꼭 필요한 이유가 될 수도 있다. 동물을 보존하기 위하여 클로닝기술을 이용하는 것이 이미 받아들여지고 있다. 종간 배아이식기술이 아프리카 살쾡이를 위한 대리모를 제공하는 데 성공적으로 이용되었다. 들소의 송아지인 노아(Noah)는 암소를 대리모로 이용하여 만들어진 클론인데, 후에 클로닝 과정과 관계없이 감염으로 인해 사망하였다. 이와 같이 실망스러운 결과에도 불구하고 흑곰을 대리모로 하여 팬더를 복제하려는 노력이 진행 중이다.

유전자변형동물을 이용한 인체장기 개발

매일 EU에서는 16명씩, 미국에서는 22명이 심장이나 간 등의 장기이식을 기다리면서 죽어가고 있다. 부족한 장기를 해결할 수 있는 하나의 방법은 실험실에서 대체 장기를 키우는 것이다. 스페인의 샌안토니오 카톨릭대학과 미국 샌디에이고의 Moxie 재단 연구자들은 이러한 아이디어를 시험하기 위해 국제 컨소시엄을 구축하였다. 2015년에 그들은 사람 유래의 유도만능줄기세포(iPSCs)를 돼지 배아에 도입하였다. 배아가 성장함에 따라, 각 세포의 정확한 위치가 결정되면서 내막(inner layer), 중막(middle layer), 외막(outer layer)을 형성하게 된다. 내막에 존재하는 특정 세포는 미세한 환경하에서 Pdx1 유전자 활성화에 의해 유도된 신호에 의해 반응하게 되고, 이어서 췌장의 성숙을 유도하는 많은 유전자가 활성화된다. 중막에 위치한 몇몇 세포는 신장 형성을 유도하는 Six2 유전자가 활성화되면서 유도된 신호에 반응한다. 생체 내의 모든 세포는 동일한 유전자를 가지고 있지만, 발생과정 중에 어떤 유전자가 활성화되는지 여부에 따라 만들어지는 조직의 종류도 다르게 된다. 즉, Pdx1 또는 Six2 유전자 하나가 췌장이나 신장 형성을 유도하는 모든 경로를 활성화시킬 수 있다. 췌장 성장에 필수적인 유전자를 제거함으로써, 인슐린 생산기관이 없는 돼지 배아를 생산할 수 있었다. 사람 유래의 Pdx1 유전자를 가진 줄기세포를 이식하게 되면, 사람 유래의 취장을 가진 돼지가 만들어질 것이다. 세포의 발생과정이 정상적으로 이루어진다면, 사람 유래의 기관을 가진 돼지가 만들어질 것이다. 위의 연구팀은 두 가지를 조합한 키메라(chimera)가 임신 중에도 무사히 생존할 수 있도록 하기 위해, 사람 유래 줄기세포와 동물 배아를 최적의 조건에서 준비할 수 있도록 연구하고 있다. 아직도 많은 숙제를 안고 있기 때문에 비록 지금은 완전히 성숙한 기관을 만들 수 없지만, 10년 이내에 이러한 숙제가 해결될 수 있을 것으로 예상된다.

오래전 바이러스 감염의 흔적인 돼지 내인성 레트로바이러스(porcine endogenous retrovirus, PERV) 유전자가 돼지 유전체 곳곳에 산재하고 있는데, 돼지 유래의 심장이나 폐, 신장 등을 사람이 이식받을 경우에 이 바이러스에 감염될 수 있다. 미국의 eGenesis 사는 이러한 바이러스를 모두 제거했다고 발표하였다. 이미 몇몇 산업체 및 학계 연구소는 CRISPER 유전자 편집기술을 사용하여 PERV 유전자가 제거된 돼지를 탄생시켰다. PREV-free 돼지를 만들기 위해서는, 먼저 살아 있는 돼지로부터 유전적으로 정상적인 세포를 채취하는 일이다. eGenesis 사는 덴마크-중국 공동연구팀과 함께, 돼지 태반의 연결조직으로부터 세포를 채취한 후에, CRISPER 편집기술을 적용하였다. 이어서 CRISPER 편집기술을 적용한 세포의 핵을 돼지 난소에서 채취한 난자에 도입하였다. 다음으로, 각 난자들이 배아로 발생하도록 유도하였으며, 이를 대리모의 태반에 착상시켰다.

PERV가 돼지장기 이식에 결정적인 장애물은 아니다. 사람에게 면역거부반응을 일으키는 유전자를 제거하고, 사람 혈액과 상호작용함으로써 발생하는 독성을 억제하는 유전자를 도입하는 것이 앞으로 필요할 것이다.

17.3 유전자이식 동물

식물 생명공학에서 유전자이식 기술에 대하여 이미 다룬 바 있다. 새로운 유전물질을 도입하는 과정은 식물에만 국한되지 않는다. 이 과정은 동물에도 이용될 수 있다. 앞선 장에서 미생물과 다른 생물체로부터 생산된 단백질의 차이점에 대해 몇 가지 살펴보았다. 단백질의 구조 차이가 작기 때문에, 세포와 동물을 배양하는 것은 적절한 구조가 필요한 경우에 대한 좋은 해결책이 될 수 있다. 생명공학에서 가장 흥미로운 개발은 유전자이식 동물에 관한 연구이다.

동물 유전자이식의 첫 번째 실험은 세포수준에서 이루어졌다. 새로운 유전자가 세포에 도입되어 배양한 후에 세포에 미친 영향이 관찰되었다. 클로닝 기술이 가능해짐에 따라 유전자이식 기술은 새로운 길을 열게 되었다. 단일세포를 조작하는 대신에 많은 수의 세포에 유전자가 도입되었으며, 그 중에서 원하는 유전자가 도입된 세포를 찾아내는 것이다. 원하는 세포가 선발된 다음, 단일세포로부터 완전한 동물로 자라도록 하는 데 이용될 수 있다.

유전자이식 기술

새로운 유전물질을 동물에 도입하기 위하여 다양한 방법들이 사용될 수 있으며, 새로운 방법들이 계속적으로 개발되어 개선되고 있다. 여기에 몇 가지 기술들을 간단히 하고자 한다.

- 레트로바이러스 매개성 유전자이식(retrovirus-mediated transgenics)은 마우스의 배아(embryo)가 이식되기 전에 먼저 레트로바이러스로 배아를 감염시킨다. 이때, 레트로바이러스는 새로운 DNA를 전달하는 운반체(vector)로 작용한다. 이 방법은 전이유전자(transgene)의 크기에 제한이 있고, 바이러스 자체의 유전자 서열이 유전자이식 과정을 방해할 수도 있어서 유전자이식을 오히려 무작정 수행한 프로젝트가 될 수도 있게 만들 수도 있기 때문에 적용하는 데 있어서 제한이 있다.
- 전핵 미세주입법(pronuclear microinjection)은 접합자(zygote) 발생과정 중의 가장 초기 단계에 외래유전자 DNA를 주입시키는 방법이다. 즉, 정자와 난자세포가 융합될 때 DNA를 정자 또는 난자의 핵에 직접 주입한다. 새로운 DNA를 직접 주입하기 때문에 DNA 운반체(vector)가 별도로 필요하지 않다; 첫 번째 세포분열을 위해 유전체가 2배로 되기 전에 외래유전자가 유전체에 통합되며, 따라서 새롭게 탄생하는 동물의 모든 세포에 외래유전자가 존재한다.

- 배아줄기세포 방법(embryonic stem cell method)은 배반포(blastocyst)의 내부 세포덩어리로부터 배아줄기세포들을 채취한 다음, 도입할 유전자와 배아줄기세포들을 잘 혼합한다. 몇몇 배아줄기세포에는 DNA가 흡수되어, 새로운 유전물질에 의한 형질전환이 일어난다. 이렇게 유전자이식된 배아줄기세포들을 숙주의 배반포 내부 세포덩어리에 주입한다.
- 비슷한 방법인 정자매개성 전이(sperm-mediated transfer) 방법은 정자세포에 DNA가 부착될 수 있도록 연결 단백질(linker protein)을 사용한다. 정자세포가 난자에 수정될 때 유용유전자가 함께 들어갈 수 있게 된다.
- 마지막으로 유전자총(gene gun) 방법 역시 마찬가지로 동물세포에 이용될 수 있다.

낙농산업에서의 유전자변형동물

낙농산업 또한 유전자 개량의 대상이 될 수 있다. 연구자들은 우유 생산량 증가뿐만 아니라 단백질이 더 풍부하고 지방은 줄인 우유를 만들기 위하여 유전자이식 기술을 이용해 왔다. 유전자이식 기술과 핵전이기술로 만들어진 황소인 Herman은 인간 유래의 락토페린(lactoferrin)에 대한 유전자를 가지고 있다. 유아의 건강한 성장에 필수적인 철분 함량이 모유에 높은 이유는 락토페린 유전자 덕분이다. Herman의 자손도 락토페린 유전자를 가지고 있다. 이와 같은 방식으로, 사람 유래의 다클론항체(polyclonal antibody)가 소의 혈장에서 만들어지도록 할 수 있다. Herman의 송아지들은 아이들 맞춤식 우유를 생산하는 첫 번째 예가 될 것이다.

또 다른 중요한 발전은 식량생산을 위해 사육되는 동물들의 질병을 감소시켰다는 점이다. 2000년 영국에서 구제역(foot-and-mouth)이 급속히 확산됨으로써, 양과 염소뿐만 아니라 엄청난 숫자의 젖소와 육우가 폐사되었다. 이러한 손실은 농부들에게는 대재앙이었으며, 국가의 농산업에 엄청난 타격을 주었다. 미국에서도 구제역 확산에 대한 걱정으로 인해, 영국에서 수입된 양이 구제역 검사에서 양성을 나타내지 않았음에도 불구하고 모두 몰수하여 폐사시켰다. 향후에도 질병이 발생할 조짐이 대비하여, 연구자들은 질병예방 유전자 연구뿐만 아니라 구제역 저항성 동물을 개발하고 있다. 이와 비슷한 연구과정들은 돼지콜레라나 닭의 뉴캐슬병을 예방하는 데도 도움이 될 것이다.

미국 메릴랜드에 있는 미국 농무부의 연구자들은 박테리아 감염에 의해 유발되는 유선의 염증인 유방염(mastitis)에 저항성을 갖는 젖소를 만들기 위하여 유전공학기술을 이용하고 있다. 황색포도상구균(*Staphylococcus aureus*)과 같은 세균이 유선에 감염되면 짧은 시간에 퍼지게 되면서 낙농산업에 수십억 달러의 손실이 발생한다. 과학자들은 황색포도상구균과 가까운 *S. simulans* 유래의 유전자를 가진 유전자이식 젖소를 만들었는데, 이 젖소는 황색포도상구균을 죽이는 라이소스타핀(lysostaphin) 단백질을 생산한다. 이 유전자이식 젖소가 유방염에 대하여 저항성을 나타내는 것을 예비실험 데이터들이 제시하였으나, 과학자들은 좀 더 신중해야 한다. 황색포도상구균이나 다른 미생물에 의한 감염으로부터 이러한 유전자이식 동물들이 완전하게 보호된다고 단정할 수는 없으며, 이러한 유전자이식 젖소들이 유방염 유발세균에 대한 소의 저항성을 향상시키는 첫 번째 단계일 뿐인 것을 알고 있다. 낙농산업이 이런 젖소와 다른 유전자변형 소를 받아들일 수 있을지는 향후 지켜보아야 할 것이다.

캐나다 온타리오에 있는 궬프대학의 연구자들은 최근에 침에 인분해효소(phytase)를 발현하는 유전자 이식 돼지, 엔바이로피그(EnviroPig)를 개발하였다. 이 돼지는 일반적인 돼지보다 인 성분이 적은 분뇨를 배출하기 때문에 친환경적이라고 여겨진다. 인은 양돈농가에서 생산되는 주요 오염물질이다. 인분해효소가 양돈사료에서 함유된 인을 분해함으로써, 배설되는 인의 양을 30% 정도 줄일 수 있다.

우리의 식탁에 오르는 식품의 안전성 또한 유전자이식 기술에 의하여 향상될 수 있다. 항미생물 유전자를 산업동물에 도입함으로써 미래에는 식중독이 줄어들 수 있을 것이다. 이러한 기술을 적용함으로써 매년 미국에서 식중독으로 수천 명이 사망하는 것을 줄일 수 있을 것이며, 또한 농업분야에 사용하는 항생제를 줄일 수 있다는 것을 의미한다. 항생제의 남용은 *Salmonella, Listeria* 및 *E. coli*와 같은 식중독세균이 항생제에 대해 저항성을 나타내도록 하기 때문에, 이러한 기술의 도입은 좋은 소식이라고 할 수 있다.

유전자이식 동물을 널리 보급하기 위해서는, 다음 세대에 이식된 유전자를 전달할 수 있는 동물만이 육종에 활용된다. 시장성이 높은 특징을 나타내는 유전자이식 동물이 널리 보급될 것이다. 유전자이식 숫돼지 선발을 위한 3단계의 육종선발프로그램이 제시되고 있는데, 형광 제자리 혼성화법(fluorscence *in situ* hybridization, FISH)과 일반적인 prebreeding 프로그램을 결합한 것이다. 첫 번째 단계는, 유전자이식 동물의 일반적인 표현형(phenotype)과 FISH 기법을 결합하여 유전자이식 숫돼지를 식별하는 것이다. 다음 단계로는, 전통적인 정액판별법과 FISH 기법을 결합하여 고품질의 정액과 유전자도입 정자를 생산하는 개체를 판별하는 일이다. 마지막 선발 단계는, 체외수정란의 생산으로 연결되는, 즉 외래유전자가 도입된 배아를 생산할 수 있는 개체를 FISH 기법을 활용하여 판별하는 것이다. 이러한 프로그램은 돼지 이외의 다른 대동물에도 적용될 수 있으며, 유전자도입 동물의 보급을 위해 경제적이고 효율적인 전략이 될 것이다.

생물반응기(Bioreactor)로서의 유전자이식 동물

단백질은 중요한 생물공학제품이라는 것과, 동물 전체가 생물반응기로서 이러한 단백질들을 생산할 수 있다는 것을 우리 이미 배웠다. 동물생물반응기(animal bioreactor)는 다음과 같이 작용한다. 첫째, 유전자이식 기술을 이용하여 목적 단백질을 코딩하는 유전자를 표적세포에 도입한다. 둘째, 클로닝 기술을 이용하여, 이 세포를 하나의 완전한 기능을 하는 동물 개체로 성장시킨다. 목적 유전자가 도입된 성체가 생산하는 우유나 알에 목적 단백질이 함유된다.

이 기술을 이용한 예는, 강력한 방탄조끼나 수술용 봉합사로 사용되는 바이오스틸(biosteel)이다. 현재 6개의 회사가 서로 다른 기술로 경쟁하고 있다. 기본적으로 "바이오스틸"은 거미줄의 실크 단백질 성분으로부터 만들어지는데, 지구상에서 가장 강력한 섬유 중 하나이다. 거미가 생산할 수 있는 거미줄의 양이 극히 적기 때문에, 과거에는 거미 실크 단백질이 산업소재로서 실효성이 전혀 없었다. Bolt Thread사는 GenBank에 등록된 수천 개의 거미 유전자를 일일이 조사하여 거미줄 생산에 관련된 유전자를 찾아내었다. 유전자이식 기술을 이용하여 염소에 실크 단백질 유전자를 도입함으로써, 유전자가 이식된 염소의 자손들은 거미의 실크 단백질 유전자를 가지게 되었다. 다른 염소들과 마찬가지로 이 염소들은 풀이나 건초, 곡물 등을 먹고 거미줄 실크를 함유한 젖을 생산하게 되었다. 정제과정을 거쳐 염소의 젖으로부터 실크 단백질만을 분리한 다음, 실로 뽑아내어 방탄조끼나 다른 제품들을 생산하는 데 사용된다.

유전자이식 동물은 의약용 단백질을 생산하는 데 이용되기도 한다. 인간 유래의 ATryn 유전자는 혈액 응고억제 단백질을 코딩하고 있는데, 선천적으로 혈전색전증(thromboembolism)을 가지고 있는 환자의 분만 전후나 수술 전후에 필요한 물질이다. 이 유전자를 유선 특이적인 프로모터와 연결하여 염소에 이식함으로써, 염소젖에 발현되도록 하였다. 유전자이식 기술은 구조가 복잡한 단백질을 합성하는 방법에 비해 빠르고 신뢰성이 높으며 비용도 적게 소요된다. 위의 제품은 2009년에 FDA로부터 승인을 받았으며, 선천성 혈전색전증 환자 숫자가 많지 않아 시장성은 적은 편이지만, 다른 용도로 확대될 전망이다. 이러한 유전자이식 시스템은 동물을 생물반응기로 사용함으로써 비용이 상대적으로 적게 소요되기 때문에, 단클론항체와 같이 대량생산이 필요한 다른 단백질의 생산도 연구 중에 있다.

그렇다면 유전자이식 동물의 연구에 염소를 사용하는 이유는 무엇일까? 염소는 번식이 빠르고, 소에 비해 사육비용이 적게 든다. 뿐만 아니라 염소는 젖을 풍부하게 생산하기 때문에 유전자이식 기술을 활용한 제품개발에 이상적이다. 많은 질병들은 단기간에 많은 양의 의약품 투여를 필요로 하는데, 유전자이식 동물은 이를 충당할 만큼 충분한 양의 재조합 단백질 의약품을 제공할 수 있다. 유전자 치료가 널리 활용되기 전까지는, 유전자이식 동물을 활용한 의료용 단백질 생산이 혈우병과 같은 유전 질환을 치료하는 데 가장 매력적인 수단이다. 혈우병은 응고기능 단백질인 항트롬빈 III(antithrombin III) 또는 factor IV의 결핍으로 발생하는 질병이다. 이러한 단백질을 유전자이식 염소로부터 생산하여 미국 식품의약국의 승인을 받기 위한 테스트가 진행 중이다. 유전자이식 동물을 생물반응기로 활용하여 복잡한 구조를 가진 치료용 단백질 생산하게 될 경우, 생산비용을 낮추고 생산효율을 높일 뿐만 아니라 병원균 감염으로부터 안전한 제품을 생산할 수 있다. 하지만 젖을 생산하는 동물만이 생물반응기로 이용되는 것은 아니다. 알을 낳는 동물 또한 생물공학제품을 생산하는 데에 있어 효율적이다. 가금류는 효율적인 번식시스템을 가지고 있기 때문에, 작은 무리에서도 비교적 짧은 시간 내에 수천 개의 알을 생산할 수 있다. 암탉 한 마리가 연간 약 250개의 알을 낳는다. 달걀의 흰자는 약 3.5 g의 단백질을 포함하고 있는데, 흰자의 일부를 재조합 단백질로 대체할 수 있으면 암탉 생물반응기는 생산성이 매우 높은 시스템이다. 라이소자임(lysozyme)이나 약독화 백신(attenuated vaccine) 같은 몇몇 의약품은 이미 계란으로부터 생산되고 있다.

신장모사칩(Kidney on a Chip)을 사용한 약물투여량 결정

병원의 중환자실에서는 환자의 2/3가 심각한 신장 손상을 겪기 때문에 정량의 약물투여가 매우 중요하다. 그럼에도 불구하고 정확한 복용량을 결정하는 것은 매우 어려울 수 있다. 현재 의사나 제약회사에서 약물의 독성이나 안전한 복용량을 측정하기 위해 주로 동물실험에 의존하고 있다. 하지만 동물의 약물대사 과정이 사람보다 빠르기 때문에, 결과를 설명하기 어렵거나 연구자들이 독성을 과소평가하는 경우가 종종 있다.

새로운 기술은 보다 정확하게 약물테스트를 할 수 있게 해 주는데, 생체에 신장의 환경과 매우 유사하다. 약물이 신장 세포에 정밀하게 흘러갈 수 있도록 미세유체 칩(microfluid chip)을 이용한다. 이와 같은 인공적인 장치는 잘 조절된 환경에서 시험을 하기 전에 테스트할 기회를 제공한다. 이러한 장치에서는 신장 세포로 흘러가는 약물의 속도를 조절함으로써 신장의 기능 변화도 관찰할 수 있다. 중환자실에서 일반적으로 사용하는 항생제를 테스트해 본 결과, 하루에 한 번 투여하는 것이 지속적으로 투여하는 것보다 덜 해롭다는 것을 알 수 있었다.

동물에서의 유전자 편집기술

유전체공학 덕분으로 특정 유전자를 쉽고 효율적인 방법으로 제거할 수 있게 되었다. 예전에는 염색체 교차(cross-over)를 유도한 상동재조합 기술이 일반적이었는데, 이는 시간이 오래 소요되었을 뿐만 아니라 오류도 자주 발생하였다. RNA 간섭기술을 개발됨으로써 유전자 침묵(발현억제)을 위한 보편적인 기술이 되었는데, 이 기술은 2006년에 노벨상을 받았다. 실제로, 수년 내에 많은 RNAi 약물들이 FDA 승인을 받을 것으로 예상되고 있다. 이러한 약물은 인체의 특정 장기에 주입될 때 매우 효과적이지만, 혈액을 통해 방출되는 효소에 의해 쉽게 분해될 뿐만 아니라 세포막을 통과할 수 없는 단점이 있다. 다른 유전자 편집기술도 개발된 바 있다. DNA의 특정 부위를 자르는 아연집게 핵산분해효소(zinc finger nucleases, ZFNs) 또는 DNA 결합부위를 가진 인공제한효소(transcription-activator-like effector nucleases, TALENs)가 큰 관심을 불러일으켰는데, 실제로 사용하기가 어려웠다.

사용하기 용이한 새로운 유전자 편집기술이 개발되었는데, clustered regularly interspaced short palindromic repeat(CRISPR)라고 하는 세균의 방어 기작을 활용한 것이다. 이러한 반복서열은 예전에 세포에 들어온 바이러스나 플라스미드 침입자의 DNA 서열을 기록해 두기 위한 것이었다. 이와 같이 RNA에 기반한(RNA-based) 인식시스템을 가지게 되면, 상보적인 DNA 서열을 분해하도록 핵산분해효소를 안내하게 된다. 타깃 DNA에 상보적인 RNA 가이드서열을 합성하여 Cas라고 하는 분해효소에 결합시킨 것을 크리스퍼-캐스(CRISPR-Cas)라고 한다. 크리스퍼-캐스는 2012년에 발견된 이래, 동물 실험실에서 보편적인 유전자 편집기술이 되었다.

17.4 동물에서 인간항체의 생산

항체는 가장 가치 있는 단백질 중의 하나이다. 우리는 동물을 생물반응기로 이용하여 어떻게 항체를 생산하는지를 살펴볼 것이다.

단클론항체

연구자들은 항체의 특이성을 이용하여 인체의 각 특정 부위를 타깃팅하는 항체를 다양하게 활용하는 것을 오랫동안 꿈꿔왔다. 항체가 타깃(항원)에 특이적으로 결합하는 특성을 이용하여, 생체 내에 존재하는 암세포를 효과적으로 찾아내어 파괴할 수 있는 마법의 탄환(magic bullet)이라는 개념이 1980년대에 도입되었다. 항체를 치료용에 사용하는데 있어 주요 한계는 특정 항체를 대량으로 생산하기 어려운 문제이었다. 초기에 연구자들은 유용한 항체 생산을 위해, 항체를 분비하는 종양세포인 골수종(myelomas)을 검색하였다. 그러나 특성에 맞게 항체를 만들도록 골수종을 조작하기가 쉽지 않았다. 이러한 상황이 단클론항체 기술(monoclonal antibody technology)의 개발에 의하여 극적으로 변화되었다.

단클론항체를 개발하기 위해서는 먼저 원하는 항체에 대한 항원(antigen)을 마우스(mouse)나 렛트(rat)에 접종한다. 항원에 대한 면역반응이 나타나면 비장(spleen)을 적출한다. 비장에는 항체생성세포나 림프구(lymphocyte)가 존재한다. 이러한 비장세포들을 항체를 생산하지 못하는 골수종 세포주와 융합시킨다. 융합된 세포(하이브리도마, hybridoma)들은 두 가지 세포의 특성을 다 가진 상태가 된다. 즉, 골수종세포처럼 빠르게 증식할 뿐만 아니라 특정 항체를 생산한다. 한 번의 융합실험을 통해 수백 종류의 하이브리도마들이 생성될 수 있다. 다음으로, 하이브리도마 중에서 원하는 항체를 대량으로 생성하는 클론을 선발한다. 선발된 클론으로부터 특정 항체를 대량으로 생산할 수 있게 된다.

단클론항체 제품은 현재 암이나 심장 질환, 장기이식 거부현상 등의 치료에 사용되고 있으나, 항상 긍정적인 결과만 나오는 것은 아니다. 초기에는 면역원성(immunogenicity)이라는 한계가 있었다. 마우스의 하이브리도마 세포를 이용하여 단클론항체를 생산하는 고전적인 방법은 환자에게 면역반응을 유발하였다. 즉, 마우스의 하이브리도마 세포는 마우스 유래의 항원이기도 한데, 사람에게 바람직하지 않은 면역반응을 일으켰다. 환자 몸에 주입된 단클론항체가 빠른 시간 내에 제거되기 때문에, 치료효과가 지속되지 않았다. 연구자들은 이런 현상을 인간 항마우스 항체반응(human antimouse antibody response, HAMA)이라고 명명하였다. 이러한 문제를 해결하는 방법은 사람에 가까운 단클론항체를 만드는 것이었다. 마우스의 항원을 제거하거나 키메라 세포를 만드는 일은 비용과 시간이 많이 소요되는데다가, 여전히 단클론항체는 HAMA 반응을 유발하였다. 연구자들은 이러한 문제점을 해결하는 데 주력하고 있으며, 다른 생물체에서도 단클론항체를 생산하고 있다. 2010년 기준으로 미국 FDA부터 승인된 치료용 단클론항체는 22개이다. 이 중 3가지를 제외한 모두는 면역원성을 줄이기 위하여 조작된 것들이며 대부분은 사람의 유전자 서열을 가지고 있다. 인간화된 단클론항체 생산 유전자를 도입한 마우스 33종류 이상이 상업화를 위해 연구 중에 있다.

2007년 미국 FDA는 동물에서 생산되었지만 사람에서 면역거부반응을 나타내지 않는 항체를 최초로 승인하였다. 이 항체는 사람의 면역유전자를 녹인(knock-in)한 유전자이식 마우스로부터 생산된 - Panitumab - 이라는 제품으로서, 미국 캘리포니아에 있는 암젠(Amgen)이라는 회사에서 생산되었다. 이 항체의 제조과정은, 마우스의 항체(heavy chain과 light chain)를 불활성화시키고, 같은 부분에 해당하는 사람의 항체 유전자를 불활성화된 부위에 상동재조합(homologous recombination) 방법으로 도입하는 것이었다. 이 연구에는 마우스 유래의 배아줄기세포를 사용하였으며, 마우스 배아에 주입함으로써 동물 생산까지 이루어졌다. 이 유전자이식 마우스(xenomice)들은 상피세포성장인자 수용체(epidermal growth factor receptor)에 대한 항체를 생산하였으며, 이 항체를 정제한 후에 직장암 치료용으로 사용되었는데 HAMA 반응을 유발하지도 않았다. 이러한 기술이 개발된 이후로 줄곧 과학자들은 인간화된 또는 키메라(chimera) 항체의 부작용을 제거하기 위해, 완전히 인간화된 항체 개발을 위해 노력하였다. 2016년 11월에 기준으로, 완전히 인간화된 단클론항체 치료제 16개 중에서 13개가 유전자이식 마우스를 이용한 것이었다. 단클론항체들은 암, 심장 질환, 염증성 질환, 황반변성, 장기이식 거부반응, 다발성경화증, 바이러스 감염 등의 치료제로 승인되었다.

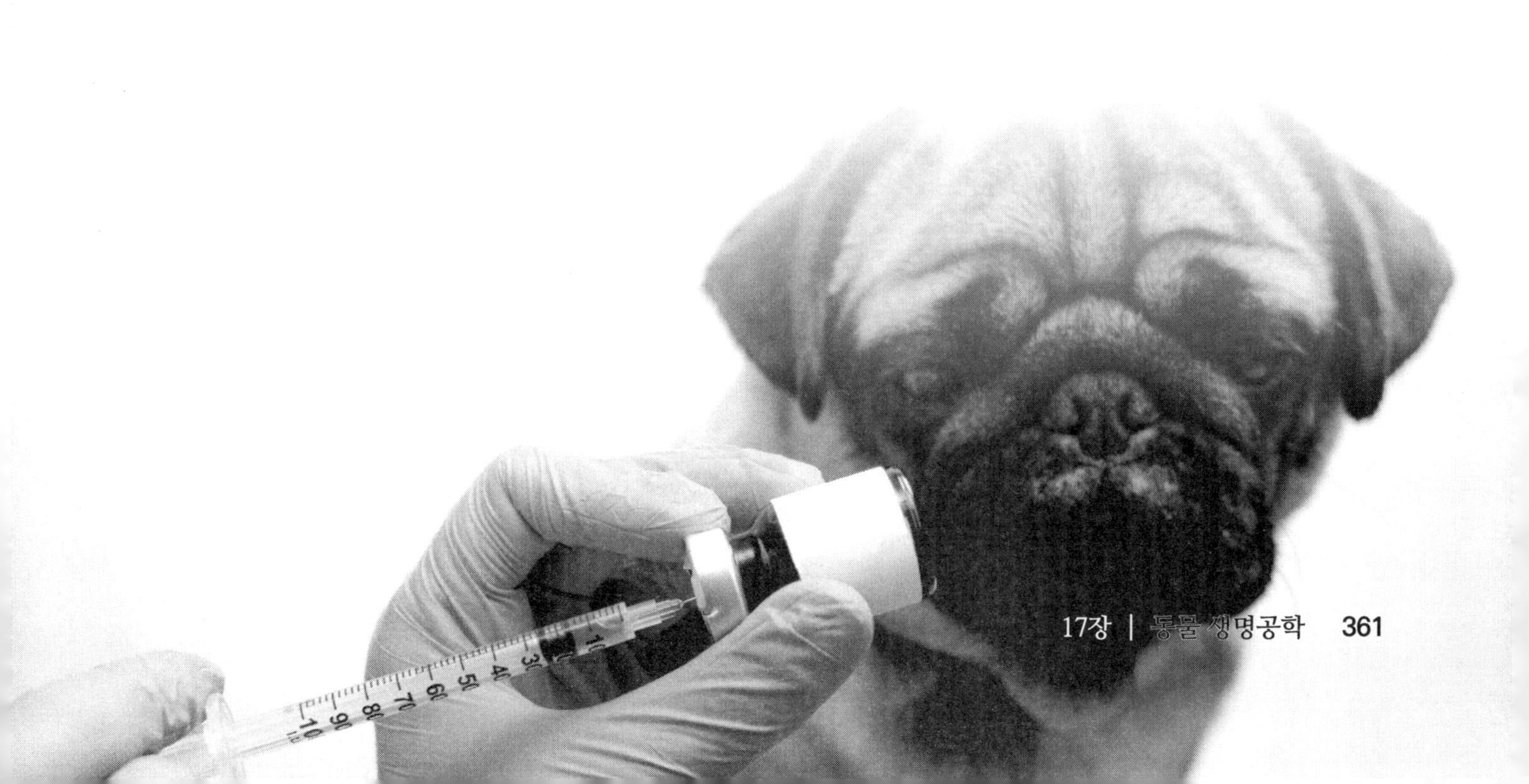

18장

DNA 법의학

생명공학의 기초가 되는 유전학은 오늘날 가장 영향력 있는 과학일 것이다. 농업, 고고학, 의학적 진단, 그리고 질병 치료 같은 다양한 분야의 기술들에 극적인 영향을 미친다. 현대 유전학에 의해 가장 크게 영향을 받은 분야 중 하나는 법의학이다. 법의과학(forensic science) 혹은 법의학(forensics)은 형사사건이나 민사사건에 관한 사실들에 대해 발생하는 질문들에 답하기 위해 기술적이고 과학적 접근을 사용한다. 1986년 이전의 법의학자들은 특정 개인이나 용의자들과 증거를 연결시킬 수 있는 일련의 기술이나 도구들이 제한적이었다. 여기에는 혈액형 검사나 지문 분석 등 믿을만한 방법들도 포함되어 있지만 깨문 자국 비교나 모발 미세분석 같은 신뢰할만하지 못한 많은 방법들도 포함된다.

1986년에 DNA 프로파일링(DNA profiling)이 처음으로 법의학에 사용된 이래로 법의학적 DNA 지문분석(forensic DNA fingerprinting) 혹은 DNA 타이핑(DNA typing)이라고도 불리는 DNA 법의학(DNA forensics)은 경찰이 생물학적 물질들의 출처를 밝히는 중요한 방법이 되었다. DNA 프로파일들은 이제 담배꽁초나 우표에 남은 침으로부터, 범죄현장에서 발견된 애완동물의 털로부터, 혹은 실핀 머리 크기의 혈액 얼룩 등으로부터 얻어질 수 있다. 비록 불에 탔거나 시간이 오래되어 분해된 생물학적 시료들이라도, 개인의 정체성이나 무죄 혹은 유죄 등을 결정하는 데 도움을 줄 수 있는 DNA 프로파일을 생성할 수 있다. 이제 수사관들은 범죄현장의 증거로부터 생성된 프로파일들과 맞춰보기 위해, 저장된 DNA 프로파일들이 있는 커다란 데이터베이스를 검색한다. DNA 프로파일링은 중대 범죄뿐 아니라 사형선고를 선고받았던 수많은 사람들의 무죄를 증명했다. 법의과학자들은 2004년 아시아의 쓰나미와 2001년 9월 11일 뉴욕의 테러 공격 같은 큰 재난들로부터 희생자들을 확인하는 데 DNA 프로파일링을 이용한다. 그들은 또한 멸종위기종을 밝히고 불법적인 야생생물 매매로 거래되는 동물들을 찾아내는 데도 법의학적인 DNA 분석을 이용한다. DNA 법의학 분석의 힘은 대중의 상상력을 사로잡았으며, 인기 있는 여러 TV 시리즈들에 DNA 법의학이 등장한다.

DNA 프로파일링의 응용은 법의학적인 수사를 넘어서 확장된다. 여기에는 친자확인과 가족관계 검사, 식물 성분의 확인, 군인 사상자들의 확인, 그리고 진화 연구 등이 포함된다.

우리가 법의학적 DNA 분석에 대한 기초를 이해하는 것은 매우 중요하다. 교육받은 시민으로서, 우리는 법의학의 사용과 잠재적 남용을 감시할 필요가 있다. 비록 DNA 프로파일링이 하나의 기술로 잘 검증되어 있으며 법의학적 확인의 황금률로 생각되고는 있지만, 논란이 없는 것은 아니며 법적 감독이 필요하다. 이 장에서는 어떻게 DNA 프로파일링이 이루어지며 어떻게 프로파일들의 결과가 해석되는지 살펴볼 것이다. 또한 DNA 데이터베이스와 DNA 프로파일링과 관련된 잠재적 문제점들, 그리고 이 강력한 기술들의 미래에 대해서도 배우게 될 것이다.

18.1 DNA 프로파일링 방법들

VNTR-기반 DNA 지문분석

DNA에 기반한 신원 확인의 시대는 1985년, 알렉 제프리스(Alec Jeffreys) 박사가 소위성(minisatellites) 혹은 가변 수 직렬 반복서열(variable number of tandem repeats, VNTRs)이라고 알려진 DNA 좌위들을 발표하면서 시작되었다. 앞서 설명했던 바와 같이 VNTR들은 유전체의 비암호화 지역에 위치하며 15~100 bp 길이의 DNA로 구성되며, 한 단위가 여러 번 반복된다. 각 VNTR 좌위에서 반복되는 횟수는 사람마다 다르기 때문에 이 좌위는 사람에 따라서 길이가 1~20 kb가 될 수 있다.

VNTR들은 집단 내에서 특정 VNTR 좌위의 가능한 대립유전자(반복된 길이가 다른) 수가 30가지 정도로 많기 때문에 DNA 프로파일링에 매우 유용하다. 이것은 매우 많은 수의 유전자형을 만들 수 있다. 예를 들어, 어떤 사람이 한 집단 내에서 네 개의 서로 다른 VNTR 좌위들을 조사한다면, 각 좌위가 20개의 가능한 대립유전자들을 가지는 경우 이 네 좌위의 프로파일에는 20억 가지 이상(4^{20})의 가능한 유전자형이 존재할 것이다.

VNTR 프로파일(DNA 지문이라고도 알려져 있는)을 만들기 위해서, 과학자들은 조직 시료로부터 DNA를 추출한 후 DNA의 VNTR 반복 서열 양쪽을 제한효소로 절단한다. 절단된 DNA는 젤 전기영동으로 분리되고 서던 블롯으로 분석된다. 요약하자면, 분리된 DNA는 젤에서 막으로 옮겨지고, VNTR 영역 내의 DNA 서열을 인식하는 방사성 탐침자와 혼성화된다. X-선 필름에 막을 노출시킨 후, 밴드 패턴이 측정되는데, 큰 VNTR 반복서열 대립유전자일수록 젤의 상단에 가까이 위치하고, 더 작은 VNTR일수록 젤에서 더 빠르게 이동하므로 젤의 하단부 근처에 남게 된다. 밴드의 양상은 DNA가 뽑힌 조직과 상관없이 특정 개인에서는 동일하게 나타난다. 만약 충분한 VNTR들이 분석된다면, 가능한 VNTR들과 대립유전자들의 수가 엄청나기 때문에 개인의 DNA 프로파일은 독특한 것이 될 것이다(물론, 일란성 쌍둥이는 예외이다). 실제로 과학자들은 DNA 프로파일을 만들기 위해 5~6개 좌위들에 대해 분석한다.

VNTR 프로파일링의 큰 한계점은 그것이 비교적 DNA 시료를 많이 요구한다는 점인데(10,000개 세포 혹은 50 μg의 DNA), 이것은 일반적인 범죄현장에서 발견될 수 있는 양보다 많다. 게다가, 비교적 손상되지 않은 것이어야 한다. 결과적으로, VNTR 프로파일링은 친자확인에서처럼 다량의 조직 시료를 사용할 수 있을 때에만 흔히 사용되어 왔다. 비록 VNTR 프로파일링이 아직도 일부에서 사용되기는 하지만, 다음에 설명할 더 민감한 방법에 의해 대체되고 있다.

상염색체의 STR DNA 프로파일링

중합효소 연쇄반응(polymerase chain reaction, PCR)의 개발은 DNA 프로파일링 방법을 혁신시켰다. PCR 방법들에 대해서는 앞부분에 자세히 설명되어 있다. PCR로 증폭된 DNA 시료를 이용하여, 과학자들은 흔적 시료들(예: 단 하나의 모근이나 혈흔에서 얻은 몇 개의 세포들)과, 오래되었거나 손상된 시료들(야외에서 발견된 뼈나 고대 이집트의 미라 같은)로부터 DNA 프로파일들을 만들어낼 수 있다.

인간의 법의학적 DNA 프로파일링 대부분은 이제 소위성(microsatellites) 혹은 짧은 직렬 반복 서열들(short tandem repeats, STRs)이라고 알려져 있는 유전체 영역을 증폭하여 분석하는 상업용 키트를 이용해 수행된다. STR들은 VNTR들과 유사하지만, 반복된 모티프가 더 짧아서 2~9 염기쌍들이 7~40회 가량 반복된다. 예를 들어, D8S1179라고 알려진 좌위는 4 bp 서열인 TCTA가 대립유전자에 따라 7~20번 반복되어 형성된다. 집단 내에서 발견되는 그 좌위에는 19가지 가능한 대립유전자가 존재한다. 비록 인간 유전체에는 수백 개의 STR 좌위들이 존재하지만 일부분만이 DNA 프로파일링에 사용된다. 현재, FBI와 기타 미연 방법 기관들은 법의학적 분석을 위해 13개의 STR 좌위들을 핵심 세트로 사용한다. 대부분의 유럽 국가들에서는 현재 12개의 STR 좌위들을 핵심 세트로 이용한다.

현재 몇 가지 상업적으로 사용 가능한 키트들이 STR 좌위들의 법의학적 DNA 분석에 이용된다. 방법들은 약간 다르지만 일반적으로는 다음과 같은 단계들을 포함한다. 각 프라이머 세트가 네 가지 형광 염료(파랑, 녹색, 노랑, 빨강) 중 하나로 표지된다. 각 프라이머 세트는 DNA 단편들을 증폭시키도록 고안되는데, 각 단편들의 크기는 증폭되는 영역 내의 반복 횟수에 따라 달라진다. 예를 들어, STR 좌위들인 D19S433, vWA, TPOX, 그리고 D18S51을 증폭하는 프라이머 세트들은 모두 노랑 형광으로 표지된다. 증폭되어 생긴 DNA 단편들의 크기들은 과학자들이 노랑-표지된 산물들을 서로 구분할 수 있도록 해준다. 예를 들어, D19S433 좌위로부터 증폭된 산물의 크기는 약 100~150 bp 길이인 반면, vWA 좌위로부터 생긴 단편의 크기는 150~200 bp 등으로 각 좌위에서 증폭된 산물의 길이가 다르다.

증폭 후에, DNA 시료는 소량의 주형 DNA 시료와 대량의 형광 표지 증폭 산물들을 포함할 것이다. 증폭된 단편들의 크기는 모세관 전기영동(capillary electrophoresis)에 의해 측정된다. 이 방법은 판형 젤 전기영동에 사용되는 것과 유사한 폴리아크릴아마이드 젤로 채워진 얇은 유리관을 사용한다. 증폭된 DNA 시료는 그 모세관의 상단에 올려지고, 전류가 튜브를 통해 흐르게 된다. 음으로 하전된 DNA 단편들은 자신들의 크기에 따라 젤을 통해 양극으로 이동한다. 짧은 단편들은 젤을 통해 더 빠르게 이동하고, 큰 것들은 더 천천히 움직인다. 관의 아래쪽에는 레이저가 각 형광 단편들이 관을 통해 지나가는 것을 추적한다. 이 자료들은 단편들의 크기와 양을 계산하는 소프트웨어에 의해 분석되고, 그래프의 피크로 제시된다. 보통 자동화된 모세관 전기영동 시스템은 한번에 18개의 시료까지 분석하며, 그러한 분석에는 약 30분이 소요된다.

DNA 프로파일링 후에는 하나의 프로파일이 직접 다른 사람의 프로파일 혹은 범죄현장에서 나온 것이나 DNA 프로파일 데이터베이스에 저장된 것과 비교될 수 있다. 개인의 STR 프로파일 유전자형은 그 STR 서열이 반복된 숫자로 표시된다. 과학자들은 통계, 확률, 그리고 집단 유전학을 이용하여 STR 프로파일들을 해석하며, 이런 방법들은 DNA 프로파일 해석하기 부분에서 논의될 것이다.

Y 염색체의 STR 프로파일링

여러 가지 법의학적 적용에서는, 혼합된 시료 내에 존재하는 두 사람 이상의 DNA 프로파일들을 구분하는 것이 중요하다. 예를 들어, 강간 사건에서 나온 질 검사용 면봉에는 여성의 체세포들과 남성의 정자 세포들이 섞여서 존재하게 된다. 게다가, 일부 범죄현장 시료들은 여러 사람의 남성들로부터 나온 증거들을 포함할 수도 있다. 이런 사건들의 경우에는 Y 염색체 DNA에 대한 STR 프로파일링이 유용하다. Y 염색체상에는 DNA 프로파일링에 유용한 200개 이상의 STR 좌위들이 존재한다; 그러나 이들 중 20개 미만이 법의학 분석에 일상적으로 이용된다. Y-염색체의 STR들에 대한 PCR 증폭에는 X 염색체상의 DNA를 증폭하지 않는 특수 프라이머들이 이용된다.

Y 염색체 DNA 프로파일링의 한 가지 제약은 그것이 아버지와 아들, 혹은 남자 형제들로부터 나온 DNA들을 구별하지는 못한다는 것이다. 이것은 Y 염색체가 하나의 단위로 아버지로부터 그 아들에게 직접 유전되기 때문이다. Y 염색체는 재조합을 겪지 않으며, 따라서 Y 염색체상에는 다른 상염색체들보다 유전적 다양성이 더 적게 존재한다. 그러므로 모든 부계 친척들은 동일한 Y 염색체-프로파일을 공유한다. 심지어 분명히 관련이 없는 두 남성이라도 그들의 먼 남자 조상이 같을 경우라면 동일한 Y 프로파일을 공유할 수도 있다.

비록 Y 염색체 프로파일들의 이런 특징들이 몇몇 법의학적 적용에는 한계를 드러내기도 하지만, 이것은 남자 친족들의 DNA가 비교 가능할 경우 실종자를 규명하는 데 도움이 된다. 또한 연구자들은 유전적 계보 연구들에서 부계쪽 계통을 추적하기 위해 이 프로파일을 이용하기도 한다.

미토콘드리아 DNA 프로파일링

DNA 프로파일링 방법 또 한 가지는 미토콘드리아 DNA(mitochondrial DNA, mtDNA) 분석이다. 인간의 개별 체세포에는 200~1700개의 미토콘드리아들이 존재한다. 각 미토콘드리온 입자 하나는 16 kb의 원형 DNA 염색체를 하나 이상 가지고 있다. 미토콘드리아는 세포 내에서 분열하고 세포분열 후에는 딸세포로 분배된다. 미토콘드리아들은 인간의 난자를 통해 수정 과정 중 접합자로 전달된다; 그러나 정자 세포들은 접합자에 미토콘드리아를 거의 기여하지 않기 때문에 이들은 이 소기관을 다음 세대로 물려주지 않는다. 그러므로 개인의 모든 세포들은 어머니로부터 유래한 동일한 미토콘드리아들의 여러 사본들을 가지게 된다. Y 염색체 DNA에서처럼, mtDNA는 재조합이 거의 일어나지 않으며 하나의 단위로 유전된다.

과학자들은 비연관 개인들과 집단 내에서 다양성을 보이는 mtDNA의 부분을 증폭함으로써 mtRNA 프로파일들을 만든다. 흔히 사용되는 두 개의 다양성 영역들은 고가변 영역 I과 II(hypervariable segment I and II, HVSI and HVSII)이다. PCR 증폭 후에는 이 영역들 내의 DNA 서열이 자동 DNA 염기서열화에 의해 결정된다. 그러면 과학자들은 그 서열을 다른 개인이나 범죄 시료들로부터 나온 서열과 비교하여 두 서열이 맞는지를 결정한다.

mtDNA가 세포 내에 상당히 많은 수로 들어 있다는 사실은 범죄현장의 시료들이 소량이고, 오래되었으며, 손상되었을 경우의 분석에 mtDNA 프로파일을 유용하게 한다. mtDNA 프로파일링은 친척들로부터 기준 시료가 비교될 수 있었던 1995년의 스레브레니차 대학살 및 2001년 세계무역센터 공격에서처럼 대량 학살이나 대재난의 희생자들에 대한 신원확인에 특히 유용하다. mtDNA 프로파일링의 주된 단점은 모계 친족이나 자매들로부터 얻은 mtDNA들을 구별할 수 없다는 점이다. Y 염색체 프로파일에서처럼,

mtDNA 프로파일은 오래전 조상(어머니 쪽 조상)을 공유했지만 분명한 비연관 개인들에 의해 공유될 수 있다. 연구자들은 계보학, 진화, 그리고 인류 집단의 이동 등에 관한 연구에 mtDNA 프로파일을 이용한다.

미토콘드리아 DNA 분석들은 야생생물들의 법의학적 사건들에서도 유용하게 이용된다. 불법적인 야생생물 밀거래들이 전 세계에서 수십억 달러의 시장을 형성한다. 종종 생물종이나 동식물 재료의 출처를 규명하는 것은 야생생물 밀거래 사건들에 대한 성공적인 기소를 위한 열쇠가 된다.

단일 뉴클레오타이드 다형성 프로파일링

단일 뉴클레오타이드 다형성들(single-nucleotide polymorphisms, SNPs)은 두 DNA 분자들 사이에서 나타나는 한 개 뉴클레오타이드 차이를 말한다. 이들은 염기쌍 치환이거나 작은 삽입 혹은 결실들이다. SNP들은 유전체와 mtDNA 전체에 걸쳐 약 500~1000 뉴클레오타이드마다 무작위로 발생한다. 이것은 인간 유전체에는 프로파일링에 사용될 수 있는 수백만 개의 좌위들이 존재할 수 있다는 뜻이다. 그러나 SNP들이 일반적으로 오직 두 개의 좌위들만 가지므로, STR들만큼 효율적으로 두 개인을 구분하기 위해서는 많은 SNP들(50 혹은 그 이상)이 DNA 프로파일 만드는 데 사용되어야만 한다.

과학자들은 관심 영역을 증폭하기 위한 특수한 프라이머를 사용하여 SNP들을 분석한다. 그 후 증폭된 DNA 영역들은 여러 가지 방법들에 의해 분석되는데, 자동 DNA 서열화법이나 마이크로어레이에 고정된 탐침자들에 혼성화시키는 방법을 사용한다. 여기에 사용되는 마이크로어레이들은 단일 뉴클레오타이드 차이를 가진 두 DNA 분자들을 구분할 수 있도록 설계되어 있다.

법의학적 SNP 프로파일링은 STR 프로파일링과 비교하면 한 가지 큰 장점을 갖는다. SNP에는 DNA 분자의 오직 한 개 뉴클레오타이드만이 관여되기 때문에, PCR 반응에 필요한 이론적 DNA의 크기는 두 개의 프라이머와 한 개의 뉴클레오타이드만 더한 것(즉, 대략 50 뉴클레오타이드 정도)이 된다. 이런 특징은 심하게 손상된 DNA 시료를 분석하는 데 있어 SNP 분석을 유용한 것으로 만든다. 이런 장점에도 불구하고, SNP 프로파일링은 법의학적 분석에 아직은 일상적으로 사용되지 않고 있다. 그보다 더 자주 사용되는 분야는 계보학과 진화 연구로서, 연구자들은 Y 염색체와 mtDNA 좌위에 대한 SNP 프로파일링을 이용한다.

DNA 프로파일의 해석

DNA 프로파일이 생성된 후에는 그 중요성이 결정되어야만 할 것이다. 전형적인 법의학적 조사에서는, 용의자로부터 나온 프로파일이 증거 시료로부터 나온 프로파일과 비교되거나 기존의 DNA 데이터베이스에 들어 있는 프로파일들과 비교된다. 만약 용의자의 프로파일이 증거 프로파일이나 데이터베이스 자료와 일치하지 않는다면, 수사관들은 그 용의자가 그 시료의 주인이 아니라는 결론을 내릴 수 있다. 그러나 용의자의 프로파일이 증거 프로파일이나 데이터베이스의 자료와 일치한다면, 해석은 좀 더 복잡해진다. 이런 경우에는, 그 두 프로파일들이 같은 사람에게서 온 것이거나 혹은 우연히 동일한 DNA 프로파일을 공유하는 서로 다른 두 사람으로부터 온 것으로 결론 내릴 수 있을 것이다. 어떤 DNA 프로파일이 일치하는 것의 의미를 결정하기 위해서는, 두 프로파일이 우연히 일치할 가능성을 계산할 필요가 있다.

프로파일 확률(profile probability) 혹은 무작위 일치 확률(random match probability) 방법은, 집단 내에서 무작위로 뽑힌 한 사람이 그 증거나 용의자 프로파일들과 동일한 DNA 프로파일을 공유할 산술적 가능성을 알려준다. 다음의 예는 어떻게 프로파일 가능성에 도달하게 되는지를 보여주는 것이다.

이 DNA 프로파일에서 조사된 첫 번째 좌위(D5S818)는 두 개의 대립유전자를 가진다: 11과 13. 집단에 대한 연구들은 이 좌위의 11 대립유전자가 이 집단에서 0.361의 빈도로 출현하며, 13 대립유전자는 0.141의 빈도로 나타남을 보여준다. 집단 유전학에서는 앞에서 설명했던 하디-바인베르크 법칙에 따라, 주어진 한 좌위의 서로 다른 두 대립유전자들이 나타나는 빈도를 p와 q로 표시한다. 우리는 이 DNA 프로파일을 가진 사람이 양친으로부터 무작위로 11과 13 대립유전자를 받은 것으로 추정할 수 있다. 그러므로 이 사람이 어머니로부터 11 대립유전자를 받고, 아버지로부터 13 대립유전자를 받았을 가능성은 $p \times q = pq$로 표현된다. 그리고 이 사람이 아버지로부터 11 대립유전자를 받고 어머니로부터 13 대립유전자들 받을 확률 역시 pq이다. 그러므로 이 사람이 이 좌위에 우연히 11, 13의 유전자형을 가지게 될 전체 확률은 2pq이다. 2pq는 0.102이고 대략 10%가 된다. 이 예로써 오직 하나의 좌위에 대한 DNA 프로파일은 별 정보를 주지 못하는 것임이 확실해지는데, 대략 10%의 사람들이 D5S818 좌위에 11, 13 유전자형을 가질 것이기 때문이다.

DNA 프로파일의 변별력은 조금 더 많은 좌위를 분석에 추가할 때 증가하게 된다. 이 사람의 다음 좌위(TPOX)에 대한 DNA 프로파일은 두 개의 같은 대립유전자인 11로 되어 있다. 대립유전자 11은 이 인구 집단에서는 0.243의 빈도로 출현한다. 양친으로부터 각각 대립유전자 11을 물려받을 확률은 $p \times p = p^2$이다. 표에서 보는 바와 같이 이 좌위에서의 유전자형 빈도는 0.059가 될 것이고 이 집단 내에서 대략 6%를 차지한다. 만약 이 DNA 프로파일이 오로지 단 2개의 좌위들만 포함한다면, 우리는 무작위로 선택된 어떤 사람이 얼마나 자주 표에서 나타낸 유전자형을 가지게 될지를 계산할 수 있을 것인데, 그 두 유전자형의 확률을 서로 곱하기만 하면 된다. 이것은 $0.102 \times 0.059 = 0.006$이 될 것이다. 이 분석은 1000명 중 약 6명이 이런 유전자형을 가질 것이라는 의미이다. 각 좌위에서 나타나는 유전자형들의 모든 빈도를 곱하는 방법은 곱의 법칙(product rule)이라고 불린다. 이것은 DNA 프로파일 해석에서 가장 자주 쓰이는 방법이면서 미국 법정에서도 널리 받아들여진다.

다섯 개의 좌위에 존재하는 모든 유전자형 확률들을 곱하면 우리는 이 DNA 프로파일을 위한 유전자형 빈도를 구할 수 있다. 9×10^{-7}. 이것은 이 인구 집단에서 무작위로 뽑힌 대략 1,000만 명당 9명 정도가 이 다섯 좌위에 대한 DNA 프로파일을 공유할 것이라는 뜻이다.

18.2 DNA 프로파일들의 특이성

DNA 프로파일에서 분석되는 좌위의 수를 늘릴수록 무작위 일치의 가능성은 점점 더 줄어든다. 이론적으로, 충분히 많은 수의 좌위들이 분석된다면 우리는 그 DNA 프로파일이 거의 유일한 것임을 확신할 수 있을 것이다. 현재 북미의 법 집행기관들은 DNA 프로파일을 만드는데 13개 STR 좌위들로 된 핵심 세트를 이용한다. 이 핵심 STR 프로파일의 각 좌위에서 가장 흔한 대립유전자들로 구성된 가상의 유전자형은 100억 명 당 한번 정도 나타날 것으로 기대된다. 따라서 이 프로파일의 빈도는 100억 분의 1이 될 것이다.

이것은 13개의 핵심 STR 좌위 분석에 의해 만들어진 대부분의 DNA 프로파일들이 지구상에서 유일한 것이 되리라는 사실을 제시하기는 하지만, 몇 가지 상황은 이런 해석을 변형시킬 수 있다. 예를 들어, 일란성 쌍둥이는 동일한 DNA를 공유하며, 그들은 DNA 프로파일 역시 동일할 것이다. 일란성 쌍둥이들은 250회의 출산당 한 번 정도의 빈도로 나타난다. 게다가, 형제자매들은 특정 좌위의 한 대립유전자를 약 50% 정도의 확률로 공유할 수 있으며 한 좌위의 두 대립유전자를 25%의 확률로 공유할 수 있다. 부모와 자식 역시 대립유전자들을 공유하지만, 한 좌위의 두 대립유전자를 모두 공유할 확률은 형제자매보다 적다. DNA 프로파일들이 매우 혈연관계가 높은 두 사람으로부터 얻어진다면, 그 프로파일 확률들은 이것을 고려하여 다시 조정되어야 한다. 우리가 여기서 설명한 대립유전자 빈도와 계산들은 인구집단이 충분히 크고 개인 간 연관성이 높지 않으며 근친혼이 많지 않다는 가정에 기초한 것이다. 만약 DNA 프로파일이 작고 서로 연관성이 높은 집단 내에서 분석된다면, 대립유전자 빈도표와 계산은 적용될 수 없을 것이다.

검사의 오류

법조계나 대중 모두 가끔 "범죄현장 시료와 무작위 일치 가능성이 천억(지구 상의 인구보다 많은)분의 1이라는 것을 받아들인다면 그 용의자는 반드시 유죄"라는 말을 한다. 이런 형태의 진술은 검사의 오류(prosecutor's fallacy)라고 알려져 있는데, 이것은 다른 증거 없이 하나의 증거로부터 나온 숫자상의 확률과 죄를 동일시하기 때문이다. 용의자의 DNA 프로파일과 범죄현장 증거 사이의 일치는 죄를 증명하는 필수 조건이 아니다. 인간의 오류들이나 시료의 오염, 혹은 심지어 고의적인 조작 등 많은 이유들 때문이다. 게다가, 증거와 맞지 않는 DNA 프로파일이 그 용의자가 무죄임을 뜻하는 것도 아니다. 예를 들어, 한 용의자의 프로파일은 강간 현장의 정액 시료로부터 얻은 것과 일치하지 않아도 그 용의자는 아직 그 사건에 연루되었을 가능성이 있는데, 아마도 희생자를 제압하거나 하는 방법으로 범죄를 도울 수도 있다는 것이다. 이러저러한 이유들 때문에 DNA 프로파일은 그 사건의 모든 증거들과 관련된 맥락에서 해석되어야만 한다. DNA 프로파일들과 관련된 문제들에 대해 다음 절에서 조금 더 자세히 알아보자.

18.3 DNA 프로파일 데이터베이스

전 세계의 많은 나라들은 국가의 DNA 프로파일 데이터베이스를 운영한다. 이런 데이터베이스의 최초의 사례는 1995년에 영국에서 설립된 것으로 지금은 약 6백만 건—인구의 10%에 육박하는—의 프로파일들을 보유하고 있다. 미국에서는 각 주와 연방정부가 모두 DNA 프로파일 데이터베이스를 갖고 있다. 자료를 분석하기 위한 도구들과 데이터베이스의 전체 시스템은 통합 DNA 색인 체계(Combined

DNA Index System, CODIS)로 알려져 있으며, FBI에서 관리한다. 2013년 8월 현재, 1,100만 건 이상의 DNA 프로파일들이 이 CODIS 시스템에 저장되어 있다. CODIS의 두 가지 주된 데이터베이스는, 특정 범죄로 유죄를 판결받은 사람들로부터 얻은 DNA 프로파일들이 저장된 범죄자 데이터베이스(convicted offender database)와, 범죄현장으로부터 얻어진 프로파일들이 포함된 법의학 데이터베이스(forensic database)이다. 그리고 일부 주들은 용의자들의 프로파일들과 신원 미상의 신체 잔해 및 실종자들로부터 얻은 프로파일들을 저장하는 DNA 프로파일 데이터베이스를 가지고 있다. 유죄가 확정되지 않은 용의자들은 자신들의 프로파일을 그 데이터베이스로부터 삭제해달라고 요청할 수 있다.

DNA 프로파일 데이터베이스들은 여러 상황에서 그 가치를 증명해왔다. 2013년 8월 현재, CODIS 데이터베이스의 사용은 범죄 수사와 실종자 탐색을 지원했던 200,000건 이상에서 프로파일 일치가 있었던 것으로 나타났다. DNA 프로파일 데이터베이스의 가치에도 불구하고, 이것은 개인의 프라이버시와 시민으로서의 자유냐 국가의 필요성이냐에 대해 문제를 제기하는 많은 사람들에게 우려를 남긴다.

18.4 DNA 프로파일링에 관한 기술적, 윤리적 문제들

DNA 프로파일링은 민감하고, 정확하며, 강력하지만, 그 한계점들을 인식하는 것 역시 매우 중요하다. 한 가지 단점은 대부분의 범죄 사건들이 분석할 DNA 증거가 없거나 그 사건에 DNA 증거가 별 정보를 주지 않는다는 것이다. 일부 사건에서는 잠재적으로 중요한 DNA 증거가 존재하지만 처리되지 않은 채로 남아 있다. 또 다른 심각한 문제점 하나는 인간의 오류로 인한 것이다. 처리 과정 중에 의도치 않게 바뀌어버린 DNA 시료들 때문에 강력 범죄를 선고받았던 무고한 사람들이 있다. 범죄현장의 DNA 증거 시료는 종종 그 현장에 있었던 여러 사람들로부터 유래한 혼합물일 수도 있고 심지어는 그 장소에 있지 않았었지만 머리카락이나 침 같이 신체 일부가 간접적으로 현장에 도입되어 섞일 수도 있다. 범죄현장의 증거는 자주 훼손되며 해석하기 어려운 부분적 DNA 프로파일만을 남길 수도 있다.

DNA 프로파일링과 관련된 가장 난감한 문제들 중 하나는 고의적인 조작 가능성에 관한 것이다. DNA 프로파일 기술들은 너무 민감해서 프로파일들이 단 몇 개의 세포들로부터도 생성될 수 있거나, 심지어 합성 DNA 조각들로부터도 생성이 가능하다. 범죄자들이 법의학적 DNA 프로파일들에 영향을 미칠 목적으로 일부러 생물 물질들을 범죄현장에 놓은 사건들도 있었다. 어떤 사람의 DNA 프로파일의 STR 좌위들과 일치하는 합성 DNA 단편들을 합성하는 것 역시 가능하다. 2010년에, 한 논문은 알려진 STR 프로파일의 DNA를 합성하는 방법을 보고했는데, 체액과 그 DNA를 섞어 그 시료를 범죄현장의 물품들에 묻혀 놓는 것이었다. 일상적인 법의학적 분석에 사용되자, 이런 조작된 시료들은 완벽한 STR 프로파일을 생성했다. 미래에는, 범죄현장의 시료에 합성 DNA나 복제된 DNA가 존재하는지를 추적할 수 있는 기술이 개발될 필요가 있을지도 모르겠다. 천연 DNA는 메틸화 같은 후성유전학적 표지를 포함한다는 사실에 기초하면 그런 검사가 수행될 수 있다는 제안이 있기도 하다.

DNA 프로파일링과 연관된 많은 윤리적 문제는 생물시료들과 DNA 프로파일들을 수집하는 것과 관련이 있다. 그런 문제들은 누가 그들의 DNA 프로파일들을 데이터베이스에 저장해야 하며, 경찰이 용의자 모르게 혹은 동의를 얻지 않고도 DNA 시료를 수집할 수 있어야 되는지를 다룬다.

또 다른 윤리적 문제는 용의자의 것과 부분적으로만 일치하는 DNA 프로파일들의 사용에 관한 것이다. 수사관들이 용의자의 DNA 프로파일과 DNA 데이터베이스의 다른 프로파일 사이에 부분적 일치가 있음을 찾아냈던 사건들이 있었다. 그 두 프로파일들이 유전적으로 연관이 있는 사람들에서 나온 것이라는 가정 하에, 법 집행 기관들은 그 사람의 친척들이 DNA 데이터베이스에 프로파일을 저장하도록 했다. 이 사건의 검사는 가족 DNA 검사(familial DNA testing)라고 알려졌다. 그런 탐색은 과학적으로 유효하며 심지어 윤리적인 것으로 간주되어야 할까?

이제는 DNA 시료의 정보에 기초하여 사람들의 눈 색과 머리카락의 색을 정확하게 예측할 수 있다. DNA 표현형검사(DNA phenotyping)라는 방법이다. 그리고 과학자들은 나이, 신장, 인종 혈통, 이마 선, 안면 폭, 그리고 코의 크기에 대한 예측을 제공할 수 있는 DNA 기반 검사들을 만들고 있다. 이런 형태의 정보는 용의자를 규명하거나 범죄 확정에 이용되어야 할까?

DNA 프로파일링이 점점 더 세련되고 널리 사용됨에 따라, 우리는 이 새롭고 강력한 기술을 둘러싼 기술적이고도 윤리적인 문제들을 세심하게 다루어야만 할 것이다.

19장

생명공학과 윤리학

어떤 면에서 윤리(ethics)란 평이하고 고루한 상식 같을지도 모른다. 당신이 개발한 항암제 신약을 테스트해 보기 위해 피실험자에게 정보도 제공하지 않고 임의적으로 암을 발생시키는 것은 당연히 비윤리적이다. 그러나 많은 경우에서 어떤 선택이 명백하게 비윤리적인지 확실하게 구분이 되는 것은 아니다. 잠재적인 타협, 상호 도움, 또는 심지어 가능한 희생까지 고려하고 결정을 내려야 한다. 생명윤리는 우리 사회가 직면한 가장 근본적인 질문 몇 개를 다루게 된다. 그리고 여러 면에서 현재 정해진 결정들은 과학과 인간다움, 그리고 우리가 사는 세상의 미래에 영향을 미칠 수 있다. 이번 장의 목적은 생명윤리에 관하여 학생들이 무엇을 생각할 것인가 아니라 생명윤리에 대하여 어떻게 생각해야 하는지 이해하는 것이다. 즉 학생들에게 질문을 이끌어내게 하며, 옳은 질문은 어떤 것인지 생각하게 하기 위해서는 진실을 모두 알아야 하고 감정적인 행동이 아니라 정보에 근거를 둔 결정을 내려야 한다는 것이다.

19.1 윤리란 무엇인가?

윤리란 특히 다른 사람에 대한 우리 행동의 가치 규약이라 할 수 있다. 간단하게 말하면, 윤리란 옳고 그름, 선과 악을 분리하는 기준으로 생각할 수 있다. 생명공학의 연구와 산물을 응용할 때 특히 의학에 관한 것을 다루는 윤리 분야를 생명윤리(bioethics)라고 부른다. 여기서는 생물학적이고 의학적인 기술의 사용에 대한 사회적, 도덕적 견해와 잠재적인 결과들을 다룬다.

학생들에게는 윤리란 딜레마에 근거를 둔 규율(dilemma-based discipline)이라고 인정하는 것이 중요하다. 윤리적 딜레마는 신중한 고려를 할 필요가 있는 문제나 상황에서 일반적으로 건전하다고 생각되는 윤리적인 결정을 해야 할 때 발생한다.

생명윤리 문제를 다룰 때 생기는 한 가지 근본적인 질문은 "이렇게 할 수 있는가?"가 아니라 "왜 이렇게 해야만 하는가?"라는 것이다. 만약 어떤 것을 해야만 했었다면 "올바르게 이것이 이루어졌는가?"라는 질문이 생긴다. 특히 생명공학의 새로운 발견이나 응용이 인간의 건강과 환경에 대단한 영향을 주는 것이라면 이런 질문들은 모두에게 매우 중요한 것이 된다. 이런 질문들은 단지 사회만이 아니라 과학의 중심, 그리고 사회 속에서 과학의 역할에 도달하게 된다.

예를 들면, 과학자들은 최근 쥐의 세포를 닭의 배아에 이식해 쥐의 세포가 어떻게 치아의 발생, 즉 닭에서는 일반적으로 생기지 않는 치아 발생을 유도하는 신호를 받을 수 있는지 증명하고자 하였다. 닭의 배아는 치아 발생을 시작했지만 완전한 성체 생쥐의 치아가 되지는 않았다. 그러나 일부 사람들은 이런 실험에 분노했다. 왜냐하면 이것은 정상이 아닌 "프랑케슈타인" 치아를 가진 돌연변이 닭의 모습이었기 때문이다. 이빨을 가진 닭의 배아를 만들 수 있는 기술이 있다고 할지라도 이런 시도를 먼저 해야만 하는가? 이빨을 가진 닭을 만들 수 있는지 보기 위해서 배아를 성체 닭까지 자라도록 해야만 하는가? 이것은 윤리적인가? 당신의 생각은 어떤가?

윤리적 의사결정의 방법

현재의 생명윤리 문제를 살펴보기 전에 우리는 몇 가지 중요한 윤리적 사고의 방법들을 검토할 것이다. 윤리학에 관한 연구는 인문학만큼이나 오래된 것이다. 인류 공동체 내에서 타인들에 대한 우리의 책임과 의무에 관한 질문은 아주 오래전부터 함께 하였다. 히포크라테스(Hippocrates, 460~361 B.C)는 최초의 생명윤리학자(bioethicist)라고 할 수 있다. 그는 치료하는 질병보다도 개인의 가치와 인간 생명의 신성함을 가장 중요한 요소로 여기며 환자를 돌보았다. 오랫동안 의사들은 히포크라테스의 선서(Hippocratic Oath; 환자에 대한 의사의 직업관으로써 "죽이지 말라", "도움을 주어라", "최소한 해를 입히지는 말라")를 중심 신조로 따르는 서약을 하였다.

이런 문제를 해결하는 윤리적 사고와 방법은 항상 그런 것은 아니지만 흔히 두 가지로 나눠진다. 첫째는 공리주의적 접근(utilitarian approach) 또는 결과론적 윤리인데 스코틀랜드 철학자 제러미 벤담(Jeremy Bentham, 1748~1832)과 영국 철학자 존 스튜어트 밀(John Stuart Mill, 1806~1873)에 의해 시작됐다. 이런 접근법은 만약 어떤 것이 유익하다면 그것은 좋은 것이며 최대 다수의 인간에게 가장 좋은 결과를 줄 수 있다면 그런 행동은 도덕적이라는 것이다. 두 번째는 의무적(칸트식) 접근(deontological 또는 Kantian approach)이나 또는 의무윤리학(duty ethics)으로 이들은 주로 독일 철학자 임마누엘 칸트(Immanuel Kant, 1724~1804)로부터 온 것이며 인간이 의무감에서 우러나오는 그리고 이성적으로 따라야 하는 권위가 있고 절대적인 진리에 중점을 둔다.

현대 생명윤리학은 1970년대부터 좀 더 최근 시대까지 오며 조셉 플렉처(Joseph Fletcher)와 폴 람세이(Paul Ramsey)라는 두 윤리학자의 주된 업적의 결과라고 할 수 있다. 이들은 위에서 언급한 윤리적 사고의 주된 두 가지 접근법을 좀 더 정교하게 하였다. 즉 플랙처는 상황적 윤리(situational ethics)라고도 하는 공리주의(unitarianism)로, 람세이는 의무적 접근인 객관주의(objectivism)에 관심을 두었다.

공리주의는 의도가 아니라 결과를 강조한다. 이런 강조점을 설명해 주는 다른 방법은 "결과가 수단을 정당화한다"라는 것이다. 이런 생각은 어떤 행동에 대한 결과가 어떻게 될 것인지 추정해 보는 것이며 두 가지 다른 행동의 결과를 서로 비교해 보는 것이다. 만약 우리가 최대 다수에게 최대의 긍정적인 결과를 줄 수 있는 여러 행동 과정을 분석할 수 있다면 우리가 무엇을 해야 하는가에 대한 질문의 해답을 줄 수가 있다. 어떤 면에서 이것은 결정을 내리는 훌륭한 방식이라 할 수 있다. 잠재적인 이득을 가져다줄 수 있는 모든 방법이 평가될 수 있고 결정은 더욱 정량화될 수 있다. 이런 계산법의 단점은 고려하고 있는 모든 것에 대해 가치를 정해야 한다는 것이다. 어떻게 이런 것들 모두에 가치를 정할 수가 있겠는가? 어떤 이들은 인생에서 가장 중요한 것(사랑과 가족)은 쉽게 정량화할 수 없지만 다른 것들(물건과 수명)은 정량화할 수 있기 때문에 가치를 계산할 수 있다고 말한다. 또 다른 우려는 계산을 하는 것과 가치를 정하는 일은 지극히 주관적일 수 있다는 것이다. 예를 들면, 남성이 여성보다 더 가치 있다는 것과 가장 중요하게 고려할 사항은 이익을 내는 것이라고 믿는 사람들이 한 공리주의의 계산법은 이상적이라고 할 수 없다.

최소한 깰 수 없는 명확한 규칙인 절대적인 것이 존재한다는 것과 우리가 이런 절대적인 것들을 반드시 준수해야 하는 의무가 있다는 견해에서 의무론 또는 객관주의는 출발하였다. 일반적으로 절대적인 것 중의 하나로 언급되는 것이 인간 생명에 대한 가치이다. 칸트의 표현을 빌리자면 "당신이 아는 사람이든 모르는 사람이든 항상 인간적으로 사람을 대하라. 항상 끝까지 수단이 아닌 목적으로써 대하여라"라는 것이다. 이것을 표현하는 또 다른 방식은 타인에 대하여 존경하라는 것이다. 최종적 수단으로서가 아니라 그것 자체가 최종이라는 생각으로 사람을 대하라는 것이다.

이런 접근법은 종교적 전통과 관계 있지만 객관적인 윤리적 접근이 오로지 종교적인 접근이라거나, 윤리적 문제에 대한 모든 종교적인 접근이 동일한 절대적인 것으로부터 출발한다고 가정한다면 이것은 잘못된 것이다. 뿌리 깊게 지배하고 있는 확신은 각 개인들이 고수하고 있는 배경에 대한 개인적인 관점이다. 객관주의의 장점은 윤리적 결정이 필요한 많은 상황에서 확실한 지침을 제공하면서 의사결정에 있어 명확한 해결책을 제시한다는 것이다. 그러나 단점은 의사결정 과정이 너무 엄격하거나 엄격하다고 알려져 있어 가치에 있어 있음직한 변화나 중요한 요소를 고려하지 않는다는 것이다. 명확한 확신이나 절대적인 것들이 존재하지 않는 상황이나 문제들도 있기 때문에 도덕적 인식을 정의하거나 행동의 과정들을 식별하기 위해서는 그 문제들을 더 검토해 보아야 한다.

공리주의와 객관주의의 차이점을 설명하기 위해서 다음 상황을 생각해 보자. 굉장히 배가 고프지만 음식을 살 돈이 없는 한 사람이 상점 근처에 돌아다니다 탁자 위에 두고 간 빵 한 조각을 보았다고 하자. 공리주의 계산법으로는, 그 사람에게는 필요하고 음식은 놓여 있는 상점의 입장에서는 큰 손실이 아니라면 그 빵을 가져가도 괜찮다고 생각하는 것이다. 객관주의의 접근법으로는 "훔치는 것은 나쁘다"라는 절대적 진리가 있고 그래서 빵을 가져가는 것은 비윤리적이라고 생각한다.

여기서 언급된 것 말고 또 다른 윤리적 접근법도 있을 수 있으며 심지어는 결정을 내리는데 이 두 가지 접근법을 섞는 수도 있다. 윤리적 결정을 위해서는 중요한 사항은 정보를 수집하고 사실들을 고려한 후 신중하고도 정보에 근거한 결정을 내리는 것이다. 윤리적으로 첨예한 문제의 논쟁에 있어서는 다른 사람의 결정을 사소하게 여기거나 무시하는 것은 예의 바르지 못하다. 당신 자신의 행동이 미칠 영향에 대해 민감하게 여길 필요가 있다. 먼저 이해를 목표로 하며 자신의 윤리적 결정을 논리적으로 설명한 후 다른 사람들의 결정도 고려하는 노력을 기울여야 한다.

통계적 개연성(statistical probability), 즉 어떤 일의 생겨날 가능성에 대한 생각도 윤리적 결정을 내리는 데 있어서 꼭 염두에 두어야 할 개념이다. 어떤 일이 일어날 수 있는 "나쁜" 일들인지 정확하게 알아보는 것이 절대적으로 중요하다. 또한 일어날 수 있는 일의 결과가 얼마나 부정적일 수도 있는지도 고려해야 한다. 많은 결과들이 시간이 지난 후에 생겨나기 때문에 미래에 일어날 나쁜 일들의 가능성도 생각해 보아야 하는 것이다.

흔히 생명윤리학자나 과학자들은 어떤 유해하거나 의도하지 않았던 일들이 일어날 가능성, 즉 위험성 평가(risk assessments)를 하기 위해서 통계적인 측정법을 사용한다. 위험성 평가란 매일 있는 당신 결정 과정의 일부가 된다. 예를 들면, 당신이 차를 운전할 때 어떤 사고가 날 수도 있다는 위험성에 대해 알고 있다. 당신이 운전을 두려워하지 않는다고 가정하면 당신의 위험성 평가는 아마 사고의 가능성이 차를 타고 가고 싶은 곳에 가려는 필요성보다 높지 않다고 할 것이다. 핸드폰 사용, 비행기 여행, 술마시기, 항생제, 감기약 백신 등과 같은 약의 위험적인 유용성(부작용에 대한), 건강하지 않는 다이어트 방법 등이 당신의 삶 속에서 위험성 평가의 좋은 예들이 된다.

윤학적 연습을 위한 워밍업

다음은 대단히 어려운 윤리적 의사결정에 관한 일반적인 계획안이다. 죽느냐 사느냐의 문제를 다루기 때문에 상황이 다소 어려울 수도 있다. 현재 개발되고 있는 생명공학도 또한 삶과 죽음의 문제와 먼 나중의 그 결과까지에 대해서 다루게 된다.

한 가족이 차를 타고 그랜드 캐년에 들어가고 있었다. 부모들은 신선한 공기를 쐬기 위해 차 밖으로 나왔고 세 아이들은 뒷좌석에 잠들어 있고 그냥 놔둔 채 문을 잠그었다. 그러나 그들은 차 브레이크를 제대로 걸어 놓지 않았다. 그들이 차로부터 조금 떨어졌을 때 차는 벼랑 끝 쪽으로 움직이기 시작한다. 당신은 그것을 알아차린 유일한 사람이다. 어떤 덩치 큰사람이 차가 움직이는 방향과 가깝게 서 있다. 당신은 차를 멈추기 위해 그를 차 앞으로 밀 수도 있다고 한다면 당신은 어떻게 하겠는가?

우선, 당신은 이 상황에 대한 모든 사실을 인지하고 있는가? 그렇다면, 우리는 당신이 두 가지 선택권을 가지고 있다는 시나리오를 만들 수 있다. 즉 절벽으로 차가 굴러가는 것을 그대로 두던지, 세 아이를 위해 한 남자를 희생시키든지다. 질문은 간단하다. “한 남자의 생명과 세 아이의 생명은 바꿀 수 있는 것인가?” 공리주의적 접근은 윤리적 거래, 한 생명 대 세 생명, 세 명은 아직 어린아이들이라는 점을 고려한다. 객관주의적 접근은 인간을 위험에 빠뜨리게 하는 것이나 죽이는 것은 어떤 최종적 결과가 이루어진다고 해도 잘못된 일이라는 것이다. 다른 대안이나 선택 사항이 있는가?

19.2 생명공학과 자연

박테리아는 일반적으로 플라스미드를 서로 교환하고 유전자 재조합과 변이를 발생시키면서 전에 존재하지 않던 유전자나 새 유전자 조합의 발현이 일어나게 한다. 그러나 인간이 개입하거나 새로운 유전자 조합을 만들 때 상황은 바뀌게 된다. 새로운 기술인 유전자 재조합에 대한 우려 때문에 과학자들이 1975년 캘리포니아주 아실로마(Asilomar)의 학회에서 만나서 그 기술의 안전성과 생길 수 있는 결과에 대한 평가를 할 수 있을 때까지 어떤 연구도 전혀 할 수 없는 일시적 활동중지(moratorium)를 선언하였다. 주로 우려하던 사항은 유전자 조작된 박테리아가 실험실에서 탈출하여 환경에 나가서 새로운 질병을 일으키거나, 기존의 질병을 더 악성으로 바꾸거나 또는 일부 생물종을 멸종시켜 생태계의 변화를 초래할지도 모른다는 것이었다. 이미 사용된 실험적 시스템의 근원적 위험에 따라서 여러 등급의 생물안전성을 위한 지침이 만들어졌다. 예를 들어, 비병원성 박테리아나 유전자를 가지고 수행한 실험은 최소한의 안전 장비만 필요하지만 잘 알려진 병원성 미생물, 인간 세포, 잠재적 병원균을 가지고 하는 실험은 훨씬 더 엄격한 오염 관련 절차가 필요하다.

세포와 세포 생산물

책 전반에 걸쳐 우리가 논의한 것처럼, 박테리아나 진핵세포는 둘 다 유전자 조작을 통해서 외래 유전자나 외래 단백질을 발현시킬 수 있다. 이것은 이미 유용한 약제를 만들기 위해 꼭 필요한 기술이 되었다. 각 세포의 유전자변형이나 이런 변형 결과로 만들어지는 생산물에 관한 윤리적 도전에 대하여 생각해 보아라.

그 유전자 재조합 의약품 같은 생산물이 인간에게 적용될 때 안전 문제뿐 아니라 의도된 목적대로의 사용 효능(efficacy) 문제도 있다. 환자들은 효율적인 치료를 원하기 때문에 효능은 환자에게도 중요한 문제다. 또한 제조업자들에게도 효능은 중요한 문제인데 만약 상품의 효능이 없다면 경제적 손실도 막대하기 때문이다. 어떤 의약품이든 최소한의 부작용이나 독성만 갖는 적정 용량이 매우 중요한 고려 대상이다. 그 약의 사용 결과로 어떤 발암(carcinogenic)이나 기형(teratogenic)의 발생 위험성을 가지고 있는지 검증하는 것도 또한 중요하다. 이런 고려는 미래에 발생한 문제, 즉 얼마의 용량에서 질병이 치료되고 얼마나 사용하면 암이나 기형을 발생하거나 또는 환자를 죽일 수도 있는지와 같은 문제를 사전에 막아준다. 그 이유는 이런 문제들이 환자에게 도움을 주기보다는 유해성에 대한 윤리적 우려나 약의 효용성을 시험하기 위해 기니피그를 사용하는 것처럼 환자 자신들을 사용하는 경우에 생기는 잠재적 문제의 가능성이 있기 때문이다.

우리는 비임상 시험에 있어 동물들에게 좀 더 인간적인 대우(humane treatment)를 해줄 필요가 있다. 우리는 개발한 약을 시험하기 위해 필요한 동물이 최소한 몇 마리인지, 어떤 종류의 치료법이 이 실험에 필요한지, 설치류와 영장류가 반드시 필요한지를 결정해야 한다. 가능하다면 어떤 동물 연구든 그 이전에 표적이 되는 장기(장기 칩)에서 그 약을 시험할 수 있어야 한다. 실험동물 종의 선택은 약의 효능에 영향을 줄 수 있다. 종에 따라 약의 효능이 다른 대표적 사례 중 하나는 탈리도마이드(thalidomide)로 원래 약한 진정제로 만들어졌다. 이것은 일반 실험실에서 설치류를 대상으로 실험한 결과 안전하다고 판명되었다. 그러나 이 약한 진정제를 복용한 임산부가 낳은 아기가 심각한 선천성 장애를 가지고 태어났다. 이 약을 원숭이의 일종인 마모셋 원숭이를 대상으로 실험했을 때 인간에게 나타난 기형과 거의 흡사한 결과가 나타났다. 약의 대사 작용이 생물의 종마다 다르다는 것으로 판명되었다. 우리는 나중에 인간을 대상으로 한 실험에 대해 좀 더 자세히 다루겠지만 약이 여러 동물종에서 인간과는 다르게 영향을 끼친다는 것을 명심해야만 한다.

유전자변형 작물: 당신이 먹고 있는 것은 무엇인가?

유전공학에서 가장 놀라운 진보이며 또한 가장 논란이 되는 문제 중 하나는 유전자변형 생물체[genetically modified(GM) organisms], 특히 GM 농작물의 생산이다. GM 작물의 주요 목적은 해충, 질병, 혹독한 날씨에 강하고 생산량이 많은 농작물을 얻는 데 있다. 그러나 많은 사람들은 유전자변형 작물을 반대하고 유전자변형된 음식물을 먹는 것을 싫어한다.

유전자변형 작물이나 다른 유전자변형 식물은 여러 분야에서 우려를 낳고 있다. 그 중 하나는 식물 그 자체에 대한 것이다. 과학자들은 식물 유전자의 변형이 식물에 이득을 주는 것인지 아니면 최소한 건강하지 못한 식물로 만드는 것은 아닌지 결정해야만 한다. 대답할 가치가 있는 질문의 하나는 종의 고유성(큰 변형이 아니라서 여전히 같은 종이라고 할 수 있는 그 종의 본래 유전자 조성을 유지하는)이 어느 정도 변형 속에서도 보존되느냐는 것이다. 당신은 그런 식물의 종 고유성(species integrity)이 중요한지, 아니면 "기존의" 고유 성질을 유지하는 것보다 "새로운" 더 나은 특성을 가진 식물이 더 이상적인지를 스스로 결정하는 노력을 기울여 보아야 한다. 그렇게 함으로써 이런 식물의 경우 유전자변형이 윤리적 규칙을 위배하는지 스스로 판단할 수가 있다.

또 다른 질문은 처음 질문보다 더 폭이 넓은 수준으로서 생태계와 전체 생물다양성(biodiversity, 생태계에 존재한 여러 생물종의 분포)에 있어 유전자변형 작물이 가져다주는 영향에 대한 것이다. 또한 유전자변형 식물의 도입이 지역 환경에 가져다주는 영향이 어떤 것인지 알아야만 한다. 왜냐하면 우리는 농작물에만 주목하기 때문에 기대되는 효과가 단지 GM 작물의 생장과 생산량을 증가시키는 것뿐만 아니라 잠재적 병충해를 줄일 수도 있다는 것이다.

한 가지 예로는 라운드업 제초제에 강한 콩이 있다. 이 콩은 제초제 라운드업에 내성을 갖도록 유전자변형된 것으로 농부들이 작물에 뿌리면 콩에 피해를 주지는 않고 작물의 생장에 방해를 하는 유해한 잡초를 죽인다. 또 다른 예로는 Bt 옥수수이다. 이 GM 농작물은 박테리아인 바실러스 튜린지엔시스(*Bacillus thuringiensis*)로부터 유래한 독성물질을 생산하게 되어 옥수수를 갉아 먹는 옥수수 조명충나방 애벌레나 다른 해충을 죽일 수 있다. 일부 연구에서 Bt 작물이 박멸대상 곤충도 아니고 옥수수를 먹고 사는 것도 아닌 제왕나비(monarch butterfly)에 독성 효과를 준다는 결과도 보고하였다. 이런 독성물질이 특정 곤충이나 곤충 무리에 독성 효과를 주는지 아니면 박멸대상이 아닌 곤충에게도 영향을 끼치는지를 아는 것이 중요할 수도 있다.

고려해야 할 또 하나의 문제는 독성이 다른 종으로 퍼지는지 아니면 옥수수 작물에게만 한정되어 있는지이다. 왜냐하면 바람에 의해서 옥수수의 꽃가루가 퍼지므로 멀리 떨어진 다른 작물에게 가서 어떤 곤충들에게 독성을 보일 수도 있기 때문이다. 이런 가능성도 연구되어야 한다. 제왕나비에 대한 연구는 옥수수의 꽃가루가 바람에 의해 옥수수 밭의 근처에 있는 제왕나비의 먹이인 금관화(milkweed)까지 날아갈 수 있다는 결과를 보고하였다. 금관화를 먹은 제왕나비는 옥수수 꽃가루(Bt 독성물질)도 먹게 된다. 과학자들은 이런 일이 일어날 수 있는지 그리고 제왕나비를 죽이기 위해서는 얼마나 먹어야 하는지를 조사해 보았다. 이런 질문을 연구해 보기 위해 어떤 실험을 수행해야 하는지 생각하여 보라. 최근에 몇 가지 장기 연구를 통해 Bt 작물에 노출된 제왕나비에게 아무런 문제가 없다는 결론이 나왔다.

Bt 옥수수와 작물이 아닌 다른 식물 사이에 수분이 일어남으로써 도입된 유전자가 전달될 수는 있다. 그래서 독성 유전자를 갖게 된 식물이 제왕나비와 같은 유익한 곤충을 죽일 수도 있다. 우리는 이런 일이 발생할 가능성도 염두에 두어야 한다. 유전자변형 작물을 자연 환경에 도입하는 것은 장기적인 생태계 변화와 생물다양성에 영향을 미칠 가능성을 면밀하게 검토해야 한다. 또 다른 우려는 유전자변형 작물이 경작되는 이외의 지역에 이 작물들이 퍼져나가는 것이다.

또 하나의 고려할 문제는 GM 작물의 생산물에 관한 것이다. 우리는 그 생산물이 어떻게 사용될지 동물에게 먹였을 때 안전할지 사람에게는 해가 없을지 등에 대하여 고려해 보아야 한다. 우리는 또한 모든 관련 사실들을 모아야 하고 정보에 근거한 평가를 해야 한다. 독성물질은 곤충에 직접적으로 작용하기 때문에 동물이나 인간에게 해를 줄 가능성은 거의 없다. 그러나 이런 가정이 충분이 성립하기 위해서는 안전성을 입증할 증거나 시험들이 필요하다. 당신은 GM 생산물의 안전성을 시험하기 위해 어떤 실험들을 할 수 있는지 생각하여 보아라.

우리는 의문이 가는 특정 유전자만 관심을 가져야 하는 게 아니라 유전자변형 작물에 있는 다른 유전자나 생산물도 고려해야만 한다. 예를 들어, 유전자조작된 세포의 선별 마커로 항생제 내성 유전자가 이용된다. 유전자변형 작물에 그런 유전자들이 여전히 존재하는가? 그렇다면 이 유전자들은 섭취된 음식물로부터 장내 박테리아로 옮겨갈 수 있는가? 섭취된 DNA 또는 단백질이 소화과정에서 남아 있을 가능성은 얼마나 되는지도 고려해야 한다. 우리는 또한 GM 작물을 재배한 후 만들어진 생산물이 변화가 없는지 알아보아야만 한다. 특히 사람이 생산물에 노출되는 것이나 먹게 될 때의 안전성 문제로 다시 돌아가 보자.

어떤 나라에서는 GM 농작물의 중요성에 엄격하게 제한을 가하여 잠재적인 유전자변형 식물의 관점에서 식품에 원산지 표시를 하는 운동이 벌어지고 있다. 일반적으로 GM 작물이 자연적이지 않다는 걱정을 한다. 어떤 사람들은 데이터에 의하면 이런 제한은 별로 확실하지 않으며 심하게 소비자를 불안하게 할 수도 있다고 믿는다. 당신이 먹는 피자나 콘프레이크에 "GM" 표시가 붙어 있는 것을 발견한다면 어떤 반응을 보일 것인가? 유전자변형이라기보다는 유전자 편집으로 알려진 CRISPR(Clustered Regularly Interspaced Palindromic Repeats)로 만든 새로운 농작물이 곧 시장에 나올 것이다. 이런 작물들도 GM으로 표시해야 하는가?

GM 작물의 잠재적 사용에서 사회적 그리고 경제적 문제도 생긴다. 더 좋고 값싸게 식물을 변형할 수 있는 능력은 농업에 큰 변화를 가져올 수 있다. 생산자나 소비자 모두에게 절감된 비용으로 더 많은 생산물을 얻을 수도 있다. 그러나 이런 장점들은 앞에서 언급한 안전 문제로 인해 상쇄될 수 있다. 유전자변형 작물은 의학적으로 유용한 약품 생산에도 이용될 수 있다. 안전과 효능은 이런 약품을 만드는 데 있어 중요한 윤리적 고려대상이 된다. 현재 미국의 정책은 의약품의 안전과 효능을 위한 검사도 요구하지만 유전자변형 작물의 재배를 제한하기도 한다. 유전자변형 작물과 교차 수분이 일어나지 않는 다른 작물로 경작지를 둘러싸야 하고 모든 작물은 수확 즉시 제거되어야 하며 수확 후 몇 년 동안은 이 경작지를 사용할 수 없다.

가축 농장 아니면 가축 변형

동물의 유전자변형에도 역시 식물의 유전자변형에서 제기된 것과 같은 문제가 있다. 축산업에 대한 초기 생명공학의 적용에는 사료에 항생제 성분의 보충제를 첨가하거나 동물의 성장 촉진을 위해 스테로이드나 성장호르몬을 주사하는 정도였다. 이와 같이 보충제 첨가나 주사 행위를 윤리적인 관점에서 다시 생각해 보아야 한다. 첫째로 가축이기 때문에 유전자변형이 이들의 생산물(우유, 고기, 등) 자체와 사람들이 소비하게 되는 생산물의 안전성에 미치는 효과가 주요 관심사다. 한 가지 우려로는 투여된(특히 호르몬) 것이 얼마나 오랫동안 가축의 몸에 남아 있는가이다. 즉 사람들이 소비할 때까지 가축의 생산물에 그런 물질이 남아 있을지도 모른다는 것이다. 그렇다면 소비자에게 영향을 미칠 것인지 그리고 호르몬이 남아 있을 때 음식 조리할 동안이나 소화되는 과정에서도 없어지지 않는지 과학자들이 알아내야만 한다.

유전자변형 가축이 환경에 주는 영향에 관한 우려는 거의 알려진 것이 없다. 그러나 동물의 생산물이 소비자인 사람에게 안전한가와 함께 동물종의 고유성과 동물의 건강에 관한 문제는 여전히 남아 있다. 의료용으로 유용한 생산물을 만들기 위해 유전자변형을 하는 동물에 대해 비슷한 우려가 있다. 이것들로는 젖에서 혈액 응고인자를 만들기 위해 유전자가 도입된 동물, 사람에게 장기가 이식될 수 있게 거부반응이 없도록 사람의 유전자가 도입된 돼지, 고기를 위해 복제된 육우 등의 동물이 있다. 중국의 과학자가 사람의 젖을 만드는 유전자변형 소를 만들었다. 이와 같은 동물의 변형이 어떤 점에서 비윤리적이라고 생각하는가?

동물이 충분한 인간의 유전자나 세포 또는 인간이라고 간주하는 특성을 갖게 되는 시점이 어디인가 또는 이것이 연구용 동물 사용에 대한 당신의 윤리적 견해를 변화시키는지 여부를 우리는 생각해 보아야 한다. 영국과 프랑스 과학자들은 쥐의 세포를 닭의 배아에 이식하여 쥐의 세포가 치아의 형성을 자극하기 위해 닭의 세포에서 보내는 발생학적 신호를 인지할 수 있는지 증명하고자 하였다. 생물학자들은 이와 같은 연구에 관심이 있었는데 그 이유는 발생학적 신호와 관련 있는 유전자가 조류에서는 활성화되지 않았음에도 불구하고(조류의 치아는 7,000만~8,000만 년 전에 퇴화되었다) 이런 유전자들이 적절한 세포가 있다면 활성화되어 치아의 발생을 자극할 수 있다는 것을 보여주기 때문이다. 그게 어떻다는 말인가? 누가 닭이 치아를 가지는 것을 바라겠는가? 이것은 좋은 질문일 수 있으나, 이런 종류의 실험이 동물의 윤리적 사용인지 아닌지 아마도 의문이 생길 것이다. 또한 이런 실험에서 얻은 정보는 근본적으로 치아의 발생을 이해하는 것뿐 아니라 인간에게서 미래 치아 형성과 교체 그리고 재생을 위한 새로운 치료법 개발하는 데 유익할 수 있다. 이것이 이런 연구의 주된 이유가 된다.

미네소타주의 세인트 폴(St. Paul)에 위치한 리컴비네틱스(Recombinetics) 회사는 자연적으로 뿔이 없는 육우의 유전자를 젖소에게 주입하여 뿔이 없는 젖소를 만들었다. 그 동물은 뿔을 제거하는 수술을 하지 않아도 되지만 반대로 동물복지를 우려하는 의견도 있다. 리컴비네틱스사는 식품의약국(FDA)에, 시장에 그들의 소에서 나온 생산물을 팔 때 승인도 없이 "일반적으로 안전하다고 알려짐"이라는 라벨을 붙이려 하였다고 전하였다. 회사의 이런 결정이 2016년 4월 유전자변형을 하여 갈색화가 되지 않게 한 버섯의 규제를 하지 않겠다는 미국 농무부의 발표에 의해 고무되었다. 당신은 동물의 이런 개선된 처리 방법으로부터 동물 권리에 대한 어떤 윤리적 반대를 예견할 수 있게 하였는가? 이런 유전자 조작의 응용이 객관주의나 공리주의 또는 둘 다로부터 정당화될 수 있는가?

합성 유전체와 합성 생물학

합성 유전체에 대한 연구는 합성 유전체를 박테리아 시스템에 넣어서 수혜 미생물이 공여 합성 유전체를 가진 박테리아로 변하게 하였다. 이런 연구 또는 또 다른 미래의 합성 생물학의 응용은 합성 생물학은 무엇을 해야 하고 무엇을 하지 말아야 할 것인가와 새롭게 창조된 생명체의 잠재적 활용에 관하여 많은 윤리적 의문점을 갖게 한다.

환자에게 하는 약물 시험

생명공학에 관한 가장 고통스러운 많은 질문과 가장 치열한 논쟁 같은 것이 인간 주변에서 맴돌고 있다. 심지어는 간단한 과학적 방법도 인간이 대상이 될 때는 심각한 감정을 불러일으키고 강한 반대를 하게 한다. 당신은 인간의 실험적 사용 또는 잠재적 사용이 왜 그런 강한 반응을 일으킨다고 생각하는가? 나중에 우리는 무엇이 인간이냐 라는 단순한 정의가 어떻게 논쟁의 초점이 되었는지 논의할 것이다.

지금부터 우리는 생명공학을 통해 만들어진 잠재적 항암제에 관한 간단한 예를 살펴보고자 한다. 그 약제가 임상 시험을 하기 위해서 준비된 곳으로 옮긴다고 가정하여 보자. 우리는 시범적으로 누구에게 그 약을 투여해야 할지 결정해야 한다. 항암제이기 때문에 우리는 자연히 이 약의 표적이 되는 종류의 암 환자에게 주어야 한다. 그러나 우리는 그런 종류의 암을 가진 환자 모두에게 줄 것인지 아니면 질병 상태가 가장 좋지 않는 환자, 즉 기존의 모든 치료법은 다 해 보았고 새로운 실험적 약물이 마지막 탈출구인 사람에게 줄 것인지를 결정해야 한다. 이런 환자에게는 다른 대안이 없으므로 임상시험이 최소한 어떤 희망을 줄 수 있다. 그러나 이 약이 조기 암 환자에게 더 잘 작용하여 더 나은 효과를 보일 수도 있다. 그럼에도 불구하고 조기 암 환자는 이미 안전하고 효능이 검증된(최소한 어느 정도는) 다른 대안을 가지고 있다.

당신이 임상시험을 위해 환자 집단을 선별한 후에는 또 다른 딜레마가 생긴다. 환자는 임상시험에 대한 잠재적 효과가 좋든 나쁘든 충분히 알 권리가 있다. 올바른 정보를 얻은 경우에만 이런 시험에 기꺼이 참여할 수가 있는 것이다. 이것을 정보에 근거한 동의(informed consent)라고 부른다. 환자는 자신이 임상시험의 대상이 되는 데에 동의한다. 그리고 잠재적인 혜택과 위험성에 대한 충분한 정보를 듣게 된다. 정보에 근거한 동의의 개념은 인간을 포함하는 어떤 시험 방법에 있어서도 매우 중요하다. 만약 너무 어리거나 뇌사 상태에 있는 경우처럼 환자 스스로 동의할 수 없을 때에는 환자의 가족들이나 보호자가 동의를 할 수 있다. 왜 정보에 근거한 동의가 그렇게 중요한지 스스로 판단해 보아라.

플라시보(placebo)는 인간과 관련된 시험 방법에 관한 한 또 다른 문제점을 갖고 있다. 플라시보 연구에서 표준의 과학적 관례는 시험 그룹(약을 복용하는 환자 그룹)과 대조 그룹(안전하지만 치료효과가 없는 약을 복용하는 그룹으로 예를 들면 설탕으로 만든 알약, 식염수 주사를 받는 환자들)으로 나누어 실시된다. 완전히 무작위적인 이중맹검법(double blind trial)에서 약을 제공하는 의사도 환자도 모두 누가 진짜 약을 복용하는지 누가 플라시보를 복용하는지를 알지 못한다. 정보에 근거한 동의는 이런 종류의 실험에서도 필요하다. 플라시보를 사용하는 것은 객관적 과학의 일부이기는 하지만 윤리적인지 아닌지는 살펴봐야 한다. 객관적인 과학이 최고의 접근법 또는 윤리적인 접근이 아닐 수도 있기 때문이다.

인간이 된다는 것은 무엇을 의미하는가?

줄기세포나 복제에 관한 많은 윤리적 논쟁은 인간 배아의 도덕적 위치를 두고 제기되어 왔다. 줄기세포는 재생의학(regenerative medicine) 분야에서 놀라운 돌파구가 될 가능성을 가지고 있다. 심장병, 뇌졸중, 신경퇴화 질병, 당뇨병 등으로 인해 손상된 조직을 재생 또는 교체할 수 있기 때문이다. 알다시피 줄기세포를 얻을 수 있는 출처로 배아, 태아, 탯줄, 성인 조직, 심지어 "길들인(tamed)" 종양 세포를 포함하여 많이 있다. 이외에도 줄기세포의 출처로 인간의 체세포로 유도만능줄기세포를 만드는 것과 같이 핵을 재프로그래밍하여 얻을 수 있다. 줄기세포에 관한 많은 논쟁은 질병 치료를 위하여 여러 줄기세포가 다른 장기로 전환될 수 있는 능력에 관한 과학적 의문에서 시작된다. 그러나 논쟁의 주요 사항은 배아를 줄기세포로 사용할 때의 윤리적 문제들이다.

수천 명의 환자에게 잠재적인 이득을 주기 위한 연구를 위해 초기 단계의 인간배아를 파괴한다는(죽인다는) 것이 과연 윤리적인가에 우리 사회는 동의할 수 없다. 살아 있는 사람이 두 개 중 하나의 장기를 기증하거나 사망 후 장기 기증과는 달리, 배아줄기세포를 추출하는 것은 배아를 파괴하는 것이다. 인간 배아를 줄기세포로 사용하는 것은 다음과 같은 질문이 생길 수 있기 때문에 격렬한 논쟁의 여지가 있는 주제다. 배아가 인간이라 할 수 있는 시점은 언제인가? 많은 다른 사람들을 치료하기 위해 줄기세포를 추출하려고 인간 배아를 파괴하는 것이 윤리적으로 나쁜 일인가?

우리는 인간 배아의 윤리적, 도덕적 지위를 시험하는 주요 문제들을 해결해야만 한다. 배아는 생물학적으로 호모 사피언스(*Homo sapiens*) 종인 인간으로서 발생의 시작 단계라고 볼 수 있다. 우리는 배아가 인간의 하나라는 단순한 생물학적 사실과는 다르게 배아가 인간으로 간주되기 위해서는 발생과정 중 여러 주요 단계와의 연관성에 비중을 두어야만 한다. 생물학적으로 배아는 인간의 하나이지만 인간 배아의 도덕적 지위에 관한 질문은 생물학적 차원을 뛰어넘어야 하고 인격체(personhood)라 부르기도 하는 지위까지 생각해야 한다. 이 용어는 내재적 가치보다는 자각심과 같은 어떤 속성에 근거한 보호에 대해 자격을 부여하는 본체를 정의하기 위해 사용된 것이다. 인격체에 대한 장단점을 열거해 보아라. 이 개념에 따르는 한 가지 우려되는 문제는 특정 사람이 인간의 가치를 갖고 있는지 평가할 때 어떤 속성을 따질 것이냐를 누가 결정할 것이냐이다.

배아 연구와 관련하여, 어떤 이들은 이런 태도를 취한다. "인간이 아니기 때문에 문제될 것이 없다." 그 이유는 인간의 배아는 심장운동, 뇌파, 팔, 다리도 없는 극히 작은 존재라는 것이다. 물론 이런 것들은 발생하면서 생기지만 아주 초기 단계에서 배아는 우리가 인간이라 말할 수 있는 요소들이 부족한 것은 사실이다. 인간배아의 지위에 대해 다양한 견해가 있어 의견 일치를 보기 어렵다. 어떤 이들은 배아는 피부 조각처럼 단순히 세포의 덩어리라고 생각한다. 배아가 심오한 존경을 받을 만한 인간의 생명을 갖고 있는, 즉 잠재적인 인간이라고 믿는 사람들도 있다. 여전히 또 다른 이들은 배아가 여러 인간들과 같은 도덕적인 특성을 가지고 있다는 견해를 유지하고 있다. 어떤 인간 세포도 잠재적 인간으로서 똑같은 존중을 받는 것이 마땅하다는 견해는 생각해 볼 문제이다. 이런 모든 주장을 다 종합해 볼 때 난자와 정자가 배아를 만들고 어떤 체세포도 복제 배아를 형성할 수 있는 핵을 가지고 있다. 그렇다면 난자도 완전한 인간 유전체를 갖고 있다는 것에 대해 특별히 다른 점이 있는지 생각해 보아야 한다.

배아줄기세포를 분리해 내기 위해 인간 배아를 이용하는 점에서 봤을 때 배아의 파괴가 불가피하다는 것은 첨예한 논쟁거리가 된다. 확실히 배아줄기세포는 이론적으로 어떤 조직이든 손상을 입었거나 죽어서 이를 고치거나 재생을 위해 이식할 수 있는 잠재능을 갖고 있다. 만약 이와 같은 배아를 파괴하여 질병을 치료할 수 있다면 이런 연구를 위해 인간 배아를 파괴하는 것은 윤리적이라고 할 수 있을지도 모른다. 그러나 현재 발표된 실험 증거에 의하면 주장한 것처럼 배아줄기세포가 과연 잠재적인 치료에 유용한가는 의문으로 남아 있다.

윤리적이며 과학적인 요인을 가진 또 다른 고려할 사항으로는 성체줄기세포나 만능유도줄기세포 같은 대안이 그만큼 적합한가 하는 것이다. 윤리적 질문은 그때 새로운 형태의 질문으로 바뀐다. 한편으로는 의학적 돌파구를 위해 과학이 모든 길들을 탐험해야 한다고 하면 배아의 연구가 필요한 것인가와 다른 한 편으로는 대안을 가지고 윤리적인 논쟁이 있는 과학을 불필요하게 만들 수 있다고 판단이 되는가와 같은 질문이 된다. 물론 윤리적 견해는 대안이 없다 할지라도 배아 파괴를 정당화하기에 윤리적 대가가 너무 크다는 사실이다.

흥미롭게도 인간배아를 실제 인간 개체가 아닌 잠재적인 인간으로 보는 사람들조차도 윤리적 판단에 근거하여 배아의 파괴를 반대한다. 이런 우려는 배아와 배아의 지위가 아니라 오히려 사회가 인간 생명을 바라보는 관점과 더 연관이 있다. 이런 관점으로 본다면 의학적 용도나 실험용으로 인간을 파괴하는 대상이 배아에서 태어난 인간으로 옮겨질 수 있는 미끄러운 경사면에 우리가 올라서게 한다. 다시 한번 우리는 개인적인 특징, 특히 삶의 질이나 사회에서 그들의 가치에 근거하여 사람의 순위를 정하는 사회적인 구조로서 인격이란 질문에 되돌아가 보기로 하자.

여분의 배아를 연구용으로 쓰는 것과 연구용으로 쓰기 위해 배아를 만드는 것

배아의 도덕적 지위에 관한 질문을 생각해 본다면, 배아를 만드는 원래 목적이나 배아를 만드는 방법에 근거한 다양한 견해가 존재한다. 낙태된 태아가 줄기세포 연구에 사용된다는 잘못된 생각과는 다르게 연구용 배아의 출처로 시험관 수정(*in vitro* fertilization, IVF)에서 생겨난 "여분의" 배아를 이용한다. 이런 배아들은 임신을 위해 배아를 이식하고 남은 배아로 냉동실에 보관되었다가 부부의 동의하에 연구용으로 기증된다. IVF 병원이나 국가에 따라서 보관하였던 얼린 배아는 일정 시간이 지나고 나면 폐기된다. 이 부분에 대해 윤리적 고려 사항을 열거해 보아라. 어떤 이들은 만약 배아가 버려질 것이라면 연구를 위해 배아를 사용하는 것이 윤리적으로 문제가 안 된다고 하며, 또한 이것이 치료제 개발이나 과학지식의 진보에 기여한다면 윤리적으로 합당하다고 말한다. 또 어떤 이들은 연구에 사용되는 배아의 파괴가 원래 이것이 만들어진 목적과 상충하는 윤리적인 선을 넘는다고 주장한다.

인간배아의 또 다른 가능한 출처는 연구목적으로 배아를 특별히 만드는 것이다. 어떤 이들은 여분의 배아를 연구용으로 사용하는 것이 윤리적으로는 타당하다고 주장하지만(파괴는 발생하지만 결국 잠재적으로 선을 위한 것이라고 주장) 연구를 위해 특정 배아를 만들어 내는 것은 윤리적으로 올바르지 못하다고 말한다. 이런 주장들이 윤리적으로 일관되는 것인지 증명하기 위하여 생물학적으로 배아들 간의 차이가 있는지 배아의 사용의도의 관점 안에서만 차이가 있는지에 대해 생각해 보아야 한다.

인간이나 다른 동물을 복제해야 하는 이유가 있는가?

체세포 핵전이 복제 기술로 만든 배아는 줄기세포 연구처럼 기술의 복잡성 및 복제물의 잠재적 "정체성"과 관련된 많은 문제를 생기게 한다. 이식을 위해 만들어진 복제 배아가 자궁 속에 옮겨져 착상되면 출생 전과 후 모두에서 배아의 발생과 성장 과정에 많은 위험 또는 안전성 요인과 마주치게 된다. 복제 배아의 정상 출산의 성공률과 생존율이 극히 낮으며 복제물의 건강에 작은 것부터 매우 심각한 문제까지 많은 문제들이 있을 수 있다.

한 가지 고려할 사항은 임신과 정상 출산을 위해 만들어진 인간의 배아는 시험관 아기(IVF) 같은 아이를 갖는 인공적 기술과는 다른 것으로 간주되어야 하는지(안전에 대한 위험성과 낮은 성공률 때문) 또는 이것들이 비윤리적인 인간 연구로 간주되어야 하는지 생각해 보아야 한다. 태어난 복제 인간의 사회적 정체성에 관한 질문도 고려되어야 한다. 예를 들어, 어떤 부부가 아내의 기증된 세포를 이용하여 복제 아이를 갖기로 결정한다면, 이것은 유전적으로 딸이 아닌 아내의 여자 형제가 되는 것이다. 그리고 그 남편과는 전혀 혈연적 관계가 없는 것이다.

복제와 관련된 윤리적 고려 사항에는 한쪽 부모와는 연관성이 없어지는 것이 혈족이나 가족 관계를 바꿀 수도 있다는 것이다. 복제가 "한쪽 부모의 복제"라고 가정한다면 복제된 사람이 태어나게 되면 복제 전의 사람보다 "더 나은 삶"을 살게 되는 것을 기대할 수도 있다. 만약에 기존의 사람, 즉 고인이 된 사람이 복제된다면 또 다른 문제가 생긴다. 복제의 과정은 이미 존재하였던 사람을 다시 만든 것이기 때문에 복제된 사람의 유전자 구성은 이미 알고 있다고 할 수 있다. 복제 인간의 유전자를 공여한 사람이 성취해 놓은 것에 근거하여 부모나 주위 사람들이 기대하고 있는 유전적 유산을 복제 인간이 부응하기를 원할 수도 있다.

우리의 유전자는 많은 우리의 물리적인 특성을 결정하며 우리가 다양한 질병이나 행동을 갖게 될 여지를 주게 되지만 또한 우리가 태어난 후 현재 또는 미래의 우리를 만드는 많은 기대나 환경적 요인도 존재한다. 이런 기대는 복제될 수 없기 때문에 복제 인간은 복제되었던 원래 사람과는 다르게 성장하며 매우 다르게 행동할 것이다. 아인슈타인의 복제 인간이라도 과학자가 아니라 예술가가 될 수도 있다. 우리 또는 우리라는 존재를 구성하는 데 유전자 외에도 환경이나 경험을 포함한 엄청나게 많은 요인들이 영향을 미친다.

지금까지는 복제 인간을 만들기 위한 목적으로 인간의 배아를 복제하는 문제에 대해 이야기를 하였다. 그러나 이것만이 인간의 배아 복제하겠다는 시도의 목적인 것은 아니다. 치료 목적의 복제(therapeutic cloning)로서 인간의 배아 복제는 환자에 적합한 배아 세포나 유전적 질병이나 암을 연구하기 위해 유용한 인간 연구 모델에 필요한 것이다. 이런 것이 복제 인간 배아 생산의 잠재적 가치나 윤리적으로 적절한 이유가 되는 것처럼 생각되기는 하지만 그런 배아도 생산되어서는 안 된다고 주장하는 사람들도 있다.

복제 인간 배아를 만드는 것이 배아가 인간 또는 한 사람으로서 동일한 내재적 가치를 가진다는 것에 근거한 것이 아니라 그런 목적으로 인간의 배아를 생산하는 것이 결국은 인간을 상업화하게 되고 사람의 생명을 물건으로 사거나 팔고 쓰고 할 수 있게 만들어 생명을 경시하게 할 것이라는 데 근거를 두고 있다는 의견에 대해 반대하는 주장도 있다. 여전히 몇몇 사람들은 인간의 생명을 제조하는 방식 소위 "배아 디자인(designer embryos)"을 해서는 안 된다고 주장하고 있다.

인간 배아를 만드는데 찬성하는 한 가지 주장은 만약 배아가 정상적인 방법(여기서는 자연적 수정을 의미)으로 만들어지지 않았다면 그것은 인간이라 볼 수 없다는 것이다. 이런 주장은 인간이 무엇이고 인간의 생명에 어떤 가치를 부여하는지에 관한 각각 다른 정의에 근거한 것이다. 재미있게도 30년 전에 이미 루이스 브라운(Louise Brown)은 소위 말하는 "시험관 아기"를 인공수정에 의해 임신하게 되었을 때 인간이란 과연 무엇인가라는 윤리적 논의를 하였었다. 지금은 종교 단체를 포함한 많은 보수단체까지도 배아를 갖기 위한 인공수정이 완전히 윤리적인 방법이라고 생각한다.

미토콘드리아 교환 치료법

인간 5,000명 중 한 명 정도가 미토콘드리아 DNA(mito-chondrial DNA, mtDNA) 연관 질환을 갖고 있거나 그런 유전병을 발병할 위험성을 갖고 있다. 많은 mtDNA 연관 질환을 유전자 검사로 발견할 수 있지만 현재까지 치료법은 없다. 2010년에 과학자들이 mtDNA 유전체를 유인원인 붉은털원숭이(*Macaca mulatta*)의 난자에서 교환할 수 있다는 것을 보여주었다. 엄마 원숭이의 난자에서 핵을 꺼내 핵이 제거되고 mtDNA만 있는 다른 암컷 원숭이의 난자에 이식을 하였다. 새로 구성된 난자는 시험관 수정을 한 후 원래 암컷의 자궁에다 착상을 시켰다. 그 결과 한 암컷으로부터 이식한 핵 유전체를, 또 다른 핵 이식 수여자 암컷의 난자에서 남아 있던 mtDNA를, 마지막으로 정자 공여자의 원래 유전체를 가진 "세 부모 자손(three-parent offspring)"이 태어났다. 이 원숭이가 성체가 되었을 때 정상으로 나타났다.

mtDNA 교환 치료법(mitochondrial replacement therapy, MRT) 또는 세 부모 인공수정으로 언급된 기술이 2012년 인간의 난자에게도 적용되었다. 성공적으로 만들어진 수정체는 정상적으로 배반포 단계까지 발생하여서 여기서 배아 줄기세포주를 얻어 여러 가지로 시험에 사용할 수 있었다. 이런 세포주는 MRT를 하지 않은 세포들과 비교하는 시험에서 별 차이를 보이지 않았다. 그래서 역사적으로 알려진 mtRNA 연관 질병을 가진 가족에서 유전된 mtDNA 질병을 막기 위한 미래의 치료법으로써 이 기술의 가능성을 보여주었다.

MRT가 인간에게 적용되기 위해서는 넘어야 할 몇 가지 기술적 윤리적 장애물이 있다. 예를 들면 현재의 기술로는 이식할 때 공여 난자의 비정상 미토콘드리아를 완전하게 제거하는 것이 불가능하다. 건강한 배아에 영향을 줄만큼 많은 비정상 미토콘드리아가 이식될지도 모르는 일이다. 또한 세 부모의 유전자를 받는 자손을 만드는 것이 윤리적이라고 할 수 있는가? 2015년 영국은 mtDNA에 돌연변이가 생겨 발생한 질병을 가진 아이가 태어나는 것을 막기 위해 고안된 MRT 기술을 합법화한 첫 번째 국가가 되었다. 그래서 mtDNA 연관 질병을 가진 한 여성이 자신의 핵 DNA는 가지지만 제 삼자의 미토콘드리아를 갖는 건강한 아기를 출산할 수 있었다.

환자의 권리와 생물학적 재료

당신에게 다음의 시나리오가 일어난다면 당신은 어떻게 느끼겠는가? 당신이 백혈병과 같은 질병 치료를 받는 중이고 치료를 위해서 분석 시료로 혈액이나 골수 그리고 지라 세포를 제공하게 되었다. 당신은 나중에 당신을 치료한 의사가 당신의 조직에서 세포주를 만들어 특허를 내고 상당한 돈을 벌었다는 것을 알게 되었다. 그런 상황은 사실 일어날 수 있고 그래서 많은 환자들이 소송을 하였을 것이다. 이런 경우 환자들은 세포를 추출하기 위해 정보에 근거한 동의(informed consent)를 하기 전 의사들이 환자의 세포를 가지고 연구하여 경제적인 수익을 얻을 거라는 사실을 들은 적이 없다고 주장하였다. 환자와 변호사들은 이런 사례를 의사와 환자 간 관계의 위반이며 "부당이득 원리(principal of unjust enrichment)"의 사례라고 주장하였다.

대부분의 경우 환자는 자신의 세포에 대한 금전적 보상의 일부를 받고자 한다. 몇몇 유명한 사건 가운데는 법원은 의사가 개인적 연구의 관심과 환자의 치료와는 관계없는 경제적 문제에 대해서도 알려줄 의무가 있다고 판결하였다. 그러나 법원은 또한 세포나 다른 생물학적인 재료의 기증자가 그들의 생물학적 재료에 대한 소유권을 가지는 것은 아니므로 이런 재료로 특허를 내어 금전적 이득을 얻은 의사나 과학자가 환자에게 보상할 책임이 있는 것은 아니라는 판결을 내렸다.

많은 기증자들은 그들이 자신의 세포에 대한 소유권이 없으며 기증을 하였을 때는 그들 조직에 대한 많은 것들이 양도되었다는 사실을 깨닫지 못한다. 이것과 관련하여 기증된 정자가 기증한 개인의 동의 없이 난자와 수정되어 아이를 낳을 수 있어 자신의 동의 없이 아버지가 될 수도 있는 상황도 있다. 전반적으로 미국의 법은 어떤 기증의 문제에서도 강제 없는 정보에 근거한 동의가 문서화되는 것을 점점 더 선호한다. 줄기세포나 재생의학 기술이 더 일반화됨에 따라 생물학적 재료에 대한 환자의 권리에 대한 문제는 훨씬 더 복잡하고 더 면밀한 조사와 윤리적 고려가 요구될 것이라는 것은 확실하다.

유전자 정보와 유전자 프라이버시

인간유전체프로젝트(Human Genome Project)는 많은 질병에 관련된 유전자를 알아내는 데 공헌을 하였다. 알다시피 이 프로젝트는 또한 유전자 검사, 유전 질환 치료 그리고 개인 유전체 분석을 위한 새로운 방법을 고안하게 하였다. 그러나 우리의 DNA에 담겨진 정보를 쉽게 읽을 수 있기 때문에 유전정보의 프라이버시 침해에 대한 우려가 늘어나고 있다. 한 사람의 DNA 염기서열은 진짜 특이적인 식별자가 될 수 있다. 특히 연구자들은 DNA의 염기서열 분석이나 시험을 위해 기부한 사람들의 비밀을 보장하기 위해서 노력해야만 한다. 과학적 정보가 자유롭게 돌아다니는 것은 빠르게 아이디어들이 생각나게 하여 과학적인 진보를 돕기 때문에 과학자가 개인이나 집단 연구 대상의 사적 정보 보호가 확실하게 유지되어야 할 유전정보의 보호 장치로 할 수 있는 몇 가지 방법에 대해서 알아보려고 한다. 이것은 연구에서도 확실하게 하려는 것뿐 아니라 과학자가 사람들에게 계속적인 신뢰를 얻어서 그들이 기꺼이 연구에 공헌할 뜻이 생기도록 하기 위한 것이기도 하다.

유전자 정보에 대한 윤리 문제의 사례들은 다음과 같다.

- 효과적인 치료법이 없는데도 사람들에게 유전병 검사를 해야만 하는가?
- 개인 DNA의 분석 결과로 그 검사의 원래 이유와 관계없는 돌연변이가 발견되었다면 의사나 과학자는 그 검사 결과를 밝힐 어떤 윤리적 의무가 있는가?
- 유전자 검사의 결과가 음성이라는 것은 언제나 특정 질병의 미래 발병 가능성이 없다는 것이 아니며 양성의 결과는 언제나 그 질병에 걸린다는 것을 의미하는 것도 아니다. 우리는 유전자 검사의 결과와 검사받은 사람에게 일어날 실제 위험성에 대하여 어떻게 효과적으로 이야기할 수 있을까?
- 우연한 발견(incidental findings)이란 검사의 원래 목적이 아닌 결과의 발견을 말한다. 예를 들면 운동을 하다 가슴을 다쳐서 X선 촬영을 하였는데 폐에 종양이 발견되었고 그 이야기를 당신이 듣게 된다. 유전자 검사에서 우연한 발견이 있었다면 검사받은 사람에게 이야기를 해 주어야만 하는가(현재는 그럴 의무가 없다)?
- 착상 전 유전자 진단이나 태아 검사가 점점 더 보편화됨에 따라 윤리적인 문제들이 계속 생기고 있다. 어느 경우에 부모가 낙태를 결정하는 것이 정당화될 수 있는가? 모든 질병에 다 해당되는가? 성인이 되어서야 발병하는 질병의 경우는? 단지 유전자만이 그 질병의 위험을 증가시키는 요인이라면 어떻게 할 것인가?
- 태어났을 때 유전자 검사를 받은 사람이 성인이 되었을 때 그 정보를 알아야 하는가? 미래에는 태아의 DNA 염기서열 분석 결과가 유전자 검사에 포함될 것이다.
- 지능, 피부색, 키, 몸무게 등의 질병과 관련 없는 개개인의 특성에 영향을 주는 유전자에 대하여 검사하는 것이 가능한가?

식별가능성(identifiability), 즉 유포된 유전자 데이터가 특정인과 관련되어(또는 비밀인 정체성이 폭로되는) 있을 가능성이 최근 전체 유전체 또는 개인화 유전체 분석, 그리고 맞춤형 정밀의학에 대상이 되는 사람들이 증가함에 따라 주요 관심사가 되고 있다. 알다시피 완전한 염기서열은 대단히 많은 양의 데이터를 생산하기 때문에 디지털로 저장해야만 하고 의사가 작성한 전자 의료 기록이 되거나 이메일로 공유되고 클라우드에 보관될 수 있다. 건강 보험의 휴대성과 책임성에 관한 법령(Health Insurance Portability and Accountability Act, HIPAA)은 개인의 건강 정보 보호를 제안하고 전자 기록을 포함한 개인 정보의 기준을 마련하였다. 전자 의료 기록을 지키는 것이 환자가 자신의 의료 기록의 어떤 부분을 공유하거나 배포하는 것을 동의하였을 때조차도 식별가능성을 막아줄 수 있을까? "선한 뜻으로 유전체 활용"이란 개념이(생명공학의 다른 분야에서 선한 실험실이나 선한 제조 과정과 유사한) 유전체 데이터를 적절하고 윤리적으로 다루는 것을 보장하기 위해 제안되었다.

HeLa 세포주는 세계에서 가장 많이 그리고 가장 많은 곳에서 사용된다. HeLa라는 세포의 이름은 미국 볼티모어에서 다섯 아이의 가난한 엄마인 헨리에타 랙스(Henrietta Lacks)의 이름에서 시작되었는데 이 세포는 그녀가 1951년 죽기 전에 그녀의 동의 없이 그녀의 자궁 종양에서 떼어서 배양된 세포다. 최근에 HeLa 세포의 유전체 염기정보가 완성되었고 랙스 가족들의 동의 없이 온라인에 게시되어 그 가족에 대한 유전적 정보가 허락 없이 배포됨으로써 자신들의 프라이버시를 침해하였다는 문제가 대두되었다.

소비자의 직접적인 유전자 검사(direct-to-consumer genetic tests)에 관련된 상충 의견들이 다수 존재한다. 유전형질의 정체성 확인은 임상에서 점점 더 일반화됨에 따라 의사들이 환자들의 프라이버시를 보장해야만 하게 되었다. 어떻게 유전자 정보가 고용주나 보험회사 정부 기관 또는 일반 대중의 얻은 지각을 통해 부정적으로 사용될 수 있을까에 대한 심각한 우려가 있다. 유전적 프라이버시나 유전적 차별의 방지가 앞으로 점점 더 중요해질 것이다. 유전자 정보 비차별 법률(Genetic Information Nondiscrimination Act, GINA)은 건강 보험회사나 고용주가 유전적 요인에 근거한 차별이나 유전 정보의 부적절한 사용을 막는다.

비자(VISA), 슬랙 테크놀로지(Slack Technologies), 인스타카르트(Instrcart) 이 세 회사는 최근 직원들에게 유방암과 난소암에 대한 유전자 검사에 보조금을 지원하였다. 가치 있는 복지 혜택으로 인식되기는 하지만 프라이버시 침해나 직원의 또 다른 유전자 검사를 위한 차별적 행위가 될 수 있을 것이라는 의견도 있었다. 유전자 검사를 통한 비만 검사는 체중을 유지하고 식욕 조절에 영향을 주는 돌연변이를 가진 사람을 알려준다. 제2형 당뇨병은 회사가 매년 직원 한 명당 만2천 달러의 비용을 지불하게 한다. 뉴토피아(Newtopia) 회사는 유전자 검사를 실시하지만 개개인의 검사 결과가 아닌 전체 직원의 참여와 전체 체중 감소 결과만 알고자 한다고 하였다. 이런 보호 장치가 개인의 프라이버시를 방어하고 차별을 막기에 적당할 것인가? 다른 보호 장치가 필요한가?

많은 또는 적은 수의 인간에게?

유전자 치료의 첫 번째 성공 사례는 앞서 설명한 면역결핍증후군(adenosine deaminase severe conbined immunodeficiency syndrome, ADA-SCID)이란 유전병을 겪고 있는 아이를 대상으로 한 것이었다. ADA-SCID 환자는 주로 면역세포에 하나의 유전자 결함 때문에 효율적인 면역계를 갖지 못하고 태어난다. 성공적인 치료법은 그 아이의 골수에서 성체 줄기세포를 추출하여 유전공학적 방법으로 결함 있는 유전자를 정상적인 유전자를 대체한 후 이 세포를 다시 환자에게 주입하는 것이다.

유전자 치료 기술과 연관된 윤리적 고려 사항들을 생각해 보자. ADA-SCID를 치료하기 위하여 사용된 유전자 치료 기술 같은 것들이 넓게 보면 성공한 것으로 보이며 그래서 아무런 우려도 없는 것처럼 생각할지도 모른다. 그러나 이런 기술들은 실험적 의료 과정이기 때문에 정보에 근거한 동의 문제가 확실히 있다. 한 가지 제기된 안전성 문제는 암이 형성될 수 있는 가능성에 관한 것이다. 유전자 치료를 위한 아데노바이러스 벡터를 썼을 때 여러 아이들에게 백혈병이 발생하였다. 이런 결과는 미래 유전자 치료 특히 이런 바이러스 벡터를 사용하는 것에 관한 상당한 우려를 하게 하였다. 그래서 개인의 유전자를 바꾸는 것 특히 대체 유전자를 삽입할 표적 특이성과 연관된 위험이 윤리적 고려 대상이다.

현재 그리고 제안된 체세포 유전자 치료법은 기존의 유전병 치료를 포함한다. 그러나 우리는 특정 질병에 대한 유전적 속성(tendency)만 있는 경우와 그 질병이 발생할 확신이 없는 경우의 유전자 치료 가능성을 생각해 보아야 한다. 유방암과 난소암이 발병할 위험률을 증가시키는 BRCA1, BRCA2과 같은 유전자의 변이가 있는 유방암이 그 하나의 사례가 된다. 우리는 유전병과 유전적 속성 간의 차이점을 고려해야 한다. 면역결핍증후군(ADA-SCID) 같은 유전병은 그런 유전자 문제를 가진 사람에게 확실히 발병한다고 알려져 있다. 그러나 유전적 속성은 질병 발생 조건이 존재한다거나 확실히 질병이 발병한다는 의미는 아니다. 만약 꼭 질병을 일으키거나 질병의 위험률의 증가와도 관계가 없는 유전적 속성을 고려한다면 우리는 치료를 넘어서 유전공학의 적용 범위를 확대하는 것이다. 또한 윤리적으로 수용 가능한 수준에서 잠재적 유전자 수정이나 기존의 상태에 대한 치료를 넘어 변형, 심지어는 인간 유전자 조성의 향상까지 심각하게 고려해야 한다.

근육량이나 적혈구 세포의 산소 운반 능력을 늘리는 것 같은 유전적 향상(genetic enhancement)은 단지 개인의 선호에 관련된 것이라 할지라도 개인의 건강을 위해서 의학적으로 필요한 것인지 생각해 보아야 한다. 그런 유전적 변형을 금지하는 것은 개인의 권리 침해로 여겨질 수도 있다. 개인의 유전체가 정상과는 다르게 변형되는 것이기 때문에 우리는 그들을 사람으로 생각해야 할 것인지 그리고 그런 정의에 포함해야 하는 것은 무엇인지라는 질문을 생각해 보아야 한다. 유전자 도핑(gene doping), 즉 어떤 스포츠에 중요한 인간의 특성을 향상시키기 위하여 유전자 변형을 하는 유전자 치료의 가능성을 둘러싼 많은 의문이 있다. 동물에게 적용된 유전적 기술은 근육의 기능을 향상시키고 혈구 세포의 생성과 산소 운반 능력의 증가, 대사 작용과 인내력을 증강시키는 것이 가능하다는 것을 증명해 주었다.

유전체 편집과 생식세포의 유전자변형

무엇이 인간이란 생명체를 만드는가에 대한 질문은 우리가 유전체 편집(genome editing)의 가능성에 대해 살펴볼 때 더 답답함을 느끼게 한다. 크리스퍼-캐스(CRISPR-Cas) 같은 방법으로 유전체를 편집하는 것은 넓은 범위의 윤리적 고려가 필요하다. 크리스퍼로 정확하고 다른 방법보다 훨씬 쉽게 유전체를 편집하는 것이 가능하다. 이미 크리스퍼를 사용하여 생쥐, 쥐, 원숭이의 유전체를 편집하였고 같은 방법으로 사람에게도 가능할 것이라는 것에 의심하는 과학자는 없다.

최근에 인간 생식세포 즉 인간 정자와 난자, 그리고 한 생명체로 자라나 다음 세대로 넘어갈 배아의 유전자변형을 위한 유전체 편집의 위험성보다 더 주목받는 주제는 없다. 생식세포 편집은 각 생명체의 모든 세포에 영향을 줄 수 있으며 이런 변형이 유전될 수 있다. 이것은 유전적 질병의 원인이 되는 유전자를 인간 유전자 집단에서 없애버리기 때문에 질병의 제거를 잠재적으로 의미할 수 있다. 물론 유전적 변형으로부터 생기는 어떤 문제도 다른 유전적 향상처럼 유전될 수 있다. 단지 치료받는 사람뿐 아니라 미래의 자손까지 영향을 주는 유전체 편집의 이런 방식은 윤리적으로 수용이 가능한지 생각해 보아라. 인간의 유전자 집단에 유전자를 제거하거나 첨가하는 것의 잠재적 결과 중에는 유전병 또는 유전병 감수성의 제거나 인간 능력의 향상, 인간 수명의 증가나 감소, 그리로 암 발생률의 증가도 포함된다.

어떤 노벨 수상자는 이런 연구가 "더 나은 인간 존재"를 만들 수 있기 때문에 이런 연구의 옹호자가 되었다. 그러나 우리는 무엇이 "더 낫다"의 구성 요소가 되는지 그리고 이런 결정에 누구의 정의가 사용되어야 하는지 생각하기를 멈추어 버렸다. 생식세포의 유전자변형을 위해 때때로 언급되는 또 하나의 잠재적 결과는 우생학(eugenics)의 근간이 되는 기본 개념이라고 할 수 있는 새롭고 우수한 인간 종의 창조다. 이런 결과와 연관된 하나의 잠재적이며 부정적인 점은 인간을 서로 다른 유전적 사회 계층으로 구분하는 것이다. 2015년 한 지도층의 생명공학자들은 전 세계적으로 유전될 수 있는 방식으로 인간 유전자변형을 하는 이런 새로운 유전체 편집 기술 사용의 일시적인 중지를 요구하였다.

미국에서의 한 표본 조사에서 응답자의 거의 65%가 체세포든 생식세포든 편집은 받아들일 수 없다는 반응을 보였다. 그러나 생식세포의 향상에 관하여 물어보았을 때는 체세포의 향상(찬성 39%, 반대 35%)보다 생식세포의 편집에 찬성(26%, 반대 51%)하는 비율이 더 낮게 나타났다.

19.3 과학의 역할, 의사소통 그리고 경제학

금전적 지원(재정)이 연구 결정에 주된 역할을 한다는 사실을 인정할 수밖에 없다. 정부 기금과 민간투자가 연구와 개발을 진척시키며 개인과 기업 역시 이익을 창출할 수 있는 발견을 위해 생명공학을 활용하려고 한다. 생명공학은 어쨌든 사업의 하나인 것이다.

과학연구는 고비용이 들기 때문에 연구 지원금이나 수익성에 따라 프로젝트나 회사 또는 업적들이 살아나기도 하고 없어지기도 한다. 대학 교수가 제안한 연구든 기업이 새로운 제품을 개발하기 위한 연구든 모든 과학 연구에 충분한 재정적 지원을 할 수 있는 것은 아니다. 흔히 과학의 근본적인 측면에서 우리의 지식을 늘리거나 또는 우리의 삶을 개선할 발견이나 제품을 만들어 낼 수 있는지에 따라 연구비가 결정된다.

연구비를 찾고 있는 많은 대학의 연구자는 연구지원 기관에 연구 제안서를 제출한다. 이런 제안서를 심사자들이 검토하고 어떤 프로젝트가 지원되어야 하는지 지원 기관에 추천을 하게 된다. 그러나 연구비 규모와 지원 방향에 대한 어떤 결정도 예산을 제공하는 특히 의회로부터 이루어진다. 대부분의 결정은 과학의 성공 가능성, 독창성, 그리고 건강과 일반 지식에 적용될 가능성을 근거로 내려진다. 그러나 어떤 결정들은 또한 과학자들이 심사자들에게 잘 알려진 사람인지와 국회의원으로부터의 정치적 압력에 의해 영향을 받는다.

우리는 연구 제안들이 어떻게 평가되는지와 성공 가능성은 얼마인지뿐만 아니라 과학적 지식을 넓히는 데 기여할 가능성도 생각해 보아야만 한다. 왜냐하면 과학에서는 다음번의 대단한 발견이 어디서 이루어질지, 어떤 배경지식이 이런 발견들을 끌어낼 수 있는지 알기가 어렵기 때문이다. 이와 더불어 행해질 어떤 치료법의 비용과 어떻게 접근할지도 생각해 보아야 한다. 연구비 지원은 너무 돈이 많이 들기 때문에 오직 부자만이 그 혜택을 볼 수 있거나 아니면 굉장한 시간적, 금전적 낭비로 판명될 수도 있다. 연구의 다른 길은 단지 유용한 결과를 만들어낼 더 나은 기회라는 것을 보여주는 것일지도 모른다. 연구를 지원할 재정은 한계가 있기 때문에 한쪽 방향의 연구 지원이 잠재적 성공 가능성이 더 높은 다른 연구의 지원을 삭감시킬 수도 있다는 점에서 지원 결정은 신중하게 내려져야 한다.

잠재적인 이익을 창출할 수 있는 아이디어를 가진 생명공학 기업은 일반적으로 제품 개발에 필요한 R&D를 기꺼이 지원할 벤처 투자자나 다른 투자자를 찾아야 한다. 그런 투자자가 위험은 싫어하고 이익만 추구한다면 고비용이지만 생명을 살릴 가능성이 높거나 어떤 새롭고 유용한 기술로 나아갈 잠재력이 있는 위험성이 높은 실험적 연구는 누가 지원을 하겠는가?

우리는 경제적 논의에서 줄기세포 연구를 위해 난자를 기부할 여성에게 돈을 지불하는 것을 받아들일 수 있는지와 같은 윤리적 문제까지 범위를 확장할 수도 있다. IVF에서 남겨진 질적으로 우수한 난자가 부족한 것은 줄기세포 연구가 더 일반화됨에 따라 난자의 요구가 늘어나는 것과 함께 인간의 난자에 대한 필요성이 가중되고 있기 때문이다. 2009년 뉴욕주는 공적 자금을 "최고 만 달러까지"와 같은 방식으로 난자가 사용되는 것을 허용한 첫 번째 주가 되었다. 여기서 몇 가지 윤리적 문제가 호르몬 자극, 잠재적 복합증상, 그리고 난자를 얻기 위해 필요한 공격적 방법 등과 연관된 위험성이 주변에 존재한다. 여러 경제적 그리고 비경제적 질문들도 이런 문제 주위에 있다.

- 난자 제공자로 여성이 돈을 받아야 하는가?
- 그렇다면 받을 돈에 한계는 얼마인가?
- 한 여성이 특정 기간 동안 얼마나 여러 번 난자를 제공할 수 있는가? 그 여성은 "연속적" 공여자로서 오랜 기간 동안 수십 개의 난자를 제공하는 것이 허용되는가?
- 난자에 대해 지불하는 돈은 여성이 난자 공여를 고용의 형태로 활용할 수 있는 시장을 창출할 수 있다.

우리가 연구의 윤리적 영향과 그 재원을 고려함에 따라서 지적 재산권 역시 중요해진다. 특정 염기서열, 새로운 세포 형태, GMO, 또는 배아 등을 포함한 적용 분야의 지적재산권 특허(patenting)는 발견한 사람들에게 이익을 줄 수 있지만 윤리적, 과학적 딜레마를 제기할 수도 있다. 예를 들면, 인간 유전자를 분리하여 특성이 분석된 후 발견자에 의해 특허를 받게 되었다고 생각해 보아라. 특허를 보유하고 있는 기업이나 개인은 특허를 받은 유전자를 가지고 연구를 수행하고자 하는 사람이 이것을 사용하기 위해서는 라이센스 비용을 지불하도록 요구할 수 있다. 진단 검사나 치료법이 어떤 연구로부터 얻어졌을 경우 더 많은 비용이나 로열티를 요구할 수 있다. 이것은 어떤 특정한 유전자에 대한 연구는 수행하기 어렵고 비용이 많이 들기 때문에 특허 받은 유전자의 임상적 사용을 제한할 수도 있다.

최근 유전체 편집을 위해 크리스퍼-캐스 시스템 사용에 첫 번째 특허를 받은 사람들에 대한 심각한 반대 의견들이 있었다. 2014년 미국의 특허등록청(PTO)은 크리스퍼-캐스를 진핵세포에 적용한 브로드 연구소(Broad Institute)의 펭 장(Feng Zhang)과 MIT 대학에게 첫 번째 특허권을 주었다. 그러나 크리스퍼-캐스 시스템을 유전체 편집 도구로 공동 발견자인 버클리대학의 제니퍼 다우드나(Jennifer Doudna)와 에마뉘엘 샤르팡티에(Emmanuelle Charpentier)의 특허 신청이 펭 장의 신청보다 7개월 먼저 제출되었었다. 그러나 펭 장은 패스트트랙으로 신청하여 신청한 지 6개월 만에 특허를 받았다. 미국 PTO는 창의 신청은 버클리 대학의 크리스퍼에 의한 유전공학 기술 특허가 좀 더 폭이 넓다는 점에서 뚜렷이 차이가 있다고 결정하였다. 크리스퍼 특허는 많은 기업들이 그 기술을 의학, 농업, 그리고 공업에 이르는 적용 범위에 사용하는 권한을 얻게 하였다. 2017년까지 이런 기업들이 거두어들인 금액은 이미 1억 달러를 초과하였다.

일부 의사들은 이미 라이센스의 제한으로 인해 환자들에게 유전자 검사를 위한 비용을 전가할 수 없다고 불평하고 있다. 그러나 유전자나 유전적 도구에 대한 특허를 제한하거나 금지하는 것은 그런 연구를 추진하는데 인센티브를 없애버린다고 말하고 있다. 특히, 연구를 통해 이익을 창출하고자 하는 기업에게는 더욱 그렇다. 유전자 또는 세포의 특허와 연관된 윤리적 문제를 열거하고 연구가 계속 수행될 수 있게 하는 대안이나 타협점을 생각해 보아라.

또한 생명공학에 관한 윤리적 문제들은 사회에서의 과학자의 역할을 생각해 보게 한다. 과학과 기술은 우리의 삶을 더욱 행복하고 건강하게 만드는 발견이나 발명을 제공하였다. 그러나 과학자의 연구에 무한한 자유를 줄 것인지에 관해 생각해 보아야 한다. 다음번의 대단한 성공의 원천이 무엇일지 알기는 어렵지만 때때로 새로운 발견은 예상치 못한 곳이나 과학자가 중요하게 생각하지 않은 곳에서 생길 수도 있다. 우리는 과학이 얼마나 이 사회에 기여할 수 있는가를 생각해 봐야 한다. 어떤 것을 예측할 수 없다고 규정하거나 과학적 발견에 따라 자유롭게 흘러가도록 한다는 개념으로 생각하기는 어렵다. 과학이 어떻게 작동되는지 아니까 과학자가, 규제를 만드니까 정책 입안자가, 아니면 그런 결정에 의해 주로 영향을 받는 사회 중에서 누가 이런 질문들에 대한 결정을 해야 하는지를 알기 어렵다. 더 나아가는 발견을 해야 하는 과학영역, 더 나아간 보건복지, 그리고 윤리를 다루어야 하는 사회영역 모두의 필요를 어떤 규제가 가장 잘 충족시킬 수 있는지를 생각해 보아라. 생명윤리학은 생명공학 산업에서 매우 중요하다. 왜냐하면 윤리적인 토론이나 논쟁은 종종 일반적으로 법(사람들의 행동을 통제할 수 있는 법과 생명공학 산업을 조정할 수 있는 법)을 만드는 데 원동력이 되기 때문이다.

정확하고 정직한 의사소통은 일반적인 과학과 특정한 생명공학의 성공 여부에 필수적이다. 과학자들은 공개적이고 솔직한 태도로 다른 과학자들과 그리고 더 중요하게는 일반인들과 대화할 수 있어야 한다. 과학이 일상의 삶에 대한 기여의 중요성을 이해하지도 감사해하지도 못하는 대중들은 과학적인 노력들을 지지하지 않는다. 연구의 잠재성, 결과에 대한 절박함에 대하여 과장하지 않고 어려운 용어를 사용하지도 않으면서 솔직한 대화를 하는 것이 필요하다. 만약 대중과 정책 입안자들이 잘못된 정보에 현혹되었다면 그 결과는 과학이나 사회에 모두에게 재난이 된다. 또한 과학자들은 윤리적 문제에 민감하지 않다고 대중들이 생각한다면 과학자들은 대중의 신뢰를 얻기가 힘들 것이다. 이 모든 것을 고려하는 것이 중요하다. 연구에서와 마찬가지로 과학의 소통에서도 정직함은 필수적이다.

많은 윤리적 문제 중에는 현재와 미래에 당신 자신뿐 아니라 다른 사람의 삶에 영향을 끼치는 어려운 결정들이 있다. 어떤 결정 특히 매우 힘든 결정들이 나를 위해 내려지는 것은 언제나 더 쉽다. 그러나 다른 사람에게 영향을 주는 경우는 결정권자들이 모든 사실을 고려해야 하거나 당신 자신의 것과 일치하는 목적을 가지고 있다고 가정하게 된다. 또한 이런 결정을 내리는 것은 개인의 자유와 책임을 포기하는 것을 의미한다. 자유는 책임이 뒤따르기 때문에 만일 당신이 어떤 선택을 하였다고 하면 당신은 그 선택에 대한 책임을 져야 하며 당신의 선택은 당신뿐만 아니라 다른 사람에게도 영향을 끼치게 된다. 영리한 사람은 최종의 목표 성취를 위한 최고의 수단을 알고 있다. 현명한 사람은 어떤 목표가 추구할 가치가 있는가를 알고 있다.

20장

생명공학 규제와 특허

잘못 표시된 의약품의 사용이나 오염된 음식물의 섭취는 생사와 직결될 수 있다. 정부는 의약품이나 식품에 대하여 규제하고 있다. 이러한 규제는 특히 미국 사회의 생명공학 기술 현장에서 실효적으로 작용한다. 신약에 대한 안전성과 효능에 대한 검증을 하는데 보통 수 년의 세월이 소요된다. 그러는 동안에 신약이 살릴 수도 있는 생명들이 사라져 간다. 남은 음식을 버리는 데에도 비용이 발생하며, 잠재적 독성을 갖는 제초제를 사용하지 않음으로 해서 농업 생산성이 저하되는 데에도 비용이 든다. 분명한 것은 안전을 보장하는 것과 비용 절감 사이에는 상충하는 부분이 있다는 것이다. 생명공학 기술에 의해서 생산된 새롭고 혁신적인 상품은 다소의 이익을 보장해 줌과 동시에 어느 정도 위험에 처하게 한다. 미국의 빌 클린턴 대통령과 영국의 토니 블레어 총리가 인간유전체프로젝트에 참여한 연구자들에 의해 얻어진 정보에 대해 서로 공유하고 어떠한 유전자 서열에 대한 특허도 허용하지 않도록 협약하였을 때, 당시 생명공학 주식을 선도하는 주요 회사들은 공황 상태에 빠진 바 있다. 하지만 대다수의 사람들은 유전자 서열에 대한 특허권에 대해 도덕적으로 수용할 수 없다고 생각했기 때문에 이러한 특허권 제약에 대해 많은 찬사를 보낸 바 있다. 특허를 받을 만한 것(patentable)이라는 것이 어떤 것인가에 대한 이해가 바로 이 논점의 핵심이다. 본 장에서는 생명공학 최고의 선진국인 미국의 예를 통해 생명공학 규제의 전체적인 흐름을 정리해 보았다.

20.1 규제 체계

19세기 미국에서 기업인들은 자유롭게 그들이 특허를 낸 의약품을 내놓을 수 있었으나, 그들의 주요 관심사는 그 지역 당국이 그들의 의약품이 사실 사기라는 것을 알아차리기 전에 그 지역을 떠나는 것이었다. 동시에 수많은 대형 회사들은 환경을 오염시켰으며 심지어 장기간에 걸쳐 영향을 미치리라는 것을 모르는 경우가 많았다. 정부는 더 이상 공공 안전 문제를 무시할 수 없게 되었으며, 결과적으로 보호기구를 설립하게 되었다. 새로운 연방 기구들은 식품과 의약품의 안전성을 감독하게 되었고 오염원으로부터 환경을 보호하는 역할을 수행하게 되었으며 현재까지도 그러한 활동을 하고 있다.

생명공학이 여전히 연구 분야로 부상하자, 규제를 마련하여 상주하고 있던 산업체를 감독하도록 하였다. 1975년 아실로마 회의는 유전자전이와 관련된 예방책이 없을 경우, 질병 유전자가 퍼져나갈 수 있는 가능성이 있기 때문에 연구자들 스스로가 가이드라인을 설정하도록 모였다. 미 국립보건원(NIH)은 아실로마 회의에서 도출된 생명공학에 대한 규제 책임을 떠맡은 최초의 기구였다. 무엇보다도 미 국립보건원은 재조합 DNA 기술과 연구에 대한 가이드라인을 내놓았다. 미 국립보건원의 재조합 DNA 권고 위원회가 실험실에서 재조합 DNA 및 재조합 생명체를 가지고 일하는 데에 대한 연구 가이드라인을 공개한 것에 대하여 3장에서 언급한 것을 기억할 수 있을 것이다. 미 국립보건원은 1984년도까지 모든 DNA 연구에 대하여 모니터링하고 감시하는 일을 계속하였다. 그 시점에서 다른 규제가 필요했다.

1986년에 미국 정부는 생명공학 연구에 대하여 미 국립보건원, 농무부 그리고 환경보호청의 연대 책임을 갖도록 하는 생명공학 기술 규제에 대한 대등 체계(Coordinated Framework for Regulation of Biotechnology)를 발간하였다. 이런 혁신적인 보고서는 생명공학 기술의 산물이 무역 상품과 같이 상당한 규제를 받을 수 있다는 것을 제시하는 것이었다. 예를 들어, 생명공학에 의해 조작된 식물체는 다른 식물을 규제하는 같은 기구에 의하여 감시되고 생명공학 약물은 모든 다른 약물에 적용되는 법규에 따라야 한다는 것이다. 근본적으로, 이 보고서는 일반 상품과는 확연히 다른 규제와 과학적 쟁점에 놓여 있다고만 보지 않는다는 것이다. 미국에서의 이러한 개념은 생명공학 규제를 이해하는 데 있어서 핵심이다. 또한 이러한 연방의 정책 및 규정기관은 생명공학의 어떤 회사 제품을 미국에서 실제로 팔 수 있는지 결정한다. 비슷한 방식으로 다른 국가에서도 잠정적인 피해로부터 시민을 보호하기 위해 규정을 수립했다.

미국의 경우 세 기관이 생명공학의 결과물을 관리하는 책임을 진다. 미국 농무부(USDA), 환경보호청(EPA), 식품의약국(FDA). 미국 농무부는 해당 생명체가 성장의 안전성을 확인하고, 환경보호청은 환경의 안전성을 담당하며, 식품의약국은 소비과정에서의 안전성을 책임진다. 이들 세 기관은 그들의 목적을 달성하기 위하여 협력하도록 되어 있으며, 생명공학 상품에 대한 감시와 규제에 함께 관여한다. 이 국가 기관들은 변화와 활동이 느린 것처럼 보여지는데 이러한 점은 오히려 생명공학적으로 조작된 것이든 일반적인 상품이든 간에 상품의 안전성을 일정하게 보장하기 위한 규제 프로세스가 작동하고 있음을 보여주는 것이다.

20.2 미국 농무부

1862년 설립된 미국 농무부(United States Department of Agriculture, USDA)는 작물 해충, 작물 및 수의 생물제 조정과 같은 농업 발전과 조정과 관계된 기능을 갖고 있다. 생물제(biologic)는 생명체 및 그 산물로부터 유래된 치료제로 폭넓게 정의될 수 있다. 대표적인 생물제로 인슐린과 백신을 들 수 있다.

미국동식물검역소

미국동식물검역소(Animal and Plant Health Inspection Service, APHIS)는 해충과 질병으로부터 미국 농업을 보호하기 위한 미 농무부 기관이다. 유전적으로 조작된 곤충이나 작물은 잠재적인 감염원이 될 수 있기 때문에 식물 해충으로 취급되거나 작물 해충 연방 활동의 요구에 따른 대행 기관에 의해 제약을 받는다. APHIS는 유전적으로 조작된 식물을 개발하고 이를 시험할 때 허가권을 갖고 있다. 만약 실험 생물체가 기존의 농산물에 잠재적 위협이 된다고 판단되면 그 기관은 보호조치가 적절하다는 것을 확인한다.

APHIS 승인 절차

새로운 식물체가 실험실에서 만들어지고 난 후에는 APHIS는 질병저항성이나 가뭄 내성 및 번식률과 같은 모든 것들을 조사하는 포장시험(field trial)하는데 몇 년의 시간을 요구한다. APHIS는 우발적인 교잡 수분을 방지하기 위한 예방조치가 수반되지 않으면 포장시험 적용 자체를 승인하지 않는다. 예를 들어서, 유전자가 이식된 옥수수에 대한 포장시험 지역은 종자 옥수수를 키우고 수확하는 지역으로부터 최소한 1.6 km 이상 떨어져 있어야 한다. 그리고 전체 포장시험 주변으로 7.5 m 범위로 휴경지를 남겨 두어야 한다. 어떤 경우에는, 옥수수 수염은 꽃가루가 날리지 않도록 감싸야만 하며, 옥수수 수염 자체를 나중에는 제거해야만 한다. 어떤 경우에는 어떠한 식물체도 포장시험 지역에서 반출이 허락되지 않으며 이는 자연적으로 재파종된 시험식물들도 파기되어야 하며 어떤 식물체나 그 일부분도 파기되지 않는 한 이동할 수 없다는 것을 의미한다. 포장시험 전 지역은 일반적으로 농번기에도 휴경지로 남겨두는 것이다. APHIS 직원들은 모든 시험이 요구사항에 부합하여 진행되는 것을 확인하기 위하여 시험 이전과 진행과정, 그리고 이후에도 감시한다.

이러한 예방의 한 가지 예로서 2002년 아이오와와 네브라스카의 두 재배지는 농지에서 생산한 종자 옥수수를 모두 파기하도록 요구받았다. 이 농지는 이전에 사람의 항체 단백질 추출을 위한 유전자 이식된 콩이 경작되었었다. ProdiGene 회사는 1,320피트의 모든 옥수수를 파기했다. 두 번째 지역에서는 USDA가 요구한 바에 따르지 않고 종자 옥수수 작물에 오염이 될 수 있는 시험작물이 제거되어지지 않은 상태였다. APHIS는 콩과 함께 모든 옥수수를 파기하라고 하였다. USDA는 500,000 부셸 콩을 파기했다. 그리고 ProdiGene는 범칙금으로 250,000달러를 지불해야했다. 회사는 3자가 감시하는 것에 동의했다.

재배자의 궁극적인 목적은 시장성 있는 상품을 수확하는 것이다. 이러한 과정에서 첫 번째 단계는 규제완화 혹은 규제철폐(deregulated status)를 APHIS에 탄원서로 제출하는 것이다. 유전적으로 조작된 식물들도 일반적인 식물과 같은 방식으로 검열하도록 요구한다. 이러한 상황을 승인하기에 앞서, APHIS는 시험작물이 일반작물처럼 안전하게 자란다는 것을 결정하기 이전에 포장시험 보고서, 과학적 논문 및 여러 특허 기록을 살펴본다.

APHIS는 규제 완화를 위한 탄원을 심사하는 과정에서 3가지 넓은 영역을 고려한다.

1. 식물 해충 결과(Plant pest consequences). APHIS는 해당 식물체가 다른 식물체에 대하여 위협 가능성이 있는지 심사한다. 이는 식물 해충(plant pest) 위험으로 알려져 있다. 기관에서는 새로운 유전물질이 새로운 식물 질병을 유발할 가능성을 조사한다. 나아가 재래 식물과 교잡을 통하여 새로운 슈퍼 잡초(super-weed)가 될 수 있는지도 고려하게 된다.
2. 다른 생명체에 대한 위험성(Risks to other organisms). 야생식물과 수분을 돕거나 작물 성장에 도움이 되는 유용 곤충에 대한 위험성을 조사한다.
3. 잡초 결과(Weed consequences). 결과적으로 새로운 식물이 이롭지 않고 해악을 끼치는 위험성을

고려한다. 그저 잡초로 끝나는 경우를 일컫는다. 그 식물의 번식 방식은 특히 중요 고려 대상이 된다. 그 자체가 쉽게 자생하는 식물은 그 종자를 널리 퍼트릴 수 있는 뛰어난 기작을 가지며 향후 냉해나 가뭄에 대한 저항성은 실제적인 문제를 야기할 수 있다. 예를 들어서, 민들레가 새로운 생명공학 식물로 대두된다면, 놀라운 번식력 때문에라도 채택될 수 없다.

APHIS 통지 절차

어떤 새로운 농산품에 대하여 "신속처리(fast-track)"하기 위한 것이 통지(notification)라고 할 수 있다. 통지를 시행하기 전에 6단계를 거쳐야 한다.

1. 새로운 농산물은 제한된 수의 적합한 식물종 중에 하나여야 한다. 옥수수, 면화, 감자, 콩, 담배 그리고 토마토를 포함하여, 이들 종은 모두 지난 과거에 완전히 연구되어 있다.
2. 새로운 유전물질은 새로운 식물체의 핵 안에 제한되어야 한다. 즉 플라스미드나 바이러스 벡터에 의해서 세포 안에 돌아다녀서는 안 된다. (핵 유전자는 새로 유전자 조작된 식물에 남아 있다.)
3. 도입된 유전자의 기능을 충분히 알고 있어야 하며 어떠한 식물 질병도 도입된 유전자에서 발현된 단백질로부터 발생될 가능성이 없어야 한다.
4. 새로운 농산품이 식품으로 사용된다면, 새로운 유전자는 독소 생산, 감염성 질병 혹은 어떠한 의료용 물질이 생성되어서는 안 된다.
5. 식물성 바이러스 유래 유전자가 사용될 경우, 새로운 바이러스를 만들어 낼 가능성이 없어야 한다.
6. 새로운 유전물질은 동물이나 사람 바이러스에서 유래되어서는 안 된다(새로운 인간 질병으로 퍼지는 것을 방지할 목적).

조작된 식물체가 6가지 조항을 모두 만족한다면 관련 기관은 30일 이내에 포장시험을 승인한다. 통지에 따라 식물 개발자는 승인 절차에서 요구된 규격을 만족시켜야 한다. 새로운 식물체의 우발적인 전파를 방지하도록 예방조치가 취해져야 하며 시험에 대한 상세한 기록도 유지되어야 한다. 식물 생명공학 작물에 대한 주요 관심사 중 하나는 교차 수분을 통해 공학 산물이 일반농장의 작물에 유전자전이로 유전자가 확산되는 것이다. 그 외에도 유전자전이는 파종, 수확 및 거래 동안에도 피해야 한다. 항저우의 저장대학(Zhejiang University) 과학자들이 수행한 연구에서 내장 격리 방법을 개발하여 옥수수에서 전이 유전자 확산을 줄이고 있다. 이 격리 방법에서 효소 CYP81A9(Bacillus thuringiensis[Bt] 독소) 및 글리포 세이트 내성 EPSPS를 위한 유전자 G10을 구성하여 옥수수에 아그로박테리움-매개 형질전환을 통해 RNA 간섭 카세트 해독의 발현을 억제하기 위한 것이다. 테스트에 따르면 생명공학 옥수수 식물이 침묵 CYP81A9는 옥수수 밭에서 잡초 방제를 위한 권장 복용량 헥타르당 40g의 nicosulfuron을 적용하여 죽일 수 있다. 연구 결과에 따르면 그만큼 옥수수의 확산을 제어하기 위한 내장 방법이 전이 유전자 확산 방지에 효과적이고 적용하기 쉬움을 보여준다. 유전자변형(GM) 식물은 허가를 얻기 위해 보다 길고 상세한 절차가 필요하다. 이 절차에는 기증자와 도입자의 정보, 형질전환 방법의 소개 등 더 많은 데이터가 필요하다. 자세한 정보에는 제안된 현장 테스트, 의정서, 격리 방법도 포함되어야 한다. 허가 절차에는 필요한 비용이 많이 들고 시간이 오래 걸리므로 통지보다는 분명히 바람직하지 않은 건 사실이다.

일부 GM 식물은 테스트가 필요 없다

Honey sweet plum이 GRAS 카테고리에 따라 규제되지 않은 식물의 예이다(일반적으로 안전하다고 인정됨). 이 식물은 자두 C5 폭스 바이러스 코트 단백질을 발현하도록 유전공학적으로 설계되었다. USDA에서 DNA 변이는 문제가 되지 않았다. 식물은 생식이 손상되었고, 핵산들은 모든 유기체가 가지고 있고 FDA에 의해 안전하며 일반적으로 권장되는 것으로 간주된다. EPA에 의하면 비표적 유기체에 대한 부작용이 기대되지 않는다.

새로운 식물의 안전성이 결정된 후, APHIS의 승인이나 모니터링 없이 재배자는 식물을 재배, 시험 또는 사용교차사육 목적으로 사용할 수 있다. 새로운 생명공학 제품이 그때 시장에 선보인다. 그러나 이러한 요구 사항이 모두 필요한 것이 아닐 수 있으며, EPA는 모든 것을 신제품을 환경에 내보내기 전에 규제한다.

20.3 환경보호청

1970년에 설립된 환경보호청(Environmental Protection Agency, EPA)은 위험한 생물종 예방에서 자동차 배기 규격 설정에 이르기까지 광범위한 업무를 담당하고 있다. 중요한 임무 중 하나는 살충제와 제초제 규제이다. 이러한 임무가 자연스럽게 확장됨에 따라서 EPA는 병충해 방지를 위한 단백질을 생산하도록 유전적으로 조작된 어떠한 식물에 대해서도 규제를 한다.

EPA는 살충제 내성 식물의 사용에 대해서도 감시하고 있다. 이런 경우, EPA는 그 식물뿐만 아니라 살충제 내성 식물 재배에 사용하는 살충제도 관리 대상이 된다. 작물에 잔류한 농약은 특히 중요하다. EPA는 작물이 안전하게 시장에서 소비되도록 잔류 살충제를 모니터링한다. USDA(APHIS)와 EPA 승인 모두가 충족되어야 한다.

실험 수행 허가

살충 단백질이 발현되는 식물 개발자는 가장 먼저 EPA에 연락해야 한다. 10에이커 혹은 1에이커의 경작지라도 또 물을 사용하는 어떠한 포장시험도 관계 기관에서 발급한 실험 수행 허가(experimental use permit, EUP)가 없으면 할 수 없다. EUP에 따르면 미국 농약법에서 정한 “불합리한 악영향(unreasonable adverse effects)”이 없다는 명확한 데이터가 부족한 살충제를 사용할 수 없기 때문에 사용하는 살충제에 대하여 세심하게 기록해 두어야 한다. 다시 말해서, 일반적으로 농가에서 사용되는 화학 살충제와 같은 규격을 사용하여 경작해야 한다.

규제완화와 상업화

다음은 농산품이 시장에서 인정을 받는 상업화 단계이다. 하지만 판매되기 전에 EPA는 시험기간에 수집된 데이터를 검토하는 데 약 1년 정도의 기간이 소요된다. 이러한 검토는 네 가지 일반적인 관심 영역으로 집약할 수 있다. 첫째, EPA는 유전자 출처, 발현 양상, 살충 단백질의 성질에 대해 초점을 둔다. 둘째, 조작된 식물의 인체에 대한 효과가 심도있게 연구되어 있어야 한다. 실험자는 실험동물을 이용하여 해당 단백질이 얼마나 쉽게 소화가 되는가와 알레르기를 유발하는가와 같은 실험을 수행하여 생물체에 끼치는 영향을 알아본다. 셋째, EPA는 환경 보호를 담당하기 때문에 살충 단백질의 "환경적 운명(environmental fate)"을 반드시 조사한다. 또 한 가지, 살충제의 분해 속도라든가 토양과 물에 잔류 여부도 중요하다. 또 다른 문제는 살충 단백질 유전자가 잡초와의 교잡을 통하여 슈퍼 잡초가 만들어질 수 있는 가능성이다. 넷째, 주요 목적 종이 아닌 종에 대한 효과에 대해서도 EPA는 주목한다. 이런 비목적 종으로는 꿀벌이나 무당벌레와 같은 유용 곤충을 비롯하여 물고기, 새 그리고 설치류가 이에 속한다.

USDA와 마찬가지로, EPA도 이러한 시험을 통하여 요구 조건을 충족한 식물에 대하여 규제 해제를 내릴 수 있다. 이렇게 규제 해제된 재조합 식물은 다른 작물과 같이 거래가 가능하게 된다. 그러나 이런 경우에도, EPA의 일이 끝난 것은 아니다. 새로운 정보를 수집하도록 하여 필요에 따라 규제 관련 취소 및 수정을 할 수 있는 권한을 갖는다.

관료적 규제체계에 따라 미국은 떠오르는 공공 문제에 대응하고 신중하게 진행한다. 아마도 가장 중요한 점은 규제 기관이 훌륭한 과학적 근거에 따라서 결론을 짓는 것이다. 이를 통해서 대중은 판매되는 식품과 의약품에 관련된 규제에 의하여 보호받게 된다.

20.4 미국 식품의약국

식품의약국(Food and Drug Administration, FDA)은 우리가 섭취하는 식품과 의약품의 안전성과 효과에 대한 검증을 책임진다. 식품과 의약품 모두 생명공학 발전에 따른 주요 영역이기 때문에 FDA는 산업의 새로운 발전 양상을 모니터링한다. 생명공학 제품이 그들의 기존제품만큼 안전한지 확인한다.

식품과 식품 첨가물

새로운 식품이나 첨가물이 개발되는 과정에서 FDA는 생명공학 개발자(회사, 대학 연구자 등)에게 컨설턴트가 되어주며 시험 방법에 대하여 조언해 준다. 일반적으로 연구의 초점은 새로운 상품이 예기치 못하거나 원하지 않는 효과를 갖는지를 확인하는 것이다. 추가적으로 단백질이 자연적인 식품의 단백질과 실제로 동일한가를 알아본다. 우유, 조개, 땅콩 및 계란과 같은 일반적인 많은 식품들도 알레르기 유발 물질을 포함하고 있기 때문에 그러한 음식물에서 유래된 단백질들은 잠재적인 알레르기 유발 물질로 여겨지고 이를 표시하도록 한다. 중요한 점은 회사들은 생명공학 식품을 개발하면서 FDA에 자문을 구하도록 되어 있지 않다는 것이다. 하지만 미국의 대부분의 회사들은 식품을 시장에 내놓기 전에 FDA의 전문성을 이용한다. 만약 식품 및 첨가물이 예견된 위협을 갖고 있지 않다면, FDA는 통상안전식품(generally-recognized-as-safe, GRAS)을 부여한다.

GRAS 식품의 예로는 4장에서 나온 미국 치즈 회사의 80%가 사용하고 있는 재조합 키모신을 들 수 있다. 종종 FDA에 의해서 안전성을 평가받은 식품이 여전히 시장에서 홀대를 받기도 한다. 재조합 소성장호르몬(rBGH)은 소에게 주사하여 젖소의 우유 생산량을 증가시킬 수 있다. 자연적으로도 이렇게 할 수 있음에도 불구하고 많은 소비자들은 호르몬이 우유에서 검출될 것이라고 생각하여 꺼리고 있다.

의약품 승인과정

식품 및 첨가제 규제와 더불어서 FDA는 새로운 의약품 규제를 관장하고 있다. 생명공학 약품은 정확한 규격을 만족해야 한다. 낭포성 섬유증(cystic fibrosis)에 대한 새로운 생명공학 처방이 동물 실험으로 입증이 되었다고 생각해 보면, 다음 단계는 FDA와 접촉하는 것이고 의약품평가연구센터(Center for Drug Evaluation and Research, CDER)에 임상연구 단계인 임상시험계획승인(Investigtional New Drug, IND)을 제출하는 것이다. 사람에게 약물을 시험하도록 승인하기 이전에 FDA는 앞선 실험의 결과와 물질 자체의 성질 및 추가 시험 계획에 대하여 심의한다. 생물학적 상품에 대한 효과적인 규제 검토를 진행하기 위하여 생물학적 의약품 평가연구센터는 실제로 관련 연구 프로그램을 수행한다. 이 연구는 기본적인 생물학적 과정에 대한 정보를 상당히 폭넓게 알려주고 규제 검토를 위한 강력한 과학적 기초를 제공한다.

약물에 대한 임상시험

만약 FDA가 새로운 의약품 인가 조사에 만족하고 뚜렷한 위험성이 발견되지 않아서 과학적 방법으로 시험을 하게 되면, 그 의약품은 IND 단계에 들어간다. 의약품 임상시험은 식품과는 다른 매우 엄격하다. 임상I상(Phase I; 안전성)은 20명에서 80명 정도의 건강한 지원자를 대상으로 한 부작용이나 용량에 대한 검사이다. 임상II상(Phase II; 효능)은 의약품의 목적에 부합한 질병 환자 100명에서 300명에게 처방하는 것이다. 이 단계에서 어떤 부작용이 발견되지 않고 긍정적인 효능이 보인다면 임상III상(Phase III; 현재 사용되고 있는 의약품과의 비교)에 들어간다. 이 단계에서는 1,000명에서 3,000명 정도의 환자에게 이중맹검(double-blinded testing; 의약품 효능이 위약 효과인지 해당 약품에 의한 효과인지 알아낸다)을 3년 6개월 동안 시행한다. 일반적으로 어떤 의약품이든 긴 시간의 임상III상의 검증을 통해 효능이 입증된 후에야 시장에 나올 수 있다. 대부분의 약은 이 단계까지도 오기 힘들다. 대부분의 의약품들은 대개 20% 정도만이 임상I상에서 III상을 통과한 후에 FDA 승인을 얻게 된다(신약허가; new drug authorization, NDA). 신약이 시장에 나온 후에도 FDA는 끊임없이 이들에 대하여 모니터링을 한다. 어떠한 치료용 의약품도 FDA에 의해 NDA를 발급받지 않은 상태에서 미국 시장에서 유통될 수 없다. 새로운 약이 유통되는 중에도 FDA에 의해 지속적으로 모니터된다(임상IV상).

임상III상에서 개발 비용의 70%가 소비되며 여전히 40%는 위약 효과를 뛰어넘지 못하는 장벽에 부딪혀서 실패한다. NDA와 유사한 것으로 동물 유래 백신이나 단백질, 혈액제제, 바이러스 치료와 같은 생물 유래 산물에 대한 승인을 받고자 할 경우, 생명공학 회사는 생물학적 인가 협약(Biological License Agreement, BLA)을 신청한다. FDA는 의약품의 전문적 표시(사용법)에 대한 정보를 검토하고 승인된 절차에 의하여 의약품이 제조되었는지를 감시한다.

바이오로직스와 바이오시밀러를 위한 생명공학 산업의 확장 가능성은 우리나라 기업인 삼성의 사업모델에 잘 반영이 되어 있다. 2018년에 바이오 로직스의 가장 큰 생물제제 시설을 삼성이 만들었고 세계 최대의 제약회사가 되었다. 2013년에 삼성로직스는 10년간 Bristol Myers Squibb와 Roche 그리고 다른 회사들과 계약을 맺었다. 2018년에 직원 수는 1,700에서 두 배로 증가했다. 생물 의약품 시장은 2015년 280억 달러에 비해 2020년에는 420억 달러에 이를 것이다.

임상연구의 예외

최근 이러한 시험 단계에 대한 중요한 예외가 적용된 사안에 주목할 필요가 있다. FDA는 생물학적, 화학적, 핵 테러에 대응하기 위한 의약품 및 백신에 대하여 임상시험 단계를 거치지 않고 승인을 허락하였다. 이를 "희귀의약품(orphan drug; 이익이 적어 개발 및 조사 따위가 거의 되지 않고 있는 약)"이라고 하며, 보툴리누스 식중독에 대한 항체(human botulism immune globulin, BIG)와 같이 수혜자는 작지만 그 효과가 큰 약물에 대해 FDA 희귀의약품 개발부(Office of Orphan Products Development, OOPD)가 담당한다. 물론 임상시험을 하기 위하여 고의로 천연두나 신경가스에 노출시키는 것이 윤리에 벗어나기 때문이다. OOPD는 희귀 질병에 대한 의약품개발 후원자에 대한 인센티브를 부여하는 희귀의약품법(Orphan Drug Act, ODA)의 주요 조항을 집행한다. ODA는 매우 성공적이어서 1983년 이래로 희귀 질병 관련 신약 및 생물제제가 200개 이상 개발되어 시장에 나오게 되었다. 반면에 1983년 이전 10년 동안 단지 10개 정도만이 시장에서 유통되었다. 이런 종류의 신약은 여전히 단지 약물 투여 시험과 위험물질이 아님을 증명하는 임상I상만 거치게 되며, FDA는 해당 약물이 부작용이 없을 것이라는 판단을 할 수 있다. 예를 들어서, FDA는 탄저병의 항생제로 쓰이는 시프로(Cipro) 신약에 대하여 신속히 승인 처리하였다. 몇몇의 생명공학회사(Chimerix 포함)는 에볼라 바이러스가 감염된 환자에 개발된 약물의 효과와 안정성 검사 시험 진행을 위해 FDA로부터 허가를 받았다. FDA 허가를 받은 노스캐롤라이나 Durham 제약 회사가 만든 약은 달라스에서 미국 내 최초 에볼라 진단을 받은 환자의 치료에 이용되었다.

우수 실험 시험 기준(GLP), 우수 임상시험 기준(GCP), 우수 제조 시험 기준(GMP)

1975년, 의약품 시험 연구실에 대한 FDA 감사 결과 부적절하고 부주의한 실험 수행, 부정확한 기록, 형편없는 실험 동물 관리와 같은 많은 문제점이 드러났다. 이러한 결함을 보완하기 위하여 FDA는 의약품의 동물실험을 관장하기 위한 우수 실험 시험 기준(good laboratory practice, GLP)과 우수 제조 시험 기준(good manufacturing practice, GMP)을 제정하였다. GLP는 시험 실험실 및 제조회사에게 명문화된 실험법(standard operation procedure, SOP)을 따르도록 하고, 적절한 시설을 갖추도록 하며, 정확한 실험동물 관리 및 유효한 독성 시험을 수행하도록 규정한다. 이와 유사한 규정인 우수 임상시험 기준(good clinical practices, GCPs)은 임상시험 참가자에 대한 권리와 안전을 보호하고 임상시험을 과학적 수준을 확보하는 것이다.

공공 안전에 대한 신속한 의약품 승인

생명공학 회사들은 한 가지 생물학적 상품을 시장에 내놓을 때 약 2억 6,000달러를 지출하고 FDA 승인을 받고 시장에 유통시키는 데 약 8~15년이 걸린다. 예를 들어서, 현재 사람의 성장호르몬을 생산하는 회사가 5개 있다. 각 회사는 개별적으로 FDA의 승인을 받도록 되어 있었고 이들은 각자 임상시험을 수행하였다. 미국제약협회(U.S. Pharmacopeia Convention, USP)는 5개 회사에 테스트 초기 부분을 공유할 것을 대안으로 제안했다. 이러한 변화는 회사들 각각 테스트를 가속화하고 인간 안전성 시험을 조금 더 일찍 진행할 수 있는 계기가 되었다. 제약 회사 관점에서 볼 때, 이 방법론의 변화는 안전성에 의심 없이 표준화된 방법을 사용하여 제출되는 제품의 허가를 위한 적체현상을 해결할 수 있다. 이 변화가 일어날지 여부는 시간이 해결할 수 있다.

빠른 결과를 위한 적응적 임상연구

임상 약물 시험에서 작은 수의 참여자로 더 빠른 결과를 얻는 것, FDA는 제약 회사가 유연한 참여자 및 투약으로 임상시험을 설계하도록 권장하고 있다. 모든 이들이 좋은 의견이라고 동의하지는 않는다.

전형적인 임상연구에서는, 대조군과 실험군에서 약물의 용량과 환자의 수가 미리 정해져 있고, 바꿀 수 없다. 반대로, 적응적 임상연구에서는 약물 투여용량과 환자 수 등이 달라질 수 있다. 다른 말로, 그 매개변수가 "즉시" 변하고 새로운 결과를 얻는다. 임상II상과 III상은 쉽게 5년이나 그 이상 안에 쉽게 진행될 수 있고, 가능한 빨리 결과를 얻을 수 있도록 변경이 가능하다.

Beyer Healthcare는 임상II상에서 새로운 암 치료제를 위해 적응적 접근을 사용한다. 연구자들은 어떤 암이 신약에 가장 적합하게 반응하는지 미리 알 수 없어서, 다른 진행 암 환자에게도 적용한다. 짧은 시간 안에 그들은 약물이 신장암에 가장 잘 반응한다는 것을 알았고, 진행이 된 신장암으로 고통받는 환자들만 "적응적" 연구에 참여하고, 시험했다.

미국의 의회는 새로운 개발을 가속화하고 시간을 단축시키기 위해 2016년 12월 21세기 치료법(21st Century Cures Act)을 통과시켰다. 법은 NIH 및 암 연구소(Cancer Moonshot)에서 새로운 연구 개발(R/D)을 위한 기금 마련 외에 FDA 승인을 위한 새로운 모델을 제공한다. FDA는 유전체학, 바이오마커, 시스템 생물학 및 기타 과학적 진보가 시대를 지배하도록 설계하지 않았다. 치료법은 FDA를 적응형 시험 디자인, 환자 하위그룹 및 현재 비용의 일부로 연구가 성공 또는 더 빠른 실패를 얻도록 많은 것을 바꿀 것이다. FDA는 "실제 증거"를 사용하여 약물의 효과를 증명하면서 한계를 줄인다. 이러한 변경 사항이 어떻게 적용되는지, 그리고 약물의 허가에 어떤 밝은 면이 될지는 아직 모른다. 이 법안은 FDA가 새로운 용도의 기존약물의 승인 여부를 고려할 때 자세한 정보 대신 요약된 데이터를 이용하고자 한다. 그것은 더 적은 수의 테스트 결과에 근거하여 환자생명을 위협하는 감염을 목적으로 하는 약물을 승인할 수 있게 해준다.

실험실 종사자를 보호하기 위한 FDA 규제들

생명공학 기업은 직원 감염과 관련된 재정적 영향 잠재적 책임감에 대해 알고 있고 생명 안전은 최우선 사항이기에 적절한 조치를 취하고 있다. 생물학적 위험에 대한 보호 수준에는 세 가지가 있다. I 등급 캐비닛은 작업 표면에서 생성된 공기로 운반될 수 있는 물질로부터 작업자를 보호하고, 공중에 떠 있는 물질은 작업면 위로 흘러서 여과시킨다. IIB 등급 캐비닛은 작업면을 가로질러 고효율 미립자(HEPA) 필터를 통해 공기를 흡입하고, 여과된 공기는 실내로 환기되며, 이는 박테리아와 세포배양에 적합하다. III 등급 캐비닛은 가스 밀봉 구역에서 완전히 격리하며, 오직 가장 위험한 약물을 다룰 때 필요하다.

20.5 입법 및 규제: 정부의 역할

생명공학 규제는 과학적이 부분이면서도 정치적인 안건이다. 규제 기관은 정부 기관이며 법을 만들게 된다. 이상적인 것은 이들 법이 훌륭한 과학적 규정이면서도 철학적 가치가 내포되는 것이다. 드물게도 가치 기준의 충돌이 발생할 경우, 합일점을 찾기 위하여 오랜 협상과 타협의 절차가 필요할 것이다.

누가 FDA 규제를 준수하는가?

FDA가 제약회사들을 감시하는 예를 보면, 연방 법원은 Merck & Co. Inc.에게 진통제 로페콕시브(Vioxx)의 연구결과를 해결하기 위해 9억 5천만 달러를 지불하라고 판결했다. 그 회사는 연방정부의 승인 없이 류마티스관절염의 치료제로 판매를 늘리기 위해 거의 3년 동안 심혈관 안전성에 대해 거짓 진술을 하며 Vioxx를 판매했다. 그 치료제가 심장 질환 및 뇌허혈의 위험성을 두 배로 높인다고 밝혀진 후 판매가 금지되었다. FDA는 1999년 5월 진통제를 처음 승인했고 법무부는 이 사실을 확인했다. 그 회사는 Vioxx를 류마티스관절염 치료제로 불법으로 홍보하기 시작했다. 회사들은 FDA의 승인을 받지 않은 약을 판매할 수 없다. 법무부는 2001년 9월에 FDA에 머크사의 마케팅 관행을 경고했다. 2002년 4월 Vioxx는 류마티스관절염의 사용을 승인하지 않았다. 머크(Merck)는 Vioxx의 개인 상해 소송의 재판에 회부된 것의 약 3분의 2를 차지했다. 2007년 11월 50,000건의 환자소송건에 48억 5천만 달러를 지불하라고 판결하였다.

FDA는 또한 연방 연구소를 규제한다. 국립 암 연구소 두 개와 국립 정신 건강 연구소의 실험실이 최근에 그들이 "품질과 안전 기준을 준수하지 않았다"는 이유로 폐쇄되었다. 그 결정은 다음과 같은데, 2015년 6월, 두 병의 약품에서 유해물질이 발견된 후 46건의 임상시험 중지시켰다. 중단 후 2개의 독립적인 연구조사 기관은 품질 평가를 위해 도입되었고 복합 작업에서 기준을 준수하도록 한다. FDA 검사관은 NIH에서 약물 생산 방식의 여러 결함을 발견했다. 규정 준수 및 개선할거라 예상하지만 FDA는 연방 실험실과 민간 산업이 규정을 준수하는지 검사한다.

20.6 특허 개요

특허는 발명가나 연구자에게 산물에 대한 배타적 권한을 부여하고 다른 이들이 특정 기간 동안 만들고, 사용하고, 판매하는 것을 금지하도록 한다.

- 실용 특허(utility patents)는 기계 및 제조 제품의 유용한 프로세스를 보호한다. 예로는 컴퓨터 하드웨어랑 의약품이 있다.
- 디자인 특허(design patents)는 상품의 새롭고 독창적인 디자인 제작의 사용을 권리가 없는 사람으로부터 보호한다. 예로는 운동화 또는 자전거 헬멧의 외형이 있다.
- 식물 특허(plant patents)는 발명 또는 발견된 것을 보호한다. 예로는 무성생식하는 식물품종이 있다.

발견이 특허를 받으려면 세 가지 기본 요구 사항이 필요하다: 그것은 참신해야 하고, 명백해야 하고, 유용해야 한다. 전통적으로 특허는 발명품에 의해 수여되어 왔지만, 많은 자연 제품들은 세 가지 요건에 해당되고 설명된 범주의 하나에 해당된다. 예를 들어, 새로 발견된 DNA 서열은 새롭고, 명백하고, 매우 유용할 수 있으므로 특허를 감독하는 미국 특허청(USPTO)은 일반적으로 알려진 기능의 단백질의 서열에 대한 특허를 발행하는 것을 망설이지 않는다.

특허법이 처음 착안되었을 때, 어느 누구도 DNA나 단백질이 특허의 대상이 될 것이라는 생각을 못했다. 발명자는 더 좋은 쥐덫을 만들면 되지 더 좋은 쥐를 만드는 것은 아니라고 생각했다. 미국 특허청(U.S. Patent and Trademark Office, USPTO)은 1980년에 특정 유전자 서열을 지닌 박테리아(유전적으로 변형된 생명체)에 대하여 최초로 특허를 발급하였다. 그 이후로 형질전환된 식물, 동물, 인간 단클론항체 및 하이브리도마, 동정된 항원과 백신 조합, 클로닝 및 단백질 생성 방법 등에 대해서 2,000건 이상의 특허가 등록되었다.

이러한 특허는 생명공학 회사에 커다란 이익이 되었지만, 커다란 논쟁에 휩싸이게 했다. 많은 사람들은 유전자 특히 사람 유전자는 전구나 쥐덫과 같이 취급될 수 없다고 믿는다. 그들의 사고방식에는 생명체나 DNA나 단백질과 같은 생명체의 주요 부분이 특허의 대상으로 가능하지 않다는 것이다.

1990년대 후반, 분자 진단 회사 미리아드 제네틱스(Myriad Genetics)사는 진단 테스트에서 유전자 BRCA 유전자 특허를 취득했다. 2013년 4월, 연방 법원은 만장일치로 BRCA 유전자 - 그리고 실제로,

"자연적으로 발생하는" DNA 서열 - 특허 보호 영역을 넘어 인간의 유전자는 자연의 산물이기 때문에 특허 대상으로 볼 수 없다고 했다. 비슷한 특허분쟁으로 생명공학회사 Sequenom과 Ariosa Diagnostics 사이에 자연적으로 발생하는 태아 DNA로 비침습성 태아기 검사가 있다. 그리고 양측의 주장이 대법원으로 향함에 따라, 이 사건은 연구에서의 자유와 상업화의 비용을 어떻게 조화시킬 것인가에 대한 해결되지 않은 논쟁을 다시 불러일으키고 있다. 우리는 미국에서 많은 비용이 드는 매우 부담스러운 규제 승인을 받는 시스템이 있는 걸 알고 있다. 기업들이 자산 같은 것을 가지고 다른 이익이 나오지 않는다면 수백 달러를 임상실험에 쓰지는 않을 것이다. 연방법원이 계속해서 Ariosa편을 든다면, 그것은 산업이 혁신에 접근하는 방식을 바꿀 수 있다. 만일 판결이 뒤집히지 않는다면, 기업의 지적 재산권 보호는 매우 어려워질 것이다.

특허권의 확보

미국에서는 등록 이후부터 20년 동안 특허권이 보장된다. 이는 원래의 개발자가 20년 동안 배타적인 권리를 누리고 난 다음에야 다른 회사는 그들 자신의 상품을 시장에서 유통할 수 있다는 것을 의미한다. 이것은 새로운 발명을 장려하고 오랜 기간의 독점을 방지하고자 하는 것이다.

미국 특허권을 확보하기 위해서는 회사는 그 산물에 대하여 적절하게 기술된 신청서를 제출해야 한다. 회사는 물론 신청서를 제출하는 시기에 산물의 최적 사용을 위해 고려한 것을 공개하여야 한다. 특별한 기술적 배경을 가진 USPTO 전문가들이 모든 특허 신청서를 심사하게 된다. 특허권은 선착순에 따라 먼저 제출한 것에 기준하여 부여된다. 만약 두 회사가 똑같은 시기에 똑같은 발명에 대해 특허 신청을 하게 되면, 양측은 법적 공방에 들어갈 수 있다. 그런 경우에 조금만 준비하면 오랜 동안 도움이 된다.

다음은 특허가 진행되는 상황에서 산물을 보호하기 위한 가이드라인이다.

1. 기록을 잘 해야 한다. 모든 연구자는 FDA 규격에 명시된 형식에 따라 연구노트이나 보안 전자 형식의 자세한 사항을 가지고 있어야 한다. 각 도입부는 서명이 되어야 하고 날짜가 기입되어야 하며, 연구와 직접적으로 관련이 없는 개인에 의한 증인 날인이 되어 있어야 한다. 연구노트는 개념적 정보와 증빙 자료가 모두 포함되어 있어야 한다. 이러한 증거물은 회사의 특허권을 확보하는 데 사용되며 경쟁 특허를 무력하게 만드는 데 사용된다.
2. 추가 업무를 해야 한다. 상업상의 문헌이나 공개된 특허 신청서 및 발급된 특허권을 통해서 잠재적 경쟁자와 해당분야 다른 이들의 활동을 모니터링해야 한다.

생명공학 산업에서 특허권의 가치

생명공학 산업에 있어서 강력한 특허권은 강력한 사업을 의미한다. 특허는 생명공학 회사가 성공적인 개발의 전 단계에 걸쳐서 가치 평가를 받는 주요 재산이다. 한 팀의 과학자들이 치명적인 바이러스에 대항하는 백신 개발을 하고 있는 것을 가정해보자. 특허가 없다면, 어떤 의약품 회사도 비용이 많이 드는 임상시험을 해서 FDA 승인을 얻고 광범위한 마케팅 계획을 개발하는 위험한 업무를 수행하고자 하지 않을 것이다. 특허권 보호가 없다면 경쟁 회사는 개발 연구에 전혀 돈을 쓰지 않고도 약국에서 그 치료제를 구입해서 복제하여 이를 더 싼 값에 판매할 것이다.

DNA 서열 특허권

상당량의 DNA 서열은 의학적이나 농업적 가치를 지니고 있지 않음에도 불구하고 어떤 것들은 식품 생산이나 질병 퇴치에 중요한 역할을 할 수 있는 것들이 있다. 물론 그런 서열을 동정한 기관들은 특허법에 의해 보호를 받음으로써 그들의 결실을 만끽하고 싶을 것이다. 유전체 경계 영역은 결정되어 있으며 오늘날의 개척자들은 열정적이고도 공격적으로 그들의 영역을 확보하는 작업을 하고 있다. 여기서 특허 신청 요건을 좀 더 면밀히 살펴보자.

가이드라인에 따르면 신청자는 청구한 발명이 특별하고 실질적이며 믿을 만한 것임을 주장해야만 한다. DNA 서열의 경우, 특정의 유용성(specific utility)을 청구하기 위해서는 연구자는 DNA 서열이 무엇을 하는 것인지 정확하게 알아야만 한다. 그 서열이 탐침자(probe)나 마커가 될 수 있다는 것은 충분하지 않다. 연구자는 간략하게 그 서열이 무엇을 탐침하는지 혹은 표시하는지를 공개해야 한다(예를 들어서 특정 인간 지령 유전자에 대한 탐침). 실질적 유용성(substantial utility)은 "실생활(real-world)" 활용을 정의한다. 한 가지 예는 그 기능과 활용을 알고 있는 단백질을 코딩하고 있는 클론닝된 DNA 조작이다. 신뢰성 있는 유용성(credible utility) 요건을 충족하기 위하여 연구자는 신청서가 온전히 과학적 근거에 바탕을 둔 것임을 특허청에 확신을 주어야 한다.

심지어 한 유전자의 서열이 세 가지 요건을 충족하였다고 하더라도 기존에 특허 등록된 서열과 너무 유사한 경우라면 특허가 거절될 수 있다. 단일 염기 변화에 따라서도 한 유전자의 기능이 드라마틱하게 변할 수 있다는 것을 3장에서 본 바가 있다. 이러한 이유로 유전자 서열 관련 특허는 일반적으로 매우 특별하다. 또 다른 방식으로 특허권을 침해하려면 정확하게 서열이 기존 특허 등록된 서열과 일치해야 하는 것이다. 어떤 회사가 서로 비슷한 서열에 대해 특허권 침해를 주장하려면 법정에서 그 두 서열이 본질적으로 그 기능이 똑같다는 것이 결정되어야 한다. 이를 균등론(doctrine of equivalent)이라고 한다. 지적재산권을 보호하는 요건과 특허를 통해 물건을 파는 것은 미국 이외의 지역에서는 똑같지 않으며 이에 대해 별도의 신청서를 제출하도록 되어 있다.

몇몇 연구에 따르면, 전체 인간 유전자의 대략 20%가 주로 사설 생명공학 회사에 의해서 특허로 등록되었다고 한다. 매우 엄중하게 특허권이 설정된 유전자들은 전형적으로 인간의 건강 및 질병과 연관된 것들이라는 것은 전혀 놀라운 일이 아니다. 알려진 암 유전자의 약 50%는 이미 특허가 걸려 있다. 어떤 경우에는 유방암과 관련된 BRCA1과 같은 유전자는 여러 회사에 의해서 중복 특허권이 발급되어 상업권과 그 서열의 소유권과 관련된 논쟁이 야기되었다. 유전자 검사를 위한 진단 시험과 같은 상업적 사용을 포함하는 특허권이 20개 이상인 경우의 유전자도 있다.

20.7 생명공학관련 국제 규제

생명공학은 세계적인 사업이다. 현재시점에서 전 세계는 생명공학 제품규제에 대해 여전히 협상 중이다. 여기에는 비교적 밝은 전망이 있다. 예를 들자면, 국제연합(UN)은 GMO의 운송 출하를 위한 자발적인 규제를 만들어 왔다. 공개적인 의견에서는 2000년에 제안된 이후로 최종 의무적인 규제가 합의된 것이 없다고 호소한다. UN 기구 FAO(the Food and Agriculture Organization)는 개발도상국의 생명공학에 관심을 두고 안전과 위험평가에 대한 안내를 하고 있다. 일반적으로 생명공학 제품의 수입이나 수출에 대한 합의나 기준에 관한 명확한 규정은 없지만 낙관적인 입장이다. 유럽에서의 최근 개발은 생명공학 제품의 발달과 거래에서 국제적인 협력의 모델이 될 수 있다.

유럽연합

최근 몇 년 동안 EU는 생명공학 산물을 위한 매력적인 시장과 혁신의 온상으로서 눈에 띄기 시작했다. 1993년 EU의 결정으로 인해 새로운 생명공학 제품의 시장도입이 매우 간단해졌다. 오늘날 EU는 과학적인 진보를 장려하는 헌신적인 정부기관으로서 교과서적인 예가 되고 있다.

새로운 시스템의 가장 중요한 부분은 FDA와 해당하는 약품평가청(European Agency for the Evaluation of Medicinal Products, EMEA)이다. EMEA는 사람과 가축질병의 치료를 위한 의약품에 대한 권한을 가지고 있으며 또한 그것은 11가지 공식적인 유럽언어로 새로운 제품에 관한 정보를 제공함으로써 과학적인 지식을 넓히는 데 도움을 주었다. EMEA에 승인된 제품은 바로 유럽기구 15개국에 모두 판매될 수 있다. FDA가 통상 신약을 승인하는 데 걸리는 8년에서 11년에 비해 4년이나 5년이 아닌 1년 안에 EU 전역에서 신약이 출시될 수 있게 되었다.

FDA와 거의 비슷하지만 FDA의 중앙집중화 같은 것이 없이, 유럽의약청은 1995년에 설입했고, 기존 국가 의료 규제 기관과 작업을 조화시키기 위한 시도로 설립되었다. 이런한 계획은 단지 매년 제약회사들이 각 회원국과 별도의 승인을 받는데 제약회사들이 쓰는 연간비용을 유의하게 감소시킬 뿐 아니라, 미리 국내 제약회사에서 생산한 제품등과 경쟁할 수 있는 신약을 승인하지 않으려는 보호주의적 경향을 줄일 수 있다. 유럽연합에서는 매년 세계 시장에 들여오는 약들 중 현재 신약의 약 3분의 1의 공급원이다.

EMEA와 FDA 사이의 한 가지 현저한 차이점이 있는데, FDA는 임상시험의 허가를 요구하는 회사로부터 제품 개발과 면밀히 관련되어 있지만 EU에서는 EMEA가 아닌 임상시험을 위한 승인은 각 나라에 권한을 주었다. 이런 많은 경우에서 EMEA는 회사와 사전계약을 하지 않거나 심지어 검열이 제출되기 전까지 제품의 지식조차 없다. 가장 최근의 여론 조사에 따르면, 유럽 제약회사의 75%가 그 절차가 생긴 이후로 만족하고 있다.

국제적인 규제는 각 국가에 영향을 미칠 수 있다

노바티스는 2014년 12월 일본 보건부가 자체 조사에 따라 판매한 26개 약물의 부작용에 의해 발생 가능한 총 3,264건의 환자 건강 문제를 적시에 보고하지 않았다고 시인한 후 일본 보건부에 언급했다. 일본 방위성은 제약·의료기기법에 따라 약제 개발업자에게 심각성에 따라 15일 또는 30일 이내에 부작용 신고를 하도록 하고 있다. 또 지난해 노바티스약국(Novartis Pharma)과 전직 직원이 혈압 치료용 발사탄(Diovan)을 유리하게 조작한 임상시험 자료를 2011년 연구팀에 유출하도록 한 혐의도 받고 있다. 당국은 Diovan 데이터에 대한 조사의 일환으로 노바티스의 일본 자회사의 도쿄 지사를 급습했다. 2014년 7월 보건부는 백혈병 치료제 이미티니브(Glivec)와 닐로티니브(Tasigma)와 관련된 부작용에 대해 적시에 알리지 않아 사업개선 명령을 내렸다. 회사는 16명의 환자가 겪는 심각한 부작용 21건을 알고 있었지만, 시간 내에 보고하지 않았다. 노바티스는 일본 보건 당국으로부터 24개 이상의 약물의 부작용을 신고하지 않은 것에 대한 처벌로 15일 동안 일본에서의 영업을 중지하라는 명령을 받았다.

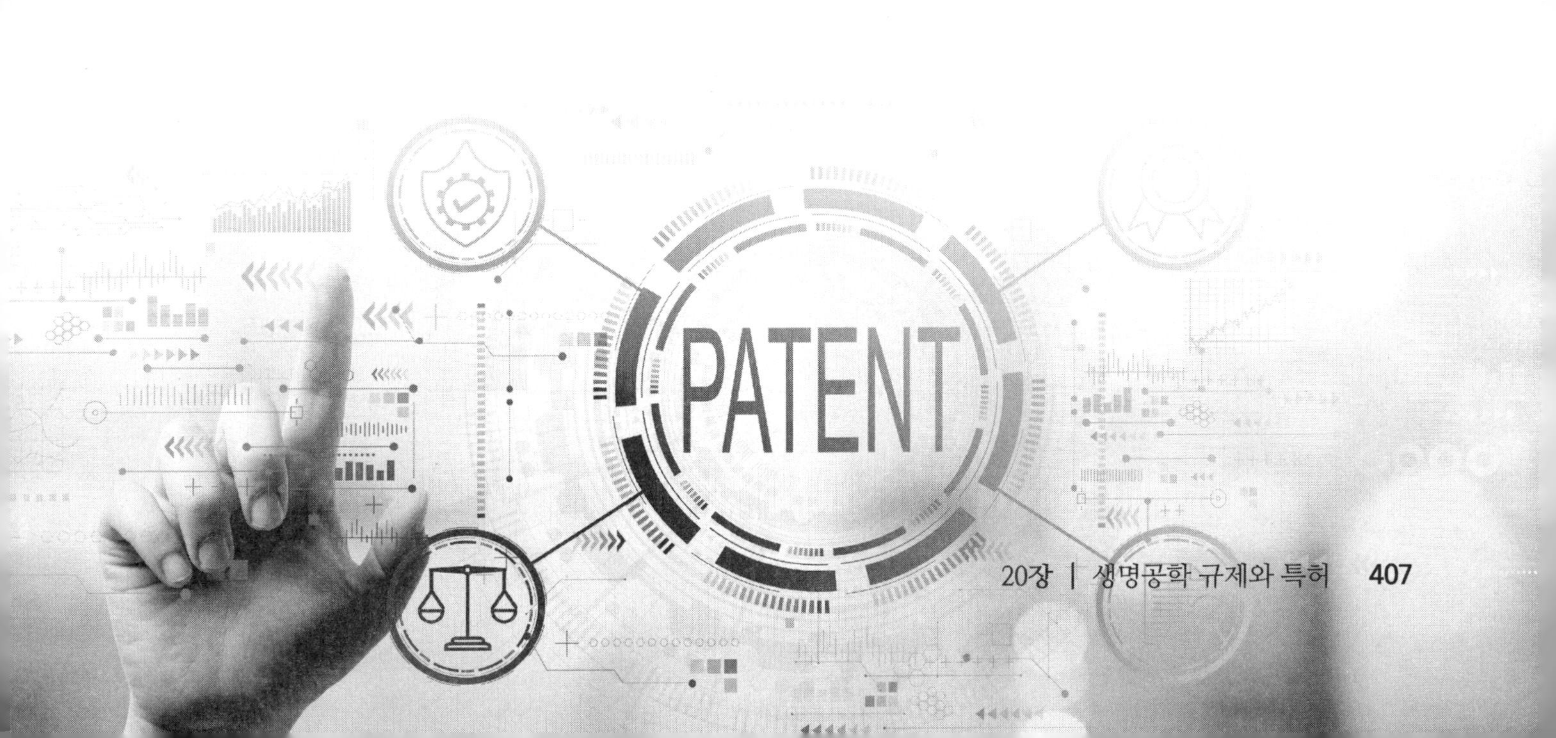

참고문헌

게놈혁명/이민섭/2018년/엠아이디

미래를 들려주는 생물공학 이야기/유영제 외/2006년/생명의 나무

바이오메디컬소재학/왕명현/2019년/홍릉과학출판사

바이오의약품 시대가 온다/김시언 외/2019년/청년의사

보건의료와 개인정보/이원복/2021년/박영사

분자생물학의 원리(2판)/김상해 외/2020년/(주)바이오사이언스

생명공학/오계현외/2005년/월드사이언스

생명공학의 세계(4판)/방원기/2018년/㈜라이프사이언스

생명과학 강의노트(4판)/이우성/2021년/(주)바이오사이언스

생명의 원리(3판/김원 외/2021년/(주)라이프사이언스

생화학 포커스/김순영 외/2018년/(주)바이오사이언스

식탁위의 생명공학/농업생명공학기술 바로알기 협의회/2002년/(재)작물유전체기능연구사업단

신약개발과 임상시험/임현자/2018년/황소걸음아카데미

알기 쉽고 재미있는 분자생물학(3판)/이명석/2007년/(주)라이프사이언스

유전공학의 이해(2판)/남상욱 외/2011년/㈜라이프사이언스

유전자 클로닝과 DNA 분석/이병무 외/2012년/월드사이언스

유전체, 다가온 미래 의학/김경철/2018년/메디게이트뉴스

인류의 미래를 바꿀 유전자 이야기/김경철/2020년/세종

제약바이오 투자 입문하기/이태영 외/2020년/㈜모어사이언스

진단이라는 신약/김성민/2020년/바이오스펙테이터

창업과 기업가정신/한광식/2017년/이프레스

최신 바이오의약품/강승훈 외/2019년/홍릉과학출판사

최신 생명공학의 이해(4판)/이진성 외/2020년/㈜바이오사이언스 출판

캠벨 생명과학 포커스/전상학 외/2014년/(주)바이오사이언스

캠벨 생명과학(12판)/전상학/2022년/(주)바이오사이언스

켐벨 생명과학의 이해/안태인/2019년/(주)바이오사이언스

Brock의 미생물학(12판)/오계현 외/2009년/(주)바이오사이언스

Raven 생명과학(12판)/유시욱 외/2020년/교문사

Smith 생명공학(5판)/오계현 외/2010년/월드사이언스

인쇄일 | 2022년 8월 25일
발행일 | 2022년 8월 30일

저　자 | 이진성
발행처 | (주) 바이오사이언스출판
발행인 | 문정구
본　사 | 10860 경기도 파주시 탄현면 국화향길 10-56, 1동
서울사무소 | 06569 서울특별시 서초구 도구로 115, 1층
전　화 | (02)581-4057~8　**팩　스** | (02)581-4059
이메일 | inquiry@bioscIencepub.com
홈페이지 | http://www.biobooks.co.kr
등록번호 | 제 2014-000225호
ISBN | 978-89-6824-130-7 (93470)
정가 | 17,000원